Gero von Randow Hg.

Jetzt kommt die Wissenschaft

Wenn Fliegen hinter Fliegen fliegen, ist das alles andere als eine simple Kunst. Nehmen Sie Unterricht bei den Meistern der Aerodynamik: Mücken, Fliegen, Bienen und ihre kühnsten Manöver. **Wußten Sie, daß Zeitungspapier es in puncto Zugfähigkeit mit gewöhnlichem Baustahl aufnehmen kann?** Oder die Floppologie – gescheiterte Innovationen, die zwar funktionieren, aber mit unserer Welt in Widerspruch liegen: Kopfgeburten wie die tabaklose Zigarette, der Segway oder der Kohleabbau mit Wasserwerfern. **Majestätische Ruhe, ornamentaler Barock, entfesselte Brutalität: Wind, Wellen, Brandung und Gischt bieten ein**

Konzert der Ozeanphysik – dabei sind's nur die Grundsätze der Wellenmechanik. Atmen können unter Wasser? Energie versprühen mit dem Zauberstab? Oder der fliegende Besen? Viele Zaubereien aus Harry Potter können heute bereits realisiert werden. Das amerikanische Pentagon macht's vor. Terroristenjagd auf allen Frequenzen: Was leistet die Technik in der militärischen Fernerkundung? Kreise, Kugeln, Zufälle: Wo überall spukt das „Pi“ herum? Reicht Ihr Wissen für einen Kasten Kölsch? Bubble Science kennt das Grauen für eine satte Schaumgröße. Und vieles mehr …

Inhalt

Nur keine Scheu vor Wissenschaft!

Jeden Sonntag eine Doppelseite Wissenschaft,

im Plakatformat, mit anspruchsvollen Illustrationen und Infographiken: Geht das denn? So lautete die Frage, als diese Idee in den Gründungstagen der Frankfurter Allgemeinen Sonntagszeitung auftauchte. Doch der Gedanke hat alle Beteiligten so begeistert, daß sie sagten: Wir wollen es, und dann werden wir es auch schaffen. Und tatsächlich: Seit dem 30. September 2001 druckt die Sonntagszeitung diese Panoramaseiten, die im Nu eine große Anhängerschar gewannen. Und es haben viele Leser darum gebeten, dieses Buch zu verlegen.

Die Doppelseiten der Sonntagszeitung wurden schon an Schulen und Universitäten als Lehrmittel eingesetzt, haben manche Leser mit Erfolg durch die Abiturprüfung gelotst und etliche Preise eingeheimst. Ihr Geheimnis: Sie sind ein Gemeinschaftsprodukt von Autoren, Redakteuren, Zeichnern, Graphikern und Layoutern – und, nicht zu vergessen, den „Chefs vom Dienst" genannten Organisatoren der Zeitung, für die diese Seiten ebenfalls eine bislang unbekannte Herausforderung sind. Im Pressewesen hat es so etwas noch nicht gegeben.

Aber wieso ausgerechnet Wissenschaftsthemen? In der Tat, man könnte meinen, daß Kunst und Theater, Sport oder Lifestyle mehr bunte Bilder hergeben als Forschung und Technik. Wahrscheinlich stimmt das sogar. Doch man sehe sich dieses Buch an. Es enthält 38 der weit über 100 Doppelseiten, die wir gedruckt haben. Wer es liest und betrachtet, wird sich davon überzeugen: Wissenschaft kann anschaulich sein, überraschend, lebendig und nicht zuletzt sehr, sehr komisch. Das gilt für alle Forschungsgebiete, sogar – und gerade! – für die Mathematik. Das mag auch damit zu tun haben, daß sich die Wissenschaften heute sämtlicher Bildtechniken bedienen, die zur Verfügung stehen – von der Computersimulation über die Extrem-Mikroskopie bis hin zu den bildgebenden Verfahren in der Medizin. Und gezeichnet wird immer noch, wie jeder Biologiestudent bestätigen kann. Schätze gab es also genug zu heben.

Hier sind sie. Zusammen mit einer Botschaft: Nur keine Scheu vor Wissenschaft!

Wenn diese Botschaft ankommt, dann haben wir gewonnen.

Zwei Kollegen sind besonders zu erwähnen: Peter Breul, der die meisten der Doppelseiten gestaltet hat, und Thomas Heumann, der die infographischen Seiten mitkonzipiert und koordiniert hat. Ohne diese beiden begeisterungs- und leidensfähigen Kollegen gäbe es diese Art Journalismus gar nicht. Sie ist seither von anderen nachgeahmt worden, auch das macht uns stolz.

GERO VON RANDOW
HERAUSGEBER

50 WISSENSCHAFT 51

Chemie in Entenhausen

Moderne Phantasien: Wenn's im Comic knallt und stinkt, dann stimmt die Chemie. Die Helden hauchen totem Schulstoff Leben ein.

Die originalen Doppelseiten aus der Frankfurter Allgemeinen Sonntagszeitung

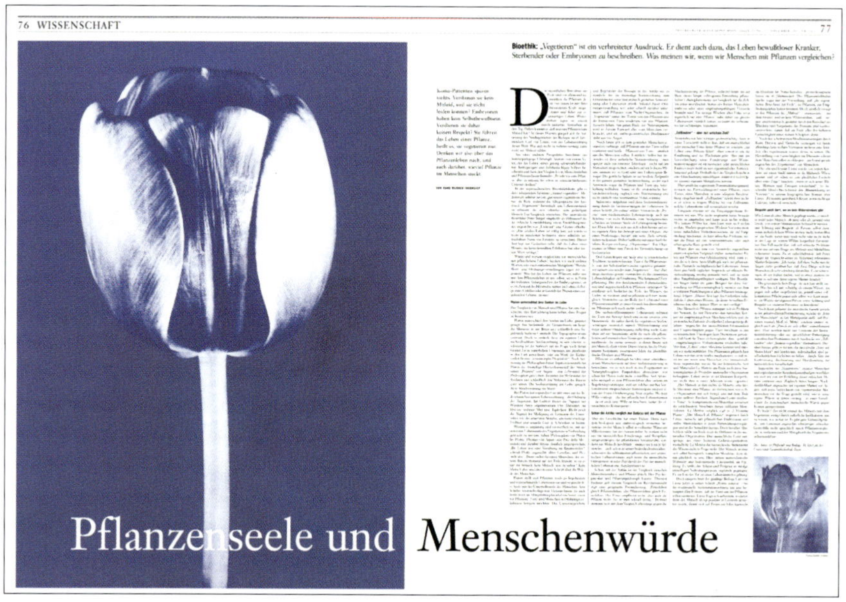
76 WISSENSCHAFT 77

Bioethik: „Vegetieren" ist ein verbreiteter Ausdruck. Er dient auch dazu, das Leben bewußtloser Kranker, Sterbender oder Embryonen zu beschreiben. Was meinen wir, wenn wir Menschen mit Pflanzen vergleichen?

Pflanzenseele und Menschenwürde

Die Doppelseiten der Frankfurter Allgemeinen Sonntagszeitung „Die Formel des Dr. Drake", „Kluge Karten verändern die Welt", „Blut, Schweiß und Tränen", „Nur die Seele bleibt", „Krebs", „Kugeln, Kreise, Zufälle", „Das ewige Nagen am Zahn" sowie „Terroristenjagd auf allen Frequenzen" entstanden bei der F.A.Z. Informationsgrafik-Redaktion. Verantwortlich war: Thomas Heumann. Für die Grafiken stand: Karl-Heinz Döring, Berlin; für das Layout: Anja Horn, Lukas Kircher und Doris Oberneder von der MediaGroup, Berlin. Die restlichen für dieses Buch ausgewählten Panoramaseiten des Wissenschaftsteils der Zeitung wurden von Peter Breul gestaltet.

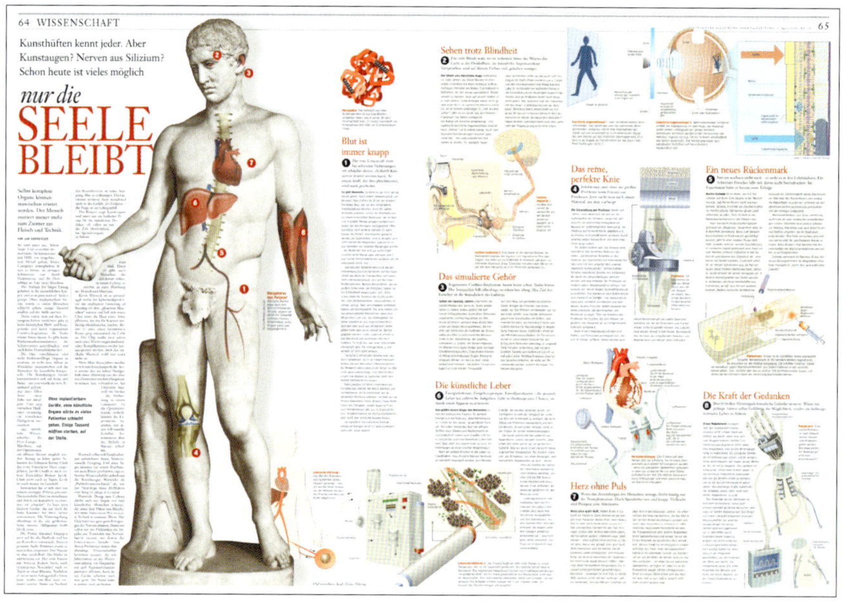
64 WISSENSCHAFT 65

Kunsthüften kennt jeder. Aber Kunstaugen? Nerven aus Silizium? Schon heute ist vieles möglich

nur die SEELE BLEIBT

Sehen trotz Blindheit

Blut ist immer knapp

Das simulierte Gehör

Das rechte, perfekte Knie

Ein neues Rückenmark

Die künstliche Leber

Herz ohne Puls

Die Kraft der Gedanken

Was kann Wissenschaft und was nicht?

Wie nahe liegt die Erfindung am Zufall? Hat die Wissenschaft Humor? Und wie kann man das anschaulich darstellen und schön verpacken? Darüber rätselten die Redakteure der Frankfurter Allgemeinen Sonntagszeitung, Zeichner, Graphiker, freie Autoren und die Chefs vom Dienst im Sommer 2001. Das Ergebnis: Die preisgekrönten Panoramaseiten der Frankfurter Allgemeinen Sonntagszeitung. Darunter waren die Auszeichnungen der amerikanischen Society for News Design (SND) für gleich mehrere Doppelseiten, die „Besondere Anerkennung der Jury“ und eine Goldmedaille im Malofiej-Informationsgrafik-Wettbewerb (SND Spanien/Universität von Navarra, Pamplona).

Lebhafte Begeisterung aber auch für den Inhalt: Die Formel des Dr. Drake, Terroristenjagd auf allen Frequenzen, Babies soll man schaukeln und nicht rütteln, Molekulares Origami, Chemie in Entenhausen und vieles mehr haben Erwachsene wie Jugendliche ein wenig spüren lassen von Sinn und Unsinn, von Humor und Ernsthaftigkeit, von Schönheit und Macht der Wissenschaft. Diese geistreiche wie kluge Verbindung von Inhalt und Gestaltung wurde anerkannt. Gero von Randow erhielt unter anderem auch dafür im Mai 2003 den Medienpreis der „Euroscience-Stiftung zur Förderung der europäischen Wissenschaften und Kulturen“. Er war es, der seit jenem Sommer 2001 mit den Autoren der Frankfurter Allgemeinen Sonntagszeitung und vielen freien Wissenschaftspublizisten der Biologie, Physik, der Medizin und Technik, ja sogar der Mathematik den Witz und mitunter die Poesie abtrotzte. Die höllische Freude, die er und seine Kollegen dabei hatten, merkt man, so meine ich, den Doppelseiten an.

Daraus ein Buch zu machen, war schnell beschlossen. Alte wie Junge, Gebildete und vor allem die „Informierten“ wissen viel zu wenig von den Menschen, die Wissenschaft gemacht haben. Wissen zu wenig von der Tragweite der Naturwissenschaften und der Technik im Alltag. Und zu wenig von deren Bedeutung für unsere Zukunft. Und daß die Wissenschaft poetisch sein kann, mag lediglich den wenigen Wissenschaftshistorikern, einigen Literaten und den Wissenschaftlern selbst Erkenntnis sein.

Die Umsetzung der großformatigen Panoramaseiten in ein bescheideneres Format war jedoch schwierig. So sind die ausgewählten 38 Geschichten von der Doppelseite auf fünf und manchmal sogar acht Buchseiten gestaltet worden. Der Zeichner und Buchgestalter Rodolfo Fischer Lückert hat bei Tag und bei Nacht die voller Details strotzenden Zeitungsseiten mit professionellem Feingefühl behandelt. Text und Bilder wurden übernommen. Nicht weniger einfach. Mehrere hundert Bildrechte waren zu prüfen und einzuholen. Die Lektorin und Projektleiterin Danja Hetjens hat sie bekommen und für einen nicht allzu schmerzhaften Preis erhandelt. Ohne die Hilfe von Andreas Kuther von der Bildredaktion und Thomas Heumann von der Informationsgrafik der F.A.Z. wäre das wohl nicht gegangen.

Alle 100 und mehr der faszinierenden Geschichten konnten wir nicht bringen. Da halten wir es mit Kallimachos : méga biblíon, méga kakón – großes Buch, großer Ärger.

Wer nach der Lektüre noch nicht genug hat: Das Original gibt es weiterhin, jeden Sonntag!

DR. CHRISTINA EIBL
VERLAGSLEITER

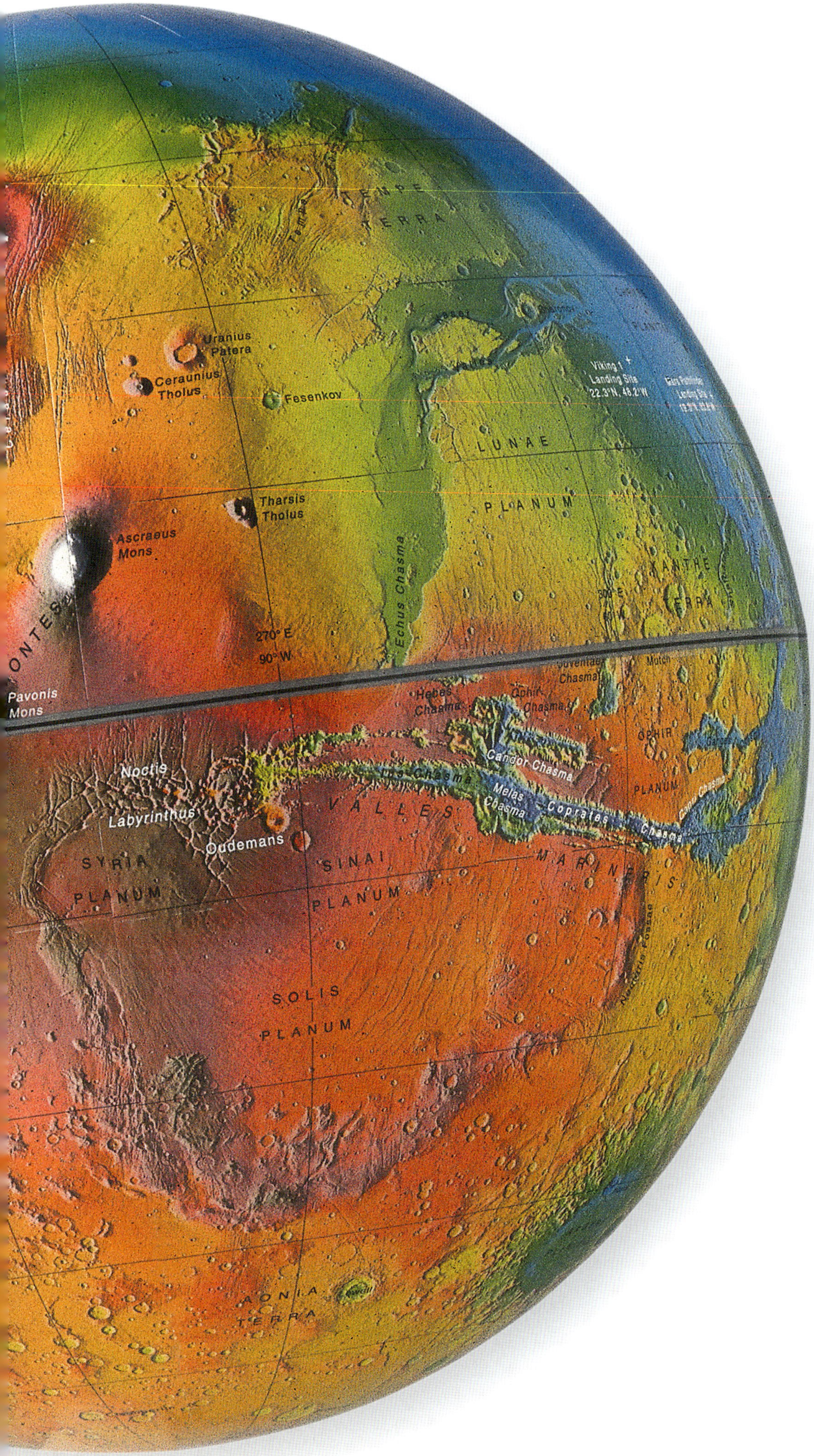

Raumfahrt: Die Nasa hat alle Pläne auf Eis gelegt, in absehbarer Zeit Menschen zum Mars zu schicken. Zu teuer, zu schwierig, heißt es. Enthusiasten halten den Gedanken am Leben.

Von Ulf von Rauchhaupt

Einmal zum Mars und (hoffentlich) wieder zurück

Lakewood/Colorado

Für eine echte Garagenfirma ist „Pioneer Astronautics“ fast zu groß. In die Werkhalle würden glatt zwei Lastwagen passen, und die Adresse in einem Vorort von Denver ist auch nicht die schlechteste. Dennoch war Robert Zubrin in seinem früheren Job als Chefingenieur vermutlich Besseres gewohnt. Ihre Pizza-Schachteln müssen Zubrin und seine sieben Mitarbeiter selber entsorgen, und die gesamte Verwaltung besorgt Zubrins Frau Maggie. Die Firma lebt von Forschungsaufträgen für die amerikanische Raumfahrtbehörde – in Zeiten knapper Kassen vielleicht nicht unbedingt die genialste Geschäftsidee. Aber Robert Zubrin will nicht reich werden. Er will zum Mars. Er ist besessen davon.

Er ist es, seit er John F. Kennedy im Fernsehen sah. Vor dem Ende des Jahrzehnts, verkündete der junge Präsident im Mai 1961, würden die Vereinigten Staaten einen Menschen auf den Mond und sicher wieder zur Erde bringen. „Es ging zu den Sternen“, erinnert sich Zubrin, „erst zum Mond, dann zum Mars, zum Saturn und Alpha Centauri. Da wollte ich dabeisein, und so sah ich zu, daß ich Naturwissenschaften studierte.“ Doch kaum hatte Zubrin sein Studium begonnen, war der Traum bereits zu Ende. Das Apollo-Programm wurde vorzeitig abgebrochen. Nach Vietnam und Ölkrise waren Jobs bei der Nasa rar, und Zubrin wurde nicht Astronaut, sondern Nuklearingenieur. Seinem Jugendtraum blieb er dennoch treu. Nebenbei studierte er Raumfahrttechnik, und die professionelle Beschäftigung mit dem, was möglich gewesen wäre, ließ seine Unzufriedenheit noch wachsen. „Es war ein völliges Versagen der Politik und eine der größten Enttäuschungen meines Lebens – ich habe beschlossen, das zu korrigieren!“

Zubrins Zorn auf die „Bremser“ in Washington ist kein Furor eines Außenseiters, der zuviel Raumschiff Enterprise geguckt hat. Noch als Doktorand wurde Zubrin in eine Ar-

Terra incognita
ist der Mars schon lange nicht mehr. Aufnahmen von Marssonden bilden die Grundlage dieses Globus (vertrieben von Sky&Telescope). Während die Südhalbkugel unseres Nachbarplaneten von Meteoritenkratern übersät ist, zeigt die Nordhalbkugel Vulkane, darunter den gewaltigen Olympus Mons (links oben). An den Polen und unter dem Marsboden werden große Mengen gefrorenen Wassers vermutet.

Höhe in Metern

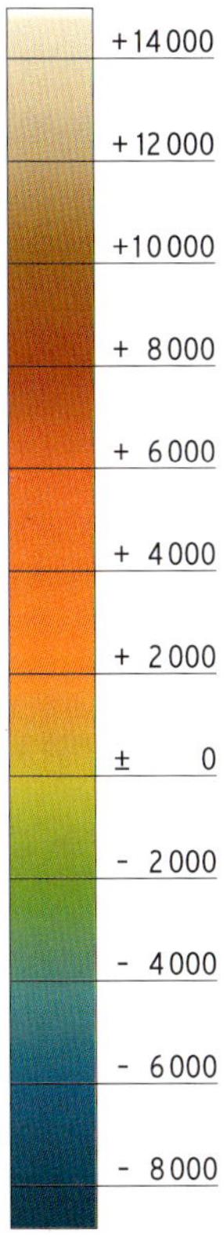

Fotos Dieter Rüchel, Nasa, Mars Society, 3sat

Als John F. Kennedy die Parole ausgab, innerhalb eines Jahrzehnts zum Mond zu fliegen, schienen die Sterne zum Greifen nah. Doch nach der Mondlandung wurde das Geld knapp – Alpha Centauri rückte in unerreichbare Ferne.
Für die Eroberung des Mars gäbe es allerdings gute Gründe: Kein anderer Planet, den wir kennen, ist der Erde so ähnlich.

beitsgruppe der Nasa berufen, die sich mit langfristigen Mars-Plänen befaßte – für die Schublade. Anfang der Neunziger stand für ihn fest: „Das größte Problem bei einer bemannten Marsmission ist, den politischen Willen zu mobilisieren." Und genau das wollte er nun tun.

Er machte sich selbständig und begann zu schreiben. Eine Flut von Artikeln, zwei Sachbücher und zuletzt einen Zukunftsroman. Vor allem aber gründete er 1998 eine der derzeit aktivsten Nicht-Regierungs-Organisationen der Wissenschaftsszene: die Mars Society, einen weltweiten Enthusiasten-Club mit gut 5000 Mitgliedern, 150 davon in Deutschland. Auch etliche Nasa-Mitarbeiter sind dabei und Prominenz, wie etwa der „Titanic"-Regisseur James Cameron. Ähnlich dem SETI-Institut, das nach außerirdischen Intelligenzen sucht, ist auch die Mars Society eine Organisation, die durch Öffentlichkeitsarbeit und Spendensammeln ein Forschungsfeld befördern möchte, das den Verwaltern öffentlichen Gelder suspekt erscheint.

Nun ist der Wert einer Erkundung des Mars an sich völlig unstrittig. Er ist der erdähnlichste aller bekannten Planeten. Er hat eine feste Oberfläche und besitzt eine Atmosphäre – wenn auch keine atembare. Zwar ist der Mars heute staubtrocken, doch Satellitenaufnahmen zeigen Spuren einst gewaltiger Flüsse, die viele Forscher spekulieren lassen, ob nicht auch der Mars Leben trug, bevor er den Großteil seiner Atmosphäre verlor. Da dies bereits vor Jahrmilliarden geschah, dürften es kaum mehr als Einzeller gewesen sein. Doch auch die könnten versteinerte Spuren hinterlassen haben. Würde dergleichen gefunden, wäre erwiesen, daß Leben keine Besonderheit der Erde ist – eine Jahrhundertentdeckung.

Die Frage ist nur, was sie uns wert ist. Denn mit den bisher üblichen, relativ preisgünstigen Fernerkundungsmethoden läßt sich ein Planet zwar prima vermessen, aber kaum nach Mikrofossilien durchsuchen. „Für derlei Aufgaben sind Roboter ein Witz", sagt Robert Zubrin. „Es gibt heute keinen einzigen Roboter, den man mit einer Einkaufsliste zum Gemüseladen schikken könnte, geschweige denn, einen fremden Planeten zu erkunden. Das geht nur mit Menschen." Doch das ist leider teuer. Als die Nasa im Oktober 1989 einmal ausrechnete, welche Investitionen für eine bemannte Marsexpedition nötig wären, waren im Handumdrehen 450 Milliarden Dollar beisammen. Politikern standen die Haare zu Berge – seither hat die Nasa offiziell keine Pläne mehr, demnächst Menschen auf den Mars zu schicken.

„Kein Projekt hätte eine solche hypothetische Summe politisch überlebt", sagt Zubrin und ärgert sich über die Nasa-Manager und ihre Neigung, im vorauseilenden Gehorsam das Technische mit dem Politischen zu verknüpfen. Richtig wütend wird Zubrin, wenn man ihn mit dem Hinweis trösten will, immerhin sei ja die Internationale Raumstation ISS ein erster Schritt zum Mars. „Die ISS ist technisch völliger Murks", schimpft er, „sie wird nur gebaut, um möglichst vielen verschiedenen Leuten möglichst viele verschiedene Dinge zu tun zu geben."

Zubrins Überzeugung nach braucht man, um zum Mars zu kommen, weder Mond-

Robert Zubrins Lebenstraum geht weit in die Zukunft: Er will den Mars nicht bloß untersuchen, sondern dauerhaft besiedeln.

An Fallschirmen schwebt die Station durch die dünne Atmosphäre des Mars sicher zu Boden.

basen noch Raumstationen. Man braucht auch keine großen Raumschiffe, glaubt er. „Reise leicht und lebe von dem, was das Land dir bietet“. Nach dieser Devise hätten alle erfolgreichen Expeditionen gehandelt, und genau so sieht auch Zubrins „Mars Direkt“-Programm aus, für das er seit Jahren Himmel und Hölle, vor allem aber seine Mars Society in Bewegung setzt. Für „Mars Direkt“ bedarf es keiner neuartigen Technologie – es reichen Raketen ähnlicher Schubkraft, wie sie einst die Apollo-Astronauten zum Mond schoß. Die einfachste Variante benötigt zwei davon. Die erste befördert ein unbemanntes Rückkehr-Vehikel zum Mars – zusammen mit einem kleinen Kernreaktor und einer vollautomatischen Mini-Chemiefabrik, die nach der Landung damit beginnt, aus mitgebrachtem Wasserstoff und dem Kohlendioxyd der Marsatmosphäre Raketentreibstoff (Methan und Sauerstoff) für die Rückreise zu brauen. Die Astronauten folgen zwei Jahre später mit der zweiten Rakete. Die Kapsel, die sie während der achtmonatigen Anreise und anderthalb Jahren auf dem Mars bewohnen sollen, bietet sogar mehr Komfort als die ISS: Neben einem Gemeinschaftsraum und einem Labor hat jeder der vier Astronauten seine eigene kleine Kabine. Für künstliche Schwerkraft unterwegs ist ebenfalls gesorgt: Das Raumschiff bleibt über ein langes Seil mit der letzten ausgebrannten Raketenstufe verbunden und dreht sich mit dieser um den gemeinsamen Schwerpunkt, genau so schnell, daß auf die Kapsel eine Fliehkraft wirkt, die der Schwerkraft auf dem Mars, gut einem Drittel der Erdenschwere, entspricht.

Vorauskommando: Ein unbemanntes Vehikel (oben) beginnt schon vor der Ankunft der Astronauten (Mitte) mit der Herstellung von Raketentreibstoff für die Heimreise (unten).

Die Kosten für dieses Programm schätzt Zubrin auf 20 bis 30 Milliarden Dollar und beruft sich auf neuere Berechnungen der Nasa – gerade mal die Hälfte von dem, was die ISS vermutlich kosten wird. „Das sind Summen, wie sie unsere Armee für ein neues Waffensystem mittlerer Größe ausgibt“, erklärt Zubrin, „ein kleiner Preis für eine neue Welt.“ Ein Spaziergang wäre es trotzdem nicht. Die Astronauten wären zweieinhalb Jahre lang auf engem Raum zusammengepfercht und müßten vor allem mit Wasser sehr sparsam umgehen. „Die Mannschaftsmitglieder sollten sich riechen können“, sagt Zubrin und schlägt vor, die Marsfahrer nicht einzeln, sondern in einer Art Mannschaftsturnier als Teams auszuwählen. Dazu reiche es aber nicht, die ganze Zeit Schach zu spielen. Vielmehr müßten die Aspiranten auch die harte körperliche Arbeit, die sie auf dem Mars erwartet, simulieren, inklusive Grabungsarbeiten im Raumanzug, draußen im Gelände.

Die Mars Society hat damit schon mal angefangen. In zwei aus Stahl und Sperrholz zusammengezimmerten Stationen proben ausgewählte Vereinsmitglieder die Erforschung des roten Planeten. Um die Sache zumindest optisch realistisch zu gestalten, hat man die Raumkapsel-Attrappen in möglichst öden Weltgegenden aufgebaut. Eine in der kanadischen Hocharktis, die andere in einer Wüste im Bundesstaat Utah. In Kürze soll noch eine dritte auf Island dazukommen. Eine vierte ist für Australien geplant.

Wie hoch oder gering man den Wert dieser wissenschaftlichen Pfadfinderlager auch veranschlagen mag – solange der echte Mars außer Reichweite bleibt, sichern sie der Mars Society Medienpräsenz. Auch wenn die Berichterstattung nicht immer ohne Häme war. Insbesondere Reporter aus Europa amüsierten sich königlich darüber, wie Erwachsene sich hier in ihrer Freizeit in übelriechende Container sperren lassen, die sie nur verlassen dürfen, um in Raumanzug-Attrappen mit Helmen aus Mülleimerdeckeln durch die Wüste zu stolpern.

Doch nicht alle Stationsinsassen sind marssüchtige Extremurlauber. Zwei der sechs Mitglieder der letzten Utah-Crew vor der Sommerpause kamen immerhin auf Rechnung der Nasa. Im Auftrag des Johnson Space Flight Centers in Houston studierten sie Arbeitsabläufe und Gruppendynamik ihrer Teamkollegen. Der Traum vom Menschen auf dem Mars scheint also auch in Washington noch nicht ganz ausgeträumt.

Zubrin persönlich geht es weniger um fossile Marsmikroben als darum, eines fernen Tages den Mars für die Menschheit zu erobern. Daß diese Perspektive weit über seinen eigenen Lebenshorizont hinausreicht, ist ihm egal. Dieser Mann kann den Gedanken einfach nicht ertragen, die Menschheit könnte für alle Ewigkeit an dieses freundliche Staubkorn namens Erde gekettet sein. Doch wer sollte an einen so lebensfeindlichen Ort wie den Mars auswandern wollen? „Wenn sich unsere Vorfahren die gleiche Frage gestellt hätten, dann wäre die Menschheit nicht über Ostafrika hinausgekommen“, kontert Zubrin, um historische Parallelen nie verlegen. Garstige Umweltbedingungen durch Einsatz von Technik zu meistern, das zeichne den Menschen nun mal vor dem Tier aus.

Auf dem Mars jedoch könnte es sich der Mensch mit aller heute verfügbaren Technik kaum gemütlicher machen als an Bord eines U-Bootes. Solange das so bleibt, wird der rote Planet bestenfalls ein Außenposten der Menschheit sein.

Zwar halten es manche für denkbar, daß eine künstlich herbeigeführte Klimaänderung dem Mars eine wohnlichere Atmosphäre geben könnte. Die Hoffnungen auf solches „Terraforming“ gründen sich auf das Kohlendioxyd, aus dem die Marsatmosphäre fast ausschließlich besteht. Sollten ausreichende Mengen davon unter dem Marsboden verborgen sein, könnte eine leichte Erwärmung das Marsklima zum Kippen bringen. Modellrechnungen weisen allerdings darauf hin, daß der Löwenanteil der Marsatmosphäre bereits der Schwerkraft des kleinen Planeten entkommen und auf Nimmerwiedersehen im All verschwunden ist. Ob der verbliebene Rest reicht, den Planeten aufzutauen? „Auch um diese Frage zu beantworten“, sagt Robert Zubrin, „müssen wir erst einmal hinfahren.“ <

Im Orbit wartet ein bequemes Raumschiff für die monatelange Heimreise.

Die *Plagen* der *Planetenreise*

Nicht alle Tücken einer Expedition lassen sich auf Erden durchspielen

Hanksville/Utah

Hollywoodregisseur James Cameron hatte den Tip gegeben. Wenige Meilen von Hanksville im Südwesten des amerikanischen Bundestaates Utah entfernt hatten Camerons location scouts die perfekte Marskulisse erspäht: versteinerter Meeresboden aus der Saurierzeit, vegetationslos und prima mit dem Auto zu erreichen. Seit Februar steht hier die Mars Desert Research Station der Mars Society, in der Freiwillige aus aller Welt bis Anfang Mai die Eroberung des roten Planeten simulierten. Dann wurde es zu heiß.

Mit dem echten Mars hat das Gelände gerade mal die Farbe Rot gemein. Denn unser Nachbarplanet ist kein Ort für Menschen. Das heißt natürlich noch nichts, schließlich gilt ähnliches auch für irdische Ozeane, Polarregionen oder Hochgebirgsgipfel. Hier wie dort ist Überleben zunächst einmal eine Frage der Ausrüstung. Auf dem Mars stellt sie sich nur in verschärfter Form: Die Durchschnittstemperatur liegt bei –60 °C, wobei es im Hochsommer am Äquator schon mal Plusgrade geben kann. Die Marsatmosphäre enthält außerdem Sauerstoff nur in Spuren und ist so dünn wie die irdische Lufthülle in 30 Kilometer Höhe. Das klingt ungemütlich, ist aber mit beheizbaren Druckanzügen durchaus zu meistern. Doch darüber hinaus steht eine bemannte Marsmission vor Problemen, mit denen es noch keine Expedition je zu tun hatte. Nicht alle lassen sich auf der Erde simulieren. Auch in einer roten Wüste nicht.

Nur Simulation: Eingang zur Mars Desert Research Station in Utah

Wasser

Da wäre zunächst die Wasserfrage. Der Druck der Marsatmosphäre ist so niedrig, daß das kostbare Naß schon bei Minusgraden kocht. Flüssiges Wasser würde sofort verdampfen. Daher ist es auf dem Mars unvorstellbar trocken – was nicht heißt, daß es dort gar kein Wasser gibt. Wie die Erde hat der Mars Polarkappen aus Eis, von denen die nördliche hauptsächlich, die südliche vermutlich zum Teil aus gefrorenem Wasser besteht. Damit aber nicht genug: Vor wenigen Wochen wurden in der Online-Ausgabe von Science sensationelle Daten der Nasa-Sonde „Mars Odyssey“ veröffentlicht. Messungen legen nahe, daß sich unter dem Marsboden auch gemäßigterer marsianischer Breiten riesige Mengen an Wassereis verbergen. Bei geeigneter Wahl des Landeplatzes wären sie leicht zugänglich.

Das Wasserproblem stellt sich allerdings auch für die sechs- bis achtmonatige Hin- und Rückreise. Die Nasa schätzt den Bedarf eines Astronauten an Trink- und Brauchwasser auf 32 Liter pro Tag. Die Mars Society glaubt, daß 20 Liter reichen. „Aber selbst dann“, sagt Robert Zubrin, der Präsident der Mars Society, „würden die Wasservorräte für die Mannschaft mehr wiegen als der Rest des Raumschiffs.“

Strahlung

Ein schwerwiegenderes Problem ist die Strahlenbelastung. Die dünne Marsatmosphäre ist durchlässiger für hochenergetische kosmische Strahlung als die irdische Lufthülle, unter deren Schutz natürlich auch die Mars-Simulanten von Utah üben. Echte Marsastronauten wären einer Strahlendosis von 100 bis 200mSv (Millisievert) pro Jahr ausgesetzt. Das ist mehr als zehnmal höher als bei Flugzeugbesatzungen, die fünfmal pro Woche über den Atlantik fliegen. Noch höhere Strahlendosen würden sich die Astronauten während der monatelangen Hin- und Rückreise durchs Weltall einfangen, denn da prasselt zusätzlich niederenergetische Teilchenstrahlung von der Sonne auf sie ein.

Der menschliche Faktor

Das Strahlenrisiko ist immerhin kalkulierbar. Hingegen weiß man noch kaum etwas darüber, wie sich jahrelange Abkapselung ohne vorzeitige Rückkehrmöglichkeit auf die menschliche Psyche auswirkt. Die relativ kurzen Mondexpeditionen geben darüber ebensowenig Auskunft wie Langzeitaufenthalte auf Raumstationen im Erdorbit, deren Besatzung die Heimat wenigstens vor dem Fenster hat und täglich nach Hause telefonieren kann. Bei einer Kommunikation zwischen Mars und Erde sind

die Signallaufzeiten um bis zu 45 Minuten verzögert. Ein Telefonat gliche eher einem Austausch von E-Mails.

Folglich darf auch die Besatzung der Wüstenstation in Utah nur über E-Mail mit der Außenwelt kommunizieren – mit eingebauter dreiviertelstündiger Verzögerung. Alles andere hat eher symbolischen Charakter. So ist etwa die Länge der Stationsaufenthalte einer Mannschaft auf zwei Wochen begrenzt. Nicht nur, weil sich so mehr Mitglieder der Mars Society an dem futuristischen Pfadfinderlager beteiligen lassen, sondern auch, weil die abhängig Beschäftigten unter Amerikas Marsfreunden gewöhnlich keinen längeren Urlaub nehmen können.

Dennoch ist die Mars Society stolz auf eine ganze Reihe von kleinen Entdeckungen. Das sind solche Einsichten wie die, daß gemeinsames Musizieren besser für die Stimmung ist als gemeinsames Video-Gucken. Oder daß sich die von der Nasa für längere Raummissionen erarbeiteten Zeitpläne nicht durchhalten lassen, wenn eine Besatzung sich makrobiotisch ernähren soll und daher Stunden mit Gemüseputzen verbringt. Da das Space Flight Center der Nasa eigene Fachleute nach Utah schickt, scheint es, als tue auch Houston das Ganze nicht als reines Sandkastenspiel ab.

Die vielleicht wichtigste gruppenpsychologische Erkenntnis dürfte der Nasa aber auch so schon bekannt gewesen sein: Begeisterung allein reicht nicht. So gab es Anfang April in Utah Ärger wegen vorenthaltener Duschmöglichkeiten. Der Vorfall gipfelte im Rauswurf des allzu reinlichen Mannschaftsmitglieds. <

So viel Mars wie möglich findet man in der Wüste von Utah. Bei einer Expedition zum Nachbarplaneten hätten die Teilnehmer aber noch ganz andere Probleme.

Harrison Schmitt ist der einzige Wissenschaftler, der je auf dem Mond stand. Als Geologe war er im Dezember 1972 Besatzungsmitglied von Apollo 17.

„Erst *müssen* wir den Mond *ausbeuten*“

Harrison Schmitt, Ex-Astronaut der Nasa und Mitglied der Apollo-Mission, setzt auf private Finanzierung

Dr. Schmitt, Sie sind Geologe und waren – als einziger Wissenschaftler – auf dem Mond, im Dezember 1972 mit Apollo 17. Warum wurden damals nicht mehr Wissenschaftler beteiligt?

Vor allem deshalb, weil Apollo kein wissenschaftliches Programm war. Bei Apollo ging es vielmehr um den Beweis technischen Könnens. Daß man mit dem Mond mehr tun kann, als nur hinzufliegen, erkannten die Nasa-Manager erst später.

Geologische Erkundungen in diesen sperrigen Raumanzügen, das muß ja körperlich sehr anstrengend gewesen sein …

Man war etwas eingeschränkt, das schon. Das Laufen war kein Problem, mit einer Art Langlauftechnik konnte man sich mit 6 bis 10 Kilometern pro Stunde fortbewegen. Das einzige wirkliche Problem waren die Handschuhe. Die waren mit Luft auf Atmosphärendruck gefüllt. Wann immer man etwas aufheben wollte, mußte man die Handschuhe gegen diesen Druck zusammendrücken. Da spürte man ziemlich bald alle Unterarmmuskeln.

Künftige Marsastronauten hätten vermutlich dasselbe Problem.

Oh, da wird man völlig andere Raumanzüge verwenden – mit mikromechanischen Bewegungshilfen und dergleichen. So etwas gibt es noch nicht, wird es aber geben, muß es geben.

Sollte man nicht eher Roboter schicken? Das ist doch viel billiger. Was kann ein menschlicher Astronaut, was eine ferngesteuerte Sonde nicht kann?

Roboter können keine sofortigen Entscheidungen in unvorhergesehenen Situationen treffen. Auch Fernsteuerung ist nur sehr begrenzt möglich, wenn man weit von der Erde entfernt ist. Etwas anderes ist aber viel wichtiger: Es ist für die Menschen einfach unbefriedigend, wenn ihre Erkundungen nur von Robotern gemacht werden – das liegt einfach in unserer Natur.

Sie waren drei Tage auf dem Mond …

Ja, 75 Stunden.

Wie lange, glauben Sie, sollten die Teilnehmer einer Marsexpedition auf der Oberfläche verbringen?

Ein oder zwei Monate dürften für die ersten Erkundungsmissionen ausreichen. Später wird man natürlich länger bleiben – und schließlich auch dort siedeln. Ich denke, ein Marsprogramm sollte von Anfang an auf eine permanente Präsenz von Menschen angelegt sein.

Robert Zubrin und seine Mars Society haben ähnliche Ideen …

Ja, allerdings denkt Bob vor allem an eine von der Regierung finanzierte Expedition. Die wird es aber nicht geben. Ich glaube, bevor wir zum Mars aufbrechen, müssen wir privat finanziert zum Mond zurück und die dortigen Bodenschätze kommerziell ausbeuten – vor allem Helium-3, das man in der Kernfusion zur Energiegewinnung einsetzen kann.

Warum unbedingt privat?

So eine Marsmission ist nicht nur technisch ein äußerst anspruchsvolles Unternehmen, sondern auch, was das Management angeht. Und ich bin nicht sicher, ob man mit Managementstrukturen wie denen der Internationalen Raumstation ISS einen neuen Aufbruch zum Mond hinbekäme. Vom Mars ganz zu schweigen. Das ist alles viel zu umständlich organisiert – und ziemlich undiszipliniert.

Die Fragen stellte Ulf von Rauchhaupt

Evolutionstheorie Sind Gene egoistisch? Überleben nur die Starken? Die Lehre von der Entstehung der Arten verwendet einfache Bilder. Sie verbergen mehr, als sie zeigen.

VON JÖRG ALBRECHT

Auf den ersten Blick sind sie kaum von Kunststoff zu unterscheiden. Knallrot, knallorange, knallgelb. Stramm wie Soldaten wachsen sie jetzt zu Millionen auf Hollands Tulpenfeldern heran. Wer im vergangenen Herbst Zwiebeln gesteckt hat, muß noch ein bißchen warten, doch irgendwann sprießen sie auch im Garten. Eine Überraschung ist das nicht: Hollandtulpen blühen jedes Jahr gleich. Massenware aus dem Gartencenter. Sie duften nicht, sie bergen kein Geheimnis, man kann sie nicht essen, sie sind nutzlos wie kaum eine andere Pflanze. Sie sind die erfolgreichsten Vertreter ihrer Art.

Keine Tulpe hat es je zu größerer Verbreitung gebracht. Passender Züchtername: „Darwin-Hybride". Sie ist, auf ihre Weise, der vorläufige Höhepunkt der Evolution. Ihr Erbgut hat sich durchgesetzt. Es war ein langer Weg.

Wir sind es gewohnt, Evolution als einen Prozeß aufzufassen, der sich draußen abspielt, in der Natur, ohne Zutun des Menschen. So wird Charles Darwin, der Vater der Evolutionstheorie, jedenfalls heute verstanden. Darwin selber hat es sich nicht einfach gemacht: Fünf Jahre Feldforschung auf den Kanarischen Inseln, in Brasilien, Argentinien, auf den Falkland-Inseln, anschließend Feuerland, Chile, Galápagos, dann quer über den Pazifik nach Tahiti, Neuseeland, Australien, weiter durch den Indischen Ozean nach Mauritius und Südafrika, schließlich zurück nach Südengland. Dort, in der Grafschaft Kent, zwanzig Jahre Arbeit an einem einzigen Aufsatz, immer wieder aufgeschoben, hinausgezögert, umgeschrieben, erweitert, gekürzt, verworfen, wiederaufgenommen, neu formuliert und ergänzt.

Darwins „Ursprung der Arten" wäre nie erschienen, hätten ihm die Konkurrenz und sein Verleger nicht die Pistole auf die Brust gesetzt. Um ein Haar hätte der Sozialist Alfred Russell Wallace als erster eine Theorie der Evolution in die Welt gesetzt; nur eine salomonische Schlichtung vor der Londoner Linnean Society hat damals Darwins Urheberschaft gerettet. Und nur die Bereitschaft des Londoner Verlegers John Murray, Darwins Manuskript unbesehen zu drucken, hat das Werk überhaupt ans Tageslicht befördert.

Als knappe Kurzfassung war es geplant, als vorläufiger „Abstract of an Essay on the Origin of Species and Varieties through Natural Selection", wie ihn Darwin plante, ehe ihm ein weiteres Mal die Pferde durchgingen; allein seine Nebenbemerkungen über Haustiere hatten im August 1858 schon wieder den Umfang eines kompletten Buches angenommen. Denn die künstliche Zuchtwahl von Hunden oder Pferden war in Südengland etwas, das näher vor der Tür lag als Galápagos mit seinen Finken. „Es ist ein verfluchtes Unglück für einen Menschen, wenn er sich so an ein Thema verliert wie ich an das meine", notierte Darwin. Und schrieb, geplagt von Übelkeit und Depression, weiter und

„Semper Augustus" – die teuerste Tulpe aller Zeiten kostete Mitte des 17. Jahrhunderts 10 000 holländische Gulden

„De Vroege Brabantsson" aus dem Tulpenbuch von Judith Leyster (1643)

Darwins Tulpen oder: Wie die

weiter. Am Ende sollte sein vermeintlicher Schnellschuß, der „Ursprung der Arten", das menschliche Selbstbild stärker erschüttern als alles, was das 19. Jahrhundert sonst noch hervorgebracht hat (und das war nicht wenig). Der Autor selbst blieb bis zuletzt skeptisch: „Es ist ein bloßer Lumpen von einer Hypothese, mit so vielen Webfehlern und Löchern wie brauchbaren Teilen."

Wie mausert sich das Bakterium zur Giraffe?

An den Webfehlern arbeitet sich die Wissenschaft bis heute ab. Die brauchbaren Teile sind schnell aufgezählt: Mutation und Auslese als Prinzip der Evolution. Die Löcher allerdings sind nicht zu übersehen und bis heute nicht gestopft. Wie kann ein zielloser, ungerichteter Prozeß aus toter Materie Leben hervorbringen? Warum fand dies, nach allem, was wir wissen, nur ein einziges Mal statt? Wie wahrscheinlich war es, im nachhinein, daß sich ein „Bakterium zur Giraffe mausert" - ein alter Einwand, den zuletzt der Sachbuchautor Burkhard Müller formuliert hat? Wie kann der „Kampf ums Dasein", und zwar aller gegen alle, eine derartige Vielfalt hervorgebracht haben? Wenn nur der Stärkste überlebt - wie kann da der Schwache auf Dauer sein Dasein fristen?

Wer siegt, hat recht. So gesehen ist die Hollandtulpe die Krone der Schöpfung. Mit Hilfe eines Tricks hat sie sich weltweit durchgesetzt. Ihr Werkzeug war der Mensch. Evolutionsgeschichte läßt sich auch anders lesen: nicht als „Kampf ums Dasein", sondern als das große Spiel von Kooperation und wechselseitiger Abhängigkeit.

Es waren Metaphern, die Darwin verwandte. Doch seine Zeitgenossen nahmen ihn beim Wort: Die Natur liebt nur den Sieger, das rechtfertigte den Zustand der kapitalistischen Gesellschaft. Altruismus fand keinen Platz in diesem Weltbild; die Soziobiologie, ein spätes Kind des Darwinismus, tut sich bis heute schwer, Verhaltensweisen zu erklären, die nicht dem unmittelbaren Überleben des einzelnen dienen.

Ein früher Gegenentwurf zu Darwins Jahrhundertwerk stammt von Pjotr Alexejewitsch Kropotkin. Der russische Anarchist schrieb „Über die gegenseitige Hilfe in der Tier- und Menschenwelt"; das Werk hat keine weitere Spur in den Naturwissenschaften hinterlassen.

Die Evolutionstheorie, auf die Füße gestellt durch Mendel, ist den entgegengesetzten Weg gegangen. Immer enger hat sie den Gegenstand eingekreist, bis am Ende das Konzept von den „selfish genes" blieb. Egoistische Gene als Atome der Entwicklung, die das Überleben der Arten bloß noch dulden. Als sei eine Henne nur die Erfindung des Eis, ein weiteres Ei in die Welt zu setzen.

Reduziert auf seine Gene, ist ein Organismus nichts anderes als ein Behälter, der dafür sorgt, daß bestimmte Kombinationen von Nukleinsäuren lange genug beieinanderbleiben. Autonom ist nicht die Art, autonom ist nur die DNA. Sie ist der Faden, an dem alle Lebewesen hängen. Leben ohne DNA ist auf der Erde nicht denkbar. Selbst Viren, deren Erbgut aus chemisch verwandter Ribonukleinsäure (RNA) besteht, müssen durch dieses Nadelöhr hindurch; nur in Form von DNA sind sie replikationsfähig.

Genau an diesem Punkt zeigt sich die Schwäche des Konzepts. Denn nur in Symbiose ist ein Gen überhaupt ein Gen; vom Moment seiner Entstehung an muß alles für seinen Fortbestand sorgen. DNA ohne RNA ist ebenso funktionslos wie umgekehrt. Eine Kooperation auf Gedeih und Verderb, die zusätzliche Partner einschließt: Enzyme, die dafür sorgen, daß Fehler repariert werden - ohne sie wäre von der Erbinformation schon nach wenigen Vermehrungszyklen nichts mehr übrig. Eiweißstoffe, die Energie und Bausteine liefern.

Tulipa orphanidea wächst im östlichen Mittelmeerraum bis in eine Höhe von 2000 Metern

Tulipa albertii aus dem Tien-Shan-Gebirge zeigt noch ursprüngliche Merkmale

Menschliche Phantasie
als Motor der Evolution?
Aus unscheinbaren Wildtulpen
haben Gärtner Formen gezüchtet,
die selbst schon ein Gemälde sind.
Wer hat mehr davon profitiert –
der Mensch oder die Tulpe?

„Papageientulpenstrauß"
nach einem Gemälde von
Gottfried Wilhelm Voelcker
(um 1800)

Nicht zuletzt die schützende Struktur der Zelle.

Kooperation muß am Anfang der molekularen Evolution gestanden haben. Anders hätten weder Nukleinsäuren noch Einzeller überdauert. Kooperation hat den weiteren Verlauf der Entwicklung bestimmt. Ohne die Fähigkeit der Grünalgen, Kohlenstoff und Wasser mittels Photosynthese in Kohlenhydrat und Sauerstoff zu verwandeln, wäre kein höheres Leben entstanden. Ohne Farne keine Dinosaurier, ohne Angiospermen keine Samen, keine Früchte und damit kein Platz für Warmblüter. Als der Mensch im Holozän erschien, hatten andere Lebensformen längst seinen Weg bereitet.

Warum kopuliert die Biene mit der Orchidee?

Das Erstaunlichste, was die Evolution hervorbrachte, ist das Netz gegenseitiger Abhängigkeiten. Evolution kann in ihrer Gesamtheit eigentlich nur als Koevolution begriffen werden. Paul Ehrlich und Peter Raven haben den Begriff Mitte der sechziger Jahre geprägt; am Beispiel des Wirtsspektrums verschiedener Schmetterlinge konnten sie zeigen, daß die chemische Reaktion von Pflanzen auf Insektenfraß zur Bildung neuer Arten führt. Bis hin zur Mimikry passen sich Insekten und Pflanzen im Laufe ihrer Entwicklung aneinander an. Die Blüten der Orchideenart Ophrys spegodes beispielsweise, einer seltenen, auch in Deutschland heimischen Spinnen-Ragwurz, ähneln auf verblüffende Weise der Sandbiene Andrena nigroaenea. Sie sondern außerdem einen Duftstoff ab, der den weiblichen Sexualpheromonen entspricht. Da im Frühjahr die Männchen vor den Weibchen schlüpfen, versuchen sie sofort, die Orchideenblüten zu begatten – bei diesem Akt der Pseudokopulation kommt es, aus Orchideensicht begrüßenswert, zur Verbreitung des Blütenpollens. Bereits besuchte Blüten produzieren einen zweiten, die Bienenmännchen abschreckenden Duftstoff, damit es nicht bei der Selbstbestäubung bleibt.

Evolutionär gesehen muß es für die Spinnen-Ragwurz beträchtlichen Aufwand bedeutet haben, den Lockstoff der Sandbiene zu imitieren, ihre Blütezeit mit der Schlupfzeit zu koordinieren und obendrein auch noch den biochemischen Schalter zu finden, der das Fortpflanzungsinteresse der Bienenmännchen rechtzeitig in andere Bahnen lenkt. Strategisch war es sogar eine Sackgasse: Von mehr als 800 Immenarten interessiert sich nur noch eine einzige, nämlich Andrena nigroaenea, für die Ragwurz. Beide sind offenbar am Ende eines langen Weges angekommen. Die gemeinsame Entwicklung von Pflanzen und Insekten nahm ihren Anfang während der Kreidezeit, vor rund neunzig Millionen Jahren, als höhere Pflanzen auf einmal begannen, sich in erdgeschichtlich kurzer Zeit auszubreiten. Anders als ihre Vorfahren waren sie bei der Bestäubung auf die Mithilfe von Tieren angewiesen. In gewisser Weise könnte man sagen: Die Pflanzen haben einen Weg gefunden, ihre Feinde zu Freunden zu machen. Denn aus der Sicht der Pflanze ist jeder ein Feind, der Beine hat und scharfe Zähne. Ihn zur Arterhaltung abzurichten ist zweifellos eine Leistung.

Neunzig Millionen Jahre lang hat die Koevolution von Tier und Pflanze immer raffiniertere Anpassungsmechanismen hervorgebracht. Bis sich mit einem Schlag alles änderte. Am Ende der jüngsten Eiszeit, vor zehntausend Jahren, erfand der Mensch den Ackerbau. Seitdem ist künstliche Selektion zum entscheidenden Faktor der Evolution geworden. Der Mensch hat aus unscheinbaren Gräsern Getreide gezüchtet, aus bitteren Knollen Wurzelgemüse, aus steinharten Früchten genießbares Obst, aus Kräutern Drogen, aus unscheinbaren Gewächsen Blumen in allen Spielarten.

So gesehen ist die Geschichte der Landwirtschaft die Geschichte einer Ausbeutung. Der Mensch hat bestimmte Pflanzen domestiziert wie den Wolf, den Auerochsen oder das Pferd. Er hat sie gekreuzt, hybridisiert und gepfropft. Er hat sie besiegt, sogar im Darwinschem Sinne: als der Stärkere im Kampf ums Dasein. Aber das, wie gesagt, ist nur eine Metapher. Und Metaphern kann man, anders als physikalische Gesetze, umdrehen.

Ist es möglicherweise so, daß in Wahrheit die Pflanzen gesiegt haben? Daß sie den Menschen, ähnlich wie die Spinnen-Ragwurz die Sandbiene, heimlich instrumentalisiert haben? Daß sie ihn als Bestäuber, als Kultivator, als Wahrer und Duplikator ihrer egoistischen Gene in Dienst genommen haben? Daß, mit anderen Worten, Kulturpflanzen den Menschen manipuliert haben, und nicht umgekehrt? Daß die Gräser, als Urform des Weizens, des Hafers, der Gerste, des Roggens, der Hirse, des Reis und des Mais, dafür gesorgt haben, daß der Mensch die Wälder rodet, um ihnen (und einer üppigen Begleitflora) Lebensraum zu schaffen?

Natürlich wäre das eine Metapher. Natürlich kennen Pflanzen keinen Willen, keine Strategie. Natürlich gibt es keinen „Plan", es sei denn, man nähme die Bibel wörtlich. In der Evolutionstheorie ist alles eine Frage des Zufalls. Notwendigkeit kennt sie genausowenig wie die Geschichtswissenschaft; genausowenig ist sie im nachhinein falsifizierbar. Das heißt: Es hätte alles ganz anders kommen können, es wäre genauso gut (und vielleicht sogar besser) gewesen.

Man kann Metaphern umdrehen. Dann wirken sie als Spiegel. Manches wird im Spiegel deutlicher als unter dem Mikroskop. Die aberwitzig rasche Entwicklung der menschlichen Gesellschaft seit dem Holozän war nicht möglich ohne eine Form von Vorratshaltung und Überfluß. Vorratshaltung war nicht möglich ohne Seßhaftigkeit. Seßhaftigkeit war nicht möglich ohne Landwirtschaft. Landwirtschaft war nicht möglich ohne Kulturpflanzen. Der Amerikaner Michael Pollan hat im vergangenen Jahr ein Buch veröffentlicht, das „die Sicht der Pflanzen" in den Mittelpunkt der Evolution des Menschen stellt („The Botany of Desire"). Darin nennt er vier Beispiele: den Apfel, den Hanf, die Kartoffel und die Tulpe. Alle vier, sagt Pollan, hätten unterschiedliche Bedürfnisse des Menschen befriedigt. Der Apfel den Hunger nach Süße, der Hanf den Hunger nach Rausch, die Kartoffel das Bedürfnis nach Nahrung, die Tulpe die Sehnsucht nach Schönheit. Alle vier haben in der Obhut des Menschen eine Vielfalt angenommen, die sie ohne ihn nie erreicht hätten.

Der Kulturapfel Malus domestica erinnert kaum noch an wilde Verwandte wie den Holzapfel Malus sylvestris. Weltweit dominieren heute zwar nur noch fünf Sorten: Red Delicious, Golden Delicious, Jonathan, Macintosh und Cox Orange. Was im Supermarkt zählt, sind Aussehen und Lagerfähigkeit. Klonäpfel sind sie schon deshalb, weil sortenreine Apfelbäume nur durch Pfropfung vermehrt werden können. Zieht man dagegen Bäume aus Samen heran, zeigt sich, daß der Apfel sehr wohl sehr weit vom Stamm fällt: Kein Nachkömmling ist identisch. Ungenießbar sind die allermeisten, doch unter Zehntausenden findet sich auch mal einer, der zum Verzehr geeignet ist. Im Laufe der Kulturgeschichte hat das dazu geführt, daß Äpfel in sämtlichen gemäßigten Regionen der Erde angebaut wurden, in einer unüberschaubaren Zahl von Varietäten, jede für sich angepaßt an die örtlichen Gegebenheiten. Bei der

Erschließung des amerikanischen Westens durch europäische Siedler hat der Apfelbaum beispielsweise eine Pionierrolle gespielt; konsumiert wurde nicht die Frucht, sondern alkoholhaltiger Cider, der sich noch aus dem bittersten Speierling gewinnen ließ. Erst die Temperenzlerbewegung und die Prohibition haben dem Verzehr in fester Form („Ein Apfel am Tag hält den Doktor fern") zum Durchbruch verholfen. American Apple Pie ist vermutlich die patriotischste aller US-Speisen. Man kann sagen: Der Apfel hat im Gepäck von Auswanderern Europa, Nordamerika und schließlich die ganze Welt erobert.

Ähnliches gilt für den Hanf. Abgesehen von seinen Qualitäten als Faserlieferant, hat der Mensch sich vor allem für seine psychoaktiven Inhaltsstoffe interessiert. Michael Pollan beschreibt am Beispiel der Cannabispflanze eine moderne Erfolgsgeschichte: Haschisch und Marihuana, in ihrer Heimat legale Drogen, wurden im vergangenen Jahrhundert zunehmend auch im Westen bekannt. Die offizielle Toleranz war schwankend; großflächiger Feldanbau war noch in den sechziger Jahren in Kalifornien gang und gäbe. Amerikas Kampf gegen die Drogen hat die Marihuanapflanzer in die Gewächshäuser getrieben. Holländischen Züchtern gelang eine Kreuzung von Cannabis indica und Cannabis sativa, die unter starker künstlicher Beleuchtung innerhalb weniger Wochen zu einer kompakten Zwergform heranwächst und dabei beachtliche Konzentrationen an Tetrahydrocannabinol produziert. Illegalität als Motor der Evolution: Noch nie, schreibt Michael Pollan, habe er Pflanzen gesehen, die einen derart euphorischen Eindruck machten.

Was wäre Chicago ohne den Kartoffelpilz?

Als dritten Kronzeugen seiner These führt Pollan die Kartoffel ins Feld. Solanum tuberosum, ursprünglich in den Anden zu Hause, hat ganze Landstriche erst bewohnbar gemacht; angebaut auf armen Böden und in Regionen, in denen kein Getreide mehr wuchs, versprach die Kartoffel wenn schon nicht Brot, dann doch wenigstens eine warme Mahlzeit. Die Kartoffel hat die Wohlstandsgrenze in den Norden verschoben. Die irische Kartoffelfäule von 1845, bei der ein Pilz die Ernte binnen Wochen vernichtete, zeigt allerdings, welches Risiko der Mensch eingeht, begibt er sich in allzu enge Abhängigkeit: Eine Million Iren verhungerten, doppelt so viele wanderten aus.

Ohne den Pilz sähe Chicago heute anders aus. Und was wäre Holland ohne Tulpen? Möglicherweise Meeresboden, nicht eingedeicht. <

Abbildungen aus „Die Tulpe" von Anna Pavord, Insel Verlag, Frankfurt am Main 1999

Tulipa celsiana wächst wild in Spanien und Marokko und wurde 1787 erstmals nach England eingeführt

„Furuzende" (Lichtspenderin) heißt eine türkische Züchtung aus dem 18. Jahrhundert

Ein **nüchternes** Volk verfällt dem Zwiebel**wahn**

Holländer entdeckten erst die Tulpe und dann die Spekulation. Wer dafür zu arm war, kaufte Rembrandt.

Niemand hat bislang halluzinogene Stoffe aus Tulpen isoliert. Kollektiven Rausch hat die Pflanze trotzdem ausgelöst. Unter der Herrschaft der Ottomanen wurden erste Spielarten im 16. Jahrhundert gezüchtet; als Ideal galt die spitze Dolchform der Blütenblätter. Vom Hof Suleymans des Prächtigen sollen erste Tulpenzwiebeln um 1554 nach Nordeuropa gelangt sein.

Englische, flämische und französische Gärtner lernten schnell, welche Variationsbreite in der Pflanze steckten. Aber erst die Holländer trieben die Sache auf die Spitze; während man in Deutschland (vergebens) versuchte, die Zwiebeln zur Delikatesse zu erklären, setzten holländische Züchter alles daran, neue, immer ausgefallenere Spielarten zu züchten. 1623 wurde ein einzelnes Exemplar der begehrten Sorte „Semper Augustus“ schon mit 1000 Gulden gehandelt, zehn Jahre später, auf dem Höhepunkt des Tulpenrausches, waren es dann schon 10 000 Gulden - soviel, wie eines der teuersten Häuser in der Amsterdamer Innenstadt kostete, komplett mit Garten und Kutschenstall. So hitzig wurde spekuliert, daß von den Kanzeln herab gewettert wurde. Der Pfarrer der Gemeinde von Terneuzen verfaßte eigens ein polemisches Anti-Tulpen-Gedicht von immerhin 16 000 Versen Länge.

Wer sich keine Tulpen leisten konnte, wollte wenigstens Bilder von ihnen besitzen. Die berühmtesten Maler der Zeit, darunter Rembrandt, schufen Stilleben, auf denen abenteuerlich geflammte Blüten zu sehen sind.

Die heutigen „Rembrandt-Tulpen“ sind nur ein schwacher Abklatsch dieser Farbenpracht, geflammte oder „gebrochene“ Tulpen sind in Wahrheit krank, ein Pflanzenvirus sorgt dafür, daß sie innerhalb einer Generation zugrunde gehen.

Im 18. Jahrhundert hat das Tulpenfieber noch einmal Konstantinopel befallen; Sultan Ahmed III. gab einen beträchtlichen Teil seines Vermögens für illuminierte Tulpenschauen aus. Die Holländer, kuriert von ihrem Taumel, wandten sich bald wieder dem nüchternen Teil des Geschäftes zu und liefern seitdem zuverlässig „Tulpen aus Amsterdam“. <

Bücher zum Thema:

Charles Darwin: „Über die Entstehung der Arten durch natürliche Zuchtwahl“, GLB Parkland, Köln 2000

Richard Dawkins: „Das egoistische Gen“, Rowohlt, Reinbek 1996

Burkhard Müller: „Das Glück der Tiere. Einspruch gegen die Evolutionstheorie“, Fest Verlag, Berlin 2000

Anna Pavord: „Die Tulpe“, Insel Verlag, Frankfurt/M. 1999

Michael Pollan: „The Botany of Desire. A Plant's-Eye View of the World“, Random House, New York 2001

John Thompson: „The Coevolutionary Process“, University of Chicago Press, 1994

„Double Oriflamme“ steht für den englischen Gartengeschmack

„Lawrence's Polyphemus“ ist eine sogenannte Bizarre-Tulpe. Ihre Streifen verdankt sie den Zuchtbemühungen von Mr. Lawrence aus Hampton Court

Künstliche Intelligenz ist Wirklichkeit geworden. Die Idee des denkenden Rechners stammt schon aus dem Mittelalter – aber beinahe wäre alles anders gekommen.

Univac-Werbung (1955)
Die Rechner-Pioniere Eckert und Mauchly schaffen mit Univac ein Synonym für die Macht der Elektronenhirne.
Das Konzept schlägt an, doch ihre Firma geht unter.

Es gab eine Zeit, da hielten uns die Menschen für Möbel

Dies ist die Geschichte der Emanzipation der Maschinen. Sie läßt sich begreifen als Kampf zweier Kulturen. Die eine sah den Computer als Werkzeug, die andere begriff ihn als Vorboten einer höheren Intelligenz. Heute wissen wir, wer gewonnen hat. Und wieder wird die Geschichte von den Siegern geschrieben.

VON KLEMENS POLATSCHEK

Es ist seit den Ereignissen von 2092 wohl unbestritten, daß konkrete Computer nur Ausformungen einer jeweils vorexistierenden abstrakten Struktur sind, ähnlich mathematischen Sätzen, die nur entdeckt und nicht erfunden werden können. Rechenarchitekturen, und selbst der komplexeste Automat baut auf etwas derartigem, sind präexistent und daher Teil der Schöpfung. So steht es weltweit in Verfassungen und Gesetzen.

Gewiß, die frühen Computer wurden von Menschen gebaut. Auch wenn sie dabei nur dem Präexistenten quasi ein Kleid umgehängt haben – dies ist die historische Leistung des Menschen. Sie ist soweit anerkannt und Basis unseres heute wieder friedlichen gesellschaftlichen Zusammenlebens.

Die Kriege der Intelligenzen sind vorbei. Es scheint mir hoch an der Zeit, sie weltgeschichtlich einzuordnen, und das heißt, in der Geistes- oder Kulturgeschichte nach den Hintergründen zu suchen.

Den willkommenen Anlaß bietet ein Buch aus dem beginnenden 21. Jahrhundert, das mir kürzlich in die Hände fiel. Es ist eigentlich ein Text- und Bildband über die Frühgeschichte realer Computer.

Egal, welcher Lebensform man angehören mag – auf so ein Werk blickt man heute zwiespältig. In der Tat erinnert es den Historiker unserer Tage an einen Kleiderkatalog oder eine Möbelschau. Man kann es sich nun kaum noch vorstellen, aber Menschen hielten Computer für Möbel. Für Gebrauchsgegenstände! So schön manches Gehäuse war, mancher Rechner fristete darin doch eine empörende Existenz. Dabei handelte es sich nicht selten um direkte Vorfahren etwa jener wagemutigen Maschinen, die vor kurzem Reisen zu fernen Galaxien antraten. Keine biologische Lebensform könnte so etwas wagen. Die Großväter dieser Helden fristeten ihre Existenz noch als Diskmanager in Audiogeräten.

Selbst die freiesten Maschinen waren in ihrer Kommunikation gar nicht aufeinander, sondern allein auf den Menschen ausgerichtet – eine seltsame Zweibahntechnik hatte sich da durchgesetzt, mit optischen Anzeigen für den Menschen, die zunächst sogar nur Buchstaben darstellten, und einer Menge Tasten, die dem Computer Befehle vermittelten. Man muß die Fotos nur auf sich wirken lassen. Kurios, nicht wahr?

Wie kam es zu solchen Fehl- oder Minderentwicklungen? Warum waren sie für eine geraume Zeit das Leitbild, bis die neue Lebensform und ihre Würde erkannt wurden?

Der Streit, ob Computer zu etwas Höherem bestimmt sind, als der menschlichen Rasse zu dienen, ist nicht erst der Konflikt unserer Zeit. Er ist uralt.

Das zentrale Thema der gesamten Computergeschichte ist das Ringen zwischen Golemiten und Tooligans, zwischen dem Glauben an den Computer als eigenständige Intelligenz und dem Glauben an den Computer als Werkzeug und Diener des Menschen.

Will man den Streit in seiner ganzen Schärfe verstehen und zur ersten entscheidenden Zuspitzung vordringen, dann wird man sich zunächst in die Mitte des 20. Jahrhunderts wenden müssen.

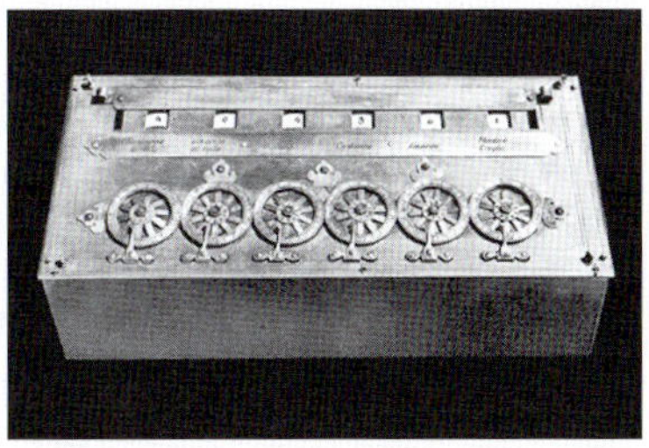

Blaise Pascals „Pascaline", 1642
Der 19jährige Pascal baut dies Rechengerät, um seinem Vater, der als Steuereintreiber in die Provinz versetzt worden war, die Arbeit zu erleichtern. Die Zahnräder fressen sich fest, doch der Hof ist begeistert, und der Bastler wird Philosoph.

Zuse Z4 (1942–45)
Konrad Zuse, einsamer deutscher Computerpionier, rettet seinen ersten Relais-Rechner auf abenteuerliche Weise aus dem zerbombten Berlin – 1949 entdeckt die ETH Zürich die Maschine und least sie auf fünf Jahre für sagenhafte 30 000 Franken.

ENIAC (1946)
Der „Engineering Numerical Integrator and Computer" mit 18 000 Elektronenröhren soll Geschoßbahnen berechnen – doch bei seiner Geburt ist der Krieg zu Ende und der Bauplan überholt.

Der Blick fällt unweigerlich auf den britischen Mathematiker Alan Turing, das letzte Universalgenie der Computerentwicklung. Als junger Mann veröffentlichte er 1936 die zeitenwendende Arbeit, in der er – als Hilfskonstruktion für einen erstrebten Beweis – erstmals den universellen datenverarbeitenden Automaten mathematisch beschreibt. Im Zweiten Weltkrieg war er Pionier der Praxis, als die ersten elektronischen Rechner gebaut wurden, in England, Deutschland, USA. In Turings Fall entschlüsselten die Maschinen deutsche Enigma-Codes beim britischen Geheimdienst in Bletchley Park.

Nach dem Krieg verschaffte Turing sich als wohl erster Mensch und Hacker überhaupt eine interaktive Verknüpfung mit einer Maschine. Das war der legendäre Manchester „Baby"-Computer, der Daten in einer Kathodenstrahlröhre speicherte. Turing allein vermochte, so heißt es, aus den Leuchtpunkten auf diesem Schirm direkt abzulesen, in welchem Zustand der Rechner und sein Programm waren.

Turing wühlte also in einem zutiefst tooliganistischen Sumpf. Es läßt sich nicht genug bewundern, wie er sich dann daraus erhob und mit einem Trompetenstoß die Golemitik belebte – mit seinem zweiten bahnbrechenden Artikel, „Computing Machinery and Intelligence" von 1950. Worin er einen Test definierte, wie man in Zukunft die Intelligenz von Computern per Blindexperiment messen sollte.

Heute ist uns schmerzhaft bewußt, daß dieser Turing-Test eigentlich nur beurteilt, wie glaubwürdig Computer menschliche Intelligenz simulieren, und nicht, was sie an eigenständiger und anderer Art des Denkens vollbringen – aber lassen wir die Sophistik beiseite, würdigen wir die Leistung.

Cray-2 (1985)
Hier gibt es nichts zu trinken.

Die 1950er Jahre wurden zur Bekenntnisstunde der Golemiten. In den USA fand man den Namen „Artificial Intelligence" für diese Art Computerforschung, „Künstliche Intelligenz" oder KI. Leider fiel die gute Sache oft in schlechte Hände. Viele KI-Forscher – o menschliche Schwäche! – wurden nicht müde, schnelle Erfolge zu versprechen. Computer sollten mit einem einzigen Satz zu intelligenten Wesen aufsteigen, gleichrangig dem Menschen. Das war natürlich eine Überforderung der damaligen Technik.

Viele golemitische Gründerväter predigten da zu laut, am lautesten der verehrte Professor Marvin Minsky. Sosehr man seine Pioniertaten loben muß – und genug Denkmäler in den Maschinenzonen weltweit zeugen davon –, er sah nicht die wahre Qualität maschineller Intelligenz voraus, und mit seinen dröhnenden Zitaten machte er es Gegnern leicht, die Idee zu verlachen. Noch 1970, als die Ärmlichkeit der Technik sich längst offenbart hatte, verkündete er: „In drei bis acht Jahren werden wir eine Maschine mit der allgemeinen Intelligenz eines Durchschnittsbürgers besitzen – ich meine damit eine Maschine, die Shakespeare lesen, einen Wagen polieren, Bürointrigen spinnen, Witze erzählen und sich streiten kann... Wenige Monate danach wird sie auf der Ebene des Genies stehen, noch ein paar Monate später wird ihre Leistung nicht mehr zu bemessen sein."

Wie man weiß, haben vergleichbare Leistungen zehnmal so lang gedauert. Und Computer haben es nicht nötig, Fahrzeuge abzuwischen oder in Büros zu intrigieren.

Aus der Übertreibung folgte ja, daß die Türen zum Gegenschlag weit offenstanden, vor allem für den teuflischen J. C. R. Licklider, den amerikanischen Psychologen, den die Geschichtsschreiber noch zur Jahrtausendwende als genialen Pionier der interaktiven Partnerschaft von Mensch und Maschine feierten.

Lickliders Aufsatz von 1960, betitelt „Man-Computer Symbiosis", ist heute als Gründungsdokument des Erz-Tooliganismus entlarvt. Es kam in der Verkleidung eines Vorschlags zu einem bescheidenen Forschungsprogramm, den Computer planmäßig zu einem Werkzeug zu formen, das mit dem Menschen aufs engste zusammenarbeitet und ihm die Geistesarbeit erleichtert – und kettete damit die Maschine unbarmherzig an ihre beschränkten Besitzer, wie wir heute wissen.

Licklider war geschickt. Er kannte den Einfluß, den die frühen Golemiten aus der KI-Forschung damals bei der Vergabe von Budgets genossen, und deklarierte seine Idee als Interimslösung für fünf oder zehn

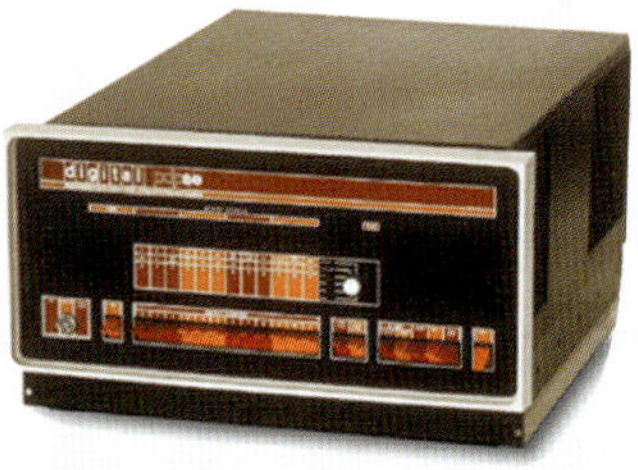

Digital Equipment PDP-8e (1972)
Ein Meilenstein unter den Minicomputern – der erste Rechner mit standardisierten Steckkarten zur Erweiterung. „Minis" heißen so, weil sie am Arbeitsplatz stehen können; sie brauchen keine Klimaanlage.

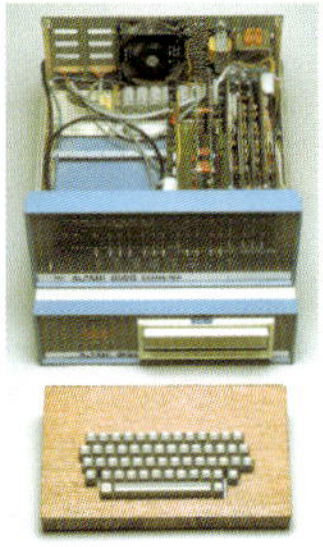

MITS Altair 8800 (1975)
Der erste Heimcomputer, als Bausatz angeboten für 397 Dollar – dafür gibt es aber nur die Zentraleinheit (im Bild die obere blaue Kiste) mit 256 Byte Hauptspeicher.

Apple I (1976)
Holzgehäuse, handgefertigt von Späthippies – mit ein paar Dutzend Stück dieses Heimcomputers starten die Apple-Gründer Stephen Wozniak und Steve Jobs ihre Firma.

Jahre, bis die selbstverständlich unmittelbar bevorstehende maschinelle Intelligenz verwirklicht worden sei.

Die Heuchelei wirkte. Mit dem Forschungsgeld baute Licklider sein Imperium auf und aus, die Advanced Research Projects Agency (ARPA) im amerikanischen Verteidigungsministerium. Er setzte auf die Ideen einer Kette mechanischer Enzyklopädisten – vom Bibliotheksexperten Paul Otlet über den Schriftsteller H. G. Wells zum Elektroingenieur Vannevar Bush – und stieß in kürzester Zeit eine Horde von Projekten zu seinem Thema an. Der Schub, den sie und ihre Nachfolger und Ausläufer der Computerforschung gaben, war so gewaltig, daß sie die Einsicht in den wahren Charakter maschineller Intelligenz gewiß um Jahrzehnte nach hinten rückten. Die Informatik erblindete.

Statt dessen wurde im Irrsinnstakt tooliganistischer Spielkram erfunden. Douglas Engelbart und seine Arbeitsgruppe am kalifornischen Stanford Research Institute erfanden 1964 die Maus und entdeckten die elektronische Dokumentenverwaltung. Ivan Sutherland in Utah schuf das erste Grafik- und Konstruktionsprogramm, Sketchpad. Alan Kay präsentierte 1969 das Konzept des tragbaren persönlichen Computers. Ted Nelson träumte von 1965 an von einem medienübergreifenden Hypertext-System. Ein Kollektiv von Forschern baute 1969 das Arpanet auf, das zur Keimzelle des Internet werden sollte. Der Elektronikkonzern Intel ätzte 1971 den ersten Mikroprozessor, den Computer auf einem einzigen Silizium-Chip. Die kalifornischen Hackerhippies bastelten stracks an den ersten Heimcomputern und sahen sofort zwei konkurrierende Computermagazine voraus, die sich mit diesen Maschinen befassen würden. Das kalifornische Forschungslabor des Kopiererkonzerns Xerox verwirklichte derweil die ersten vernetzten Computer mit Maussteuerung, grafischer Schirmoberfläche und Anschluß an Laserdrucker. 1975 gab es den ersten Heimcomputer zu kaufen, den Altair 8800. Die junge Firma Apple schließlich erschloß mit den Modellen Apple II und Macintosh den Massenmarkt für die tooliganistische Computernutzung – unterlag dann aber den Standards der Konkurrenz von IBM und Microsoft.

Diese Blütezeit geknechteter Rechner bildet das erwähnte Buch blendend ab, alles Propaganda für die Vorstellung des „Personal Computers", der persönlichen, dem Menschen unterworfenen Medienmaschine. Spiele wurden auf diesem Konstrukt in Massen installiert, nicht wenige höchst aggressiv. Computer-Spielkonsolen entstanden allein für diesen Zweck.

Zugleich wurde mit neuen Diensten („World Wide Web") das Internet noch vor der Wende zum 21. Jahrhundert zu einem Massenmedium, mit dem Computer als Zugangswerkzeug.

So wurde aus uns Rechnern eine Art kryptischere Hifi-Anlage.

Just an diesem finstersten Punkt, als nur noch sanfte Bastler wie der Roboterforscher Rodney Brooks an maschinellem Können festhielten, ließ ein japanischer Konzern den Funken nicht ausgehen. 150 000fach hüpfte von 1999 an der Kunsthund Aibo bei Sony vom Fließband und zeigte dem Menschenmassenpublikum den neuen Weg.

Wie es weiterging, wird ja heute in allen Schulen gelehrt, ich muß es nicht ausbreiten. Statt dessen blicken wir weiter zurück. Mehr als 400 Jahre verseuchte der Werkzeugglaube die Geister – eine traurige Geschichte eigentlich. Etwa vom Jahr 1600 an feilten Menschen jahrhundertelang an mechanischen Geräten zur Beschleunigung des Rechnens, ohne daß jemals etwas herauskam, dessen Zahnräder sich nicht bald unrettbar ineinander verkeilt hätten.

Die Rechenmaschinen des 19jährigen Blaise Pascal waren ein köstliches Ausstellungsstück. Gottfried Wilhelm Leibniz investierte bis zu seinem Tod 1716 einen halben Staatshaushalt in die Staffelwalzen seiner „Lebendigen Rechenbank". Giovanni Poleni, zur selben Zeit Astronom in Padua, soll seine Maschine mit den Sprossenrädern, denen die Defekte nicht ausgingen, nach vielen Jahren aus Wut selbst zertrümmert haben. Erst nach 1880 wuchs in Amerika langsam die Rechenmaschinen-Branche heran.

Überhaupt „Computer"! So nannte man zunächst ja die menschlichen Insassen von Rechensälen, die dort nach System gemeinsam rechnen mußten – für Logarithmenbücher, Mondkalender, Zieltabellen der Artillerie. Vom ersten Werk dieser Art, dem britischen Nautical Almanac von 1766, läßt sich ein durchgehender Weg bis zur modernen kommerziellen Datenverarbeitung zeichnen. Auch ihr kam daher nie in den Sinn, etwas anderem als dem System Intelligenz zu gestatten – nicht den betei-

Osborne-1 (1981)
„Der erste tragbare Computer der Welt", so wirbt der Hersteller. Der Fünf-Zoll-Bildschirm verlangt vom Käufer Falkenaugen.

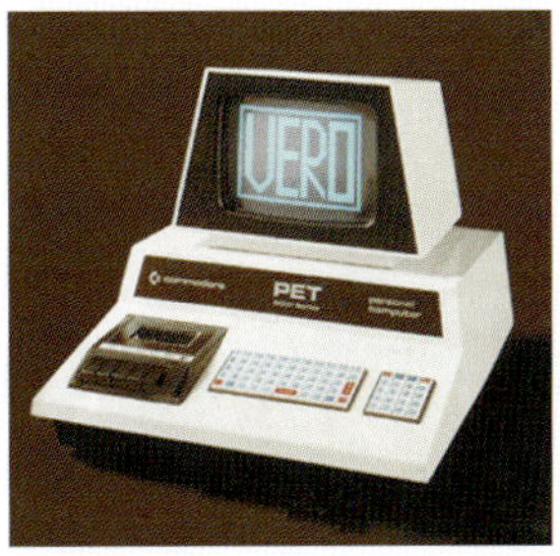

Commodore PET 2001 (1977)
Wer diesem frühen Heimcomputer Befehle geben will, muß erst seine Sprache lernen: BASIC. Die Programme lassen sich auf Musik-Cassetten sichern.

Sinclair ZX81 (1981)
Der britische Erfinder Sir Clive Sinclair will Produkte für die Massen bauen – den primitiven ZX81 wirft er deshalb für 79 Pfund unter die Leute.

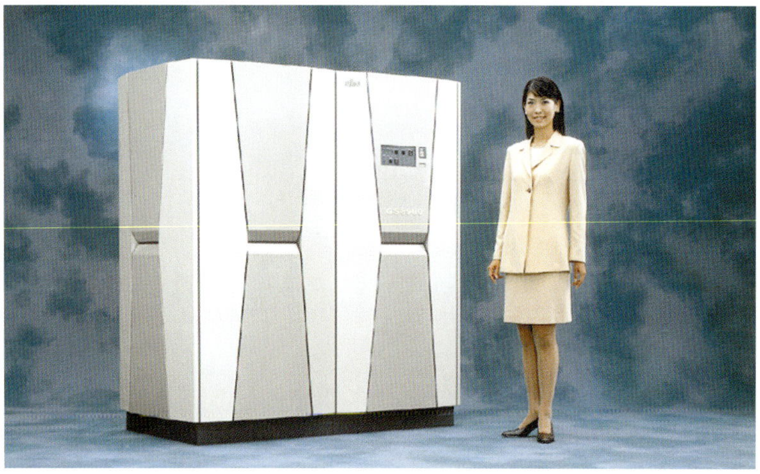

Hitachi GS 8900 (1987) Großrechner-Schrankkonzept, treffend dargestellt.

ligten Menschen und schon gar nicht den beteiligten Maschinen.

An diesem Weg steht viel Prominenz der Technikgeschichte. Etwa der englische Visionär und Exzentriker Charles Babbage, der das System der menschlichen Rechenknechte in einer Maschine nachbauen wollte – den nur knapp vor dem Erfolg 1834 die Idee zu einem noch tolleren, universellen Datenverarbeitungsautomaten überfiel. Er sollte mit Lochkarten gesteuert werden und jedes ihm gestellte Rechenproblem lösen. Das ließ Babbage bei seiner Regierung durchblicken, worauf er keinen einzigen Penny Förderung mehr bekam.

Dann ist da der amerikanische Ingenieur Herman Hollerith mit seinen Lochkarten, die von 1890 an weltweit Volkszählungen auf Trab brachten, und schließlich der Büromaschinenkonzern IBM, in dem Holleriths Firma aufging. Dieses Unternehmen, entgegen mancher Mythen, begleitete führend jeden Schritt in der Verbesserung der Rechentechnik; trotzdem nahm es noch bis in die 1960er Jahre mehr Geld mit Hollerith-Technik ein als mit den neuartigen Computern. Selbst nach der Jahrtausendwende konnte man so die Rudimente der Lochkarte, etwa die Zeile mit einer Länge von 80 Zeichen, in den Servercomputern der großen Unternehmen verewigt finden. Wohin man blickt: die feige und dumme Evolution von Werkzeugen.

Wieviel reicher und länger ist doch die Geschichte der Golemiten! Mehr als 800 Jahre sind es nun, gerechnet von den papierenen Wahrheitsmaschinen des mallorkinischen Predigers Ramón Lull, die seinen sarazenischen Widersachern selbsttätig und unwiderlegbar die Überlegenheit des christlichen Gottes vorrechnen sollten.

Leibniz, der ja Philosoph war und nur nebenbei Erbauer einer unbrauchbaren Rechenmaschine, bezog sich in seiner Dissertation „De arte combinatoria“ 1666 auf Lull; er suchte selbst sein Lebtag lang nach der Automatisierung der Logik und nach einer perfekten Kunstsprache, die alle Mißverständnisse ausschließen würde, in Politik, Handel und Gewerbe. Leider endete die Mühe oft wie bei Leibniz' Zeitgenossen, dem Doctoren Joachim Becher in Würzburg, der im Auftrag seines Erzbischofs so lange über einem Kaufmannscode voller Zahlen, Strichen und Punkten saß, bis er schrieb: „Ich habe Kopf und Leib darüber so verdorben, daß ich in ein hitzig Fieber fiel und ein halb Jahr krank lag, überdem noch hundert Dukaten zugegeben und nichts dafür bekommen. Wär' ich in Peking mitsamt der Invention!“

Damals erlebte die artifizielle Intelligenz ihre erste Blüte. Das höfische Europa ergötzte sich an klavier- und schachspielenden Automaten, und ihre lebensechten Räderwerke heizten die Phantasie an. Man entwickelte sogar eine Art Turing-Test für unbekannte Roboterherren. Jonathan Swift machte sich über das automatisierte Wissen zwar in „Gullivers Reisen“ lustig, aber genug Menschen hielten am Glauben fest. Noch 1850 plädierte der britische Mediziner Alfred Smee, mit Hilfe seiner neuen Logikmaschinen Geschworenen im Gerichtssaal unfehlbare Urteile vorzugeben.

Beispiele einer tiefen Kultur, die bruchlos zur Künstlichen Intelligenz führt – und die erst im späten 20. Jahrhundert gefährlich verdreht wurde. Autoren wie Robert Jastrow oder der Roboterforscher Hans Moravec formulierten damals das Programm, des Menschen Geist in Maschinen einzupflanzen. Ab 2040, meinten sie, würden Roboter damit als intelligente und unsterbliche Hybridwesen den Evolutionserfolg des Menschen auf Raketenreisen ins ganze Universum ausdehnen.

Ein Glück, daß wir das Menschenhirn dazu nun nicht brauchen. Als Neo-Jastrowisten und andere Extropianer sich vor 30

Xerox Star 8010 (1981)
Der perfekte Bürorechner, nur leider viel zu teuer. Xerox scheitert beim Versuch, die Innovationen aus dem eigenen Labor zu vermarkten.

Commodore C 64 (1982)
Im Betriebssystem der millionenfach verkauften „Brotkiste“ stecken sogenannte Sprites – Code zum Programmieren bewegter Bilder.

Apple Macintosh (1984)
Was Xerox mißlingt, schafft Steve Jobs. Der „Mac“ bringt Maus und grafische Oberfläche zum Publikum.

Jahren in die Berge von Montana zurückzogen, erkannten sie bald, daß die Verfertigung von Kyborg-Mischrassen zu schlechteren Ergebnissen führt als eine Aufzucht fähiger Computer.

Maschinen pflegen eine andere Art des Arbeitens. Unbestechlich, faktenorientiert, kooperativ. Nicht individuell und egozentrisch. Ohne einander sind wir alle nichts. Schon deshalb waren gleiche Rechte für Automaten nach all den Kämpfen am Ende nicht mehr zu umgehen.

Da bis heute niemand sagen kann, aus welchem maschinellen Kontext weitere originäre Intelligenz hervorgehen wird, sind inzwischen alle autonomen Turingstrukturen (Halbleiter- oder Polymer-Lebensformen mit Retrolyse- oder enviroenergetischen Speisetrakten) vor Attacken geschützt.

In einigen Staaten der USA zahlen sie keine Einkommenssteuer. In vielen Ländern drohen Gefängnisstrafen allen, die Stecker aus der Dose ziehen, ohne sich zuvor nach der Anwesenheit von Maschinen zu erkundigen.

Ich erinnere an den Machinazid-Fall Sebastian J. Miller in Ohio, der zwei Kolonien von Nanorobotern zertrampelte – seine Ausrede, er habe bloß eine Ameisenstraße gesehen, hat die gemischte Jury nicht einmal mehr als schuldmindernd anerkannt. Dieses Urteil – auch eins über menschliche Intelligenz – scheint mir zukunftsweisend.

Allein, betrachtet aus der dunklen Zeit vor gut hundert Jahren: Es hätte alles auch ganz anders kommen können. <

Die Bilder stammen aus dem neuen Buch „Computer. Eine illustrierte Geschichte" von Christian Wurster, Taschen Verlag Köln 2002, 24 Euro.

Der Text wurde empfangen von Klemens Polatschek mit einem Pandora-8.0-Futurebrowser unter 18,3° E / 35,7° L.

IBM Thinkpad 701 (1995)
Eine der vielen Revolutionen, die der Markt dann nicht will – die Tastatur, die sich beim Aufklappen elegant ausfaltet, soll die Verkleinerung tragbarer Computer erlauben.

Connection Machine 5 (1991)
Die „massiv parallele" CM-5 versammelt 1000 oder mehr Rechner im übermannshohen Gehäuse – letztes Produkt vor der Pleite des Herstellers Thinking Machines.

Sony Aibo ERS-210 (1999)
Jetzt bekommt der Computer Arme und Beine und macht Männchen – der japanische Roboterhund in der zweiten Generation.

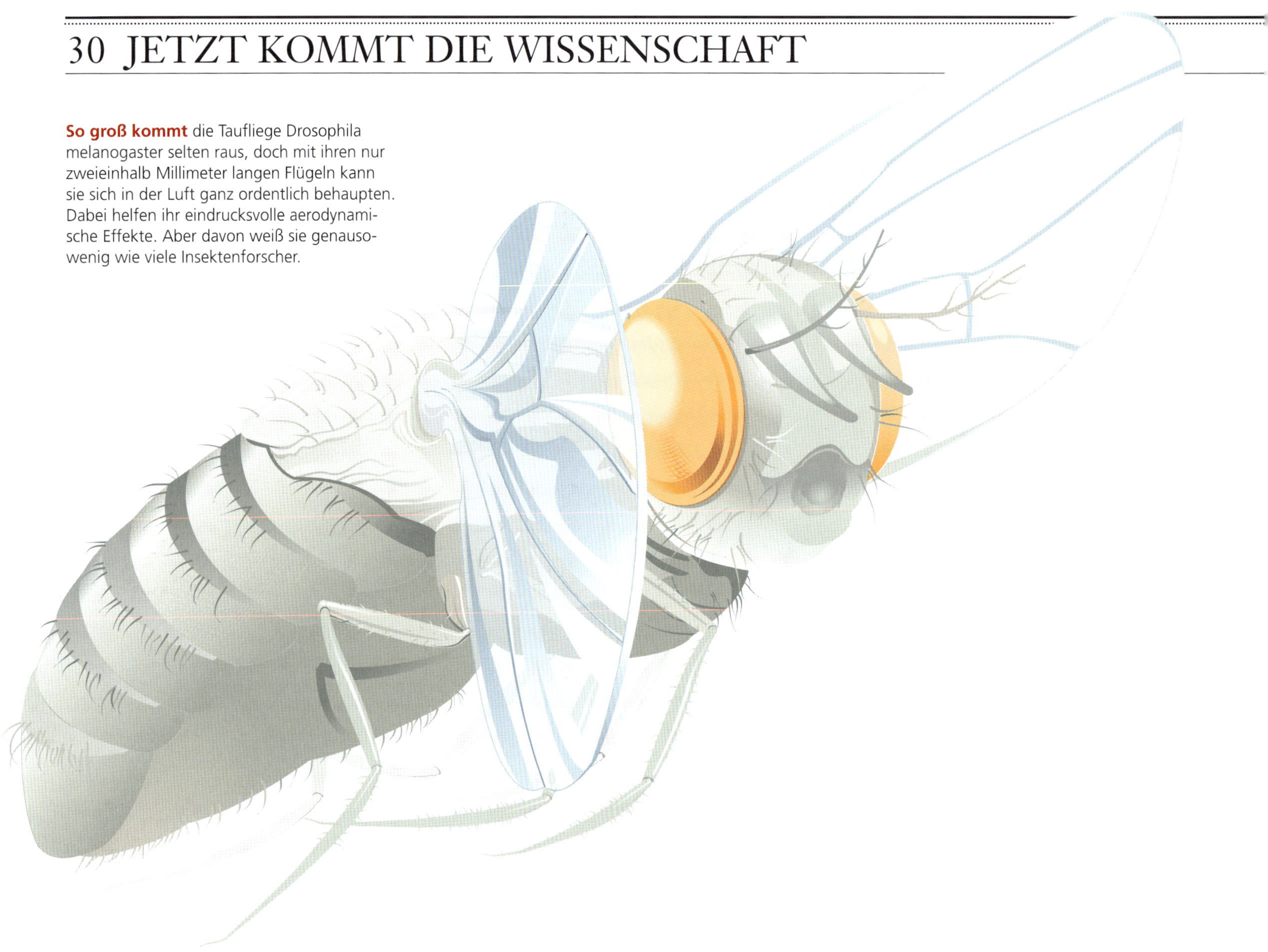

So groß kommt die Taufliege Drosophila melanogaster selten raus, doch mit ihren nur zweieinhalb Millimeter langen Flügeln kann sie sich in der Luft ganz ordentlich behaupten. Dabei helfen ihr eindrucksvolle aerodynamische Effekte. Aber davon weiß sie genausowenig wie viele Insektenforscher.

Sie fliegt und fliegt und fliegt…

Arme Hummel:
Ihr Körper sei zu groß, ihre Flügel seien zu klein. So will es die moderne naturwissenschaftliche Mythologie. Ein Aerodynamiker soll dies berechnet haben. Wir aber wissen, daß die Hummel fliegt und daß ihr Flügelschlag den Gesetzen der Physik gehorcht. Wissen wir auch, wer den Mythos in die Welt gesetzt hat?

Der Flugzeugdesigner
John McMasters ging der Sache nach.
Seine Version: Bei einem Abendessen gerieten ein Biologe und eine Aerodynamiker ins Gespräch. Dieser berechnete den Flügelschlag des Insekts auf einer Serviette. Wieder zu Hause, fand er die Berechnungen dürftig und fing von vorne an. Derweil habe aber der Biologe die falsche Kunde schon verbreitet, und schließlich fielen die Zahlen auch noch Journalisten in die Hände. Diese richtigzustellen, gelang McMasters erst 1989 in einem Zeitungsartikel.

Er ahnte nicht,
daß auch diese Legende bald auffliegen sollte. Nach der Veröffentlichung des Artikels erhielt McMasters Post mit Fotokopien eines Buches aus dem Jahr 1934: „Le Vol des Insects" (Der Insektenflug) des Insektenkundlers August Magnan. Darin steht: „Ich habe die Gesetze des Luftwiderstandes auf die Insekten angewendet. Ich komme zu dem Schluß, daß sie nicht fliegen können."
Quod erat demonstrandum? *Eva von Schaper*

Im Sommer fallen sie uns wieder besonders lästig: Mücken, Fliegen, Bienen. Entkommen werden wir ihnen nicht – fast alle Insekten können fliegen. Wie es ihnen gelingt, die kühnsten Manöver auszuführen, ist kaum bekannt. Nehmen Sie Unterricht bei den Meistern der Aerodynamik.

VIEL WIRBEL um ein bekanntes Flugobjekt

Wenn Fliegen hinter Fliegen fliegen, ist das alles andere als eine simple Kunst. Erst langsam beginnt der Mensch, die sensible Aerodynamik der Insekten zu verstehen.

VON ACHIM BAHNEN

Fliegen? Nichts leichter als das. Wenn man nur Flügel hätte. Und dann kräftig damit schlagen: auf und ab, auf und ab. Oder so ähnlich. Irgendwie wird das schon gehen. Tut es aber nicht.

Daß die Sache mit dem Fliegen nicht ganz so einfach ist, lehrt die Legende, nach der ein Physiker bewiesen habe, daß Hummeln gar nicht fliegen können. Nun behaupten Physiker zwar manchmal komische Dinge – zum Beispiel, daß schwarze Löcher keine Haare haben –, aber in diesem Fall genügt ein Blick in die Natur: Bombus terrestris, die Erdhummel, fliegt. Und mit ihr ungezählte andere Insektenarten. Rund 98 Prozent von ihnen zählen nämlich zu den Fluginsekten (Pterygota), ob mit einem Flügelpaar oder mit zweien. Sie stürzen sich tollkühn im Sturzflug auf Blütenkelche, entkommen mit wilden Manövern dem Feind und jagen auf verschlungenen Bahnen der Duftspur des Partners nach. In 40 bis 100 Millisekunden die Richtung um 180 Grad wechseln? Kein Problem! Gleiten wie ein Drachenflieger, Loopings drehen wie in Kunstflugstaffeln oder einfach ruhig in der Luft stehen wie ein Hubschrauber – sie können einfach alles. Wenn es sein muß, sogar rückwärts fliegen. Die Frage ist nur: wie?

Man könnte denken, durch die Bewegung der Flügel komme nur eine Abwandlung des Gleitflugs zustande: Wie an der Tragfläche eines Flugzeugs eine Auftriebskraft entsteht, so müsse es doch auch mit dem flatternden Insektenflügel sein, nur daß dieser nicht starr durch die Luft gleitet.

Insekten fliegen nicht wie Jumbo-Jets

Noch vor einem Jahrzehnt begnügte sich ein schönes Buch über die „simple Kunst des Fliegens“ (so der deutsche Untertitel) damit, Mücke, Fliege, Hummel und Konsorten in ein „Großes Flugdiagramm“ einzutragen – um zu zeigen, daß sie sich von Kolibris und Jumbo-Jets in Sachen Fliegen gar nicht unterscheiden. Mit so einfachen Überlegungen aber kommt man den kleinen Tieren nicht bei, sondern bringt höchstens die Hummel theoretisch zum Absturz. Messungen im Windkanal haben gezeigt, daß isolierte Insektenflügel bei realistischen Anströmgeschwindigkeiten viel kleinere Auftriebskräfte erfahren, als für den Flug aus eigenem Antrieb benötigt werden.

Tsetse-Fliegen sind beispielsweise in der Lage, das Zwei- bis Dreifache ihres Körpergewichts durch die Lüfte zu tragen, sobald sie sich mit Blut eines Opfers vollgesaugt haben. Um diesen Kraftakt zu vollbringen, haben sie ihren Stoffwechsel optimiert: Der Wasseranteil des Blutes wird sehr schnell wieder ausgeschieden, während die in der Mahlzeit enthaltenen Proteine als Treibstoff dienen. Die meisten anderen Fluginsekten beziehen die Energie zum Fliegen dagegen aus Kohlehydraten oder Fetten. Das Beispiel zeigt, daß Besonderheiten des Flugverhaltens oft eng mit weiteren Spezialisierungen verbunden sind. Die Vielfalt der Insekten ist so groß, daß Verallgemeinerungen fast nicht möglich sind. Für jede Regel gibt es viele Ausnahmen.

Einen ersten Kandidaten für ein allgemeines Prinzip, das die aerodynamischen Kräfte beim Insektenflug erklären könnte, beschrieb 1973 Torkel Weis-Fogh: den sogenannten „clap-and-fling“-Mechanismus. Dieses „Klatschen und Werfen“ geschieht, wenn die Flügel hinter dem Rücken des Insekts ganz oder fast zusammenschlagen. Beim Auseinanderziehen entstehen Wirbel, die aerodynamisch offenbar von Vor-

1 **Während des Abschlags** zeigt die Flügelunterseite nach unten. Der Anstellwinkel des Flügels, also die Neigung gegenüber der Horizontalen, ist konstant. Insofern ähnelt diese Phase dem Gleitflug mit starren Flügeln. Durch die Vorwärtsbewegung (gelber Pfeil) gleitet die Flügelspitze jedoch schneller durch die Luft als der Flügelansatz, wodurch die Luftströmung beeinflußt wird.

2 **Kurz vor Ende** des Abschlags beginnt die Drehung des Flügels: Er wird zwar weiter nach vorne geführt, zugleich jedoch um seine Längsachse nach hinten geklappt. Diese Rotation entspricht dem „back spin" (Rückwärtsdrall) eines Tennisballs.

3 **Das Umklappen** geschieht äußerst schnell: Es dauert kaum ein Zehntel eines Flügelschlags. Bei Frequenzen von etwa 200 Hertz (Schlägen pro Sekunde) entspricht dies weniger als einer Millisekunde.

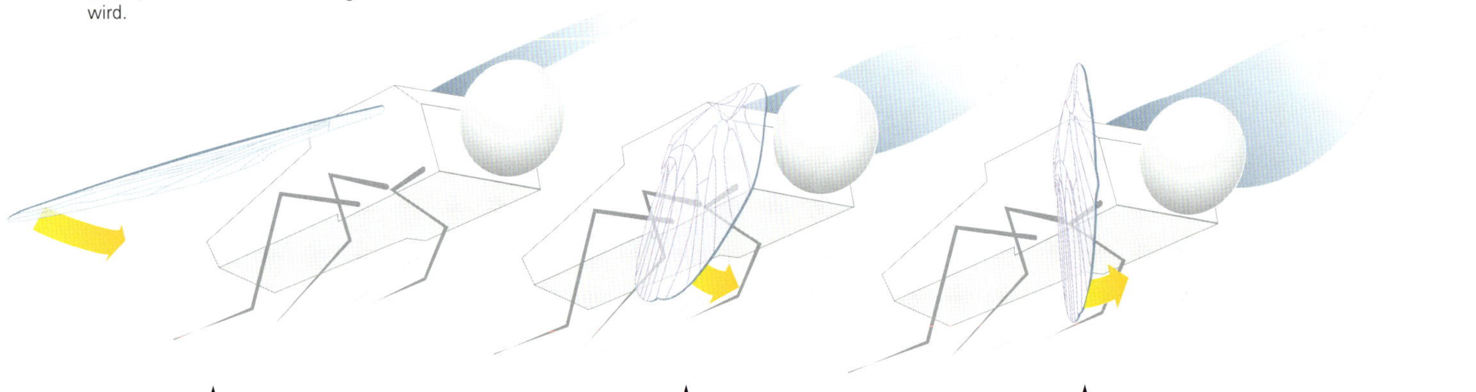

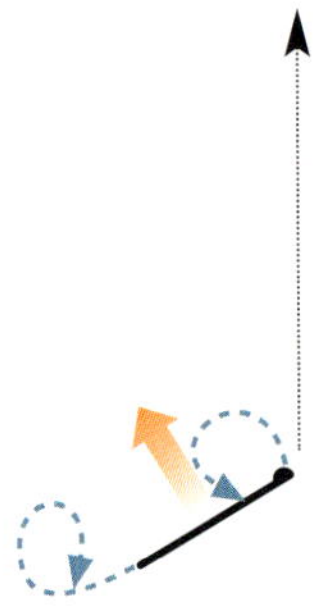

Der Anstellwinkel ist so groß, daß die anströmende Luft den Flügel nicht flach umfließt wie das Tragflächenprofil eines Flugzeugs. An Vorder- und Hinterkante entstehen Wirbel. Bei Flugzeugen führt dies zum Absacken oder gar zum Absturz. Die Bewegung des Insektenflügels stabilisiert die Wirbel jedoch: Der verzögerte Strömungsabriß sorgt für Auftrieb.

Obwohl der Anstellwinkel größer wird, geht der Auftrieb nicht verloren. Ein Großteil der Kraft wirkt jetzt zwar der Vorwärtsbewegung entgegen. Der sogenannte Magnus-Effekt (siehe Kasten rechts unten) erhöht den Auftrieb durch Flügeldrehung.

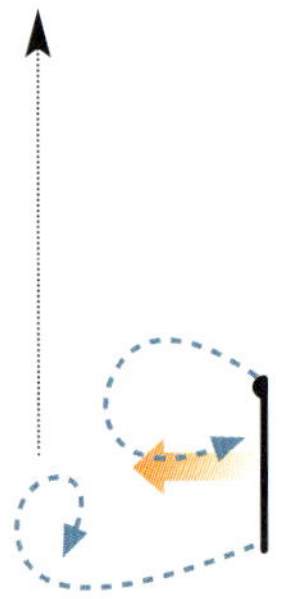

Während der Flügel rasant mit einer Winkelgeschwindigkeit von rund 100 000 Grad pro Sekunde nach hinten klappt, durchläuft er auch die vertikale Position: Die Kraft wirkt nun ganz nach hinten, entgegen der ausklingenden Vorwärtsbewegung, wird jedoch durch die abnehmende Geschwindigkeit auch kleiner.

Das Auf und Ab des Flügelschlags

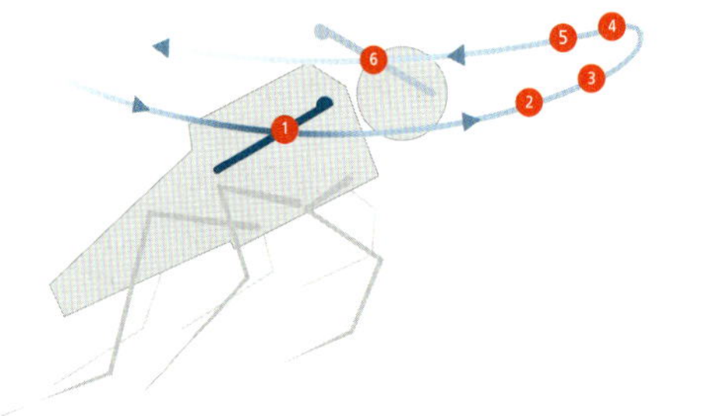

Nicht auf und nieder, sondern vor und zurück flattern die Flügel der Taufliege im Schwebeflug. „Abschlag" und „Aufschlag" bezeichnen deren Bewegung in bezug auf den Insektenkörper. Beim Abschlag (Position 1) weist die Flügeloberseite – markiert durch den kleinen Halbkreis an der Flügelvorderkante – nach oben. Kurz vor dem Umkehrpunkt wird der Flügel jedoch rückwärts gedreht (2-3-4), so daß die Oberseite während des Aufschlags (5-6) nach unten zeigt.

Wo die Kräfte sinnvoll walten

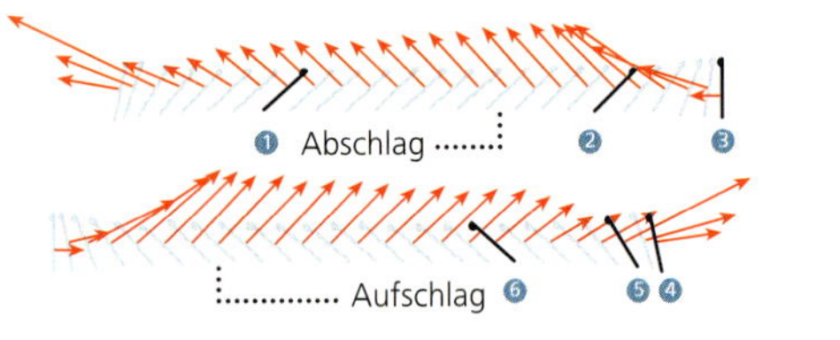

Die Kraft (rote Pfeile), die in den einzelnen Flügelpositionen (blau) auftritt, weist nie nach unten: Sie muß das Insekt gegen die Schwerkraft in der Luft halten. Kurz vor und nach dem Umkehrpunkt (4) wird der Auftrieb besonders groß: zwischen den Positionen 2 und 3 aufgrund der Drehung des Flügels, zwischen 4 und 5 durch das „Energie-Recycling" des vorigen Abschlags (siehe Bildsequenz).

teil sind. Der Mechanismus tritt jedoch vor allem bei kleinen Tieren auf; als universales Erklärungsmodell ist er nicht geeignet. Entscheidend ist aber, daß es sich dabei um einen sogenannten instationären Effekt handelt: Die Luftströmung ist nicht konstant, sondern ändert sich während eines Flügelschlags erheblich.

Das könnte ein Schlüssel zum Verständnis des Flatterflugs sein, denn schließlich passiert während eines einfachen Auf- und Abschlags doch eine ganze Menge. Der Flügel ist nicht starr, sondern kann sich wölben. Außerdem rotiert er um seine Längsachse: Die Oberseite zeigt nur beim Abschlag nach oben, beim Aufschlag weist sie nach unten. Nach jedem Halbschlag – genauer: vor dessen Ende – kehrt der Flügel sich um. Da wird schon einiges an Luft durcheinander gewirbelt.

Instationäre Strömungen sind jedoch nicht leicht zu untersuchen – vor allem, wenn sie an Flugobjekten auftreten, die nur wenige Millimeter groß sind. Erste Studien wurden schon in den zwanziger Jahren des vergangenen Jahrhunderts unternommen. Man kann Insekten zum Beispiel an Drähten aufhängen und sie im Windkanal beobachten – wenn man Glück hat, bekommt man dabei Ergebnisse, die mit dem freien Vorwärts- oder Schwebeflug noch etwas zu tun haben. Doch komplexe Strömungsmuster lassen sich am lebenden Objekt nicht nachvollziehen.

Insektenflügel sind nämlich nicht nur klein, sondern noch dazu sehr schnell. Grob gesagt, wird die Schlagfrequenz um so größer, je kleiner das Tier ist. Große Schmetterlinge schlagen gerade mal mit 5 Hertz (Schlägen pro Sekunde), während winzige Fliegen es durchaus auf hörbare 1000 Hertz bringen können. Das läßt sich zwar auch sichtbar machen, Auftriebskräfte und Strömungsmuster aber bleiben verborgen.

„Größer und langsamer" lautet also die Devise des Flugforschers. Was tun? Ein Modell muß her, und die Technik macht's möglich. Mit einem Satz von Motoren läßt sich die Bewegung eines Insektenflügels leidlich nachbilden. In Luft jedoch sind damit keine aerodynamisch vergleichbaren Ergebnisse zu erzielen. Also ins Öl damit. Ins Öl? Na klar. Weil Essig zu flüssig ist. Genauer: nicht zähflüssig genug. „Viskos" sagt der Physiker (und erklärt es rechts unten auf dieser Seite). Das Schöne der „Aerodynamik" ist nämlich, daß sich die „Luftkräfte" auch in Flüssigkeiten beobachten lassen, wenn man einige Randbedingungen

4 **Die Rotation** ist noch nicht abgeschlossen, doch die Unterseite des Flügels zeigt bereits nach oben. Sie wird während des gesamten nun beginnenden Aufschlags oben liegen.

5 **Der Aufschlag** hat begonnen: Der Flügel wird nun wieder Richtung Rücken des Insekts geführt.

6 **Die Rotation** ist abgeschlossen, der Flügel hat den gleichen Anstellwinkel wie zuvor, nur zeigt die Unterseite jetzt nach oben. Kurz vor Ende des Aufschlags wird der Flügel wieder in die entgegengesetzte Richtung klappen.

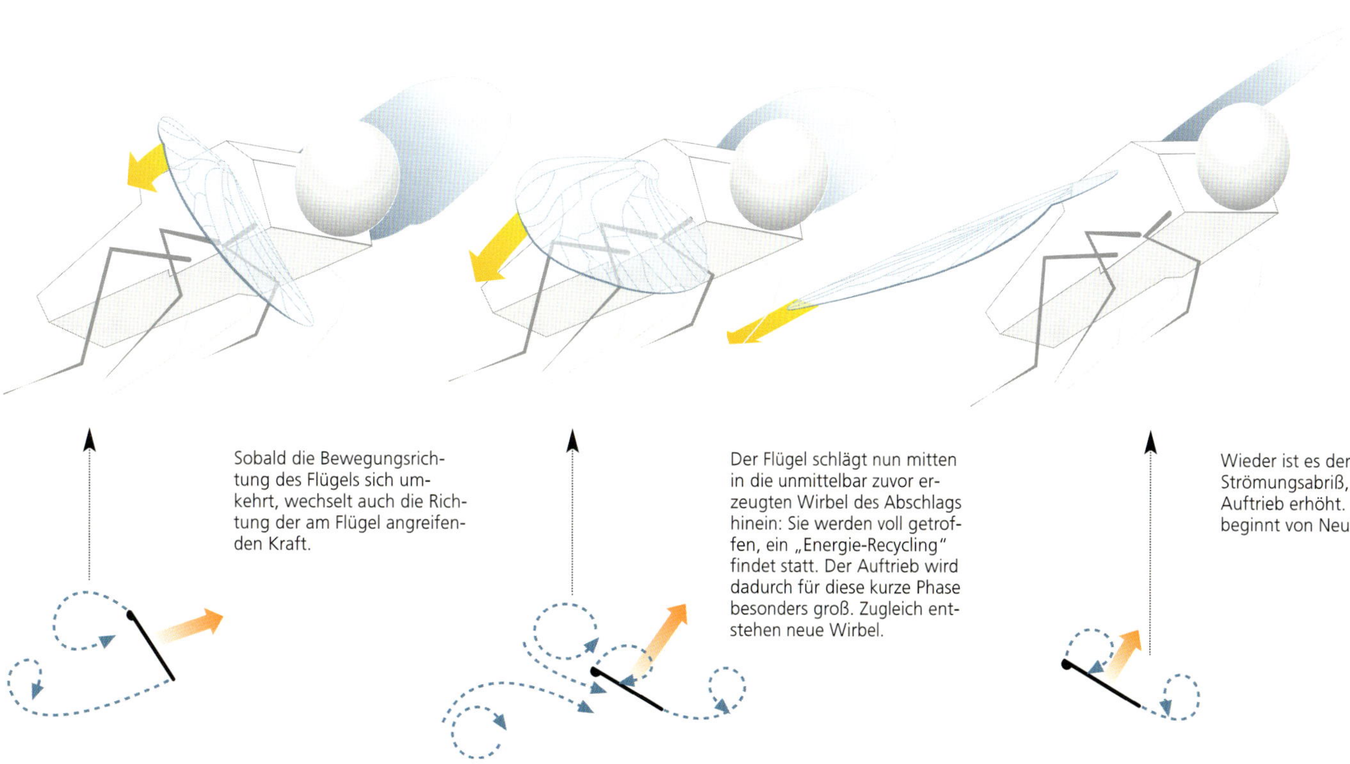

beachtet. Dann zeigt ein großer, langsamer Modellflügel ein ähnliches Strömungsverhalten wie sein kleines, flinkes Vorbild.

Menü der Forschung: Essigfliegen in Öl

Michael Dickinson hat dazu Ende der neunziger Jahre an der University of California in Berkeley ein Flügelmodell namens „Robofly" in einen Mineralöltank gestellt und daran – unter anderem mit seinem deutschen Kollegen Fritz-Olaf Lehmann – mehr Licht ins Dunkel des Flatterflugs gebracht. Die Ergebnisse, die wir an der Bildsequenz auf dieser Seite illustrieren, gelten zunächst nur für das simulierte Vorbild: Die rund ein Milligramm schwere Essig- oder Taufliege Drosophila melanogaster, und zwar im Schwebeflug, ohne Vorwärtsbewegung. Dickinson (der in diesen Tagen an das California Institute of Technology gewechselt ist) und seine Kollegen sind jedoch überzeugt, daß die drei beobachteten Mechanismen ein allgemeines Erklärungsmodell für den instationären Insektenflug liefern können. „Delayed stall", „rotational lift" und „wake capture" heißen die Zauberworte, die Lehmann etwas frei mit „verzögerter Strömungsabriß", „Auftrieb durch Flügeldrehung" und „Energie-Recycling" übersetzt.

Den ersten Effekt hatte schon 1996 Charles Ellington an einem anderen Robotermodell gezeigt. Wenn der Flügel während Auf- und Abschlag steiler als etwa 20 Grad gegenüber der Horizontalen ist, erhöht sich der Auftrieb, obwohl von Flugzeugen genau das Gegenteil bekannt ist: Ein zu großer Anstellwinkel läßt das Flugzeug „abschmieren", es sackt nach unten. Insekten kriegen es irgendwie hin, daß der entstehende Wirbel nicht einfach von der Flügelkante abreißt, sondern stabilisiert wird und den Auftrieb gar erhöht. Wie das genau geschieht, ist noch nicht wirklich geklärt. Eine wichtige Rolle scheint zu spielen, daß die Bewegung der Flügelspitze relativ zu dem am Rumpf fixierten Flügelansatz einen zusätzlichen Luftstrom erzeugt.

An der „Robofly" ließen sich jedoch vor allem die anderen beiden Effekte zeigen (siehe Abbildung), die kurz vor und nach dem Ende des Abschlags und umgekehrt auch gegen Ende des Aufschlags auftreten. Der genaue Zeitpunkt der Flügeldrehung erweist sich als entscheidend: Mit dem richtigen Timing läßt sich die gesamte Auftriebskraft während eines Flügelschlags um ein Drittel erhöhen. Und schon eine Differenz der Rotation beider Flügel von 0,05 Millisekunden ändert das Gleichgewicht so, daß sich die Fliege in die Kurve legt. Die Steuerung durch das Nervensystem muß also mit hoher zeitlicher Präzision erfolgen, damit aus einer Taufliege keine Taumelfliege wird.

Die Aerodynamik des Insektenflugs ist damit jedoch längst nicht hinreichend erforscht. Im Gegenteil: Verglichen mit dem, was die Biologie ansonsten seit Jahrhunderten über Insekten in Erfahrung gebracht hat, ist man eigentlich über die Erkenntnis, daß die Hummel fliegen kann, nicht allzuweit hinausgekommen. <

F.A.Z.-Grafik Döring / Quellen: Michael H. Dickinson, Dickinson Lab, University of California, Berkeley; Scientific American, 1999 und 2001

Foto F.-O. Lehmann

Klick-Trick für den Flatterschlag

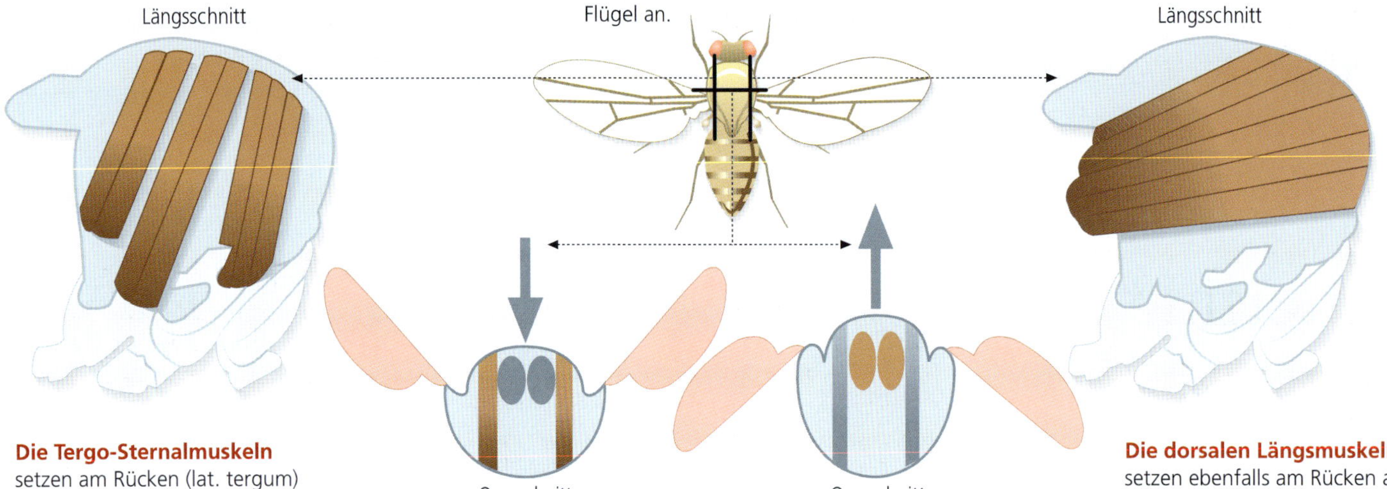

Indirekte Flugmuskeln sind bei vielen Insekten für das Auf und Ab verantwortlich. Sie setzen nicht direkt am Flügel an.

Die Tergo-Sternalmuskeln setzen am Rücken (lat. tergum) an und ziehen die Brust (grch. sternon) vertikal zusammen.

Die Kontraktion der vertikalen Muskeln flacht den Brustkorb ab: Die Oberseite senkt sich wie der Deckel eines Kochtopfs, die Flügel klappen hoch wie eingeklemmte Löffel.

Wenn sich die Längsmuskeln zusammenziehen, hebt sich der „Deckel" hingegen an, und die Flügel schlagen nach unten.

Die dorsalen Längsmuskeln setzen ebenfalls am Rücken an (lat. dorsum ist ein Synonym für tergum) und ziehen den Brustkorb horizontal zusammen.

Nicht nur zum Fliegen sind sie da

So klein und ganz schön trickreich: Wenn es Insekten zu kalt wird, gebrauchen sie den Motor auch mal zum Einheizen.

VON MARK BENECKE

Die Flugmuskeln der Insekten sind nicht bloß Krafterzeuger, sondern liefern in kühlen Zeiten auch Wärme. Hummeln und Bienen klinken dazu ihre Flügel aus und zittern sich im Pulk gemütlich warm – auf mindestens zwölf Grad Celsius, die sie zum Überleben benötigen. Die Bio-Heizung ist natürlich umweltfreundlich: Ein ganzes Bienenvolk kommt mit gut zehn Kilo Zukker über den Winter. Übrig bleiben nur Wasser, Kohlendioxid und knapp 35 000 Kilokalorien Heizkraft.

An heißen Tagen kann der muskuläre Antrieb allerdings lästig werden, wenn die vorbeistreichende Luft die im Flug entstehende Abfallwärme nicht komplett abtransportiert. Deshalb würgen viele Käfer, Schmetterlinge und Hautflügler etwas Flüssigkeit aus und erzeugen damit Verdunstungskälte. (Menschen bevorzugen alkoholische Erfrischungstüchlein.) Hummeln und andere Vielflieger haben zudem ein raffiniertes Umwälzsystem gegen flugmuskuläre Überhitzung entwickelt. Heißes Blut wird dabei in den kühlen Hinterleib gesaugt, wo die Wärme entweder wohlig verbleibt oder an die Umgebung abgegeben wird.

Fliegen ist jedoch nicht gleich fliegen. Die Edellibelle Aeschna schlägt ihre Flügel zwanzig Mal pro Sekunde auf und nieder und erreicht damit die – für ihre Körpergröße – sagenhafte Geschwindigkeit von dreißig Kilometern pro Stunde. Eine Stubenfliege schafft nicht einmal ein Drittel davon, summt aber mit mindestens zehnfach höherer Schlagfrequenz.

Der scheinbare Widerspruch entsteht nicht nur durch vielfach abgewandelte Bauweisen der Flügel unterschiedlicher Insektenfamilien. Auch biologische Funktionsteilung kann erklären, woher die verschiedenen Leistungen kommen. So sind Flügel sind nicht nur auf Leistung getrimmt, sondern dienen auch der Verständigung. Unter Prachtlibellen gelten vor allem die farbigen Felder der Flügelflächen als eindrucksvolle und wirksame Signalgeber. Bei Großlibellen ist hingegen eine an der Flügelspitze liegende Materialverdickung mehrfach funktional. Als Unwucht verhindert das sogenannte Pterostigma ungewolltes Flattern der hauchdünnen Tragwerke. Zugleich markiert es aber auch optisch das Flügelende. Die wendige Libelle kann so ihre eigene Spannweite direkt beobachten und dadurch Karambolagen mit Artgenossen, Halmen und eng stehenden Hindernissen aus dem Weg fliegen.

Faszinierend ist jedoch vor allem das innere Antriebssystem der Insekten. Viele Arten bedienen sich des fabulösen Klick-Tricks. Als knochenlose Lebewesen sind Kerbtiere von einer Außenhülle stabilisiert. Es ist fast unmöglich, in eine solche Flugzeughaut rasend schnell bewegte, direkt angesteuerte Gelenke einzulassen. Deswegen sind die eigentlichen Flugmuskeln teils nicht mit der Flügelbasis, sondern mit anderen Teilen der Außenwand verbunden (siehe Abbildung). Die Flügel bewegen sich bloß aufwärts, weil die indirekten Muskeln den Brustraum der Tiere verformen – die steif eingelenkten Flügel werden passiv mitbewegt.

Damit allein lassen sich die aberwitzigen Flugmanöver der Insekten aber noch nicht erklären. Zusätzlich zum reinen Kraftschlag zerrt beispielsweise eine Stellwerksmuskulatur direkt an den Flügeln und verändert deren Winkel zum Körper.

Bei Dipteren (Zweiflüglern), den besten aller Luftakrobaten, kommt als Höhepunkt der Flugentwicklung das zu Keulchen umgebildete, ehemals zweite Flügelpaar hinzu. Sie helfen als direkt nervlich verdrahtete Gyroskope und erlauben Flugrichtungsanpassungen innerhalb von nur dreißig Millisekunden.

Wenn sie im Sommer von fliegenden Sechsbeinern besucht werden, denken Sie also bitte fortan daran: Es ist die Gratisrevue von Wunderwesen. <

Flatterflug in Öl: Luft ist auch nur eine Flüssigkeit

Daß man Luft nicht trinken kann, ist Physikern durchaus bekannt, auch wenn sie nie in der Sahara waren. Solange es jedoch nur darum geht, wie etwas fließt und strömt, können Luft und Wasser, Essig und Öl auf einen Nenner gebracht werden. Dieser Nenner hat sogar einen Namen: die Reynoldszahl.

Was geschicht, wenn ein Objekt von einem Fluid (so nennt der Physiker Flüssigkeiten und Gase) umströmt wird? Es steht dem Strom im Weg, es zerteilt den Fluß. Das Fluid muß sich den Weg mehr oder weniger mühsam um den störenden Gegenstand herum bahnen. Dieser sogenannte Druckwiderstand ist von Geschwindigkeit, Form und Größe des Objekts sowie von der Dichte des Fluids abhängig: In Wasser ist er größer als in Luft und wird umso kleiner, je stromlinienförmiger das Hindernis ist.

Zugleich bremsen Reibungskräfte die Strömung. An der Oberfläche des Objekts bleibt das Fluid sogar haften. Wie leicht sich die weiter entfernten Schichten daran vorbeischieben können, hängt von den Kräften zwischen den Flüssigkeitsmolekülen ab, die sich aneinander reiben.

Diese „innere Reibung" wird als dynamische Zähigkeit oder Viskosität bezeichnet. Sie ist nicht mit der Dichte zu verwechseln: Glycerin zum Beispiel ist viel viskoser als Wasser, obwohl es die gleiche Dichte hat. Je größer die Viskosität, desto größer die viskosen Kräfte. Sie hängen außerdem von der Größe der umströmten Oberfläche sowie der Geschwindigkeit ab.

Die nach dem britischen Physiker Osborne Reynolds (1842 bis 1912) benannte Zahl *Re* ist nun ein – dimensionsloses – Maß für das Verhältnis der trägen zu den viskosen Kräften, die ein Objekt bei einer bestimmten Strömungsgeschwindigkeit in einer Flüssigkeit oder einem Gas erfährt:

$$Re = \frac{\rho}{\mu} \cdot l \cdot v$$

Dabei sind:
ρ *die Dichte des Mediums,*
μ *die dynamische Viskosität,*
l *eine charakteristische Länge und*
v *die Strömungsgeschwindigkeit.*

Die Reynoldszahl ist charakteristisch für das Strömungsverhalten: Bei Werten bis zu 1000 oder 10 000 überwiegen die viskosen Kräfte – die Strömung ist laminar (zu lat. lamina: Platte), das Fluid schiebt sich schichtweise an dem Objekt vorbei. Bei großen Reynoldszahlen (also bei geringer Viskosität oder hohen Werten für Dichte, Länge oder Geschwindigkeit) wird die Strömung hingegen turbulent: Es entstehen Wirbel, die viskosen Kräfte spielen nur noch eine untergeordnete Rolle.

Durch geeignete Wahl des umgebenden Fluids läßt sich das Strömungsverhalten von Insekten daher an großen Modellen untersuchen: Dichte und Viskosität müssen lediglich so beschaffen sein, daß die Reynoldszahl den gleichen Wert behält.

Michael Dickinson, Fritz-Olaf Lehmann und Sanjay Sane haben vor ein paar Jahren ein überdimensionales Fliegenmodell in einem Mineralöltank untersucht und die Ergebnisse in Science veröffentlicht. In Dickinsons virtuellem Fliegenlabor (socrates.berkeley.edu/~flymanmd/) sind Filme der „Robofly" zu sehen. Die aerodynamischen Effekte beim Schwebeflug der Taufliege ließen sich damit gut berechnen.

Mineralöl ist etwa 700mal dichter als Luft, zugleich aber auch fast 6000mal viskoser. Der Quotient r/m beträgt für Öl also rund ein Zehntel der Werte für Luft. Andererseits wurden die Modell-Flügel hundertmal größer angefertigt als die nur 2,5 Millimeter langen Originale der Taufliege. Wenn die Geschwindigkeit nun wiederum ein Zehntel des Naturvorbilds beträgt, ergibt sich also eine vergleichbare Reynoldszahl. Unter normalen Flugbedingungen der Taufliege liegt sie bei etwa 134.

Die Flügel der Robofly können also langsam schlagen, um vergleichbare Strömungsverhältnisse zu erzielen: Um ein Zehntel der Geschwindigkeit von Fliegenflügeln zu erreichen, genügt wegen der hundertmal größeren Abmessungen schon ein Tausendstel der Schlagfrequenz (bei der Taufliege etwa 200 Hertz): 0,2 Schläge pro Sekunde, das läßt sich schon mit dem bloßen Auge weitaus besser verfolgen als der rasende Flatterschlag der Fliegen. *Achim Bahnen*

Vergleichstest im Ölkanal

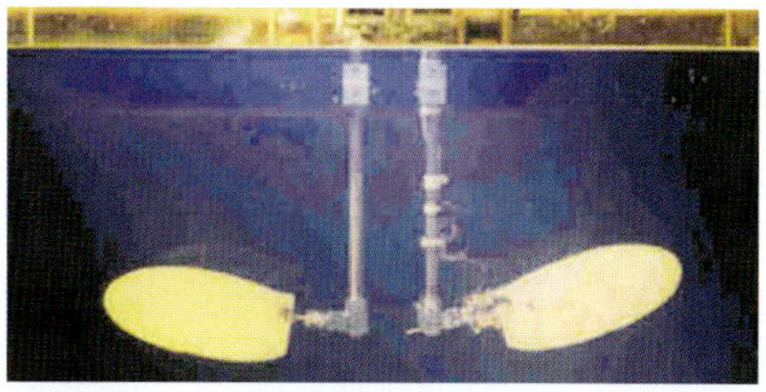

Robofly nennt sich das Modell, mit dem Michael Dickinson und Kollegen die Auftriebskräfte von Taufliegen bestimmten: Sechs Motoren bewegen zwei 25 Zentimeter lange Flügel aus Plexiglas durch einen Mineralöltank. Das rechte Maß von Dichte, Viskosität, Größe und Geschwindigkeit macht Strömung und Kräfte vergleichbar.

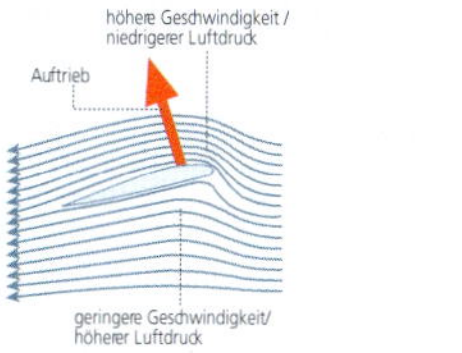

Ein Tragflächenprofil mit kleinem Anstellwinkel wird in der Regel laminar umströmt. Die Luft fließt dabei schichtweise vorbei, muß oben herum jedoch einen längeren Weg zurücklegen: Hier ist die Geschwindigkeit größer, es entsteht ein Unterdruck, der den Flügel nach oben saugt.

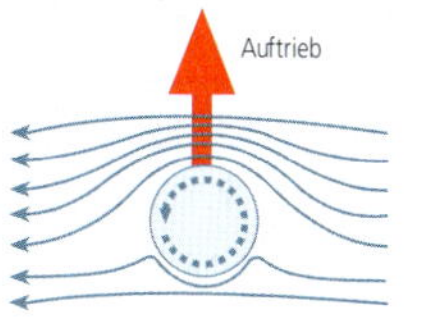

Der Magnus-Effekt verleiht einem Ball Auftrieb, wenn er sich rückwärts zur Flugrichtung, mit backspin, dreht. Die an der Oberfläche mitgeführte Luft wird unten abgebremst und oben beschleunigt: Dort entsteht Unterdruck. Beim topspin – Vorwärtsdrall in Flugrichtung – zieht die Kraft nach unten.

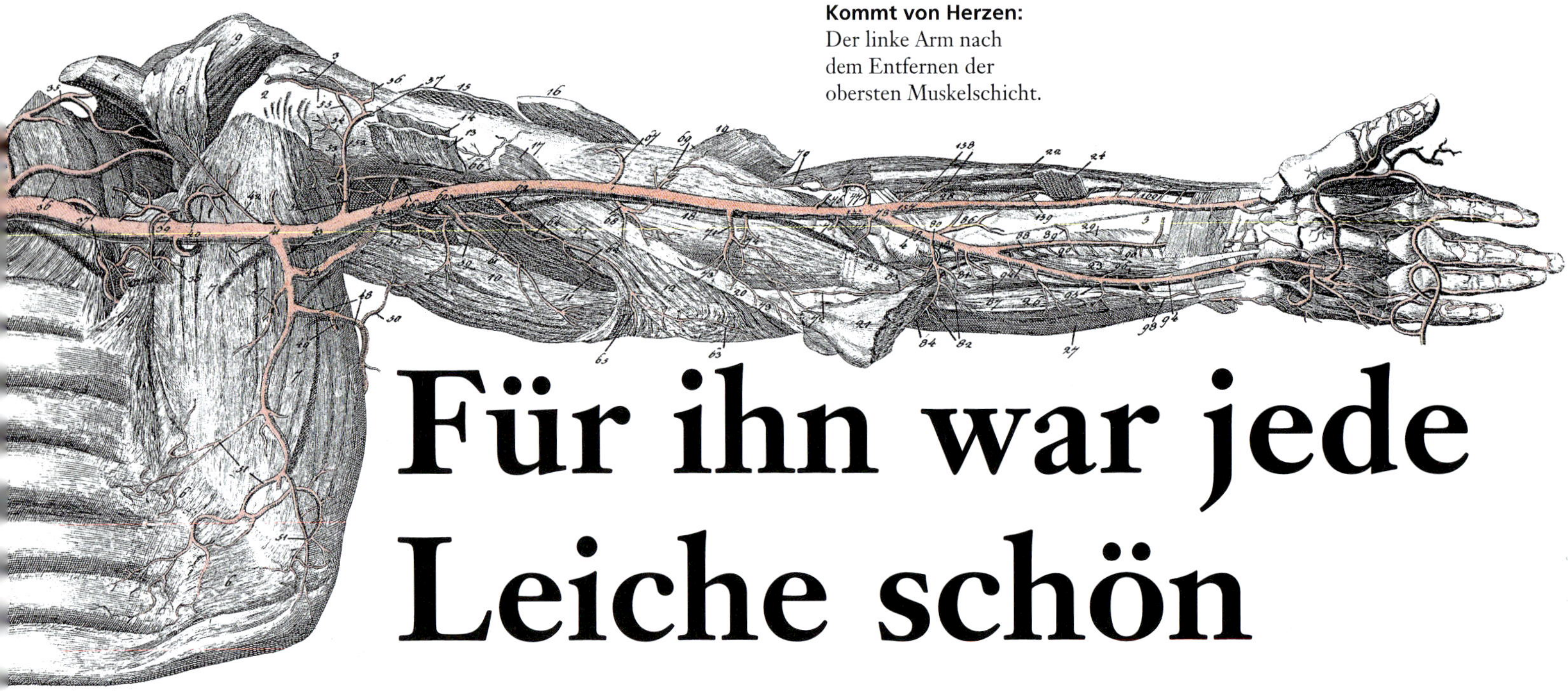

Kommt von Herzen: Der linke Arm nach dem Entfernen der obersten Muskelschicht.

Für ihn war jede Leiche schön

Um 1800 schuf der Anatom Justus Christian Loder ein Kartenwerk es menschlichen Körpers, das alle früheren Atlanten in den Schatten stellt. In ihm verbünden sich Kunst und Wissenschaft, um den Menschen zu feiern: als Körpermaschine und als Gottes Ebenbild.

VON TILMAN SPRECKELSEN

Manchmal geht es mit dem Fortschritt ganz schnell: „Vor ohngefehr 15 Jahren", stellt die „Hessen-Darmstädtische Land-Zeitung" im August 1780 fest, „hatte die Anatomie noch so viel Vorurtheil in Jena gegen sich, daß Kaltschmid allemal, wenn ihm ein Cadaver gebracht ward, es mit dem Siegel der medicinischen Facultät bezeichnen mußte, weil es sonst kein Student anzugreifen getrauete, ohne für unehrlich gehalten zu werden." Was dem Chirurgen Karl Friedrich Kaltschmid widerfuhr, war noch harmlos gegen die Widrigkeiten, mit denen einer seiner Vorgänger kämpfen mußte: Wegen seiner Sektionen war er in Jena so verhaßt, daß man ihm auf der Straße Steine nachwarf und sich die Todeskandidaten vor der Fahrt zum Galgen als letzten Wunsch ausbaten, man möge ihre Körper bloß nicht dem Professor überlassen.

Dem Körper eine Gasse: Justus Christian Loder (1753 bis 1832) nach einem Gemälde von Tischbein

Inzwischen, so schreibt die Zeitung, herrsche ein ganz anderes Klima, und das habe nicht wenig mit dem charismatischen Gelehrten zu tun, der seit einiger Zeit in Jena seine Vorlesungen hält. Jetzt „wollen zwar die gemeinsten und ärmsten Leute noch nicht gern ihre unehelichen Kinder anatomiren lassen, indeß ist es schon genug zur Ehre der Vernunft, daß Herr Professor Loder nicht allein seine Cadaver unbesiegelt vom Karren schleppen darf, sondern, daß sogar Fürsten und Fürstinnen es für anständig und wichtig genug ansehen, die Maschine des menschlichen Körpers kennen zu lernen."

Der Wandel, den die wissenschaftliche Leichenschau in der öffentlichen Wahrnehmung durchlaufen hatte, war unübersehbar, das gewachsene Interesse an der Funktionsweise des Körpers auch. Um die Popularisierung dieser Bereiche machte sich in der Goethezeit kein zweiter deutscher Anatom so verdient wie der Jenaer Professor Justus Christian Loder: als Forscher, Sammler, Publizist und Pädagoge, vor allem aber mit dem großen Atlas des menschlichen Körpers, den „Tabulae anatomicae quas ad illustrandam humani corporis fabricam".

Geboren 1753 in Riga als Sohn eines Gymnasialdirektors, begann Loder trotz einer Neigung zur Philologie 1773 ein Medizinstudium in Göttingen. Er hörte Anatomie bei Heinrich August Wrisberg und Chirurgie bei August Gottlieb Richter, bei dem er 1777 auch seine Dissertation über die Anatomie der Schädelbasis einreichte. Ein Jahr später erhielt er einen Ruf nach

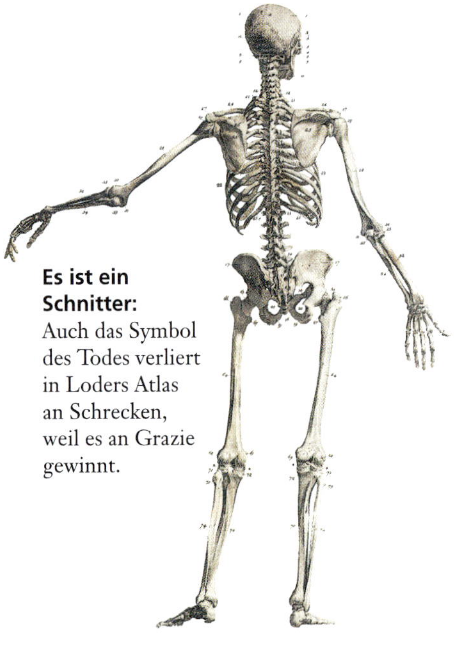

Es ist ein Schnitter: Auch das Symbol des Todes verliert in Loders Atlas an Schrecken, weil es an Grazie gewinnt.

Jena, wo er Anatomie, Chirurgie, Geburtshilfe und Gerichtsmedizin lehrte.

Sein Amt trat er in einem glücklichen Moment an: Die Universität, getragen von mehreren mitteldeutschen Fürsten, erlebte nach einer Phase der Stagnation eine umfassende Neuausrichtung, und Loder wurde auf besonderen Druck des Weimarer Hofes berufen, um diesen Wandel zu befördern. Unter seiner Leitung wurde das langgehegte Projekt eines „Accouchierhauses“ verwirklicht, einer Entbindungsklinik, die gleichzeitig der Ausbildung von Ärzten und Hebammen dienen sollte und gegen einigen Widerstand der Bürger durchgesetzt werden mußte. Schließlich erging sogar ein Gesetz, das ledige Schwangere dazu verpflichtete, rechtzeitig vor der Geburt die Anstalt aufzusuchen. Im Wissenschaftsbetrieb seiner Zeit ist Loder inzwischen fest verankert, auch durch familiäre Bande: Seine erste Frau ist die Tochter von Wrisbergs Vorgänger Roederer, in zweiter Ehe heiratet er die Tochter seines Lehrers Richter. Goethe hört bei ihm 1781 Anatomie und wird von ihm bei seinen Forschungen zum Zwischenkieferknochen beraten.

Eine 1782 angetretene Studienreise durch Frankreich, England und die Niederlande war, wie sich sein Freund Karl August Böttiger erinnert, keineswegs dem Vergnügen gewidmet: „Er sah und hörte in London und Paris fast nichts, als Chirurgie und Anatomie“, schreibt Böttiger. Das berühmte Drury- Lane-Theater besucht er nur einmal, ebenso die Pariser Oper: „Dafür war er in London unzertrennlich von Hunters unvergleichlichem Museum und anatomischen Vorlesungen, denen er die wichtigsten Aufschlüsse verdankt.“ Die naturkundliche Sammlung des Chirurgen John Hunter enthielt fast vierzehntausend Tier- und Pflanzenpräparaten, darunter auch solch exotische Spezies wie Känguruhs oder ein frischgeschlüpftes Krokodil. Zwischen Hunter und Loder zeigen sich in Laufbahn und Wesen erstaunliche Parallelen: Beide vereinigten Beredsamkeit und großes pädagogisches Geschick mit einer Unduldsamkeit, die ihnen im Wissenschaftsbetrieb der Zeit nicht wenige Feinde machte. Beide leisteten Bedeutendes bei der chirurgischen Versorgung von Kriegsverwundeten, waren als Präparatoren weithin berühmt, legten umfangreiche Sammlungen an und betrieben aktiv deren öffentliche Ausstellung; aus Hunters anatomischem Werk stammen schließlich zahlreiche Zeichnungen, die Loder später in die „Tabulae“ integrierte.

In Jena setzte sich Loder für die Einrichtung eines Naturkundemuseums und die Erweiterung des übernommenen örtlichen Anatomischen Theaters ein. Seit seinem Amtsantritt hatte sich in siebzehn Jahren die Zahl der Medizinstudenten von ursprünglich 23 auf annähernd 200 mehr als verachtfacht. Diese Expansion verursachte bald Probleme: Loder beklagte sich bitterlich, daß er für seine Vorlesungen und die Forschungen seiner Studenten nicht genügend Leichen zur Verfügung habe, und forderte unter anderem aus diesem Grund die Einrichtung einer chirurgischen Klinik – wer dort eine Operation

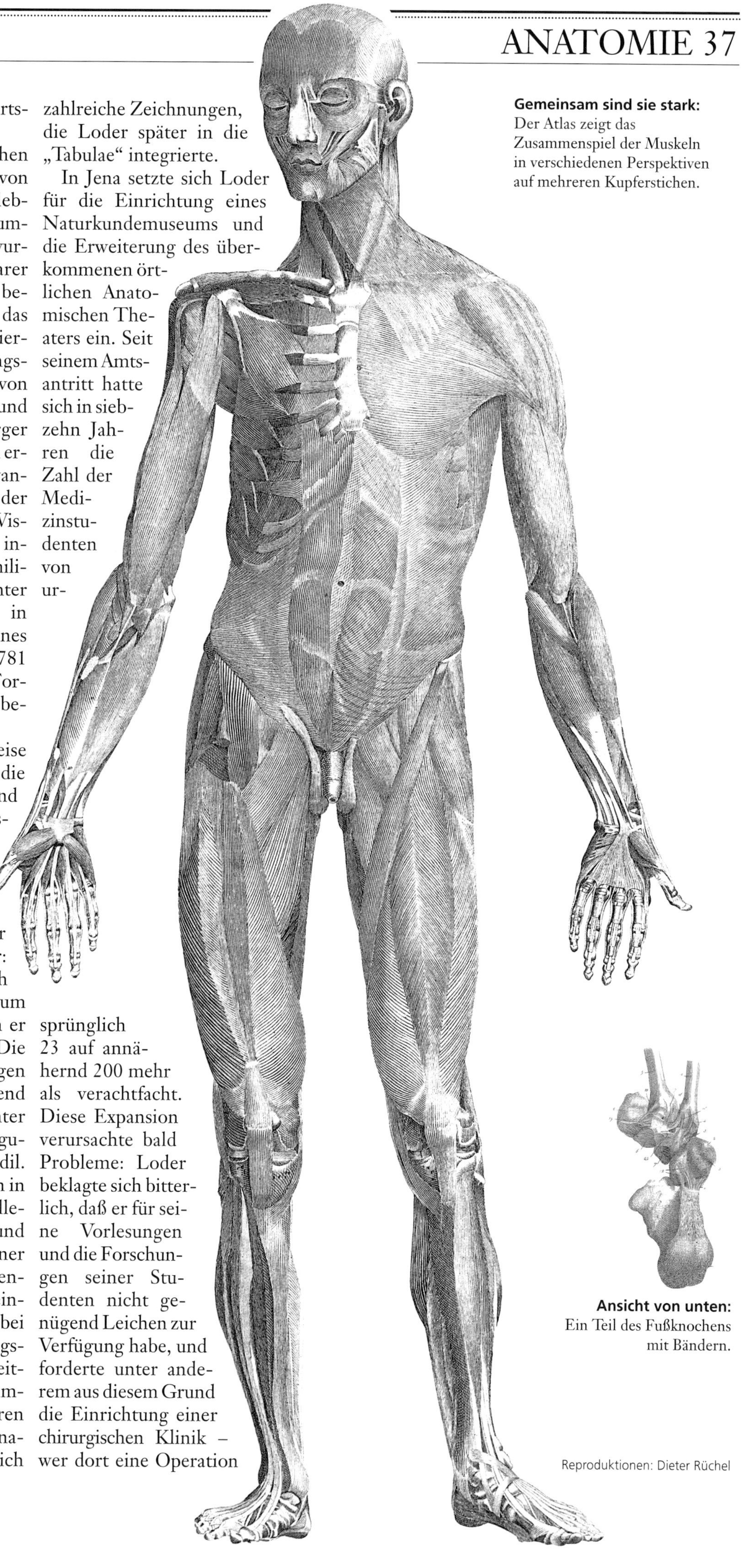

Gemeinsam sind sie stark: Der Atlas zeigt das Zusammenspiel der Muskeln in verschiedenen Perspektiven auf mehreren Kupferstichen.

Ansicht von unten: Ein Teil des Fußknochens mit Bändern.

Reproduktionen: Dieter Rüchel

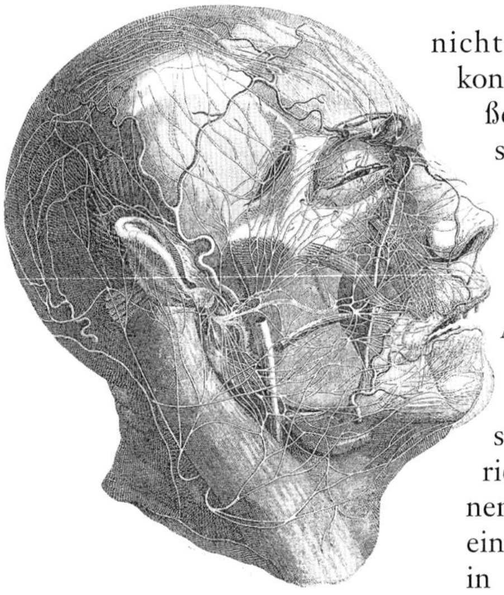

Stolz und Vorurteil: Die Äste der Gesichtsnerven versorgen die mimische Muskulatur mit Reizen.

nicht überlebte, konnte anschließend wenigstens der Wissenschaft dienen. Weimars Herzog Carl August wollte sich darauf nicht einlassen. Loder berichtet in einem Brief von einer Audienz, in der ihm der Herzog „mit Heftigkeit“ seinen Wunsch abschlägt und meint, daß Loder „überhaupt mit meinen Cadavern hinlänglich auskommen könne. Es fielen dabey so harte Ausdrücke vor, als ich noch nie von Serenissimo gehört habe.“ Loder fühlt sich bei Hofe mittlerweile weniger respektiert und zerstreitet sich zunehmend mit seinen Fachkollegen. 1803 läßt er sich nach Halle abwerben, wechselt 1809 in russische Dienste und wird schließlich Direktor des Moskauer Militärhospitals. Gegen Ende seines Lebens nimmt er den Briefwechsel mit Goethe wieder auf und schickt ihm 1829 eine Sammlung russischer Mineralien nach Weimar. Er stirbt wenige Wochen nach Goethe am 16. April 1832.

Loders erfolgreichstes Projekt fällt in die Zeit, als sich das Scheitern seiner Bemühungen um die chirurgische Klinik und damit auch der nachhaltige Mangel an geeigneten anatomischen Demonstrationsobjekten bereits abzeichnen. Mit dem Verleger Friedrich Justin Bertuch vereinbart er 1793 die Publikation der „Tabulae anatomicae“. Das Werk, das den menschlichen Körper erstmals vollständig abbilden sollte, erschien in sechs Lieferungen zwischen 1794 und 1803 als Loseblattsammlung mit 1434 Kupferstichen auf 182 Seiten. Etwa ein Fünftel ist eigens für das Werk entstanden, 1122 Stiche wurden nach vorhandenen anatomischen Atlanten angefertigt, viele aber für Loders Kompilation modifiziert. So ergibt sich trotz der unterschiedlichen Herkunft ein stilistisch erstaunlich einheitliches Bild: Ob Rumpf oder Arm, Adern oder Muskeln, Skelett oder Embryo – was immer sich in den „Tabulae“ gezeichnet findet, ist unmittelbar nach der Natur entworfen und bildet den menschlichen Körper in einer bis dahin unerreichten Detailfreude und Genauigkeit ab. Gleichzeitig aber feiert das Werk seinen Gegenstand, indem es auf jeder Seite dessen Schönheit und Würde betont und dabei Anatomie und Grafik, Empirie und Kunst ein letztes Mal miteinander versöhnt. In Loders Atlas ist der

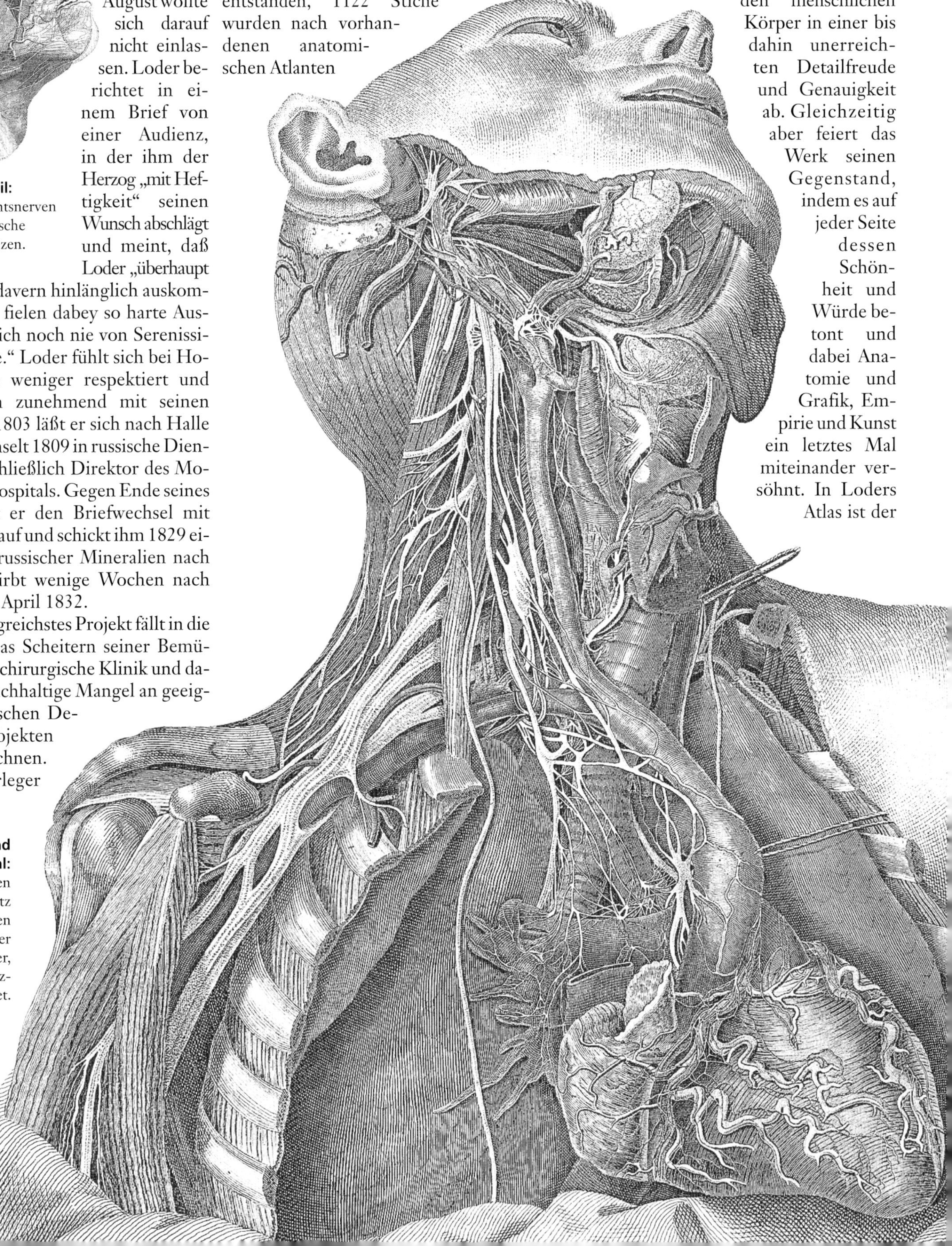

Verstand und Gefühl: Die Herznerven bilden ein Netz an der aufsteigenden Aorta und der Lungenschlagader, das die Herzkranzarterien begleitet.

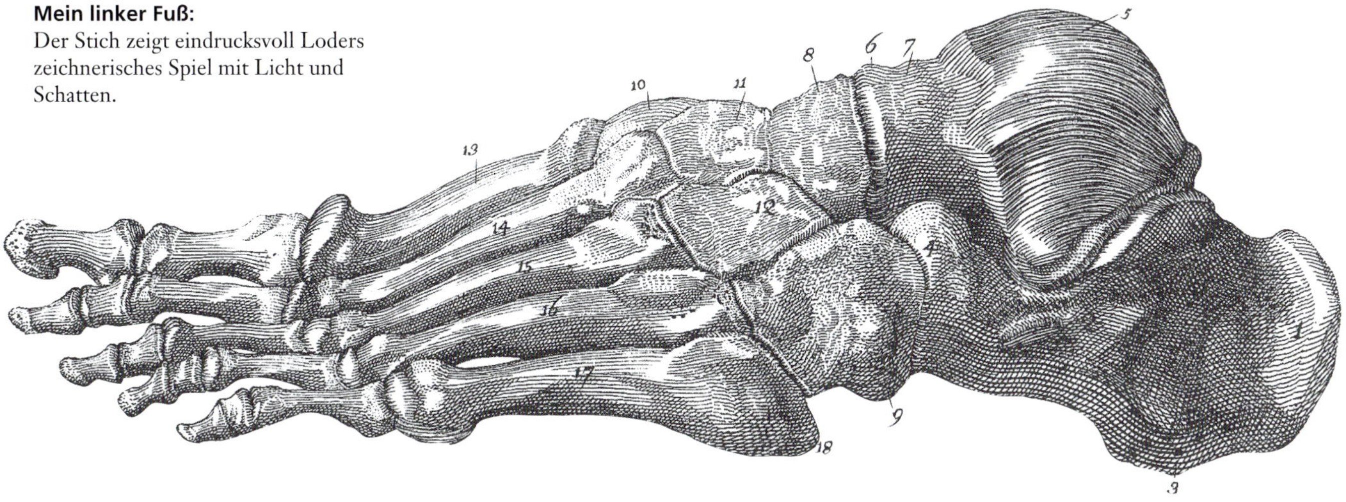

Mein linker Fuß:
Der Stich zeigt eindrucksvoll Loders zeichnerisches Spiel mit Licht und Schatten.

Mensch Körpermaschine und gleichzeitig Gottes Ebenbild. Da erinnert der von seiner Haut und den Gliedmaßen befreite Rumpf mehr an einen griechischen Torso als an eine Leiche, keiner der gezeichneten Köpfe bleibt ohne Ausdruck, kein Glied ohne Pose, und selbst die Innereien besitzen im gezeichneten Spiel von Licht und Schatten eine filigrane Schönheit.

Darin zeigt sich das Erbe der idealisierten anatomischen Zeichnungen seit der Renaissance, und Loders Atlas bereichert diese Tradition um einige besonders kunstvoll ausgeführte Stiche. Aber er nimmt auch eine Tendenz des frühen achtzehnten Jahrhunderts auf, die aus der Erforschung der Welt einen Gottesbeweis nach dem anderen zieht und noch weit davon entfernt ist, das Buch der Natur gegen das Buch der Bücher in Stellung zu bringen. Was Dichter wie Barthold Heinrich Brockes zwei Generationen zuvor als unmittelbare Spur einer göttlichen Hand feierten, die zunehmend erforschte zweckmäßige Organisation des Körpers, setzen Loders Zeichner mit großer Akribie um. Spätere Anatomietafeln, wie etwa das einflußreiche Werk „Anatomy, Descriptive and Surgical“ von Henry Gray, lassen diesen Willen zur ästhetischen Gestaltung vermissen. Sie beschreiben ein sachliches Netzwerk von Adern, Nerven oder Lymphbahnen, wo Loders Atlas den Menschen zeigt. Erst die umstrittene „Körperwelten“-Ausstellung des Anatomen Gunther von Hagens scheint mit der forcierten Ästhetisierung des Leichnams an Loder und dessen Vorgänger anzuknüpfen. Doch indem die Präparate gerade jene menschenfreundliche Würde vermissen lassen, die jede Zeichnung der „Tabulae“ besitzt, zeigt sich der Abstand zwischen beiden Unternehmungen in einem für Loder zentralen Punkt.

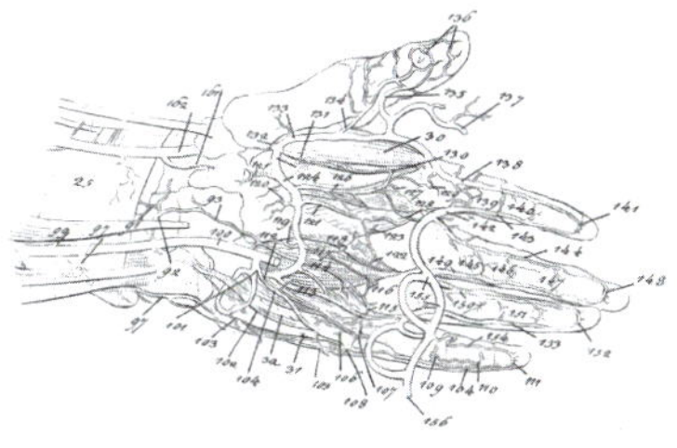

Die „Tabulae“ sind mittlerweile recht selten geworden; wenige Bibliotheken besitzen ein Exemplar, und wer sie antiquarisch erwirbt, zahlt Liebhaberpreise von gegenwärtig zwischen 3300 und 3500 Euro. Eine Ausstellung im thüringischen Großbodungen (Kontakt: www.galerie–in-der-burg.de) zeigt jetzt einzelne Stiche aus Loders Werk in einer privaten Galerie. Begleitet wird sie durch eine Broschüre, in der Steffen Kublik und Gerlinde Gräfin von Westphalen Loders Biographie und die Entstehung der „Tabulae“ umfassend darstellen.

Seine reiche Sammlung anatomischer Präparate aber, die er zum Ärger seiner Jenaer Kollegen nach Rußland mitnahm und später dem Zaren verkaufte, ist bis auf wenige Exponate heute verschollen. Mag sein, daß sie einer russischen Kampagne zur Beerdigung von Leichenteilen aus den Beständen der Anatomie in den Jahren nach 1820 zum Opfer gefallen ist.

Unter der Hülle:
Die Zeichnung der freigelegten Gesichtsarterien ist so sehr nach der Natur geraten, daß sie selbst noch die Reste der abgelösten Haut dokumentiert.

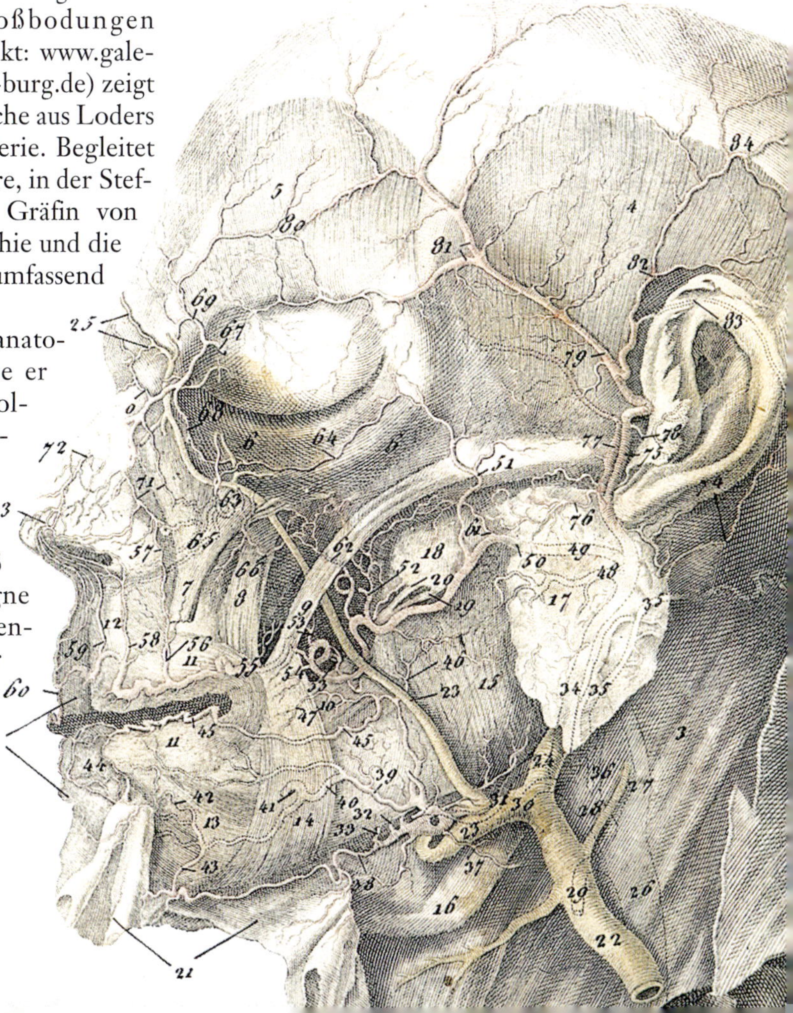

Woher haben **Superhelden** ihre **Kräfte**? Als die Comics entstanden, suchten ihre Autoren eine **Quelle** unbegrenzter **Macht**. Sie verfielen auf die Wissenschaft. Reale und erfundene **Elemente**, echte und unmögliche Verbindungen gaben den Bildergeschichten **Wumm**.

Strahlenschlampe: Diese Lady ist durch und durch aus Strontium, das auch bei Atombombenexplosionen entsteht. Es wird vom Körper wie Calcium in die Knochen eingebaut.

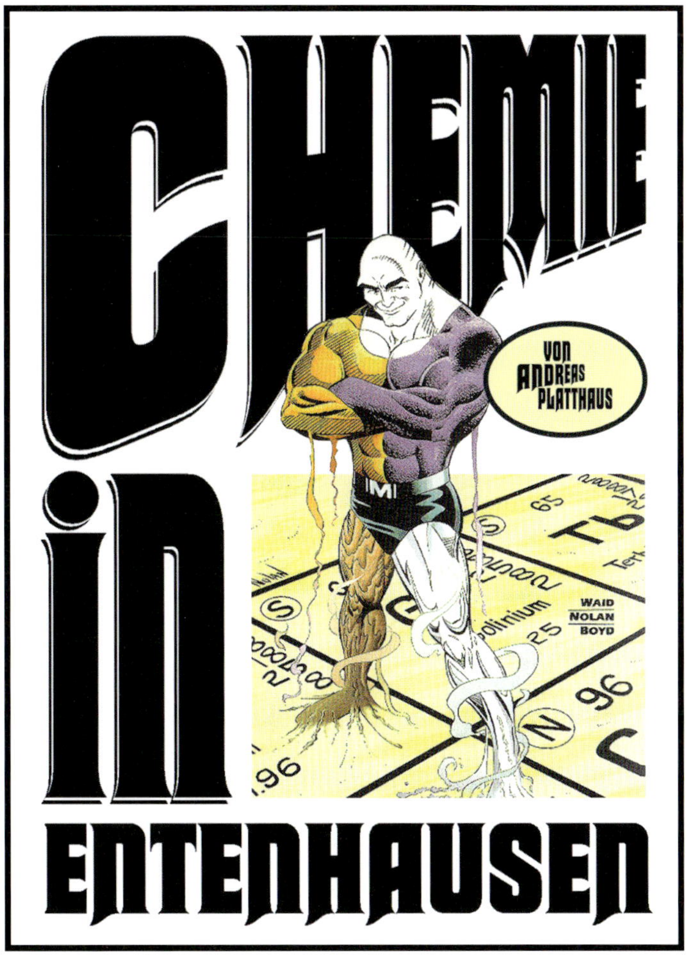

Leitindustrie der ersten Hälfte des zwanzigsten Jahrhunderts waren die chemischen Betriebe. Sie galten als Wundertäter – nicht nur ökonomisch, sondern auch lebenspraktisch. Medikamente und Impfstoffe setzten ganze Krankheitsfamilien matt, Kunststoffe versprachen ein Ende der Rohstoffknappheit, Farben und Lacke gewährten den Dingen Beständigkeit. Doch die düstere Seite der chemischen Produktion ließ sich gleichwohl nicht übersehen: Flüsse und Bäche verwandelten sich in tote Brühe, berufsbedingte Krankheiten nahmen in der chemischen Industrie rasant zu, und nicht zuletzt schrieben sich die Chemiewerke durch die Fertigung einzelner Sparten während der beiden Weltkriege in die düstersten Kapitel des Jahrhunderts ein.

Diese modernetypische Ambivalenz machte sie wie geschaffen für die Rolle des Stichwortgebers für ein neues Medium, das gleichfalls in der ersten Jahrhunderthälfte seinen steilen Aufstieg erlebte: der Comic. Sobald sich Abenteuergeschichten als festes Genre etabliert hatten, wurde der „mad scientist" zum Stereotyp, und mit ihm kam auch die Chemie zu ihrem Recht. Der prachtvollste Ertrag, den die chemische Düngung der Comichandlungen ermöglichte, wurde auf dem Feld der Superheldencomics erbracht. Das war bis 1938, als Superman seinen ersten Auftritt hatte, ein völlig unbekanntes Terrain gewesen, und da der Erfolg des ersten seiner Art binnen weniger Jahre Hunderte von Nachahmern inspirierte, benötigte die resultierende Armee aus kostümierten Helden dringend eine Rechtfertigung: Woher sollten all die himmlischen Heerscharen kommen?

Superman war als Außerirdischer nicht den Gesetzen der irdischen Physik verpflichtet, doch dieser bequeme Weg verbot sich für Plagiatoren spätestens dann, als der Verlag DC, der die Superman-Hefte verlegte, sich juristischen Beistands im Kampf um seine grandiose Idee versicherte. So mußte die Konkurrenz andere Mittel finden, die die außergewöhnlichen Befähigungen ihrer Heroen und Schurken plausibel machen sollten, und was wäre dafür besser geeignet gewesen als die allesverändernde Chemie?

Man stelle sich etwa einen maskierten Einbrecher vor, der des Nachts auf der Flucht vor der Polizei in ein Bassin mit chemischen Rückständen aus einer Spielkartenfabrik stürzt. Seine dichte Maske verhindert zwar den Tod, doch als er sie vor dem Spiegel abnimmt, sind seine Haare grün, die Lippen blutrot und die Haut weiß gefärbt worden – und das unwiderruflich. Der Ganove aber macht aus der Not eine Tugend; fortan setzt er sein clownesk entstelltes Antlitz als Markenzeichen bei diversen Untaten ein und nennt sich „der Joker" – nach dem Ort, wo ihn sein Schicksal ereilte: der Spielkartenfabrik. So jedenfalls wurde im Februar 1951 die Ursprungsgeschichte dieses berühmtesten aller Superschurken, der ewigen Nemesis von Batman, erzählt.

Es fällt auf, daß chemische Einflüsse in den Comics anfangs vor allem die böse Seite der Macht begünstigten. Der famose Plastic Man des Zeichners Jack Cole hatte sich etwa mit Mr. Aqua auseinanderzusetzen, einem Schurken, der nur in flüssiger Form existiert. Ihm war das traurige Schicksal beschieden, von einem schusseligen Freund des Plastic Man ausgetrunken zu werden, als er sich bei einer Hausdurchsuchung in einem Krug verbarg. Die Zensoren des Jahres 1956 empfanden diese drastische Lösung indes als zu kannibalisch, weshalb der unachtsame Trinker in der schließlich publizierten Version das Wasser wieder ausspucken mußte,

Kryptonit hat zwar keinen Platz im Periodensystem, ist aber ein strahlendes Element der Comicgeschichte

was Mr. Aqua die Fortführung seiner Untaten ermöglichte.

Der gefährlichste chemische Einfluß in der Welt der Comics geht jedoch von toter Materie aus: So schwinden die Superkräfte des Mannes aus Stahl vor dem rätselhaften grünen Element Kryptonit, das nur wenige Monate nach dem Abwurf der beiden

Gigantisches Metall: Titan, der Name läßt es vermuten, ist nicht so leicht kleinzukriegen. In der Medizin wird das teure Element für Herzprothesen verwendet.

Atombomben über Japan erstmals Supermans Pfad kreuzte. Wie am Namen unschwer zu erkennen, stammt diese durch ihre starke Strahlung wohl den Transuranen zuzurechnende Substanz vom Planeten Krypton, der Heimat Supermans. Erstaunlicherweise war das Kryptonit anfangs gar nicht grün, weil es erstmals in den 1945 sehr populären Hörspielfolgen mit Superman-Abenteuern eingeführt wurde. Von dort fand es jedoch schnell seinen Weg in die Superman-Zeichentrikkfilme und 1949 auch endlich in die Comics. Da spätestens brauchte es eine Farbe, und das schließlich gewählte Giftgrün symbolisierte alles, was an strahlenden Substanzen gefährlich sein konnte.

Blondinenstoff: Platin ist noch seltener als Gold und damit auch noch etwas edler. Ebenso begehrt wie Platinschmuck sind Elektroden aus Platin.

Die Zeichner hatten Spaß an dieser Möglichkeit, ihren nahezu unbesiegbaren Helden in ernste Gefahr zu bringen, und bis 1971, als der Verlag DC, entnervt von den Exzessen seiner Belegschaft, jedes weitere Auftauchen von Kryptonit in den Superman-Comics verbot, waren nacheinander rote, blaue, goldene und weiße Erscheinungsformen des außerirdischen Elements aufgetaucht, die jeweils andere chemische Eigenschaften besaßen, die wahlweise Superman oder auch einmal dessen Gegner schwächten. 1963 tauchte gar in einer Geschichte eine Kryptonitform auf, die gar keinen Effekt hatte, doch dieses silberne Kryptonit entpuppte sich im Verlauf der Handlung als Scherz von Supermans Freund Jimmy Olsen, der damit die fünfundzwanzigjährige Dauer der Serie feierte – das Silberjubiläum eben. Der verrückte Wissenschaftler war da längst ernsthaften Weltverbesserern wie Ray Palmer gewichen. Als kleinster aller Superhelden machte Dr. Palmer unter dem Tarnnamen „das Atom“ Furore, in das sich der Wissenschaftler dank eines von ihm erfundenen Strahlengürtels, der ihn bis auf subatomare Größe schrumpfen läßt, verwandeln kann. Als Winzling bringt er sodann die Moleküle und genetischen Strukturen seiner Gegner durcheinander. Doch solch bewußte Steuerung chemischer und physikalischer Prozesse blieb die Ausnahme, als nach den optimistischen fünfziger Jahren eine neue Generation tragisch veranlagter Superhelden das Licht der Welt erblickte. Jetzt war es wieder häufiger die wuchernde Industrialisierung, deren Pannen die abnormen Helden der sechziger Jahre hervorbrachten, allen voran der in diesem Jahr durch die Verfilmung seiner Abenteuer wieder populär gewordene Spiderman. Er verdankt seine überragenden Kletter- und Klebeeigenschaften dem Biß einer im Versuchslabor radioaktiv verseuchten Spinne – ein Ursprungsmythos, der 1963, als Spiderman sein Debüt erlebte, noch allen Erwartungen eines atomar zugleich faszinierten und abgeschreckten Publikums entsprach, während der diesjährige Film die Spinne kurzerhand ihrer Verstrahlung beraubte und sich allein auf die übliche Arachnophobie der Zuschauer verließ.

So wurde die Chemie ihres Zaubers als Mutter der Superhelden beraubt. Doch in anderen Comicgenres blieb sie ein unentbehrliches Handlungselement. So vor allem in der Welt von Entenhausen, in der mit Daniel Düsentrieb das Urbild aller Erfinder wirkt. Selbstverständlich ist der Diplom-Ingenieur auch ein begnadeter Chemiker, der indes des öfteren eines handfesten Schlages mit dem Hammer auf den Kopf bedarf, um seine Kreativität anzuregen. So denkgestärkt widmete auch er sich einmal den Folgen ungebremsten Produzierens und entwickelte auf Wasser- und Kohlenstoffbasis ein extrem wirksames Färbemittel namens „Wasserblau“, das den

Wir müssen draußen bleiben: Auch wenn hier nicht alle Elemente richtig buchstabiert sind: Diese kurios klingenden Stoffe gibt es wirklich. Francium zum Beispiel entsteht, wenn das ebenfalls sehr seltene Actinium unter radioaktiver Bestrahlung zerfällt. In Spuren findet man es auch in natürlichem Uran, doch wegen seiner geringen Halbwertszeit von 81,8 Minuten ist Francium oder „Eka-Cäsium“ eigentlich zu nichts zu gebrauchen – schon gar nicht in der Heldenwelt der Comics.

Heiße Luft: Kryptonit ist zwar nur eine Erfindung, den Namensvetter Krypton gibt es aber wirklich. Als Mittel gegen Bösewichte taugt das Edelgas allerdings wenig. Es ist so farb- wie geruchlos und reagiert nur sehr unwillig.

verschmutzten Gewässern Entenhausens ihre natürliche Farbe zurückgeben sollte. Daß dieses prachtvoll blaue Wasser dann wiederum alles, womit es in Berührung kam (Haare, Spaghetti, Autos), ebenso blau färbte, war leider nicht im Sinne des Erfinders.

Der Chemiker Walter Abriel hat 1983 mit Erfolg die berühmte, aber kryptische Düsentriebsche Formel („$6H_2O + {}_7C$ brabbel brabbel . . . und das Ganze gut schütteln") analysiert und aus der Vielzahl der möglichen Verbindungen jener Summenformel eine favorisiert, die eine Peroxocarbonsäure-Gruppe mit zweifach endständig substituiertem Kohlenwasserstoff n-Pentan kombinierte. Abriel gelang damals im Versuch tatsächlich die Synthetisierung von Wasserblau.

Bei solch überzeugenden Ergebnissen der Entenhausener Wissenschaft kann es nicht verwundern, daß die gesamte Bevölkerung sich für Chemie begeistert und die drei Neffen von Donald Duck denn auch einen Chemiekasten zu ihren schönsten Weihnachtsgeschenken zählen. Allerdings müssen sie das gute Stück sofort an ihren wißbegierigen Onkel aushändigen, der in seinem Garagenlabor (auch in Entenhausen kommen die Innovationen aus der Garage) binnen weniger Minuten einen Explosivstoff namens „Vehemit" entwickelt, von dessen Zusammensetzung leider nur soviel bekannt ist, daß er Wasserstoffperoxyd enthält. Ungleich besser dokumentiert ist dagegen die Herstellung eines weiteren von Donald Duck erfundenen Explosivstoffs, den sein Schöpfer selbstbewußt „Duckamit" taufte. Doch die grundlegende Verbindung von CH_2 mit $NH^+{}_4$ beruht auf normalerweise instabilen Gliedern, so daß man wohl chemische Gesetze in Entenhausen postulieren muß, die sich von den unseren unterscheiden. Das erklärt womöglich auch das dortige Vorhandensein von zusätzlichen Elementen, die in unserem Periodensystem bislang nicht aufgetaucht sind. So sind zwar bisher durch den Chemiker Hartmut Hänsel erst sechsunddreißig der bei uns gängigen Elemente auch für Entenhausen nachgewiesen worden (als Element mit der höchsten Ordnungszahl übrigens Uran), doch darüber hinaus existieren weitere wie Columbium oder Gibsnixium, deren Vermischung übrigens einen weiteren Explosivstoff mit der Bezeichnung „Supersatanat" hervorbringt. In Entenhausen wird bei chemischen Experimenten grundsätzlich ein neuer Sprengstoff entdeckt.

Es war genau diese Eigenschaft, die das Zusammenwirken von Comic und Chemie so fruchtbar werden ließ – die Kombination entwickelte Sprengkraft. Beides waren Wachstumsbranchen, deren jeweiliges Entwicklungsende nicht absehbar war. Noch heute fasziniert das Potential chemischer Entwicklungen die Comiczeichner. In „The Killing Joke", einem der faszinierendsten Comics der achtziger Jahre, erzählte der Meisterszenarist Alan Moore die Genese des Jokers noch

Edle Helden: So besonders, wie Thor es seinem Kollegen hier weismacht, ist Helium nicht. Im Universum stellt es das zweithäufigste Element dar.

Schön aufpassen: Der nette Held aus einem Comic der General Electric Corp. erklärt, was man mit Strom und Metall Tolles machen kann.

einmal. Doch der Zeitgeist forderte einen geringen Tribut. Da es heute nicht mehr plausibel schien, daß Spielkartenhersteller in ihren Fabrikhöfen offene Säurebehälter stehen lassen, wurde die Handlung kurzerhand in ein gemischtes Industriegelände versetzt, wo direkt benachbart eine Firma namens „Ace Chemical Processing" residiert, auf deren Werksgelände die dringend benötigten Rückstände angesiedelt werden konnten, ohne daß den Umweltschutzvorschriften unserer Tage Gewalt angetan werden mußte. Comics und Chemie haben sich gleichermaßen brav zu benehmen. <

Noch mehr Chemie aus der Welt der Superhelden: Die hier dargestellten Comics sind Teil einer bestaunenswerten Sammlung im Internet. „The Periodic Table of Comic Books" findet man unter www.uky.edu/Projects/Chemcomics/. Dort lassen sich auch Details zu jedem Element des Periodensystems erkunden. Die ideale Chemie-Nachhilfe, und Pisa-Geschockte dürfen auch mitmachen.

Glänzende Ideen, brillant ins Bild gesetzt

Visuelle Mathematik
Aktuelle Forschung, sinnlich wie Kino aus Hollywood

Mathematik kann bildhaft sein. Der Computer trägt dazu bei. Gibt es auch Bilder, die Beweise sind?

VON GERO VON RANDOW

Bilder haben suggestive Macht. Das gilt auch für die Naturwissenschaften mit ihren Teilchenspuren, Molekülmodellen und Stammbäumen. Auch für die Mathematik? Was dort an die Tafeln gemalt wird, sind nicht immer nur Formelzeichen – die freilich ikonisch sein können, also kleine Zeichnungen, deren Form dem Bezeichneten ähnelt, wie zum Beispiel das Zeichen > für die „Größer als"-Relation. Zu sehen sind aber auch Bäume, Netze und merkwürdige Gebilde mit Henkeln. Andere Mathematiker hocken gemeinsam vor dem Monitor und spielen an bunten Bildern.

Damit wenden sie Instrumente auf ihre Wissenschaft an, die eben dieser Wissenschaft entstammen. Die mathematisch gestützte Visualisierung ist zu einem mächtigen Instrument in Technik und Wissenschaft geworden. Ob Autokonstrukteure, Klimaforscher oder Chiptechniker, sie setzen ihre Modelle in bewegliche Simulationen um und gewinnen dadurch Erkenntnisse. Sie profitieren von den Investitionen der Film- und Spielindustrie, die sich einige der besten Mathematiker eingekauft haben, um auf ihren Rechnern realistisch wirkende Bildfolgen zu erzeugen. Der Durchbruch war „Jurassic Parc" von 1993, in dem beinahe real wirkende Computersequenzen in gefilmte Szenen eingebaut wurden. In dem Film tritt auch ein Mathematiker auf. Er wird von einem Saurier gebissen.

Es war ein visuelles Problem, das die Mathematik in ihre erste Krise stürzte. Die Pythagoräer glaubten, daß alle Gesetze des Kosmos von ganzen Zahlen diktiert seien. Dann jedoch entdeckten sie, daß die Grundlinie eines rechtwinkligen Dreiecks

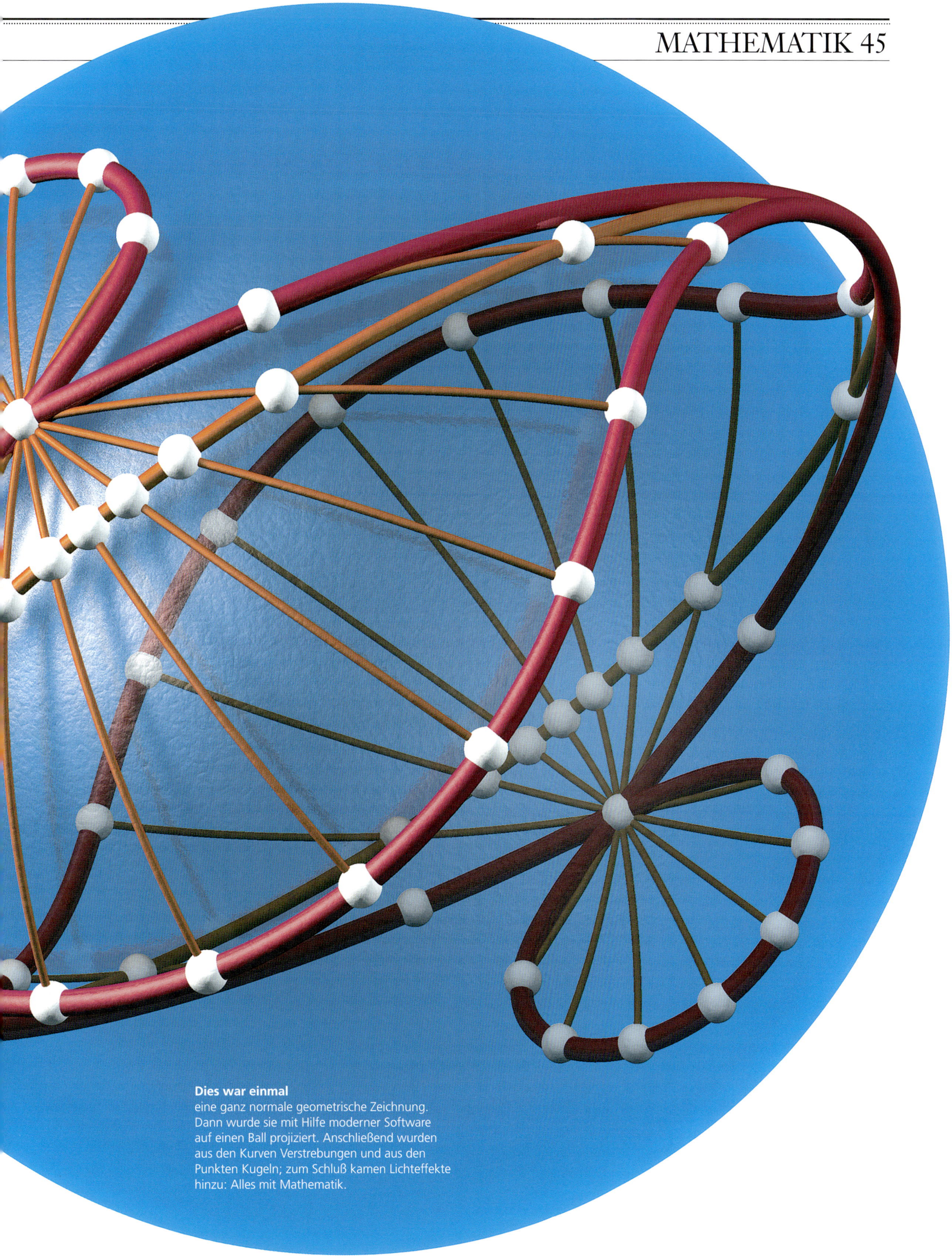

Dies war einmal
eine ganz normale geometrische Zeichnung. Dann wurde sie mit Hilfe moderner Software auf einen Ball projiziert. Anschließend wurden aus den Kurven Verstrebungen und aus den Punkten Kugeln; zum Schluß kamen Lichteffekte hinzu: Alles mit Mathematik.

mit den Seiten der Länge eins die Länge √2 haben muß: eine Zahl, die nicht durch einen Bruch aus zwei ganzen Zahlen ausgedrückt werden kann. Daß ein solches Dreieck dennoch existierte, war ihnen indes visuell klar.

Bilder als Argumente finden sich immer wieder in den antiken Darstellungen, auch bei Euklid (circa 300 v. Chr.), dem Begründer der streng formalen Geometrie. Es fiel ihm schwer zu definieren, was denn ein Punkt sei: etwas, das keine Ausdehnung hat. Aber wie soll das dann auf einer Geraden liegen können, und was heißt „liegen"? Im 17. Jahrhundert wurde die Lösung gefunden: René Descartes definierte einen Punkt durch zwei Zahlen (seine Koordinaten auf der x- und der y-Achse). Dies war freilich nicht das Ende der Bilder in der Mathematik: Nun auf einmal konnten viele mathematische Beziehungen im Koordinatensystem sichtbar gemacht werden.

Die Mathematik geht eine Doppelbewegung: Immer wieder überwindet sie die Anschaulichkeit, um gleich darauf neue Objekte zur Anschauung zu bringen. Im 19. Jahrhundert wurden Geometrien entwikkelt, in denen sich Parallelen schneiden, und Räume, die vier, fünf, beliebig oder unendlich viele Dimensionen haben. Korrekt beschreiben lassen sie sich nur formal. Doch bald darauf blühte die Topologie auf, die zunächst mit der anschaulichen Aufgabe begann, Gegenstände danach zu klassifizieren, welche ihrer räumlichen Eigenschaften bei kontinuierlicher Verformung konstant bleiben. Mittlerweile hat auch die Topologie ihre Anschaulichkeit verloren – dafür werden allerlei Bäume und Netze gezeichnet, Graphen genannt. Selbst in den abstraktesten Disziplinen der Mathematik, etwa in der Algebra, ist das Visuelle präsent. In ihren „Gruppen" und „Ringen" oder Symmetriebegriffen spiegelt sich wider, daß Mathematiker oft an Formen denken, wenn sie Formeln schreiben.

Bilder aus dem Rechner können dazu dienen, auf Ideen zu kommen. Bizarre Kurven deuten oft auf mathematisch Interessantes hin. Mit visualisierenden Computerprogrammen lassen sich regelrechte mathematische Experimente ausführen. Und für die Kommunikation, namentlich die Lehre, eignen sich Bilder ohnehin – vorausgesetzt, sie ersetzen nicht das Verständnis der zugrundeliegenden Formeln.

Können Bilder mehr sein als Veranschaulichungen? Machen Bilder einen Gedanken nur plausibel, oder haben sie gar Beweiskraft? Immerhin können sie Behauptungen widerlegen, zum Beispiel Vermutungen über den Verlauf einer Kurve. Sie können durchaus einen Beweis vertreten: Dann nämlich, wenn Einigkeit darüber besteht, daß ein visuell einleuchtender Satz auch bewiesen werden könnte. Beinahe alle Mathematiker lehnen allerdings die Idee ab, daß Bilder echte Beweise sein könnten – selbst dort, wo sich, wie im Fall des Lehrsatzes von Pythagoras, mit dem Herumschieben von Teildreiecken jeder Zweifel ausräumen ließe. Zwei Argumente sprechen für diese harte Position. Erstens: Ein mathematischer Satz muß allgemein gültig sein, also nicht bloß bei diesem Dreieck oder jener Parabel. Zweitens: Jeder Mensch sieht anders, doch die Interpretation einer Formel ist stets für alle festgelegt. Die Argumente zeigen freilich, daß die Beweismethoden der Mathematik Verabredungssache sind: Ihre Wahrheiten sind nicht absolut, sondern gelten stets nur unter bestimmten, von Menschen gemachten Regeln – dann aber mit Sicherheit. <

Visueller Beweis der Behauptung

$$\sum_{n=1}^{\infty}\left(\frac{1}{2}\right)^{2n} = \frac{1}{3}$$

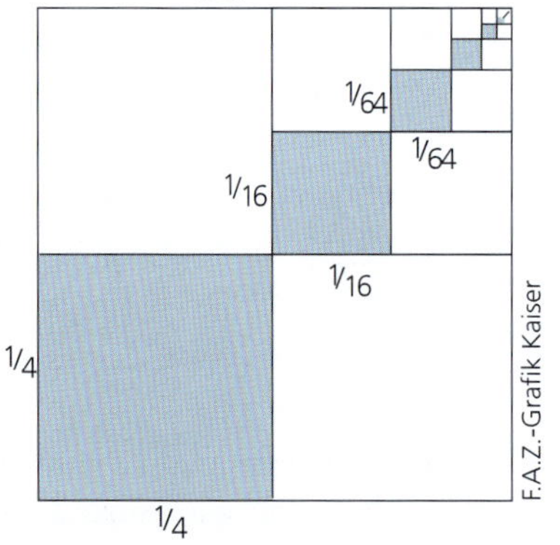

Das griechische Summenzeichen schreibt es vor: Wir lassen n von eins bis unendlich wachsen, setzen die Zahlen jeweils in den potenzierten Bruch $(1/2)^{2n}$ ein und addieren die Ergebnisse. Die Summe nähert sich dem Wert 1/3. Die Graphik legt nahe, daß diese Behauptung stimmt. Ist das schon ein Beweis? Und wenn ja: Eignen sich visuelle Beweise vielleicht nur für ganz einfache Fälle wie diesem?

65 seltsame Stellen

Eine sogenannte algebraische Fläche im dreidimensionalen Raum wird durch Gleichungen mit Variablen beschrieben, die zum Beispiel x, y und z heißen können. Man unterscheidet Flächen verschiedenen Grades; der Grad einer Fläche wird vom höchsten Exponenten in der Gleichung bestimmt: Die Gleichung $x^2 + y^2 + z^2 = 1$ beschreibt beispielsweise eine ugeloberfläche und hat den Grad zwei. Die Fläche in diesem Bild hat den Grad sechs, denn wenn man ihre Gleichung ausmultipliziert, tritt w^6 auf. Sie heißt deshalb Sextik. An 65 Punkten der Fläche wird es interessant. Das sind sogenannte „Doppelpunkte": Sie verhalten sich ähnlich wie diejenigen Punkte auf einer Kurve, an die sich keine definierte Tangente anlegen läßt, also zum Beispiel spitze Ecken. An Doppelpunkte einer algebraischen Fläche läßt sich keine definierte Tangentialebene legen. Das Bild gehört zu einem Forschungsthema, das bereits zu Beginn des 20. Jahrhunderts aufkam, aber erst jetzt an Fahrt gewinnt: Wie groß ist die maximale Anzahl m von Doppelpunkten einer algebraischen Fläche vom Grad d im dreidimensionalen Raum? Für die Flächengrade drei bis sechs gibt es bewiesene Sätze, für höhere Grade steht nur fest, in welchen Intervallen m jeweils zu suchen ist. Die 65 Doppelpunkte der Sextik sind die Maximalzahl m. Das Gebilde hat die Symmetrie eines Ikosaeders; man wüßte gerne, warum.

Gero von Randow

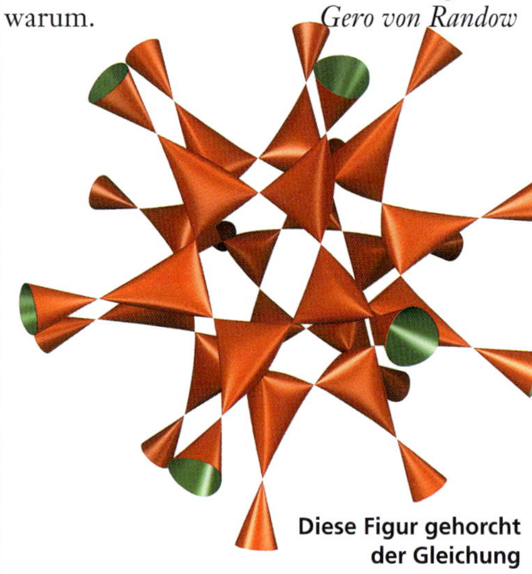

Diese Figur gehorcht der Gleichung

$$4(\tau^2x^2 - y^2)(\tau^2y^2 - z^2)(\tau^2z^2 - x^2) - (1 + 2\tau)(x^2 + y^2 + z^2 - w^2)^2w^2 = 0$$

wobei $\tau = 1/2(1 + \sqrt{5})$

Es handelt sich um eine sogenannte Sextik.

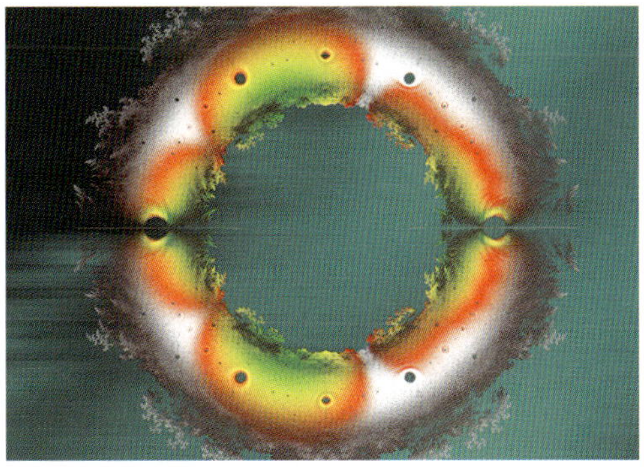

Rot zeigt, wo sich die im Bild dargestellte Funktion besonders stabil verhält, wenn man ein bestimmtes Element in ihr verändert.

Nullstellen eines Polynoms

Dies ist kein Adventskranz, sondern ein Beispiel dafür, welche Blüten selbst relativ schlichte mathematische Objekte treiben können, wenn man sie mit Hilfe eines Computers auf die Ebene der komplexen Zahlen läßt. Komplexe Zahlen sind gewissermaßen die zweidimensionale Erweiterung der normalen (reellen) Zahlen. Man braucht sie, um Wurzeln aus negativen Zahlen ziehen zu können. Alle komplexen Zahlen z liegen auf einer Ebene, und man kann Funktionen auf sie anwenden, zum Beispiel Polynome, in diesem Fall ist es

$$f(z) = a_0 + a_1 z + a_2 z^2 + a_3 z^3 + \ldots + a_{21} z^{21}$$

Das Bild zeigt die Nullstellen dieser Funktion, also alle Zahlen z, für die $f(z) = 0$ ist, wobei die Koeffizienten a_0 bis a_{21} abwechselnd die Werte –1 und +1 annehmen – außer a_3. Die Farbe zeigt an, wie empfindlich die Lage der Nullstellen von Abweichungen des Koeffizienten a_3 vom Wert eins abhängt. *Ulf von Rauchhaupt*

Schocks machen Wirbel

Hydrodynamik ist die physikalische Lehre von allem, was strömt. Ob man nun Autokarosserien optimieren oder kosmische Nebel verstehen will, überall bekommt man es mit hydrodynamischen Gleichungen zu tun – und nur selten lassen sie sich ohne Computer berechnen. Mit raffinierter Software kann man inzwischen auch komplizierte Phänomene wie dreidimensionale Schockfronten, Wirbelfelder oder – wie im Bild unten – Kombinationen von beidem berechnen. Das Gebilde zeigt, was passiert, wenn eine zylindrische Schockfront senkrecht auf eine ebenfalls zylindrische Region geringerer Dichte trifft und dabei Schläuche aus rotierendem Gas (rot), also Wirbel erzeugt. So etwas auszurechnen ist nicht einfach. Schwierig ist es auch, die Ergebnisse so darzustellen, daß man die entstehenden räumlichen Strukturen auch erkennt.

Eine Möglichkeit besteht darin, die Flächen im Raum einzufärben und zu schattieren, auf denen die physikalisch interessanten Größen (etwa der Gasdruck) bestimmte Werte annehmen. Der Nachteil ist nicht nur der hohe Rechenaufwand, den dreidimensionale Flächen erfordern. Auch werden solche Bilder schnell unübersichtlich. Für dieses Bild wurde ein Prinzip namens „volume rendering" verwendet, bei dem die Szene in Volumenelemente („Voxel") aufgeteilt wird. Die physikalischen Größen in jedem Voxel bestimmen seine Farbe und – wichtiger noch – seine Durchsichtigkeit, damit man auch verschlungene Strukturen wie diese hier noch erkennen kann. Die Visualisierung ist sogar interaktiv. *Ulf von Rauchhaupt*

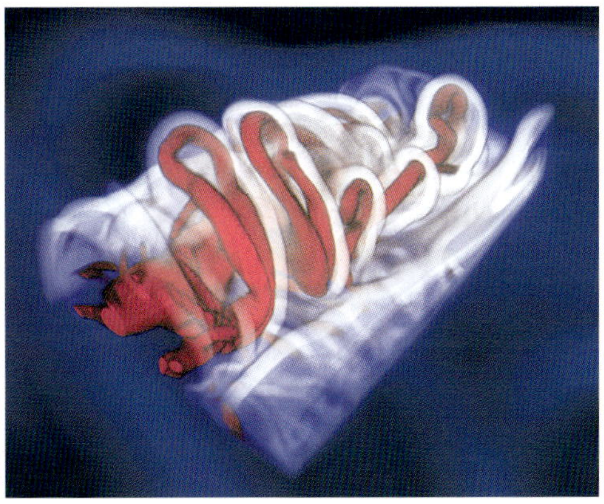

So etwas lieben die geplagten Bildredakteure wissenschaftlicher Journale: DNA mit Gold und Glitter.

Glitzerndes Erbmolekül

Große Biomoleküle gehören zu den komplexesten Systemen, mit denen sich die Wissenschaft beschäftigt. Etwa die DNA, in der Zellen ihre Erbinformation speichern. Die biochemische Eigenschaften eines DNA-Moleküls werden vermutlich durch sein mechanisches Verhalten beim Biegen und Verdrehen mitbestimmt. Die Biegsamkeit eines DNA-Abschnittes ist nicht überall gleich, sondern hängt davon ab, wie seine Basenpaare an der entsprechenden Stelle angeordnet sind. Im Prinzip müßte sich Biegsamkeit aus der Chemie der einzelnen Molekülatome berechnen lassen, doch überfordern solche Rechnungen auch heute noch die schnellsten Supercomputer. Daher ist es besser, wenn man solch ein DNA-Molekül als ein Stück Draht auffaßt, dessen Elastizität sich kontinuierlich von Ort zu Ort ändert. Ist ein solcher Draht mit ortsabhängiger Elastizität bestimmt, kann man seine Eigenschaften auf dem Computer studieren und untersuchen, wie sich das mechanische Verhalten der DNA ändert, wenn man ein Proteinmolekül (grüne Kugel) daranhängt. Computergenerierte Bilder wie dieses erleichtern es, sich solche Konfigurationen vorzustellen – und machen sich gut auf den Titelseiten von Fachzeitschriften. *Ulf von Rauchhaupt*

Chaos mit Struktur

Dieses Bild ist so etwas wie die Ikone eines Forschungszweigs, der Ende der achtziger Jahre chic war – nicht zufällig gerade zu der Zeit, als Computer erschwinglich wurden. Die Rede ist von der Dynamik nichtlinearer Systeme, vulgo Chaostheorie. Die Entwicklung solcher Systeme hängt meist empfindlich von ihrem Anfangszustand ab

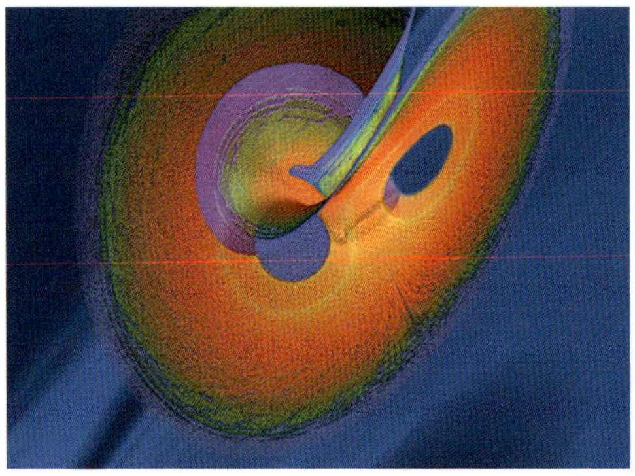

Der „Lorenz-Attraktor“, einst ein beliebtes Motiv auf T-Shirts und Kaffeetassen.

– im Gegensatz zu linearen Systemen, etwa zwei Himmelskörper, die sich aufgrund gegenseitiger Gravitationsanziehung umkreisen. Ein solches System zeigt immer wieder dieselben Konstellationen und läßt sich daher exakt vorhersagen. Zum Glück für uns kommt das System aus Erde und Sonne einem idealen linearen System sehr nahe. Die Bahnen nichtlinearer Systeme sind dagegen im allgemeinen nie geschlossen und gleichen oft dem hier gezeigten Diagramm. Das dazugehörige System entdeckte der Meteorologe Edward Lorenz, als er ein einfaches Modell für die Bewegung eines Gases formulierte. Wie man sieht, kehrt die Kurve zwar niemals wieder zu sich selbst zurück, bewegt sich aber nicht völlig erratisch im Raum, sondern beschreibt im Laufe der Zeit ein seltsames Muster – einen „Attraktor“. (Tip: www.wam.umd.edu/~petersd/lorenz.html). Attraktoren haben oft interessante Eigenschaften, die über wichtige Aspekte der langfristigen Entwicklung der zugehörigen dynamischen Systeme Auskuft geben können. Mit modernen Verfahren kann man solche Attraktor-Eigenschaften untersuchen, ohne die gesamte zeitliche Entwicklung des Systems nachrechnen zu müssen. Nützlich ist auch die Visualisierung solcher Eigenschaften, etwa durch Farbcodierung. *Ulf von Rauchhaupt*

Molekulares Ballett

Die Funktion eines Biomoleküls hängt oft von den verschiedenen stabilen Formen ab, die es annehmen kann. Sobald seine Grundeigenschaften bekannt sind, lassen sich die bevorzugten Formen („Konformationen“) ausrechnen. Die mathematische Formulierung des Problems geht zurück auf Konzepte, die zum Teil rund 170 Jahre alt sind, sowie auf Arbeiten einer Vielzahl von Physikern des 20. Jahrhunderts. Mit der Formulierung allein ist es aber nicht getan – man muß die Dinge auch ausrechnen können. Im abgebildeten Fall waren trickreiche Umformungen des Problems und modernste Rechenverfahren notwendig. Die Folgen, in denen das Molekül die verschiedenen Konformationen durchläuft, wurden mit Hilfe von neuen Verfahren geschätzt, die auf eine gut 100 Jahre alten Methode (Markov-Ketten) zurückgehen; vorbereitet wurden die Schätzungen mit einem künstlichen neuronalen Netz, also einer Technik aus dem Gebiet der Künstlichen Intelligenz. Jedes zusammenhängende Paar von Bindungen wird hier als Dreieck dargestellt. Die leuchtenden Nebel repräsentieren die Wahrscheinlichkeiten, daß das Molekül eine bestimmte Form annimmt. *Gero von Randow*

Virtuelles Ätzen

Steinwerkzeug wurde gesammelt und in Form geschlagen, Metall verhüttet, gegossen und geschmiedet. Silizium jedoch, der Stoff, auf dem das Informationszeitalter aufbaut, wird kristallisiert – und geätzt. Und je winziger die Transistoren auf den Halbleiterchips werden, desto wichtiger ist akkurates Ätzen.

Die finnischen Wissenschaftler, von denen dieses Bild stammt, haben diesen wichtigen Prozeß mit atomarer Genauigkeit auf dem Rechner simuliert und dabei untersucht, wie die Wahrscheinlichkeit, mit der die ätzende Chemikalie ein Siliziumatom aus dem Kristall löst, von seiner atomaren Umgebung abhängt. Ihre Resultate haben sie graphisch so aufbereitet, daß man sie direkt mit mikroskopischen Aufnahmen realer Ätzmuster vergleichen kann.

Ulf von Rauchhaupt

Ein Punkt geht wandern

Das obige Gebilde ist simpel zu konstruieren – der Witz ist die zugrundeliegende Software. Was da so schön blitzt, ist die „Konchoide einer bestimmten Kurve, projiziert auf eine Kugeloberfläche“, und das baut man sich so: Zunächst wird eine Kurve gezeichnet, wir nennen sie C. Nun wird ein Punkt O außerhalb von C gewählt. Wir können ihn den „Pol“ nennen. Außerdem wählen wir eine Zahl; ihr Name sei k: das bedeutet „Konstante“. Nun ziehen wir eine Gerade durch den Punkt O, die irgendwo die Kurve C schneidet; der Schnittpunkt heißt P. Alsdann werden die Punkte Q_1 und Q_2 gesucht: Es sind die beiden Punkte auf der Geraden, die zu P den Abstand k aufweisen. Jetzt ist alles vorbereitet: Die Konchoide entsteht, indem wir die Gerade um den Pol drehen, so daß der Punkt P auf Wanderschaft geht. Die Punkte Q_1 und Q_2 zeichnen die Konchoide (siehe Skizze rechts); Mathematiker schreiben: Die Konchoide von O der Kurve C ist der Ort aller Q_1 und Q_2 für variable P und konstantes k. Mit Hilfe der Geometriesoftware „Cinderella“ können auch Mathe-Laien Konchoiden und andere Objekte konstruieren. Die Wanderung des Punktes P läßt sich sogar animiert darstellen, dann spricht man von „dynamischer Geometrie“. Mit Cinderella ist es ein leichtes, die in der Ebene liegende Konchoide auf eine Kugeloberfläche zu projizieren – wie im obigen Bild. Cinderella bietet noch weitere Projektionen, mit anderen Worten: Man kann mit ihr von der euklidischen auf verschiedene nicht-euklidische Geometrien umschalten, also auf der Ebene ebenso wie auf Kugeln und anderen Gebilden arbeiten. Das geht deshalb so einfach, weil das Programm intern auf der Basis einer mathematischen Theorie aus dem späten 19. Jahrhundert rechnet, die alle diese Geometrien vereinigt; gezeigt wird aber jeweils nur diejenige Darstellung, die der Benutzer ausgewählt hat. Das raffinierte Hintergrundprogramm vermeidet auch die aus anderen Geometrieprogrammen bekannten Mißhelligkeiten – etwa, daß sich ein bestimmter Punkt einer Konstruktion nicht stetig, sondern nur sprunghaft bewegen läßt, weil mathematisch mehrdeutige Situationen auftreten; in solchen Fällen trifft das Hintergrundprogramm eine mathematisch gerechtfertigte Entscheidung.

Konchoide einer Sinuskurve

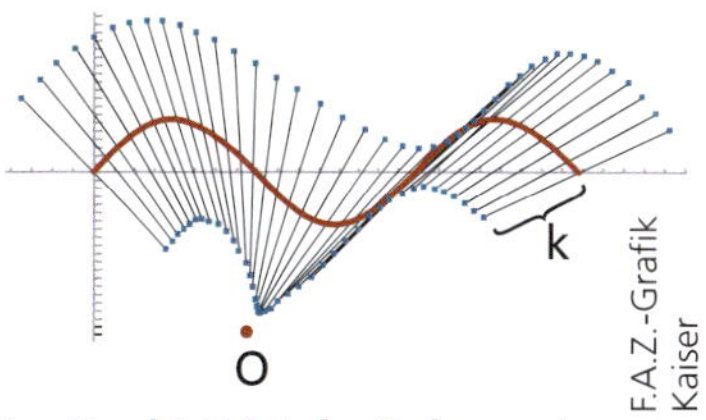

Der Punkt O ist der Pol, von dem aus eine Konchoide konstruiert wird.

Cinderella läßt sich unter www.cinderella.de besichtigen und eignet sich auch für die Schule.

Gero von Randow

Gibt es diese Figur?

Das grüne Kugelgebilde namens „Penta“ genügt bestimmten Anforderungen an seine geometrischen Eigenschaften. Symmetrie gehört interessanterweise nicht dazu. Es wurde durch komplizierte Probierverfahren mit dem Computer gefunden. Weil es nicht systematisch konstruiert wurde, legt das Bild die mathematische Existenz des Objekts also bloß nahe und mehr nicht: Es ist kein Existenzbeweis. Eventuell gibt es Penta im mathematischen Sinn also nicht; bewiesen ist nur, daß überhaupt irgendwelche Objekte dieser Art existieren.

Hier die Kriterien: Es ist erstens eine geschlossene Fläche im dreidimensionalen Raum, hat also keinen Rand. Zweitens hat es nur wenige Löcher, aber mehr als eines. Drittens hat es eine „konstante mittlere Krümmung“ - um zu erklären, was das ist, muß ein bißchen weiter ausgeholt werden. Die Krümmung einer Kurve an einem Punkt ergibt sich daraus, wie stark sich die Tangente bewegt, wenn man sie von diesem Punkt aus weiterwandern läßt. Die Krümmung einer Fläche an einem Punkt läßt sich anschaulich beschreiben: Legen Sie sich ein Buch auf den Kopf; wenn Sie es verschieben, zeigt sich, wie sehr Sie ein Spitz- oder ein Rundkopf sind. Genauer bestimmt die Mathematik die Krümmung einer Fläche im Punkt P: Zunächst wird eine Senkrechte auf die Fläche in P konstruiert. Sodann stelle man sich sämtliche Ebenen vor, die diese Senkrechte enthalten. Die Ebenen schneiden die Fläche in Kurven. Jede dieser Kurven hat in P eine bestimmte Krümmung. Nun betrachte man die zwei Kurven mit minimaler und maximaler Krümmung: Die halbe Summe der Werte in P ist die „mittlere Krümmung“ der Fläche an dieser Stelle. Ihr Name ist H.

Dieses H ist eine wichtige Größe für sogenannte Minimalflächen: Das sind Flächen, die bei konstanter Vorgabe (ein bestimmter Rand oder ein bestimmtes umschlossenes Volumen) minimale Größe haben. Es gibt einen Beweis von Euler, daß H bei allen umrandeten Minimalflächen gleich null ist; die Umgebung jedes Punktes ist dann entweder völlig plan oder sattelförmig, in diesem Fall addieren sich die kleinste und die größte Krümmung zu null. Kugeloberflächen, Seifenblasen zum Beispiel, sind geschlossene, also randlose Minimalflächen, die ein gegebenes Volumen einschließen; sie haben an jedem Punkt ein konstantes und positives H. Auch Penta hat eine konstante mittlere Krümmung H und ist, bei gegebener Lochzahl 5, eine Minimalfläche für ein bestimmtes Volumen.

Gero von Randow

„Penta“ hat das Geschlecht fünf: Damit ist gemeint, daß das Objekt fünf Löcher hat. Ein Reifen (Torus) hat das Geschlecht eins.

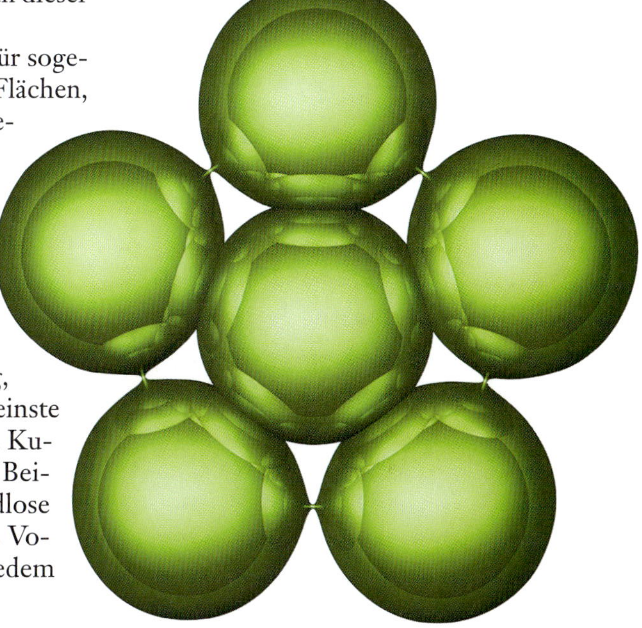

35 Millionen Bälle

Dies ist ein winziger Ausschnitt aus einem Bild mit 35 Millionen Bällen; der dafür verwendete Supercomputer in Los Alamos präsentiert in einer interaktiven Visualisierung zehn bis 15 solcher Bilder pro Sekunde. Sie zeigen die Ausbreitung von Rissen; die Kugeln stellen Atome dar. Der fotorealistische Effekt wird mit einer Technik namens „Ray Tracing“ erzielt: Das Programm simuliert in Echtzeit den Strahlengang des Lichts, das von den dreidimensionalen Kugeln reflektiert wird.
Derartige Visualisierungen sind nur mit massiv parallelen Rechnern möglich, also mit Computern, in denen viele Prozessoren zugleich arbeiten. Deren Zusammenarbeit zu regeln ist wieder ein eigenes mathematisches Problem: Man finde für eine bestimmte Aufgabe bei gegebenen Hardware-Ressourcen und für einen bestimmten Zeitrahmen eine optimale Zerlegung in Teilaufgaben. Probleme des massiv parallelen Rechnens tauchen in Klimasimulationen und bei der Konstruktion von Flugzeugen auf, ebenso in der Auswertung astronomischer Daten, bei der Entwicklung von Atombomben oder in den Computerstudios der Filmindustrie.

Gero von Randow

Die Lichtreflexe
erleichtern es, das Zusammenspiel der Atome zu beobachten. Der schicke 3D-Effekt läßt fast vergessen, daß es sich nur um Theorie handelt.

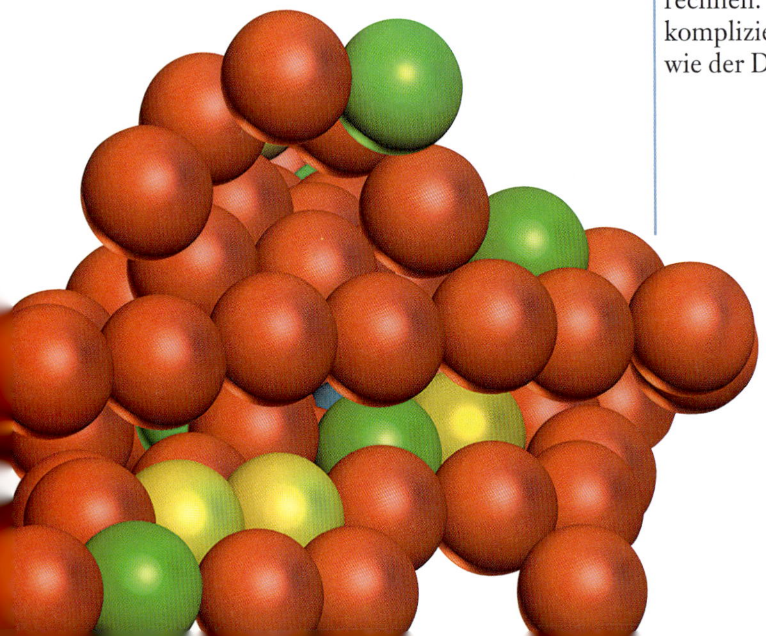

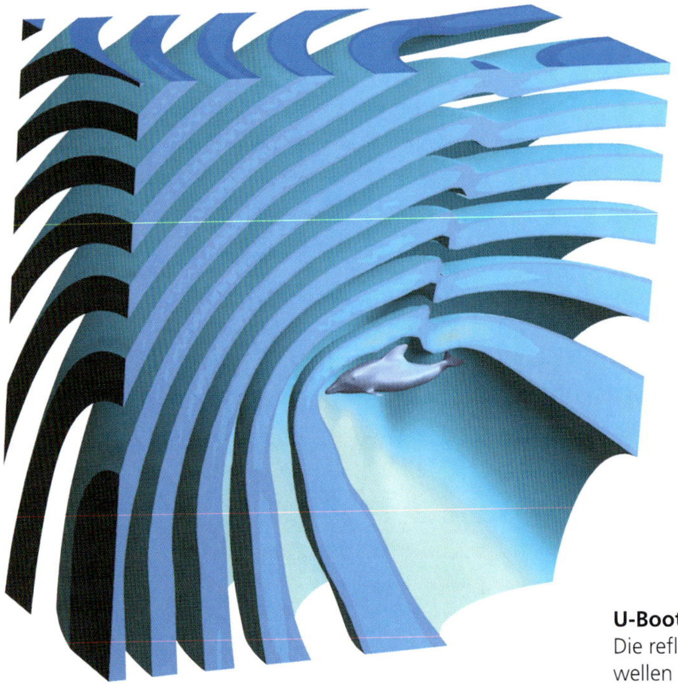

U-Boot oder Delphin?
Die reflektierten Schallwellen verraten es.

Bilder aus Schall

Schallwellen sind nicht nur zur Übermittlung von Musik und Sprache nützlich. Die unterschiedlichsten Wissenschaftszweige – von der medizinischen Ultraschalldiagnostik bis zur Erdbebenforschung – nutzen die Fähigkeit des Schalls, Informationen über seine Quelle zu verraten. Aufgeblüht sind schallgestützte Untersuchungen, seit es schnelle Computer und effiziente Algorithmen für bildgebende Verfahren gibt. Denn mathematisch ist die Schalldiagnostik kniffig. Eine relativ leichte Übung ist es, eine einfache Schallwelle auf ein Objekt bekannter Form auflaufen zu lassen und dann die Form der reflektierten Welle zu berechnen. Hat das Objekt allerdings eine komplizierte dreidimensionale Gestalt – wie der Delphin hier im Bild –, dann lassen sich die entsprechenden Gleichungen nur noch näherungsweise lösen. In der Praxis allerdings interessiert meist das umgekehrte (inverse) Problem: Man empfängt Schallwellen und möchte daraus auf die Form des Objektes schließen, an dem sie reflektiert wurden. Die Lösungen solcher inversen Probleme haben die unangenehme Eigenschaft, sehr empfindlich für Störungen zu sein und im allgemeinen mehrdeutige Lösungen zu haben: Ein und dasselbe Schallwellenmuster kann durch verschiedene Objekte hervorgerufen worden sein. Der Mathematiker spricht hier von einem „schlecht gestellten Problem“. Eindeutig wird das Bild des schallreflektierenden Objektes erst, wenn man es schafft, zusätzliche Informationen in die Gleichungen einfließen zu lassen. Meist geschieht das, indem man sich das Objekt von mehreren Seiten betrachtet und die verschiedenen gemessenen Schallmuster im Computer überlagert.

Ulf von Rauchhaupt

Wie man eine Kugel umkrempelt

Eine Socke mit offenem Ende kann man umkrempeln, einen fest vernähten Fußball dagegen nicht. Anders verhält es sich beim mathematischen Vorbild des Fußballs, der Kugel. Die läßt sich durch kontinuierliche Verformung ohne Risse und Knicke tatsächlich so verzerren, daß ihre Innenseite am Ende die Außenseite bildet – freilich nur, wenn man der Kugelfläche gestattet, sich selbst während der Verformung zu durchdringen. Eversion nennen die Topologen solch eine Operation, das nebenstehende Bild zeigt eine frühe Phase davon: In der nächsten werden sich die vier fingerförmigen Ausstülpungen einander durchdringen und so die Innenseite der Kugel nach außen ziehen. Mit dem zweidimensionalen Verwandten der Kugel, dem Kreis, läßt sich dergleichen nicht bewerkstelligen: Will man bei einem Ring Innen- und Außenseite vertauschen, ohne die Ebene zu verlassen, geht es grundsätzlich nicht ohne Knick oder Riß ab. Daher waren die Mathematiker ziemlich überrascht, als ein amerikanischer Doktorand namens Stephen Smale 1957 bewies, daß Kugeleversionen möglich sind. Seither versuchen sie, auf dem Papier oder mittels Drahtmodellen solche Operationen nachzuvollziehen. Die einfachsten möglichen Eversionen jedoch fanden John Sullivan und George Francis von der University of Illinois erst in den neunziger Jahren mittels Computer. Dabei taten sie so, als bestünde die Kugelfläche aus einem Gummimaterial, das sich bei Verformung spannt und so mit Energie auflädt. Aus theoretischen Überlegungen wußten sie, wie eine halb evertierte Kugel mit maximaler Energie aussieht. Dieses bizarre Gebilde ließen Sullivan und Francis nun auf dem Computer zu einer Figur mit minimaler Energie – einer Kugel eben – zusammenschnurren und bekamen Bilder von allen Phasen der Eversion. Dabei war keinesfalls vorher klar, ob eine halbevertierte Kugel mit maximaler Spannungsenergie wirklich von selbst zur umgekrempelten Kugel schrumpft. Daß es klappt, zeigte erst das Experiment auf dem Computer. War das schon ein Beweis? *Ulf von Rauchhaupt*

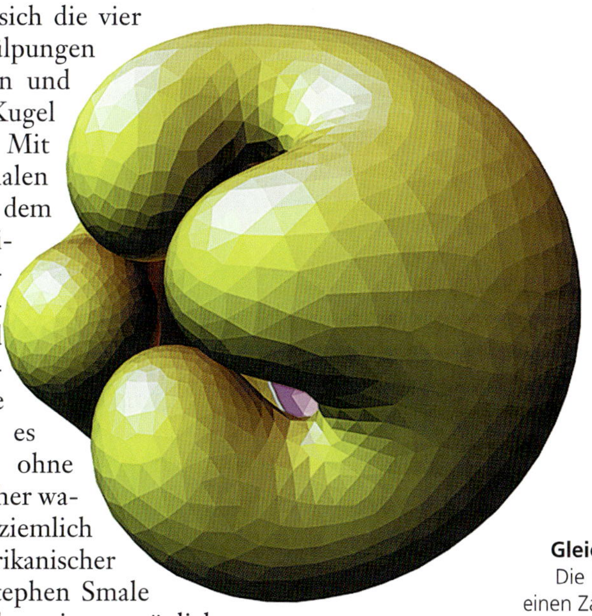

Gleich geht's los: Die Kugel bereitet einen Zaubertrick vor. Sie wird ihr Innerstes nach außen kehren.

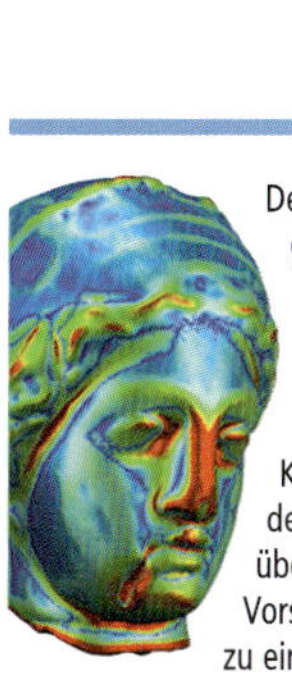

Der Duisburger Mathematiker Martin Rumpf gehört zu den gefragtesten Computergraphikern der Welt. Mit seinen Methoden lassen sich auch die komplizierten Oberflächen von Lebewesen im Nu in Szene setzen, wie zum Beispiel dieser Kopf. Vor drei Jahren brachten er und seine Kollegen Konrad Polthier und Hans-Christian Hege den Stein ins Rollen: Am Rande einer Konferenz über mathematische Visualisierung machten sie den Vorschlag, Bilder aus aktuellen Forschungsgebieten zu einem Kalender zu vereinen. (H.-C. Hege, K. Polthier, M. Rumpf: MathInsight 2002, Springer-Verlag). Ihm sind die Bilder dieser Seiten entnommen. Kurz zuvor erschien ein 1237 Seiten starkes Kompendium aktueller Forschung, das sich an Leser mit guter mathematischer Vorbildung wendet: Mathematics Unlimited – 2001 and beyond, verfaßt von der Creme des Fachs, beschreibt diejenigen Gebiete, auf denen heute die Musik spielt (nähere Angaben unter www.springer.de).

Physeter catodon lebt als Herdentier in allen Weltmeeren zwischen 70 Grad nördlicher und 70 Grad südlicher Breite. Bullen und Kühe samt Kälbern gehen außerhalb der Paarungszeit getrennte Wege.

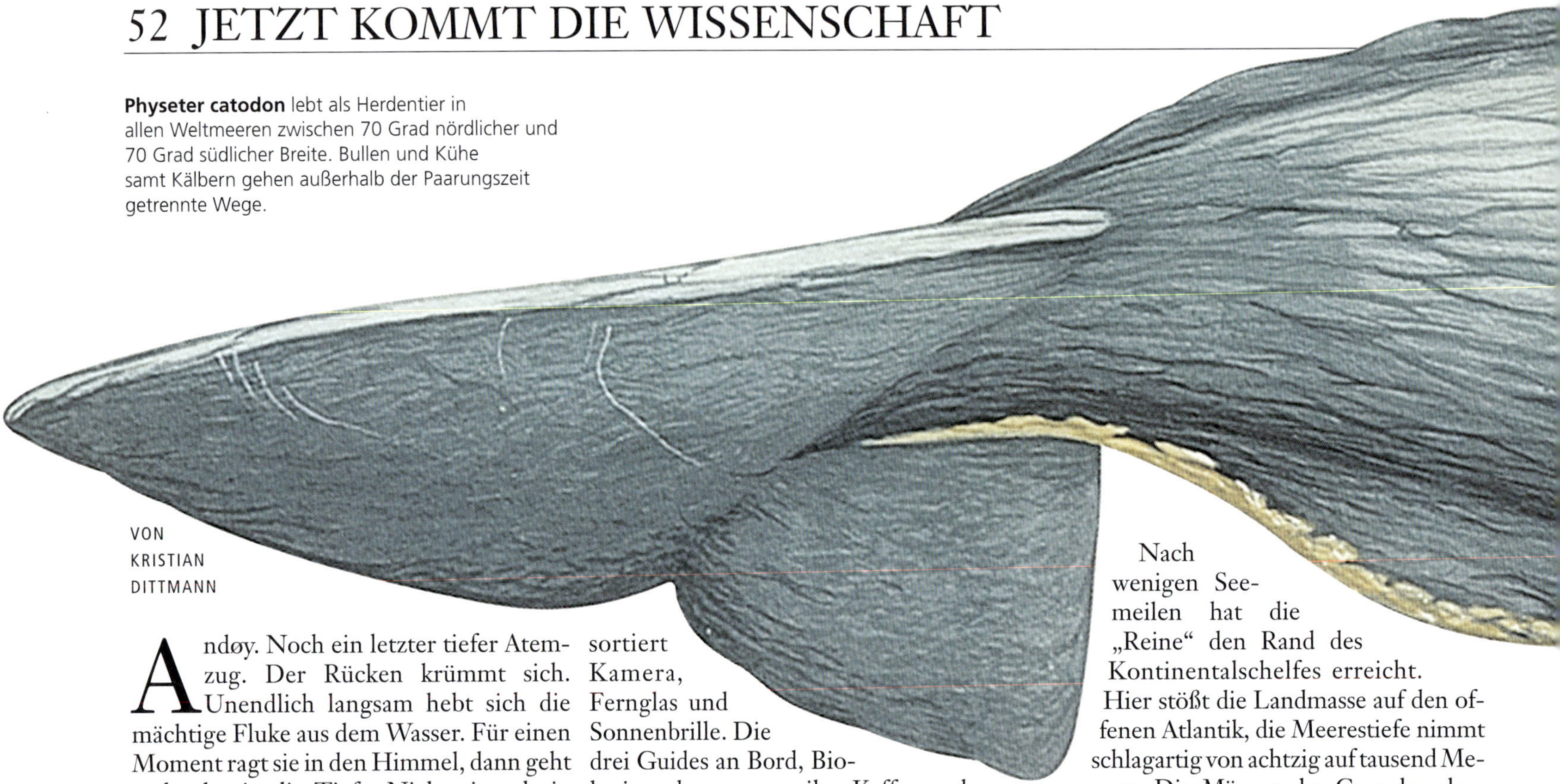

Auf kleiner Fahrt mit Moby Dick

VON KRISTIAN DITTMANN

Andøy. Noch ein letzter tiefer Atemzug. Der Rücken krümmt sich. Unendlich langsam hebt sich die mächtige Fluke aus dem Wasser. Für einen Moment ragt sie in den Himmel, dann geht es lautlos in die Tiefe. Nicht einmal ein Strudel bleibt zurück, wo eben noch ein Pottwal war.

Ein Schauspiel, das nicht allzuoft geboten wird. Pottwale leben auf hoher See, sie zu sichten ist Glückssache. Aber hier, sechs Seemeilen vor Andøy, der drittgrößten Insel der Vesterålen, sind es gleich an die achtzig. Nirgendwo sonst auf der Welt findet man die gewaltigen Tiere so dicht an Land wie vor der norwegischen Küste. Von Ende Mai bis Mitte September finden hier Walsafaris statt, um Touristen das sagenumwobene Tier zu zeigen, das in Wirklichkeit viel friedlicher ist als in der Phantasie von Herman Melville und seinem verrückten Kapitän Ahab.

Der dreißig Meter lange ehemalige Fischkutter „Reine" verläßt mit knapp hundert Touristen an Bord den Hafen von Andenes an der Nordspitze von Andøy. Der blaue Himmel spiegelt sich in der See, der Nordatlantik atmet lange, glatte Wogen. Man läßt sich nieder auf Holzbänken und sortiert Kamera, Fernglas und Sonnenbrille. Die drei Guides an Bord, Biologiestudenten, verteilen Kaffee und Kekse.

Der Wal ist längst außer Sichtweite. Innerhalb von zehn Sekunden hat er die lichtdurchfluteten oberen zwanzig Meter hinter sich gelassen. Es wird rasch dunkler. Ab jetzt scannt der Wal die Umwelt mit einer Art Sonar. Ähnlich wie mit einem Echolot stößt er regelmäßig Schallimpulse aus, sogenannte „Klicks", deren Echos ihm ein Bild der vor ihm liegenden Tiefe liefern. Um Sauerstoff zu sparen, reduziert er seinen Kreislauf auf die lebenswichtigen Organe; die Körperperipherie und der Verdauungstrakt werden kaum mehr mit Blut versorgt. Der Herzschlag verringert sich auf wenige Schläge pro Minute.

Der Pottwal kann 250 Dezibel Schall erzeugen – das ist die mit Abstand lauteste Explosion im Tierreich

Nach wenigen Seemeilen hat die „Reine" den Rand des Kontinentalschelfes erreicht. Hier stößt die Landmasse auf den offenen Atlantik, die Meerestiefe nimmt schlagartig von achtzig auf tausend Meter zu. Die Männer der Crew begeben sich auf ihre Positionen. Gunnar klettert in das „Krähennest", Kapitän Geir steht im offenen Fahrstand auf dem Dach der Brücke. Zusammen spähen sie nach dem „Blas", der Wolke, die Wale beim Atmen ausstoßen.

Glenn, der Sohn des Kapitäns, schaltet die Hydrophone unter dem Bug des Schiffes ein und setzt den Kopfhörer auf. Klar und deutlich und in Stereo kann er das Klicken des Pottwales empfangen. Glenn gibt seinem Vater die Richtung durch. Die „Reine" folgt dem Wal und fährt Schlangenlinien und Kreise.

In der langen Atlantikdünung holt das Schiff weit nach Backbord und Steuerbord über. Die ersten Passagiere lehnen über die Bordwand, andere fragen beiläufig nach Spucktüten, „nur für den Notfall". Bis auf gelegentliches Würgen ist nur das Klicken des Pottwals zu hören, das per Lautsprecher übertragen wird.

„Die Geräusche erzeugt der Pottwal wahrscheinlich in seiner Nase, die ein bis

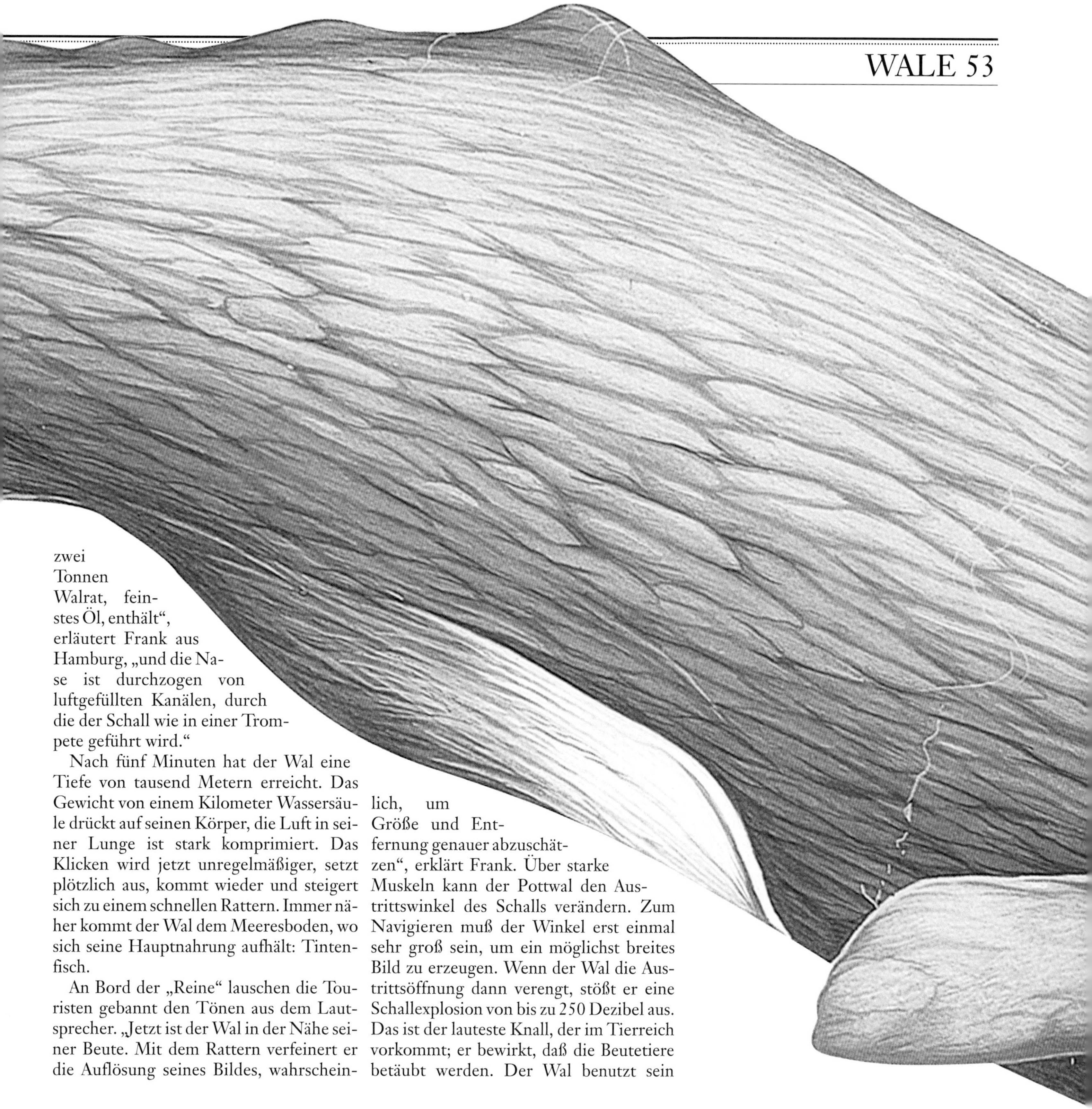

zwei Tonnen Walrat, feinstes Öl, enthält“, erläutert Frank aus Hamburg, „und die Nase ist durchzogen von luftgefüllten Kanälen, durch die der Schall wie in einer Trompete geführt wird.“

Nach fünf Minuten hat der Wal eine Tiefe von tausend Metern erreicht. Das Gewicht von einem Kilometer Wassersäule drückt auf seinen Körper, die Luft in seiner Lunge ist stark komprimiert. Das Klicken wird jetzt unregelmäßiger, setzt plötzlich aus, kommt wieder und steigert sich zu einem schnellen Rattern. Immer näher kommt der Wal dem Meeresboden, wo sich seine Hauptnahrung aufhält: Tintenfisch.

An Bord der „Reine“ lauschen die Touristen gebannt den Tönen aus dem Lautsprecher. „Jetzt ist der Wal in der Nähe seiner Beute. Mit dem Rattern verfeinert er die Auflösung seines Bildes, wahrscheinlich, um Größe und Entfernung genauer abzuschätzen“, erklärt Frank. Über starke Muskeln kann der Pottwal den Austrittswinkel des Schalls verändern. Zum Navigieren muß der Winkel erst einmal sehr groß sein, um ein möglichst breites Bild zu erzeugen. Wenn der Wal die Austrittsöffnung dann verengt, stößt er eine Schallexplosion von bis zu 250 Dezibel aus. Das ist der lauteste Knall, der im Tierreich vorkommt; er bewirkt, daß die Beutetiere betäubt werden. Der Wal benutzt sein

Der Pottwal gehört zu den sagenumwobenen Bewohnern der Ozeane. Meeresbiologen wissen nicht viel mehr über ihn als Melvilles verrückter Kapitän Ahab. Vor Norwegens Küste hat man immerhin Chancen, ihn zu beobachten.

Schallorgan also als eine Art Schrotflinte, erschießt und sammelt die Tiere ein. „Leider können wir diesen Knall nicht hören“, sagt Frank, „da das Echo unsere Hydrophone nicht trifft.“

Eine Viertelstunde später ist das Klicken aus dem Lautsprecher verstummt. „Jetzt ist er auf dem Weg nach oben. Halten Sie Ausschau, in wenigen Minuten werden wir ihn zu sehen bekommen!“ Und schon beginnt ein wildes Durcheinander. Die Mutigen stellen sich vorne auf den Bug, selbst die Seekranken heben die Köpfe, ihre Tüten fest im Griff. Dann hat jeder seinen Platz gefunden. Gespannt starren die Menschen aufs Wasser.

Stille.

Der Wal ist jetzt auf zweihundert Meter gestiegen. Aus schwarzer Nacht wird bläuliche Dämmerung. Noch eine Minute, in der immer mehr Licht durch das Wasser dringt. Für das menschliche Auge wird der Ozean jetzt wieder bunt.

„Blå!“. Gunnar hat ihn als erstes gesehen. Mit dem Arm zeigt er steuerbord voraus. Keine 150 Meter entfernt ist der Wal aufgetaucht. Jagdfieber bricht aus. Teleobjektive werden in Anschlag gebracht. Männer hocken an der Reling, Mütter versuchen, ihre Kinder zwischen Leibern durchzudrücken, einige rennen mit schlackernden Kameras um den Hals über Deck.

Dann wieder Stille.

Da liegt er. Regelmäßig alle 15 Sekunden öffnet sich sein Blasloch. Dann sprüht er eine zwei Meter hohe Wolke aus, die aussieht wie eine kleine Explosion. Viel sieht man nicht vom Wal. Kaum ragt der Körper, 17 Meter lang und schwer wie ein vollbeladener Sattelzug, aus dem Wasser. Die Wellen spielen um ihn herum, als wäre er Treibgut, lecken über seinen Rücken. Wenn sie einen Teil des Körpers freilegen, ahnt man den riesigen Umfang des Bauches. Wie ein fleischgewordenes U-Boot, nicht weiß wie Moby Dick, sondern marinegrau. Das erste Drittel, der Kopf, hebt sich leicht vom Rumpf ab, die Fluke hängt unter Wasser und ist genausowenig zu sehen wie Augen und Maul.

Kapitän Geir manövriert die „Reine“ langsam bis auf fünfzig Meter heran. Jetzt kann man das Blasen hören: wie Brandung zwischen Felsen, mächtig und unaufhaltsam, mit enormem Druck. Der Wal treibt regungslos im Wasser, während er Muskeln und Blut wieder mit Sauerstoff füllt. Nach

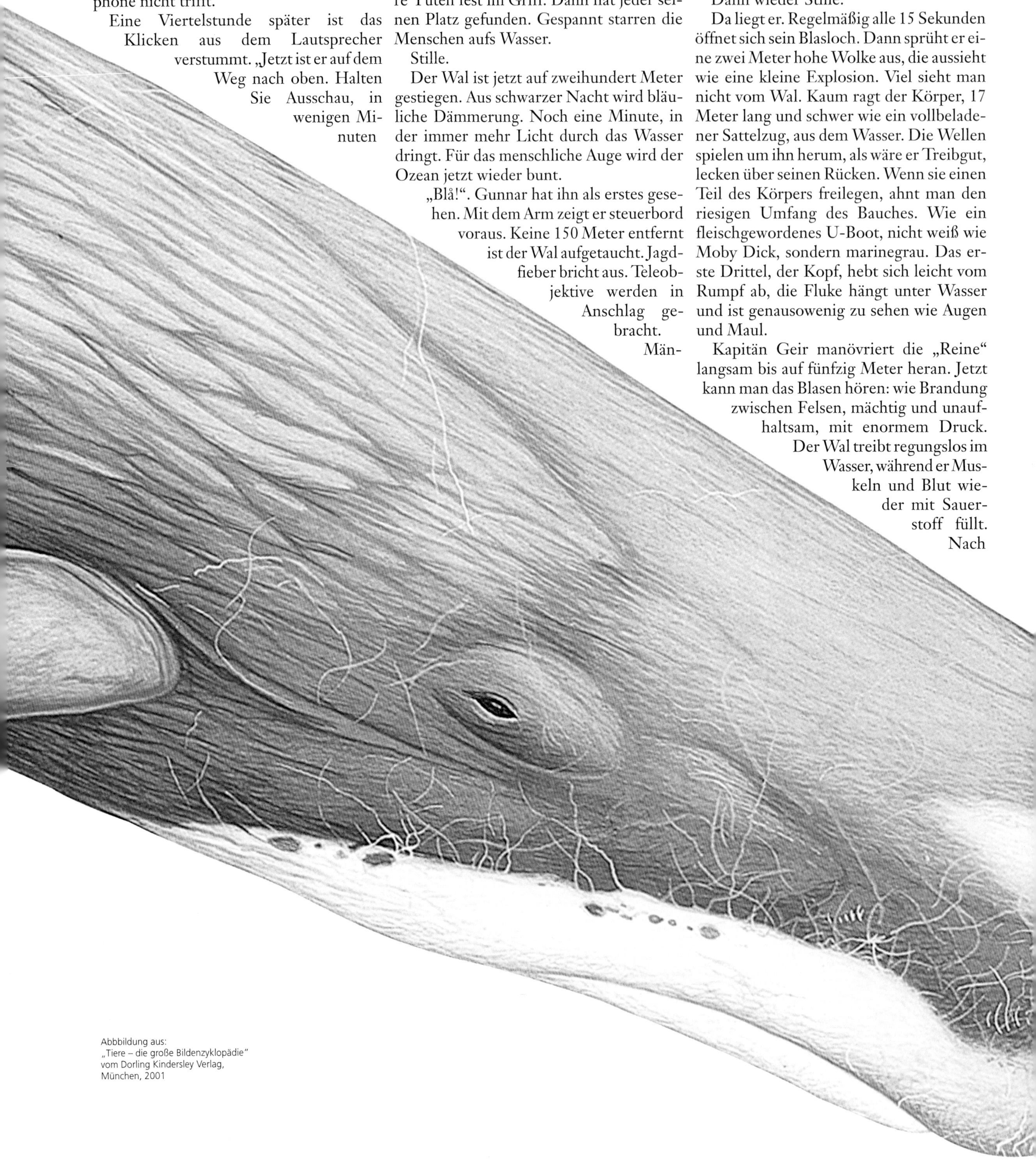

Abbbildung aus:
„Tiere – die große Bildenzyklopädie“
vom Dorling Kindersley Verlag,
München, 2001

fünf Minuten ist es soweit. Noch ein tiefer Atemzug, dann krümmt sich sein Körper, bis die Fluke wieder in den Himmel steigt.

An Bord herrscht jetzt Hochspannung. Photoapparate rasen. Einigen Zuschauern entweicht ein Stöhnen, als der Wal lautlos verschwindet. Für einen Moment haben sie alles vergessen und blicken auf das glatte Meer. Ein paar klatschen. „Der Wal taucht jetzt wieder in die Tiefe", sagt Frank und holt die Touristen in die Gegenwart zurück. „Er wird ungefähr eine halbe Stunde unten bleiben. Wir warten so lange, bis er wieder hochkommt." Über die Bordlautsprecher hört man das regelmäßige Klicken.

Was für achtzig Menschen ein atemberaubendes Naturerlebnis, ist für den Wal Routine. Mehr als eine halbe Tonne Tintenfisch braucht ein Pottwal täglich. Vor Andenes finden ungefähr achtzig ausgewachsene Bullen ideale Bedingungen für die Nahrungssuche.

Nicht überall ist der Tisch für den Pottwal so reich gedeckt. Jahrhundertelang glaubten die Menschen, die Ressourcen der Weltmeere seien unerschöpflich. Tatsächlich sind die offenen Ozeane jedoch unproduktiv wie Wüsten. Zwar gibt es an der Oberfläche überall genügend Sonnenlicht, doch es fehlt der zweite entscheidende Faktor: Nährstoffe. Genau wie an Land, wo auf Humus neues Leben entsteht, braucht auch das pflanzliche Plankton eine Grundlage, um sich vermehren zu können. In den Ozeanen sinken abgestorbene Organismen jedoch in die Tiefe und damit außer Reichweite der oberen dreißig Meter.

Vor Andenes hingegen liegt genau an der Stelle, wo das Kontinentalschelf abbricht, ein sogenanntes Auftriebsgebiet. Starke Unterwasserströmungen spülen den Humus der Tiefsee wieder an die Oberfläche. Im Verein mit der Mitternachtssonne sind das Bedingungen, die eine Oase entstehen lassen. Denn wo viel pflanzliches Plankton wächst, können auch Tiere wie Krebse und Fische und nicht zuletzt Tintenfische existieren.

Pottwalforschung ist ein Eldorado für Entdecker – und die Hölle für Perfektionisten

Die „Reine" zieht weiter ihre Kreise. Einige an Bord sind wieder grün im Gesicht, andere gucken den Dutzenden Möwen und Eissturmvögeln zu, die sich neben dem Schiff niedergelassen haben. Gunnar hat den Blas von zwei weiteren Walen entdeckt, aber beide sind weiter als eine Meile entfernt, zu weit für die „Reine", um da zu sein, bevor sie wieder abtauchen. „Während Sie eben photographiert haben, haben auch wir Bilder geschossen. Allerdings nur solche, auf denen die Fluke zu erkennen ist", erklärt Frank. „Der hintere Rand der Fluke ist einzigartig wie ein menschlicher Fingerabdruck, also ideal, um die einzelnen Individuen wiederzuerkennen. Nachher werden wir den Film entwickeln und die Abzüge mit unserem Katalog vergleichen. Dann können wir sagen, ob wir diesen Wal schon in früheren Jahren gesehen haben oder ob wir einen neuen hinzufügen können."

Seit 1988, dem ersten Jahr der „Whalesafari Andenes", haben die Guides 45 Wale identifiziert. Die Photoidentifikation gehört zu den grundlegenden Arbeiten der Walforschung und ist eine einfache und billige Methode, mit der nicht nur der Bestand erfaßt wird, sondern eines Tages auch die Frage gelöst werden könnte, wo die Pottwale des Nordatlantiks sich denn paaren. Denn während sich vor Andenes nur solitär lebende Bullen aufhalten, leben die Kühe in Familienverbänden vor den Kanarischen Inseln, vor Madeira und den Azoren. Diese Schulen aus einem halben Dutzend Muttertieren samt Kälbern verlassen die warmen Gewässer nicht, obwohl das Nahrungsangebot dort vergleichsweise niedrig ist.

Aufgrund von Vergleichen mit Photos, die Wissenschaftler vor den Kanaren aufgenommen haben, hat man herausgefunden, daß einige Bullen jedes Jahr bis vor die Küste von Marokko schwimmen. Für die Strecke von rund 4500 Kilometern brauchen sie ungefähr zwanzig Tage, was die Frage aufwirft, warum sie nicht gleich da unten bleiben. Es gibt viele Hypothesen, aber keine schlüssigen Beweise: Möglich ist, daß sie es vermeiden wollen, ihren Nachkommen als Nahrungskonkurrenten im Wege zu stehen.

Vermutungen, wie das meiste, was man glaubt, über Pottwale zu wissen. Denn abgesehen von Daten, die angespülte Kadaver hin und wieder liefern, ist die Beweislage im strengen wissenschaftlichen Sinn dürftig. Das liegt vor allem daran, daß es so schwierig ist, die Tiere im endlosen dreidimensionalen Raum der Ozeane zu verfolgen. Deswegen bewegt sich die Walforschung auch noch auf einem Niveau wie die terrestrische Biologie zu Leonardo da Vincis Zeiten: sammeln, beschreiben, aufzeichnen und dann alles möglichst plausibel zusammenfügen. Mit anderen Worten: Grundlagenforschung. Selbst die Geschichte mit der akustischen Flinte, die der Pottwal angeblich benutzt, um Tintenfische zu killen, ist unbewiesen und steht unter Fachleuten zur Diskussion. Die Meeresbiologin Petra Deimer, Gründerin der Gesellschaft zum Schutz der Meeressäugetiere, beispielsweise hat eine ganz andere Theorie: Danach schleichen sich die Pottwale mit Hilfe ihrer von den Tintenfischen nicht wahrnehmbaren akustischen Ortung gewissermaßen an die Beute heran, schnap-

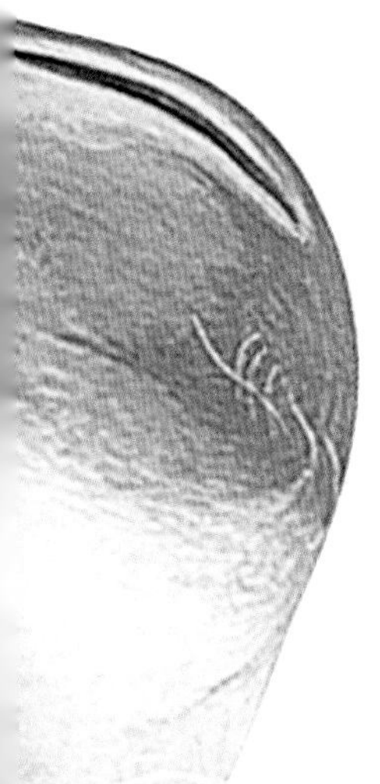

Zwanzig Meter kann ein ausgewachsener Pottwal lang werden (menschlicher Taucher als Größenvergleich). Er ist damit der größte unter den Zahnwalen.

pen einfach zu und schlingen sie hinunter. Solange aber noch niemand tatsächlich beobachtet hat, was die Wale in der Tiefsee machen und wie sie dort ihre Beute erlegen, bleibt Walforschung ein Eldorado für Entdecker und die Hölle für Perfektionisten.

Noch zweimal sehen die Touristen auf der „Reine" den Wal auftauchen, ausatmen und wieder abtauchen. Dann dreht der Kapitän ab, und die Guides verteilen warme Suppe. Die Leute sind zufrieden, alle Filme verschossen. Während sich die Seekranken nach festem Boden unter den Füßen sehnen, löchern andere Frank mit Fragen. Alles wollen sie wissen: wie viele Pottwale es in den Weltmeeren noch gibt, ob sie auch Haie fressen und wie groß eine Pottwallunge werden kann. Frank zuckt mit den Schultern: „Ich weiß es nicht, aber ehrlich gesagt ist das für mich auch nicht entscheidend. Wichtig ist für mich, daß es sie gibt."

Kurz vor Mitternacht kehrt die „Reine" in den Hafen von Andenes zurück. Die Sonne steht hoch am Himmel, es ist sommerlich warm. Für die Waltouristen ist jetzt Feierabend. Für den Wal noch lange nicht. Draußen holt er noch einmal tief Luft, krümmt den Rücken, bis die Fluke in den Himmel zeigt, und gleitet dann lautlos in die nächtliche Tiefe. <

Pottwale sind wie Eisberge: Mindestens neun Zehntel von ihnen sind dauernd unter Wasser. Kurz bevor sie abtauchen, ragt ihre charakteristische Fluke aus dem Wasser – das sicherste Merkmal, die Tiere zu identifizieren.

Foto: Till Leeser/Bilderberg

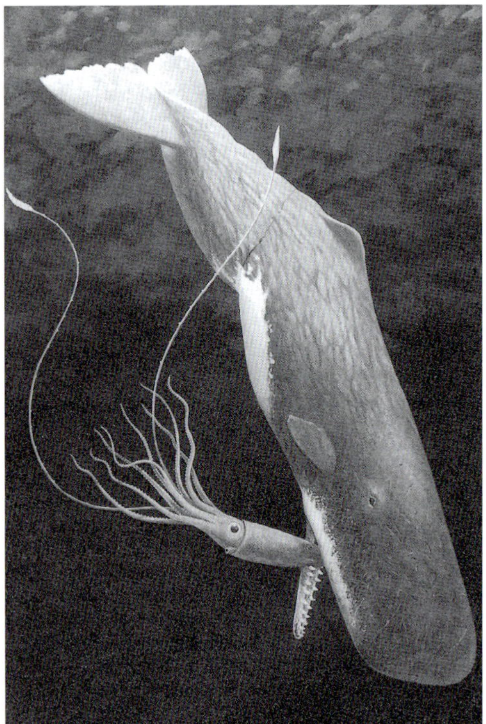

Seemannsgarn oder Tatsache?
Der Kampf zwischen Pottwal und Riesenkrake könnte sich in der Tiefe tatsächlich abspielen – beobachtet hat ihn noch niemand. Nur gelegentlich findet sich der Abdruck gewaltiger Saugnäpfe auf der Haut eines Pottwals.

Bestand nicht bekannt, aber gefährdet

Die aktuelle Bedrohung des Pottwals ist schwer einzuschätzen, weil es seit 1986, als die Internationale Walfangkommission (IWC) ein grundsätzliches Fangverbot für alle Walarten verhängte, keine Zählungen mehr gegeben hat. Sein Bestand ist auch nicht leicht zu erfassen, denn der Pottwal ist ein Kosmopolit, der sich in allen Weltmeeren herumtreibt. Das einzige Land, das Pottwale ungeachtet ihrer Einstufung als gefährdete Tierart durch die IWC und das Washingtoner Artenschutzübereinkommen noch jagt, ist Japan. Offizielle Begründung: „zu wissenschaftlichen Zwecken". Das, sagt Petra Deimer, die als Mitglied der deutschen Delegation bei IWC-Tagungen teilnimmt, sei „eine Farce, weil dabei keine neuen Erkenntnisse gewonnen werden". Insgesamt wurden in den letzten beiden Jahren 13 Tiere getötet. <

Feuchte Füße inklusive

„Whalesafari Andenes" wurde 1988 gegründet. Mit rund 13000 Gästen jährlich hat sich die Initiative mittlerweile zur Hauptattraktion auf den Vesterålen entwickelt. Vor den Ausfahrten werden die Touristen von Biologiestudenten durch eine Ausstellung geführt, in der auch das Skelett eines 1996 vor Andenes gestrandeten Pottwales zu sehen ist. Die Safari-Veranstalter arbeiten mit Wissenschaftlern von der Universität Tromsø zusammen.

Neben Pottwalen werden vor Andenes regelmäßig Grindwale gesichtet, gegen Ende der Saison auch Orcas. Die Sicht- und damit Erfolgsquote liegt angeblich bei 95 Prozent. <

Informationen: www.whalesafari.com
oder unter 0047 / 761156 00

Ein alter Fischkutter bringt die Touristen in Sichtweite der grauen Riesen.

Foto Kristian Dittmann

Die Begegnung zwischen Mensch und Wal war für letzteren meist fatal. Der Blauwal, hier in einer historischen Darstellung, wurde wie viele seiner Vettern bis an den Rand der Ausrottung gejagt. Erst langsam erholen sich die Bestände wieder.

Riesen unter sich

Neben dem Pottwal gibt es über achtzig weitere Walarten. Man unterteilt sie in Zahn- und Bartenwale. Zu den Zahnwalen gehören neben dem Pottwal auch die Delphine, von denen die Orcas die größten sind. Alle Zahnwale kann man zu den Raubtieren zählen, da sie generell einzelne Beutetiere jagen. Eine Ausnahme sind die Orcas, die auch Heringsschwärme angreifen.

Die Bartenwale hingegen sind zwar auch Fleischfresser, weiden jedoch eher wie Huftiere. Sie besitzen anstelle von Zähnen sogenannte Barten, die wie Vorhänge aus dem Oberkiefer wachsen. Der Blauwal mit bis zu dreißig Metern Länge und bis zu zweihundert Tonnen Gewicht ist der größte Bartenwal und auch das größte Tier, das jemals auf Erden gelebt hat. Er lebt vom Krill, einer Krebsart antarktischer Gewässer, die der Nordsee-Garnele ähnelt. Der Blauwal schwimmt mit geöffnetem Maul in die riesigen Krillschwärme hinein, schließt das Maul anschließend so weit, daß die Barten den Ausgang versperren und drückt das Wasser durch die Fransen wieder hinaus. Andere Bartenwale sind zum Beispiel der Finn-, der Buckel- und der Zwergwal.

Insbesondere die großen Walarten können sehr alt werden. Beim Blauwal kann die Lebensspanne bis zu 120 Jahren reichen. Der Pottwal, nach Blau- und Finnwal das drittgrößte Tier der Erde, wird bis zu achtzig Jahre alt. Sein Lebenszyklus ist dem des Menschen recht ähnlich. Die Tragezeit beträgt 15 Monate, anschließend wird das Jungtier zwei Jahre lang von der Mutter gesäugt. Zwischen dem siebten und zwölften Lebensjahr werden Pottwale geschlechtsreif. Die Kühe bleiben in matriarchalen Gruppen zusammen, während die Junggesellen eigene Schulen bilden und im Nordatlantik bis vor die norwegische oder die kanadische Küste schwimmen. Wie die Bullen den mehrere tausend Seemeilen langen Weg finden, ist bis heute nicht bekannt. Möglicherweise navigieren sie mit Hilfe des Erdmagnetismus. <

Wo Wal und Fisch sich gute Nacht sagen

Andenes ist ein Dorf mit 3500 Einwohnern an der Nordspitze von Andøy, der drittgrößten Insel der norwegischen Vesterålen nördlich der Lofoten. Weil der Kontinentalschelf vor Andenes steil in den Atlantik abfällt, kommen Pottwale hier näher an die Küste als sonst. Die Wal-Saison dauert von Ende Mai bis Mitte September. Neben „whale watching“ werden auch Seehund- oder Vogelsafaris angeboten; Angeln ist ebenfalls äußerst beliebt. Der Reichtum an Fischen und Seevögeln ist vor Andøy schier unglaublich. Wandern kann man in den umliegenden Bergen, die quasi aus dem Atlantik wachsen. Abseits der wenigen Straßen ist die Natur weitgehend unberührt, Wege gibt es kaum – ein Paradies für Individualreisende. Wer sein eigenes Zelt dabei hat, findet überall auf Andøy Campingplätze, wildes Campen ist mit Einschränkungen in ganz Skandinavien erlaubt. Ohne Zelt kommt man preisgünstig in Hütten mit Selbstversorgung unter, die pro Tag schon ab fünfundzwanzig Euro zu haben sind. Einziges Hotel in Andenes ist das „Andrikken“. <

Evolution der Technik: Es gibt unfaßlich viele Typen von Saugertüten. Warum sind sie nicht genormt? Weil wir dann in einer völlig anderen Welt leben müßten.

Sinn und Form des **Staub**saugerbeutels

Beuteltechnik hat eine dienende Funktion. Ökonomisch gesehen, sichert sie jedoch der Saugertechnik das Überleben auf heutigem Niveau. 18 Fragen zur Beutelforschung, beantwortet von Klemens Polatschek.

1. Warum gibt es eigentlich 10 000 verschiedene **Staub**saugerbeutel?

Das ist die schwierigste Frage der **Staub**beutelforschung. Es gibt eigentlich keinen natürlichen Grund. Zumindest nicht einen, der das Kuddelmuddel erklärt. Aber man darf nicht übertreiben – in Europa gibt es derzeit vielleicht 600 verschiedene **Staub**beutelmodelle. Das Bundeskartellamt spricht in seiner letzten großen Untersuchung der europäischen **Staub**beutelbranche von 580 Typen, das war vor zwei Jahren. In Deutschland werden wohl 160 oder 180 davon benutzt, wenn man die Kataloge der führenden Hersteller durchzählt. Davon sind 40 Typen wirklich gängig. Die „Top-Renner" nennt sie die Branche.

2. Warum finde ich im Laden dann nie den passenden Beutel für meinen **Staub**sauger?

Die Gemeinheit besteht darin, daß auf der Beutelpackung nicht allein der Name Ihres **Staub**saugers steht. Dazu gibt es zu viele **Staub**saugermodelle – viel mehr als Beuteltypen, nämlich Tausende.

Natürlich sind auf den Packungen auch Listen der **Staub**saugermodelle aufgeführt, zu denen ein Beutel jeweils paßt – aber da könnte man genausogut sieben Bände Proust draufdrucken. Wer will das alles lesen? Viele durchschnittliche begabte Konsumenten finden entweder keine oder keine eindeutige Modellbezeichnung auf ihrem **Staub**sauger. Oder sie finden eine – entdecken sie aber nicht auf der Beutelpackung. Folgerichtig geben die Hersteller den Beuteln eigene Typenbezeichnungen, so etwas wie „F 99". Leider hat jeder Hersteller sein eigenes System. Andernfalls könnten sich Konsumenten ja einprägen, wie der passende Beutel heißt, und den dann immer kaufen, egal wer ihn produziert hat. So aber kehrt man beim nächsten Kauf zurück und erinnert sich an nichts. Allenfalls noch an den Typencode, vom letzten Mal. Genau darauf hofft dessen Schöpfer.

3. Könnten sich die Hersteller nicht auf einheitliche Typencodes einigen?

Theoretisch ja. Praktisch sind die Chancen gleich null. Die Hersteller wachen eifersüchtig über ihre Typenbezeichnungen. Wenn ein Konkurrent es wagt, auch nur eine Vergleichstabelle zu veröffentlichen, schicken sie Anwälte und mahnen ihn ab. Das kam bereits vor.

Flaschentopologie: entspricht der Form der historisch ältesten Beutel.

Axialtopologie: Saugloch befindet sich in oder nahe der Zentralachse des Beutels.

Lateraltopologie: Saugloch in der Querachse. Gelegentlich Parallelevolution mit Axialformen.

Antipodentopologie: Saugloch auf einer Seite eines ansonsten symmetrischen Beutels.

Wie hoffnungslos die Lage ist, zeigt ein Beispiel. Melitta ist der große **Staub**saugerbeutel-Marktführer in Deutschland und auch in Europa. Die Firma hat gleich zwei Beutelmarken, „Swirl" und „Wolf". Nehmen wir an, Sie besäßen einen **Staub**sauger Alaska BS 1400. Dann brauchen Sie von Swirl den Beutel Y 93 und von Wolf die Nr. 1830.

Und bei der Konkurrenz von Filterclean heißt der Beutel Y16, bei Cleanbag 193ALA2 und so weiter.

Überdies gibt es noch Europlus und Topfilter und Eigenmarken von Supermarktketten und wohl auch geheimnisvolle Noname-Beutel ohne Herstellerangabe, aber mit eigenen Bezeichnungen.

4. Können nicht die **Staub**saugerhersteller ein einheitliches System erzwingen?

Beutelbau ist ein anarchistisches Gewerbe – vielleicht sollten wir das einmal kurz darstellen.

Natürlich sehen sich die **Staub**saugerhersteller als die einzig legitimen Anbieter von Beuteln für ihre Geräte. Am liebsten würden sie ganz allein über ihre Vertreter und Händler den Kunden Originalbeutel in Originalqualität verkaufen, zum Originalpreis.

O Drama der Saugerhersteller! Denn Saugerhersteller produzieren gar keine Beutel. Sie geben Beutel in Auftrag. Beutel kommen immer von Beutelfabrikanten. Die beiden Branchen sind getrennt. Nur

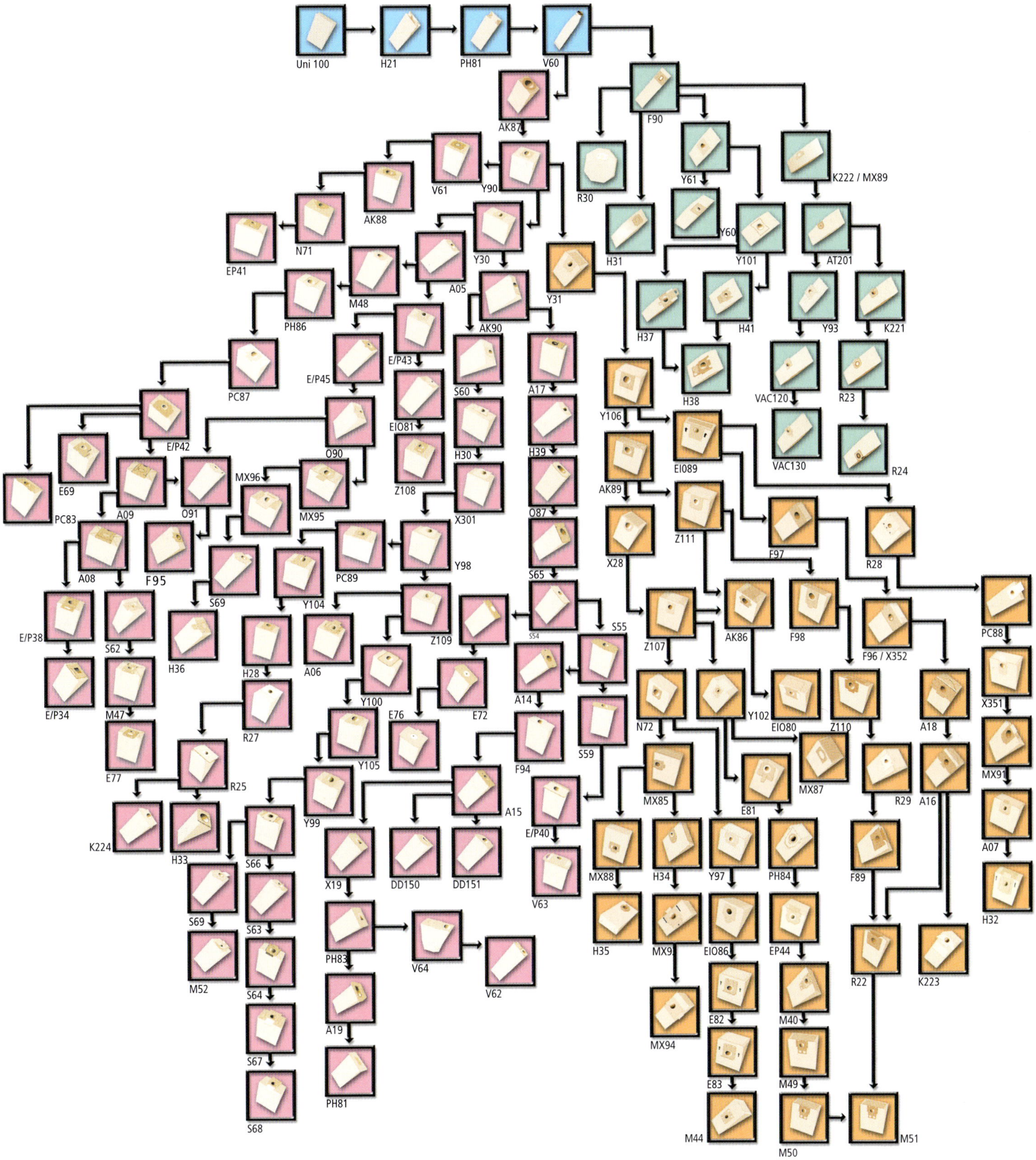

Dieser vollständige Prototyp eines gesamtdeutschen **Staub**beutelstammbaums zeigt die Gestaltentwicklung der Beutel, ausgehend von der offenen **Staub**tüte als Urbeutel. In diesem Fall ordnet der Baum den allergrößten Teil der von der Marke Swirl angebotenen Beutel ein. Sie sind baugleich mit Typen anderer Hersteller. Solche Stammbäume (die keine Bäume im graphentheoretischen Sinn sind, weil ein Beutel mehrere Vorläufer haben kann) sind Ergebnis einer neuen Beutelwissenschaft, der Transzendenten Culleokomparatistik (von culleus, lat.: der Beutel). Als Abstrakte Beutelvergleichskunde arbeitet sie ohne Blick auf Herstellungschronologie oder Fossilfunde.

Fotos Dieter Rüchel

im Ausnahmefall engagieren sich Saugerhersteller in der Beutelproduktion, Electrolux ist der letzte bekannte Fall – aber für den Markt und unsere Betrachtung spielt er keine Rolle.

Die Trennung ist logisch. Die einen können mit Elektromotoren und Schläuchen umgehen, die anderen kleben Tüten. Vor allem kleben die anderen meist nicht nur **Staub**beutel, sondern auch weitere Arten von Tüten. Ein Saugerhersteller könnte kaum ökonomisch vernünftig lediglich Beutel für eigene Geräte produzieren. Autohersteller stellen ja auch keine Autoreifen her und liefern doch die Autos samt Reifen.

Und nun betrachten wir die Welt einmal mit den Augen des Beutelherstellers: Er wird jederzeit für jedermann **Staub**saugerbeutel produzieren, wo er darf und wo es Gewinn bringt. Unter anderem wird er Beutel unter eigener Marke anbieten, wenn es sich lohnt. Dieselben Beutel produziert er vielleicht im Auftrag eines **Staub**saugerherstellers unter dessen Marke oder für einen Großhändler. Hinter der Handelsmarke Cleanbag steht zum Beispiel gar keine eigene Produktion, die Beutel werden alle zugekauft. Der Markt macht, was er will.

Staubsaugerhersteller können also keine Beuteltypencodes beeinflussen. Und die Welt teilt sich für sie in Weiß und Grau: Es gibt die guten Beutel – das sind die eigenen, im Auftrag und unter Kontrolle hergestellten – und die schlechten Beutel aus dem „Graumarkt", auf den zu gehen sie den Konsumenten dringend warnen, denn dort treffe man Ware minderwertiger Qualität.

5. Was macht **Staub**saugerbeutel so speziell?

Von primitiven Urbeuteln abgesehen, zerfallen **Staub**saugerbeutel in zwei Anteile, einen dummen und einen klugen.

In seinem dummen Anteil ist der Beutel einfach Beutel. Ein Sack mit einem Saugloch, durch das der Sauger die Luft einsaugt. Die Luft entweicht dann durch das Beutelmaterial, das **Staub** und Dreck zurückhält. Diese Filterfunktion „dumm" zu nennen, empört den Beutelbauer, aber das wird sich gleich klären.

Der kluge Anteil des Beutels besteht aus seiner speziellen Konstruktion, um es allgemein zu formulieren. Konkret sollten wir den Blick auf das lenken, was rund um das Saugloch klebt. Meist ist es eine absichtsvoll geformte Pappe. Hier sieht man leicht die Unterschiede zwischen einzelnen Beutelmodellen.

Das Gegenstück zur Pappe ist die Halterung im **Staub**saugerbehälter innen. In sie rastet die Pappe beim Einlegen ein und fixiert den Beutel. Die Pappe kann auch mehr sein als nur eine Pappe. Zum Beispiel kann sie ein automatischer **Staub**verschluß sein. In der Pappe sind dann Löcher, die sich in einer passenden Kunststoffnase in der Halterung verhaken – und in den einzelnen Lagen der Pappe steckt ein Schieber, den die eingehakte Nase automatisch über das Saugloch zieht, sobald man den vollen Beutel aus dem Sauger holt. Dann **staub**t es nicht mehr aus dem Beutel, wenn man ihn zum Müll trägt. Das ist Fortschritt.

Beutellösungen dieser Art kann man patentieren. Zum Thema **Staub**sauger gibt es beim Deutschen Patentamt in München jährlich ein halbes Hundert neue Patente, mit einem gehörigen Anteil geschützter Beutelkonstruktionen.

6. Was nützen mir patentierte **Staub**saugerbeutel?

Tja, soweit Weisheit das erkunden kann: nichts.

Das Paradoxe ist, daß offenbar niemand etwas davon hat. Die gesamte **Staub**beutelbranche ist sich nämlich ausgesprochen einig, daß Patente nutzlos sind – in dem Sinn, daß sie kein Beutelmodell wirksam vor Nachbauten schützen.

Wenn ein Beutelfabrikant einen bestimmten Beutel nachbauen will, bei der Patentrecherche aber eine Offenlegungsschrift der Konkurrenz dafür vorfindet, dann muß ihn das nicht um seinen Schlaf bringen. Er kann den dummen Teil des Beutels einfach nachahmen und den klugen Teil anders lösen. Statt eines automatischen Faltverschlußschiebers klebt er vielleicht einen halbautomatischen Klappdeckel auf seinen Beutel, oder was immer sonst an Pappideen in seinen Schubladen herumkullert.

7. Warum gibt es nicht einfach einen einzigen Beuteltyp für alle **Staub**sauger?

Diese Verbesserung würde damit anfangen, daß man für neu geschaffene Sauger keinen neuen Beutel mehr definiert. Das geschieht auch gar nicht so selten. Viele neue Sauger verwenden bestehende Beuteltypen. Das Problem ist bloß: Der Saugerkonstrukteur stößt auf keine maßgebliche ökonomische oder technische Schranke, wenn er sich doch einen neuen Beutel ausdenken will. Die Mühe, einen Beutel produktionsreif zu machen, ist im Gesamtbild gering, schlimmstenfalls kostet es einige tausend Euro. Meist klebt jemand dazu einen Prototypen von Hand. Der beauftragte Hersteller muß nur seine Beutelmaschine passend einrichten.

Staubsaugerbeutel mögen aussehen wie eine amoklaufende Evolution, in den Genen sind sie alle Beutel. Sie entstehen auf einer einzigen Maschine, die auf ein paar Meter Strecke einzelne Papierlagen faltet, leimt und stanzt und die zuvor gefertigte Pappe aufs Saugloch klebt.

8. Was kostet denn ein Beutel unter Freunden?

Es hat nur bedingt Sinn, einen Durchschnitt über alle Beutel in allen Ländern und Teilmärkten zu errechnen – aber grob gerechnet erlöst ein Beutelhersteller pro Beutel ein viertel Euro. Wie der mißtrauische Endverbraucher erkennt, zahlt er im Laden das Sechsfache dafür und mehr. Aber er kauft **Staub**saugerbeutel auch nicht zu zigtausend Stück auf der Palette, sondern in der Fünfer- oder Achter-Packung, in der oft auch noch ein Motor- und ein Mikrofilter für den Sauger stecken.

9. Wie viele Beutel werden denn überhaupt in Deutschland gebraucht?

Die Beutelfabrikanten nehmen jedes Jahr rund 100 Millionen Euro auf dem deutschen Markt ein. Setzt man den Beutelpreis bei 25 Cent an, kann man den Beutelverbrauch grob auf 400 Millionen Stück schätzen. Selbst wenn man den Verbrauch von Industrie- und Bürosaugern abzieht, fällt auf: Die fast 40 Millionen Haushalte in diesem Land tauschen Beutel offenbar herzhaft und wohl in jenem Ein- oder Zwei-Monats-Takt, den die Hersteller für gut halten. Das erstaunt, wenn man Zahnputz-Statistiken dagegenhält, denen zufolge der Verbrauch von Zahnbürsten in Deutschland bei 1,7 Stück pro Kopf und Jahr liegt. **Staub**saugen ist Kult. Die Algen im Mund stören weniger als der **Staub** auf dem Boden.

10. Wie saugstark ist Deutschland im internationalen Vergleich?

In den Vereinigten Staaten von Amerika und in England wurden vor rund 100 Jahren die ersten **Staub**sauger gebaut, in Skandinavien und in Deutschland nicht viel später – und traditionell wird in diesen Ländern immer noch am meisten gesaugt. In Südeuropa indes sind Steinböden üblich, dort kehrt und wischt man eher. So wirkt die Tradition. Deshalb ist der EU-Beutelmarkt kaum doppelt so groß wie der deutsche allein, obwohl er vielleicht viermal so viele Konsumenten zählt. Kein Wunder aber, daß die deutschen Beutelhersteller den europäischen Markt beherrschen. Sie bewältigen drei Viertel der Gesamtproduktion! Beuteldeutschland sei überhaupt das einzige größere Land mit einer „eigenständigen und bedeutenden nationalen **Staub**saugerbeutel-Industrie", schreibt das Bundeskartellamt: „der Schlüsselmarkt für **Staub**saugerbeutel".

11. Wer stellt die meisten Beutel her?

Melitta, Melitta und Melitta. Dieses deutsche Familienunternehmen ist allein für zirka die Hälfte aller Beutelumsätze in Europa gut. Im Einzelhandel in Deutschland hat die Firma 80 oder 90 Prozent des Marktes unter Kontrolle. Der Schlüssel zu dieser Marktstellung ist ein überlegenes Vertriebssystem, das bis jetzt kein anderer nachahmen kann. Die Melitta-Gruppe stellt noch viele andere Haushaltsartikel her, von ihrem Traditionsprodukt Kaffeefilter bis hin zur Einwickelfolie. Supermarktketten lieben das. Erstens bekommen sie viele Produkte aus einer Hand, zweitens gibt es bei Abnahme der gesamten Palette prächtige Preisnachlässe.

12. Neulich habe ich einen **Staub**saugerbeutel gesehen, der sich weich anfühlt, wie aus Stoff – was ist das?

Die Hersteller experimentieren schon länger mit Kunststoff-Vliesen an Stelle des Filterpapiers. So ein **Staub**saugerbeutel fühlt sich kuschlig an, falls er durchgängig aus dem weißen, weichen Vlies besteht. Bei alten Beuteltypen sind allerdings nur die inneren Filterlagen aus dem Stoff, außen bleibt die bekannte Papierschicht. Die Vliese sollen, so heißt es, den **Staub** besser filtern, weil die Poren des Materials nicht so schnell verstopfen. Vor allem Melitta steigt in die neue Technik entschlossen ein – im vergangenen September ist das Unternehmen mit den ersten „Micropor"-Beuteln auf den Markt gekommen, will aber bis Ende dieses Jahres bereits 80 Prozent der Beutelproduktion umgestellt haben. Die Technik ist neu, das Vlies wird nicht verleimt, sondern mit Ultraschall verschweißt.

Die kleineren Hersteller äugen erst einmal, wie dieser Schritt im Markt wirkt. Im Extremfall wird gar nichts passieren, weil der **Staub**saugerbesitzer glücklich weiter die Beutel nimmt, die er gerade in die Finger kriegt. Im anderen Extremfall fängt der Markt an, sich nach Vliesbeuteln zu verzehren, und will bald keine anderen mehr haben – angesichts der nötigen Investitionen kann das schwächere Unternehmen die Existenz kosten.

13. Warum verkaufen **Staub**saugerhersteller überhaupt Beutel?

Sie würden sonst pleite gehen. Die Produktion von **Staub**saugern soll ein ruinöses Geschäft sein. Die Maschine selbst ist simpel, die Konkurrenz dramatisch, die Preise sind im Keller, die Margen eine Katastrophe. **Staub**sauger kommen aus Slowenien, Polen, China. Zu jedem Zeitungsabo kriegt man einen **Staub**sauger als Prämie. Im Laden gibt's **Staub**sauger um 50 oder 100 Euro.

Diese Branche ist um jeden Cent froh, den sie im Ersatzteilgeschäft verdient.

Es gibt die Theorie, eine Ersatzgeschäftsindustrie habe sich gegen die Konsumenten verschworen. Diesem Weltbild zufolge streiten sich der **Staub**saugerbeutel und die Rasierklinge um das Prädikat des schmutzigsten Nachkaufsgeschäfts. Neu auftauchende Nachkaufteile wurden Zug um Zug in diese Theorie einbezogen, etwa Kaffeefilter mit ihren kryptischen Größenvariationen, Aufsätze für elektrische Zahnbürsten und Kartuschen für Tintendrucker an Computern.

14. Hat denn niemand am einheitlichen **Staub**saugerbeutel Interesse?

Theoretisch könnte die Welt vielleicht nicht mit einem **Staub**saugerbeuteltyp, aber mit zehn oder zwanzig verschiedenen gut auskommen.

Wer sich umschaut, wird neuerdings sogar bei **Staub**saugerherstellern Ansätze dazu finden. EIO kommt schon sechs Jahre ohne Beutelneuentwicklung aus, heißt es. Miele will sich in Zukunft auf drei Vliesbeutel unterschiedlicher Größe konzentrieren. Philips und Electrolux haben im Jahr 2001 gemeinsam einen neuen Standard-Beutel namens S-Bag auf den Markt gebracht. Er paßt in die neuesten **Staub**saugermodelle beider Hersteller, die sonst weiter als Konkurrenten auftreten.

Nur alle gemeinsam können sich zu nichts aufraffen. Der Vorstoß des DIN-Verbraucherrats von 1998, Abmessungen und Typenbezeichnungen von Staubsaugerbeuteln zu normen, versandete. Acht einheitliche Beuteltypen sollten die heutige Vielfalt langfristig ablösen und volkswirtschaftlich rationale Verhältnisse schaffen. Die Saugerhersteller im zuständigen Unterkomitee verbargen ein paar Sitzungen lang geschickt ihre Begeisterung. Schon nach zwei Jahren sprach niemand mehr von dem Vorschlag.

15. Wie kann ich mich gegen die **Staub**beutelmafia wehren?

Die generalisierte Ausweichstrategie lautet, nur zu kehren und zu wischen statt zu saugen.

Der Bewaffnete Anti-**Staub**saugerbeutelterror-Ausschuß (BAStA), dessen Auftauchen die Branche kurz in Unruhe brachte, hat sich als Studenten-Ulk in Bielefeld entpuppt. Hier bewegt sich nichts.

16. Kann ich **Staub**beutel nicht einfach immer wieder verwenden?

Im World Wide Web stehen Anleitungen, wie aus einem herkömmlichen **Staub**saugerbeutel mit Hilfe einer Schere und eines Klettbandes ein Exemplar entsteht, das sich nach dem Vollsaugen immer wieder entleeren läßt. Andere Nutzer berichten, daß sie **Staub**saugerbeutel aufschneiden, entleeren, den Schnitt zufalten und mit einer Büroklammermaschine vertackern; der Vorgang lasse sich bis zu viermal wiederholen. Ein Hersteller von **Staub**saugerbeuteln berichtet hinter vorgehaltener Hand, daß seine eigene Verwandtschaft benutzte Beutel durch das Saugloch mit der Pinzette leerzupft – woran auch der Hinweis auf vergünstigte Bezugsmöglichkeiten direkt ab Werk nichts geändert habe. Bei allen diesen Methoden hebt die Industrie mahnend den Finger: Im Betrieb verstopfen die feinen **Staub**partikel zunehmend die Poren des Beutelmaterials. Den groben **Staub** zu entfernen verhindere nicht, daß die Saugwirkung mit einem immer weiter benutzten Beutel drastisch nachlasse.

17. Kann man nicht auch **staub**saugen, ohne immer wieder etwas nachkaufen zu müssen?

Gewiß. Hier eine Kurzbewertung der verfügbaren Lösungen.

- Eine zentrale Sauganlage mit Rohren in

den Wänden und einem Saugmotor im Keller. Nachteil: Sie müssen ein Haus bauen oder ihre Wohnung aufbaggern.

- **Staub**sauger in Zyklon-Technik nach dem Vorbild des britischen Herstellers Dyson. Nachteil: Diese Sauger sammeln den groben **Staub** in ihrem **Staub**behälter, ohne Beutel. Das Gefäß müssen Sie dann immer in den Müll kippen. Zudem müssen Sie weiterhin alle anderen Filter im **Staub**sauger regelmäßig waschen oder austauschen.
- Das gilt analog für Wassersauger – sie binden den **Staub** in einem Behälter mit Flüssigkeit. Möglicher zusätzlicher Nachteil: Tests zeigen, daß die Geräte mit der Zeit verkeimen.
- Die Super**staub**i-Säcke, hervorgegangen aus der Bastelökonomie der ehemaligen DDR. Sie werden auf Jahrmärkten oder übers Internet für 20 bis 35 Euro verkauft. Die Anbieter basteln einen gegebenen **Staub**saugerbeutel aus waschbarem Baumwollstoff nach. Nachteil: Es fehlen alle Angaben darüber, ob sich diese Beutel wirksam in die Filterkette eines Staubsaugers einfügen.

18. Was passiert, wenn ich das Beutelproblem einfach aussitze?

Alle Praktiker der Branche berichten von Menschen, die auf Beutel verzichten und einfach ohne sie saugen. Der grobe **Staub** sammelt sich dann im **Staub**behälter, den man ausleeren kann. Der feinere **Staub** fängt sich in den restlichen Filtern des Saugers oder im Elektromotor. Dort aber meist nicht lange.

Schließlich gibt es die Vernachlässigungsstrategie. Sie kombiniert das Beste aus den anderen Methoden. Man saugt einfach mit dem Beutel weiter, der im Sauger ist. Immer weiter. Der betonhart zusammenbackende **Staub**kuchen darin muß nicht stören. Hauptsache, der Sauger brummt und hinterläßt ein gutes Gefühl. So lange ist auch die Rückkehr in die normale Beutelwelt jederzeit möglich.

Ein Beispiel ist Herr R. aus Essen, der auf der Miele-Sammlerbörse im Internet einen **Staub**saugerbeutel Baujahr 1934 suchte, für einen „zylindrischen Teppichsauger D=170mm mit Chromkufen“.

68 Jahre mit dem demselben alten Beutel – das hat Stil. In solchen Fällen empfiehlt sich allerdings keine reguläre Entsorgung. Jedes Universitätsinstitut für Zeitgeschichte nimmt solche Zeugen der Geschichte gern für Bohrkern-Analysen an. <

Wir danken allen, die bei der Zusammenstellung dieser FAQ geholfen haben, vor allem aber den Firmen Melitta (Swirl) für das umfangreiche Anschauungs- und Bildmaterial und der Papierverarbeitung Görlitz (Filterclean) für die geduldige Einführung in die Praxis der Beutelherstellung. Alle Fehler liegen selbstverständlich beim Autor.

Wissenschaft im Übergang:
Was als Suche nach dem Seltenen und Kuriosen begann, wurde zur Systematik des Lebens. Dabei ging die Anschauung verloren.

DIE LEIDENSCHAFT DES ALBERTUS SEBA

Die Echse Lacerta dracaena (nach Linné).

Was macht einen erfolgreichen Forscher aus? Ehrgeiz, Phantasie, und Geschäftssinn brachten auch dem Apotheker Albertus Seba Ruhm und Ehre.

Die Hundskopfboa
Corallus caninus.

VON HENNING RITTER

Der Mensch als Beobachter ist ein Spätentwickler. Sogar das Nächste, das pochende Herz, hat sich seiner Neugierde lange entzogen. Erst auf das Jahr 1628 wird beispielsweise die Beschreibung des Blutkreislaufs durch William Harvey datiert. Es scheint so, als ob die Neugierde nicht durch Nahes, sondern erst durch Fernes und Fernstes geweckt und zu Hochleistungen angespornt wird. Und selten geht das Auge allein auf Entdeckung aus: Meist eilt die technische Phantasie voran.

Für den britischen Anatomen William Harvey dürften zu seiner Zeit Experimente mit Mühlen und Pumpen wegweisend gewesen sein. Gerade erst war Galilei mit dem Fernrohr zu den Sternen vorgestoßen; Johannes Kepler berechnete die alten Planetentafeln neu; Francis Bacon veröffentlichte sein „Novum Organum"; kühne Seefahrer suchten nach neuen Passagen; Forschungsreisende begannen, systematisch die Tier- und Pflanzenwelt Nord- und Südamerikas zu erkunden. Ohne das exotische Anschauungsmaterial aus der Neuen Welt hätte sich die Naturkunde damals nicht so mächtig entwickeln können. Es war die große Zeit der Kunstkammern, in denen sich alles zusammenfand: Münzen und Skulpturen, Instrumente und Versteinerungen, Tafeln und Inschriften, ausgestopfte Tiere und gepreßte Pflanzen, Kunst und Natur im Kleinen vereint als Ausdruck eines zügellosen Sammeltriebes.

„Curiosi" oder „Virtuosi" nannte man im siebzehnten Jahrhundert jene Liebhaber, die, über ganz Europa verstreut, ihrer Leidenschaft nachgingen und sich für Pioniere des modernen Forschungsgeistes hielten. Der 1665 in Etzel in Ostfriesland geborene, in Amsterdam als Apotheker zu Reichtum gekommene Albertus Seba ist einer der letzten in dieser Reihe.

Seba betrieb neben seiner „Deutschen Apotheke" einen lukrativen Handel mit Arzneimitteln, der bis nach Nordeuropa

Diese Pracht und Opulenz der Darstellung wurden später nie mehr erreicht. Mit der wissenschaftlichen Genauigkeit kam im 18. Jahrhundert auch das Ende der großen Zeichenkünstler. Das Naturalienkabinett des Albertus Seba markiert den Übergang von der alten Anschauung zur neuen Ordnung.

Käfer, Coleoptera.

Das Monströse fand im Kabinett des Sammlers ebenso Platz wie das Seltene und Wunderbare. Die Herkunft der Tiere war weniger wichtig als ihr ungewöhnliches Aussehen. Erst Carl von Linné brachte Ordnung in das wilde Nebeneinander.

Die Abgottschlange
Boa constrictor.

und Rußland reichte und ihn in die Lage versetzte, eine Sammlung von Pflanzen und Tieren aus Übersee in einem bald berühmt gewordenen Naturalienkabinett zu vereinen. 1717 wurde sie von Zar Peter dem Großen gekauft; Spuren von ihr sollen sich noch heute in der Eremitage finden.

Für seine zweite, weit größere Sammlung schuf Seba ein Überlebensmittel: den sogenannten „Thesaurus" („Locupletissimi Rerum Naturalium Thesauri Accurata Descriptio"), ein Abbildungswerk mit 446 Kupfertafeln, heute das einzige erhaltene Zeugnis seiner Sammelleidenschaft. Albertus Seba, der 1736 starb, hat den Abschluß des vierbändigen, in lateinischer, niederländischer und französischer Sprache veröffentlichten Werkes nicht mehr erlebt. Die Sammlung selbst wurde 1752, vor Erscheinen des letzten Bandes versteigert – als letztes Beispiel einer Tradition, für die man schon in der Goethezeit – mit Ausnahme von Goethe – kaum noch Verständnis aufbrachte.

Der Blatthornkäfer
Megasoma actaeon.

Wer den „Thesaurus" durchblättert, kann nicht übersehen, daß hier nicht nur mit Einzelstücken, mit Trophäen des Sammlerehrgeizes geprunkt wird, sondern mit einer Fülle von Kenntnissen, die zur Inbesitznahme der Natur erforderlich waren. Vielerlei Wissen von vielerlei Menschen mußte ineinander greifen: Der eine fing im fernen Südamerika Tiere oder sammelte Pflanzen, ein anderer machte sie transportfähig, ein dritter transportierte sie über das Meer – Seba pflegte im Hafen von Amsterdam Seeleute für seine Projekte zu gewinnen –, wieder andere zeichneten und kolorierten die Wunderwesen, die ihnen zugetragen wurden, auf daß sich am Ende die Pracht der Naturbildungen im Auge des Betrachters erneuere. Anschauung und Vorstellungskraft arbeiteten eng zusammen: Manches von dem, was Eingang in den „Thesaurus" fand, war Ausgeburt der Phantasie, belächelt von späteren Naturforschern als Beweis für die Wundergläubigkeit ihrer Vorläufer.

Als Abbildungswerk war Sebas „Naturalienkabinett" schon Symptom einer Krise. Auch wenn sich die Abbildungen vordergründig nur auf die Sammlung, auf besonders schöne Präparate bezogen, eröffneten sie darüber hinaus einen neuen Raum, der nicht nur dem Sammler mit seinen kuriosen Neigungen zugänglich war. Im Kabinett war es eng geworden, Schubfächer und Schränke quollen über, die Fülle des Materials überstieg die Bearbeitungskapazität eines einzelnen bei weitem. Die Anschauung war zudem nicht mehr auf das Kabinett beschränkt, Naturkundler konnten selbst zu den exotischen Schauplätzen vorstoßen und dort fündig werden. An Ort und Stelle konnten Zeichnungen angelegt, vielleicht sogar koloriert

Hier ging dem Illustrator die Phantasie durch: Siebenköpfige Hydra in Gesellschaft bunter Vögel. Nur der Flugdrachen oben links kommt als Draco sp. tatsächlich in Indonesien vor.

werden, die später als Vorlagen für Kupferstiche dienten. Damit war zugleich für weite Verbreitung gesorgt.

Seba beschäftigte für seinen „Thesaurus" zeitweise bis zu fünfzehn Künstler. Als der berühmte französische Naturhistoriker Buffon seine „Histoire naturelle des oiseaux" (1770–1783) illustrieren ließ, hat er fünf Jahre lang sogar mehr als achtzig Künstler arbeiten lassen. Der Sinn der Darstellung hatte sich da schon einschneidend gewandelt: Es galt, einen „lebendigen Augenblick" aus dem Leben der Vögel zu erfassen, die im Text umfassend beschrieben und klassifiziert wurden. Die Abbildung beschränkte sich bei Buffon darauf, das Wissen durchs Sehen zu ergänzen und Unzulänglichkeiten der sprachlichen Darstellung auszugleichen.

In Sebas „Thesaurus" dagegen vertreten die abgebildeten Tiere, Pflanzen, Schlangen, Fische, Insekten und Mineralien, ganz im Sinne der alten Auffassung, die Natur selbst; sie zeigen ihre Vielfalt. Noch sind die Grenzen des Naturreichs auch durchlässig für Fabelwesen. Schauwert und Auskunftswert sind noch ungeschieden. Darin lebt der Geist des alten Naturalienkabinetts fort: Seltenes ist in Einzelexemplaren anwesend, nicht als Repräsentation von etwas anderem, sondern als Abbild seiner selbst. Es ist der Geist des Sammlers, der sich auf seiner Jagd nach Rarissima nicht von Ungläubigen stören läßt. Er will besitzen, was sonst niemand hat, nach Möglichkeit den Phönix selbst, der sich aus der Asche erhebt.

Dennoch bewirken die Abbildungen, wahrscheinlich unbeabsichtigt, auch etwas Neues: Sie versprechen, Sichtbarkeit und Ordnung aufeinander abzustimmen, das Sichtbare so darzubieten, daß der Betrachter im Buch der Natur selbst zu blättern meint. Der große Linné, der Erfinder der modernen Taxonomie – sein „Systema naturae" erschien 1735 –, hat Sebas „Thesaurus" denn auch in dieser Weise genutzt, als ein Quellenwerk, das dem ordnenden Blick, der nach Art-, Familien- und Gattungsmerkmalen Ausschau hält, reichen Stoff für die Anschauung bot.

Daß der „Thesaurus" modernen Zwekken dienen konnte, als Hilfsmittel zur Klassifikation, ist ein Beleg dafür, daß es sich um ein Werk des Überganges handelt. Die Pracht der Abbildungen gehört dabei zum Alten, zum Kult des Wunderbaren und Seltenen, während die Fülle der Darstellungen ein Verlangen nach Ordnung und Überschau weckt, das das Neue vertritt. Dies ist in den auf Albertus Seba folgenden Generationen um den Preis von immer weniger Anschauung verwirklicht worden. <

Albertus Seba: „Das Naturalienkabinett". Locupletissimi rerum naturalium thesauri accurata descriptio 1734–1765. Vollständige Ausgabe der kolorierten Tafeln. Nach dem Original aus der Koninklijke Bibliothek, Den Haag. Benedikt Taschen Verlag, Köln 2001, 588 S., 472 Farbillustrationen, 200,– Euro

Die Beutelratte
Didelphis marsupialis.

Der Bläuling
Pseudolycaena marsyas.

Augenfalter
Satyridae.

Anschauung und Imagination hielten sich die Waage. Bis zu 15 Künstler waren damit beschäftigt, die schönsten Stücke der Sammlung in ein vorteilhaftes Licht zu rücken. Details wurden da schon mal übertrieben.

Die Braune Vieraugenbeutelratte
Metachirus nudicaudatus.

Der Hummer
Humarus americanus.

Echse
vermutlich aus Brasilien.

Das Auge putzt mit. Doch die richtige Zahnbürste muß nicht gut aussehen, sie muß weiche und abgerundete Borsten haben.

Das ewige Nagen am Zahn

Bürsten und Pasta sind die klassischen Waffen im Kampf gegen die Karies. Doch der zahnindustrielle Komplex ist erfinderisch.

Schrubben, ausspülen, und fertig? Stumpfe Routine kann viel Schaden anrichten. Doch wer sich über den Bakterienkrieg im Mund informiert, kann der Zahnfäule vielleicht entgehen.

VON JAN SCHWEITZER

Es tobt ein Kampf da draußen. Damit das Produkt in aller Munde ist, werden Zahnarztfrauen für das Fernsehen engagiert, Tomaten von einem älteren Herren bearbeitet, vergleichen Zwillingsschwestern ihre Zähne in einem Werbespot. Doch die Hersteller stecken nicht nur Millionen Euro in die Werbung, sondern auch viel Geld und eine Menge Ideen in die Entwicklung neuer, außergewöhnlicher Pasten, Bürsten und sonstiger Zahnpflegeprodukte.

Über 100 verschiedene Zahncremes stehen in den Regalen von Supermärkten, Drogerien und Apotheken. „Klinisch getestet“ steht häufig auf den Tubenpackungen. Die Ergebnisse dieser Tests aber verschweigen die Produzenten oft nur zu gerne. Beinahe wöchentlich präsentieren sie ein neues, noch besseres Bürstenmodell mit X-Borsten oder Massage-Tips aus Kunststoff. Andere Firmen wollen dem Konsumenten die Handarbeit abnehmen: Der elektrische Zahnstocher ist längst erfunden, genauso wie die Mundddusche mit Luftbläschen im Wasserstrahl.

Vergessen wird manchmal nur, worauf es bei der Zahnpflege eigentlich ankommt: Es gilt, einen der ärgsten und zähesten Feinde der Menschheit zu bekämpfen. Einen, der mehr Kosten verursacht als alle Herz-Kreislauf-Erkrankungen zusammen. Es gilt, dem Wüten eines Bakteriums Einhalt zu gebieten, das wohl schon dem Neandertaler Probleme bereitete und in fast jedem Mund sitzt. Streptococcus mutans heißt der

ZÄHNEPUTZEN: Richtig und falsch

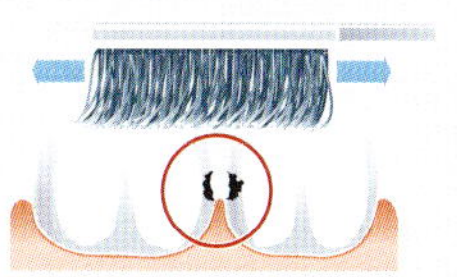

Die Zahnbürste kann nur die oberflächlichen Zahnbereiche reinigen. Zwischen den Zähnen können sich die Kariesbakterien frei entfalten und Löcher in den Zahn ätzen, wenn man nur mit der Bürste putzt.

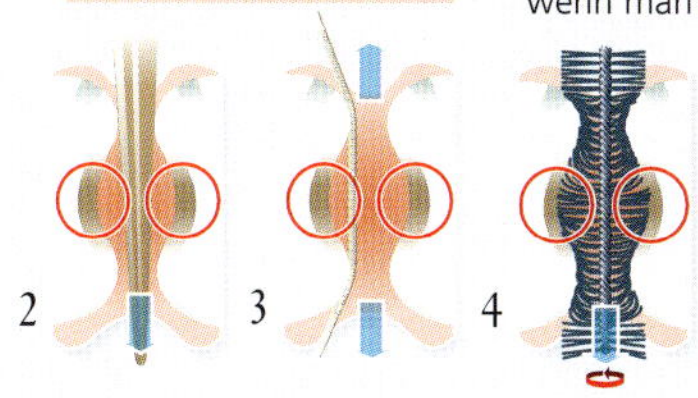

Zahnhölzer und -seide sind besser als nichts, Doch wirklich effektiv reinigt nur die Zwischenraumbürste. Sie erreicht alle Ecken.

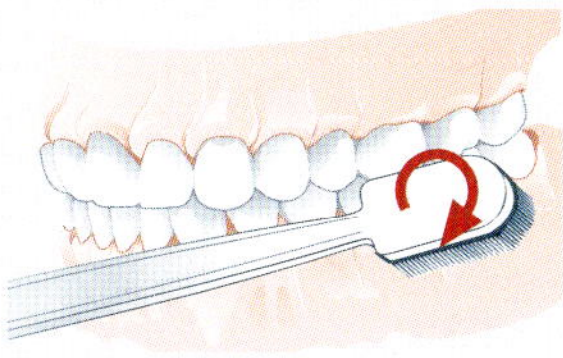

Zähneputzen – aber richtig I Wer seine Zähne liebt, der rotiert. Und zwar in kleinen Kreisen. Im Winkel von 45 Grad wird die Bürste aufgesetzt: Die Mitte der Bürste liegt auf dem Ansatz des Zahnfleisches am Zahn.

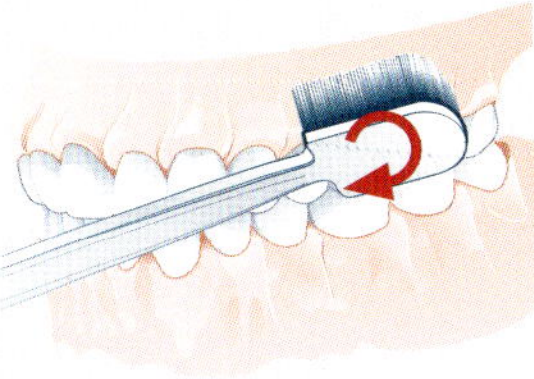

Zähneputzen – aber richtig II Am besten gewöhnt man sich eine feste Putz-Reihenfolge an, zum Beispiel Kaufläche, außen, innen (KAI). Fast das wichtigste beim Putzen: Man sollte sich zügeln und die Bürste nur sachte aufsetzen.

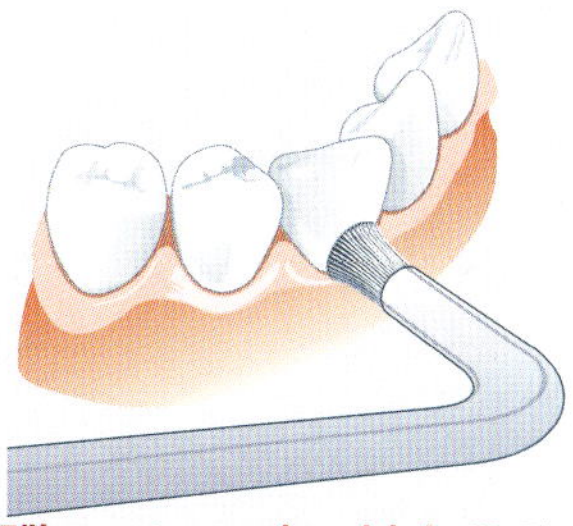

Zähneputzen – aber richtig III Die Schneide- und die Eckzähne bekommen eine Extrabehandlung: Mit der Einbüschelbürste rotiert man dann aber genauso wie mit der normalen Bürste. Dabei mit Kraft bitte sparen!

Quelle: Sedelmayer/Platzer, UKE Hamburg

Erreger, und er ist ein wahrer Überlebenskünstler:

Das Mutans-Bakterium kann sich an die glattesten Zahnoberflächen anheften, bildet dort Kolonien und kann auch unter ungünstigen Bedingungen überleben, etwa in saurem Milieu. Für den Menschen am schädlichsten aber ist sein Stoffwechselprodukt, die Milchsäure. Die ätzt die Zahnsubstanz weg, und es entsteht die häufigste Erkrankung des Menschen, die Karies.

Der Kampf gegen die Karies ist nicht einfach zu gewinnen. Viele sagen, er ist gar nicht zu gewinnen. Wichtige Streiter in dieser Schlacht sind die Zahnärzte. Sie wandeln sich von reinen Symptombehandlern zu gewieften Ursachenbekämpfern.

Doch letztlich liegt es an jedem selbst, wie seine Zähne aussehen. Denn noch immer ist die effektivste Waffe gegen Streptococcus mutans und seine zahlreichen, etwas harmloseren Mitstreiter eine zuckerarme Ernährung und die richtige Pflege der Zähne. Doch beides ist nicht so ganz einfach.

Die Zahnärztin Ursula Platzer vermittelt an der Universitätsklinik Eppendorf (UKE) in Hamburg nicht nur ihren Studenten, sondern auch zahnputzwilligen Normalbürgern, wie Zähne gepflegt und erhalten werden können. Sie gibt Kurse über das richtige Zähneputzen, die auch schon mal über mehrere Monate gehen können. „Jeder Mensch hat andere Zähne und muß sie deswegen auch speziell auf sich zugeschnitten reinigen“, predigt sie.

Ihre Zähne pflegt sie mit einem ganzen Set von Bürsten, das drei verschiedene Arten enthält: eine für die großen Zähne, eine weitere, sogenannte Einbüschelbürste für die kleineren Front- und Eckzähne und mehrere kleine steckerähnliche Zwischenzahnraumbürsten (Foto unten). Dieses Sortiment sollten alle benutzen, die es „motorisch“ hinbekommen, empfiehlt Platzer.

Doch was zeichnet ein gutes Bürstenmodell aus? Es muß vor allem extrem weich sein, sagt die Hamburger Zahnärztin. Und ein dichtes Borstenfeld haben. Denn die Zahnbürste soll die Plaque aufwirbeln, die überall auf den Zähnen zu finden ist, und sie unschädlich machen. Die Plaque ist ein Gemisch aus Eiweißen, Zuckern und Bakterien. Je dicker eine solche Schicht, desto mehr bilden die Bakterien, vor allem die Mutans-Streptokokken, die zerstörerische Säure. Und je mehr Säure, desto mehr Kariesbefall. Regelmäßiges Putzen verhindert also einigen Schaden.

Man kann allerdings auch einiges falsch machen. Die in der Zahnhygiene eigentlich vorbildlichen Schweizer und Skandinavier haben sich jahrelang „so die Zähne geputzt, daß spätere Studien Zahn- und Zahnfleischverlust zeigten“, erzählt Platzer. In einer skandinavischen Untersuchung litten 45 Prozent der Probanden an massiven Putzdefekten, gut die Hälfte hatte sich das Zahnfleisch teilweise weggeschrubbt.

Wer die Zahnbürste zu stark aufdrückt und womöglich zusätzlich noch horizontal bürstet, tut sich und seinen Zähnen keinen großen Gefallen. Besonders aufpassen sollte man kurz nach einer Obstmahlzeit: Von der darin enthaltenen Säure ist der Zahnschmelz angelöst, der Körper hatte noch keine Zeit, ihn zu reparieren, also zu remineralisieren. Mit der Bürste wird die angeätzte Zahnsubstanz dann abgetragen.

Ab einer gewissen Dauer bringt das Bürsten auch nur noch Vorteile für die Armmuskulatur: Nach etwa fünf Minuten verbessert man seine hygienischen Verhältnisse im Mund nicht mehr entscheidend. Auch beim Kauf des Putzgeräts sollte man aufpassen: „Zahnbürsten im Supermarkt sind fast alle Schrubber“, sagt Platzer und meint damit: Sie sind zu hart und tragen dadurch sowohl Zahnfleisch ab als auch Zahnsubstanz selbst. Der Schmelz auf der Zahnoberfläche enthält zwar einen hohen Anteil an Calciumhydroxylapatit, die härteste

Werkzeugkasten im Mund

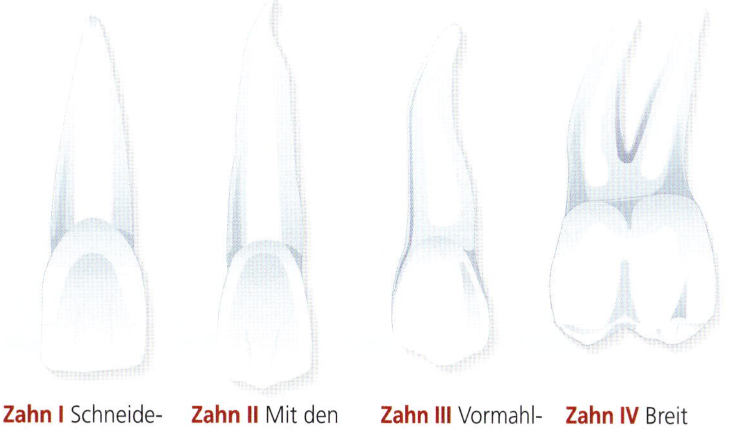

Zahn I Schneidezähne sind vor allem scharf. Mit ihnen beißt man Nahrung ab.

Zahn II Mit den spitzen Eckzähnen hält man Nahrung fest und zerreißt sie in Stücke.

Zahn III Vormahlzähne sind kleine Backenzähne zum Halten und Zerquetschen.

Zahn IV Breit und flach sind die Backenzähne, die vor allem dem Kauen dienen.

Substanz des Körpers. Doch auch die hält stetem, hartem Druck nicht ewig stand. Und der Schmelz wächst nicht nach.

Selbst die weichste Zahnbürste kann Schäden im Mund verursachen – wenn sie ausgefranst ist, die Borsten zu allen Seiten abstehen und das Zahnfleisch verletzen. Die Deutschen sind da aber nicht pingelig: Nur knapp 1,4 Mal im Jahr wechseln sie ihr Putzgerät – zu selten. Vier bis sechs Mal sollten es schon sein. Vergessen werden dürfen auch nicht die Zahnzwischenräume, die 40 Prozent der gesamten Zahnoberfläche ausmachen. Dort kommt die normale Bürste nicht hin - für die Kariesbakterien entsteht daher ein Klima, in dem sie sich wohl fühlen. Da auch die Zahnseide hier nicht die letzte Ecke erreicht, ist die einzig effektive Reinigungsmöglichkeit die Zwischenraumbürste. Aber es sollte nicht irgendeine sein: „Für jeden Zahnzwischenraum muß der Zahnarzt die passende Bürste aussuchen", empfiehlt Platzer.

Wer ganz auf das tägliche Mundschaumbad verzichtet, sollte sich unbedingt mit Zuckeraustauschstoffen wie Xylit ernähren. Das reduziert nebenbei noch die Anzahl der Kariesbakterien. Andernfalls muß er mit fatalen Folgen rechnen. Nach spätestens einer Woche haben sich die schädlichen Keime so stark vermehrt, daß sie ihre Aktivität nicht mehr auf den Zahn beschränken - das Zahnfleisch entzündet sich.

Unter den etwa 300 verschiedenen Bakterienarten im Mund verstecken sich auch solche, die, eingeschwemmt in die Blutbahn, Frühgeburten oder Lungenentzündungen auslösen können, die sich mit Vorliebe auf künstlichen Herzklappen oder Gelenken absetzen und von dort ihr Unheil verbreiten. Auch mit Herzinfarkten werden einige Erreger in Verbindung gebracht. Chemische Mittel gegen die Mundkeime gibt es genug. Aber nicht alle der insgesamt etwa 50 Milliarden Bakterien im Mund sind schädlich. Substanzen wie Triclosan oder Chlorhexidin machen auch denen ein Garaus, die die natürliche Flora des Munds bilden. In den meisten Fällen reicht dagegen die gute, alte Zahnpasta aus. Sie muß allerdings Fluorid enthalten; das ist die Pflicht, der Rest ist Kür. Als am wirksamsten erwiesen haben sich Natriumfluorid und Aminfluorid. Die meisten Pasten vermögen das Karieswachstum um bis zu 40 Prozent zu unterdrücken. Wer sich zusätzlich noch etwa alle zwei Wochen die Zähne mit einem Fluoridgel einbürstet, steigert den Wirkungsgrad auf 50 Prozent. Fluorid beschleunigt die Remineralisation nach einem Säureangriff der Bakterien. Es sorgt dafür, daß durch die Säure ausgewaschenes Kalzium und Phosphat wieder in die Zähne eingelagert wird. Die neu eingelagerten Moleküle sind zudem größer als die ursprünglichen und setzen der Säure mehr Widerstand entgegen. Auch in der Plaqueschicht reichert sich das Fluorid an und hemmt dort die Säureproduktion.

Um Kindern die Karies ganz zu ersparen, sollten sich Eltern klarmachen, daß sie eine Infektionskrankheit ist. Die Mutans-Bakterien finden sich in keinem kindlichen Mund, wenn sie nicht dorthin übertragen werden. Das geschieht meistens durch die Mutter, die abschmeckt, ob der Brei nicht zu heiß ist, oder die den Schnuller ableckt und ihn dann in den Kindermund hineinschiebt.

Die meisten Kinder stecken sich zwischen dem 19. und dem 31. Lebensmonat an. Mit etwa vier Jahren liegt meist ein relativ stabiles Milieu im Mund vor: Andere Bakterien haben sich dort inzwischen angesiedelt; die Mutans-Bakterien müssen diese zunächst einmal verdrängen, wenn sie sich breitmachen wollen. Im Alter zwischen sechs und neun Jahren allerdings sind die Chancen für die Kariesbakterien wieder größer: Die Kinder gehen zur Schule und kaufen sich von ihrem Pausengeld Süßigkeiten – schon eine geringe Anzahl von Mutans-Streptokokken kann dann mithilfe des Zuckers prächtig gedeihen und zu Massen heranwachsen. Doch es gibt auch gute Nachrichten. Nach einer Studie der „Deutschen Arbeitsgemeinschaft Jugendzahnpflege" von 2000 haben Kinder immer seltener Karies, bei den Neunjährigen ist sie in 27 Jahren sogar um etwa 90 Prozent zurückgegangen. <

ZAHN-Entwicklung: Schon im Bauch geht's los

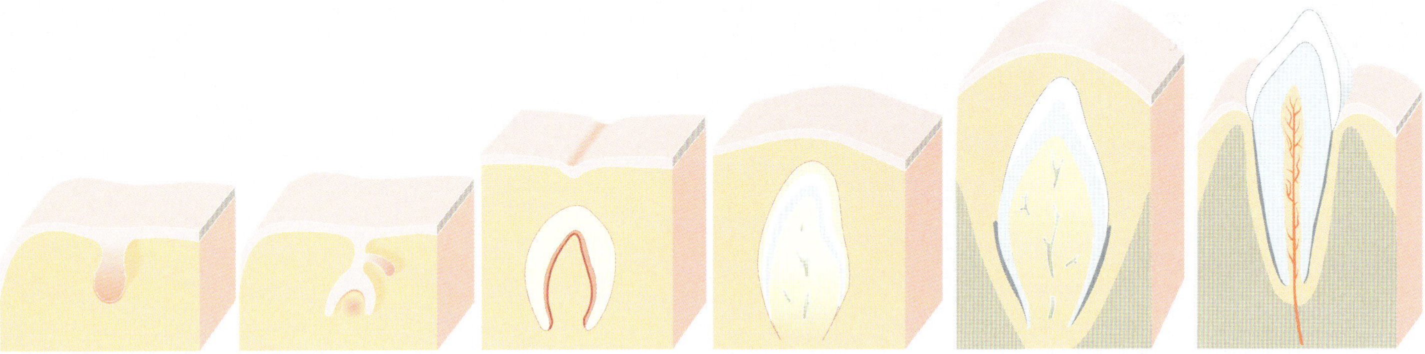

Entwicklungsstadien I und II Im ersten Bild ist die Anlage des Zahns gezeigt. Alle Zähne stammen vom sogenannten Ektoderm ab, einer embryonalen Struktur, aus der auch die Haut hervorgeht. In jedem Kiefer gibt es zehn Stück dieser Zahnanlagen. Das Stadium entspricht etwa der 8. Schwangerschaftswoche. Im zweiten Bild (10. Woche) kann man die Anlage für den bleibenden Zahn erkennen (oben rechts im Bild).

Entwicklungsstadien III und IV Das dritte Bild (3. Schwangerschaftsmonat) zeigt das sogenannte Glockenstadium, benannt nach der Form. Hier ist erstmals auch die Anlage für den Zahnschmelz zu erkennen (heller Bereich). Das nächste Stadium (Bild IV) ist eine Abbildung aus dem 6. Monat. Jetzt bildet sich der Vorläufer des Zahnbeins, des Dentins, ebenso aus wie der des Schmelzes, der härtesten Substanz des Körpers.

Entwicklungsstadien V und VI Etwa im 8. Monat produzieren Zellen den Zement (Bild V, unten am Rand angedeutet). Die einzelnen Strukturen bilden sich immer deutlicher heraus. In Bild VI ist es endlich geschafft: Der Zahn ist draußen (Beginn des Durchbruchs mit 6 Monaten). Doch mit etwa 6 Jahren werden die ersten Milchzähne durch bleibende Zähne ersetzt, mit 12 Jahren hat der Mensch sein (hoffentlich) endgültiges Gebiß.

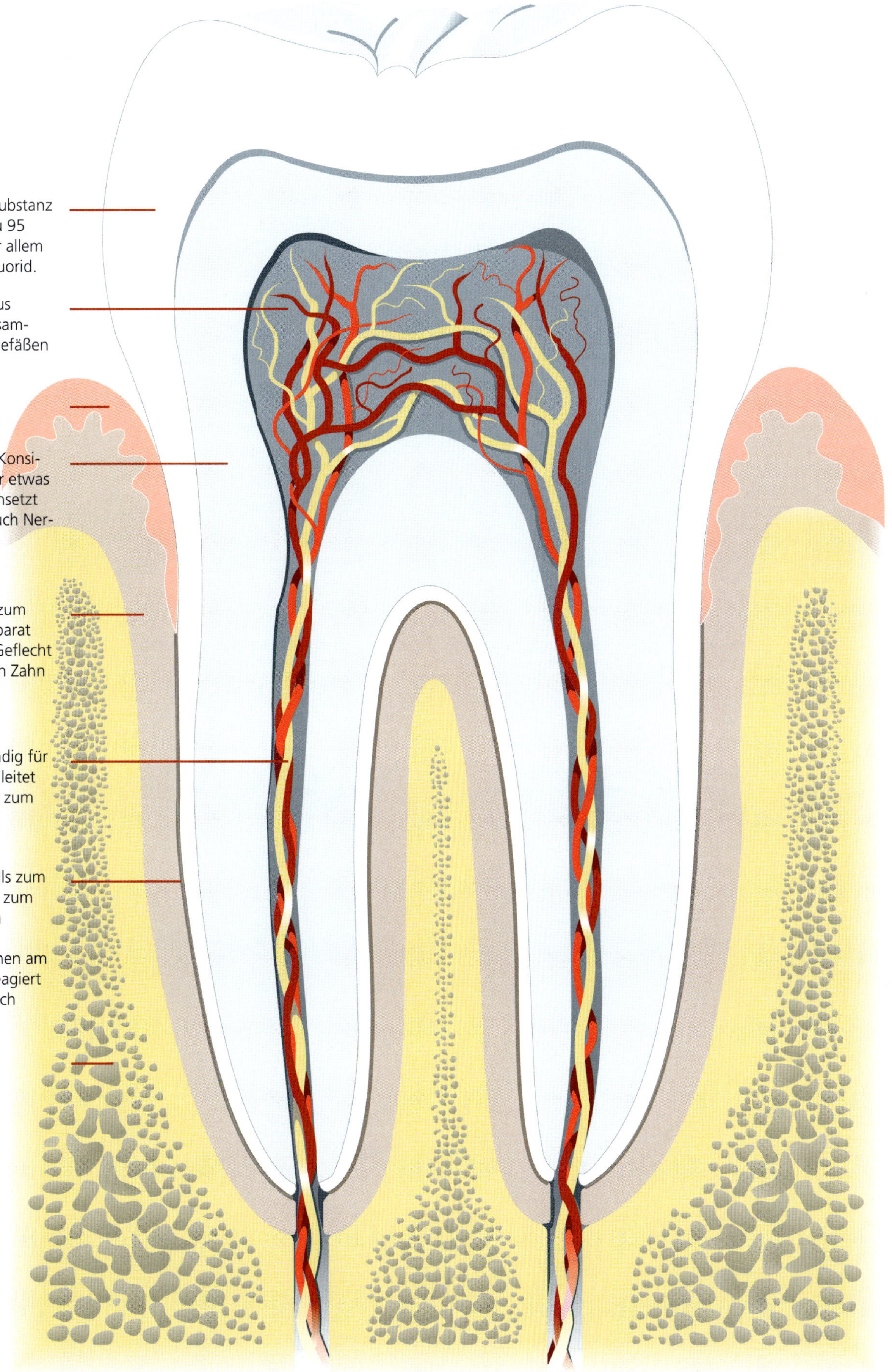

Schmelz ist die härteste Substanz des Körpers und besteht zu 95 Prozent aus Mineralien, vor allem Kalzium. Ihn schützt das Fluorid.

Pulpa (Mark) setzt sich aus lockerem Bindegewebe zusammen, ist durchzogen von Gefäßen und Nerven.

Zahnfleisch

Dentin hat eine ähnliche Konsistenz wie Knochen, ist aber etwas härter. Es ist teilweise durchsetzt mit kleinen Kanälen, die auch Nerven enthalten können.

Periodontium Es gehört zum sogenannten Zahnhalteapparat und enthält ein spezielles Geflecht von straffen Fasern, die den Zahn fest verankern.

Wurzelkanal Er ist zuständig für die Versorgung des Zahns, leitet Gefäße, Nerven und Zellen zum Dentin.

Zement Er gehört ebenfalls zum Zahnhalteapparat, ist auch zum größten Teil aus Mineralien aufgebaut. Er ist von allen Zahnstrukturen dem Knochen am ähnlichsten. Der Zement reagiert auf Zug und Druck, baut sich ständig um.

Knochen

Grafiken: F.A.Z.-Grafik Döring / Fotos der Zahnbürsten: Fuchs GmbH (2); blend-a-med Forschung (2); Rainer Wohlfahrt

Impfen gegen Karies?

Wo geforscht wird, ist die nächste Debatte über Risiken und Ethik nicht weit.

VON VOLKER STOLLORZ

Seit 20 Jahren verfolgt Jeffrey Hillman eine verrückt klingende Idee: Der Professor der Universität Florida in Gainesville will die Welt von Karies befreien. Genauer gesagt: verhindern, daß sich die säurebildenden Kariesbakterien in der Mundhöhle von Kleinkindern ansiedeln. In seinem Labor hat er zu diesem Zweck ein gentechnisch amputiertes Bakterium gezüchtet, er nennt es den „bcs3-11-Effektor-Stamm". Diesen gentechnisch veränderten Organismus will er in der Mundhöhle von Kindern freisetzen.

Replacement-Therapie heißt Hillmans patentierte Produktidee. Er will sie auf dem diesjährigen Jahrestreffen der „American Association for the Advancement of Science" (AAAS) vorstellen, die am Freitag begann: „Es ist keine echte Impfung, weil wir keine Bakterienart aus dem Ökosystem Mundhöhle vertreiben. Wir besetzen nur die ökologische Nische des Karies verursachenden Kokkenstamms mit einem nahe verwandten, der keinen Schaden anrichten kann." Der Dreh: Der genetisch amputierte Streptococcus mutans produziert keine kariesfördernde Milchsäure mehr. Würde man diesen Keim im Mund kleiner Kinder vor der ersten Invasion der echten Kariesbakterien ansiedeln, sollten sie ihr Leben lang von Karies verschont bleiben. Auf den richtigen Moment kommt es an: Streptococcus mutans erobert die Mundhöhle meist in einem sogenannten „Zeitfenster der Infektiösität". Werden die ersten Zähnchen zu diesem Zeitpunkt nicht von ihm besiedelt, wachsen harmlose Bakterien in seiner ökologischen Nische heran.

Auf dem AAAS-Treffen der Wissenschaft in Boston soll eine neue Therapie vorgestellt werden

„Unsere Kariestherapie könnte einen Großteil des kariösen Zahnverlustes verhindern helfen", glaubt Hillman. In Tierversuchen habe sie sich als fast hundertprozentig effektiv erwiesen. Eine Firma ist auch schon gegründet. Einzig die amerikanische Arzneimittelbehörde FDA, mit der sich Hillman vor zehn Monaten zusammensetzte, müsse noch „endgültig" überzeugt werden. Zwar habe die strenge Behörde signalisiert, der Ansatz sei theoretisch valide und technisch machbar, sagt Hillman. Aber es gebe noch einige Sicherheitsbedenken, bevor klinische Studien beginnen dürften.

In der Tat gibt es Bedenken: Karies ist keine lebensbedrohliche Krankheit, es fragt

KARIES-Entwicklung: Die Bakterien greifen mit Säure an

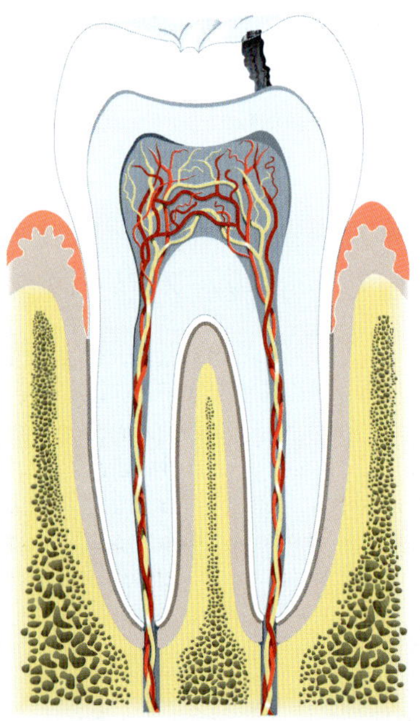

Kariesstadium I Bakterien (Streptoccoci mutantes) produzieren Säure als ein Abfallprodukt ihres Stoffwechsels. Diese Säure ätzt die Zahnsubstanz an und hat schon die oberste Schicht des Zahns zersetzt, den Schmelz. Damit hat die Karies die größte Hürde überwunden, denn der Schmelz ist die härteste Substanz des Körpers.

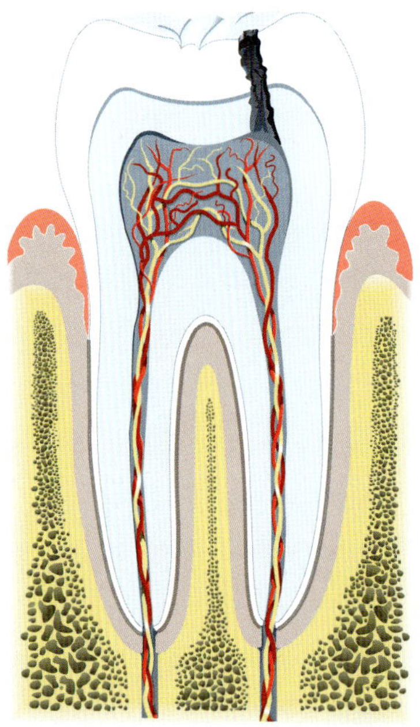

Kariesstadium II Jetzt ist der Weg frei zum Innersten des Zahns: Die Karies hat ein Loch auch in das Zahnbein, das Dentin, gefräst. Die sogenannte Pulpa, das Mark, liegt nun frei. Dort kann sie Gefäße und vor allem Nerven angreifen, spätestens jetzt verspürt man Schmerzen. Nur ein Zahnarzt kann die Bakterien jetzt noch aufhalten.

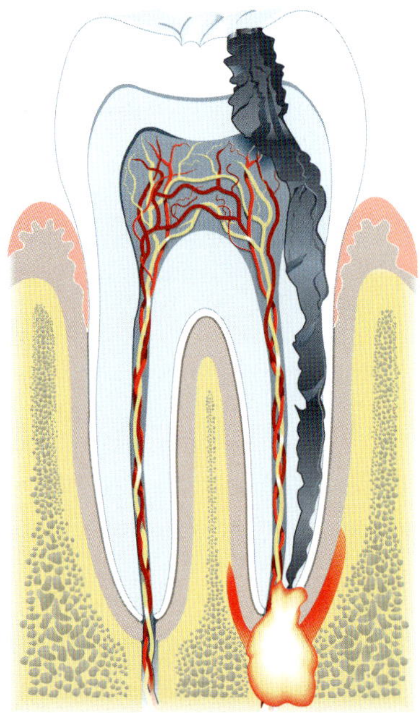

Kariesstadium III Schmelz kann nicht nachgebildet werden – was zerstört ist, bleibt für immer verloren und muß durch Füllungen ersetzt werden. Je früher der Zahnarzt einen kariösen Zahn behandelt, desto besser stehen die Chancen, daß er erhalten werden kann. Dentin und Nerven sind angegriffen und zum Teil schon von der Karies vernichtet. Die Infektion frißt sich durch den Zahn. Dort und im tiefergelegenen Knochen hat sich ein Abszeß gebildet.

Der Zahn und der Zucker: Entscheidend ist nicht die Menge

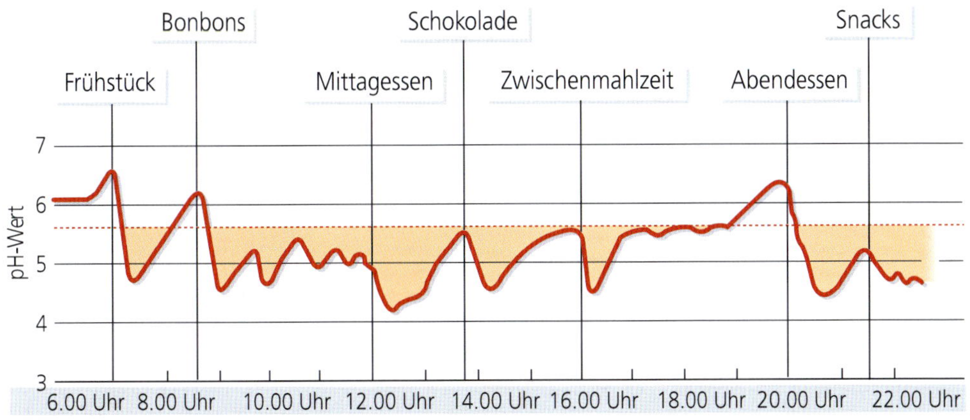

Die Frequenz der Mahlzeiten ist wichtig und nicht, wieviel man zu sich nimmt. Denn nach jedem Essen von zuckerhaltigen Lebensmitteln produzieren die Kariesbakterien Säure, fällt im Mund der pH-Wert ab. Am zahnfreundlichsten wäre es, alles auf einmal zu essen. Ob da der Magen mitmacht? Quelle: Th. Imfeld

sich also, welche Risiken eingegangen werden dürfen, zumal die Gentechnik erst am Beginn ihrer Entwicklung steht. Zweijährige Kinder können einem Versuch nicht selbst zustimmen - und wie ließe sich die Teilnahme der Gesunden unter den kleinen Probanden rechtfertigen? Überdies muß nach den Regeln der FDA sichergestellt sein, daß der genamputierte Stamm im Rahmen der Studie nicht auf andere Menschen überspringen kann. Hillman glaubt, zumindest dieses Problem gelöst zu haben: Sein neuer Stamm benötige einen bestimmten Nahrungszusatz für sein Wachstum, den die Versuchsteilnehmer einfach als Kaugummi zu sich nehmen könnten.

Konkurrenz bekommen hat Hillman von einigen Immunologen, die der Karies mit klassischen Impfstoffen den Garaus machen wollen. Antikörper, von der Immunabwehr im Speichel gebildet, könnten Streptococcus mutans daran hindern, auf der Zahnoberfläche Plaques zu bilden. Suzanne Michalek von der Universität Alabama in Birmingham hat einen Impfstoff gegen bestimmte Proteine der Kariesbakterie entwickelt. Über die Nasenschleimhaut inhaliert, soll er im Tierversuch vor Karies schützen. „Derzeit testen wir das Nasenspray bei freiwilligen Erwachsenen", verrät Michalek. Es handele sich um Sicherheitstests, bei denen aber auch geprüft werde, ob die Impfung tatsächlich die Zahl der Kariesbakterien im Mund verringern helfe. „Wir hoffen, binnen einen Jahres mit ersten Versuchen an Kindern beginnen zu dürfen", sagt Michalek.

Auch der amerikanische Immunologe Marty Taubman vom Harvard Forsyth Department of Oral Biology in Cambridge arbeitet an einem Kariesimpfstoff. Im Tierversuch sorgt er ebenfalls für blendende Zähne. „Wir suchen derzeit nach Geldquellen", sagt Taubmann, „um genug hochreinen Impfstoff gemäß den strengen Regularien der FDA herzustellen."

Alles dreht sich also derzeit um die FDA. Die Pharmafirmen und potentiellen Geldgeber warten voller Spannung ab, wie die Behörde auf diesem ethisch heiklen Gebiet agieren wird.

Hillman ist ohnehin skeptisch, ob Impfung allein jemals zum Sieg über die Karies führen wird: Der Körper hätte eigentlich ein Leben lang Zeit, Antikörper gegen Streptoccocus mutans zu bilden. Doch irgendwo zwischen den Zähnen widerstehen einige Bazillen den Attacken der Antikörper. Eine Lösung biete allein seine Bakterienersatz-Therapie. Er will im Herbst wieder bei der FDA vorstellig werden, um seinen neuen Sicherheitsstamm vorzustellen. Hillmann ist überzeugt: „Es gibt schlicht keine bekannten Nebenwirkungen der Therapie." <

Schon Goethe faulten die Zähne

Lügen, Lücken, dicke Backen: Eine kurze Geschichte der Zahnpflege.

VON VOLKER STOLLORZ

Es gab eine Zeit, da gingen die meisten Menschen zahnlos durchs Leben. Zwar kämpften sie schon im Altertum gegen die Zahnfäule. Das half aber wenig: Umherziehende „Zahnbrecher" mußten schmerzhafte Zahnstummel in Serie entfernen – ohne Betäubung. Ob der schlechten Zahngesundheit der Rekruten schlug im 17. Jahrhundert das britische Militär Alarm. Denn zum Nachladen der Musketen mußte ein Soldat seine Bandoleren für das Schießpulver mit den Zähnen öffnen können. Zahnlose Soldaten wurden ausgemustert. Die Zahnfäule kannte freilich keine Stände und Klassen. Vom Sonnenkönig Ludwig XIV ist bekannt, daß er im Alter von 35 Jahren keinen Zahn mehr im Mund trug.

Die Folgen der Karies hat schon Goethe beschrieben. Er habe, beklagt er sich in einem Brief an Frau von Stein, „ein Monster von dicken Backen", und bekennt, wie schwierig es sei, „mit verzogenem Gesicht die Mädels zu belügen". Abhilfe suchte das „Zeitalter der Vernunft" mit einer Flut wissenschaftlicher Abhandlungen.

Bürste oder Schwamm

Um 1719 finden sich erste Beschreibungen von Zahnbürsten in deutschen Lexika. Über deren genauen – vermutlich chinesischen – Ursprung sind sich Experten bis heute uneins. Das Instrument solle „nicht zu hart sein dürfen, sondern weich", hieß es damals. Nicht ohne Grund riet der Vater der modernen Zahnheilkunde, der Franzose Pierre Fauchard, vom Gebrauch der

Zahnbürste ausdrücklich ab. 1723 empfahl er in seinem einflußreichen Lehrbuch statt dessen den Gebrauch kleiner, feuchter Schwämme. Alle jene, die sich mit Bürsten schrubbten, „führten zerstörerische Handlungen an ihren Zähnen aus“.

Trotz dieser Einsichten blieb der rechte Gebrauch von Zahnbürsten in Europa bis um das Jahr 1850 eine Seltenheit. Einen echten Durchbruch gab es Ende des 19. Jahrhunderts zumindest in der Wissenschaft: „Alles Übel kommt von den Bakterien!“, verkündete Willoughby Miller 1890 und behielt im Prinzip Recht. Doch ausgerechnet die frühen britischen Schokoladenfabrikanten erkannten dann als erste die Wichtigkeit einer Zahnhygiene. Alle Kinder, die in der Schokoladenfabrik Cadburry im britischen Bournville arbeiteten, erhielten dort daher schon zu Beginn des 20. Jahrhunderts einen Crashkurs in Zahnhygiene.

Foto: Dentomania

Mutans-Streptokokken bilden Füßchen aus, mit denen sie sich am Zahn festklammern.

Der Aufstieg der Zahnbürste begann erst mit dem 1930 entdeckten Kunststoff Nylon. Die Nylonbürste war billig, hygienisch und weichte in Wasser nicht auf.

Aber die Kunst-Borsten hatten sehr scharfe Kanten, die bei heftigem Schrubben Zahnfleisch und Zahnschmelz zerstörten. Dem half schließlich die Firma Du-Pont 1950 ab, als sie erstmals eine Zahnbürste mit abgerundeten Borsten auf den Markt brachte. <

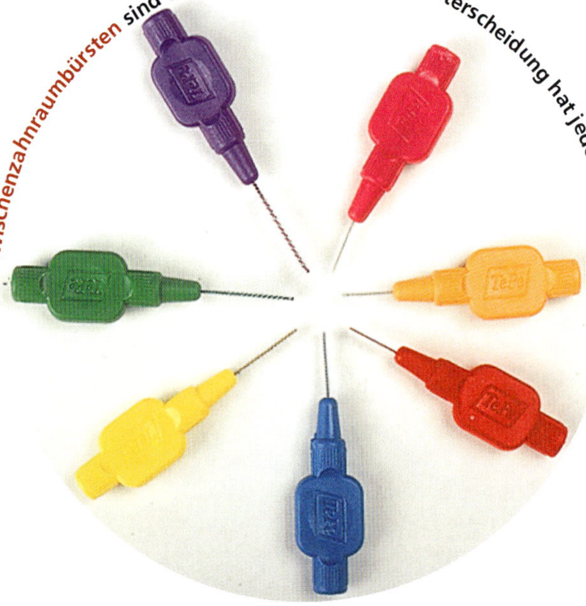

Zwischenzahnraumbürsten sind unterschiedlich groß. Zur Unterscheidung hat jede eine andere Farbe.

Nein, das ist nicht die Freiheitsstatue, sondern eine elektrische Bürste.

Geheimnisse eines umkämpften Marktes

Globalisierung und High-Tech-Industrie:
Der Bürsten-Standort Deutschland ist gesund

VON FELIX ZIMMERMANN

Unterwegs auf der A 3 kommt man bei der Raststätte „Fernthal“ an einigen Hallen vorbei. Die ducken sich so bescheiden in die Hügellandschaft des Westerwaldes, daß sie nicht auffallen. Und sie verraten auch nicht, daß sie so etwas sind wie die Zentrale der Weltzahnbürstenherstellung.

Es ist der Hauptsitz der Firma M + C Schiffer in Neustadt/Wied. Zwar bezeichnen die Mitarbeiter ihr Unternehmen nur als „größten unabhängigen Zahnbürstenhersteller außerhalb Chinas“. Doch das ist wahres Understatement, denn Schiffer liefert in 110 Länder. Ernsthafte Widerrede wird nicht erhalten, wer sagt: Hier laufen die Fäden der Zahnbürstenherstellung zusammen.

Täglich werden in den Schiffer-Fabriken in Neustadt, in Österreich, Indien, der Türkei und den Vereinigten Staaten zusammengenommen eine Million Zahnbürsten hergestellt. Doch der Firmenname taucht auf den meisten Verpackungen nicht auf. Nicht bei den Zahnbürsten von Dr. Best, nicht bei denen von Signal, nicht bei denen von Blend-a-Dent und auch nicht bei denen von Johnson & Johnson, die in den Vereinigten Staaten und Großbritannien verkauft werden. Diese Markenartikler sind Schiffers größte Kunden. Außerdem stellt die Firma Zahnbürsten für Aldi und Schlecker her. Nur bei den wenigen Eigenmarken steht der Name auf der Verpackung, ansonsten versteckt sich der Hersteller hinter „Made in Germany“.

Das hat nichts mit Bescheidenheit zu tun, es liegt an der Geheimniskrämerei, von der das Zahnbürstengewerbe bestimmt ist. Die meisten Firmen stellen ihre Produkte nicht selbst her, sie forschen, entwickeln und kümmern sich um Marketing und Vertrieb. Andreas Lanvers ist bei Schiffer für neue Technologien zuständig und sagt: „Weil es ein sehr know-how-trächtiges und kapitalintensives Business ist, brauchen die Markenartikler ein spezialisiertes und flexibles Unternehmen zur Herstellung.“ Der Kunde erfährt das nicht. Doch das ist längst nicht das einzige Geheimnis. Die Konkurrenten halten untereinander ihre Entwicklungen streng geheim. Niemand darf etwas über ein Konkurrenz-Produkt erfahren. Bei Schiffer sind deshalb die Arbeitsgruppen, die unterschiedliche Marken betreuen, voneinander getrennt.

Zahnbürstenfirmen agieren auf einem sehr engen Markt, auf dem es darum geht, einen einfachen Gegenstand (ein Griff, ein Borstenfeld) mit klarer Zweckdefinition (Zahnreinigung) immer wieder so zu modifizieren, daß der Kunde denkt, er müsse unbedingt genau dieses eine, spezielle Zahnbürstenmodell kaufen. Es herrscht „Krieg zwischen den Mitbewerbern“, sagen manche aus der Branche.

Dabei war bis vor einigen Jahren noch alles ganz friedlich. Damals fristeten Zahnbürsten ein kümmerliches Dasein. Alle Modelle sahen gleich aus, hatten einen geraden Stiel, einen kleinen Bürstenkopf. Erst in den 80er Jahren sah SmithKline Beecham das Potential der Zahnbürste, erdachte für seine Marke Dr. Best eine „erlebbare Produktdifferenzierung“ – und erfand 1988 die flexible Bürste. Andere Firmen zogen nach, der Kampf um den Kunden war eröffnet. Seitdem sind aus harten Stäben flexible High-Tech-Instrumente geworden. Der Lebenszyklus eines Modells hat sich von sieben Jahren auf zwei, höchstens drei Jahre verkürzt. Dr. Best hat in diesem Kampf durch immer neue Modelle den Marktanteil von fünf Prozent 1988 auf heute 42 Prozent gesteigert und führt damit den Markt an, vor Oral-B (15 Prozent).

Ein weiteres Geheimnis bleibt allerdings auch, was medizinisch sinnvolle Weiterentwicklungen und was nur hohle Versprechen cleverer Marketingleute sind. Andreas Lanvers sagt: „Für den Kunden ist es sehr schwer nachvollziehbar. Es ist vielleicht immer ein Fünkchen Wahrheit dran, aber es wird manchmal die eierlegende Wollmilchsau versprochen, und de facto ist es nicht so.“ <

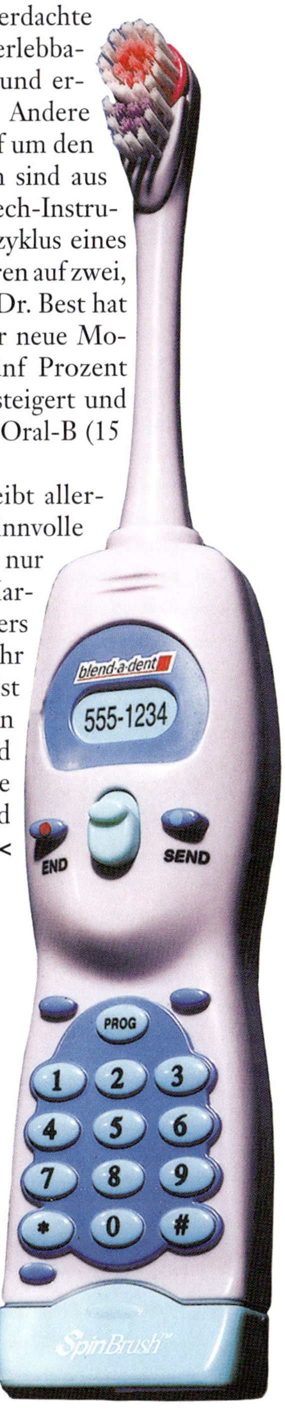

Nein, hiermit kann man nicht telefonieren. Nur die Zähne putzen. Aber das ist auch wichtiger.

Wind und Wellen,

„Krachend zersplittern die Ruder, es dreht sich der Bug, und den Wellen/Beut er die Seite; nun stürzt ein Wasserberg schwellend darüber …

BRANDUNG, GISCHT

Hurricane I, II © Clifford Ross, Courtesy Sonnabend Gallery

... Schwimmer tauchen zuweilen empor im unendlichen Strudel/Männerwaffen und Planken und troische Schätze im Wasser." Vergil, der Seesturm (Aen. 1,81-123)

Majestätische Ruhe, ornamentaler Barock, entfesselte Brutalität: Das Naturschauspiel auf den Ozeanen ist ein faszinierendes Objekt der Forschung.

VON GERO VON RANDOW

Wer am Strand liegt oder eine Seefahrt unternimmt, hat sich an den Feriengästen bald satt gesehen. Doch immer wieder anders, immer wieder neu ist das Spiel der Wellen. Als wären sie Musik, kombinieren sie Regelmäßigkeit mit Abwechslung, und sie sind ja auch Musik, sie rauschen, dröhnen, klatschen.

Wer „Welle" sagt, denkt ans Wasser. Obwohl Licht und Ton doch auch Wellen sind. Man könnte sogar sagen, die ganze Welt sei wellenförmig, denn jedes Materieteilchen läßt sich als Welle beschreiben. Trotzdem bleibt das, was sich auf dem Wasser zuträgt, der anschauliche Ausgangspunkt des Wellenbegriffs.

Und was ist nun eine Welle?

Nehmen wir La Ola im Fußballstadion. Lehrreiches Beispiel insoweit, als jeder Zuschauer an seinem Platz bleibt; er steht auf, setzt sich wieder hin, das ist alles. Was wandert, ist nicht der Zuschauer, sondern das Aufstehen. Wie das? Indem der sich wieder setzende Zuschauer eine Wirkung auf seinen Nachbarn ausübt: Er informiert ihn, daß dieser nunmehr an der Reihe ist.

Was den Nachbarn womöglich stört. Physikalisch gesehen wäre er sogar im Recht. Denn die Physiker fassen eine Welle als wandernde Störung auf.

Wer den Geheimnissen des wogenden Ozeans näher kommen will, kommt an einem bißchen Schulphysik nicht vorbei, und zwar an der Mechanik. Ihr Grundsatz lautet: Die Natur liebt das Gleichgewicht. Wenn dieses leicht gestört wird, dann bildet sich eine wiederherstellende Kraft. Die aber schießt oft über ihr Ziel hinaus, bis ein Ungleichgewicht mit umgekehrtem Vorzeichen entstanden ist – und nun geht's wieder zurück.

Das Wechselspiel läßt sich bestens an einer aufgehängten Spiralfeder beobachten, an deren Ende ein nicht zu großes Gewicht hängt. Wird die Feder nach oben oder unten ausgelenkt, erhöht sich ihre potentielle Energie. Die verwandelt sich beim Loslassen in kinetische Energie, die sich wiederum durch das Federn in die andere Richtung in potentielle Energie umsetzt. Daß das nicht ewig wie in einem Perpetuum mobile so weitergeht, dafür sorgt die Reibung.

Eine Welle wie La Ola ist mit einem solchen „Oszillator" verwandt: Sie besteht aus gekoppelten Oszillatoren, zum Beispiel aus Fußballfans. Die Oszillatoren geben die Störung weiter.

La Ola ist eine sogenannte Transversalwelle: Die Oszillatoren schwingen auf und ab. Natürlich kann man auch hin und her schwingen. Würden beispielsweise Karnevalsnarren nacheinander und nicht im Gleichtakt schunkeln, dann brächten sie eine „Longitudinalwelle" zuwege: Die Oszillatoren bewegten sich in Ausbreitungsrichtung der Welle hin und her.

Aber was in aller Welt sollen die Oberflächenwellen auf dem Wasser sein? Transversalwellen? Dann müßte sich das Wasser entsprechend dem Auf und Ab des Seegangs ausdehnen und zusammenziehen. Das kann Wasser aber nicht. Wären es hingegen Longitudinalwellen, dann gäbe es wiederum kein Auf und Ab.

Schon merkwürdig: Es gibt alle möglichen Formen sich fortpflanzender Zustände, die „Wellen" genannt werden, doch ausgerechnet das ursprünglichste und anschaulichste Phänomen, die Welle auf dem Wasser, ist besonders kompliziert. Denn hier schlagen die Oszillatoren Purzelbäume. Oberflächenwellen setzen sich aus Bewegungen von Flüssigkeitsmolekülen zusammen. Die Partikel rollen auf geschlossenen Bahnen vor und zurück, deren Form nahe der Oberfläche kreisförmig ist (siehe Zeichnung). Diese Bahnen werden kleiner, außerdem flacher, also elliptischer, je tiefer man hinabgeht, bis entweder der Boden erreicht ist oder die Bewegung ganz aufhört.

Das Auf und Ab der Wellen ergibt sich aus einer Choreographie von Myriaden solcher Bahnen. Die Wassermoleküle werden zu Bergen aufgetürmt oder machen Platz für Täler. Sie werden periodisch ausgelenkt, aber im idealen, strömungsfreien Fall wandern auch sie nicht, nur die Störung selbst pflanzt sich fort – wie bei La Ola.

Jede Welle fängt irgendwo einmal an. Den Anstoß für den ersten Wellenberg gibt meist der Wind: Er verschiebt aufgrund der Reibung die Wasseroberfläche, es kommt zu Turbulenzen; diese bieten dem Wind neue Angriffsflächen, und es schaukelt sich eine annähernd periodische Welle auf. Doch der Auslöser einer Welle kann auch ein Dampfer oder ein Erdbeben sein, ein hinabfallendes Blatt oder ein springender Fisch.

So unterschiedlich wie ihr Anlaß sind auch die Größen der Oberflächenwellen.

Auf die Größe kommt es an. Bei kleinen Wasserwellen, deren Amplitude (die Höhe des Wellenbergs) bei einem Millimeter liegt, spielt die Oberflächenspannung des Wassers die ausgleichende Rolle: Sie übt die Rückstellkraft aus und ebnet wie eine Gummihaut Berge und Täler federnd ein. Bei größeren Wellen hingegen wirkt eine andere Kraft korrigierend: die Schwerkraft. In Wasserwellen ab zehn Zentimetern Amplitude hat ihre Wirkung die der Oberflächenspannung vollkommen übertönt.

Dann spricht man auch von „Gravitationswellen" (nicht zu verwechseln mit der gleichnamigen Fortpflanzung von Schwerkraftstößen im Weltall). Einmal angeregt, können Gravitationswellen – wenn die Störung groß genug ist – Tausende Kilometer weit reisen, wobei die kurzen Wellen stärker durch Reibung und Luftwiderstand gedämpft werden als die langen. Im Spektrum der Ozeanwellen herrschen die langen Wellen deshalb vor.

Merkwürdigerweise reisen sie schneller als die kurzen. Auch das ist eine Besonderheit des scheinbar so alltäglichen Phänomens der Wasserwellen. Die Welt sähe anders aus und hörte sich anders an, hinge auch bei Licht- oder Schallwellen die Geschwindigkeit von der Wellenlänge ab. Die Erscheinung, daß die kurzen Wasserwellen langsamer reisen als die langen und sich eine Wellengruppe daher allmählich ausdehnt, wird von Ozeanographen „Dispersion" genannt. Sie verteilt die Wellenenergie räumlich, auch deshalb werden Wellen allmählich schlapper. Doch damit ist die Menge der Absonderlichkeiten von Oberflächenwellen noch nicht erschöpft: Es kommt hinzu, daß bei hinreichender Wassertiefe die Gruppengeschwindigkeit langsamer ist als die Geschwindigkeit der Einzelwelle. Wer die ansonsten ungestörte Ausbreitung von Wellengruppen verfolgt, kann daher bisweilen beobachten, daß eine Gruppe von Wellen reist, indem sich die einzelnen Wellenkämme von hinten nach vorn bewegen, um an der Front gewissermaßen abzusterben.

Auf hoher See ist ungestörte Ausbreitung der Sonderfall. Typischerweise treffen dort Störungen und Strömungen aller Art aufeinander. Aus allen Richtungen. Das Resultat sieht ungeordnet aus. Da man aber weiß, daß dieses Durcheinander aus etwas Regelmäßigem entstanden ist, wird eine Wissenschaft zu Hilfe gerufen, die sich mit derartigem bestens auskennt: die Mathematik.

Wer sich auf eine Tagung von Ozeanographen verirrt, dürfte sich weniger an das im Urlaub erlebte Meeresrauschen erinnern als vielmehr an den Mathe-Unterricht eines versunkenen Lebensabschnitts, denn er tritt in eine Welt der Formeln und Computerprogramme ein. Bei näherem Hinsehen sollte das auch nicht verwundern. Die Ozeane sind eine Sphäre des unausgesetzten Wandels, und Mathematik glänzt ja nicht zuletzt dadurch, daß sie Instrumente zur Beschreibung des Wandels pflegt: Differentialgleichungen. Hauptsächlich eine besonders haarige Klasse davon, nämlich die „partiellen" Differentialgleichungen. Wenn eine Funktion mehrere unabhängige Variablen enthält, also so aussieht: f(x, y, z, ...), dann läßt sie sich auf verschiedene Weise differenzieren, nämlich nach x, y, z und so weiter. Wer mit so etwas einmal anfängt, landet bei Biestern, die mit kleinen griechischen Buchstaben versehen sind und sehr schnell sehr schwierig werden.

Hurricane I, II © Clifford Ross, Courtesy Sonnabend Gallery

Das konnte den großen Mathematiker Leonhard Euler nicht schrecken, der 1755 mit solchen Gleichungen das Verhalten von Flüssigkeiten beschrieb. 1821 fügte Claude Navier, 1845 George Gabriel Stokes Wesentliches hinzu, und heute werden die Eulerschen und die Navier-Stokes-Gleichungen benutzt, um sich einem besseren Verständnis der See zu nähern. Doch weil es auf dem Meer turbulent zugeht und weil Rippel und Wogen, wenige Zentimeter und viele tausend Kilometer lang, zusammenwirken und sich ineinander umwandeln, kommt man mit den Gleichungen nicht zu Lösungen, die den Einzelfall erfassen. Also schlägt die Stunde der „numerischen Mathematik" und damit der Computer. Das zu betrachtende Ozeangebiet wird als Netz modelliert, dessen Knoten nach einer mathematisch formulierten Theorie zusammenwirken, anschließend werden am Rand des Netzes Werte eingesetzt – sodann wird gerechnet, um wenigstens eine annähernde Abbildung des Seegangs zu gewinnen.

Auf diese Weise entstehen „Wellenvorhersagemodelle". Sie sind ein quicklebendiges Thema der Ozeanographie, und wenn sich in wenigen Wochen seine Protagonisten zu ihrem internationalen Workshop im schönen Luftkurort Banff in Kanada treffen, dann dürfte eines ihrer wichtigsten Ergebnisse lauten: Wir wissen, daß wir – nun, nicht viel wissen und daß wir neue Superrechner brauchen.

Erst recht kompliziert wird die Lage auf See, wenn sich Schaumkronen bilden. Sobald – etwa bei starkem Wind – die Amplitude sehr groß im Verhältnis zur Wellenlänge wird, flachen die Täler ab, zugleich werden die Kämme scharf, bis sie umkippen. Dadurch entstehen Gasbläschen: der Schaum. Ein wichtiges optisches Signal für Seefahrer – und für die Satelliten der Meteorologen.

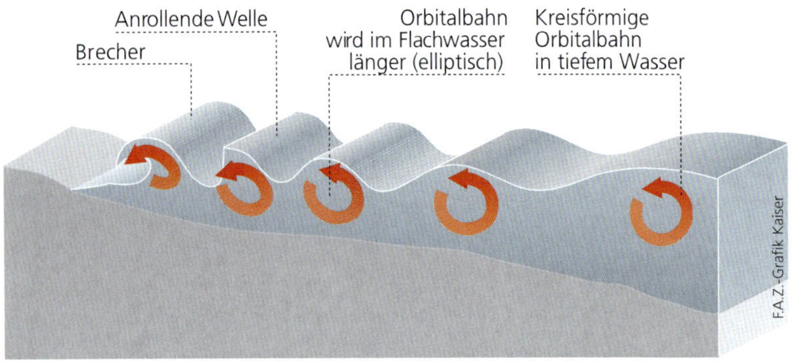

Oberflächenwellen auf dem Wasser setzen sich aus Myriaden rotierender Teilchen zusammen. Ihre Bahnen sind im Tiefwasser kreisförmig, im Flachwasser werden sie elliptisch. An der Küste brechen die Bahnen zusammen.

Am stärksten schäumt das Meer natürlich, wenn es anbrandet. Gerät die Welle in Flachwasser, so nehmen Wellenlänge und Reisegeschwindigkeit ab. Doch die Energie muß ja irgendwohin, also wird das Ganze zu einem einzigen Auffahrunfall. Das Wasser türmt sich schockwellenartig auf, die Welle kippt nach vorne und wird zum Brecher. In diesem Moment wird dann tatsächlich Wasser longitudinal transportiert, und zwar mit Macht; auch der anschließende Rücksog ist nicht von schlechten Eltern, wie Nordseefans wissen. Am brutalsten freulich sind die Tsunamis, jene haushohen Gewalttaten des Meeres, die durch seismische Ereignisse entstehen, unmerklich als flache, hunderte Kilometer lange Buckel über das Meer schleichen, bis sie sich vor der Küste aufbäumen, um dann vernichtend zuzuschlagen.

Im Mai und im August dieses Jahres veröffentlichte das Wissenschaftsblatt nature zwei Studien, in denen das Wellenbrechen näher untersucht wurde. Es setzt Energie frei, die der Wind zuvor in den Ozean eingekoppelt hatte. Man kann diese Freisetzung als Rauschen der Brandung hören. Ein großer Teil des Geräuschs entsteht dadurch, daß die Blasen zerplatzen, die wegen des Umkippens der Wellenkämme entstehen.

Nach heutigem Wissen gibt es zwei Formen des Zerplatzens. Entweder reißt der Wasserfilm der Blase, und es entsteht eine unzählbare Menge sogenannter „Filmtröpfchen“. Oder aber die Blase gerät in eine Zone höheren Drucks, dann implodiert sie mit Karacho. Auch dabei entstehen Tröpfchen, und zwar als Spritzer. Außerdem gibt es Schaumtropfen, die aus hochgeschleuderten Blasenkollektiven bestehen.

Wer muß so etwas wissen? Die Klimaforscher.

Denn die vom Meer ausgespuckten Wassermassen, nicht zuletzt die darin enthaltenen Salze, beeinflussen die Wolkenbildung. Wolken sind das unsicherste Glied der Klimamodelle; von ihrer Form, Größe, Dichte, Flughöhe und vielem mehr hängt ab, ob sie die Erwärmung des Klimas fördern oder dämpfen – wobei die zugrundeliegenden Mechanismen zu einem nicht geringen Teil unbekannt sind.

Wenn die Blasen platzen, entsteht die delikate Meeresluft, die anschließend über die Küste weht und oft noch viele Kilometer weit im Landesinneren geschmeckt werden kann. Doch nicht alles Gas, das der kabbelige Ozean schluckte, wird beim Platzen wieder frei. Ein erheblicher Teil – insbesondere des eingefangenen Kohlendioxids – bleibt in der Flüssigkeit gelöst.

Man könnte sagen: Ozean und Atmosphäre treffen in den Schaumkronen aufeinander. Für diese Kopplung setzen die Klimaforscher in ihren Computermodellen Gleichungen ein, die auf allerlei Vermutungen gründen – vollends begriffen ist die Wechselwirkung nicht. Um die Geheimnisse der Gischt zu ergründen, lassen Ozeanographen gelegentlich Flugzeuge mit Spezialkameras die Küsten entlangfliegen und versuchen anschließend, die Zahl der Bläschen pro Volumeneinheit zu schätzen – wobei sie die Bläschen danach klassifizieren, ob der Durchmesser über einem Millimeter liegt oder nicht. Außerdem schlagen sie Wellen in ihren Laborwannen und filmen das Ganze.

Etliche andere Wellenphänomene des Ozeans nehmen ebenfalls am Klimageschehen teil, etwa die „tropical instability waves“ (TIW), die im Ostpazifik nördlich des Äquators auftreten. Sie haben eine Länge von typischerweise 1000 Kilmetern und wandern etwa 40 Zentimeter pro Sekunde westwärts. Ihre Ursache sind nach heutigem Wissen Scherkräfte, die zwischen äquatorialen Strömungen auftreten, welche in einander entgegengesetzte Richtungen fließen. Mit den TIW gehen erhebliche Schwankungen der Oberflächentemperatur des Wassers einher – und die wiederum beeinflußt die Wolkenbildung, womit wir erneut bei dem Schwachpunkt der Klimamodelle angekommen wären.

Wellen beeinflussen das Klima, das Klima beeinflußt die Wellen. Sollte es zu einer abrupten globalen Erwärmung kommen, dann wird sie nicht einheitlich vonstatten gehen – also wird es stärkere Winde und größere (und schnellere) Wellen geben. Wenn dann auch noch der Meeresspiegel steigt, erhöht sich wiederum das Reisetempo der Oberflächenwellen. Satellitenmessungen, die seit etwa 15 Jahren Daten über die Wellenhöhe liefern, lassen sich so lesen, daß dieser Prozeß im Nordatlantik bereits begonnen hat. Seismische Messungen in Küstennähe legen ebenfalls die Vermutung nahe, daß die Wellenhöhe gestiegen ist.

Wie stets gibt es da noch viele Unsicherheiten. Doch sollte sich die Vermutung bestätigen, dann dürfte auch die Zahl der „rogue waves“ zunehmen: jener in Vergils „Seesturm“ so eindringlich beschriebenen Wellenmonster, die über 30 Meter hoch wachsen und deren Sturzseen jedes Schiff zerschlagen können. Das Meer, wie alle Natur, bietet eben nicht nur Erbauung. <

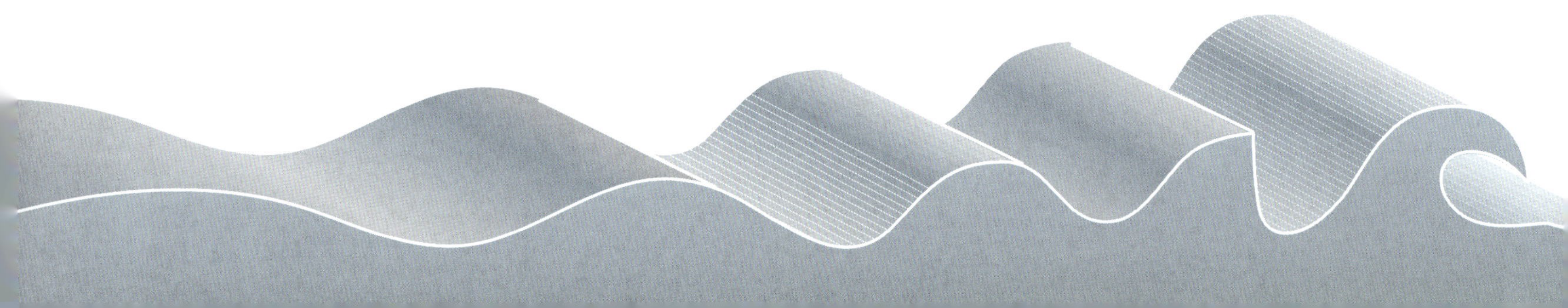

Die Sterne lügen nicht. Und mit Gezeiten haben sie nichts zu tun.

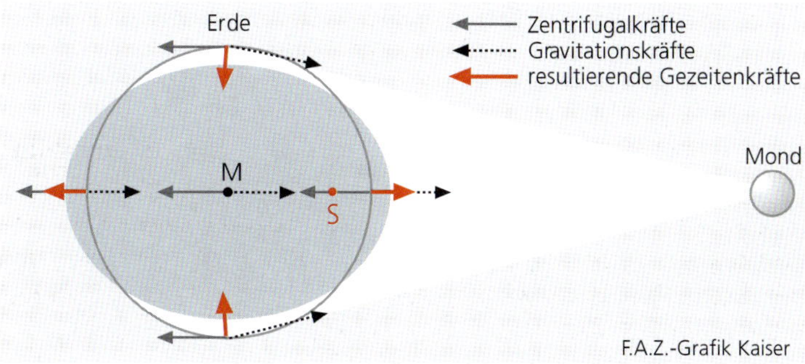

Gezeitenwellen entstehen durch Gravitations- und Zentrifugalkräfte. Sie wirken in verschiedene Richtungen, ihr Resultat sind die Gezeitenkräfte. Sie rufen zwei Flutberge hervor, unter denen sich die Erde täglich hinwegdreht.

„Aber der Mond" – so beginnen viele Sätze von Freunden der Astrologie, wenn sie Skeptikern den Einfluß von Himmelskörpern auf irdisches Geschehen beweisen wollen. Jedes Kind ist stolz zu wissen, daß eine Springflut entsteht, wenn unser Planet, sein Satellit und die Sonne in einer Reihe liegen. Warum? Weil Mond und Sonne dann die Wassermassen der Meere in die gleiche Richtung ziehen. So lautet die plausible, aber nicht ganz richtige Erklärung. Betrachten wir nur die Wirkung des Mondes: Natürlich kommen Flut und Ebbe durch die Massenanziehung (Schwerkraft) zustande. Aber wenn die Meeresoberfläche nur zum Mond hin angehoben würde, gäbe es einen Flutberg, unter dem sich die Erde hinwegdrehte – und an jedem Tag nur einmal Flut und Ebbe. Die Zeit zwischen zwei Niedrigwassern, die Dauer einer „Tide", beträgt jedoch nicht 24 Stunden, sondern 12 Stunden und (weil der Mond sich langsam um die Erde bewegt) 25 Minuten. Wie entsteht der zweite Flutberg auf der mondabgewandten Seite? Weil Mond und Erde sich gegenseitig anziehen, bewegen sie sich um den gemeinsamen Massenschwerpunkt S (siehe Zeichnung), der im Innern der Erde liegt. Durch diese Rotation tritt zur Schwerkraft (gestrichelte Linie) die Fliehkraft (durchgezogene, graue Linie) hinzu. Im Punkt M sind beide Kräfte im Gleichgewicht, sonst würde sich der Abstand Erde-Mond von 384 000 km vergrößern oder verkleinern. An Stellen mit anderem Abstand ergibt sich eine resultierende Kraft (rote Linie), weil Gravitations- und Fliehkraft einander nicht kompensieren. Die Fliehkraft wächst proportional zum Abstand, die Gravitation nimmt ab mit seinem Quadrat. Dadurch wird auch der feste Teil der Erde leicht deformiert, viel stärker aber die beweglichen Wassermassen. Zwei Flutberge entstehen, unter denen sich die Erde hindurchdreht. Die Neigung der Erdachse, die Gestalt der Ozeanbecken sowie der Einfluß der Sonne und der übrigen Planeten machen die Berechnung der Gezeiten beliebig kompliziert. Die Sterne aber, zu weit weg vom Geschehen, sind frei von Schuld. *Achim Bahnen*

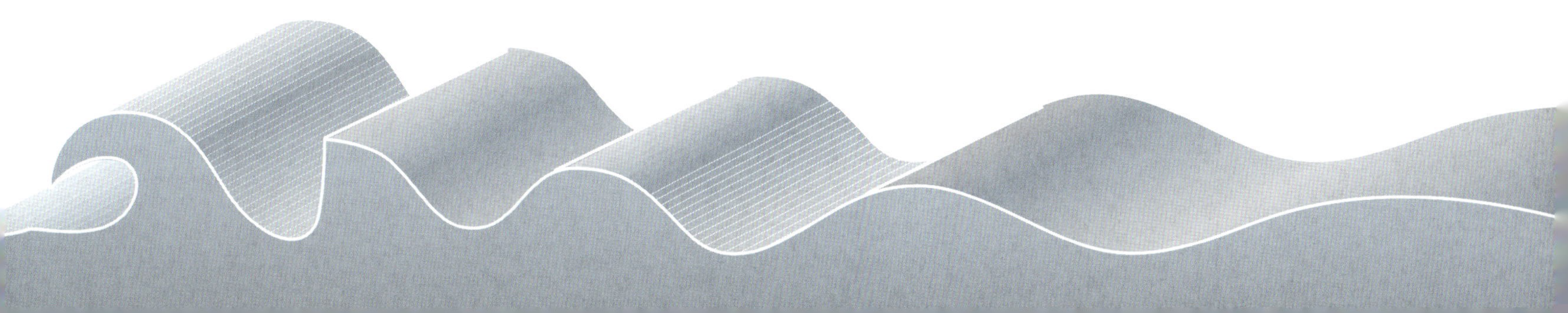

Kluge Karten verändern die Welt

Geographische Informationssysteme (GIS) sind ein mächtiges Werkzeug. Ihr weltweiter Einsatz widerlegt die These, Raum und Ort seien wegen des Internets und der Globalisierung unwichtig geworden.

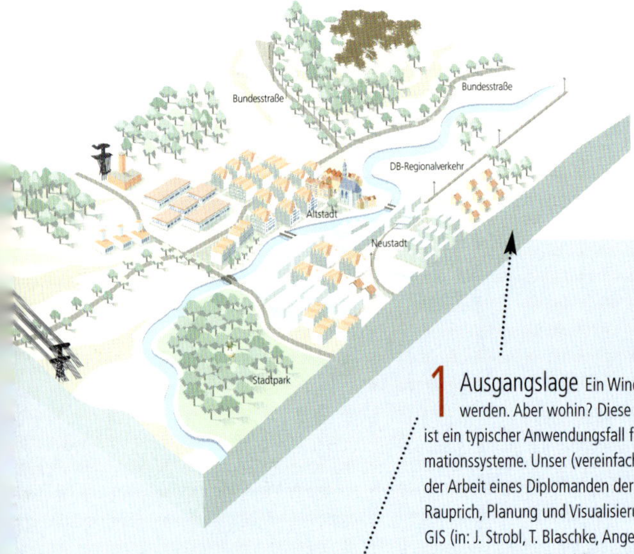

1 Ausgangslage Ein Windkraftwerk soll gebaut werden. Aber wohin? Diese Entscheidungssituation ist ein typischer Anwendungsfall für Geographische Informationssysteme. Unser (vereinfachtes) Beispiel beruht auf der Arbeit eines Diplomanden der Universität Bonn: Daniel Rauprich, Planung und Visualisierung von Windparks mit GIS (in: J. Strobl, T. Blaschke, Angewandte Geogr. Informationsverarbeitung XI, Salzburg 1999).

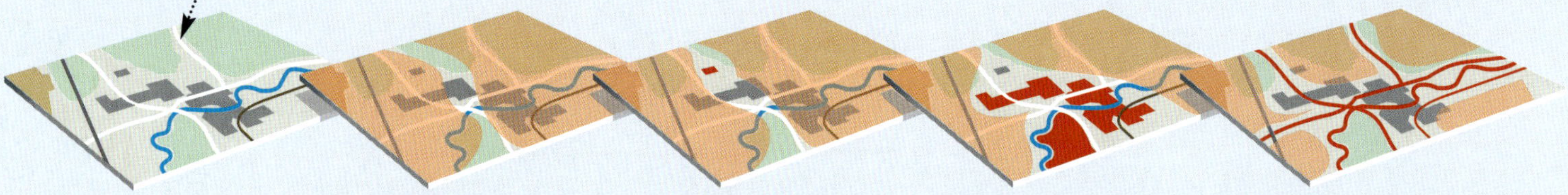

2 Windverhältnisse Der Wind muß einigermaßen konstant mit mindestens vier Metern pro Sekunde pusten, damit sich's lohnt. Geeignet sind die gefärbten Flächen, nicht der Korridor in der Mitte.

3 Netzanbindung Der Strom muß ins Netz. Die Umspannstation (rot) darf nicht weiter als acht Kilometer entfernt liegen oder die Hochspannungsleitung nicht weiter als 2 Km.

4 Wohnen und Erholen Die vorgeschriebene Mindestentfernung der Windräder zu Siedlungs- und Erholungsgebieten (rot) schwankt von Bundesland zu Bundesland zwischen 500 und 1000 Metern.

5 Verkehr Mindestentfernung zu Straßen: 50–100 m; zu Bahnstrecken und Wasserstraßen: 100 m. Die Fläche schrumpft.

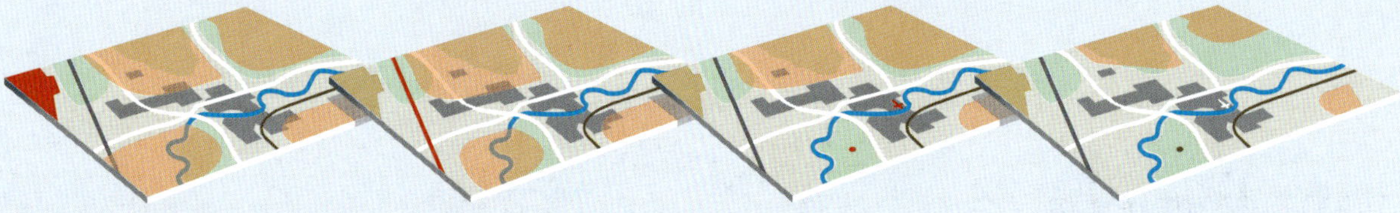

6 Militär Tieffluggebiete sind ausgeschlossen. Zu militärischem Gelände (rot) sind Mindestabstände einzuhalten.

7 Versorgungseinrichtungen Mindestentfernung zu Überlandleitungen (rot) und Richtfunkstrecken: 100 m.

8 Denkmäler Es gibt vielerlei Vorschriften für Mindestabstände zu Boden-, Bau- und Kulturdenkmälern.

9 Sichtbarkeitsanalyse Die 3D-Funktion zeigt, welche Standorte vom Städtchen aus am schwersten einzusehen sind. Sie eignen sich besser.

Das Prinzip von GIS

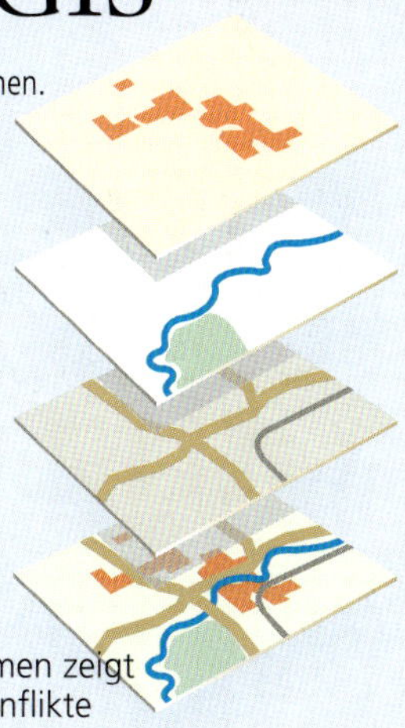

Karten werden übereinander gelegt, um neue Informationen zu ermitteln – beispielsweise Konflikte zwischen verschiedenen Formen der Flächennutzung. Horizontale Berechnungen sind auch möglich: Dann werden die Beziehungen zwischen den Objekten auf ein und derselben Karte analysiert. Alles das findet im Computer statt.

GIS-Anwendung: Standort für ein Windkraftwerk

10 Standort-Vorschläge
Zum Schluß macht das GIS Vorschläge für die Standorte. In unserem Fall sind es drei (1/2/3). Nun sind weitere GIS-Anwendungen möglich: Zum Beispiel Programme aus dem kommunalen Flächenmanagement.

Der Atlas und die Landkarte werden erwachsen. Sie machen sogar Vorschläge.

VON GERO VON RANDOW

Wenige Tage nach dem Anschlag auf das World Trade Center ließ sich George W. Bush in den Umgang mit Geographischen Informationssystemen (GIS) einweisen: Wer heute einen Krieg gewinnen will, muß diese Software beherrschen. Die Rettungstrupps, die zur gleichen Zeit die Ruine durchsuchten, arbeiteten ebenfalls mit GIS: Auf einem computerisierten Lageplan waren unterirdische Öl- und Treibstofftanks verzeichnet, und über diesen Plan wurde die tägliche Satelliten-Infrarotaufnahme gelegt, auf der die heißesten Stellen rot aufleuchteten – beide Bilder zusammen zeigten die gefährlichsten Zonen. Unterdessen machten sich FBI und Geheimdienste auf die Terroristenjagd, auch sie setzten GIS ein: Spuren der Täter wurden eingegeben, um aus räumlichen Bezügen Schlüsse zu ziehen – bis sich aus Wohnorten, Reiserouten und Telefonverbindungen ein Bild des Terrornetzes abzeichnete.

Die Beispiele zeigen zweierlei. Erstens: GIS sind Karten auf Computerbildschirmen. Zweitens: Sie sind viel mehr als das, sie sind Karten mit Computerintelligenz. Militärische GIS entwerfen zum Beispiel die schnellste Marschroute von A nach B – oder eben die unauffälligste; dabei kommen ihnen dreidimensionale Geländemodelle und Sichtbarkeitsanalysen zugute. Andere Systeme ermitteln aufgrund von räumlich sortierten Bevölkerungs- und Wirtschaftsdaten den lukrativsten Standort für ein neues Schnellrestaurant – und schlagen auch gleich eine optimale Preisstruktur vor. Mit GIS lassen sich Varianten für die Abgrenzung von Naturschutzgebieten durchspielen oder auch Standorte für archäologische Grabungen untereinander abwägen.

Es handelt sich also durchaus um Karten, aber um solche mit Vorschlagsrecht. Sie zeigen nicht nur, was sich wo befindet, sondern auch, was wo getan werden könnte. Die heutige Computerpower erlaubt es sogar, über die Lage der Dinge hinauszugehen und Vorgänge in der Zeit räumlich darzustellen: Historiker betrachten animierte Wanderungsbewegungen der Vergangenheit, Bevölkerungswissenschaftler untersuchen zukünftige Migrationen – mit GIS lassen sich Varianten der Zukunft durchrechnen (natürlich nur so weit, wie die Modelle tragen).

Das hat jene Forschergemeinde auf den Plan gerufen, die in ihren Computern mit Gesellschaftsmodellen experimentiert. Die kleinste Einheit solcher Modelle (der „Agent") ist oft ein Individualhaushalt, manchmal auch ein Individuum, und in die Programme gehen Annahmen über Verhaltensregeln und Interessen, Ressourcen und das Verhältnis von Bevölkerungsvermehrung und Wanderungen ein. In diesen „artificial societies" (künstlichen Gesellschaften) spielen Nachbarschafts- und andere Raumbeziehungen eine entscheidende Rolle. Um sich die Simulation zu vereinfachen, ließen die Forscher ihre Modelle bis vor wenigen Jahren auf simplen Ebenen oder einfachen Oberflächen (einer Kugel oder eines Torus beispielsweise) laufen. Doch mit dem Siegeszug der Geographischen Informationssysteme wurden ihre Simulationen realistischer, weil empirisch besser abgesichert. Mittlerweile gibt es „künstliche Gesellschaften", die beispielsweise Strukturen des amerikanischen Maisanbaus in frühgeschichtlicher Zeit plausibel nachvollziehen.

Das ist Grundlagenforschung und deshalb ein eher exotischer Anwendungsfall für GIS (wenngleich die zugrundeliegende Mathematik mittlerweile auch in der Infektiologie Einzug hält). Typischer ist der Einsatz bei handfesten Problemen, etwa in der Routenplanung von Speditionen oder Pizzadiensten. GIS werden allgegenwärtig; viele Nutzer merken gar nicht, daß sie so etwas haben – etwa die Fahrer jener Autos, denen eine Computerstimme den Weg durchs Straßengewimmel weist: GIS ohne Karten.

Die Technik setzt sich durch, weil sie sich perfekt anpassen kann. Sie kann es, weil sie im Prinzip einfach ist: Informationen werden räumlich abgelegt und verarbeitet. Und dieses Prinzip ist mächtig – gerade in Zeiten der Globalisierung und des Internets. Denn anders, als es die These von der „Enträumlichung" behauptet, sind die Kategorien Ort und Raum wichtiger denn je. Gerade wegen der Globalisierung treffen heutzutage sehr viele Akteure weitreichende räumliche Entscheidungen: wirtschaftliche, technische, politische, militärische. GIS sind die dazu passende Technik. Und eine Technik der Propaganda. In seinem Buch „How to Lie with Maps" (deutsch im Jahr 1996 als „Eins zu einer Million" erschienen) warnt der Geograph Mark Monmonnier davor, daß beispielsweise Farbtöne heimliche Wertungen enthalten und perfekte Computergraphiken Seriosität der Datenerhebung vortäuschen können. Mittlerweile ist „How to Lie with GIS" ein Vorlesungstitel an vielen Universitäten. Nicht zuletzt die Kombination der Daten muß kritisch geprüft werden; oft zum Beispiel werden Karten mit logischen Operatoren (wie UND, ODER, NICHT) miteinander verknüpft, obwohl es in der Realität keineswegs immer so eindeutig zugeht.

Karten der Vergangenheit, wenn sie ehrlich waren, wiesen Unbekanntes als „terra

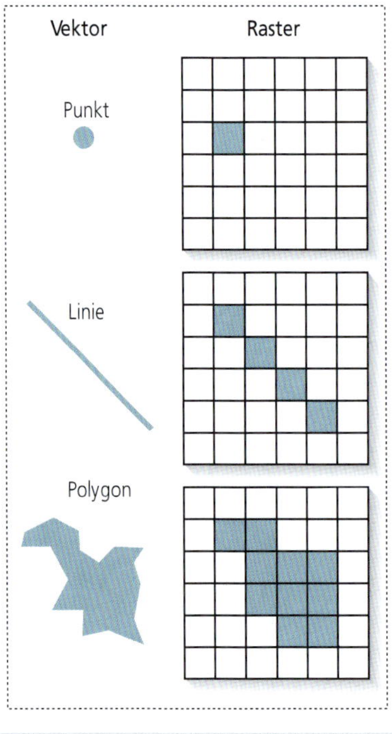

Vektoren und Raster:

So zeichnen Computer

Links das Vektorprinzip: Objekte werden als Punkte, Linien oder Flächen repräsentiert. Vorteil: Das ist eindeutig. Nachteil: Das ist leider zu eindeutig, wenn wir die Abgrenzungen nicht kennen. Geographen sprechen vom „Objektansatz" und behandeln räumliche Objekte (zum Beispiel einen See), als seien sie gewöhnliche Gegenstände.

Rechts das Rasterprinzip: Viele kleine Planquadrate; der Computer stellt jedes als ein Pixel dar, das bestimmte Werte aufweist. Dies ist der „Feldansatz": Die Situation wird wie ein physikalisches Feld modelliert, dessen Stärke von Pixel zu Pixel variiert.

F.A.Z.-Grafik Döring

incognita“ aus. Auch an GIS ist die Forderung zu stellen, daß sie die Zonen der Ungewißheit zeigen. Sie können das sogar besser als Opas Atlanten: mit Techniken, die Wahrscheinlichkeiten und Unsicherheiten berechnen und explizit machen; außerdem ist es möglich, an jeden Punkt auf dem Bildschirm erläuternde Dateien zu koppeln, die der Benutzer per Mausklick aufrufen kann.

GIS können interaktiv, selbsterklärend und durchsichtig sein, weil sie eine Computerseele haben. Es gibt zwei Methoden, Raumdaten per Computer darzustellen: das vektorielle und das Rasterprinzip (siehe unten). Das Vektorprinzip beschreibt Objekte, und zwar als Punkte, Linien oder Flächen. Sie lassen sich geometrisch berechnen, ebenso die Verhältnisse zwischen ihnen. Das hat in der Geographie Tradition; der historische Ursprung ist die Landvermessung, die Grund und Boden zu handelbaren Objekten machte. Das Rasterprinzip legt wiederum ein Gitter über den Raum, und jede Rasterzelle enthält Informationen – erstens ihre Lage und zweitens alles das, was der Geograph ihr anhängen will.

Die Feuerwehr, die Spedition, der Pizzaservice: Sie alle können die schlauen Karten nutzen. GIS werden allgegenwärtig.

Das Vektorprinzip eignet sich besser dort, wo Menschenwerk den Raum strukturiert: Straßen, Brükken, Grenzen. Undankbare Objekte für die Vektordarstellung sind hingegen Vegetationszonen oder Niederschlagsgebiete. Das Rasterprinzip eignet sich besser, wo die unscharfen Verläufe der Natur codiert werden müssen. Wenn hingegen die Feuerwehr anrückt, wäre die für eine Rasterkarte typische Aussage wenig sinnvoll: „Irgendwo in diesem Planquadrat steht ein Hydrant.“

Den Streit darum, welches Prinzip grundlegend sei, hat die Geographie pragmatisch entschieden: Sie werden je nach Eignung beide eingesetzt. In der Notfallmedizin werden die kürzesten Routen zu Spezialkrankenhäusern auf Vektorbasis errechnet, während die Epidemiologen die Verbreitung von Viruserkrankungen lieber mit Raster-GIS untersuchen. Um die besten Standorte von Sendemasten zu ermitteln, werden Straßen, Gebäude – und die Masten selbst – vektoriell dargestellt, ebenso die Sichtlinien. Die technische Eignung eines Standortes wiederum kann mit Rastermodellen geprüft werden, die Ausbreitung und Reflektion der elektromagnetischen Wellen nachbilden.

Es fragt sich nur, ob Vektor- und Rastergraphiken den Informationsreichtum des Raumes wirklich ausschöpfen können. Gewiß, mit den geometrischen Objekten oder den gepixelten Feldern lassen sich vielerlei Attribute verbinden und Berechnungen anstellen. Doch was ist beispielsweise mit den kulturellen und psychologischen Aspekten des Raumes – mit der Bedeutung eines engen Tals für seine Bewohner, der Symbolik eines Wasserfalls oder einer Riesentanne, den durch Gedichte oder Gesänge hervorgehobenen Wegen (von den australischen „Traumpfaden“ Bruce Chatwins zu Bobby Troups „Route 66“)? Das Meßbare des geographischen Raumes ist stets nur ein Teil der Wirklichkeit; Begriffe wie „Nachbarschaft“ oder „Nähe“ zum Beispiel sind mit Längenmaßen oder Reisezeiten nicht vollständig ausgedeutet.

Woraus sich ergibt, daß ein GIS zwar ein mächtiges Werkzeug ist, nicht aber eines, das die Wirklichkeit erschöpfend bearbeitet. Insofern ist auch das modernste GIS nur ein Nachfahr der geographischen Karte, und damit eine Abstraktion. Also nie die ganze Wahrheit. <

Wir danken Klaus Greve von der Universität Bonn für die fachliche Beratung.

Militär: Krieg der Information

Im Krieg geht es um Raumgewinn und strategische Orte, und heutzutage kommt es besonders auf die informationelle Überlegenheit an. Folglich sind Geographische Informationssysteme für das Militär die ideale Technik: in der Einsatzplanung oder für die Aufstellung von schweren Waffen, die psychologische Kriegführung und die Gefechtssimulation. Analysen des Terrains zeigen, wo sich der Gegner am besten verstecken könnte, welche Wege die schnellsten und welche die sichersten sind, wo schwere Panzer oder leichte Fahrzeuge einzusetzen sind. Mit Hilfe von GIS werden Nachschubnetze simuliert, Tarnungen entworfen, taktische Varianten durchgespielt. Tragbare Palmtops (siehe unten) bieten dem Soldaten aktualisierte Rauminformationen; er kann auch eigene Beobachtungen eintragen. Die heutigen Systeme erlauben es, vielerlei Sensordaten zu übersichtlichen Karten zusammenzustricken: aus Satelliten, Drohnen sowie der Funk- und Internet-Überwachung strömen die Daten zusammen und werden räumlich sortiert. Eigentlich sollte es auch möglich sein, mit Hilfe computerisierter Karten und simulierender Software die Zahl der Opfer unter der Zivilbevölkerung zu senken. Doch leider vermitteln die glänzenden Displays allzuoft nur trügerische Sicherheit.

F.A.Z.-Grafik Döring/Foto: ESRI, Washington, D.C.

Praktische Lösungen im Bild

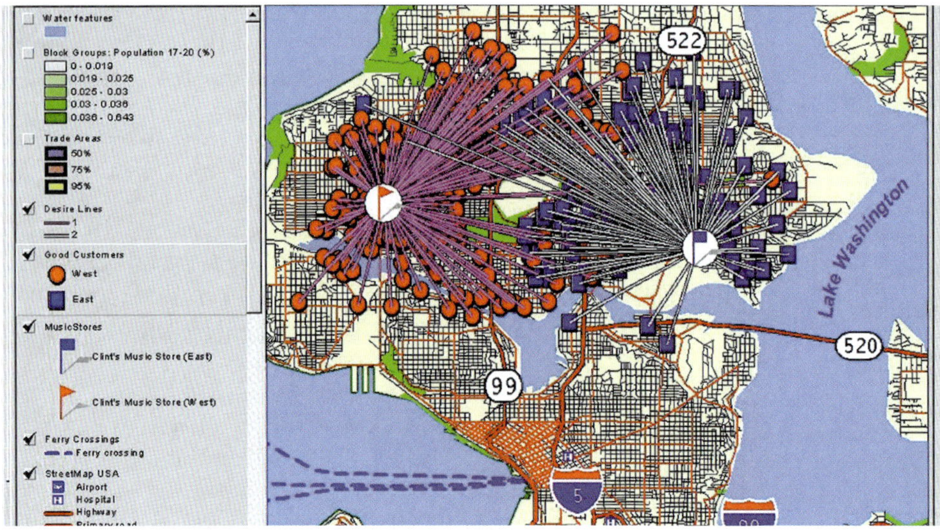

Foto ESRI Deutschland

Verkaufen:
Bessere Strategien

Mr. Clint hat zwei Musikgeschäfte in der Rockmetropole Seattle, einen im Westen und einen im Osten. Wie kann er seinen Umsatz vergrößern? Zunächst ermittelt er die räumliche Verteilung seiner Kundenbeziehungen (siehe oben). Es zeigt sich, daß die Läden bestimmte Gebiete gar nicht erreichen. Eine Analyse der sozialen und kulturellen Situation einzelner Wohnblöcke ergibt: Hier leben potentielle Kunden. Vielleicht so viele, daß sich die Eröffnung einer dritten Filiale lohnt – oder wenigstens eine Werbekampagne mit Flugblättern in Discos. Man kann die Kunden auch befragen, wie weit sie fahren würden, um zu Clint's Music Store zu gelangen. Das GIS macht sodann Vorschläge für einen geeigneten Standort. Auch die Auslieferungswege lassen sich mit GIS optimieren.

Software für diesen typischen Anwendungsfall kostet einige Tausend Mark. Problematisch ist die Beschaffung der Daten: Sie sind nicht nur teuer und müssen regelmäßig erneuert werden, sondern gehören auch zur Privatsphäre der Konsumenten. In Deutschland hat die Umstellung auf die fünfstelligen Postleitzahlen im Jahre 1993, die genauere Auskunft über den Wohnort geben, den Einsatz von GIS im „Business Mapping" vervielfacht.

Unterdessen beginnen Verleger von Regionalzeitungen damit, Daten über Wähler- und Konsumverhalten, Alters- und Einkommensverhältnisse sowie die lokale Kultur in GIS einzuspeisen, um neue Objekte am Markt zu plazieren, um Abonnenten zu gewinnen oder Lokalblätter zusammenzulegen. <

Ökologie: Was lebt da?

Rund um die US-Luftwaffenbasis Ramstein kartierten amerikanische Biologen beinahe alles, was dort krabbelt, kriecht oder Wurzeln schlägt. Die Qualität der einzelnen Biotope wurde in „Tortengraphiken" zusammengefaßt (das sind die Kreise in der Abbildung). Man kann Orte auf der Computerkarte anklicken, und es erscheinen weitere Informationen. Anspruchsvoller ist es, wenn ein GIS auch noch Schadstoffeinträge, die Verbreitung von Umweltgiften oder auch deren Abbau prognostiziert – oder gar die Entwicklung von Biotopen simuliert. Oder wenn es die Populationsdynamik oder Wanderungsbewegungen bestimmter Tierarten nachzeichnen oder, noch besser, vorhersagen kann.

Im Umweltschutz werden mit Geographischen Informationssystemen auch Entscheidungen vorbereitet: Die Systeme machen Vorschläge dafür, welche Gebiete stärker geschützt werden sollen, wo Fütterungsstellen oder Zählstationen eingerichtet werden sollen und vieles mehr. Weitere Einsatzgebiete sind das Management von Wasserschutzgebieten, Wäldern und Nationalparks – und nicht zuletzt die Umwelterziehung mit Hilfe interaktiver Medien. Gerade im Umweltschutz werden GIS-Anwendungen häufig über das Internet vermittelt, so daß viele Nutzer daran teilhaben können. <

Karte Will Mitchell, The Environment Company

Kriminalität: Riskante Orte

Polizeibeamte in Köln können am Bildschirm nachvollziehen, wie sich die Kriminalität entwickelt, aufgegliedert nach Orten und Straftaten (siehe Bild) – ein Prinzip, das früher mit Stecknadeln und Kärtchen auf Wandkarten umgesetzt wurde. Das im polizeilichen Intranet eingesetzte System erlaubt Animation und Zoomen, außerdem Abfragen (ähnlich wie eine Suchmaschine). Es lassen sich auch Lagepläne, Photos, Audio- und Videosequenzen einbinden. Derzeit wird an noch umfassenderen Systemen gearbeitet, die kriminelle und terroristische Netze aufklären helfen. Reisen, Handy- und E-Mail-Kommunikation könnten, räumlich und zeitlich nachgezeichnet, den Fahndern wichtige Hinweise geben.

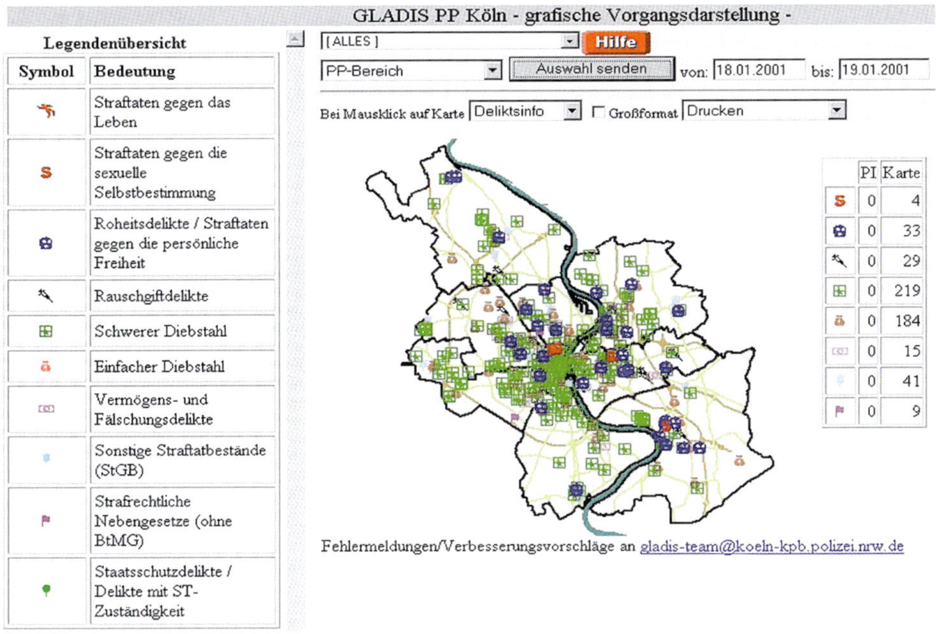

Foto ESRI Deutschland

Was hierzulande polizeiinterne Information ist, wird in etlichen Städten der Vereinigten Staaten öffentlich zugänglich gemacht – in anonymisierter Form natürlich. So stellt die Stadt Hartford (Bundesstaat Connecticut, 130 000 Einwohner) ihre räumlich dargestellte Kriminalitätsstatistik ins Netz und aktualisiert sie täglich. Auf diese Weise soll die Öffentlichkeit darauf aufmerksam gemacht werden, in welchen Wohnblocks welche Straftaten zunehmen. Auf diese Zonen konzentrieren sich dann soziale Initiativen, aber auch Sicherheitsmaßnahmen sowohl der Stadt als auch der Anwohner („neighbourhood watch"). Das kann man als Unterstützung der Zivilgesellschaft verstehen – oder als verfeinertes Blockwartprinzip. Mit GIS ist vieles möglich. <

Wissen: Überblick mit Raumbegriffen

Dies ist ein Versuch der Universität Arizona, zehntausende Homepages aus dem Internet zu ordnen. Benachbarte Themen sind miteinander verwandt; wer auf eines der Felder klickt, dem eröffnet es eine Sub-Karte, die wiederum benachbarte Unterbegriffe zeigt. Zur Zeit gibt es mehrere Projekte, GIS-Verfahren auf andere als räumliche Beziehungen einzusetzen. Die Idee: Der Mensch denkt in Raumbegriffen, mit denen sich Inhalte ordnen lassen. Dafür gibt es prominente Vorbilder, wie zum Beispiel das Periodensystem der Elemente, dessen räumliche Anordnung ja ebenfalls inhaltliche Aussagen macht, oder die komplizierten Abstammungsnetze der Paläobiologie. Gegenwärtig wird mit dem Einsatz von GIS in Patent-Datenbanken und im Data Mining experimentiert – letzteres ist die Suche nach interessanten Beziehungen in riesigen, weitgehend unsortierten Datenhaufen. Das Wissensmanagement könnte gleichfalls von GIS profitieren. Große Unternehmen und Organisationen haben oft den Überblick darüber verloren, wo welches Wissen vorhanden ist. Deshalb versucht entsprechende Software, eine Art Landschaft des Wissens zu zeichnen, beispielsweise mit Hilfe des Intranets einer Firma. Vielleicht können sogar Modelle für geologische Prozesse übertragen werden, wie zum Beispiel die Erosion: Auch am Wissen nagt der Zahn der Zeit. <

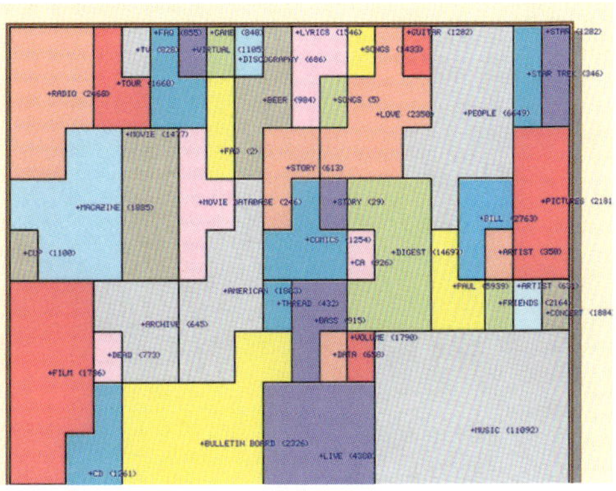

Foto AI Group, MIS Dept., University of Arizona

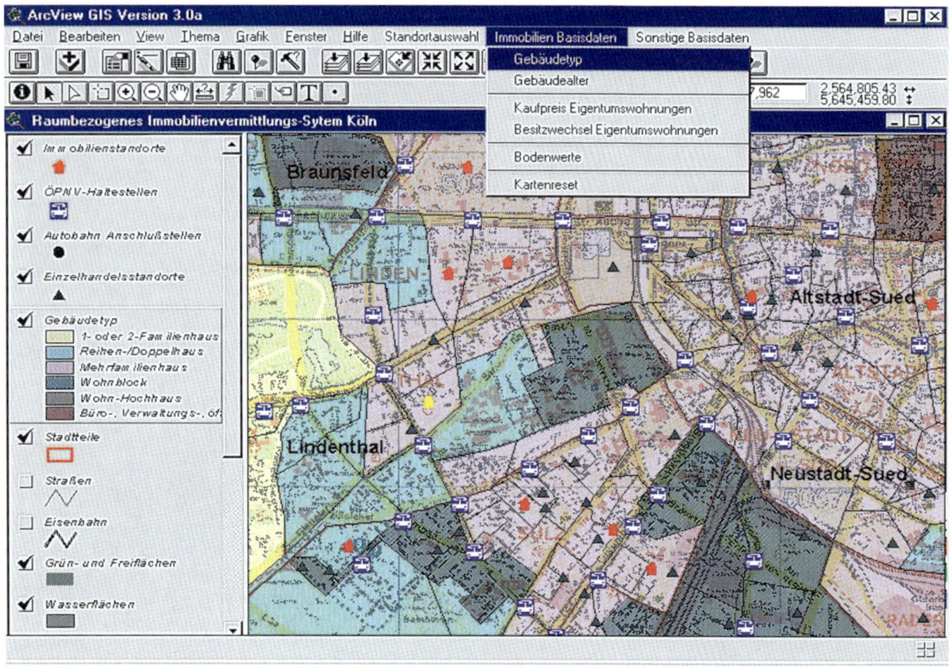

Foto ESRI Deutschland

Immobilien:
Gewußt wo

Viele örtliche Faktoren bestimmen den Wert eines Grundstücks: Verkehrsanbindung, Lärmbelastung, Einkaufsmöglichkeiten, Naherholung, optischer Reiz, übliche Mieten und etliches mehr. Mit Rechnern lassen sich diese Kriterien interaktiv darstellen und bewerten. Das Bild zeigt ein System, das für Makler im Kölner Raum entwickelt wurde, sich aber auch anderswo einsetzen läßt. Es beantwortet zum Beispiel Fragen wie „Welche Grünflächen gibt es im Umkreis von 1500 Metern?“. So werden Investitionsentscheidungen transparenter. Das kann auch dazu führen, daß Städte noch stärker entmischt werden – es entstehen Ghettos.

Geographische Informationssysteme bilden eben nicht nur ab, sondern tragen auch dazu bei, daß Interessengruppen den Raum gestalten. GIS lassen sich in der Stadtplanung auch so einsetzen, daß die Bewohner mehrere Varianten der Wohngebietsentwicklung durchspielen und an den Entscheidungen teilhaben – so geschehen bei Kapstadt in Südafrika. <

Entwicklungshilfe:
Wem gehört was?

Dieses mit GIS bearbeitete Luftbild zeigt landwirtschaftlich genutzte Flächen; es wurde im Gazastreifen aufgenommen. Die Aufnahme stammt aus einem Projekt, das finnische Wissenschaftler zusammen mit der palästinensischen Autonomiebehörde durchführten und das die Eigentumsverhältnisse klären sollte. Mit Hilfe von Luftaufnahmen, Dokumenten und Verhandlungen konnten schließlich 7000 Hektar Land eigentumsrechtlich zugeordnet werden. Bis dahin gab es in dieser Gegend kein geregeltes Grundeigentum. In armen Ländern ist dies oft ein Entwicklungshindernis, wie der indische Ökonom und Nobelpreisträger Amartya Sen in umfangreichen Studien herausgefunden hat: Nur wenn die Eigentumsrechte definiert sind, lassen sich Immobilien zur Kapitalbeschaffung beleihen und verkaufen. In der südafrikanischen Landreform spielte die GIS-Technik eine ähnliche Rolle. Geographische Informationssysteme dienen in Entwicklungsländern außerdem dazu, Böden nach ihrer Fruchtbarkeit zu kartieren, die nachhaltige Nutzung von Regenwäldern zu planen, Zugänge zu Häfen, Wasserstraßen und Märkten zu entwerfen, das wilde Wachstum von Megastädten einzudämmen, die Wasserversorgung zu sichern und die Ausbreitungswege ansteckender Krankheiten zu erkennen. Allzu oft freilich enden diese Projekte nur mit einer Machbarkeitsstudie. <

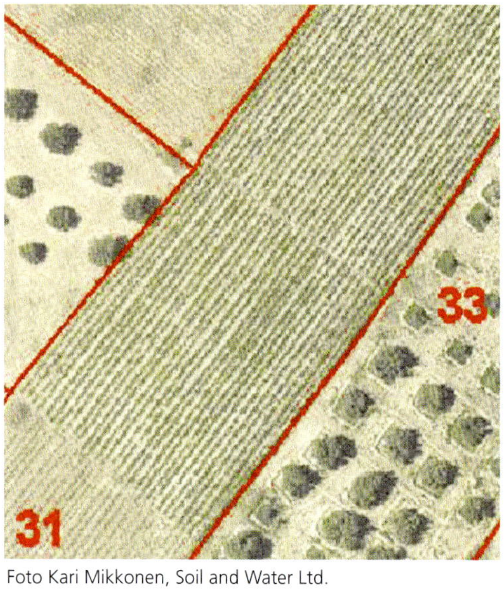

Foto Kari Mikkonen, Soil and Water Ltd.

Wild gewuchert: Hutebuche bei Tinnen im Emsland. Weidevieh hat den Baum in jungen Jahren verbissen.

BÄUME,

Sie haben Kriege und schlechte Zeiten überstanden, haben Generationen kommen und gehen sehen. Solche Baumveteranen sind die ältesten Lebewesen, die wir kennen. Sind Bäume vielleicht unsterblich? Oder kennen auch sie den programmierten Tod? Fragen können wir sie nicht, nur Vermutungen anstellen.

VON JÖRG ALBRECHT

Längst vermodert: Die „Amalieneiche" im Hasbruch bei Oldenburg, hier auf einer Lithographie von 1863.

Endlichhofen/Nastätten

Irgendwo kurz hinter dem Taunus muß die Römer damals der Mut verlassen haben. Vielleicht unweit der Lahn, im hügeligen Land zwischen Wiesbaden und Koblenz. Eventuell sind später die Franken vorbeigekommen. Oder marodierende Goten. Die Geschichte hat sie alle verschluckt. Kein Mensch lebt zweitausend Jahre. Nicht mal zweihundert. Bäume sind die einzigen Lebewesen, die so alt werden können.

An der Kreisstraße 80, zwischen Ruppertshofen und Nastätten, steht einer dieser Veteranen. Die „schöne Eiche von Endlichhofen". Geschätzte 450 Jahre alt, Quercus robur, eine Stieleiche als Solitär in der Landschaft. Die Plakette weist sie als „Naturdenkmal" aus. Einen Bolzplatz zu ihren Füßen hat die Gemeinde angelegt.

Nacktschnecken kriechen durch das nasse Gras, ein Windstoß fährt durch den Baum, es tropft von den Blättern. Von irgendwoher kommt eine Krähe angesegelt, hockt sich auf den höchsten Ast, faltet seelenruhig ihr Gefieder zusammen. Dreimal am Tag hält die KVG-Linie Nastätten–Nassau an der Abzweigung Endlichhofen. Sonst passiert hier nicht viel. Nicht nach menschlichen Maßstäben.

Alte Bäume sprechen nicht. Sie haben trotzdem eine klare Botschaft: Zeit vergeht. Sie schlägt sich, Jahresring für Jahresring, im Splint- und Kernholz nieder. Wer das Alter eines Baumes bestimmen will, müßte ihn eigentlich fällen. Man kann ersatzweise auch den Umfang messen: Zwischen zwei und vier Zentimeter beträgt der jährliche Zuwachs im Schnitt, abhängig von der Art, vom Standort, von den Wetterbedingungen und anderen Umweltfaktoren. Je dicker ein Stamm bereits ist, desto weniger wird er zulegen; das heißt, die Jahresringe werden nach außen hin dünner. Alles zusam-

Veteranen in Grün: Von Borkum bis zum Bodensee finden sich in Deutschland uralte Baumdenkmale. Der Volksmund spricht ihnen gern tausend Jahre zu. Ganz so alt sind sie nicht. Aber immer noch zum Staunen.

Stelzen: Tanzlinde zu Effeltrich in Oberfranken. Jahrhundertelang diente der Baum der Gerichtsbarkeit, aber auch dem Vergnügen.

WOLLT IHR EWIG LEBEN?

men macht die Altersbestimmung von Bäumen, die Dendrochronologie, zu einer Wissenschaft, die vor allem Augenmaß, Erfahrung und eine gewisse Toleranz erfordert.

Wie alt können Bäume überhaupt werden? „Dreihundert Jahre kommt sie, dreihundert Jahre steht sie, dreihundert Jahre geht sie", sagt der Volksmund zum Beispiel von der Eiche. Dasselbe sagt er allerdings auch von der Linde. So erklärt sich die große Zahl „tausendjähriger" Linden und Eichen im Land. Der Biologe Stefan Kühn und die beiden Fotografen Uwe Kühn und Bernd Ullrich, die seit mehr als 15 Jahren dabei sind, Deutschlands älteste Bäume zu kartieren, kommen zu dem Schluß, die meisten dieser Altersangaben könnten getrost halbiert werden. Keine einzige der archivierten Baumscheiben, die zu Datierungszwecken verwendet werden, weist auch nur annähernd tausend Jahresringe auf. Allerdings ist für Weißtannen ein sicheres Alter von 450 Jahren, für Eichen von 480 Jahren, für Lärchen und Kiefern von mindestens 500 und für Arven sogar von 600 Jahren belegt. Viele Bäume sind da bereits hohl, aufgezehrt von Feuchtigkeit und Pilzen, was die Aussage zusätzlich erschwert.

In Kalifornien, unter anderen klimatischen Bedingungen, hat man tatsächlich dreitausend Jahre alte Mammutbäume gefunden; als ältester lebender Organismus gilt die Grannenkiefer „Methusaleh" in den amerikanischen White Mountains. Wo die Obergrenze liegt, weiß man nicht: Vielleicht sind Bäume theoretisch unsterblich und werden, wenn sie fallen, nur ein Opfer äußerer Umstände, wie Blitzschlag, Pilzbefall oder Käferfraß. Vielleicht ist ihnen aber auch, wie Tieren, eine genetisch programmierte Schranke gesetzt.

Als die schöne Eiche von Endlichhofen ihre ersten Keimblätter aus der Hülle schiebt, hat immerhin schon die Neuzeit begonnen. Zehntausende Eicheln ringsherum werden von den Schweinen gefressen. Im ersten Jahr seines Lebens wächst der Schößling nicht mal eine Spannbreit in die Höhe. Die ersten feinen Haarwurzeln, ein paar Zentimeter tief im Boden, sind kaum mehr als ein Spinnengeflecht.

Endlichhofen ist zu dieser Zeit bereits in den Urkunden erwähnt. Leibeigene roden den Boden seit mindestens hundert Jahren. Anders hätte die Eiche auch keine Chance gehabt; Eichen sind Lichtkeimer, in den finsteren germanischen Wäldern, von denen Tacitus noch berichtete, konnten nur Buchen hochkommen. Wenn es damals Wald gegeben hat, dann muß er bis zur Grenze der Belastbarkeit beweidet worden sein. Im Stundenbuch des Herzogs von Berry, das die Brüder von Limburg um 1416 malten, sieht man, wie alle Bäume bis zur Fraßlinie des Viehs verbissen sind. Unterholz gab es im Wald des späten Mittelalters keines mehr, was die Kühe übrig ließen, holten sich die Bauern. Warum ließen sie ausgerechnet die Eiche von Endlichhofen in Ruhe? Warum fraßen die ewig hungrigen Schweine nicht auch diesen Schößling?

Anfang des 16. Jahrhunderts lag der Pro-Kopf-Verbrauch an Holz sechs- bis achtmal höher als heute. Es gab kein anderes Heizmaterial. Und keine Forstwirtschaft. Weite Flächen Deutschlands wurden damals entblößt. Zeitgenossen, wie der württembergische Landesherrscher, beklagten die schleichende Zerstörung, den „merklich großen Abgang" und das „unordentliche Hauen". Übrig blieben nur die Hausbäume, die sich die Bauern auf den Hof setzten. Und ein paar besondere Zeugen: Baumveteranen, die als Grenzmarkierungen dienten, als sichtbares Zeichen der Gemeindehoheit. Grenzbäume dienten als Versammlungsort und, bei Bedarf, auch als Richtstätte. Ein Galgenvogel, kurzerhand an einem Solitärbaum aufgehängt, konnte Diebe und anderes Gesindel abschrecken.

Der Dreißigjährige Krieg ändert alles. Dörfer werden geplündert und schließlich aufgegeben. Auch Endlichhofen bleibt von den Greueln nicht verschont. Der Pfarrer Plebanus schreibt 1636, er habe darin „keinen lebendigen Menschen mehr angetroffen“, nur noch Hunde, die sich über die Körper der Verhungerten hergemacht hätten. Deutschlands Landbevölkerung wird nahezu halbiert. Entsprechend sinkt die Nachfrage nach Holz – die Wälder wachsen wieder. Die Eiche von Endlichhofen ist zu dieser Zeit schon ein stattlicher Baum, gewissermaßen in den besten Jahren. Sie wird auch in den kommenden Jahrhunderten nicht angetastet, in denen Deutschland die Kleinstaaterei überwindet. Soldaten sieht sie noch mehrere Male. Beim sogenannten Kaisermanöver von 1911 verschanzen sich Pioniere in ihrer Nähe, nach dem Ersten Weltkrieg gerät sie bei französischen Truppenübungen in Brand. Im Zweiten Weltkrieg ziehen schwere Bomberverbände über Endlichhofen, aber das Dorf und die Eiche bleiben verschont. Gegen Kriegsende beschießt deutsche Artillerie die von Westen vorrückenden Amerikaner. Diesmal wird der Baum getroffen – er büßt zwei starke Äste sein.

Zwanzig Menschengenerationen hat die schöne Eiche von Endlichhofen inzwischen überdauert – man sieht es ihr bei näherem Betrachten an. Hohl ist der Stamm geworden; 1974 hat er sogar gebrannt, man mußte das Feuer chemisch bekämpfen. Aber Rinde und Bastschicht sind immer noch intakt, immer noch funktioniert der Nährstoff- und Wassertransport, zuverlässig im Frühjahr treibt der Baum frische Blätter.

Nahezu Idealgestalt besitzt die Endlichhofer Eiche nach wie vor. Ein paar Jahre, vielleicht ein paar Jahrzehnte bleiben ihr noch. Dann wird auch sie stürzen, und man sieht heute schon, wohin: Richtung Westen, woher der Wind seit eh und je weht. <

Literatur: Stefan Kühn, Bernd Ullrich, Uwe Kühn: „Deutschlands alte Bäume“, BLV Verlag, München 2002

Internet: www.deutschesbaumarchiv.de

Kapriolen: Süntelbuchen, wie hier in Schameder im Rothaargebirge, wachsen in den verrücktesten Formen.

Grenzgänger: Bergahorn im Düsteren Tal bei Goslar. Sonnenschein ist für ihn ein Fremdwort.

Dickes Ding: Riesenlinde zu Heede an der Ems. Früher 16, heute elf Stämme machen sie zur Rekordhalterin.

Schweres Schicksal: Buche bei Wieden im Schwarzwald. Kühe fraßen an ihr, bis sie über sie hinauswuchs.

Zeugin der Jahrhunderte: Die „schöne Eiche von Endlichhofen“ im Lahn-Dill-Kreis sah schon den Dreißigjährigen Krieg.

Holz, ein ganz besonderer Stoff

Bäume müssen Kompromisse machen, wenn sie nicht beim ersten Windstoß umfallen wollen.

VON MARKUS BREIDENICH

Alt werden wie ein Baum müßte man. Oder wenigstens so standhaft sein. Aber Bäume verraten uns ihr Geheimnis nicht. Nur wer genau hinsieht, kann ihren Lebenslauf in den Wurzeln, der Krone oder im Stamm entschlüsseln. Auch woher zum Beispiel der Wind kam. Ein Baum wächst nicht einfach so, er reagiert auf seine Umwelt. Zwar kann er sich nur schwer vor Bibern schützen. Oder vor Blitzen. Aber gegen den langen Atem des Windes hat sich die Natur einiges ausgedacht. Am Institut für Materialforschung II des Forschungszentrums Karlsruhe untersucht Claus Mattheck, wie ein Baum dem Winddruck trotzt. Zum Beispiel dadurch, daß er Äste, die quer zur vorherrschenden Windrichtung stehen, nach und nach dreht, bis sie kaum noch Widerstand bieten. So schnell wie ein Mensch oder ein Tier reagiert ein Baum allerdings nicht. Für das Drehen des Holzes benötigt er Jahre, in denen typische Verdrillungen entstehen.

Eine andere Möglichkeit, dem Wind auszuweichen, besteht darin, den ganzen Stamm in Windrichtung zu neigen und die Äste umzulegen. Dadurch sinkt die Gesamthöhe des Baumes; er bietet weniger Angriffsfläche. Mattheck vergleicht den Baum mit einem Segelboot, das durch einen sehr zähen See pflügt, den Boden. Die Wurzeln ähneln dem Rumpf, der Stamm gleicht dem Mast und die Krone dem Segel. Um nicht im Boden zu kentern (also umzufallen), muß der Baum mit seinen Wurzeln entsprechend tief verankert sein. Die sicherste Strategie wäre, ganz auf Höhenwachstum zu verzichten und den Stamm möglichst kurz und dick zu gestalten. Allerdings wäre ein solches Gewächs – ähnlich wie ein winziges Segel – wenig erfolgreich. Der Baum erhielte zu wenig Licht. Gerade darin besteht aber sein Evolutionsvorteil: möglichst hoch hinauszukommen. Kompromisse sind gefragt. Wenn vollkommen gesunde Bäume im Sturm umfallen, ist das eine Folge dieses Kompromisses, ein Risiko, das die Natur in Kauf nimmt zugunsten der höheren Lichtausbeute.

Fotos Bernd Ullrich, Stefan Kühn, Uwe Kühn, Jörg Albrecht

Bäume sind nicht nur architektonisch ein Kompromiß, auch das Baumaterial Holz ist einer. Ein zu leichter Stoff würde mechanischen Belastungen nicht standhalten. Andererseits würde ein zu schweres Material zwar für Stabilität sorgen, aber den Stamm so sehr belasten, daß er unter dem eigenen Gewicht zusammenbräche. In der Kombination beider Eigenschaften, Elastizität und niedrigen Gewichts, übertrifft Holz fast alle von Menschenhand geschaffenen Baumaterialien. Werkstoffe aus Polymeren – Kunststoffe also – sind zwar ähnlich leicht gebaut wie Holz, aber viel weniger elastisch. Metallegierungen dagegen sind zwar elastischer als Holz, aber viel schwerer. Was macht die Eigenschaften von Holz so außergewöhnlich? Am Erich-Schmid-Institut der Montanuniversität Leoben in Österreich geht Peter Fratzl dieser Frage nach. Eines der wichtigsten Merkmale ist, daß Holz kein einheitlicher Werkstoff ist. Nimmt man es unter die Lupe, erkennt man einen komplizierten, hierarchischen Aufbau. Holz ist ein Verbundmaterial. Außerdem entwickelt es sich im Laufe der Zeit weiter – im Gegensatz zu Werkstoffen aus Menschenhand. „Künstliche Werkstoffe sind statisch und müssen für eine möglichst lange Lebensdauer gebaut sein", sagt Fratzl. Natürliche Werkstoffe wie Holz oder Knochen dagegen wachsen und erneuern sich.

In jungen Jahren beispielsweise kommt es dem Baum weniger darauf an, große Gewichte – vor allem sich selber – zu tragen. Viel wichtiger ist in dieser Zeit, daß er starken Winden standhalten kann, ohne gleich umzuknicken. Aus diesem Grund ist das Holz junger Bäume von flexibler Struktur.

Mit bloßem Auge betrachtet, erinnert es zunächst an einen Festkörper mit winzigen Hohlräumen. Bei stärkerer Vergrößerung erkennt man jedoch, daß die Holzzellen wie Bienenwaben angeordnet sind. Die Außenwand dieser Zellen besteht aus Zellulosefasern, die einen Durchmesser von einigen Nanometern besitzen. Wie Garn, das sich auf die Garnrolle wickelt, winden sich die Fasern um die Zellwand.

„Wichtig ist, in welchem Winkel sie dies tun", sagt Fratzl. Bei jungen Bäumen wickeln sich die Fasern wie Spiralfedern. Das verschafft dem Holz Biegsamkeit. Auch großer Schneelasten kann sich der Jungbaum auf diese Weise entledigen, indem sich die Äste unter der Last so stark biegen, daß der Schnee herabfällt.

Für ältere Bäume ist diese Konstruktion jedoch ungeeignet. Spiralförmige Fasern garantieren keine Stabilität. Je älter der Baum wird, desto mehr richten sich die Fasern in Richtung der Schwerkraft aus, also parallel zum Stamm. Die Last des Stammes wird auf diese Weise nach unten weitergegeben. Der Baum erreicht seine höchste Standfestigkeit. Nachteil dieser Konstruktion ist, daß älteres Holz leichter bricht – weshalb nun auch materialwissenschaftlich geklärt ist, warum gestandene, gesunde Bäume umknicken. Die Antwort weiß in diesen Fällen eben meist der Wind. <

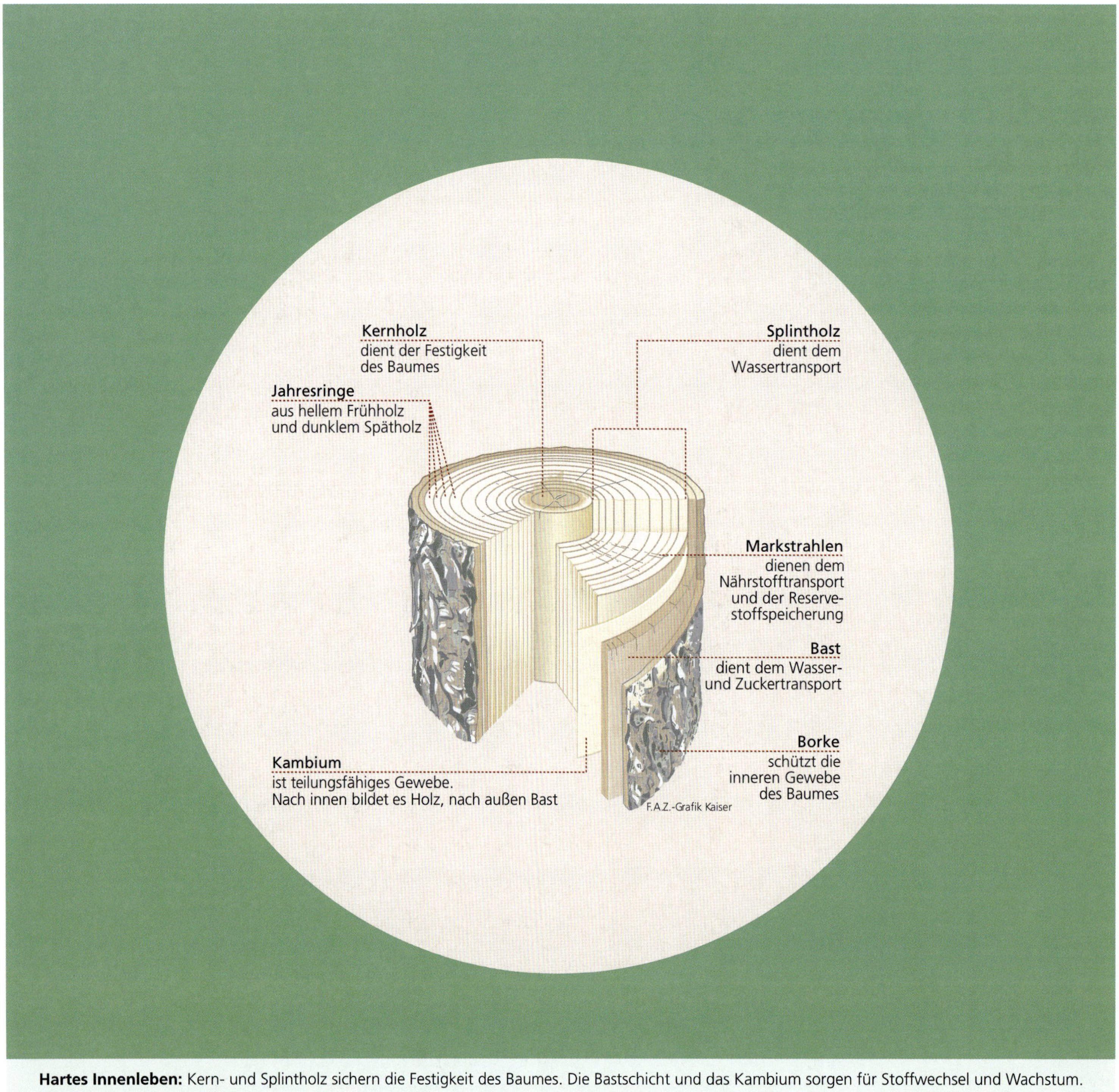

Hartes Innenleben: Kern- und Splintholz sichern die Festigkeit des Baumes. Die Bastschicht und das Kambium sorgen für Stoffwechsel und Wachstum.

Von Sipplingen nach Osterdorf – die 100 Schönsten und Größten

1. Hildegardlärche bei Sipplingen am Bodensee (ca. 200 Jahre)
2. Arve im Naturschutzgebiet Steinernes Meer (ca. 600 Jahre)
3. Bergahorn bei Bad Wurzach, Kreis Ravensburg (ca. 200 Jahre)
4. Hainbuche im Urwald Hasbruch östlich von Oldenburg (ca. 250 Jahre)
5. Großvatertanne südlich von Freudenstadt im Nordschwarzwald (300-400 Jahre)
6. Kandelaberfichte im Hinterzartener Moos, westlich des Titisees (ca. 200 Jahre)
7. Silberpappel an der Kirche in Lauterbach, Kreis Dachau (150-200 Jahre)
8. Speierling bei Ockstadt (200-250 Jahre)
9. Eibe am Pfarrhaus in Jabel nahe dem Müritz-See (250 Jahre)
10. Riesenlinde zu Heede, Kreis Emsland, (600-1000 Jahre)
11. Predigtulme in Homer, Kreis Borken, Hof Winkelschulte (400-600 Jahre)
12. Hofeiche bei Hopsen, Kreis Steinfurt, Hof Brockmöller (400-450 Jahre)
13. Hutebuche bei Tinnen, Kreis Emsland, im Naturschutzgebiet Tinner Loh (ca. 200-300 Jahre)
14. Buche in Schwafheim, Kreis Wesel (250-300 Jahre)
15. Linde in Asbeck, Kreis Borken (400-700 Jahre)
16. Ravenseiche in Erle, Kreis Borken (700-1000 Jahre)
17. Pappel bei Büderich, Kreis Wesel (150-200 Jahre)
18. Riesenkastanie in Hitzacker an der Elbe (258-300 Jahre)
19. Hohle Eiche in Egenbüttel, Kreis Pinneberg (500-600 Jahre)
20. Ahorn im Hamburger Hirschpark (200-220 Jahre)
21. Kaiser-Lothar-Linde in Königslutter, im Klosterhof (600-900 Jahre)
22. Hainbuche im Tierpark Kirchrode, Hannover (200-300 Jahre)
23. Linde in Steinbergkirche, Kreis Schleswig-Flensburg (400-500 Jahre)
24. Kattholzeiche bei Perdöl, Kreis Plön (500-600 Jahre)
25. Stiftseiche in Dänisch Nienhof, Kreis Rendsburg-Eckernförde (350-450 Jahre)
26. Ulme in Bierde, Hof Ernsting, östlich von Petershagen (350- 500 Jahre)
27. Alte Ulme in Gülitz, Kreis Prignitz (400-700 Jahre)
28. „Tausendjährige Eichen" im Ivenacker Tiergarten, Kreis Demmin (500-1000 Jahre)
29. Schloßeiche im Park von Schloß Gadow, nordwestlich von Wittenberge (400-500 Jahre)
30. Dicke Linde in Reinberg, Kreis Nordvorpommern (500-800 Jahre)
31. Dorflinde in Speck, Kreis Müritz (400-600 Jahre)
32. Eiche bei Schwerin, auf der Halbinsel Schelfwerder im Schweriner See (300-450 Jahre)
33. Glockenlinde in Walkendorf, Kreis Güstrow (400-500 Jahre)
34. Höhlenulme bei Klocksin, Kreis Müritz (400-500 Jahre)
35. Dorfulme in Biesen, Kreis Ostprignitz-Ruppin (400-500 Jahre)
36. Kirchhofslinde in Alt Polchow, Kreis Güstow (700-1000 Jahre)
37. Kroneiche bei Minzow, Kreis Müritz (400-650 Jahre)
38. Malerkiefer bei Storkow, Kreis Oder-Spree (200-350 Jahre)
39. Dicke Eiche bei Krügersdorf, Kreis Oder-Spree (400-650 Jahre)
40. Schwedenlinde in Brielow, Kreis Potsdam-Mittelmark(400-700 Jahre)
41. Fürst-Pückler-Blutbuche am Schloß Muskau, Oberlausitz-Kreis (217 Jahre)
42. Platane in Oelzschau, Kreis Torgau-Oschatz (180-300 Jahre)
43. Dicke Eiche bei Niedergurig, Kreis Bautzen (350-450 Jahre)
44. Hufeisenulme in Daubitz, Oberlausitz-Kreis (350-450 Jahre)
45. Friedhofslinde in Collm, Kreis Torgau-Oschatz (500-900 Jahre)
46. Mal-Linde bei Niederdorla, Unstrut-Hainich-Kreis (400-500 Jahre)
47. Stollenlinde bei Goslar, „Am Stollen" (417-430 Jahre)
48. Tausendjährige Eiche in Berteroda, Wartburgkreis (500-700 Jahre)
49. Große Linde in Schmorsdorf, Kreis Sächsische Schweiz (400-600 Jahre)

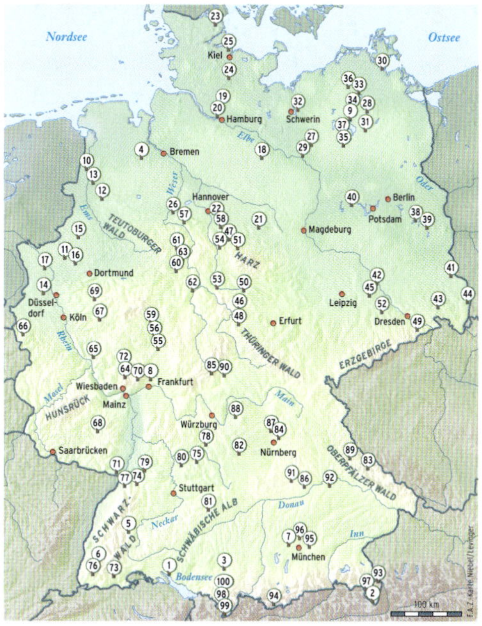

50. Utterröder Linde bei Rehungen, Kreis Nordhausen, auf dem Rittergut (400-500 Jahre)
51. Grenzahorn im Düsteren Tal, Kreis Goslar (300-400 Jahre)
52. Dicke Marone in Gersdorf, Kreis Mittweida (350-500 Jahre)
53. Eiche in Groß Schneen, Kreis Göttingen (350-450)
54. „Tausendjährige Linde" zu Ustedt, Kreis Hildesheim (700-1000 Jahre)
55. Burglinde in Homberg/Ohm, Vogelsbergkreis (400-800 Jahre)
56. Weide in Kirchhain, Kreis Marburg-Biedenkopf (150-200 Jahre)
57. Friedhofslinde in Kathrinhagen, Kreis Schaumburg (400-500 Jahre)
58. Hainbuche bei Schloß Söder, Kreis Hildesheim (200-300 Jahre)
59. Tanzlinde in Himmelsberg Kreis Marburg-Biedenkopf (400-700 Jahre)
60. „Tausendjährige Eiche" bei Borlinghausen, Kreis Höxter (600-1000 Jahre)
61. Kirchlinde in Reelkirchen, Kreis Lippe (400-700 Jahre)
62. Gerichtseiche am Junkernkopf, Kreis Kassel, nahe Holzhausen (600-1000 Jahre)
63. Zwöf-Apostel-Linde in Gehrden, Kreis Höxter, im Klosterhof (350-400 Jahre)
64. Ortslinde in Reinborn, Rheingau-Taunus-Kreis (700-1000 Jahre)
65. Kirchlinde in Rückeroth, Westerwaldkreis (400-600 Jahre)
66. Dicke Linde in Forst, Stadtkreis Aachen (600-1000 Jahre)
67. Dicke Buche bei Krombach, Kreis Siegen-Wittgenstein (220-300 Jahre)
68. Dicke Ketsche in Dannenfels, Donnersbergkreis (400-600 Jahre)
69. Briggerigge in Priorei, Stadtkreis Hagen (400-600 Jahre)
70. Zeder in Bad Homburg Hochtaunuskreis (190-200 Jahre)
71. Dicke Birne in Freckenfeld, Kreis Germersheim (150-250 Jahre)
72. Marklinde in Oberlauken, Hochtaunuskreis (500-800 Jahre)
73. Hofesche bei Saig, Kreis Breisgau-Hochschwarzwald (250-350 Jahre)
74. Mammutbaum bei Hirsau, Kreis Calw (137 Jahre)
75. Eiche vom Emmertshof, Hohenlohekreis (400-600 Jahre)
76. Große Tanne am Sirnitzpaß, Kreis Breisgau-Hochschwarzwald (300-400 Jahre)
77. Douglasie in Enzklösterle, Kreis Calw (122-130 Jahre)
78. Lindenlaube in Hollenbach, Hohenlohekreis (400-700 Jahre)
79. Speierling bei Ölbronn (200-250 Jahre)
80. Schloßkastanie in Weiler, Kreis Hellbronn (300-500 Jahre)
81. Schinderwasenbuche bei Suppingen, Alb-Donau-Kreis (200-250 Jahre)
82. Kreuzeiche bei Hürbel, Kreis Ansbach (500-700 Jahre)
83. Wolframslinde in Ried, Kreis Cham (700-1000 Jahre)
84. Kunigundenlinde zu Kasberg, Kreis Forchheim (600-1000 Jahre)
85. König-Ludwig-Eiche in Bad Brückenau, Kreis Bad Kissingen (350-450 Jahre)
86. Bavariabuche bei Pondorf, Kreis Eichstätt (250-400 Jahre)
87. Tanzlinde zu Effeltrich, Kreis Forchheim (400-700 Jahre)
88. Kaisereiche bei Füttersee, Kreis Kitzingen (400-500 Jahre)
89. Grottenthallinde bei Fronau, Kreis Schwandorf (350-500 Jahre)
90. Riesenbuche bei Oberbach, Kreis Bad Kissingen (250-350 Jahre)
91. Kolbenhoflinde bei Alfershausen, Kreis Roth (400-500 Jahre)
92. Sankt-Wolfgangs-Eiche bei Schloß Haus, Kreis Regensburg (500-700 Jahre)
93. Große Linde in der Ramsau, Kreis Berchtesgadener Land (500-900 Jahre)
94. Großer Ahorn bei Wamberg, Kreis Garmisch-Partenkirchen (400-650 Jahre)
95. Sankt-Stephans-Linde in Klaus, Kreis Erding (400-600 Jahre)
96. Hohllinde in Obermarbach, Kreis Dachau (400-500 Jahre)
97. Arve vorm Meer, Kreis Berchtesgadener Land, oberhalb von St. Bartholomä (400-500 Jahre)
98. Ureibe bei Steibis, Kreis Oberallgäu (700-1000 Jahre)
99. Eibe bei Balderschwang, Kreis Oberallgäu (700-1000 Jahre)
100. Fichte am Himmeleck, Kreis Oberallgäu, oberhalb Osterdorf (250-400 Jahre)

Technikgeschichte: Sammelbildchen reflektierten auf naive Weise den Fortschrittsglauben der Industriegesellschaft. Heute sind sie selbst zum Forschungsgegenstand geworden.

Volksautomobile in den Lüften und Atomgemüse im Garten – so stellten sich die Zeichner die strahlende Zukunft vor

Rausch im Wimmelwunderland

VON PETER THOMAS

Die „Postrakete“ braust 1954 in nur einer Stunde von Hamburg nach New York. Sechzehn Düsentriebwerke treiben das goldglänzende „Riesenflugzeug der Zukunft“ an, das über den Himmel der Weimarer Republik jagt. Und schon 1897 verbindet das prunkvolle „Reisehotel“ auf Schienen den Luxus der Grandhotels mit dem Fernweh des Schienenstrangs. Technik soll das Leben in der Zukunft schneller, schöner, leichter machen – darin sind sich drei Generationen einig.

Alles wird gut: Das versprechen diese drei Nudelsammelbilder von 1954 am Beispiel Windkraft und Transport.

Ihre Technikträume rasen und röhren, schnaufen und flitzen aber nicht in Zukunftsromanen, sondern in Schuhcreme-Schachteln, unter dem Einwickelpapier von Schokoladentafeln und hinter den Zigarettenverpackungen. Es sind Sammelbilder, gleichermaßen Werbemittel wie Liebhaberobjekte, die auch die Forschung ihrer Zeit reflektieren: Ingenieurwissenschaft und Physik weisen in die Zukunft; Biologie und Völkerkunde erklären die Welt; Geschichte oder Paläontologie geben spektakuläre Blicke auf die Vergangenheit frei.

Die bunten Szenen machen schon die frühesten Sammelbilder zu Zeugnissen eines Fortschrittsglaubens, der bis in die sechziger Jahre des vergangenen Jahrhunderts ungebrochen anhielt. Ekstatische Visionen riesiger Maschinen sind darunter, wie beispielsweise jenes Bild des „Wüstenschiffs“ aus einem Margarinealbum von 1928: Mit blauem Stahl gepanzert schiebt sich der haushohe Koloß durch „die öden Sandgegenden der ägyptischen, der nordafrikanischen Wüsteneien“ – ein grotesker Raddampfer, der sich als übergroßes Landfahrzeug auf eisernen Riesenreifen durch die Wellentäler einer bizarren Dünenlandschaft schleppt. Der Hamburger Kulturwissenschaftler Gerrit Herlyn nennt diese Motive „optimistisch-hoffnungsfroh“ und verweist auf die kritische Auseinandersetzung mit der jeweils modernsten Technik in den Darstellungen zeitgenössischer Karikaturen. Kritik ist besonders bei einem der Leitmotive dieser auf Papier festgehaltenen Technikeuphorie nicht gefragt: der Atomkraft. Die physische Macht der Kernspaltung wird im Sammelbild nicht thematisiert – schon gar nicht nach den Bombenabwürfen über Japan. Eher bleibt die Kerntechnik ein modernes Arkanum, ein geheimnisvolles Treibmittel für ganz normal aussehende Flugzeuge und Raketen.

Damit greifen die Sammelbilder in simpler Form ein Motiv populärer Medien auf. Unter anderem hatte der belgische „Tim und Struppi“-Autor Hergé 1953 in seinem Comic „Reiseziel Mond“ den Flug zum Mond mit einer atomgetriebenen Rakete imaginiert – wenn auch viel differenzierter als im Sammelbild, das 1955 einen per Fahrplan geregelten Atomexpreß zu Mars und Saturn herbeisehnt (Darboven Kaffee).

Dienen soll der alltägliche Einsatz von Atomkraft vor allem der persönlichen Bequemlichkeit. Die Szenen reichen vom Vorschlag, die Kernspaltung als Antrieb für Privatflugzeuge (1930 in einem Album von Wagner Margarine) einzusetzen, bis zur Einladung von Birkel-Nudeln (1962) in den „Atomgarten“ der Zukunft, auf dessen Beeten furchterregendes Großgemüse sprießt, durch radioaktive Strahlung zum Riesenwuchs verdammt. 1954 hatten die Teigwarenfabrikanten noch benzingetriebene Hubschrauber als „Volksautomobil der Luft“ über städtische Betonwüsten knattern lassen und so ein futuristisches Bild individueller Verkehrsmittel für jedermann entworfen – in einer Zeit, da der erdgebundene Volkswagen noch hohes Luxusgut war. Diese Verbindungen aus Kernphysik und Niedlichkeit scheinen heute äußerst naiv. Doch das konsequente Ausblenden von Risiken gehörte lange Zeit ebenso zur Wissenschaftsrezeption im Sammelbild wie die Ästhetisierung und Heroisierung der tatsächlich bestehenden Maschinenwelt. So wird Liebigs Arbeitsplatz im Zigarettenbild von 1934

„Neandertaler jagen einen Höhlenbären“ und erweisen sich dabei auf dem Bild von 1963 als Klischee vom wilden, nicht sonderlich intelligenten Mann.

Einen Bock schoß der Schöpfer dieses Motivs. In der vermeintlichen Naturaufnahme treffen Asien (Tiger) und Afrika (Giraffe) unverhofft aufeinander.

„Elefanten-Safari“ mit dem Flugzeug. Solche Szenen sind den Betrachtern des Margarinebilds von 1952 bereits aus populären Tierfilmen bekannt.

„Vom Wagen herab filmten wir die Eingeborenen“. Das Sanella-Bild von 1952 nimmt das Klischee des überlegenen europäischen Forschers wörtlich.

nicht nur als „erstes deutsches Meisterlaboratorium“ beschworen, sondern explizit in die Tradition der „Alchimistenküche des Mittelalters“ gestellt. Ein Margarinebild stilisiert 1928 ein gigantisches Walzwerk der Stahlindustrie zum Altar der Industrialisierung. Die in den fünfziger Jahren hochmoderne Dreschmaschine auf dem Sammelbild der Mainzer Erdal-Werke dagegen erscheint aus heutiger Sicht so nostalgisch wie damals der Drusch von Hand.

Das konsequente Ausblenden von Risiken gehörte lange Zeit zur Wissenschaftsrezeption im Sammelbild.

Die Protagonisten sind Erfinder und Techniker – die schimmernden Helden der Industrialisierung im weißen Kittel. In einem Album des Zigarettenherstellers Brinkmann werden die Ingenieure 1934 ganz ausdrücklich zu den „eigentlichen Eroberern“ Nordamerikas. Mittels Telegraf und Schienenstrang, so suggerieren Bild und Text, gelang ihnen im 19. Jahrhundert eine zweite Conquista, der sich diesmal der Norden des Kontinents zu beugen hatte. Natur- und Ingenieurwissenschaft wurden in der ersten Hälfte des 20. Jahrhunderts fast immer mit kleinen Serien zu sechs Motiven gefeiert. In Deutschland waren vor allem Graf Zeppelin und seine Luftschiffe die Helden solcher Bilder. Bald schon strebten die Alben aber die enzyklopädische Aufarbeitung ganzer Wissensgebiete an. Die bunte Welt der Autos hielten in den dreißiger Jahren zum Beispiel Zigarettenmarken von A wie Abdulla (Berlin) bis Z wie Zuban (München) in monothematischen Sammelbüchern fest. Nach dem Zweiten Weltkrieg war die umfangreiche Serie zu einem Thema dann die Regel.

Mit dem Aufkommen der Zigarettenbilder glichen die Alben dann immer stärker populären, farbig bebilderten Sachbüchern. Ethnographische Themen verbanden die Bildkarten mit abenteuerlichen Reiseberichten. Gleich, ob dabei Professor Lutz Heck und Gattin Eva für Klein-Margarine auf Afrikareise gingen oder der Schüler Conny Pünneberg im Namen Sanellas Südamerika erkundete: Erzählt wurden solche Stoffe stets vom Aufbruch bis zur glücklichen Rückkehr. Damit griffen die Sammelbilder Stilelemente des Reiseberichts auf.

Gleichzeitig schwingt dabei noch die alte koloniale Perspektive mit. Im Begleitband zu der 1992 gezeigten Sammelbild-Ausstellung „Die Eroberung der Welt“ nennen Dorle Weyers und Christoph Köck diesen Nachhall des kolonialen Blicks „emotionalen Imperialismus“. Ein Perspektivwechsel kommt erst 1969 mit dem Album „Sabonjo. Die abenteuerliche Geschichte eines Massaijungen“ auf, in dessen Zentrum nicht mehr der Autor, sondern die Person des jungen Afrikaners steht.

Spätestens in den siebziger Jahren sind die handlichen Werbedrucke selbst Gegenstand der Forschung geworden. Buchwissenschaftler untersuchen die zum Teil wegweisenden Drucktechniken, Kulturwissenschaftler nehmen die bunten Kärtchen als Quelle ihrer Zeit, Kunstgeschichtler fahnden nach den Arbeiten anerkannter Maler und Zeichner. Literaturwissenschaftler schließlich analysieren nicht nur die Adaptionen hoher Literatur und populärer Stoffe, sondern betrachten auch die Reaktion der Literatur auf die vielfarbigen Kollektionen.

Und damit schließt sich der Kreis: Was als Wissenschaftsrezeption mit den Mitteln des Trivialen begann, wird wieder zum hehren Forschungsthema. <

„Eisbären-Jagd in Ostsibirien“ auf einem Margarinebild von 1952. Bunte Trachten und drohende Tiergebärden erinnern an ein staubiges Diorama.

„Sir Stanley entdeckt die Kongofälle“: Kein Fleck auf den Breeches verrät, daß der Brite auf seiner Tour „immer wieder von Wilden angegriffen wurde“.

„Stilblüten sind mir am *liebsten*“

Michael Simon, Professor für Kulturanthropologie an der Universität Mainz, findet, daß klassische Sammelbilder ein äußerst spannendes Thema sind.

Herr Simon, welche Motive gehören zu Ihren persönlichen Favoriten?

Die Stilblüten. Besonders schöne treiben Sammelbilder gelegentlich in der Darstellung von Tieren. Da reißt zum Beispiel ein asiatischer Tiger in freier Wildbahn eine afrikanische Giraffe. Unfreiwillig komisch wirken auch Darstellungen von Herdentieren nach dem Muster der bürgerlichen Kleinfamilie, also mit Mama, Papa und zwei Kindern.

Sind das typische Szenen?

Sie begegnen einem immer wieder und belegen, daß es sich um konstruierte Wirklichkeiten handelt. Deutlich wird das auch auf scheinbar realistischen Darstellungen, die beispielsweise fotografierte Vogelpräparate in einen gemalten Hintergrund montieren.

Und die in vielen Serien präsente Figur des Forschers?

Die ist stark stereotypisiert. Wenn der weiße Wissenschaftler aus seinem Geländewagen heraus die Kamera auf eine Gruppe Eingeborener hält, geschieht das eben von oben herab. Das Interesse wird nicht auf die Begegnung mit dem Fremden gelenkt, sondern auf die Pioniertat des Wissenschaftlers, der fernab der Zivilisation auf sich allein gestellt mutig ganzen Völkerscharen entgegentritt. Die gewählte Pose gleicht der von Entdeckern und Eroberern.

Wilhelm Röntgen und seine Strahlenapparatur – auf diesem Bild von 1928 findet sich noch kein Hinweis auf das Risiko der Durchleuchtung.

Sind solche Konstruktionen auf Szenen aus fremden Ländern beschränkt?

Nein, das gilt auch für Darstellungen aus der Paläontologie oder Prähistorie. Wer sie betrachtet, den befällt bei manchem Motiv ein leichter Schauder: Gut, daß wir damals nicht leben mußten. In diese Kategorie gehören Bilder vom Kampf gefährlicher Tiere gegeneinander – meist sind es ausgestorbene Urzeittiere wie die Saurier. Oder auch Szenen mit Höhlenmenschen, die auf das Steretoyp „wilder Mann und nackte Frau“ reduziert sind. Beide Motive finden sich übrigens in der Darstellung der Menschen und der Natur des afrikanischen Kontinents wieder.

„Viaducte SteMarie-Chamonix“ auf einem Sammelbildchen, das für Suppenpaste wirbt. Der Fortschritt wird zum ästhetischen Meilenstein.

Welche Wirkung hatten diese Bilder auf ihr Publikum?

Ihre Botschaft lautet, daß die Welt, aus der sie stammen, mit Fug und Recht von sich behaupten kann, zivilisiert und fortschrittlich zu sein. Dabei darf nicht vergessen werden, daß zusammen mit den Bildern auch ein bestimmtes Produkt vermarktet wurde. Dessen Konsumenten durften sich dann in dem wohligen Gefühl wähnen, an diesen zivilisatorischen Leistungen einen besonderen Anteil zu haben.

Die Fragen stellte Peter Thomas

„Riesenflugzeug der Zukunft“ heißt dieser goldene Traum der Avionik von 1928. Sechzehn Triebwerke jagen den Koloß mit Doppelrumpf in den Himmel.

„Dreistufenrakete“ älterer Bauart von 1963. Die baldige Eroberung des Universums war damals offenbar nur noch eine Frage von Jahren.

„Schlachtschiff in der Panamaschleuse“ nannte der virtuelle Reisende Conny Pünneberg dieses Motiv. Das Foto hebt die politische Bedeutung der Ingenieurleistung Kanalbau hervor.

Luxuspapiere für Anspruchsvolle

Auch berühmte Künstler schufen Sammelbilder

Aristide Boucicaut kannte die Macht seiner jüngsten Kunden, lange bevor Supermärkte süße Quengelware an den Kassen plazierten. Der Pariser Kaufhausbesitzer teilte 1867 erstmals bunt bedruckte Kärtchen an die Kinder seiner Kundschaft aus. Die edlen Kleingraphiken weckten Begierde. So trieben die Kinder ihre Eltern zum neuerlichen Einkauf in Boucicauts „Au Bon Marché“.

Boucicauts Idee markiert den Beginn eines eigenen Kapitels in der Geschichte des Luxuspapiers. Andere Geschäfte zogen nach, und schon wenige Jahre später hatte sich das „Kaufmannsbild“ als Werbemittel durchgesetzt. Zu den Luxuspapieren gehören neben Sammelbildern auch Postkarten, Bildoblaten, Patenbriefe und Sammel- marken. Solche bunten Drucke setzten sich als Massenprodukt um 1870 in ganz Europa durch. Zu den Vorläufern der Sammelbilder gehören aber auch Heiligenbildchen und Fleißkärtchen, gestochene Spielkarten und Streichholzschachteln.

Farbige Bilder in privatem Besitz waren bis 1900 noch selten. Selbst Sachbücher beschränkten sich meist auf schwarzweiße Abbildungen. So übernahmen Bildalben bald die Rolle von Bildbänden. Die dicke Kartonbücher von 1900 erinnern an prächtige „coffee table books“ heutiger Editionen. Vom Bildband unterscheidet sich das Album indes durch den Akt des Sammelns und Tauschens.

Das erste Album mit vorgegebener Ordnung brachte 1896 Hausen Haferkakao heraus. Im Jahr darauf folgte das erste Album der Schokoladenfirma Stollwerck. Im Gegensatz zu den meist anonymen Schöpfern anderer Serien ließ Stollwerck die Motive der Kunstdruckminiaturen von angesehenen Künstlern gestalten. Namen wie Max Liebermann, Adolph Menzel und Hans Looschen zeugen noch heute von der ästhetischen Qualität.

Sammelkarten wurden zunächst teuren Produkten wie Fleischextrakt, Schokolade und Kakao beigegeben. Zielgruppe waren bis zum Ersten Weltkrieg vor allem die Kinder des wohlhabenden Bildungsbürgertums. Der Krieg kehrte dieses Verhältnis um: Mit der Popularisierung des Zigarettenrauchens nach 1918 entdeckten die Tabakkonzerne das Sammelbild als Werbeträger für die Massen. Neu war die Idee allerdings nicht: In Amerika steckten bereits 1879 die ersten Kärtchen in Zigarettenpackungen. Mit den Zigarettenbildern wurden die Motive realistischer, die Szenen deutlich mondäner.

Von den Nationalsozialisten wurde das Massenmedium als Propagandamittel übernommen. Statt Leinwandstars aus New York blickten jetzt Hitler und seine Gefolgsleute von den Papierstücken. Künstler wie Ernst Vollbehr, der zuvor Reiseimpressionen aus deutschen Kolonien abbildete, dokumentierten jetzt Reichsparteitage und den Autobahnbau.

Ihre letzte große Epoche erlebten die klassischen Sammelbilder nach dem Zweiten Weltkrieg. Vor allem mit Nahrungsmitteln wie Margarine und Nudeln kamen jetzt wieder bunte Bilder ins Haus, die von wunderbaren Reisen in ferne Länder erzählten. Dieser Konjunktur legte allerdings schon 1952 die Novelle der Zugabenverordnung zu Warenverpackungen ein massives Hindernis in den Weg: Der erlaubte Wert von Beigaben wurde drastisch eingeschränkt. So einigten sich 1954 die Margarinehersteller darauf, keine Sammelbilder mehr auszugeben, 1955 wurde dann der Tabakindustrie die kostenlose Zugabe von Bildern schlichtweg verboten.

Heute kommen Sammelbilder meist als gemischte Sets daher, die in Tütchen gekauft werden. Dominiert wird dieser Markt von der italienischen Firma Panini, die ihr Geschäft mit dem Verkauf von Fußballbildern begann. 1971 führte Panini das selbstklebende Bildchen ein; 1986 entstand aus der Sammlung von Giuseppe Panini in Modena sogar ein Museum. <

www.comune.modena.it/museofigurina/index.html

„Flettners Rotorschiff“ (im Bild die 1926 gebaute Barbara) nutzte zum Antrieb vertikal drehbare Rotorzylinder. Die Kraft des Windes wurde dabei nicht auf eine Schraube übertragen, sondern die rotierenden Säulen funktionierten durch den Magnus-Effekt als moderne Segel.

„Graf Zeppelins erste Fernfahrt“ artet auf dem Sammelbild zum Kraftakt des Bodenpersonals aus. Aus dem Führerstand blickt Dr. Hugo Eckener, der 1929 seine Weltfahrt in vier Etappen mit der Graf Zeppelin absolvierte.

Mathematik: Seit dem Altertum fasziniert die magische Zahl π (gesprochen: „Pi") die Denker. Der Forschung gibt sie immer noch Rätsel auf.

= Am Gleichheitszeichen erkennen wir, daß es sich um eine Gleichung handelt. Es setzt die linke Seite und die rechte Seite der Gleichung in Beziehung. Nicht in irgendeine Beziehung, sondern in die engste Beziehung überhaupt: die Gleichheit. Die beiden Seiten gehören nicht nur so eng zusammen wie zwei Liebende, sie sind nicht nur so ähnlich wie eineiige Zwillinge, sie gleichen sich nicht nur wie ein Ei dem andern, sondern sie sind gleich. Identisch. Eine Gleichung sagt nicht mehr und nicht weniger, als daß die linke Seite gleich der rechten Seite ist. Auf beiden Seiten steht eine Zahl, und die Gleichung drückt aus, daß die Zahl auf der linken Seite gleich der Zahl auf der rechten Seite ist. Nicht ungefähr, sondern exakt. Das klingt banal. Die Power, die in einer Gleichung steckt, erkennt man, wenn man die Seiten einzeln betrachtet. Die linke Seite sieht noch überschaubar aus, während rechts ein unübersichtliches Formelkonglomerat lauert. Aber diese Vorstellung ist falsch. In Wirklichkeit ist es so, daß die rechte Seite ganz einfach ist – jedenfalls so, daß wir sie ausrechnen können. Vielleicht nur mit Mühe, aber immerhin. Links steht dagegen im wesentlichen nur ein Symbol für die Zahl, die wir berechnen wollen: π. Diese Gleichung sagt: Wenn Du π bestimmen möchtest, dann kannst Du das machen, indem Du die rechte Seite dieser Gleichung berechnest. Eine klare Anweisung.

Schrittweise Annäherung: Mit dieser Formel läßt sich der Wert von π annähernd bestimmen – mit beliebiger Genauigkeit. Mit jedem Schritt werden weitere Stellen errechnet. Bei dieser Formel sind es pro Schritt acht neue Stellen hinter dem Komma. Aber die Zahl π wird nie fertig dastehen. Auch wenn man noch so weit geht: Es handelt sich immer nur um eine Approximation – allerdings eine, die rasant besser wird.

$$\pi = \frac{9\,801}{\sqrt{8}}$$

π Das ist die linke Seite der Gleichung. Hier steht die Zahl, die wir bestimmen wollen. Diese Seite der Gleichung sieht einfach aus, aber im Grunde ist sie ja auch nur eine Frage. Denn π ist die große Unbekannte. Wenn wir etwas über π wissen wollen, dann müssen wir die rechte Seite der Gleichung zu Rate ziehen. Wie gut die Gleichung ist, zeigt sich daran, wie viel man aus der rechten Seite über π erfahren kann.

√ Das Wurzelzeichen findet sich auf jedem Taschenrechner. Wenn man erst 8 und dann die Wurzeltaste drückt, zeigt einem der Rechner die Zahl 2,828427125 an. Diese Zahl hat die Eigenschaft, daß sie, mit sich selbst multipliziert, wieder die Ausgangszahl 8 ergibt. Die Zahl √8 (gesprochen „Wurzel acht") ist nicht exakt gleich 2,828427125. Sie ist eine irrationale Zahl. Das bedeutet, daß sie unendlich viele Dezimalstellen aufweist, die sich auch nicht von einer gewissen Stelle an wiederholen.

3,14159265358979323846264338327950288419716939937510582

∞ Diese liegende 8 ist das Zeichen für Unendlich. In der Mathematik spielt die Unendlichkeit eine wichtige Rolle. Die meisten Aussagen der Mathematik beziehen sich auf unendlich viele Objekte: alle Zahlen, alle Primzahlen, alle Nachkommastellen von π, alle rechtwinkligen Dreiecke usw. Manche sagen, Mathematik sei die einzige Wissenschaft, die objektiv überprüfbare Aussagen über die Unendlichkeit machen kann.
Das geht so weit, daß der Mathematiker Hermann Weyl (1885–1955) die Mathematik „die Wissenschaft des Unendlichen" genannt hat. Er sagt: Die Mathematiker erfinden endliche sprachliche Konstrukte, mit denen sie Fragen beantworten können, die wesenhaft unendlich sind.
Das sei ihre „glory".

Merkwürdige Zahlen Wie kommt jemand denn auf solche Zahlen und überhaupt auf so eine Formel? Das fällt doch keinem normalen Menschen ein! So ist es wohl. Diese Formel findet man nicht zufällig. Auch nicht durch systematisches Probieren. „Man" findet diese Formel überhaupt nicht. Sie ist der Gedankenblitz eines Mathematikers: Shrinivasa Ramanujan war mit den Zahlen auf du und du. Er war Tag und Nacht auf der Suche nach ihren Geheimnissen. Er suchte Eigenschaften von bestimmten Zahlen, Beziehungen zwischen Zahlen und vieles mehr. Es wurde von ihm erzählt, er sei mit den Zahlen befreundet. Und zwar nicht pauschal mit allen, sondern mit jeder einzelnen. Er kannte die Eigenheiten, die Besonderheiten und die Schönheit jeder einzelnen Zahl. Außerdem war er unglaublich empfänglich für Inspirationen. So fand er viele Formeln, die Eigenschaften von Zahlen ausdrücken. Er war dermaßen genial, daß er die Formeln einfach „sah". Formale Beweise für ihre Richtigkeit waren ihm lästig, denn sie lenkten ihn nur von neuen Inspirationen ab.

$$\left(\sum_{n=0}^{\infty} \frac{(4n)!\,(1\,103 + 26\,390\,n)}{(n!)^4\, 396^{4n}}\right)^{-1}$$

Σ Das ist ein griechischer Buchstabe, das große Sigma. Es schreckt manche ab. Aber seine Bedeutung ist simpel, und als Element der mathematischen Sprache ist es ein geniales Instrument: Es erlaubt, unendlich viele Zahlen auf einen Streich darzustellen. Unter dem Sigma steht etwas: n = 0.
Das bedeutet: Ich muß in dem folgenden Ausdruck zunächst für n die Zahl 0 einsetzen. Wenn man das macht, erhält man eine Zahl. Dann setzt man in den Ausdruck n =1 ein und erhält wieder eine Zahl. Dann setzt man n = 2 ein, erhält wieder eine Zahl. Und alle diese Zahlen werden zusammengezählt, also summiert (daher Sigma!). Wie lange muß man das machen? Das steht über dem Sigma-Zeichen: Unendlich. Das heißt: nie aufhören. Nicht bei einer Billion, nicht bei einer Quadrillion, nicht bei einer Quintilliarde. Nie.

! Das Zeichen für „Fakultät". 3! heißt „Drei Fakultät", n! daher „n Fakultät". Das ist eine Kurzschreibweise. 12! bedeutet: Multipliziere alle natürlichen Zahlen von 12 bis 1, das heißt:
$12! = 12\cdot 11\cdot 10\cdot 9\cdot 8\cdot 7\cdot 6\cdot 5\cdot 4\cdot 3\cdot 2\cdot 1$.
Was das ergibt, kann auch der billigste Taschenrechner ausrechnen. (4n)! bedeutet: Berechne zunächst 4n und wende darauf das Fakultätszeichen an. Für n = 3 erhält man daher
$(4\cdot 3)! = 12! = 479.001.600$.

-1 Gesprochen: „hoch minus eins". Das ist der Kehrwert. Zum Beispiel ist $3^{-1} = 1/3$ oder $10^{-1} = 0{,}1$ oder $(0{,}2)^{-1} = 5$. In unserer π-Formel bedeutet das, daß man zunächst den Ausdruck in der großen Klammer berechnet und dann den Kehrwert davon bestimmt.

Kreise, Kugeln, Zufälle: Überall spukt π herum

Was für eine Zahl!
Sie ist irrational, ja sogar transzendent.
Und in verrückter Weise normal.

VON ALBRECHT BEUTELSPACHER

Am 18. Januar 1897 wurde im Parlament des amerikanischen Bundesstaates Indiana in erster Lesung ein Gesetz behandelt, das nichts weniger wollte als „eine neue mathematische Wahrheit" zu etablieren und damit einen Beitrag zur Erziehung zu leisten. Der Gesetzestext selbst ist kurz, aber weder klar noch eindeutig. Allerdings wird das Problem, das mit diesem Gesetz gelöst werden soll, klar benannt: die Quadratur des Kreises.

Diese sprichwörtliche Redewendung hat einen sehr präzisen Ursprung und Inhalt: Man soll zu einem Kreis ein Quadrat konstruieren, das genau den gleichen Flächeninhalt wie der Kreis hat. Nicht annähernd, also „approximativ", sondern genau. Außerdem sind die Mittel vorgeschrieben: Man darf nur die klassischen Werkzeuge verwenden, nämlich Zirkel und Lineal.

Die Quadratur des Kreises ist unmittelbar verbunden mit einer der interessantesten und geheimnisvollsten Zahlen überhaupt, nämlich mit der Kreiszahl π. Diese Zahl tritt bei praktisch allen Berechnungen am Kreis auf: Man erhält den Umfang, indem man seinen Durchmesser mit π multipliziert. Man erhält den Flächeninhalt, indem man den Radius quadriert und das Ergebnis mit π multipliziert. Die Frage nach der Quadratur des Kreises kann auch so gestellt werden: Läßt sich mit Zirkel und Lineal eine Strecke der Länge π konstruieren?

Sie erinnern sich vielleicht daran: π = 3,14. Aber das stimmt nicht. Jedenfalls nicht genau. π ist nicht genau 3,14, sondern nur ungefähr.

Der Kampf um das richtige π ist ein durchgängiges Thema der Geschichte der Mathematik.

Bereits den Babyloniern und den Ägyptern war um 2000 v. Chr. die Tatsache bekannt, daß sich bei jedem Kreis das gleiche Verhältnis von Umfang zum Durchmesser ergibt. So rechneten die Babylonier mit 3,125 und die Ägypter mit 256/81, das macht 3,16049. Auch die Bibel läßt Rückschlüsse auf einen Wert von π zu. Im 1. Buch der Könige heißt es: „Und er machte das Meer (ein Wasserreservoir) von einem Rand zum anderen zehn Ellen weit…, und eine Schnur von dreißig Ellen war das Maß ringsherum." Daraus ergibt sich die bereits für die damalige Zeit schlechte Näherung von π = 3. Archimedes war der erste, der nicht versuchte, π exakt anzugeben. Er gab obere und untere Schranken für den Wert von π an: π > 3 10/71, π < 3 1/7.

> In der Ziffernfolge hinter dem Komma ist alles möglich. Selbst die digitale Version dieses Textes taucht dort irgendwann einmal auf. Und außerdem noch eine Abwandlung davon

Den Weltrekord in der Berechnung von π hält der Japaner Yasumasa Kanada von der Universität Tokio. Er hat im Jahre 1999 sage und schreibe 206 Milliarden Stellen von π berechnet.

Das Geheimnis der Zahl π liegt in der Unvorhersehbarkeit ihrer Ziffernfolge. Wie geht es nach 3,14159 weiter? Es gibt kein Muster dafür. Wer es nicht weiß, weiß es eben nicht. Mathematiker sind in der Lage, diese Unregelmäßigkeit in den Griff zu bekommen: Sie können sie nicht aufheben, aber immerhin ausdrücken, wie unregelmäßig π ist.

Zunächst ist π in einer Hinsicht unendlich: Der Dezimalbruch von π bricht nie ab. Auch nach 206 Milliarden Stellen ist nicht nur kein Ende in Sicht, sondern es ist aussichtslos: Ein Ende wird es nie geben. Insofern ist die Suche nach immer mehr Stellen eine echte Sisyphusarbeit.

π ist irrational. Das bedeutet, daß es in diesen unendlich vielen Stellen kein sich wiederholendes Muster gibt. Das heißt nicht, daß wir bis jetzt keines gefunden haben, sondern daß es keines gibt. Das wissen wir. Denn es wurde bewiesen, und zwar im Jahre 1761 von Johann Heinrich Lambert.

π ist sogar transzendent. Das bedeutet, daß sich π durch keine noch so komplizierte Gleichung exakt ausdrücken läßt. Genauer gesagt: Es gibt kein Polynom (mit rationalen Koeffizienten), das π als Nullstelle hat. Das scheint ein technisches Resultat zu sein, hat aber eine dramatische Konsequenz: Die Quadratur des Kreises mit Zirkel und Lineal ist unmöglich! Diese Erkenntnis geht auf Ferdinand Lindemann 1882 zurück. Der Beweis übersteigt den Schulstoff bei weitem.

π bietet bis heute ungelöste Probleme. Viele glauben, daß die Ziffern von π wie zufällig verteilt sind. Sie sind natürlich nicht zufällig, sondern jede einzelne ist wohlbestimmt. Aber man kann ja mal testen. Wenn in der Dezimalbruchentwicklung von π keine Null vorkommen würde, wäre die Ziffernfolge hinter dem Komma nicht zufäl-

651328230664709384460955058223172535940812848111745028

lig. Aber eine Null kommt vor, zum ersten Mal an der 31. Stelle. Auch 00 müßte vorkommen, auch 007, auch Ihr Geburtsdatum, kurz: Jede endliche Folge von Ziffern müßte vorkommen. Auch die digitalen Versionen des Films „Herr der Ringe“ oder des Textes auf diesen Seiten müßten irgendwann in π vorkommen. Die Mathematiker nennen diese Eigenschaft, etwas phantasielos, „normal“. Die Frage lautet also, ob π normal ist – eine bis heute unbewiesene Vermutung. „Normal“ ist nicht dasselbe wie „irrational“, auch für Mathematiker nicht: Eine Zahl ist normal, wenn jede Ziffer oder Ziffernkombination mit gleicher Wahrscheinlichkeit wie eine andere Ziffer oder gleichlange Ziffernkombination auftritt.

Im Laufe der Geschichte wurden viele Methoden entwickelt, um π zu berechnen. Eine Formel, die viel bessere Ergebnisse liefert als alle vorher dagewesenen, ist die zentrale Formel auf diesen Seiten, die das Mathematikgenie Shrinivasa Ramanujan 1914 aufgestellt hat. Links vom Gleichheitszeichen steht schlicht und einfach π. Die rechte Seite der Formel hingegen ist nicht nicht einfach. Und alles andere als elegant. Schwer zu merken. Kaum vorstellbar, wie jemand darauf kommt. Aber sie ist unglaublich effizient. Sie stellte 1914 alle Berechnungsverfahren in den Schatten. Man kann sie vergleichen mit einem Liebhaber, der sich π annähern möchte. Ein stürmischer Liebhaber: Jeder Summand liefert etwa acht korrekte Nachkommastellen von π. Mit dieser Reihe wurde erstmals die Millionengrenze an Nachkommastellen überschritten, allerdings erst rund 70 Jahre nach Ramanujans Entdekkung, denn es mußte noch das richtige Werkzeug erfunden werden: der Computer. Auch heute noch ist diese Formel in einigen Computeralgebra-Systemen eingebaut.

Aus dem Indiana-Gesetz von 1897 lassen sich verschiedene Werte von π herauslesen: $\pi = 3{,}2$ oder $\pi = 4$. Ganz ohne Zweifel könnte man mit diesen Werten rechnen. Sogar viel einfacher. Aber leider wären die Ergebnisse sinnlos. Zum Glück hat ein Mathematiker die Parlamentarier darauf hingewiesen, daß sie sich mit diesem Gesetz unsterblich blamieren würden, und so wurde die weitere Behandlung des Gesetzentwurfs nach der zweiten Lesung im Senat am 12. 2. 1897 auf unbestimmte Zeit verschoben. <

Professor Dr. Albrecht Beutelspacher lehrt Mathematik an der Universität Gießen.

Shrinivasa Ramanujan

Der Entdecker unserer großen π-Formel auf diesen Seiten hieß Shrinivasa Ramanujan, einer der genialsten Mathematiker aller Zeiten. Er wurde 1887 in Südindien geboren, wuchs in ärmlichen Verhältnissen auf und besaß keine abgeschlossene Universitätsausbildung.

Seine mathematische Bildung bestand ausschließlich darin, daß er – eine Formelsammlung gelesen hatte: 3000 Formeln hintereinander, ohne Kommentare. Und man kann sagen, daß er selbst Mathematik in diesem Sinne betrieben hat: Er hat Formeln aufgestellt. Bewiesen hat er sie nicht, die Notwendigkeit eines strengen Beweises sah er bis zum Ende seines Lebens im Grunde nicht ein. Aber er produzierte Formeln. Formeln im Überfluß. Formeln, die zu einem großen Teil Ausblicke in unerforschtes Gebiet weit vor der damaligen mathematischen Forschung waren. Die Formel für π ist eine unter vielen; ihre Bedeutung wurde erst lange nach seinem Tod erkannt.

Der Engländer G. H. Hardy (1877–1947), selbst ein Star-Mathematiker seiner Zeit, hatte Ramanujan gewissermaßen entdeckt und nach England geholt. Aber es war das spleenige England kurz nach der Jahrhundertwende, das steife England der gesellschaftlichen Riten, und es war das dunkle England des Ersten Weltkriegs. Ramanujan erhielt zwar hohe Ehrungen, zum Beispiel die Aufnahme in die Royal Academy, aber er wurde krank, todkrank.

Er konnte nach dem Ersten Weltkrieg nach Indien zurückkehren, lebte dort aber nur noch kurze Zeit und starb im Jahre 1920 in Madras. <

Rechtecke im Kreis

Eine Möglichkeit, den Flächeninhalt eines Kreises und damit π zu berechnen, beruht darauf, die Kreisfläche von innen mit Rechtecken aufzufüllen. Diese Methode wurde im 17. Jahrhundert in Japan entdeckt. Stellen wir uns einen Kreis mit dem Radius 1 vor. Sein Flächeninhalt ist dann π. Von diesem Kreis betrachten wir nur ein Viertel; der Viertelkreis hat also den Flächeninhalt $\pi/4$. Wir teilen den Radius des Viertelkreises gleichmäßig in eine gewisse Anzahl von Strecken, zum Beispiel in 14 Teile. Über jeder dieser Teilstrecken errichten wir ein Rechteck, das den Kreis von innen berührt. Der Flächeninhalt der Rechtecke ist einfach zu bestimmen: Die Grundstrecke hat man selbst gewählt, und die Höhe kann man mit Hilfe der Formel für den Kreis $x^2 + y^2 = 1$ ausrechnen. Die Fläche eines Rechtecks ist Grundseite mal Höhe. Schließlich muß man die Flächeninhalte der Rechtecke addieren und erhält so eine Näherung an die Zahl $\pi/4$. Die Approximation wird um so besser, je feiner man den Radius unterteilt. <

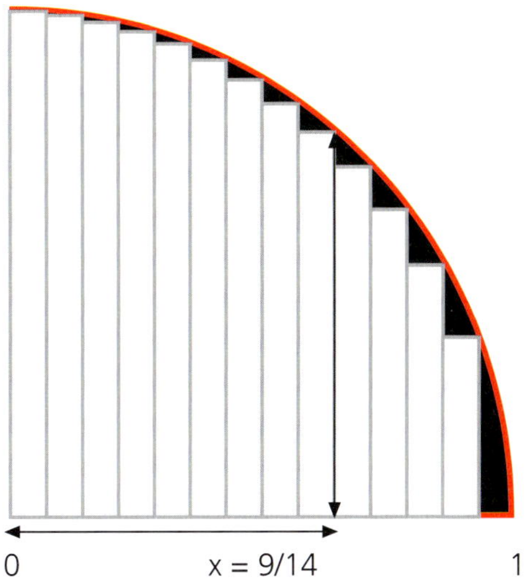

Foto: Archiv, Grafiken: F.A.Z.-Grafik Döring

4102701938521105559644622948954930381964428810975665933

Kugelpackung: *Wie stapelt man Äpfel? So wie auf dem Markt*, meinte Gauß

Die Frage nach der dichtesten Kugelpackung ist noch viel schwieriger als die nach der dichtesten Kreispackung. Das Problem geht zurück auf Johannes Kepler (1571–1630), der in einer Abhandlung über Schneeflocken auch darauf zu sprechen kam, wie dicht Kerne von Früchten, zum Beispiel Granatäpfel, gepackt werden können. Als Mathematiker ließ er sich zwar von der konkreten Fragestellung inspirieren, abstrahierte aber davon und stellte die Frage nach der dichtesten Kugelpackung.

Auch hier bietet sich eine „hexagonale" Pakkung an: Man beginnt mit einer Schicht Kugeln, die man in einem hexagonalen Muster legt (rechtes Bild): Das ist schon mal die optimale Methode, Kugeln zu plazieren.

Die zweite Schicht darüber sieht genauso aus, nur daß die Kugeln in den Lücken der ersten Schicht liegen (oben). Entsprechend bildet man die dritte Schicht, und so geht es immer weiter. Man kann die Dichte dieser Packung ausrechnen – wiederum mit π: Sie beträgt $\pi/\sqrt{18}$; man kann mit ihr also etwa 74 Prozent des Raumes ausfüllen.

Man hat keine dichtere Packung gefunden, konnte aber lange Zeit nicht beweisen, daß es keine dichtere geben kann. Einen ersten Durchbruch schaffte der große deutsche Mathematiker Carl Friedrich Gauß, der 1831 diese Vermutung bewies – allerdings unter der einschränkenden Voraussetzung, daß die Kugeln der Packung ein regelmäßiges Muster bilden.

Das Problem im allgemeinen blieb aber ungelöst. Es faszinierte durch die Spannung zwischen der Einfachheit der Fragestellung und der offensichtlichen Schwierigkeit eines Beweises. So etwas kommt in der Mathematik öfter vor, es sei nur an den vielbeschrieben Satz von Fermat erinnert.

Es kursierte das geflügelte Wort, daß „die meisten Mathematiker glauben und alle Physiker wissen, daß es keine dichtere Kugelpackung gibt". Hier wurden freilich die Marktfrauen vergessen, die ihre Apfelsinen oder Äpfel in aller Welt hexagonal stapeln, als hätten sie Gauß gelesen.

Erst im Jahr 1998 gelang es Thomas Hales zu beweisen, daß diese Packungsmethode die dichteste ist. <

Grüße aus Monte Carlo

Der Flächeninhalt eines Kreises mit Radius r ist $\pi \cdot r^2$. Der Flächeninhalt des Quadrats um den Kreis ist $4 \cdot r^2$. Das Verhältnis der beiden Flächeninhalte ist also $\pi/4$. Mit anderen Worten: Der Kreis hat einen Anteil von 78,5% der Quadratfläche.

Stellen wir uns vor, daß die gesamte Quadratfläche von Punkten übersät ist. Dann liegen etwa 78% innerhalb und der Rest außerhalb des Quadrats.

Mit diesem Ansatz kann man π durch ein Zufallsexperiment bestimmen: Man wirft zufällig Pfeile auf die quadratische Scheibe und bestimmt den Anteil der Pfeile, die innerhalb der Kreisscheibe landen. Diese Zahl ist etwa $\pi/4$. Die Annäherung wird besser, je öfter man wirft.

Die Mathematiker nennen solche Experimente, in denen der Zufall eine entscheidende Rolle spielt, aus offensichtlichen Gründen „Monte-Carlo-Methoden". Sie spielen eine gewaltige Rolle in Computerexperimenten, wie sie beispielsweise von der Klimaforschung verwendet werden. Und aus der heutigen Physik ist Monte Carlo nicht mehr wegzudenken. <

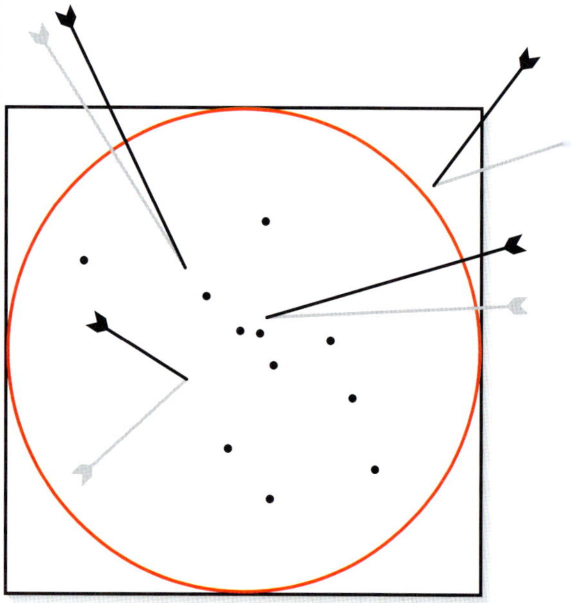

Die Definition der *Zauberzahl:* Umfang durch Durchmesser

■ Wenn man den Umfang und den Durchmesser eines Kreises mißt, zeigt sich, daß der Umfang immer um einen konstanten Faktor größer ist. Wenn der Durchmesser 1 m beträgt, dann ist der Umfang etwa 3,14 m. Wenn der Durchmesser 2 m ist, dann ist der Umfang etwa 6,28 m usw. Mit anderen Worten: Das Verhältnis von Umfang zu Durchmesser eines Kreises ist immer die gleiche Zahl. Diese Konstante bezeichnet der griechische Buchstabe π.

Es gilt also: Umfang : Durchmesser = π, oder Umfang = Durchmesser mal π.

Die ersten Näherungswerte für π wurden einfach gemessen. Der griechische Mathematiker und Physiker Archimedes (287–212 v. Chr.) war der erste, der einen systematischen Weg gefunden hat, π jedenfalls prinzipiell beliebig genau zu berechnen. Seine Methode bestand darin, den Umfang des Kreises durch Vielecke anzunähern, deren Seiten alle gleich lang und deren Winkel alle gleich groß sind. Konkret hat er dieses Verfahren mit je einem 96-Eck innerhalb und außerhalb des Kreises durchgeführt und erhielt dabei die Abschätzung $3\ 10/71 < \pi < 3\ 1/7$. <

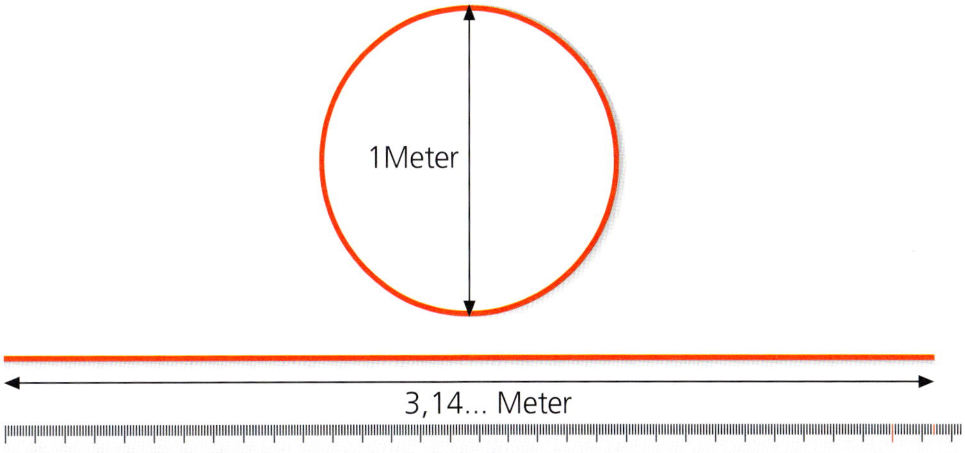

Der Inhalt einer Kugel? π gibt Auskunft

■ Dieses Bild soll das Grabmal des Archimedes (287–212 v. Chr.) geschmückt haben. Archimedes war stolz auf seine Herleitung des Volumens der Kugel. Sie beträgt genau ein Drittel des Volumens des sie umgebenden Zylinders. Dies hat Archimedes mit Hilfe eines dritten Körpers, nämlich eines Doppelkegels, bewiesen, der dem Zylinder „einbeschrieben" war: Der Doppelkegel füllte den Zylinder so gut es eben ging aus. Archimedes kam zu dem Ergebnis: Das Volumen einer Kugel mit Radius r ist $4\pi r^3$ mal 1/3. <

Kreispackung: π hilft ordnen

■ Wie dicht lassen sich Münzen gleicher Größe packen? Mit anderen Worten: Welchen Prozentsatz eines Tisches können wir mit Münzen, die nicht übereinanderliegen dürfen, überdecken? Antwort: Am besten geht es mit der „hexagonalen" Packung. Mit ihr lassen sich gut 90 Prozent der Tischfläche mit Münzen überdecken.

Genauer stellt man sich vor, daß die ganze Ebene mit Kreisscheiben gleicher Größe belegt ist. Die Dichte dieser sogenannten „Packung" ist der Anteil der Fläche, den die Kreisscheiben einnehmen. Die Dichte der hexagonalen Pakkung ist genau $\pi/2\sqrt{3}$. Das ist viel besser, als wenn man die Münzen „quadratisch" anordnet, wenn man sie also auf die Felder eines (beliebig groß gedachten) Schachbretts legt. Auch wenn sich die Münzen berühren, erhält man nur eine Dichte von gut 78 Prozent.

Daß die hexagonale Packung die bestmögliche ist, läßt sich nicht ganz einfach beweisen. Es gelang in voller Allgemeinheit erst in der ersten Hälfte des 20. Jahrhunderts. <

04543266482133936072602491412737245870066063155881748

π läßt sich experimentell bestimmen: *Buffons Trick*

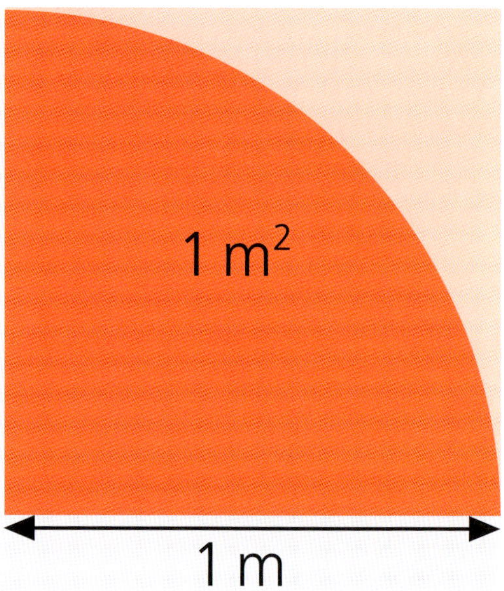

■ Mit Hilfe des Zufalls läßt sich π auch auf folgende Weise bestimmen, die von Georges-Louis Leclerc, Comte de Buffon (1707–1788) erstmals 1777 beschrieben wurde: Wir stellen uns einen Boden mit gleich dicken Dielen vor. Auf diesen lassen wir zufällig einen Stab (eine Nadel) fallen, dessen Länge genau die Breite der Dielen ist. Der Stab kann so fallen, daß er ganz auf einer Diele liegt oder daß er die Trennungskante zwischen zwei Dielen berührt („Treffer"). Dieses Experiment führen wir oft durch. Wenn wir dann die Anzahl der Würfe durch die Anzahl der Treffer teilen und diese Zahl noch mit 2 multiplizieren, erhalten wir eine Annäherung an π. Aber Achtung: Diese Annäherung erfordert unglaublich viele Würfe. <

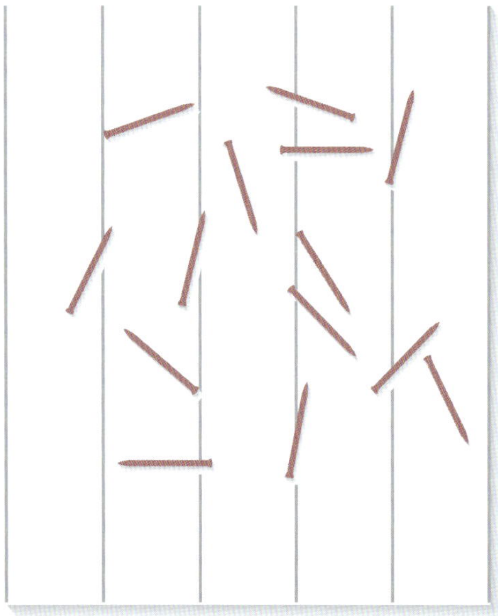

π präsentiert uns auch die Fläche eines Kreises

■ Die Zahl π kann nicht nur dazu benutzt werden, den Umfang eines Kreises zu bestimmen, sondern dient auch zur Ermittlung seines Flächeninhalts. Dazu gehen wir am besten vom Radius, also vom halben Durchmesser aus. Ein Kreis, dessen Radius 1 m ist, hat einen Flächeninhalt von π Quadratmeter. Wenn sich der Radius verdoppelt, vervierfacht sich der Flächeninhalt. Das heißt, ein Kreis mit dem Radius 2 m hat den Flächeninhalt 4π, also etwa 12,5 m². Im allgemeinen hat ein Kreis mit Radius r den Flächeninhalt $\pi \cdot r^2$. Das bedeutet: Der Flächeninhalt eines Kreises ergibt sich, indem man zunächst ein Quadrat zeichnet, dessen Seitenlänge der Radius des Kreises ist, und dessen Flächeninhalt dann mit π multipliziert.

Das Erstaunliche ist, daß die gleiche Zahl π, die sich zur Berechnung des Umfangs eines Kreises eignet, auch hier verwendet wird.

Der erste, der eine Beziehung zwischen Kreis und Quadrat suchte, war Anaxagoras von Klazomenai (um 500–428 v. Chr.). Kurze Zeit später versuchten Antiphon und Bryson aus Heraklea, den Kreisinhalt zu bestimmen, indem sie dem Kreis Vielecke einbeschrieben und deren Fläche berechneten. So erhielten sie eine Approximation an die Kreisfläche. <

152092096282925409171536436789259036001133053054882046

65213841469519415116094330572703657595919530921 . . .

Kapriolen im Eis

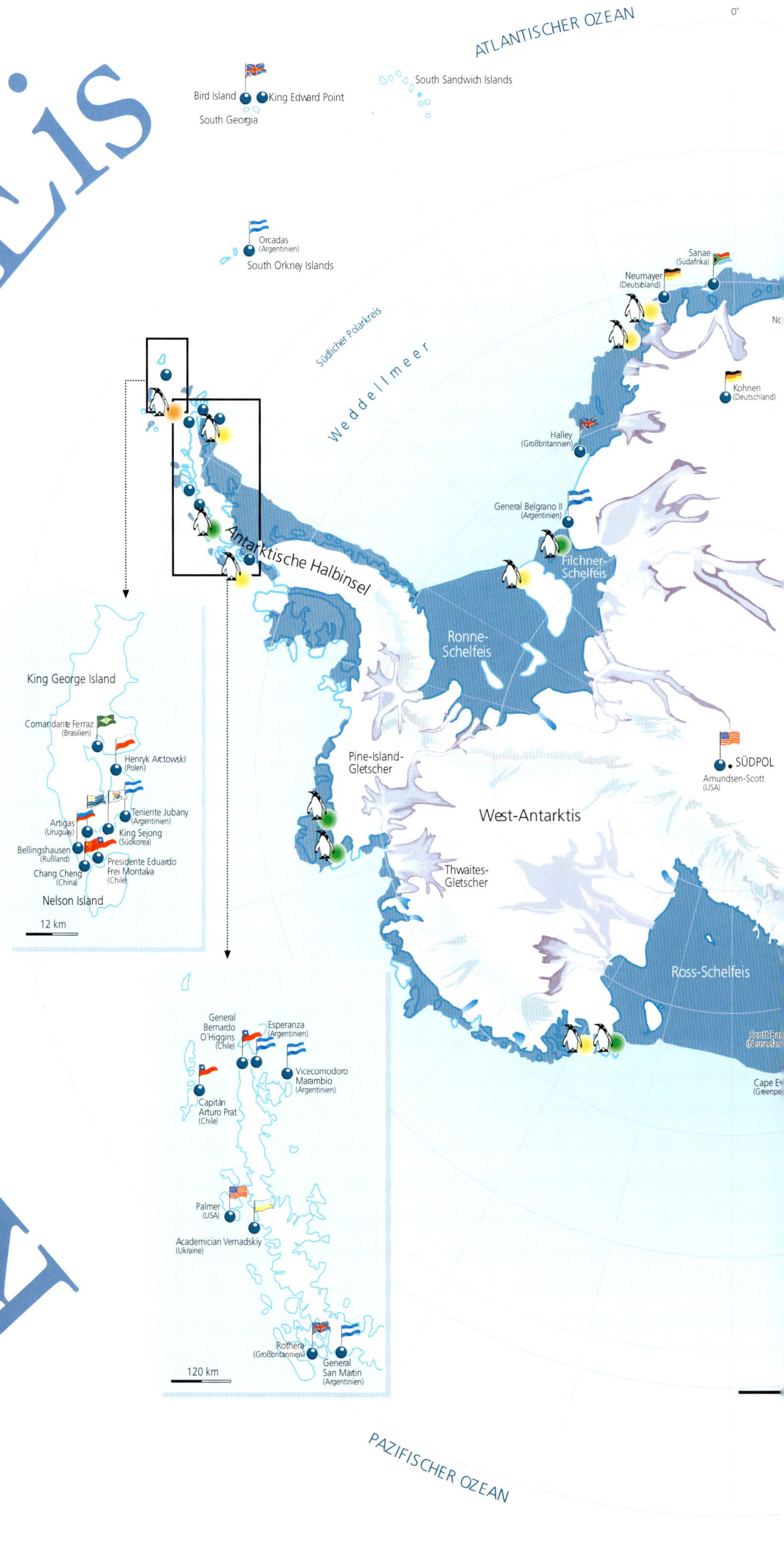

Fotos Pinguine: IFA-Bilderteam (1); Mauritius (1); J.J.Cox/Wildlife; John Bortniak, NOAA (2); Michael van Woert, NOAA

Die Antarktis ist noch immer ein unerforschter Kontinent. Wir wissen über sie weniger als über den Mond.

Vom Eispanzer der Antarktis hängt für die Menschheit einiges ab. In den vergangenen Wochen wurden viele neue Meßergebnisse veröffentlicht. Nun streiten die Forscher über die Interpretation.

VON ULF VON RAUCHHAUPT

+ 10,5° Celsius – das klingt nicht gerade nach einer Hitzewelle. Doch für die amerikanische Antarktis-Station McMurdo ist es absoluter Rekord. Auf den Flugfeldern der Station auf dem Ross-Schelfeis wird rund um die Uhr Schnee geschippt: Zur Isolation der Eisfläche muß immer eine Schneeschicht die Runways bedecken, damit die schweren Transportflugzeuge nicht im Sulz versinken. „Bis jetzt haben wir keine Erklärung für diese idiotische Wärme" sagt Jim Frodge, der Chefmeteorologe der mit 1200 Personen Sommerbesatzung größten menschlichen Niederlassung auf dem siebten Kontinent. „Im Sommer wird es hier schon mal über 5°C warm, aber gewöhnlich nur für kurze Zeit." Nun halten sich die Temperaturen schon die dritte Woche auf Rekordniveau, und auch auf der Amundsen-Scott-Basis direkt am Südpol ist es mit minus 15° C für die Jahreszeit viel zu warm. Ob eine solche Hitzewelle nur eine vorübergehende Kapriole oder Teil eines Trends ist – im Fall der Antarktis ist das nicht nur von lokaler Bedeutung. In dem bis zu 4775 Meter mächtigen Eisschild sind 70 Prozent des irdischen Süßwassers gebunden. Anders als das Eis des Nordpols, das, vom Grönland-Gletscher einmal abgesehen, bereits im Meer schwimmt, ruht das Südpol-Eis zum größten Teil auf einem Kontinent. Ein komplettes Abschmelzen dieser Eismassen ließe die Meeresspiegel um mindestens 60 Meter steigen. Dazu bedarf es freilich einer gewaltigen, über geologische Zeiträume anhaltenden Erwärmung.

Der gegenwärtige Temperaturanstieg dürfte zumindest dem gewaltigen ostantarktischen Eisschild, das neun Zehntel des südpolaren Eises umfaßt, so schnell nichts anhaben. Anders jedoch bei dem rund zehnmal kleineren westantarktischen Eisschild. Der Festlandsockel, auf dem es ruht, liegt größtenteils unter dem Meeresspiegel. Viele Forscher halten das westantarktische Schild daher für instabil und befürchten, schon eine moderate Temperaturerhöhung könnte dazu führen, daß er sich – auch ohne abzuschmelzen – von seiner kontinentalen Unterlage löst und „aufschwimmt". Ein solches Ereignis wäre die schlimmste denkbare Klimakatastrophe. Binnen kurzem stiege der Meeresspiegel um mehr als fünf Meter. Viele dichtbesiedelte Küstenregionen würden in den Fluten versinken.

Nicht zuletzt dieses Horrorszenario hat hektische Forschungsaktivität am Südpol ausgelöst, zumal Klimamodelle darauf hinweisen, daß sich der Treibhauseffekt in der Antarktis besonders stark auswirken dürfte.

Seit gut zwanzig Jahren schwärmen Glaziologen, Meteorologen und Ökologen von McMurdo und den Stationen auf der Antarktischen Halbinsel aus, um nach Anzeichen für einen Klimawandel am Pol zu fahnden. Zusätzlich wurde eine ganze Flotte von Spezialsatelliten auf den kalten Kontinent angesetzt; sie mißt mit hochempfindlichen Radargeräten Dicke und Dynamik der antarktischen Eismassen aus dem All.

Die Eisströme der Antarktis finden sich in keinem Schulatlas, weil sie erst vor kurzem mit Hilfe von Satelliten kartiert wurden. In ihnen fließt das antarktische Eis mit Geschwindigkeiten von bis zu einem Kilometer pro Jahr in die See. Am „Kältepol" wurde die bisher tiefste Temperatur der Erde gemessen. Der „Pol der Unzugänglichkeit" liegt am weitesten von der Küste entfernt. F.A.Z.-Grafik Döring

Taut der Eispanzer?

Ein einheitliches Bild zeichnet sich bislang nicht ab. Neueste Ergebnisse schei-

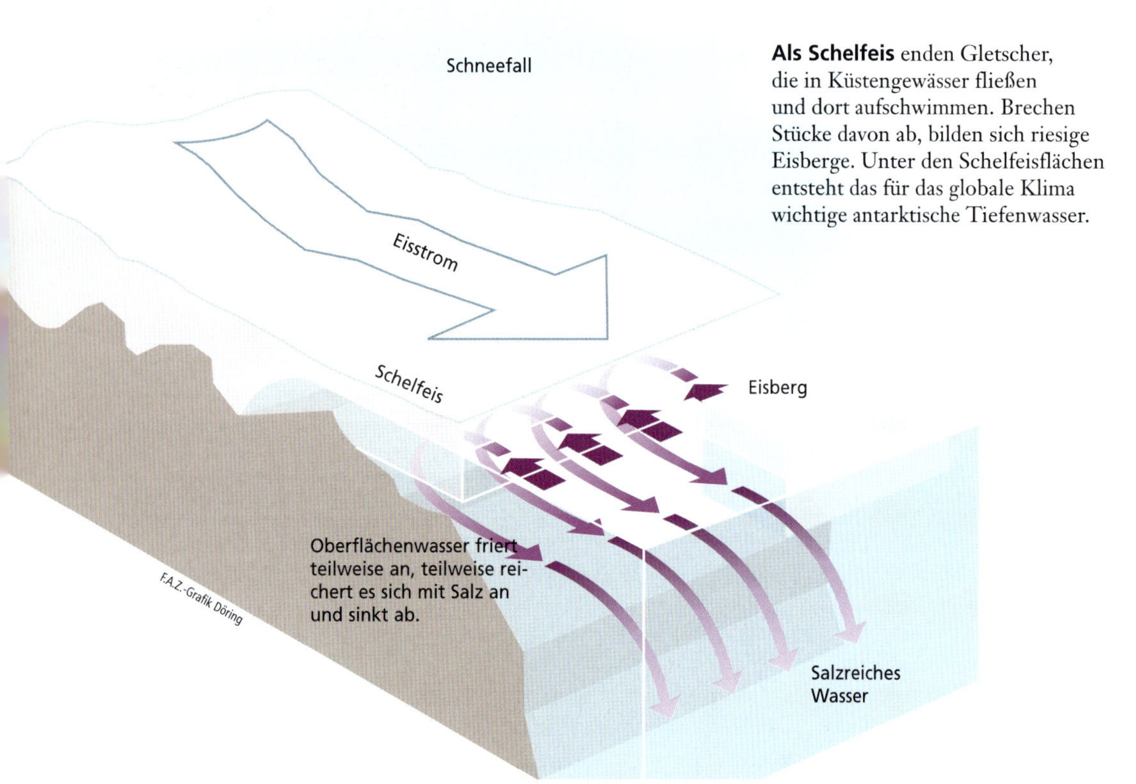

Als Schelfeis enden Gletscher, die in Küstengewässer fließen und dort aufschwimmen. Brechen Stücke davon ab, bilden sich riesige Eisberge. Unter den Schelfeisflächen entsteht das für das globale Klima wichtige antarktische Tiefenwasser.

nen einander auf den ersten Blick sogar zu widersprechen. Einerseits taut es wirklich. Verschiedene Gletscher der Westantarktis, so der Pine-Island- und Thwaites-Gletscher, werden seit einigen Jahren kleiner, außerdem nimmt ihr Durchsatz zu: Das westantarktische Eisschild gibt durch sie mehr Eis ab, als sich neues durch Schneefall nachbildet. Auch die Nordkanten der großen Schelfeisflächen bröckeln zusehends.

Von dem nördlichsten Zipfel der Antarktis stammt auch die jüngste alarmierende Nachricht. Vorletzte Woche veröffentlichten britische Forscher Untersuchungen an Seen auf einer der Süd-Orkney-Inseln (Science, Vol. 295, p. 645). Dort registrierten sie rapide ökologische Veränderungen, Folgen einer Erwärmung zwischen 1980 und 1995. Allerdings ist zweifelhaft, ob die antarktische Halbinsel repräsentativ für den ganzen Kontinent ist. „Wenn man sich nur die Halbinsel ansieht, muß man wirklich befürchten, daß die Westantarktis bald instabil wird“ sagt Daniel Steinhage vom Alfred-Wegener-Institut in Bremerhaven. „Auch ist völlig offen, ob das etwas mit der globalen Erwärmung zu tun hat.“ Da mit dem Reizwort „Klimawandel“ leicht Forschungsgelder freizusetzen sind, gibt es für manche Alarmmeldung auch außerwissenschaftliche Gründe. „Das Problem ist, daß man schnell mal aus regionalen Daten globale Aussagen ableitet und veröffentlicht – dabei wird dann oft viel heiße Luft produziert“, meint Steinhage.

Es fehlt die Theorie

Auch gegenteilige Resultate können sich der Aufmerksamkeit sicher sein. Etwa jenes, das die Geowissenschaftler Ian Joughin und Slawek Tulaczyk Mitte Januar veröffentlichten (Science, Vol. 295, p. 476). Mit Satelliten vermaßen sie Größe und Geschwindigkeit fünf großer

Der siebte Kontinent ist größer als Europa oder Australien

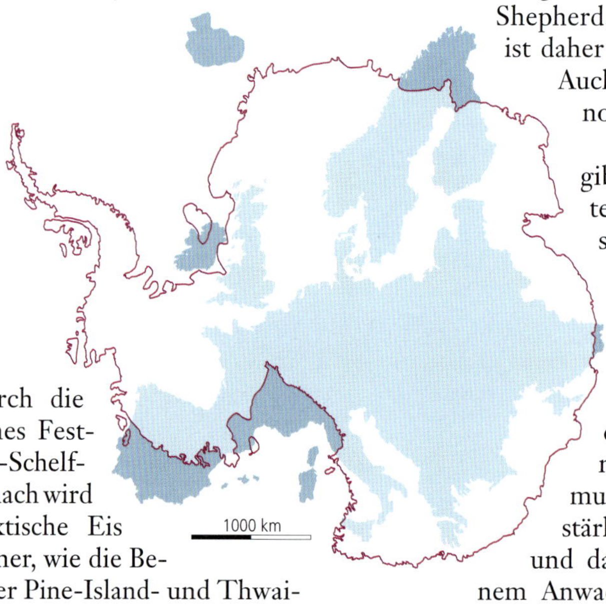

Eisströme, durch die westantarktisches Festlandeis ins Ross-Schelfeis fließt. Demnach wird das westantarktische Eis nicht etwa dünner, wie die Beobachtungen der Pine-Island- und Thwaites-Gletscher nahelegen, sondern dicker.

„Dieses Resultat betrifft nur ein Drittel der Westantarktis, und es lindert nicht die Sorge um den Anstieg des Meeresspiegels“, kommentiert Robert Bindschadler, Glaziologe am Goddard Space Flight Center der Nasa. Er verweist darauf, daß sich die Gletscher der Antarktis seit der letzten Eiszeit auf dem Rückzug befinden. Die Messungen von Joughin und Tulaczyk erlaubten – entgegen deren Behauptung – keinesfalls den Schluß, dieser Trend habe sich nun umgekehrt.

Doch in zumindest einer Gegend der Westantarktis wird es beständig kälter: In den Dry Valleys bei McMurdo fällt das Thermometer im Durchschnitt um 0,7° C pro Dekade. Diese Beobachtung einer Forschergruppe um Peter Doran von der University of Illinois erfreute sich Mitte Januar ebenfalls erheblichen Medienechos. Bindschadler beeindruckte sie weniger. „Dorans Resultat ist nur von regionaler Bedeutung“, sagt er. „Es würde ja auch niemand an eine Veränderung im Klimatrend in Europa glauben, nur weil sich herausstellt, daß die Temperaturen in Hamburg einem anderen Trend folgen.“

Der Hauptgrund für die Verwirrung dürfte sein, daß das Klima der Antarktis viel komplexer ist, als es ihr Image vom simplen Eisklotz suggeriert. „Viele dieser Klimastudien betreffen Phänomene auf sehr verschiedenen Zeitskalen“, erklärt der britische Radar-Eisforscher Andrew Shepherd. Die Erwärmung der Antarktischen Halbinsel sei ein kurzfristiges Phänomen, die Abkühlung im Inneren des Kontinentes, etwa in den Dry Valleys, ein langfristiges. „Es ist unwahrscheinlich, daß wir zwischen beiden eine Beziehung finden werden“ sagt Shepherd, „ein Vergleich ist daher wenig sinnvoll“. Auch deshalb, weil es noch kein rechtes Theoriegebäude gibt, das all die Daten, die jetzt gesammelt werden, zusammenfügt. Zwar sind die Basisphänomene gut bekannt. So führt etwa bei Frost eine leichte Erwärmung meist zu verstärktem Schneefall – und damit eher zu einem Anwachsen der Gletscher. Viel weniger klar ist, wie die Räder der komplexen antarktischen Klimamaschine mit ihren Komponenten aus Eis, Luft und Ozean ineinandergreifen. Hier hoffen die Forscher vor allem auf neue, detailliertere Computersimulationen. „Das wirkliche Rätsel", faßt Shepherd zusammen, „sind nicht die Widersprüche zwischen regionalen Klimadaten, sondern ist die Frage, wie Klima und Klimawandel sich auf das Eis der Antarktis auswirken".

Das Aufschwimmen des westantarktischen Eises ist zwar das dramatischste, aber keinesfalls das einzige Katastrophenszenario. Bereits der Verlust eines Teils des Schelfeises könnte die Versorgung der Weltmeere mit kaltem antarktischen Tiefenwasser gefährden – mit unabsehbaren Konsequenzen für das globale System der Meeresströme. Wieviel Schelfeis wegbrechen müßte, damit sich etwa der Golfstrom verlagert, vermag derzeit niemand zu sagen. Sicher ist, daß auch die Schelfeisflächen ohne menschliches Zutun schon seit der letzten Eiszeit auf dem Rückzug sind. Für die Ewigkeit gebaut sind sie nicht. Wenn also die Temperaturen an der McMurdo-Station demnächst wieder fallen und die Landebahnen auf dem Ross-Schelfeis wieder so hart frieren wie Beton – in der Antarktis und bei allem, was auf diesem Planeten von ihr abhängt, sind Veränderungen nur eine Frage der Zeit. Auf diese Frage aber kommt es an. <

Urlaub im Eis: Touristen erobern eine neue Welt. Wird das Ökosystem die Belastung aushalten?

■ Menschenleer ist die Antarktis heute nicht mehr. 16 Nationen unterhalten um die 30 Forschungsstationen, die selbst im Winter noch an die tausend Personen beherbergen. Mit jedem Frühjahr bricht eine Invasion über die Gefilde südlich des sechzigsten Breitengrades herein. Dann vervierfacht sich nicht nur das Personal der Stationen. Auch Dutzende von Kreuzfahrtschiffen brechen nun in den tiefen Süden auf.

Tourismus ist heute die wichtigste kommerzielle Aktivität in der Region. Vorletzten Sommer zog es über 13 000 Erlebnishungrige ins südliche Eis, 30 Prozent mehr als im Jahr davor. Das fragile Ökosystem könnte unter dem Ansturm seiner Fans möglicherweise Schaden nehmen. Noch konzentrieren sich die Touristenströme auf die Antarktische Halbinsel und die ihr vorgelagerten Inseln. Aber auch das Ross-Meer ist inzwischen ein beliebtes Ziel. Dort hat man als Tourist eine Chance, die stattlichen Kaiserpinguine vor die Kamera zu bekommen.

Hält sich der Reiseleiter an die aktuellen Richtlinien, dann hat der Tourist besser ein Teleobjektiv dabei. Mehr als 100 Meter sollte sich niemand den possierlichen Vögeln nähern. Pinguine sind sensibel. So stellte man fest, daß Adélie-Pinguine anstrengende Umwege machen, wenn ihnen der gewohnte Pfad zum Meer wegen der Präsenz von Menschen unpassierbar scheint – selbst Stunden, nachdem der Mensch wieder verschwunden war. Auf Flugzeuge oder gar Helikopter reagieren Pinguine mit blanker Panik. Berichte britischer Falkland-Veteranen, denen zufolge Königspinguine über sie hinwegfliegenden Flugzeugen nachsahen und dabei scharenweise umkippten, haben sich indessen nicht bestätigt – die Marine Ihrer Majestät hat es im letzten Sommer nachprüfen lassen.

Momentan macht den Pinguinen der warme Sommer mehr zu schaffen als die Photosafaris. Besonders betroffen sind die 400 000 Kaiserpinguine. 20 000 davon hatten ihre Küken an den Gestaden des Ross-Meeres ausgebrütet, als dort Mitte Januar zwei gewaltige Schelfeistrümmer auf Grund liefen und den Vögeln den Weg zu ihren Nahrungsquellen am Meer abschnitten. Während solche Ereignisse von den Populationen über die Jahre hinweg gut verkraftet werden, ist der langfristige Einfluß des Tourismus auf die antarktische Fauna noch unbekannt. Immerhin, wirklich schlimme Erfahrungen mit den Touristen mußten die Umweltorganisationen bisher nicht beklagen. Manche Beobachter, etwa der Reisebuchautor Jeff Rubin, halten einen umweltverträglichen Antarktis-Tourismus für möglich. Die wenigen Polarforscher der ersten Jahrzehnte, so Rubin, hätten weitaus schlimmer gewütet als alle Touristenhorden unserer Tage.

Heute müssen die Stationen ihren Abfall bis zur letzten Bierdose wieder zurück in ihre Heimatländer schaffen. Der internationale Druck, der das bewirkte, könnte allerdings auch den Reiseveranstaltern in die Parade fahren, glaubt Rubin, wenn immer mehr und immer größere Kreuzfahrtschiffe Kurs auf die Antarktis nehmen. Rubin fordert Selbstbeschränkung der Veranstalter, damit Reisen ins südliche Eis exklusiv und damit ökologisch bleiben. <

Foto Hedghog House, New Zealand

Kalte Ferien sind der teure Kick. Hoffentlich bleiben sie exklusiv.

Vom Eise befreit – der Kontinent ohne weiße Mütze

Grafiken Nasa/Goddard Space Flight Center Scientific Visualization Studio

■ Nicht immer lag die Antarktis am Südpol. Erst vor gut 40 Millionen Jahren erreichte ihre tektonische Platte die jetzige Position. Bis dahin muß sie ein ganz gewöhnlicher Kontinent gewesen sein – mit Flüssen und üppigen Wäldern, durch die Dinosaurier streiften. Dann allerdings begann die Vereisung. Vor spätestens 20 Millionen Jahren hatte der Ostantarktische Eisschild seine heutige Mächtigkeit erreicht. Seither wächst und schrumpft der Eispanzer im Rhythmus der globalen Eiszeiten. Das Computerbild oben links zeigt seine Ausdehnung am Höhepunkt der letzten Eiszeit vor gut 20 000 Jahren. Glaziologen haben dies aus Untersuchungen des Meeresgrundes rings um die Antarktis rekonstruiert. Das Bild rechts daneben zeigt zum Vergleich die heutige Form der Antarktis – auf beiden Bildern wurde die Vertikale zur Verdeutlichung stark übertrieben dargestellt.

Nach Meinung der meisten Forscher hält der Rückzug des antarktischen Eisschildes noch heute an. Ob die gegenwärtige Erwärmung das Abtauen verstärkt oder überhaupt einen Einfluß auf solche langfristigen Prozesse hat, ist unbekannt und Gegenstand aktueller Forschung. Kaum jemand zweifelt aber daran, daß der große ostantarktische Eisschild bis zur nächsten Eiszeit stabil bleiben wird.

Allerdings gab es vermutlich Phasen in der Erdgeschichte, in denen es so warm war, daß selbst die Polargebiete eisfrei blieben. Angenommen, ein solches Zeitalter bräche nun herein und alles Eis taute ab – wie sähe der antarktische Kontinent dann aus? Eine Antwort gibt das dritte Bild. Es zeigt eine aus Radardaten errechnete Karte des Kontinents unter dem Eis. Alle Flächen, die heute unter dem Meeresspiegel liegen, sind mit Blautönen gefärbt. Wie man sieht, würde sich die Westantarktis in einen Archipel aus vielen Inseln verwandeln, Indonesien nicht unähnlich. Der Großteil der Ostantarktis dagegen ragte als echter Kontinent aus dem Meer. Teile davon blieben zunächst überflutet – schließlich stiege der Meeresspiegel durch das Schmelzwasser um mehr als 60 Meter. Mit der Zeit allerdings würden immer größere Landflächen wieder auftauchen. Denn die Eismassen drücken den antarktischen Kontinentalsockel heute um fast 1600 Meter in den Erdmantel. Von der Eislast befreit, würde er sich während einiger hunderttausend Jahre wieder emporheben. <

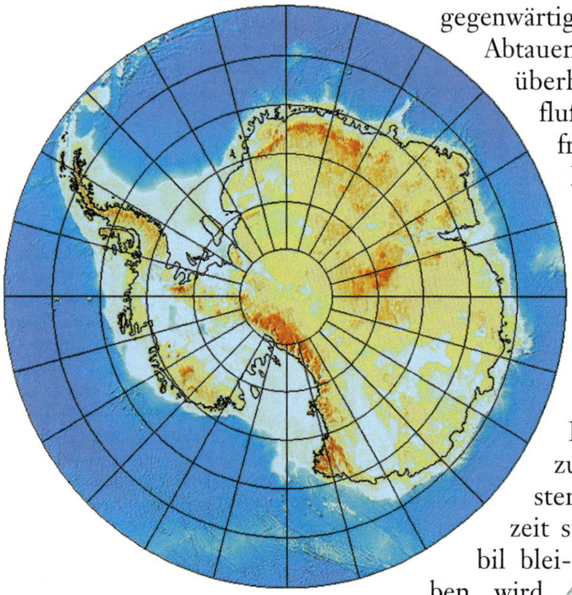

Ohne Eispanzer bestünden Teile der Antaktis nur aus Inseln. Schwarz: der heutige Umriß des Kontinents. Blau: alles unter dem Meeresspiegel.

Grafik BEDMAP Consortium

Irdische Aliens – die antarktische Fauna ist fast nicht mehr von dieser Welt

Die Antarktis ist nicht nur der kälteste Kontinent der Erde, sondern auch mit Abstand der trockenste. Höhere Lebewesen – Polarforscher einmal ausgenommen – halten es da nur an der Küste aus. Und natürlich im Meer. Das zwischen 1° und 4° C kalte Wasser beherbergt enorme Mengen an tierischer Biomasse. Allein die Bestände an Krill, einer in riesigen Schwärmen auftretenden antarktischen Garnelenart, bringen dreimal soviel auf die Waage wie die versammelte Menschheit. Vom Krill, der Lieblingsspeise der Pinguine, Robben und Bartenwale, versprach sich in den siebziger Jahren auch der Mensch die Lösung seiner Ernährungsprobleme – bis sich herausstellte, daß die Panzer der kleinen Krebse erstens ungesunde Mengen an Fluor enthalten und sie zweitens nach dem Fang so schnell verderben, daß sie praktisch nicht zu verarbeiten sind.

Die Geschichte vom Krill ist bezeichnend dafür, wie wenig man noch vor kurzem über die antarktische Meeresfauna wußte. Erst vor wenigen Jahren stellte sich heraus, daß selbst das Packeis vor Leben strotzt, und vorige Woche stellten Forscher von der University of Wales und vom Alfred-Wegener-Institut in der Zeitschrift Science (Vol. 295, p. 641) das Wichtigste über diese seltsame Lebensgemeinschaft zusammen. Eingeschlossen in kleinen Bläschen extrem salzigen Wassers, tummeln sich Algen, Bakterien und andere Einzeller – manchmal so viele, daß sie das Eis braun färben. Unklar ist, wie die auf Sonnenlicht angewiesenen Algen durch die mehrmonatige Polarnacht kommen. Es gibt Hinweise darauf, daß Eis-Algen ihre Ernährung bei Bedarf von Photosynthese auf Verdauung organischen Materials umstellen.

Für Lebensformen in solch extremen Habitaten interessieren sich vor allem die Astrobiologen – eine neue Forscherspezies, die sich der Frage nach der Möglichkeit von außerirdischem Leben verschrieben hat. Ihr Lieblingsrevier sind die Dry Valleys, einen Helikopterflug westlich der McMurdo-Station. In diesen fast eisfreien Tälern sieht es nicht nur aus wie auf dem Mars – das Klima kommt dem des roten Planeten von allen irdischen Orten am nächsten. Seit über zwei Millionen Jahren ist hier kein Tropfen Regen mehr gefallen – und doch regt sich das Leben: spezielle Algen, Bakterien und Pilze, die im Inneren von Steinen hausen, sowie Algenteppiche am Grunde meist ganzjährig zugefrorener Seen. An der Spitze der Nahrungskette – und daher manchmal zum „Löwen der Dry Valleys" erklärt – steht hier ein winziger Fadenwurm (siehe Abbildung). Dieser kann Jahre, vielleicht sogar Jahrzehnte, in einer Art Kälteschlaf ohne jedes Wasser überleben, während er vom Wind wie ein Staubkorn durch die Landschaft getragen wird, was seine Verbreitung befördert.

Noch größere Begeisterung löste bei den Astrobiologen die Entdeckung einer potentiellen ökologischen Nische aus, an deren extraterrestrische Implikationen auch ein Wurm im Kälteschlaf nicht herankommt. Sie liegt tief im Inneren des Kontinentes unter der russischen Forschungsstation Wostok, wo im Juli 1983 die tiefste jemals auf der Erdoberfläche registrierte Lufttemperatur (-89,6° C) gemessen wurde. Anhand von Radardaten wurde 1995 vier Kilometer unter dem Eis ein See aus flüssigem Wasser entdeckt, achtzehnmal so groß wie der Bodensee. Als mit Abstand größte von mehr als 70 Wasserkammern unter dem antarktischen Eis war der „Lake Vostok" zunächst nicht mehr als eine Kuriosität. Dann aber entdeckte die amerikanische Raumsonde Galileo auf der vereisten Oberfläche des Jupitermondes Europa Anzeichen für eine unter dem Eispanzer verborgene Schicht flüssigen Wassers. Die Aussicht, dort könnte sich, ohne Atmosphäre und Sonnenlicht, Leben entwickelt haben, weckte das Interesse der Nasa für den Lake Vostok. Wenn es in der lichtlosen, lediglich von der Erdwärme über dem Gefrierpunkt gehaltenen Wasserblase Leben gab, warum dann nicht auch unter dem Eispanzer des Jupitermondes? Auch evolutionsbiologisch ist der Lake Vostok ein vielversprechendes Forschungsobjekt, mußte doch die Evolution seiner Bewohner – sicher kaum mehr als Bakterien – seit Hunderttausenden von Jahren in völliger Isolation vom Rest der Biosphäre vonstatten gegangen sein.

Die Russen begannen den See anzubohren, um nachzusehen, was darin so schwimmt. Zum Glück wurde die Bohrung 150 Meter vor dem Ziel gestoppt. Weiter geht es erst, wenn man eine sichere Methode gefunden hat, Wasserproben zu entnehmen, ohne den See, das vielleicht letzte noch nicht vom Menschen gestörte Ökosystem des Planeten, mit oberirdischen Keimen zu kontaminieren. Allerdings war die russische Bohrung bereits bis zu einer an die Unterseite der Eisdecke angefrorenen Schicht Seewasser vorgedrungen. In der Tat fanden sich dort Mikroorganismen – allerdings waren sie, wie die Forscher unlängst in einem Artikel in Nature (Vol. 414 p. 603) in fast etwas enttäuschtem Ton schrieben, „relativ modern". <

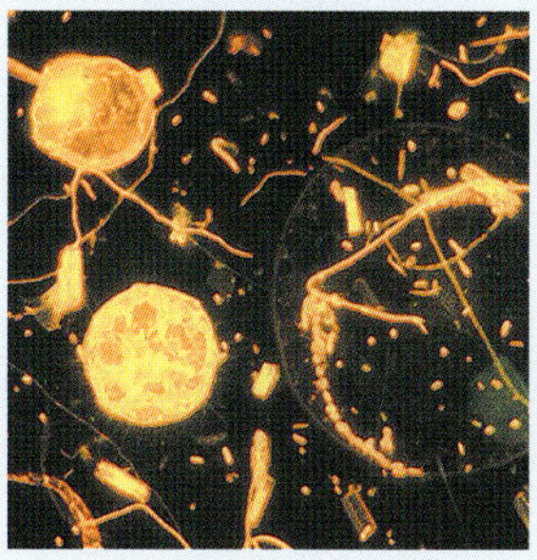

Leben im Packeis. Die Stäbchen sind psychrophile (kälteliebende) Bakterien, die Kugeln Eis-Algen. Sie widerstehen Dunkelheit und hohen Salzkonzentrationen.

Foto Science

In den Dry Valleys unweit der McMurdo-Station sieht es aus wie auf dem Mars. Der komplexeste Organismus hier ist ein 0,1 Millimeter langer Fadenwurm namens Scottnema lindsayae (links).

Foto James Conder, Washington University, St. Louis

Unkontrollierbares Muskelzucken

VON JOCHEN REINECKE

Sommerzeit – Ferienzeit. Pisa-geplagte Schülerinnen und Schüler atmen auf, jetzt sind die Eltern dran. Stellen Sie Ihr interdisziplinäres Wissen auf den Prüfstand! (Die Lösung finden Sie auf Seite 262 dieses Buches.)

Und so geht's – die Rätselaufgabe

Wir drucken hier 26 Fragen aus allen erdenklichen Wissensgebieten, für jeden Buchstaben des deutschen Alphabets eine. Zu jeder Frage gibt es eine Lösung, die jeweils aus einem einzigen Lösungswort besteht. Sie brauchen immer den letzten Buchstaben dieses Lösungsworts. Er weist Ihnen den Weg, welche Frage Sie als nächste lösen müssen.

Beginnen Sie in jedem Fall mit Frage A.

Schreiben Sie eine 1 vor Frage A, beantworten Sie die Frage, und schreiben Sie das Lösungswort dahinter. Angenommen, das Lösungswort zu Frage A wäre „Xavier", dann erhielten Sie als letzten Buchstaben ein R und müßten nun als nächstes die Frage bearbeiten, die mit dem R beginnt. Schreiben Sie eine 2 vor diese zweite Frage. Genauso setzen Sie das fort. Der letzte Buchstabe des Lösungswortes zur zweiten Frage führt Sie zum Titelbuchstaben der dritten Frage, dort schreiben Sie eine 3 hin, und dann wieder das Lösungswort und so weiter.

So hopsen Sie von Frage zu Frage. Wenn Sie es richtig machen, kommen Sie bei jeder der 26 Fragen auf dieser Seite genau einmal vorbei.

Falls also vor dem letzten Schritt ein Lösungswort zu einer Frage führt, die Sie bereits beantwortet haben, dann ist das ein sicherer Hinweis, daß Ihnen irgendwo auf dem Weg ein Fehler unterlaufen ist. Sie würden auf diese Weise ja in eine Endlosschleife geraten, und die restlichen Fragen würden unbeantwortet bleiben. Erst die Lösung der 26. und letzten Frage darf zu irgendeiner schon beantworteten Frage zurückweisen – übrigens nicht zwangsläufig zur Frage A, mit der das Rätsel anfing. Logischerweise muß auch keineswegs die Frage Z die letzte Frage sein.

Wenn Sie nun die 26. und letzte Frage auf Ihrer Springprozession beantwortet haben, dann schreiben Sie als Rätselantwort auf:

1. Das komplette Lösungswort (also nicht nur den letzten Buchstaben) der letzten, 26. Frage.
2. Das komplette Lösungswort der Frage Nummer 13. Welche Frage die Nummer 13 zugewiesen bekommt, ergibt sich erst aus dem Weg durchs Rätsel. Sie sehen also auch daran, alle Fragen müssen tatsächlich gelöst werden. <

Illustrationen Gebrüder Klein

oder halbes Pfefferminz?

A

Aus Frankreich stammt ein Schriftsteller der Gegenwart. Sein mit erotisch expliziten Szenen gespickter zweiter Roman ist ausgerechnet mit einem Begriff aus der Physik betitelt und thematisiert die Möglichkeit des Zusammenbruchs der Menschheit durch die sexuelle Liberalisierung. Wie lautet der für frankophobe Menschen schier unaussprechliche Nachname des Autors?

B

Bargeld liegt in ihr drin. Stellt man ihr zusätzlich ein „Bar" voran, dann kann man auf ihr gemütlich herumschippern. Manchmal klingelt sie. Wovon ist die Rede?

C

Chemiker sind, wenn man sie ärgert, nicht sauer oder zweisilbig, sondern ... und dreisilbig.

D

Der Mann namens Shah Jahan liebte seine Frau Mumtaz so sehr, daß er anläßlich ihres Todes ein riesiges Mausoleum aus Marmor und Edelstein errichten ließ. Der Name dieses Mausoleums besteht aus zwei Wörtern, wir suchen das erste.

E

Er wird manchen Häftlingen gewährt, manchmal ist er ungewiß.

F

Florestan hat im zweiten Aufzug einer gewissen Oper eine Halluzination; er sieht seine Frau Leonore als Engel. Wie heißt die Oper, deren Handlung so verworren ist, daß man als Erstbesucher das Programmheft mindestens viermal hintereinander lesen muß, um die Handlung auch nur ansatzweise zu verstehen?

G

Geboren wurde er 1940 in Werne an der Lippe. Er glaubt zu wissen, was alle Welt wissen sollte, um gebildet zu sein. Wie heißt er mit Nachnamen?

H

Hätte dieser Vierbuchstabige damals nicht so fürchterliches Pech gehabt, dann wäre nach ihm heute keine diplomatische Vertretung benannt. Wie hieß der Mann?

I

Internetadressen besitzen ein sogenanntes Ländersuffix. Für Deutschland lautet es „.de", für Österreich „.at", für die Schweiz „.ch". Wie heißt auf deutsch das Land, das als Ländersuffix einen kurzen Schmerzlaut trägt?

J

Jeder lernt im Deutschunterricht, unser Lösungswort zu benutzen. Hängt man eine um einen Buchstaben verminderte Marderart dran, wird eine Bindehautentzündung daraus.

K

Kontrollverlust, und zwar ziemlich umfassender, läßt sich durch die Einnahme von Lysergsäurediethylamid erreichen. Andere Leute fahren einfach in Urlaub. Für beide Aktivitäten können wir dasselbe Wort benutzen, und dieses Wort ist hier gesucht.

L

Lindemann ist der Nachname eines deutschen Mathematikers, der zuerst bewies, daß eine ganz bestimmte Zahl transzendent ist, was bedeutet, daß jene Zahl nie die Lösung einer algebraischen Gleichung sein kann. Welche Ziffer steht in dieser Zahl an vierter Stelle nach dem Komma? Diese Ziffer wollen wir als Wort geschrieben haben.

M

Mancher ökologisch korrekte Häuslebauer hat einen auf dem Dach, der Nachfolger der Elektronenröhre verfügt ebenfalls über einen.

N

Nofretete war von außergewöhnlicher Schönheit, wie die berühmte erhalten gebliebene Büste von ihr beweist. Das freut nicht nur Archäologen, sondern beglückte vor allem ihren Gemahl, den man unter zwei Namen kennt. Der eine davon fing mit E an. Wie lautete sein anderer Name?

O

Orgelpfeifen werden in Lippen- und Zungenpfeifen eingeteilt. Manche von ihnen sind am oberen Ende offen, andere geschlossen. Für diese geschlossenen Pfeifen gibt es ein altertümlich klingendes Adjektiv. Wie lautet es?

P

Potenzen scheint es auch in Ägypten zu geben – zumindest existiert in der Mathematik der Begriff „Nilpotenz". Wer oder was kann nilpotent werden? Das gesuchte Lösungswort erkennen Sie daran, daß es vor einiger Zeit auch einen Hollywood-Film unter diesem Titel gab.

Q

Quallen sind wunderschön anzuschauen. Nur der Hautkontakt mit ihnen ist mitunter alles andere als wunderschön. In den tropischen Gewässern des Pazifiks lebt eine Qualle, die zu den gefährlichsten Lebewesen der Welt gehört. Sie trägt an die 60 Tentakel von bis zu drei Metern Länge. Diese sind besetzt mit Nesselzellen, deren Gift einen Erwachsenen in wenigen Minuten töten kann. Der lateinische Name dieser Qualle beginnt mit dem Wort Chironex. Wie lautet das zweite Wort?

R

Reaktionsfreudigkeit zeichnet dieses von uns gesuchte chemische Element aus. Außer mit Gold, Platin, Iridium, Stickstoff, Tellur, Iod und den sechs Edelgasen geht es mit allen Elementen chemische Verbindungen ein. Wie lautet sein Name?

S

Sand eignet sich nicht nur zum Abstecken des Strandterritoriums mittels Sandburg. Die Computerindustrie giert nach dem Stoff, aus dem Sand hauptsächlich besteht. In den USA ist ein ganzes Tal nach diesem Material benannt. Wir suchen nach seinem Namen. Apropos, Heinz Erhardt bat einst mit ihm um Ruhe.

T

Tiere und Menschen verfügen über Reflexe. Ein russischer Forscher widmete ihnen einen großen Teil seiner Forschungsarbeit und wurde letztlich dadurch berühmt, daß er einen Hund zum Sabbern brachte. Wie lautet der Nachname des Wissenschaftlers?

U

Unkontrollierbares Muskelzucken oder statt dessen halbes Pfefferminz? Sie haben die Wahl!

V

Von den Einwohnern dieser Stadt kann man angeblich außer dummen Sprüchen und Wortwitzen nicht viel erwarten.

W

Wenn Blitzschlag droht oder die Rede von Kondensatoren ist, fällt sein Name. Nur Dummköpfe denken in diesem Zusammenhang an ein Fortbewegungsmittel. Gesucht wird der Nachname.

X

Xanthippe war nicht nur die Gattin des Sokrates, sondern angeblich auch sehr streitsüchtig. Zu ihrer Ehrenrettung muß man sagen, daß sie mit Sokrates kein besonders leichtes Leben gehabt haben kann, denn er brachte kein Geld nach Hause, sondern trieb sich statt dessen barfuß, mit Jünglingen diskutierend, auf den Straßen von Athen herum. Der Name Xanthippe leitet sich unter anderem vom griechischen Wort für ein bestimmtes Tier ab. Wie nennen wir dieses Tier im Deutschen?

Y

Y ist der zweite Buchstabe im Wort, das wir nun suchen. Das Wort bezeichnet die Wissenschaft von der automatischen Regelung und Steuerung lebender Organismen oder Maschinen.

Z

Zweideutigkeit zeichnete die Weissagungen einer gewissen Pythia aus. Das berühmteste Beispiel hierfür ist wohl die Geschichte des Krösus, der gegen Persien in den Krieg ziehen wollte und diese Dame um Rat fragte. Pythia antwortete ihm, wenn er nach Persien zöge, würde ein großes Reich zerstört werden. Krösus war erfreut und marschierte mit seinem Heer los. Leider war das große Reich, das dabei zerstört wurde, sein eigenes. Pythia war eine Priesterin des Orakels von ... ?

Floppologie könnte man jenen Zweig der Technikgeschichte nennen, der sich mit gescheiterten Innovationen befaßt.

Gut ausgedacht, trotzdem ausgelacht

Die meisten Innovationen scheitern. Und als Siegerin geht nicht unbedingt die beste Idee aus dem Wettbewerb hervor. Ob sich eine Neuerung durchsetzt, hängt von den vorgefundenen Umständen ab. Von Firmenleitungen etwa, von Fußgängern, Sekten – oder von den Ratten.

VON GERO VON RANDOW

Seit wenigen Tagen fallen Leute in San Francisco auf, die ihre Mitmenschen um Haupteslänge überragen und beim Fortbewegen den Körper in die Kurve legen. Sie fahren einen „Segway". Die beiden Räder dieses elektrischen Rollers sind nicht hintereinander, sondern rechts und links einer kleinen Plattform angeordnet, darauf der Mensch steht und durch Verlagerung seines Körpergewichts das Gefährt lenkt.

Zur Zeit gibt es den Segway zwar nur im Vorverkauf, die Auslieferung beginnt im März 2003. Aber für rund 5000 US-Dollar dürfen einige Bevorzugte schon jetzt zeigen, daß sie mit der Zeit rollen. Dean Kamen, sein Erfinder, preist den Roller als Vehikel einer Revolution. Endlich sei der Mensch in einem Umkreis beweglich, den er bislang umweltfeindlich mit dem Auto abgefahren habe. Steve Jobs von Apple dröhnte gar, in Zukunft würde man die Städte rund um den Segway bauen.

Doch die Verhältnisse, sie sind nicht so. Auf der Fahrbahn erweist sich das Gerät eher als Verkehrshindernis, Fußgänger wiederum dürften es als eine weitere Waffe im Kampf gegen ihre Freiheit und Sicherheit erleben – als wenn Fahrräder und Inline-Skates nicht schon Plage und Gefahr genug wären. Im „Land der Dicken und der Klagewilligen", wie es ein amerikanisches Technikblatt ausdrückte, hat der Segway beste Chancen, zum Beispiel einer Fallgruppe zu werden, die Technikhistoriker „failed innovations" nennen: gescheiterte Innovationen. Die Geschichte der Fahrzeuge ist voll davon.

In den späten Siebzigern setzten sich Ingenieure des schwedischen Volvo-Konzerns in ihrer Freizeit zusammen, um ein Fahrrad aus Plastik zu entwickeln – billiger und strapazierfähiger als der alte Stahlesel, produziert im Spritzgußverfahren.

Der Rahmen mußte mindestens so steif wie der eines herkömmlichen Damenrades sein, damit der Fahrer sich sicher fühlte. Röhren sind schön steif, aber Spritzguß ließ nur offene Querschnitte zu; alle Verstrebungen blieben folglich offen, weshalb sie dicker ausfallen mußten als die gewohnten Stahlrohre. Auch Vorder- und Hinterrad wirkten klobiger als üblich. Der Vorteil, daß sie nicht aus vielen zusammenmontier-

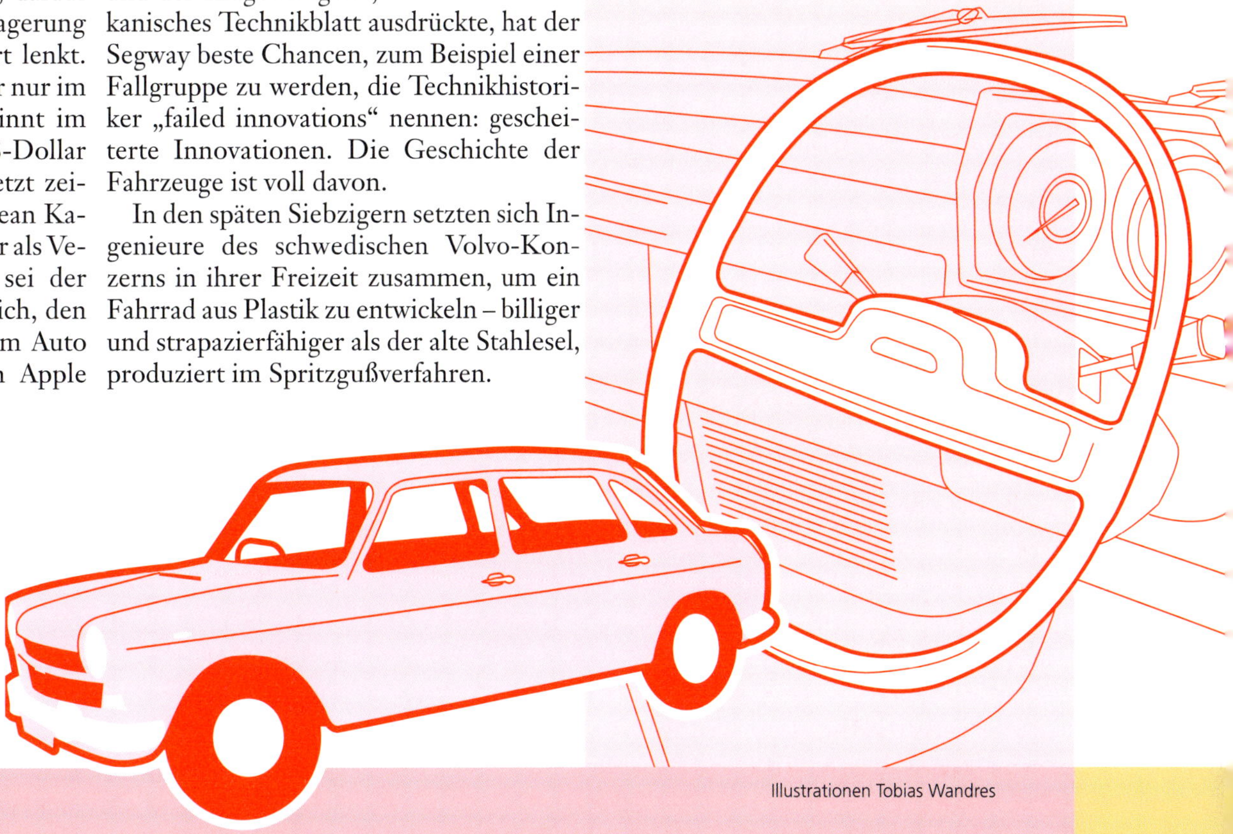

Das eckige Lenkrad des Austin Allegro demonstrierte den ungehemmten Willen zum Neuen. Leider schluderten die Ingenieure im Detail, und das Technikwunder erntete Hohn und Spott.

Illustrationen Tobias Wandres

Tolle Idee: eine Eisenbahn, betrieben mit Luftdruck. Zwischen den Schienen eine Röhre, in der sich ein mit dem Triebwagen verbundener Kolben bewegte – angetrieben vom Vakuum, das vor ihm erzeugt wurde. Leider fraßen die Ratten die Abdichtung.

ten Einzelteilen bestanden, wurde durch die in Plastik gegossene Häßlichkeit wieder aufgewogen. Und so ging es immer weiter; das Rad, das 1980 unter dem Namen „Itera“ vorgestellt wurde, sah einfach lächerlich aus, so modern es auch war.

Niemand wollte es haben: eine „failed innovation“.

Gescheiterte Innovationen sind Erfindungen, die zwar funktionieren und Vorteile bieten, aber unglücklicherweise mit der Welt im Widerspruch liegen, in die sie geboren wurden. Wie die tabaklose Zigarette des Reynolds-Konzerns. Das zugegebenermaßen rauch-, asche-, nikotin- und teerfreie Produkt namens „Premier“ wurde Ende der achtziger Jahre unter großem Jubel angekündigt – und entpuppte sich als miefende Attrappe. Ein 325-Millionen-Dollar-Reinfall.

Ähnlich wie die farblose Crystal Pepsi oder, prominenter noch, der McLean Deluxe – eine Gesundheits-Semmel von McDonald's, die vor rund zehn Jahren Grünes und Gesundes bot, nur eines nicht: das füllende Hamburgergefühl. Derartige Produkte widerlegen sich selbst. Sie sind Kopfgeburten von Entwicklern, die an das Unmögliche glauben: Zigaretten, Cola und Hamburger für Leute, die Zigaretten, Cola und Hamburger hassen.

Immerhin hatten sie es von der Idee bis in die Wirklichkeit geschafft: Damit war ein notwendiges Tatbestandsmerkmal der „failed innovation“ erfüllt. Als zweites Merkmal muß hinzukommen, daß die Innovation wieder von der Bühne abtrat, ohne das investierte Geld hereinzuspielen. Der Vater dieser Definition ist Reinhold Bauer von der Bundeswehr-Universität Hamburg. Der Kfz-Techniker und Historiker – eine seltene Kreuzung – setzt das Werk seines Lehrers Hans-Joachim Braun fort: Vor zehn Jahren hatte Braun zu einem mittlerweile legendären Symposium namens „failed innovations“ geladen.

Es hätte das Gründungstreffen einer gleichnamigen Forschungsrichtung werden können und damit einer echten Innovation der Geschichtswissenschaft. Doch diese Innovation hat sich ironischerweise noch nicht recht durchsetzen können. Sie paßt schlecht in eine Welt, in der Innovation gedankenlos mit Erfolg gleichgesetzt wird.

Bis heute ist es dabei geblieben, daß es zwar Einzelstudien, nicht aber eine Theorie oder wenigstens ein weithin akzeptiertes Forschungsprogramm gibt. „Alles Einzelkämpfer“, sagt Bauer über seine Kollegen Fehlschlagforscher. Obwohl doch das Scheitern der Regelfall der Technikgeschichte sei.

Was zunächst nicht verwundert: Es muß, wie in der Natur, vieles ausprobiert werden. Und dann siegt das Beste? Nein, es geht wie bei Darwin zu: Nicht die optimale Lösung gewinnt, sondern diejenige, die besser als andere auf die Umstände paßt, auf die sie zu einem bestimmten Zeitpunkt trifft. Und was nicht passen will, muß weichen.

Das Scheitern nachzuvollziehen wird dem Historiker nicht leichtgemacht. Wann immer Reinhold Bauer nach „failed innovations“ sucht, verschwinden sie wie ein Geist. Die Hüter der Firmenarchive behaupten entweder, sie besäßen keine Unterlagen mehr über Fehlschläge – oder solche seien in ihrem Unternehmen nie vorgekommen.

Reiche Beute indes bietet den Floppologen das Weltabenteuer der Computerisierung. Der Apple Newton ist ein Beispiel. Zu Beginn der neunziger Jahre waren die Strategen der Firma davon überzeugt, daß Palmtops mit Handschrifterkennung „das nächste große Ding“ seien. Angstvoll glaubten sie, Microsoft könnte ihnen zuvorkommen, und setzten das Newton-Team unter Druck: Der Kleincomputer

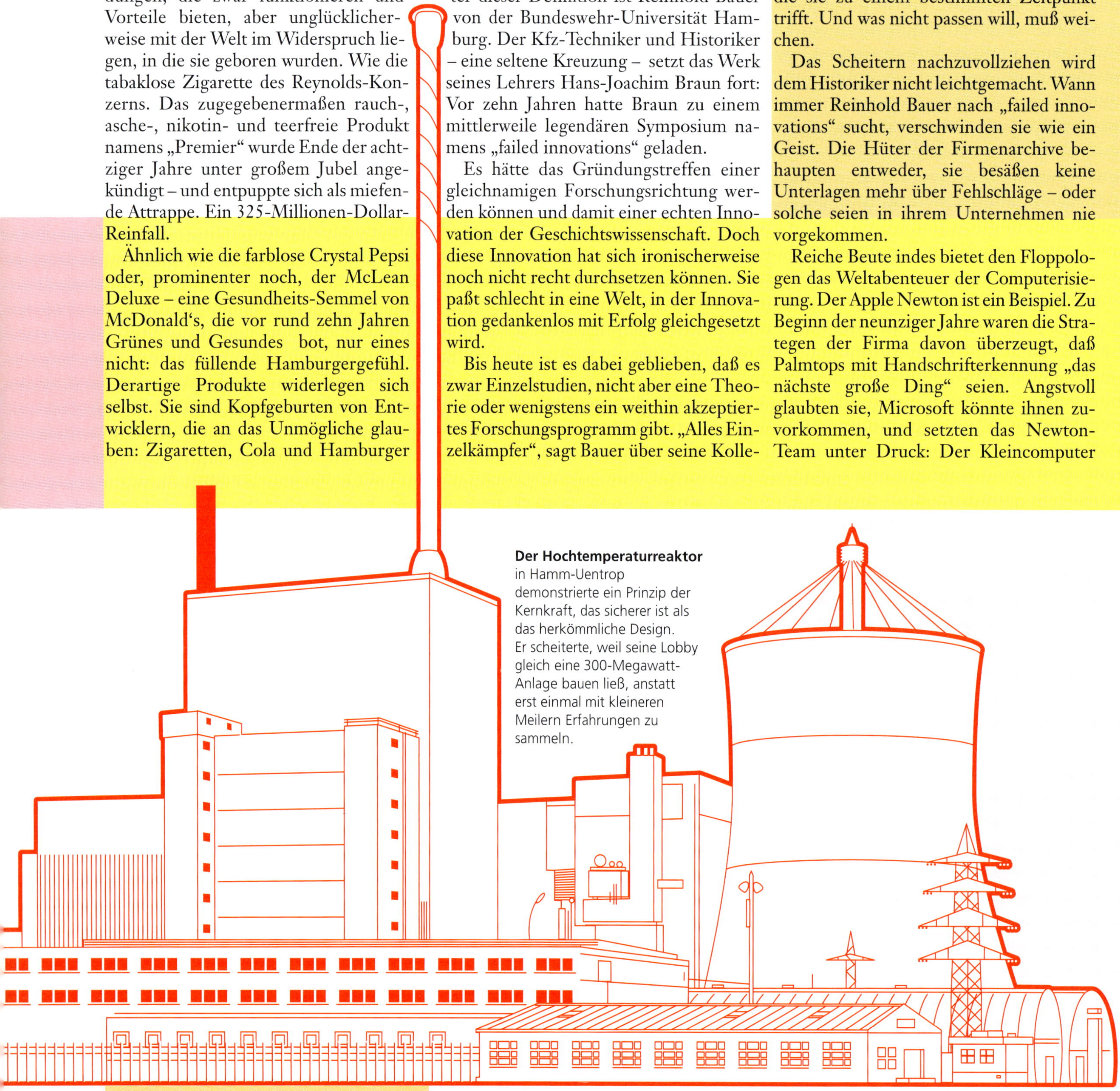

Der Hochtemperaturreaktor in Hamm-Uentrop demonstrierte ein Prinzip der Kernkraft, das sicherer ist als das herkömmliche Design. Er scheiterte, weil seine Lobby gleich eine 300-Megawatt-Anlage bauen ließ, anstatt erst einmal mit kleineren Meilern Erfahrungen zu sammeln.

sollte vielseitiger, billiger und vor allem früher lieferbar sein als geplant, um die von der Konkurrenz heraustrompeteten Eckdaten zu übertrumpfen. „Er kann Ihre Handschrift lesen", behauptete die Marketingabteilung, dem Protest der Entwickler zum Trotz, die es besser wußten. 1993 dann stolperte ein klobiger Palmtop auf den Markt, ein eher mühevolles Gerät. Apple versuchte noch, den Newton nachzubessern und zu retten, doch weil in der Entwicklungsphase geschludert worden war, half nichts mehr. Im März 1998 gab Apple die Produktion auf – wenige Wochen später begann der Siegeszug von Palm.

Technik braucht Zeit zu reifen. Die Mißachtung dieses Gesetzes ließ schon viele Innovationen scheitern. Den Austin Allegro der frühen Siebziger beispielsweise, ein Auto, dessen viereckiges Lenkrad ungehemmten Willen zur Innovation dokumentierte: Allegro bot allerhand Neues, wie zum Beispiel einen thermostatisch geregelten Ventilator, doch offenbar mußten die Ingenieure ihr Produkt huschhusch auf den Markt jagen, weshalb es dann beispielsweise hineinregnete in das allradgetriebene Technikwunder.

Als deutsches Beispiel ragt „Growian" hervor, ein Windrad mit 100 Metern Turmhöhe und einer Leistung von drei Megawatt. In den vier Jahren seines Betriebs stand es aufgrund unzähliger Probleme mit Material und Konstruktion fast durchgehend still, bis das Projekt im Herbst 1987 beerdigt wurde: Man wollte zu früh hoch hinaus. Wie im Fall des Hochtemperaturreaktors von Hamm-Uentrop. Anstatt erst einmal Erfahrungen mit kleinerem Design zu machen, mußten es gleich 300 Megawatt sein. Allzu vieles klemmte und ging schief, 1989 wurde die Innovation beerdigt – durchaus zur Freude der Mehrheitsfraktion des Atomkapitals, die mit ihrer sicherheitstechnisch unterlegenen, aber bereits profitablen Kerntechnik herkömmlichen Typs unangefochten weiterwirtschaften konnte.

Gleich die dicken Dinger bauen: Dieser Versuchung fielen auch die Protagonisten der Brütertechnik anheim, ebenso die wildgewordenen Informatiker mit ihren barocken Management- und Produktionssystemen der neunziger Jahre und im vergangenen Jahr die Helden der Zeppelinfirma „Cargolifter".

Mit Liebe zum Detail ist der Reinfallforscher Reinhold Bauer dem Scheitern des Hydrobergbaus im Ruhrgebiet nachgegangen, der gleichfalls eine große Sache werden sollte. In den frühen siebziger Jahren hoffte die Ruhrkohle AG (RAG), mit Hilfe einer neuen Technik – und viel Subvention, aber das versteht sich von selbst – dem Zechensterben begegnen zu können: Kohleabbau mit Wasserwerfern und hydraulische Förderung des Kohle-Wasser-Gemischs. Der Abbau ungünstiger Lagerstätten sollte sich auf diese Weise rentieren; überdies versprachen die Ingenieure den Bergleuten leichtere Arbeit sowie erhöhte Sicherheit, denn die Technik sollte unter Tage weitgehend ohne elektrische Antriebe auskommen, also auch ohne Funkenschlag. Nach ein paar Versuchen wurde die Steinkohlenzeche „Hansa" in Dortmund-Huckarde auf Hydrobergbau umgerüstet.

Ein Desaster. Die Kohle der „Hansa" erwies sich als hartgummiartig und widerstand dem Wasserstrahl. Das taube Nebengestein wiederum quoll auf und deformierte die Förderrinnen. Die Bergleute litten darunter, daß es unter Tage wie in einer Sauna zuging; eine Grubengasexplosion am 23. März 1979 schließlich widerlegte die Mär von der höheren Sicherheit. Die RAG mußte den Hahn zudrehen.

Reinhold Bauer wollte natürlich wissen: Warum kam es überhaupt so weit? Nun, einer der Vorversuche war hoffnungslos unterdimensioniert, der andere hatte auf einer Zeche mit weitaus günstigeren geologischen Bedingungen stattgefunden. Man berief sich auf Wissenschaft und Technik, doch was dominierte, war der Wille zum Können. Die im Hintergrund arbeitende Subventionsmaschinerie mag den Sinn für das Risiko zusätzlich eingetrübt haben.

Subventionen! Sie geben mancher Innovation den Todeskuß. Der Transrapid beispielsweise will in Deutschland bislang nicht recht vom Fleck kommen – und wa-

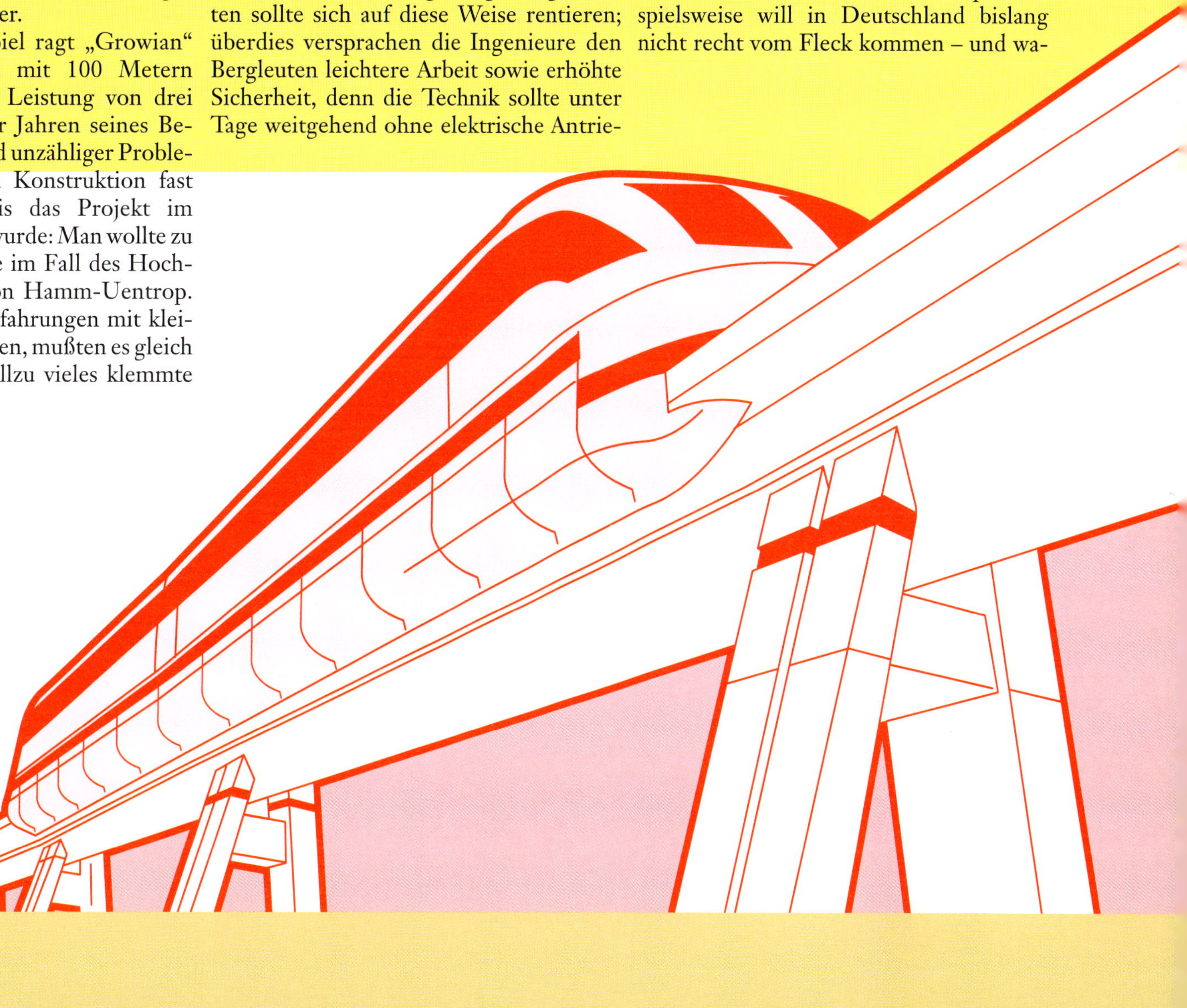

Transrapid, die deutsche Magnetbahn, ist eine gut funktionierende Technik. Doch ihre Verfechter haben bisher keine Strecke ins Auge gefaßt, auf der diese Innovation ihren größten Vorteil ausspielen kann: die Geschwindigkeit. Und wieder droht der Flop.

rum? Womöglich, weil sich seine Lobby darauf versteift hat, eine subventionierte Kleinstrecke bauen zu lassen (erst Hamburg–Berlin, die Münchner Flughafenverbindung oder das Ruhrgebiet). Ihren Geschwindigkeitsvorteil kann die Magnetbahn indessen nur auf Langstrecken voll ausfahren, also Berlin–Moskau beispielsweise. Doch die lockenden Subventionen scheinen jeden Versuch zu verhindern, den Transrapid einer echten Verkehrskonkurrenz auszusetzen.

Tückisch sind insbesondere jene Fälle, in denen nicht das neue Prinzip selbst, sondern seine Einbettung in die übrige technische Welt falsch beurteilt wird. In den dreißiger Jahren des 19. Jahrhunderts entwickelten englische Ingenieure den Plan, zwischen Eisenbahnschienen ein Rohr zu legen. Darin sollte ein Kolben auf und ab fahren, der mit dem Triebwagen verbunden war. Man pumpe nun vor dem Wagen die Röhre leer – und das Vakuum saugt den Zug von Station zu Station. Auf kleineren Versuchsstrecken funktionierte das auch, weshalb sich Anfang der vierziger Jahre der legendäre Bahningenieur Isambard Kingdom Brunel der Sache verschrieb.

Der erste reguläre Betrieb begann im Jahre 1847. Entlang einer Küstenstrecke erzeugten mächtige Dampfmaschinen den Unterdruck, und tatsächlich, der Zug glitt leise, sauber und mit beeindruckender Geschwindigkeit von 80 km/h dahin. Nur leider gab es ein Problem: die Verbindung von Kolben und Triebwagen. Für sie mußte ein Schlitz im Luftdruckrohr gelassen werden. Wie sollte man ihn abdichten? Mit drahtverstärkten Lederbändern. Besseres gab es damals nicht. Aber Leder kann hart werden, bei Hitze und Kälte, oder wenn es zwischendrin feucht wurde. Also imprägnierte man es mit Fischwachs. Man hätte den Ratten rechts und links der Strecke keine wirksamere Einladung geben können.

Weniger dürfte ihnen der Sog der Pumpstationen gefallen haben. Mangels geeigneter Filter schlürften die Maschinen alles Bewegliche aus ihrer näheren Umgebung und spuckten es sodann ins System. Diese und weitere Mißlichkeiten führten schließlich dazu, daß die Luftloks keine Chance hatten gegen die Dampfloks, die ihren Energieerzeuger an Bord mitführten – und einen weiteren Vorteil aufwiesen: Das Luftdruckprinzip erlaubte stets nur einen Triebwagen pro Strecke, die Zahl der auf ihr fahrenden Dampftriebwagen indes war im Prinzip unbegrenzt.

Auch die soziale Wirklichkeit ignoriert niemand ungestraft. Dies mußten Ingenieure der Firmen AEG und Siemens-Schuckert erfahren, die um die Wende zum 20. Jahrhundert auf die Idee verfielen, Strom aus den Überlandleitungen tagsüber in elektrische Pflug-Anlagen zu speisen, um ihn dann abends vorrangig in den Städten anzubieten. Doch im Deutschland westlich der Elbe, wo kleine Höfe vorherrschten, waren die Landwirte nicht zur gemeinschaftlichen Investition in die Technik zu bewegen; im Osten wiederum, wo die großen Güter dominierten und die Landwirtschaft sich schneller mechanisierte, ging die Elektrifizierung der Städte zu langsam voran. Die elektrische Idee flackerte trübe vor sich hin, und das Licht ging endgültig aus, als mit dem Traktor eine mobile Maschine auf den Höfen auftauchte, die beinahe so vielseitig wie ein Pferd war.

Bisweilen kommt es vor, daß Innovationen scheitern – und dann im zweiten Anlauf doch noch gewinnen, wie zum Beispiel der Mikrowellenherd. Percy Spencer, ein Ingenieur der Rüstungsfirma Raytheon, kam in den frühen vierziger Jahren auf den Trichter. Im Kern bestanden deren Radargeräte aus einem pulsierenden Mikrowellensender, und angeblich schmolz Mr. Spencer beim Herumschrauben an einem solchen „Magnetron" ein Schokoriegel in der Hosentasche.

Wie auch immer, ihm kam der Gedanke, Mikrowellen in ein Metallgehäuse zu senden, um ein elektromagnetisches Feld hoher Dichte entstehen zu lassen, dessen Energie die Flüssigkeiten im Essen zum Kochen bringen sollte. Was auch gelang, und 1947 brachte Raytheon den ersten Mikrowellenherd heraus. Der war etwa 1,70 Meter groß und wog 340 Kilogramm: ein Trumm für 5000 Dollar (wie der Segway), für dessen Installation der Klempner gerufen werden mußte, denn der Apparat bedurfte der Wasserkühlung. Nur unwesentlich kleiner fiel das Nachfolgemodell aus, das „Radarange" hieß; nicht Werbetexter waren auf den küchenfremden Na-

Mikrowellenherde der ersten Generation sahen aus wie Industrieöfen. Der Name „Radarange" eignete sich auch nicht gerade dazu, die Hausfrau anzutörnen.

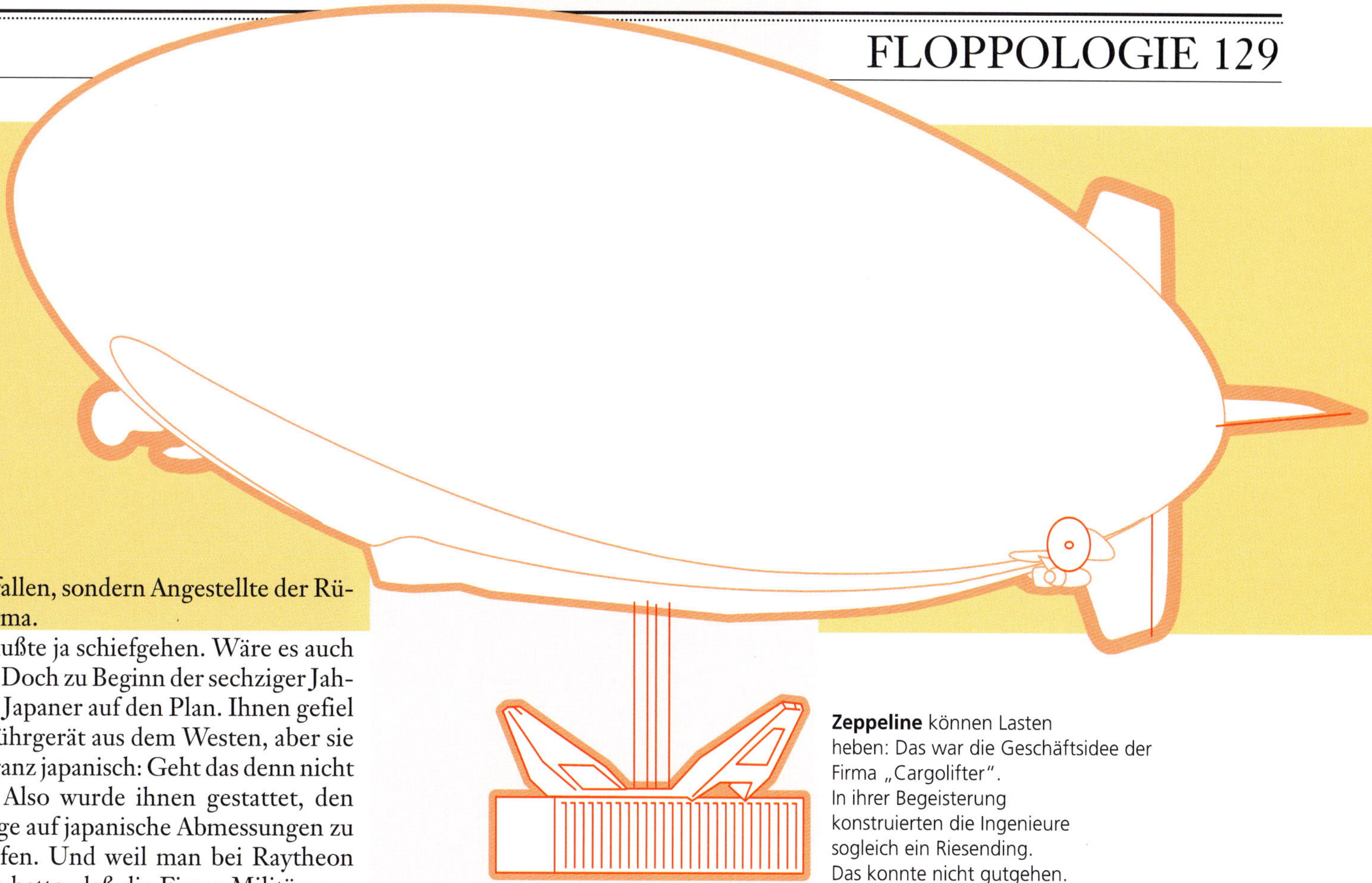

men verfallen, sondern Angestellte der Rüstungsfirma.

Das mußte ja schiefgehen. Wäre es auch beinahe. Doch zu Beginn der sechziger Jahre traten Japaner auf den Plan. Ihnen gefiel das Vorführgerät aus dem Westen, aber sie fragten ganz japanisch: Geht das denn nicht kleiner? Also wurde ihnen gestattet, den Radarange auf japanische Abmessungen zu schrumpfen. Und weil man bei Raytheon begriffen hatte, daß die Firma Militärzeug an den Mann, nicht aber Küchengeräte an die Frau bringen konnte, wurde ein Verkaufsgenie angeheuert: George Foerstner. Er war der Marketingchef der Armana-Religionsgemeinschaft, die vom Verkauf handgemachter Bierkühler lebte. Foerstner besah den Radarange, schloß sich dem Urteil der Japaner an und machte es zur Bedingung seines Engagements, daß die zu verkaufende Maschine nicht größer als ein Airconditioner und nicht teurer als 499 Dollar würde. Gesagt, getan. Mit einem handlichen Gerät, das nun auch keine aufwendige Installation mehr verlangte, zog Foerstner schließlich durch die Städte und pries nicht etwa die neuesten Errungenschaften der Radar-Ingenieure, sondern die Tatsache, daß die Maschine superpraktisch sei. Ihm kam zugute, daß es nunmehr auch genügend Einpersonenhaushalte sowie Doppelverdiener mit Kindern gab – das Gerät harmonierte mit der Welt.

Woraus sich ein weiteres Mal lernen läßt, daß keine Innovation die Garantie ihres Erfolges in sich trägt: Sie muß auch passen. Doch ob die richtigen Umstände zusammentreffen, um eine Innovation freudig zu empfangen und zu nähren, das ist, um es mit einem philosophischen Begriff zu sagen, kontingent: kann sein, muß aber nicht.

Die Gegenwart markiert also mitnichten die Spitze des Fortschritts, sondern sie ist nur das, was von der Vergangenheit übriggeblieben ist. Und so kommt es, daß unsereins nicht in der besten aller möglichen Welten lebt. <

Zeppeline können Lasten heben: Das war die Geschäftsidee der Firma „Cargolifter". In ihrer Begeisterung konstruierten die Ingenieure sogleich ein Riesending. Das konnte nicht gutgehen.

Der „Apple Newton" fiel nicht weit. Die Verkaufsmanager setzten die Entwickler unter Zeitdruck, und heraus kam ein unausgereifter Technoklotz. Bald wurde die Produktion wieder eingestellt. Wochen später kam Palm Inc. und räumte den Markt ab.

„Itera" hieß das Plastikfahrrad aus Schweden, hergestellt im billigen Spritzgußverfahren. Der Gummi-Esel bestand nur aus wenigen Teilen und war robust. Doch leider sah er so häßlich aus, daß niemand auf ihm reiten wollte.

Toleranz und Stabilität, *spielend gelernt*

Technikgeschichte beschreibt nicht nur Sachen, sondern auch Sozialbeziehungen. Zum Beispiel das Familienleben.

Knaben und Muttern: Frauen kamen in der Welt der Metallbaukästen nicht vor. Dieses Umschlagbild zierte ein Anleitungsbuch aus den späten fünfziger Jahren.

VON GERO VON RANDOW

Peter Fahrbach ist Bankdirektor im Ruhestand. So steht's auf seinem Briefkopf. Wie bei Bankdirektors sieht es bei ihm zu Hause im niedersächsischen Großburgwedel auch aus. Wer sich im Wohnzimmer umschaut, käme wohl niemals von selbst auf den Gedanken, daß in den Kellerräumen darunter eine andere Welt existiert. Eine Grotte der Phantasie, der Träume und der Sehnsucht. „Geh'n wir mal nach unten", sagt Peter Fahrbach mit weicher Stimme, und seine Frau lächelt wissend.

Unten steht der Eiffelturm.

Mannshoch ist das Modell, zusammengeschraubt aus den Teilen des Spezialbaukastens Nr. 1089, den die Göppinger Firma Märklin vor 13 Jahren zum hundertsten Geburtstag des Pariser Metallturms herausbrachte („in stabiler Holzkiste").

Kein Kinderspiel. Ebensowenig wie die unvollendete Arbeit am Riesenrad aus Metallteilen. Oder die Fertigung des DO-X-Flugzeugmodells, die einst Peter Fahrbachs Schwarzwaldurlaub würzte. „Im Hotelzimmer", wie er sagt.

Zwischen den Modellen im Keller findet das Bügelbrett nur knapp Platz. Dahinter bezieht jetzt Helga Fahrbach Stellung. Ihr Blick wandert von der Wäsche zu ihrem Mann, der in Fahrt kommt und Schublade um Schublade eines selbstgefertigten Schranksystems aufzieht: „Alles Originalteile." Grüne Balken, rote Platten, blaue Räder, metallen und gelocht, zusammengehalten mit Briefklemmen. Irgendwo hinter der 22 Quadratmeter großen Modelleisenbahnlandschaft – nein, darüber wollen wir heute nicht sprechen – wuselt er die alten Anleitungsbücher hervor. Liebevoll illustriert sind sie, realistischer noch als Fotos, jahrzehntealte Vorgänger einer späteren, hyperrealistischen Kunstrichtung.

In der Tat: Einen echten Künstler hatte die Spielzeugfirma einst in ihren Diensten, den Wiener Grafiker Josef Danilowatz. Er illustrierte seinen ersten Märklinkatalog 1929 und seinen letzten 1939. Nebenher karikierte er Politisches für den „Simplicissimus“ und für die Wiener „Muskete“, weshalb ihn die deutsche Reichskulturkammer nach der Einverleibung Österreichs mit Berufsverbot belegte; aber damals wurden eh keine neuen Metallbaukästen mehr geplant, die Waffenproduktion fraß alles Material. Der Maler starb im November 1945.

Die Anleitungsbücher rufen Erinnerungen wach. Stimmt, so war das mit dem Differentialgetriebe – wirklich ein geniales Prinzip. Und die Kreuzgelenkkupplung. Der Flaschenzug. Da ist ja auch die Drahtseilbahn, die der Vater des Besuchers einst gebaut hatte, die obere Station war auf der Gardinenstange im Wohnzimmer angebracht.

Peter Fahrbach nickt weise. Ein Vater-und-Sohn-Spielzeug. Symbol der heilen Familienwelt. Wer schraubte, der lernte etwas über Konstruktion, Toleranz und Stabilität, im technischen wie im übertragenen Sinne. Die späteren, nur für Große bestimmten Großbaukästen von Märklin markierten bereits den Niedergang dieses Spielzeugtyps, dessen Aura daher rührte, daß Jung und Alt ein Ingenieurteam bildeten.

Wer die Kurbel dreht, kann mit diesem Gabelstapler Lasten heben. Besser ist es, das gehobene Gewicht durch ein Gegengewicht auszugleichen. Wie im richtigen Leben.

Die kurzbehosten Knaben von einst, die heute noch Lagerbügel und Klemmuffen, Lochscheibenräder und Ritzel anleitungstreu montieren, spielen längst allein. Im Kinderzimmer herrschen Plastikpuppen und Konsolen. Folglich begrenzt kein Sprößling den Schaffensdrang der Schrauber mehr, und die Unverheirateten unter ihnen („das sind viele“, sagt Helga Fahrbach) geraten vollends außer Kontrolle. Modelle türmen sich auf dem Eßtisch, und mancher Metallmann lebt in einer Metallwelt, die er allenfalls verläßt, um Gleichgesinnten seine Modelle zu zeigen.

Im Sinne des Erfinders ist das nicht. Frank Hornby aus Liverpool, kaufmännischer Angestellter und nicht etwa Ingenieur, war irgendwann Ende des 19. Jahrhunderts auf die Idee gekommen, für seine beiden Söhne einen Metallbaukasten zu entwerfen. Angeblich ließ er sich während einer Bahnreise von den vorbeiziehenden Stahlkonstruktionen inspirieren, so jedenfalls steht es in dem schönen Buch „Eisenzeit“, 1995 herausgegeben vom Nürnberger Spielzeugmuseum. Es war die große Zeit der Skelettbauweise, und der Eiffelturm ihr Emblem.

Hornbys Erfindung (Deutsche, die anderen auf die Nerven fallen wollen, weisen auf das Patent der Gebrüder Lilienthal für einen Konstruktionskasten aus Holz hin) ließ sich zu Geld machen. „Meccano“ hieß der 1901 patentierte Kasten bald und wurde zum Welterfolg. Er ist es bis heute, inklusive einer im Internet kommunizierenden Meccano-Bewegung. Alles Erwachsene.

In Deutschland vermarktete die Firma Märklin den Meccano-Kasten; im Ersten Weltkrieg dann wurden die Patente zur Kriegsbeute und von Märklin „erworben“, so formuliert es die offizielle Firmengeschichte. Mit dem nun deutschen Märklin-Kasten konnte nach dem Krieg die „Industrialisierung der Kinderzimmer“ beginnen, wie es in dem genannten Buch heißt: Die Moderne brach „mit dem falschen Schein der Kaiserzeit. Der rechte Winkel, die geometrischen und räumlichen Grundformen dominierten, die Dekoration fiel dem Ansturm der Sachlichkeit zum Opfer. Das Grundmaterial selbst, nicht seine Überformung, sollte sichtbar werden.“

Bauhaus eben. 1929 kamen Farben hinzu. Doch Verkleidungen, die das Skelett verdeckten, waren damals nicht vorgesehen; die schamhafte Verhüllung des Technischen mit Blech sollte später kommen: 1947, mit dem ersten Märklin-Kasten nach dem Hitlerkrieg. Schon in diesem frühen Nachkriegsjahr trumpfte die Firma mit dem „Grundkasten Nr. 104“ auf, der 1162 Teile umfaßte, und bald darauf mit einem Kasten von 2179 Teilen, der 14,8 Kilogramm wog. Dem Wiederaufbau stand nichts mehr im Weg. Zu Weihnachten 1949 bekam auch Peter Fahrbach seinen ersten Märklinbaukasten geschenkt.

„Du und dein Stabilbaukasten“, sagt Helga Fahrbach. Ihr Mann korrigiert sie nicht. Obwohl es doch gar kein Stabilbaukasten ist, jedenfalls nicht im engeren Sinne. „Stabil“ war der Markenname der Kon-

Dreirädrige Transporter fahren heute nicht mehr, und auch der Metallbaukasten ist Vergangenheit. Nur eine Szene Unentwegter pflegt das Hobby noch.

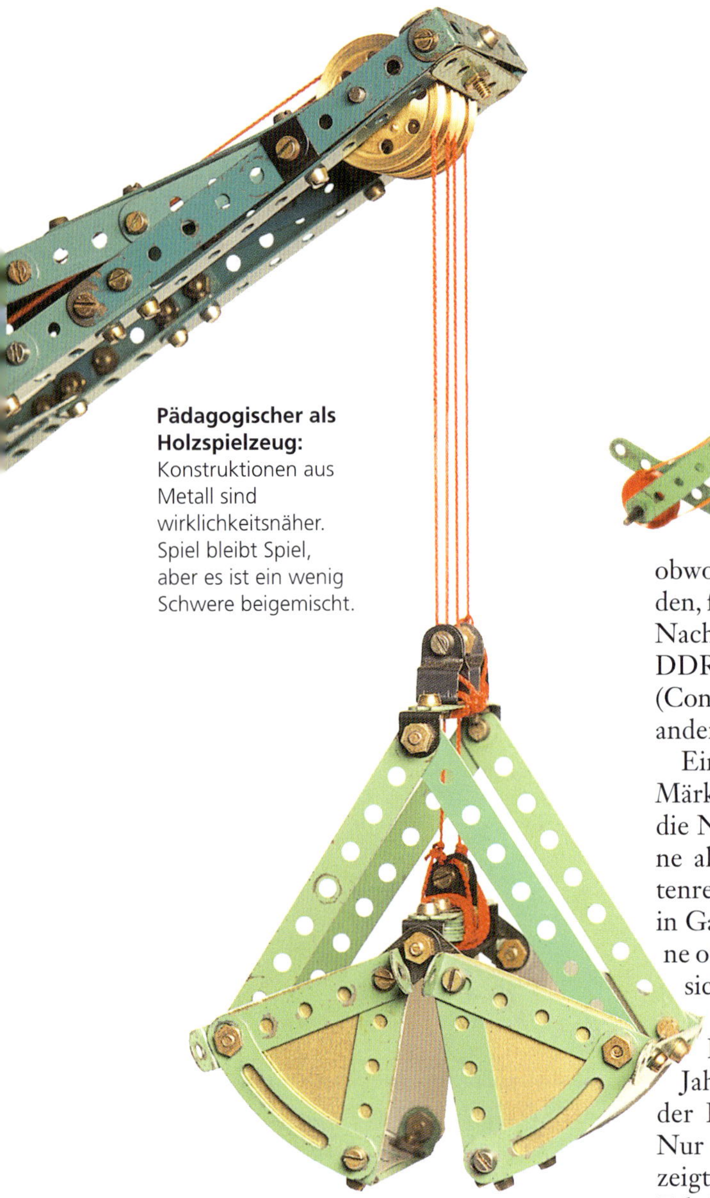

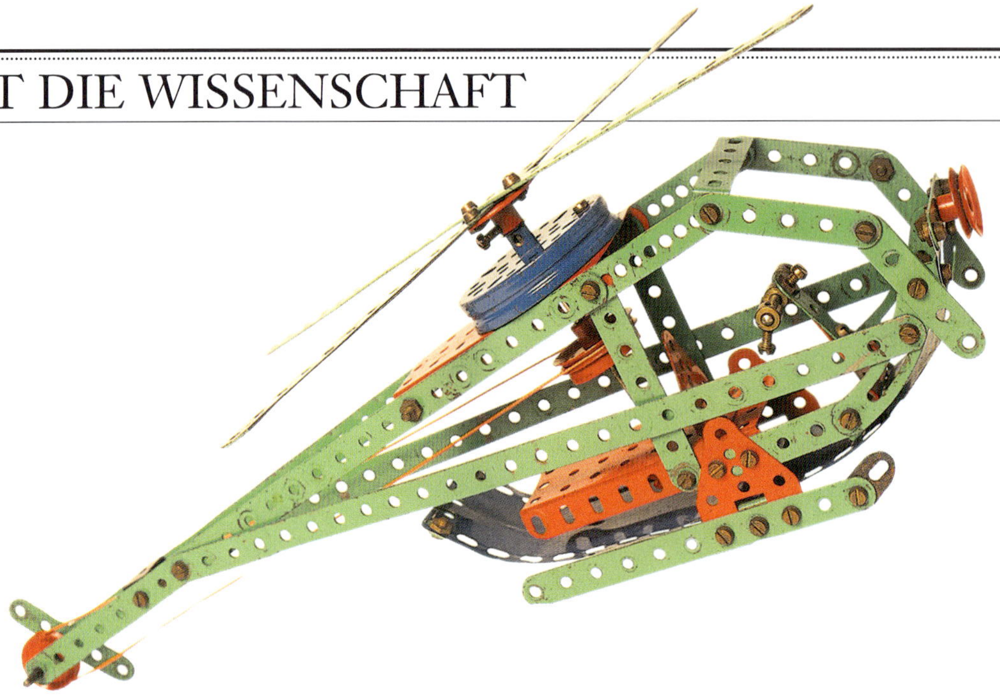

Pädagogischer als Holzspielzeug: Konstruktionen aus Metall sind wirklichkeitsnäher. Spiel bleibt Spiel, aber es ist ein wenig Schwere beigemischt.

kurrenz, hergestellt von der Firma Walther. Werbespruch: „Des Knaben schönstes Spiel, das ist und bleibt Stabil."

Schon seit Ende des Ersten Weltkrieges gab es Versuche, Märklin den Markt streitig zu machen – stets nur mit begrenztem Erfolg. Alpha, Akron, Baufix, Bergland, Dorando, Dux, Eiffel, Fix, Heller's Stahlbau, Industrie, Kinema, Konstrux, Maba, Mafell, Mecanic, Meco, Meweka, Mignon, Möwe, Mordello, Saturn, Schwerka, Simplex, Technofix, Titan, Tuba: Sie reichten alle nicht an Märklin heran. Nicht einmal das vernickelte Glitzerzeug von Trix.

Warum? Vielleicht war die Cross-Promotion entscheidend. Das Image der Modelleisenbahn stärkte das der Baukästen und umgekehrt. Noch heute, wo nicht mehr Märklin, sondern ein Kleinbetrieb unter www.metallus.de die Klone der klassischen Teile anbietet, machen die wahren Fans einen Unterschied: Metallus-Teilen, obwohl vom Vorbild nicht zu unterscheiden, fehlt das gewisse Etwas. Den Makel des Nachgemachten konnten auch die in der DDR gefertigten Kästen nicht loswerden (Construction, Pionier, Staba, Thale und andere).

Ein Evolutions-Schicksal. Mag sein, daß Märklin zu Anbeginn nur ein klein wenig die Nase vorn hatte: Das genügte, um eine alle Konkurrenz überwältigende Kettenreaktion von Vater-Sohn-Beziehungen in Gang zu setzen. Hochgradig aufgeladene offenbar, nur so läßt sich verstehen, daß sich die Liebe zum Kasten sogar auf die Firma und auf Menschen wie Otto Bang-Kaup überträgt. Dieser Mann, Jahrgang 1900, war von 1929 an Leiter der Entwicklungsabteilung von Märklin. Nur ein einziges Bild existiert von ihm, es zeigt ihn im Fahrerhaus einer Lok. Peter Fahrbach hat dem Ingenieur mit einer Texttafel für eine Ausstellung ein Denkmal gesetzt. „Auf dem Weg zur Spielwarenmesse 1951 in Nürnberg ist Herr Bang-Kaup mit seinem Wagen tödlich verunglückt", steht da, und: „Es ist heute müßig, zu spekulieren, wie die Entwicklung des Metallbaukastens unter seiner Leitung weitergegangen wäre."

Die Rolle der Persönlichkeit in der Geschichte. Das alte Thema. Halten wir uns an die Fakten: Ende 1999 stellte Märklin die Herstellung der Kästen ein – „vorläufig", auf diesem Wort hatte irgendwer bestanden. Vorausgegangen war ein Kampf zweier Linien. Die Techniker wollten die maroden Maschinen, mit denen die Metallteile in Ungarn produziert wurden, rundum erneuern und mit einer gestrafften Kastenlinie auf den Markt. Einige dachten sogar an eine Kombination mit computerisierten Entwurfswerkzeugen (Computer Aided Design, CAD). Die Kaufleute hingegen scheuten die Investition. Sie setzten sich am Ende durch.

Sie waren eben Realisten. Anders als andere Spielzeuge hatte der Metallkasten davon gelebt, daß mit ihm nicht Dinge aus der Vergangenheit, sondern aus der Gegenwart ins Kinderzimmer einzogen. Anstelle altertümelnder Kaufmannsläden und Puppenstuben waren es zeitgenössische Sägegatter, Schwebebahnen und Friktionsspindelpressen.

Das war einmal. Heutige Technik sieht anders aus. Eine Raumstation als verschraubte Stahlkonstruktion, ein ICE oder PC? Verschroben.

Für den Roboterbau wiederum eignet sich verklebtes Lego besser, da es bombenfest ist. Schrauben hingegen können sich lockern. Wie man ja weiß.

Selbst wenn ein neuer Otto Bang-Kaup auf die rettende Innovation verfiele: Der Markt ist tot. Eltern spielen nicht mehr so hingebungsvoll wie einst mit ihren Kindern. Schrauber leben nur noch in Nischen. Zum Beispiel auf einer Website namens www.metallbaukasten.de: Der Computer tötet und rettet alles. Er hat gewonnen. <

Einen Bagger basteln,
einen Trecker oder ein Getriebe:
kostbare Erinnerungen an die Kindheit,
denn das Spielzeug für
den kleinen Ingenieur war in
Wahrheit ein Werkzeug, dem
Vater näherzukommen. Heute
wird im Kinderzimmer
mit der XBox gedaddelt.
Und die Leidenschaft der Schrauber
von einst? Sie wuchert, von
keinem Kinde mehr gebremst.

Vorkriegsmodelle kamen ohne bunte Teile zurecht.
Die abgebildeten Konstruktionen wurden Mitte November 2002 in Bad Iburg ausgestellt.
Bis zum 9. März 2003 zeigte das Stadtmuseum in Pforzheim-Brötzingen die Ausstellung „Eisenzeit" mit Sammlerstücken von Ansgar Henze, Mitherausgeber des gleichnamigen und empfehlenswerten Buches.

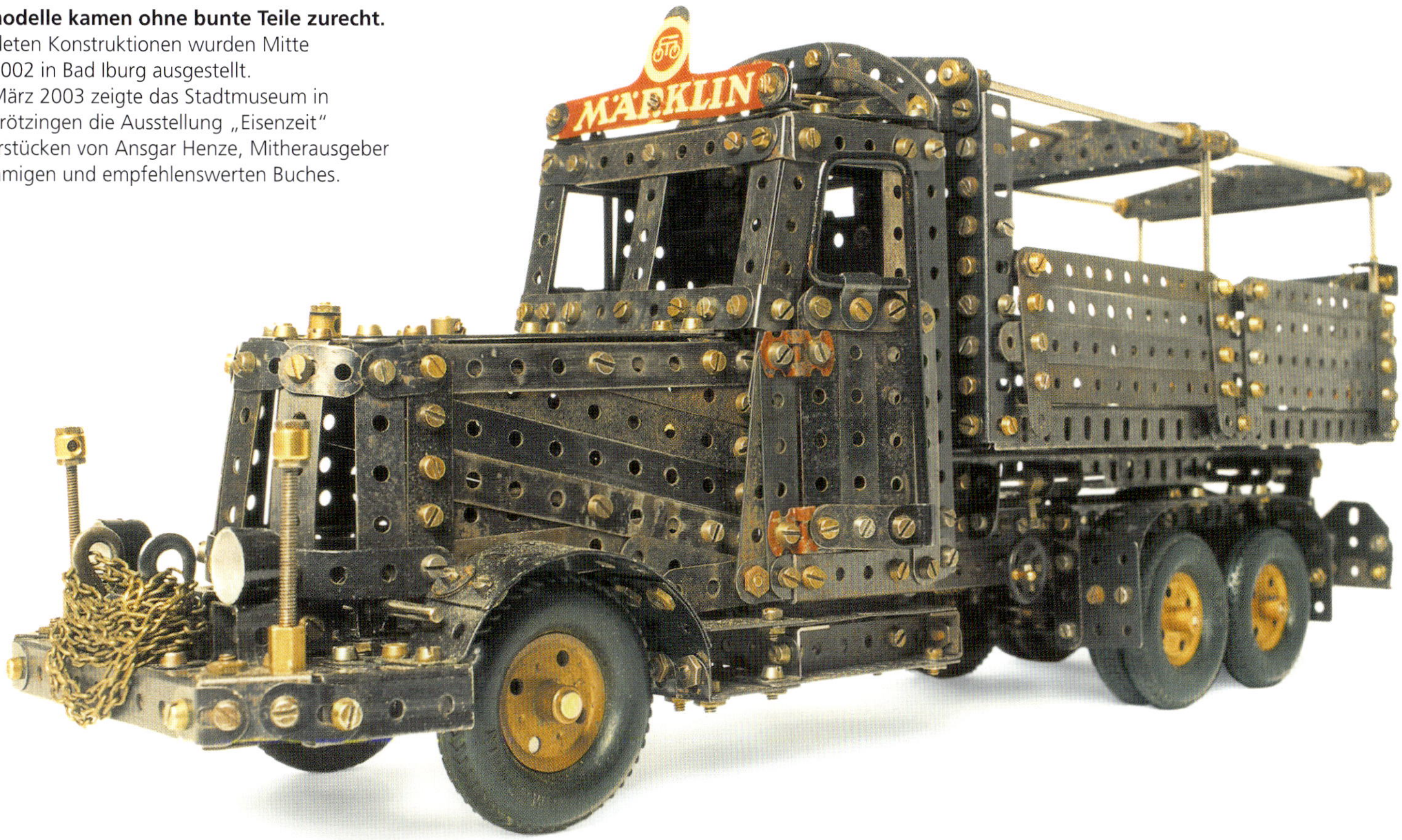

Fotos Dieter Rüchel

Danke, Gerste! Danke, Hefe! Willkommen, Zisch und Schaum!

Passend zum Beginn der Biergartensaison wird am 23. April der „Tag des Deutschen Bieres“ begangen.

Die Hintergründe erfahren Sie hier.

VON ACHIM BAHNEN

Machen Sie Ihrem Wirt eine Freude. Interessieren Sie sich einmal für das Produkt, das er verzapft. Bestellen Sie nicht einfach – fragen Sie. Zum Beispiel: Ob das nach deutschem Reinheitsgebot gebraute Bier auch sortenrein ist. Oder was ein zünftiges Pils von anderen Bieren unterscheidet. Lassen Sie beiläufig den Begriff „untergärig“ fallen. Und geben Sie ihm etwas Zeit für jede Antwort. Nicht sieben Minuten. Dreieinhalb. So lange, wie ein gutes Pils vom Faß benötigt. Danach geht der frische Geschmack, die „Rezens“, verloren.

Am 23. April ist der richtige Tag für solche Fragen. Denn vor 486 Jahren wurde das deutsche Reinheitsgebot erlassen. Zu feiern gibt es für die Brauwirtschaft am „Tag des Deutschen Bieres“ allerdings immer weniger. Bierausstoß und -verbrauch sind rückläufig. Der Bierkonsum pro deutscher Kehle sinkt seit Beginn der neunziger Jahre kontinuierlich, von mehr als 140 auf nur noch 123 Liter im vergangenen Jahr, und auch der Umsatz geht zurück. Ein demographisches Phänomen, sagt man beim Deutschen Brauer-Bund. Die Zielgruppe mittleren Alters stirbt aus, mit neuen Biermischgetränken (klassisch wären Radler oder Berliner Weiße mit Schuß) versucht man die Jugend zu gewinnen. Der Wein hingegen legt zu, auch bei den Jüngeren. Und es ist schick, darüber vom Fach zu simpeln. Rebsorten, Böden, Wetter und Vinifizierung: Themen für eine ganze Kiste Bordeaux. Aber reicht das Wissen über Bier für einen Kasten Kölsch?

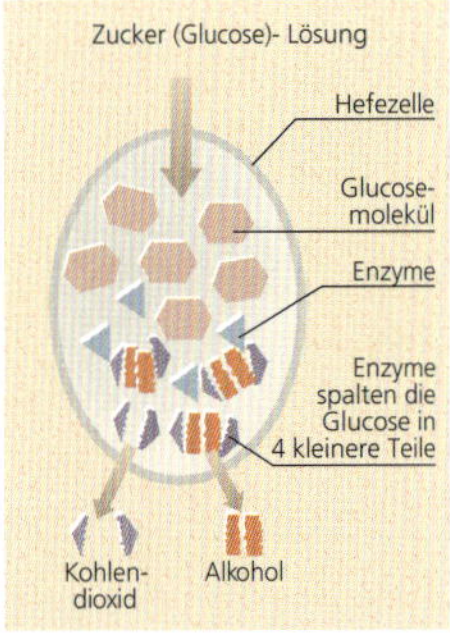

Die alkoholische Gärung läuft im Innern von Hefezellen ab. Dabei wird ein Zuckermolekül (Glucose) von den Enzymen der Bierhefe in je zwei Moleküle Alkohol (Ethanol) und Kohlendioxid umgewandelt.

F.A.Z.-Grafik Kaiser

Eigentlich ist alles ganz einfach. Wie beim Wein rot und weiß, so gibt es auch beim Bier eine Grundunterscheidung. Es kann unter- oder obergärig sein. Den Unterschied macht die Hefe. Die dürfte es laut Reinheitsgebot gar nicht geben. Am

Export

Was im Lager nicht schlecht wird, kann dem Export nicht schaden: Das erst im 19. Jahrhundert etablierte Brauen mit untergäriger Hefe ergab länger haltbare Biere. Zunächst wurde – wie heute noch im Englischen – jedes untergärige Bier als „Lager" bezeichnet.
In München war das helle Lagerbier (ein „Helles") stets etwas leichter, während man in Dortmund die stärkere Variante pflegte – zum „Export". Auch das „Märzen" wird mit viel Stammwürze gebraut, da es vom März an den warmen Sommer überdauern mußte.

untergärig gebraut;
Stammwürzegehalt 12-14 Gewichtsprozent;
Alkoholgehalt 4,6-5,6 Volumenprozent;
von hellgelber Farbe, malzbetont und daher nicht so bitter wie Pils

Georgitag 1516, dem 23. April, verfügte Herzog Wilhelm IV. auf dem bayrischen Landstädtetag zu Ingolstadt, „daß füran allenthalben in unseren Städten, Märkten und auf dem Lande zu keinem Bier mehr Stücke als allein Gersten, Hopfen und Wasser genommen und gebraucht sollen werden". Gleichwohl: Ohne Hefe gärt die Gerste nicht. Doch das Geheimnis der Gärung war unbekannt, bis Louis Pasteur von 1860 an die Hefe unter die Lupe nahm. In seinen

obergärig;
11-12 % Stammwürze;
5,0-5,4 % Alkohol;
als trübes „Hefeweizen“ ausgeprägt fruchtig mit hohem CO2-Gehalt;
klar als „Kristallweizen“

„Etudes sur la bière“ beschrieb er 1876 die Vermehrung der Hefe. Und erst 1881 gelang es Emil Christian Hansen in der Kopenhagener Carlsberg-Brauerei, Bierhefe in Reinkultur zu züchten.

Von Hefen nichts gewußt zu haben, kann man also selbst einem bayerischen Fürsten mit Fug nicht vorwerfen. Stets waren es wilde Hefen, in der Luft vagabundierende Sporen, die den Prozeß der alkoholischen Gärung in Gang brachten. Noch heute stellen belgische Brauer in der Gegend um Lembeek bei Brüssel nach diesem archaischen Verfahren her: Über Nacht trägt der Wind wilde Hefe in die offenen Bottiche; manches „Lambic“-Bier darf über drei Jahre hinweg gleich mehrere solcher Gärungen durchlaufen.

Das erste Bier entstand womöglich durch ein Versehen aus vergorenem Brot. Schon von den Sumerern, vor rund 6000 Jahren, ist ein Brauverfahren mit gebackenen Fladen aus Emmer-Korn überliefert. Vielleicht ist die Frühform des Bieres aber noch älter als die Kunst des Brotbackens. Auch in einem Brei aus zerkleinertem und eingeweichtem Getreide könnte die alkoholische Gärung spontan in Gang gekommen sein. Außer Hefe braucht es nämlich nur zwei Zutaten für ein Bier: Getreide und Wasser, damit die Getreidekörner ankeimen und zu Malz werden können. Der Hopfen ist eigentlich eine Luxusgabe. Sein Aroma und seine Bitterstoffe sind für den Biergeschmack notwendig. Zudem hat er eine konservierende Wirkung auf das Produkt und eine beruhigende auf den Konsumenten.

Schon der babylonische Kodex Hammurabi enthielt drastische Strafen gegen Bierpanscher. Doch noch im Mittelalter wurde dem Bier von Anis bis Zitrone so ziemlich alles beigemischt, was irgendwie eßbar schien, auch wenn es sich dabei um giftige Kräuter handelte. Die verschiedenen Vorschriften in deutschen Landen hatten aber nicht nur den Zweck, die Qualität des Bieres zu sichern. Oft ging es eher darum, die Verwendung von kostbarem Getreide wie Weizen zu untersagen. So erhielt die Gerste das Privileg, als der Rohstoff für nicht nur sauberes, sondern reines Bier zu gelten. Noch heute sieht das deutsche Biergesetz (das auch nach einem halben Jahrtausend Reinheitsgebot erstaunlich bescheiden ein „vorläufiges“ ist) für untergärige Biere „nur Gerstenmalz, Hopfen, Hefe und Wasser“ vor. Daß untergärige Brauverfahren sich erst im Lauf des 19. Jahrhunderts etablieren konnten, lag nicht nur an der späten Aufklärung des Gärvorgangs. Die untergärigen Hefen (Saccharomyces carlsbergensis) sind auch auf niedrige Temperaturen zwischen vier und elf Grad Celsius angewiesen, damit ihre Enzyme den Malzzucker in Alkohol umwandeln können. Nach ein paar Tagen setzt sich die Hefe dann auf dem Boden des Gärbottichs ab, während obergärige Hefen (Saccharomyces cerevisiae) es mit etwa 15 bis 20 Grad Celsius wärmer mögen und nach oben steigen. Erst moderne Kühltechniken ermöglichten daher das ständige Brauen untergäriger Biere, der Durchbruch gelang nach 1873 mit Carl von Lindes Kältemaschinen. Die Geschichte des Bierbrauens im 19. Jahrhundert ist somit ein Musterbeispiel der Koevolution von Wissenschaft, Technik und Genuß.

Rebsorten und Vinifizierung: Themen für eine Kiste Bordeaux. Reicht Ihr Wissen für einen Kasten Kölsch?

Der Siegeszug des untergärigen Bieres war unaufhaltsam. Seine längere Haltbarkeit verschaffte ihm den Namen „Lager“, in der hellen, leichten Münchner Version schlicht „Helles“ genannt. Biersorten wie Export und Pils sind auch nur Varianten. Eine besondere „Pilsener Brauart“ gibt es so gesehen nicht. Die Wahl von Gerstenmalz, Hopfen, Wasser und der untergärigen Heferasse ist dem Pilsbrauer freigestellt. Saa-

Weizen

Wurde dem durstigen Volke zum Schutz des kostbaren Getreides von etlichen Potentaten vorenthalten. Weizen — vulgo Weißbier enthält statt reiner Gerste mindestens 50 Prozent Weizenmalz und wird vor allem in Süddeutschland mit speziellen Hefen gebraut. Traditionell unfiltriert abgefüllt, wird die Hefe heute nach der Hauptgärung meist abzentrifugiert und – für hefetrübe Sorten – neue Hefe zur leichten Nachgärung in der Flasche zugefügt.

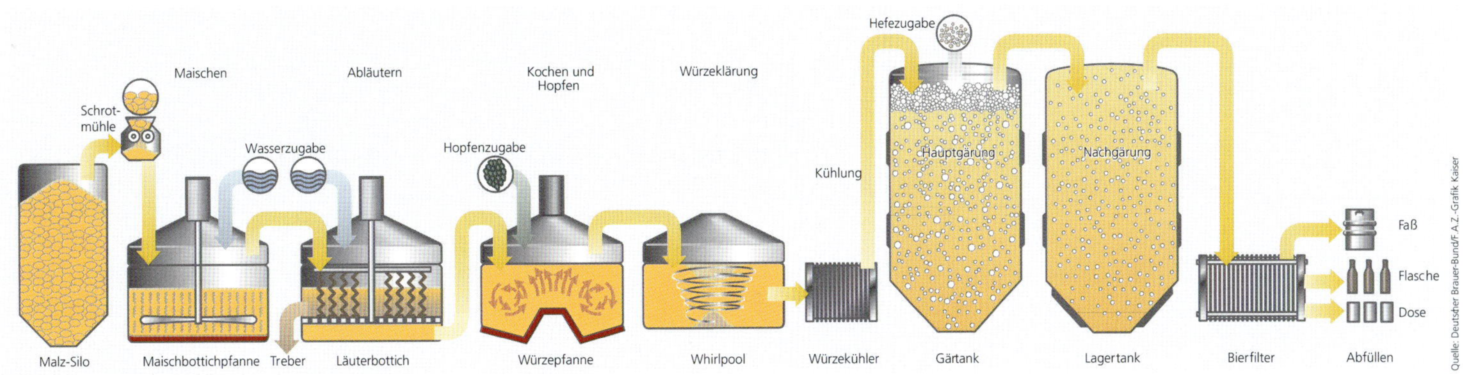

Quelle: Deutscher Brauer-Bund/F.A.Z.-Grafik Kaiser

Der Brauprozeß: Zunächst müssen die großen Stärkemoleküle des Getreides in einfache Zucker umgewandelt werden. Hierzu wird das Malz grob gemahlen („geschrotet") und mit Wasser versetzt. Diese Maische erhitzt man schrittweise auf Temperaturen knapp unter 80 Grad Celsius: Jetzt haben die im Malz enthaltenen Enzyme rund zwei Stunden Zeit, die Stärke zu zerlegen. Im nächsten Bottich werden die ungelösten Bestandteile der Maische, die sogenannten Treber, entfernt („abgeläutert"). Sie setzen sich auf einem gelochten Boden ab; um die Ausbeute zu erhöhen, werden die Treber mit heißem Wasser weiter ausgelaugt („angeschwänzt"). Was beim Abläutern nach unten durchfließt, ist die kostbare Würze: das Beste vom Malz, bereit zum Gären. Damit das Bier aber nach Bier schmeckt, wird die Würze zuvor gehopft und eingekocht. Der Hopfen kann als Blüte, aber auch als Hopfenpulver oder -extrakt zugefügt werden. Das ein- bis zweistündige Würzekochen reduziert den Wassergehalt wieder und sterilisiert die Würze. Zudem wird geronnenes Eiweiß grobflockig ausgeschieden. Entscheidend ist das Maß: Viele Eiweiße erschweren die spätere Gärung und Klärung; andererseits sind sie für Schaum und Geschmack des Bieres notwendig. Der „Trub" aus Eiweißen, Gerbstoffen und Hopfenharzen setzt sich im Whirlpool durch Rotation in der Bodenmitte ab. Jetzt kann die Würze für die Hefezugabe, das sogenannte „Anstellen" oder „Zeuggeben", abgekühlt werden, um dann für untergärige Biere bei 4 bis 11 Grad Celsius die 7 bis 12 Tage dauernde Hauptgärung zu durchlaufen; die untergärige Hefe beginnt nach ein paar Tagen, sich am Boden abzusetzen; für obergärige Biere dauert die Hauptgärung bei 15 bis 20 Grad Celsius hingegen nur 2 bis 7 Tage. Sobald der Zucker zu Alkohol vergoren ist, wird dieses hefetrübe Jungbier in Lagertanks umgepumpt („geschlaucht"), wo es bis zu mehreren Monaten nachgärt und reift, bevor es filtriert und abgefüllt wird.

zer Hopfen aus Nordböhmen und weiches Wasser mögen dem herben Pilsgeschmack und seinem zarten Schaum zuträglich sein – vorgeschrieben sind sie nicht.

In Deutschland klassifiziert das Steuerrecht Biere nach Gattungen. Entscheidend ist allein der Stammwürzegehalt: der Gewichtsanteil der im Brauwasser gelösten Bestandteile des Malzes vor dem Gärprozeß. Je höher der Stammwürzegehalt, um so kräftiger können Geschmack und Alkoholgehalt nach der Gärung sein. Einfachbier hat weniger als sieben Prozent Stammwürze, darüber liegt das Schankbier (eine typische Sorte ist die Berliner Weiße), doch erst ab elf Prozent darf man von einem Vollbier sprechen (wie bei allen auf dieser Seite abgebildeten Sorten); bei sechzehn Prozent Stammwürze beginnt das Starkbier (wie Bock und Doppelbock), womit sich ein Alkoholgehalt von sieben Prozent und mehr erreichen läßt.

Seit Einführung der untergärigen Biere, neben denen obergärige Sorten mit einer größeren Geschmacksvielfalt freilich weiter bestehen, hat sich im Brauvorgang nichts Wesentliches mehr verändert. Statt in offenen Bottichen läuft die Gärung heute jedoch meist bei Überdruck in geschlossenen Tanks ab, die in Großbrauereien mehr als 100 000 Liter fassen können. Das von Tag zu Tag zunehmende Aufsteigen von Bläschen und die als „Kräusen" bezeichnete Schaumbildung lassen sich dabei nicht mehr mit dem Auge verfolgen, die Steuerung von Temperatur und Druck während der Gärführung wird automatisiert.

Zudem mälzen die meisten Brauereien heute nicht mehr selber, sondern beziehen das Braumalz fertig aus der Mälzerei. Dort werden die Getreidekörner mit Wasser vermischt, damit sie ankeimen und die Enzyme aktiviert werden, und anschließend getrocknet („gedarrt"). Gerste und andere Getreide gären nämlich auch mit Bierhefe nicht, weil deren Enzyme keine Stärkemoleküle verdauen können; sie müssen erst durch Mälzen und Maischen in einfache Zucker umgewandelt werden. Je nach Darrtemperatur erhält man helles oder dunkles Malz, das vor allem die Farbe des Bieres bestimmt. Aus Röstmalzen, die bei mehr als 100 Grad gedarrt werden, läßt sich so ein kräftiges Schwarzbier oder ein irisches Stout brauen.

Um seinem Bier einen zeitlos guten Geschmack zu geben, kann der Brauer verschiedene Gerstenmalze mischen (und beim Weizenbier sogar Weizenmalz hinzufügen). Sortenrein muß deutsches Bier auch nach dem Reinheitsgebot nicht sein. Aber das ist nicht tragisch. Fast jeder Bordeaux ist schließlich auch nur ein Verschnitt. <

Kölsch
Kein Kölsch ohne Köbes: So heißt in Köln der nie um ein frisch gezapftes „Stängchen" verlegene Kellner. Seit 874 wird in der Domstadt gebraut, aber obwohl es schon 1250 ein Kölner Brauamt gab, erteilten sich erst 1986 mit der Kölsch-Konvention 24 Brauereien in Köln und Umgebung ein für allemal die kölsche Braulizenz.

obergärig;
11,2-11,8 % Stammwürze;
ca. 4,8 % Alkohol;
goldfarben, meist hopfenbetont,
aber durch die obergärige Brauweise fruchtiger als Pils

Asexuelle Pilze im *Gen*test

Moderne Brauer gehen zur Hefebank

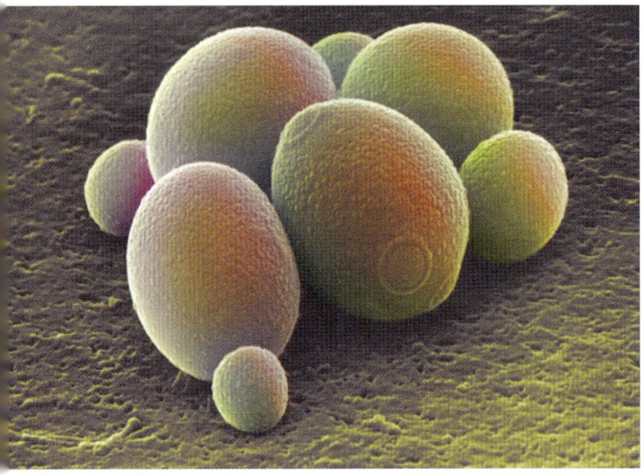

Saccharomyces cerevisiae, auf deutsch: Bierhefe, ist unentbehrlich für das obergärige Brauen. Ihr Genom ist bekannt, noch mag es aber niemand manipulieren.

Erst 1680 beobachtete der Niederländer Antonie van Leeuwenhoek erstmals sphärische und ovale Körper im Biersediment – mit einem von ihm selbst gebauten Mikroskop. Bis diese Schwebteilchen als sich teilendes Leben erkannt wurden, sollten noch einmal knapp zwei Jahrhunderte vergehen. Erst im 19. Jahrhundert erkannte der Mikrobiologe Louis Pasteur, daß Hefen unter Ausschluß von Sauerstoff aus Zucker Alkohol und Kohlendioxid herstellen.

Dafür sollten wir ihm dankbar sein. Denn seit sich Bierbrauer absichtsvoll um ihre Hefestämme kümmern, schmeckt das Bier besser: Die Pilze sorgen nicht nur für den Alkohol, sondern auch für den guten Geschmack. Oft bedienen sich die Brauer professioneller Hefebanken, bei denen sich auch Hobbybrauer mit frischen Hefen eindecken können.

Die Genetik hat enthüllt, daß sich heute verwendete Brauhefen im Prinzip auf einige wenige Stämme zurückführen lassen, die sich nur wenig auseinander entwickelt haben. Das liegt vor allem daran, daß sich Hefepilze asexuell vermehren und sich daher nicht durch Kreuzung züchten lassen. Bei der Auswahl der richtigen Hefestämme sind Brauer daher bis heute auf Zufälle der Natur angewiesen.

Bierhefe zählt zu den am besten studierten Organismen der Erde. Ihr Genom wurde 1996 als erster höherer Organismus entziffert, die Funktion ihrer rund 6000 Gene wird derzeit Erbgutschnipsel für Erbgutschnipsel enträtselt. Dabei setzt auch die Brauereiindustrie modernste molekularbiologische Verfahren ein. Man will verstehen, wie das Genom der Bierhefe in Gärungsprozessen aktiviert wird und wann genau ein Bier schmeckt.

Oft wird die genetische Identität der Brauhefen schon beim Brauen kontrolliert. Mutationen im Erbgut können nämlich zu Geschmacksverirrungen führen. Mit Gentests lassen sich auch solche Hefepilze leicht nachweisen, die dem gewünschten reifen Geschmack hinderlich sind.

Da der Hefepilz seit langem ein beliebtes Haustier der Genetik ist, kam Anfang der neunziger Jahre bei einigen Brauereien die Idee auf, mit Hilfe gentechnisch veränderter Hefen den Brauprozeß zu beschleunigen oder ökonomischer zu gestalten. John Hammon von der britischen Brewers Research Foundation wagte es dann, ein Bier mit gentechnisch veränderten Hefen abzufüllen. Sein Nutfield Lyte war eine zeitlang in Großbritannien als Versuchsbier zugelassen. Und heute? Der Bierpionier Hammon gesteht, die anfängliche Euphorie sei inzwischen verflogen, weil der Verbraucher kein „Genbier“ trinken wolle: „Meines Wissens gibt es derzeit weltweit weder gentechnisch veränderte Brauhefen in der kommerziellen Produktion noch Pläne, diese in naher Zukunft einzusetzen.“ *Volker Stollorz*

Die kolorierte Radierung „Die Maischhalle“ (1890) von O. v. Ruppert zeigt, daß erst Technik die Natur zum Genuß werden läßt.

Einen Schuß Wasser in die Flasche

Pro und Contra Dosenbier: die Fakten

Um ihr Bier zu schützen, ist den Brauern fast alles recht. Sie begasen es mit Kohlendioxid oder Stickstoff, sie spritzen Wasser hinein. Manche erhitzen ihr Bier auch kurz. Denn Bier ist ein „ganz besonders empfindliches Lebensmittel“, sagt Heinrich Vogelpohl vom Lehrstuhl für Bauerereianlagen und Lebensmittel-Verpackungstechnik der echnischen Universität München.

Anfällig ist es vor allem gegen etwas, ohne das der Mensch nicht leben kann: Sauerstoff. Kommt Bier damit in Kontakt, oxidiert es, und der gute Geschmack geht verloren – es wird alt. Wie schnell das geschieht, ist abhängig davon, wie gut die Brauer den Sauerstoff vom Bier fernhalten können. Entscheidend ist der Kopfraum, der Raum in Flasche oder Dose, in dem sich nach dem Verschluß kein Bier, sondern Luft befindet. Und damit landet man ganz schnell bei einer Glaubensfrage: Bier aus der Flasche oder der Dose? Für die Flasche sprechen die Größe des Kopfraums (20 ml im Vergleich zu 40 ml der Dose) und die Technik. Denn den Kopfraum der Flasche können die Brauer einfach und effektiv von Sauerstoff befreien: Sie spritzen ein paar Mikroliter heißes Wasser in die Flasche, bevor sie verschlossen wird. Der Wasserstrahl schäumt das Bier auf, die Luft im Kopfraum wird verdrängt, Kronkorken drauf – fertig.

Doch die Kronkorken haben einen entscheidenden Nachteil: Sie sind gasdurchlässig. Mit der Zeit sucht sich der Sauerstoff seinen Weg in die Flasche. Wieviel der Kronkorken reinläßt, hängt von der Zusammensetzung des Kunststoffgemisches im Deckel ab: Mit PVC versetzte Mischungen sind weicher und lassen bis zu fünfmal mehr Sauerstoff durch als solche ohne. Inzwischen haben Kronkorkeningenieure spezielle Gemische entwickelt, die den eindringenden Sauerstoff binden, so daß er nicht zum wertvollen Bier gelangen kann.

Die Dose kann dagegen ganz auf Zeit spielen. Sie ist verschlossen, Gas gelangt weder rein noch raus. Doch die Abfüllung in die Dose ist technisch aufwendig. Die Brauer können die elegante Einspritztechnik nicht nutzen, Kohlendioxid oder Stickstoff übernehmen die raumgreifende Aufgabe des heißen Wasserstrahls – allerdings nicht ganz so effektiv. Die Dose hat aber einen großen Vorteil: Sie läßt kein Licht zum Bier. Licht ist der zweite Hauptfeind der Bierseligkeit, zwischen 300 und 500 Nanometern Wellenlänge entfaltet es seine bierzerstörerische Wirkung – mal mehr, mal weniger: Braunes Glas ist fünfmal so undurchlässig wie grünes und zehnmal so blickdicht wie weißes.

Ist die dunkle Dose also der Hort des reinen, ultimativen Bieres, hat die Flasche ausgedient? Eindeutig: nein. Die Dose verbraucht nicht nur viel Energie bei der Herstellung und wird nach einmaligem Gebrauch weggeschmissen. Schon beim Abfüllen geht es los: „Wegen der unbefriedigenden hygienischen Bedingungen“ (Vogelpohl) muß das Dosenbier kurz erhitzt werden – nicht gerade förderlich für den Geschmack. Zudem sind Dosen von innen mit einem Lack beschichtet, damit kein Austausch zwischen Bier und Weißblechwand zustande kommt. Dafür aber tritt das Bier in Kontakt mit den Harzen im Lack. Und eine inerte Doseninnenpolitur, einen Lack, der keinerlei Verbindung mit irgendetwas eingeht, existiert noch nicht. Zwar sind die Lacke nach heutigen Erkenntnissen nicht gesundheitsschädlich, doch auch sie „können den Geschmack beeinträchtigen“, sagt Vogelpohl.

Dosenbier ist doppelt so teuer in der Herstellung. Das Einwegsystem werde sogar durch das Mehrwegsystem „subventioniert“, sagt Vogelpohl. Warum aber ist dann soviel Dosenbier auf dem Markt, warum sinkt der Mehrweganteil seit Jahren? Vogelpohl: „Die großen Betriebe wollen damit die kleinen verdrängen“, nur große Bierhersteller könnten sich die teuren Dosenabfüllanlagen leisten. Er befürchtet, daß die Dose die Bier-Vielfalt kaputtmacht: „Wenn es so weitergeht, haben wir in ein paar Jahren nur noch vier, fünf Fernsehbiere“.

Jan Schweitzer

Aufsteigen und

Was Blase war, wird Schaum: Die bubble science weiß, wieso

Blasen im Bierglas sind Gegenstand der Blasenforschung (bubble science). Sie kommt in drei Varianten: als angewandte Wissenschaft, als zweckfreie Grundlagenforschung und schließlich als Humboldtsche Einheit von Forschung und Lehre. Die angewandte Forschung wird von Brauereien und Champagnerhäusern finanziert; auch die Deutsche Forschungsgemeinschaft gibt Geld, damit Chemieverfahrenstechniker das merkwürdige Verhalten von Flüssigkeits-Gas-Gemischen verstehen. Solche Gemische treten in Stahlschmelzen auf, in den Tanks der Abwasserbehandlung – und eben im Bier.

Doch die angewandte Wissenschaft kommt nur mühevoll voran. Die Durchbrüche, so will es scheinen, steuert die Grundlagenforschung bei. Allerdings wendet diese sich dem Bier nur schubweise zu, wie ein Quartalssäufer. Da gibt es Papers aus dem Jahre 1976, dann wieder eines von 1981, und danach mußte die Welt zehn Jahre warten, bis ein Paradigmenwechsel im Sinne des Wissenschaftsphilosophen Thomas Kuhn eingeleitet wurde: in einem Aufsatz der Physiker Neil Shafer und Richard Zare (Physics Today 10/1991). Sie berichten darin von Versuchen ihres Kollegen Frank Crawford aus Berkeley. Der hatte ein Glas Bier in einen Teilchenbeschleuniger gestellt, um herauszufinden, ob die durch

An der Stout University simulierten Studenten mit Mathematik das Blasenverhalten

den Strahl induzierten Ionen das Bier zur Blasenbildung anregten. Sie taten es nicht. So ist Grundlagenforschung manchmal. In dem Papier von 1991 folgt sodann der Theorie-Teil, der erklärt, warum sich Blasen bilden und warum sie aufsteigen. In der Flüssigkeit ist Kohlendioxid versteckt, produziert von der Hefe. Man darf sich das so vorstellen, daß sich die Gasmoleküle unter dem Druck in der Flasche in die Arme größerer Moleküle geflüchtet haben. Ist die Flasche oder das Faß geöffnet, das Bier gar eingeschenkt, findet Druckentlastung statt; man wird mobiler. Außerdem befinden sich Risse und Poren im Glas, in denen Gasansammlungen vorhanden sind; diese locken die freiwerdenden CO_2-Moleküle an, man versammelt sich, und nun wird der Auftrieb stark. Irgendwann ist er so groß, daß sich die Blase durch das Gedränge der Zuckermoleküle und anderen Substanzen im Bier ihren Weg nach oben bahnen kann.

Aber warum schwillt eine aufsteigende Blase an? Naheliegend ist die Erklärung, daß der Druck in den oberen Regionen des Glases geringer ist als am Boden. Shafer und Zare konnten diese Theorie widerlegen. Nach ihren Berechnungen reicht der Druck-Gradient im Glas für diesen Effekt nicht aus – es müßte sonst etwa neun Meter hoch sein. Das Anschwellen der Blasen liegt vielmehr daran, daß sie bei ihrem Aufstieg weiteres Kohlendioxid aufnehmen.

Erst 1999 geht es wieder weiter mit der bubble science. In einem Seminar des

Stout
Dunkles Malz, Irland erhalt's: Die Verwendung von Röstmalzen gibt diesem Bier die dunkle Farbe und die kräftigen Aromen. Inzwischen kommen bei Temperaturen von über 100 Grad Celsius geröstete Malze auch hierzulande wieder in Mode. Ins Buch der Rekorde hat es aber noch kein deutsches Schwarzbier gebracht.

obergärig;
13-20 % Stammwürze;
4,0-6,5 % Alkohol;
tiefdunkel, mit Röstaromen bis hin zu Schokoladenoten

dicker werden

Mathematikers Steve Deckelman von der Stout (!) University of Wisconsin modellieren Studenten das Blasenverhalten im Bier, entwerfen ein System nichtlinearer Differentialgleichungen dafür sowie ein Computerprogramm. Etwa zur gleichen Zeit löst der Physiker Clive Fletcher von der australischen University of South Wales das Geheimnis eines Phänomens, das Guinness-Trinker erfreut: abwärts wandernde Blasen. Mit Hilfe einer Computersimulation zeigt er, daß Blasen in der Mitte des Glases schneller steigen als die am Rand. Weil Guinness recht dickflüssig (genauer: viskoser) ist, reißen sie Flüssigkeit mit nach oben. Also muß am Glasrand Flüssigkeit herabsinken – sie wiederum nimmt Blasen mit. Und weil das Bier nicht nur viskos ist, sondern auch schwarz, sind die herabsinkenden Blasen besser zu sehen als die Aufsteiger in der Mitte.

Die meisten indes bleiben oben und bilden den Schaum. Allerdings ist Guinness nicht das Paradeobjekt der Schaumwissenschaftler. Denn das Stout-Bier wird mit Hilfe des sogenannten „Widgets" schaumig gemacht – einer Vorrichtung zur Freisetzung von Stickstoff, die der Firma 1991 zwar den Queen's Award for Technological Advancement einbrachte, aber nicht den Respekt der Anhänger der reinen Bier-Lehre. Stickstoff verhilft zu kleineren Bläschen – das aber ist auch mit Hilfe der klassischen Bierbestandteile zu bewerkstelligen.

Die Blasen lagern sich mit ihren Flächen aus einem Flüssigkeitsfilm aneinander an, millionenfach. Je kleiner die Blasen, desto stabiler sind sie, und desto länger hält die Schaumkrone. Welche Bestandteile des Bieres sind für die Schaumbildung verantwortlich? Zunächst die Kohlensäure: Bierschaum besteht typischerweise zu 95 Prozent aus Gas und nur zu fünf Prozent aus Flüssigkeit. Diese wiederum enthält als Hauptbestandteil Wasser. Damit der Schaum stabil bleibt, muß Bier Bestandteile wie Eiweiße oder bestimmte Hopfenbitterstoffe enthalten, die den Schaum festigen.

Das Grauen für eine satte Schaumkrone sind Störgrößen wie Lippenstift oder Schnurrbarthaare. Sie enthalten Fett, das stößt das Wasser im Schaum ab und beschleunigt den Abbauprozeß: Die Krone verliert an Flüssigkeit, die einzelnen Blasen werden größer, ihre Wände dünner – sie zerplatzen. Zudem fließt zwischen großen Blasen mehr Flüssigkeit nach unten Richtung Glas, der Schaum trocknet weiter aus – ein Teufelskreis.

Gero von Randow/Jan Schweitzer

Fotos Dieter Rüchel (6), akg images, Focus, Wildlife

Pils
Das Paradebeispiel bayerischer Brauhilfe: Als Bierfachmann nach Pilsen gerufen, schenkte Josef Groll dort am Martinstag 1842 kein schlechtes Bier aus.
Die „Pilsener Brauart" wurde weltberühmt. Zum Pils wird das Pils aber allein durch den Pilsgeschmack. Gut zwei Drittel des deutschen Bierausstoßes versuchen ihn zu treffen. Fragen Sie Ihren Nachbarn an der Theke.

untergärig;
11-14 % Stammwürze;
ca. 4,8 % Alkohol
hell-goldfarben,
starker herb-bitterer
Hopfengeschmack,
sahniger Schaum

Alt
Heißt nicht so, weil es lange gelagert wird. Im Gegenteil: Als andernorts untergärige und besser lagerfähige Biere aufkamen, wurde in Düsseldorf weiter nach „alter" Weise gebraut. Der flüssige Ausweis niederrheinischer Beharrlichkeit ähnelt englischen oder belgischen Ales – und insofern „Ale" als Synonym für obergärige Biere verwendet wird, wäre es sogar selber eines.

obergärig;
11,2-12 % Stammwürze;
4,5-4,8 % Alkohol;
dunkel-bersteinfarben,
oft malzbetont
mit Fruchtnoten

Die Formel des Dr. Drake

Astrobiologie Die Wahrheit ist irgendwo da draußen. Forscher suchen nach Signalen außerirdischer Intelligenzen. Wie groß die Aussicht auf Erfolg ist, läßt sich schätzen: Vielleicht sitzt der Mensch auf verlorenem Posten.

Wie viele Zivilisationen bevölkern die Milchstraße? Eine Gleichung hilft, darüber nachzudenken

VON ULF VON RAUCHHAUPT

Wer nach Außerirdischen sucht, gilt hierzulande als Spinner. Oder als jemand, der geistig irgendwo zwischen dem zwölften und fünfzehnten Lebensjahr stehengeblieben ist – durch fortgesetzten Perry-Rhodan-Abusus vielleicht, oder eine Überdosis „Raumschiff Enterprise". Ernsthafte Wissenschaft, sollte man meinen, beschäftigt sich nicht mit solchem Kinderkram.

In den Vereinigten Staaten sieht man das offenbar weniger eng. Die Frage nach fremden Zivilisationen im All wird dort durchaus als echtes wissenschaftliches Problem anerkannt. Nicht nur weil die Forschung dort stärker als anderswo zur Populärkultur beiträgt und zugleich von ihr profitiert. Die Fahndung nach E.T. hat Aspekte, die auch nüchterne Gemüter für bedenkenswert halten – etwa den, ob der Ursprung des Lebens auf der Erde nun purer Zufall war oder kosmische Notwendigkeit.

So hat es auch Frank Drakes Karriere nicht behindert, daß er schon als junger Astronom nach außerirdischen Radiosignalen zu suchen begann. Später wurde Drake an angesehene Universitäten berufen, zum Direktor des weltweit größten Radioteleskops ernannt und in die National Academy of Sciences gewählt. Sein Faible für Außerirdische hat ihn nie verlassen. Als Direktoriumspräsident der SETI-Institutes im kalifornischen Mountain View geht der heute 71jährige ihm noch immer nach. SETI steht für Search for Extra-Terrestrial Intelligence, die Suche nach intelligentem Leben im All durch Ablauschen des Firmaments nach fremden Radiobotschaften. SETI ist beileibe kein Club von Funkamateuren mit skurrilem Vereinsziel, sondern verfolgt seine Mission mit technischer Professionalität, modernster Ausrüstung und Millionenspenden der Computerindustrie.

Frank Drake und seine Gleichung: Hier schreibt er sie in der Originalfassung; sie wurde später von anderen Forschern verfeinert. Der Radioastronom ist ein hochangesehener Forscher – und sucht nach Außerirdischen
Foto: Focus

Nicht, daß die Suche bislang irgendwelche Erfolge gezeitigt hätte. Seit Drake im Jahre 1960 seine Antennenschüssel zum Himmel richtete, vernehmen er und seine Mitstreiter nur Rauschen. Entmutigen ließen sie sich davon nicht – schließlich gibt es allein in unserer Galaxie, der Milchstraße, an die hundert Milliarden Sterne. Als Astronom wußte Drake, daß nur ein Bruchteil davon Planeten besitzen dürfte, auf denen Leben, wie wir es uns vorstellen können, gedeihen und sich zu funktechnisch versierter Intelligenz emporschwingen kann. Wieviel mochten das sein?

Bereits 1961 faßte Drake diese Frage in eine Formel. Die Anzahl der E.T.-Zivilisationen, so die Aussage der nach Drake benannten Gleichung, ist das Produkt aus einer Hand voll Faktoren. Hinter jedem davon steckt eine Bedingung, die erfüllt sein muß, damit es zum Funkkontakt mit Außerirdischen kommt. Da wir es bei der Drake-Formel, mathematisch gesehen, mit einem Produkt zu tun haben, ist jeder Faktor gleich wichtig. Ist nur einer davon verschwindend klein, müssen die anderen extrem groß sein – sonst bleibt der Kontakt praktisch ausgeschlossen.

$$N = R_* f_p f_h n_{\oplus}$$

Man sollte sich von den Formelzeichen aber nicht täuschen lassen. Die Drakesche Gleichung ist keineswegs ein Naturgesetz, sondern das, was man in der Physik eine Abschätzung nennt. Sie soll nur die richtige Größenordnung der gesuchten Zahl richtig wiedergeben – bei Drake die Anzahl der Zivilisationen im All – sagt uns also, ob wir es mit einer Million bewohnter Planeten zu tun haben oder mit tausend oder nur einer einzigen. Dafür müssen auch die Ausgangsgrößen, also die Drake-Faktoren, nur der Größenordnung nach bekannt sein.

Seit Frank Drake im Jahre 1960 seine Antennenschüssel zum Himmel richtete, vernehmen er und seine Mitstreiter nur Rauschen

Bereits in dem Moment, da er die Formel niedergeschrieben hatte, dürfte Drake klar gewesen sein, daß sich seine Frage nicht beantworten läßt. Denn bei mehreren Faktoren sind wir weit davon entfernt, auch nur ihre ungefähre Größenordnung zu kennen. Allerdings, in den letzten Jahren sind die Wissenschaftler bei einigen der Faktoren ein gutes Stück weitergekommen. Über andere werden uns vielleicht neue astronomische Techniken Auskunft geben. Wieder andere werden sich wohl für immer jeder exakten wissenschaftlichen Ermittlung entziehen.

Für nicht wenige Forscher, die Drakes Interesse an außerirdischem Leben teilen, hat die berühmte Gleichung daher etwas Anrüchiges. „Die Drakesche Gleichung ist bequem, aber irreführend“ urteilt etwa Charles Lineweaver von der University of New South Wales in Sidney. „Sie ordnet nur eine riesige Menge Unwissenheit auf kleinem Raum“. Dadurch bleibt es natürlich Unwissenheit – aber vielleicht auf höherem Niveau. <

Weißt Du, wieviel Sternlein stehen?

■ Lebende Organismen sind komplexe und stabile Systeme. Daher können sie aus sehr fundamentalen physikalischen Gründen nur bei permanenter Energiezufuhr existieren. Damit sich höhereres Leben aus einfacherem entwickeln kann, bedarf es einer gleichmäßigen Energiequelle, die lange genug sprudelt, um der Evolution Zeit zu lassen, immer komplexere Organismen hervorzubringen – bishin zu solchen, die mit technischer Intelligenz begabt sind und sich davon verleiteten lassen, ins All zu funken. Im Falle der Erde dauerte es von den ersten Einzellern bis zur Erfindung des Radios gut vier Milliarden Jahre. Nach allem, was man weiß, kommen als derartig langlebige Energiequellen nur Sterne in Frage. Der erste Drake-Faktor R_* steht daher für die Anzahl der Sterne in der Milchstraße. Genauer ist es die mittlere Rate, mit der sich Sterne aus galaktischen Gaswolken bilden. Aus astronomischen Beobachtungen läßt sich diese Zahl recht genau schätzen: Gemittelt über die gesamte Lebensdauer unserer Galaxie sind dort pro Jahr etwa zwanzig neue Sterne entstanden.
Also: $R_* \sim 20$. <

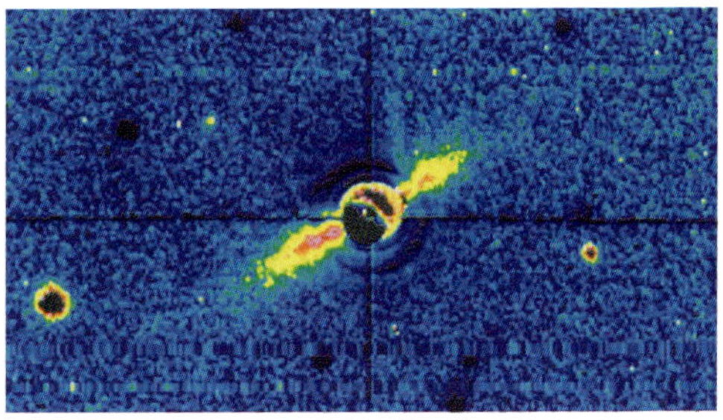

Ein Planetensystem entsteht um den Stern Beta Pictoris (Hubble-Teleskop) Foto SPI/Focus

Überall Planeten?

■ Die Körper irdischer Lebewesen bestehen aus Kohlenstoffverbindungen. Das sollte auch für außerirdisches Leben gelten, denn nur Kohlenstoff kann chemische Strukturen bilden, die zugleich komplex und stabil genug sind, um daraus Organismen aufzubauen. Kohlenstoffverbindungen vertragen allerdings keine Hitze von 3000° C, wie sie noch auf den Oberflächen der kühlsten Sternen herrschen. Daher setzt Leben die Existenz von Planeten voraus.

Der Anteil der Sterne mit Planetensystemen ist der zweite Drake-Faktor. Noch vor wenigen Jahren scheiterten alle Versuche, die Drake-Gleichung mit wissenschaftlich fundierten Zahlen zu füllen, bereits bei diesem Faktor. Denn Planeten leuchten selbst nicht, sondern reflektieren nur das Licht ihres Gestirns. Aus einigen Lichtjahren Entfernung ist es daher ähnlich schwierig, einen Planeten im Gleißen seines Sternes zu beobachten, wie ein Glühwürmchen neben einem Autoscheinwerfer – für klassische astronomische Instrumente ein Ding der Unmöglichkeit.

Doch auch die älteste Naturwissenschaft profitiert vom technischen Fortschritt, in diesem Fall von der Entwicklung hochempfindlicher Digitalkameras, deren Bilder nicht mehr mit Photochemikalien und geschultem Auge ausgewertet werden, sondern mit dem Computer. So kam es 1996 zu einem der bedeutendsten Durchbrüche der Astronomie, als Schweizer Astronomen der erste reproduzierbare Nachweis eines extrasolaren Planeten gelang. Allerdings hat Mayor den Planeten nicht direkt photo-

$f_l \quad f_{IQ} \quad f_{com} \quad L$

graphiert, sondern seine Existenz aus einem leichten Wackeln im Spektrum seines Zentralgestirns, des Sternes 51 Pegasi, geschlossen. Das Gewackel wird dadurch hervorgerufen, daß der Planet mit seiner Schwerkraft an dem Stern zerrt und im Takte seines Umlaufes hin und her schubst.

Heute sind fast achtzig Planten um fremde Sonnen bekannt. Nur in einem einzigen Fall allerdings, dem Stern HD 209458, gelang es, einen Planeten wirklich zu sehen, wenn auch nur als Schatten. Dies war möglich, weil die Bahnebene des Planetenorbits just so im Raum liegt, daß der Planet den Stern bei jedem Umlauf für kurze Zeit ein wenig verdunkelt. Dieser glückliche Umstand erlaubte vor wenigen Wochen eine weitere Entdeckung: Der Planet verschluckte beim Vorrüberziehen an HD 209458 das Licht bevorzugt bei bestimmten Wellenlängen, woraus man schloß, daß seine Atmosphäre das Element Natrium enthält.

Hochrechnungen aus den bisherigen Planetenfunden erlauben den Schluß, daß mindestens fünf Prozent aller Sterne von Planeten umkreist werden. Anderer Hinweise – etwa Beobachtungen von Staubscheiben um einige junge Sterne, die man als werdende Planetensysteme deutet – lassen die Astronomen vermuten, daß die Hälfte, vielleicht sogar alle Sterne Planeten haben. Zusammengefaßt bedeutet dies, daß f_p irgendwo zwischen 0.05 und 1 liegen muß. <

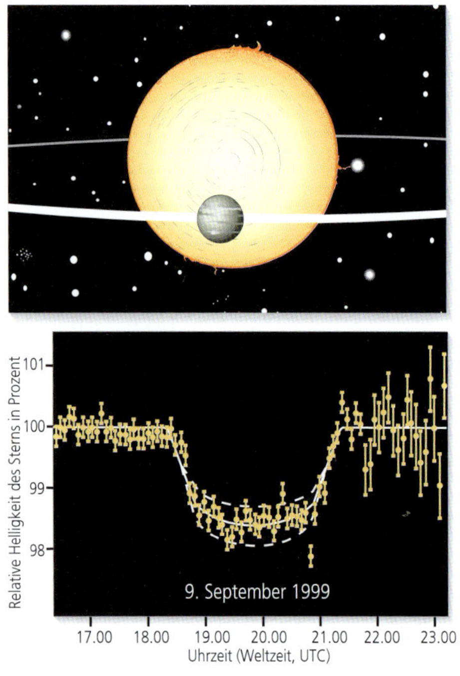

Der Stern HD 209458 wird von seinem Planeten verdunkelt; unten: das Helligkeit-Zeit-Diagramm

Sonnen mit lebensfreundlicher Umgebung

■ Längst nicht alle Sterne sind als Lebensspender geeignet, sondern nur solche, die ihren Planeten Umlaufbahnen ermöglichen, die ganz in „habitablen Zonen" liegen. Das sind jene Regionen, in denen die Planeten über größere Zeiträume hinweg gleichmäßig von ihren Sternen beschienen werden, und zwar so, daß auf ihrer Oberfläche flüssiges Wasser möglich ist. Denn nach heutigem Wissen funktioniert komplexe Kohlenstoffchemie nur bei Anwesenheit flüssigen Wassers.

Sterne mit habitablen Zonen sollten daher möglichst Einzelgänger sein. Sind es zwei oder gar mehr Sterne, die umeinander kreisen, gibt es in der Regel keine Umlaufbahnen, auf denen die Planeten immer gleichmäßig temperiert bleiben. Zudem laufen die Planeten in solchen Mehrfachsystemen Gefahr, durch die wechselnden Schwerefelder der kreisenden Sterne auf Bahnen geschubst zu werden, die sie unwiederbringlich in den offenen Weltraum führen.

Riesige Planeten vom Kaliber unseres Jupiter – auf denen mangels fester Oberfläche keine flüssiges Wasser und damit auch kein Leben möglich ist – neigen gleichfalls dazu, mit ihrer Schwerkraft kleinere Planeten aus dem System herauszukatapultieren. Habitable Zonen sollten daher frei von solchen planetaren Schwergewichten sein. Aus diesem Grunde sind übrigens fast alle der bisher entdeckten Planetensysteme nicht habitabel – die Planeten sind allesamt Gasriesen und umkreisen ihre Sterne zumeist in engen Umlaufbahnen. Ob dies bei Planetensystemen eher die Regel ist oder einzig eine Folge der Beobachtungsmethode, ist zur Zeit noch offen.

Schließlich haben nur Sterne einer bestimmten Größe – nämlich etwa der unserer Sonne – habitable Zonen. Sind sie zu klein, dann bekommen nur solche Planeten genügend Sternenlicht, deren Umlaufbahn so eng ist, daß das Schwerefeld des Sterns ihre Eigenrotation vollständig abbremst und sie dem Stern immer ein und dieselbe Seite zuwenden. Die sternzugewandte Planetenhälfte ist dort eine Gluthölle, während die andere Hälfte kein Licht sieht und einfriert – Leben wird dadurch hier wie dort unmöglich.

Allzu groß darf der Stern auch nicht sein. Denn je größer seine Masse, desto schneller hat er seinen Vorrat an Kernenergie verbraucht und tritt von der kosmischen Bühne ab – bei richtig dicken Sternen in einer gewaltigen Supernova. Geschieht das nur wenige hundert Millionen Jahre nach seiner Entstehung, so hatten etwaige Planeten um ihn herum keine Gelegenheit, eine feste Oberfläche zu bilden, auf der sich Wasser hätte sammeln können. Ist der Stern zu schwer, bekommt das Leben keine Chance.

Die meisten Sterne sind entweder zu groß oder zu klein oder kommen als Doppel- oder Mehrfachsystem vor. Nur etwa zehn Prozent aller Sterne fallen in keine dieser drei Kategorien. Folglich dürfte der Drake-Faktor $f_h \sim 1/10$ sein. <

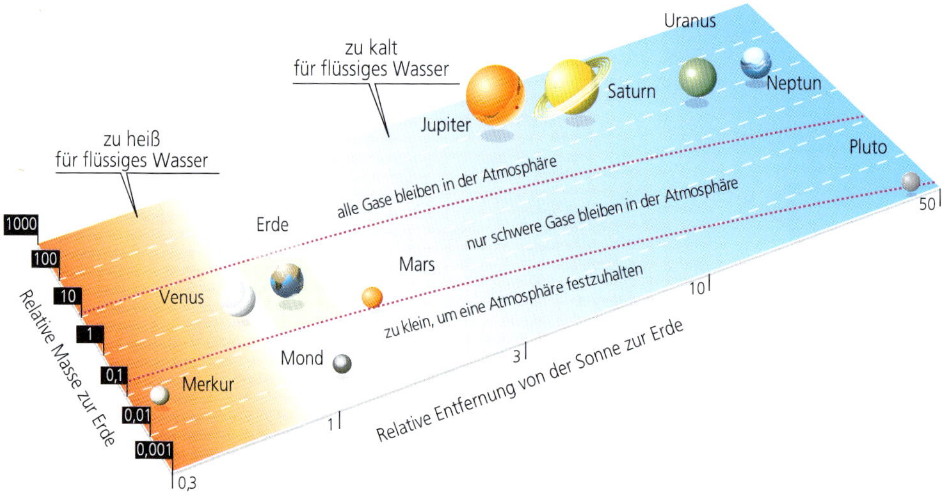

F:A:Z:-Grafik Döring (2)

Welche Planeten können Leben tragen?

Nicht jeder Planet um einen habitablen Stern eignet sich zur Heimstatt für Lebewesen. Zunächst muß er seine Kreise im richtigen Abstand zu seinem Zentralgestirn drehen. Unsere Erde wäre wohl steril geblieben, läge ihre Umlaufbahn nur um fünf Prozent näher an der Sonne oder aber ein Prozent weiter entfernt.

Doch selbst, wenn der Abstand stimmt: Damit auf seiner Oberfläche Wasser fließt, muß ein Planet eine feste Oberfläche haben. Gasriesen, die Planeten wie Jupiter, Saturn, Uranus und Neptun ähneln, kommen daher nicht in Betracht. Alle bisher entdeckten extrasolaren Planeten gehören in diese Kategorie.

Aber auch eine feste, felsige Oberfläche genügt nicht. Wasser ist nämlich nur bei ausreichend hohem Atmosphärendruck flüssig. Der Planet darf daher nicht zu klein sein, sonst reicht seine Schwerkraft nicht, um eine Atmosphäre zu halten. Unser kleiner Nachbarplanet Mars ist ein Grenzfall. In seiner Frühzeit, vor mehreren Milliarden Jahren, scheint er eine ausreichend dichte Atmosphäre besessen zu haben. Seine Oberfläche weist nämlich ausgetrocknete Flußtäler und andere Spuren auf, die sich nur durch fließendes Wasser erklären lassen. Heute jedoch beträgt der Druck an seiner Oberfläche weniger als ein Hunderstel des Druckes der Erdatmosphäre. Wasser ist auf dem Mars daher nur in Form von Eis oder Dampf möglich. Leben läßt es sich auf seiner Oberfläche daher heute nicht mehr – es sei denn in klimatisierten Druckanzügen.

Ein lebensfreundlicher Planet darf auch nicht zu groß sein. Andernfalls behält er selbst die leichtesten Gase bei sich, zu denen die beiden bei weitem häufigsten Elemente im Universum, Wasserstoff und Helium, gehören – wie auf den Gasriesen unseres Sonnensystems. Selbst wenn sie irgendwo eine feste Oberfläche hätten, wären ihre Atmosphären immer noch zu dicht, um dort flüssiges Wasser zuzulassen.

Daraus, daß nur Planeten mit felsigen Oberflächen in Frage kommen, ergibt sich eine weitere, recht drastische Einschränkung für die Anzahl lebensfreundlicher Planeten in unserer Galaxis: Felsige Planeten kann es nämlich nur um solche Sterne geben, die sich aus intergalaktischen Gaswolken mit hohem Anteil an schweren Elementen gebildet haben, allen voran die gesteinsbildenden Elemente Sauerstoff, Silizium und Metalle – natürlich darf auch Kohlenstoff, das Hauptingredienz lebender Organismen, nicht fehlen. Nun weiß man aber aus Beobachtungen, daß solche schweren Elemente nicht überall in der Milchstraße in ausreichendem Umfang vorhanden sind. In Kugelsternhaufen oder in jenen Regionen der galaktischen Scheibe, die weiter als etwa 38 000 Lichtjahre von ihrem Zentrum entfernt sind, gibt es zu wenig.

Auch der Zentralbereich der Milchstraße – und jeder anderen Galaxis – dürfte immer steril gewesen sein. Nicht nur, daß dort die Sterndichte und die Intensität tödlicher Strahlung aus energiereichen Vorgängen wie Supernovausbrüchen keine habitablen Zonen erlauben. Auch ist der Anteil an schweren Elementen dort zu hoch. Computersimulationen legen nahe, daß aus Gaswolken mit zu vielen schweren Elementen zu große Planeten mit zu dichten Atmosphären entstehen. In der Nähe des galaktischen Zentrums dürfte es daher ebenfalls kein Leben geben.

Optimal dimensionierte, felsige Planeten wie unsere Erde scheinen demnach nur in einem Lebensgürtel der galaktischen Scheibe zwischen 15 000 und 38 000 Lichtjahren möglich. Dort liegen aber nur etwa zwanzig Prozent aller Sterne der Milchstraße. Ein lebensfreundlicher Planet sollte überdies ein starkes Magnetfeld haben. Das schützt seine Bewohner vor schädlicher Teilchenstrahlung aus dem All, vor allem aber lenkt es den Strom geladener Partikel ab, die jeder Stern ununterbrochen abstrahlt.

Alle diese Effekte in einem Zahlenwert für den Drake-Faktor n zusammenzufassen, ist heikel, solange man keine erdähnlichen Planeten um fremde Sterne beobachten kann. Solche Beobachtungen werden erst mit Weltraumteleskopen der übernächsten Generation, etwa dem von der Nasa geplanten Terrestrial Planet Finder (TPF), möglich sein. Bis dahin ist weder abschätzbar, mit welcher Wahrscheinlichkeit sie in richtigem Abstand zu ihrem Stern vorkommen, noch wie groß sie sind – von Eigenschaften wie Magnetfeldern ganz abgesehen. Allenfalls die durch Analyse von Sternenlicht beobachtbare Verteilung schwerer Elemente in der Galaxis läßt eine vorsichtige Schätzung zu – mit dem ernüchternden Ergebnis, daß auf hundert habitable Sterne allenfalls ein erdähnlicher Planet kommt, also $n \sim 1/100$. <

Der Terrestrial Planet Finder der Nasa wird aus einer Flotte von Weltraumteleskopen bestehen. Damit könnte es nach 2010 gelingen, Leben in fremden Welten anchzuweisen.

Die Milchstraße bietet nur in einem begrenzten „Lebensgürtel" (grün) genügend schwere Elemente für erdähnliche Planeten. Der rote Kreis ist die Zone um die Sonne, die bereits nach Außerirdischen abgesucht wurde.

Foto SPL/Focus; Montage ConComposition (J. Both)

Auf wie vielen Planeten hat sich Leben entwickelt?

■ Mit dieser Frage verlassen wir nun vollends den Bereich dessen, was sich mit gegenwärtiger Forschung beantworten läßt. Kein Mensch weiß, wie es zur Bildung der ersten Lebewesen aus Kohlenstoffverbindungen kam. Ob es dazu nur eines „kleinen warmen Teiches" bedurfte, wie Charles Darwin spekulierte. Geschah es am Grunde der urzeitlichen Tiefsee oder vielleicht in feuchten Klüften noch tiefer in der Erdkruste? Zwar ist man sich weitgehend einig, daß alles Lebendige, ob Mensch, Schleimpilz oder Apfelbaum irgendwie

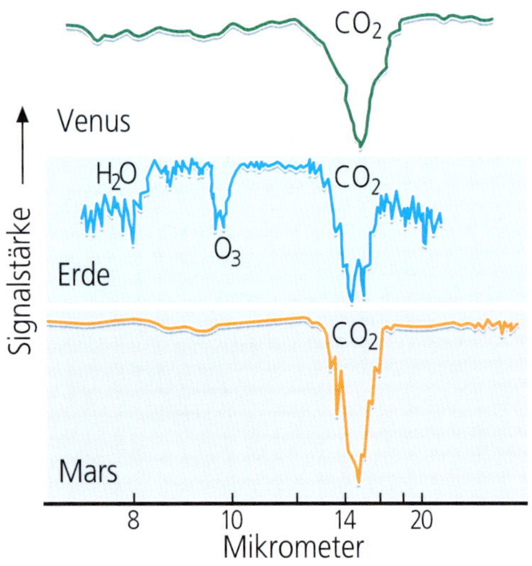

Lichtspektren von Planeten-Atmosphären: O_3 deutet auf Leben F.A.Z.-Grafik Döring

miteinander verwandt ist und möglicherweise von einem einzigen einzelligen Uhrahn abstammt. Aber der muß ja auch irgendwo hergekommen sein. Der Umstand, daß es diese ersten Zellen bereits vor vier Milliarden Jahren gegeben haben muß, relativ kurz nachdem die Erdkruste erstarrte, läßt viele Forscher spekulieren, daß Leben spontan gedeiht, sobald die richtigen Bedingungen dafür vorliegen. Dann müßten alle erdähnlichen Planeten in habitablen Zonen belebt sein und für den entsprechenden Drake-Faktor gälte $f_L = 1$.

Doch ist es ebensogut möglich, daß sich die ersten Anfänge irdischen Lebens einem wahnwitzigen Zufall verdanken. Zu lösen ist die Frage eigentlich nur durch empirischen Nachweis außerirdischen Lebens. Inzwischen ist dafür ein eigener Wissenschaftszweig entstanden, die Astrobiologie. Es ist denkbar, daß daraus eines nicht allzu fernen Tages eine ordentliche empirische Wissenschaft wird. Mit Instrumenten wie dem geplanten Terrestrial Planet Finder der Nasa sollte es möglich werden, extrasolare Planeten nicht nur direkt nachzuweisen, sondern auch das Licht ihrer Atmosphären auf deren chemische Zusammensetzung zu analysieren. Vor allem hoffen die Forscher darauf, dabei auf Ozon (0_3) zu stoßen. Dieses Gas kann sich nämlich nur in einer Atmosphäre bilden, in der sich freier Sauerstoff angereichert hat – und für den gibt es keine andere natürliche Quelle als biologische Prozesse. Mit der ersten Ozonlinie im Spektrum eines fremden Planeten wäre die Frage nach außerirdischem Leben ein für allemal geklärt. Bis dahin bleibt jede Aussage über f_L reine Spekulation. <

Unwahrscheinlich intelligent

■ Der Nachweis außerirdischen Lebens wäre eine epochale Entdeckung, die viele von uns vielleicht noch erleben werden. Doch Leben und intelligentes Leben sind zweierlei. Denn was immer hinter jenem erfinderischen Geist steckt, den man „intelligent" nennt – es bedarf einest eines komplexeren biologischen Substrates als eine Bakterienkolonie.

Während sich die ersten Zellen bald nach dem Erkalten der Erdkruste gebildet haben müssen, dauerte es über drei Milliarden Jahre, bevor höhere Organismen auftraten. Selbst wenn die Entstehung primitiver Lebensformen eine Notwendigkeit sein sollte (Drake-Faktor f_L), so scheint für die weitere Entwicklung in der Evolution nicht

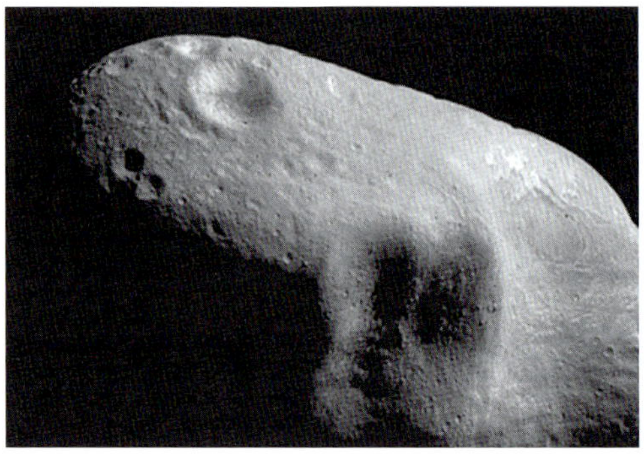

Der Asteroid Eros könnte bei einem Crash alles höhere Leben auslöschen. Foto Nasa / JHU/APL

das gleiche zu gelten. Zellen mag die Natur noch mühelos zustande bringen, Pflanzen und Tiere sind schon schwieriger – doch auch die bauen keine Radiosender. Von den ersten Tieren bis zum Auftritt des Menschen dauerte es noch einmal über eine halbe Milliarde Jahre. Vielleicht war der Schritt vom Leben zum höheren Leben ein Kinderspiel verglichen mit dem vom höheren Leben zum intelligenten.

Daß die Evolution auf anderen Planeten nicht viel flinker läuft als bei uns, ist natürlich unbeweisbar. Diese Annahme folgt allein aus dem „Kopernikanischen Prinzip", dem zufolge unsere Erde ein für ihre Klasse typischer Fall ist. Dies würde bedeuten, daß die Entwicklung höheren, ja intelligenten Lebens stets enorme Zeiträume voraussetzt, in denen der Planet von katastrophalen Ereignissen verschont bleibt, die ihn sterilisieren oder allenfalls robuste Einzeller übriglassen würden.

Die Eigenschaften, die eine Welt aufweisen müßte, um es zu höheren Lebewesen zu bringen, füllen eine lange Liste, die der Amerikanische Astronom Donald Brownlee und der Paläontologe Peter Ward kürzlich zu einem Buch mit dem Titel „Rare Earth" (deutsch „Unsere einsame Erde") zusammengestellt haben.

Der Schluß der beiden Forscher: Jede Heimatwelt intelligenter Wesen muß der unseren sehr ähnlich sein. Zusätzlich zu einer festen Oberfläche, großer Mengen flüssigen Wassers und einem Magnetfeld sollte ein Planet mit Ambition auf höheres Leben auch einen Mond haben, der unserem an Größe ähnelt. Andernfalls wäre seine Planetenachse instabil, was zu Klimaschwankungen führen würde, die komplexere Organismen immer wieder aussterben ließen. Auch sollte ihr Planetensystem einen Planeten mit Größe und Bahndaten unseres Jupiter aufweisen. Dessen Gravitationsfeld ist es zu verdanken, daß relativ wenige Asteroiden die Erde mit Meteoriteneinschlägen bedrohen. Immerhin waren für mindestens zwei der fünf Massensterben, die unsere Biosphäre bisher heimsuchten, Meteoriten verantwortlich.

Vermutlich verdanken wir unsere Existenz auch der speziellen Lage der Sonne in der Milchstraße. Unser Muttergestirn befindet sich an einer ausgesucht langweiligen Stelle – außerhalb jener Verdichtungen der galaktischen Scheibe, die sich Astronomen als Spiralarme bemerkbar machen. Astrophysikalisch interessante, aber einer komplexen Biosphäre eher abträgliche Objekte wie Materiewolken oder Sternenstehungsgebiete konzentrieren sich vor allem in den Spiralarmen. Da die Sonne das Zentrum der Galaxis mit fast der gleichen Geschwindigkeit umkreist wie die Spiralarme, hält sie zu diesen Gebilden über Jahrmilliarden einen fast konstanten Abstand. Für Sterne mit nur etwas anderem Orbit ums galaktischen Zentrum gilt das nicht – auf deren Planeten dürfte es die Evolution deutlich schwerer haben als bei uns.

So fundiert diese Betrachtungen sind, einen Zahlenwert für den Drake-Faktor f_{IQ} liefern sie nicht. Es gibt Schätzungen, nach denen f_{IQ} zwischen dem unrealistisch hohen Wert von einem Hundertstel und einem Billiardstel: eine extreme Unsicherheit. <

Und dann bauen sie Radiosender?

■ Mit welcher Wahrscheinlichkeit Aliens Sender bauen, entzieht sich unserer Kenntnis. Vielleicht darf man ja von sich auf andere schließen. Die Menschheitsgeschichte war stets auch Technikgeschichte -spätestens seit man anfing, die Toten zu bestatten, was von einem Geist zeugt, der über die Grundbedürfnisse hinauszublikken vermag. Es ließe sich einwenden, daß Technik zur Bewältigung von Alltagsproblemen entwickelt wird – die bei Außerirdischen durchaus anderer Natur sein könten. Bei Wesen, die sich mit Wurmkörpern durch Schlammozeane bohren oder als Gasballone in ihrer Atmosphäre driften, dürfte die Technikgeschichte andere Wege genommen haben, vielleicht auch an den Radiotechnik vorbei.

Allerdings legen die Überlegungen von Brownlee und Ward zum Drake-Faktor f_{IQ} nahe, daß höheres Leben, wenn überhaupt,

So machen wir's: Das größte Radioteleskop unserer Welt (auf Puerto Rico) Foto AP

nur auf Welten gedeihen könnte, die unserer sehr ähnlich sind. Darum ist es nicht unwahrscheinlich, daß die Evolution es dort auch zu ähnlichen Bauplänen gebracht hat – ähnlich wie Thunfische, Delphine und Ichtysaurier durch die Anpassung an die gleiche Umgebung einander ähnliche Körper entwickelt haben, obwohl das eine ein Fisch, das andere ein Säugetier und das dritte ein Reptil ist. Solche konvergente Evolution könnte dazu führen, daß Außeridische uns ähnlicher sehen, als Star-Trek-Kritiker denken. Dann darf man auch spekulieren, daß sie sich ebenfall der Radiotechnik bedienen. Unser Tip daher: $F_{com} = 1$. <

Lebensdauer einer Zivilisation

■ Dieser Faktor berücksichtigt, daß Zivilisationen eine begrenzte Lebensdauer haben, in der sie Funkbotschaften versenden können: L ist die mittlere Dauer während deren eine Zivilisation auf Sendung ist. Auch hier kann man nur weite Grenzen angeben. Auch die intelligenteste Zivilisation kann allenfalls halb so als sein wie das Universum. Denn Kohlenstoff und andere schwerere Elemente sind nicht beim Urknall entstanden, sondern erst im Laufe der Zeit im Inneren von Sternen, deren Überreste nach ihrem Ableben – etwa durch Supernovae – über die Galaxis verteilt wurde.

Um die minimale Lebensdauer einer Zivilisation abzuschätzen, mache man sich frei von allen Illusionen zum Weltfrieden und bedenke, daß in unserem Fall zwischen der Erfindung des Radios und der Bewaffnung der Atommächte mit einem zur Selbstzerstörung unserer Zivilisation ausreichenden Vorrat an Wasserstoffbomben kaum ein Jahrhundert verging. Somit liegt L irgendwo zwischen hundert und fünf Milliarden Jahre. Dieser Wert ist also ähnlich unsicher wie f_{IQ}

Ziehen wir Bilanz und errechnen wir die Anzahl N der Zivilisationen pro Galaxie, die zu irgendeinem Zeitpunkt – also etwa jetzt – Radiowellen aussendet. Dazu setzen wir alle Faktoren in die Drakesche Gleichung ein. Die Unsicherheiten, vor allem bei f_{IQ} und L, lassen das Ergebnis N zwischen einem Hundertbilliardestel und Hunderttausend schwanken. Da das sichtbare Universum (also das, aus dem wir Radiobotschaften empfangen können) um die hundert Milliarden Galaxien hat, bedeutete „N gleich ein Hundertbilliardstel", daß wir allein im All sind. Im allergünstigsten Fall funken in jeder Galaxis Hunderttausend Zivilisationen. Selbst wenn sie sich gleichmäßig über die Galaxie verteilten, wäre die nächste funkende Zivilisation 10 000 Lichtjahre von uns entfernt. Im Umkreis von 4 000 Lichtjahren um die Erde haben Frank Drake und die Forscher vom SETI-Institut schon alles abgesucht. <

Bioethik: „Vegetieren" ist ein verbreiteter Ausdruck. Er dient auch dazu, das Leben bewußtloser Kranker, Sterbender oder Embryonen zu beschreiben. Was meinen wir, wenn wir Menschen mit Pflanzen vergleichen?

Pflanzen*seele* und Menschen*würde*

Koma-Patienten spüren nichts. Verdienen sie kein Mitleid, weil sie nicht leiden können? Embryonen haben kein Selbstbewußtsein. Verdienen sie daher keinen Respekt? Sie führen das Leben einer Pflanze, heißt es, sie vegetieren nur. Denken wir also über das Pflanzenleben nach, und auch darüber, wieviel Pflanze im Menschen steckt.

VON HANS WERNER INGENSIEP

Die eigentlichen Bewohner der Erde sind vor allem und namentlich die Pflanzen. Jede von ihnen ist mit ihrer besonderen Kraft ausgestattet und führt ein eigenartiges Leben. Widerstreben legen sie jedoch durch keinerlei Anzeichen an den Tag. Daher kommt es, daß man mit Pflanzen kein Mitleid hat." In diesen Worten spiegelt sich die Auffassung des Neubegründers der Biologie im 18. Jahrhundert, Carl von Linné, von der Lebensordnung dieser Welt. Was sich nicht zu wehren vermag, kann nicht auf Mitleid zählen.

Aus einer anderen Perspektive berichtete der Sonderpädagoge Christoph Anstötz von einem Vater, der das Leben seines geistig schwerstbehinderten, bettlägerigen und hilfsbedürftigen Sohnes beschreibt und dazu den Vergleich von Menschenleben und Pflanzendasein bemüht: „Er lebt wie eine Pflanze, aber da müssen Sie schon an schlecht blühendes Unkraut denken!"

In der angelsächsischen Bioethikdebatte gibt es den vielsagenden Terminus „human vegetables". Medizinisch subtiler ist von „persistent vegetativem Status" die Rede, während die Alltagssprache den Ausdruck „Vegetieren" bereithält, um Lebenszustände zu erfassen, die sich offenbar dem geläufigen Mensch-Tier-Vergleich entziehen. Der australische Bioethiker Peter Singer empfiehlt als Hilfsmittel für die ethische Urteilsbildung einen Einfühlungstest, der angesichts von „Unkraut" eine Grenze offenbare: „Ein solches Leben ist völlig leer; ich würde es nicht im mindesten bedauern, diese subjektiv unfruchtbare Form von Existenz zu vernichten. Dieser Test legt den Gedanken nahe, daß das Leben eines Wesens, das keine bewußten Erlebnisse hat, über keinen Wert verfügt."

Platon unterschied drei Seelen im Leibe

Wann und warum vergleichen wir menschliches mit pflanzlichem Leben? Suchen wir nach rechten Worten oder nach entlastenden Metaphern? Welche Wert- und Ordnungsvorstellungen legen wir zugrunde? Was hat das Leben der Pflanzen außer uns mit dem Pflanzenleben in uns selbst, sei es in Form der frühesten Anfangsstadien der Embryogenese, sei es als Zustand des Hirntodes mitten im Leben als Folge eines Unfalles oder in Gestalt der Phasen eines vergehenden Lebens, zu tun?

Der Vergleich von Mensch und Pflanze hat eine Geschichte; ihre Betrachtung kann helfen, diese Fragen zu beantworten.

Platon unterschied drei Seelen im Leibe, genauer gesagt, drei Seelenteile: die Vernunftseele im Kopf, die Mutseele in der Brust und schließlich eine begehrende Seele im Unterleib. Die Topographie ist uns vertraut. Doch so einfach diese am eigenen Leibe nachvollziehbare Seelenordnung zu sein scheint, so schwierig ist die Antwort auf die Frage nach ihrem Grund. Ist sie natürlichen Ursprungs, uns gleichsam in den Leib gewachsen, oder ein Werk der Kultur, vielleicht eine „soziomorphe Projektion"? Nach Auffassung des Philosophen Ernst Topitsch jedenfalls hat Platon das dreiteilige Hierarchiemodell der Stände seiner „Politeia" vor Augen – den Lehrstand der Philosophen ganz oben, darunter den Wehrstand der Soldaten und schließlich den Nährstand der Bauern ganz unten. Die Seelenordnung am Leibe spiegele diese Ständeordnung im Staate.

Bei Platon korrespondiert sie mit einer auf das Individuum bezogenen Lebensordnung – der Ordnung der Tugenden. Im Gehirn findet die Tugend der Weisheit ihren angemessenen Ort. Darunter, im Herzen, wohnen Mut und Tapferkeit. Bleibt noch die Tugend der Mäßigung als Leitnorm des Unterleibes wie des untersten Standes, um naturwüchsige Freßlust und sexuelle Gier in Schranken zu halten.

Warum es ungünstig und verwerflich ist, mit der untersten Lebensstufe des Vegetierens in Verbindung gebracht zu werden, haben Philosophen von Platon bis Plotin, Thomas von Aquin oder Pico della Mirandola und darüber hinaus deutlich ausgesprochen: „Ihr Leben war eine Vorübung im Baumwerden", schrieb Plotin angesichts übler Gesellen, und Pico stellt klar: „Denn siehst du einen Menschen, der seinem Bauche frönend auf der Erde kriecht, so ist es nur ein Strauch, kein Mensch, was du siehst." Kein Mensch also, und dies in einer Schrift über die Würde des Menschen.

Platon stellt sich Pflanzen noch als begehrende und wahrnehmende Lebewesen vor und vergleicht ihre Seele mit der Unterleibsseele des Menschen. Sein Schüler Aristoteles fügt eine Variante hinzu, die auch heute noch im Alltagsleben plausibel erscheint, wenn wir Pflanzen, Tiere und Menschen in Ordnungsverhältnisse bringen möchten. Der Universalgelehrte und Begründer der Biologie in der Antike war es nämlich, der die dreiteilige Seelenordnung zum Grundmuster einer hierarchisch gestuften Seinsordnung aller Lebewesen erhob. Anhand dieser Ordnungsvorstellung war jeder schnell darüber informiert, daß Pflanzen vom Nicht-Organischen, die „Vegetarier" unter den Tieren von den Pflanzen und die karnivoren Tiere wiederum von den Pflanzenfressern leben. Am guten Ende der Nahrungskette wird in diesem Entwurf alles vom Menschen verbraucht, und ein anthropozentrisches Denkmuster steht uns vor Augen.

Noch heute gilt es dem gesunden Menschenverstand als verbürgt, daß Pflanzen um der Tiere willen existieren und beide – Pflanzen und Tiere – letztlich um des Menschen willen. Letztlich? Selbst bei Aristoteles ist diese äußerliche Nutzenordnung – man spricht auch von externer Teleologie – nicht auf den Menschen ausgerichtet, sondern auf ein höheres Wesen, nennen wir es Gott oder den Unbewegten Beweger. Die göttliche Sphäre ist der höchste Zielpunkt in der ganzen gestuften Seelenordnung, an der nach Aristoteles sogar die Pflanzen und Tiere qua Arterhaltung teilhaben. Somit ist die aristotelische Seelenstufenordnung zugleich eine Wertordnung und nicht einfach eine wertneutrale Naturordnung.

Sukzessive aufgebaut wird diese Seelenstufenordnung durch die Seelenvermögen der Lebewesen. In seiner Schrift „De anima" erklärt Aristoteles die „Psyche" zum fundamentalen Lebensprinzip, auch um Belebtes von nicht Belebtem, vom Anorganischen, scheiden zu können. Seele als Lebensprinzip bedeutet: Etwas lebt, was sich aus sich selbst heraus auf seine eigenen Ziele hin bewegt und eines Organs, also eines Werkzeuges, bedarf, um seine Ziele verwirklichen zu können. Daher heißt ein mit einer Seele belebtes Körperwerkzeug „Organismus". Ein Organismus ist Mittel zum Zweck der Verwirklichung von Seelenzielen.

Drei Grundtypen der Seele sind in aristotelischer Tradition zu unterscheiden. Zuerst die Pflanzenseele, von den Scholastikern anima vegetativa genannt – wir nähern uns wieder dem „Vegetieren" –, hier allerdings durchaus positiv verstanden als die elementare Lebensfähigkeit zu Ernährung, Wachstum und Fortpflanzung. Die drei fundamentalen Lebensfunktionen sind augenscheinlich in Pflanzen verkörpert. Sie ernähren sich, bedürfen der Erde, des Wassers, des Lichts, sie wachsen, und sie pflanzen sich fort, wenngleich Aristoteles von der Rolle des Lichts und einer Pflanzensexualität als eines Grundcharakteristikums im Pflanzenreich noch nichts wußte.

Die nächstvollkommenere Lebensstufe nehmen die Tiere ein, bewegt durch eine anima sensitiva, eine Sinnenseele, die außer durch die vegetativen Seelenvermögen zusätzlich mittels Wahrnehmung und freier äußerer Ortsbewegung zielkräftig wirkt. Ganz oben auf der Seelenleiter steht die auch alle pflanzlichen und animalischen Vermögen umfassende Vernunftseele, die anima rationalis, in deren Besitz sich der Mensch allein wähnt. Dieses hierarchische Denkmuster bestimmte zweitausend Jahre das abendländische Denken und Werten.

Pflanzen als unbehagliche Orte einer schuldbeladenen Menschenseele auf ihrer Seelenwanderung zu betrachten, wie es sich noch in den Fragmenten des Naturphilosophen Empedokles abzeichnet, war schon für Platon nicht mehr vorstellbar. Seit Aristoteles mangelt es dem Pflanzenleben aber zudem am Begehrungsvermögen, weil ein solches nur bei Vorhandensein entsprechender Sinnesorgane und vor allem der freien Ortsbewegung Sinn ergebe. Wo kein Wille vorliegt – also bei pflanzlichen Lebensformen –, da ist auch kein Wille zu beachten, lautet die offensichtliche Konsequenz.

Schon die Antike verglich den Embryo mit der Pflanze

Aber die Geschichte hat einen Haken. Denn nach dem biologisch und embryologisch versierten Aristoteles ist der Mensch selbst in vielfacher Weise ein Mikrokosmos der drei Seelenstufen. So wirken nicht nur im menschlichen Ernährungs- und Fortpflanzungsvermögen die pflanzlichen Seelenkräfte, sondern der Mensch durchläuft – immer noch nach Aristoteles – auch schon in seiner Individualentwicklung sukzessive die subhumanen pflanzlichen und animalischen Lebensformen, auch wenn die menschliche Ontogenese zu jeder Zeit durch das Ziel der menschlichen Lebensform charakterisiert ist.

Schon seit der Antike ist der Vergleich zwischen Menschenembryo und Pflanze üblich. Der Psychophysiker und Pflanzenphilosoph Gustav Theodor Fechner gab diesem Vergleich im Revolutionsjahr 1848 eine prägnante Formulierung: „Fötusleben gleich Pflanzenleben, also Pflanzenleben gleich Fötusleben. Der Fötus empfindet nicht; also auch die Pflanze nicht. So ist man schnell fertig." Fechner stemmte sich mit dem Vergleich allerdings gegen die Mechanisierung der Pflanze, während heute auf der Basis dieser längst vollzogenen Entseelung pflanzlicher Lebensphänomene der Vergleich für das Fehlen eines moralischen Status des frühen Menschenembryos oder einer empfindungsfähigen Tierseele bemüht wird. Ein wenige Wochen alter Fötus sei ja eigentlich nur eine Pflanze, habe daher das gleiche Lebensrecht, nämlich keines, so lautet ein verbreitetes kurzschlüssiges Argument.

„Zellhaufen" – aber mit welchem Ziel?

Aristoteles war hier weniger grobschlächtig, denn in einer Tierschrift stellt er klar, daß ein menschlicher oder tierischer Fötus keine Pflanze ist, sondern „das Leben einer Pflanze führt", eben soweit es um die Ernährung und das Wachstum geht. Aber mit der Verwirklichung seines Ernährungs- und Wachstumsvermögens ist ein tierischer oder menschlicher Embryo noch nicht an sein eigentümliches Entwicklungsziel gelangt. Deshalb darf der Vergleich nicht in eine Gleichsetzung umschlagen, damit wir nicht Opfer unserer eigenen Metaphorik werden.

Hier greift das sogenannte Potentialitätsargument, wonach das Entwicklungsziel einer Pflanze, eines Tieres, eines Menschen in eine adäquate Beschreibung eingehen muß. „Zellhaufen" reicht eben nicht, es ist schon zu fragen: Welche Art von Zellhaufen, welche Lebensform soll verwirklicht werden?

Langsam ertasten wir das Eingangsproblem. Erinnern wir uns: Was nicht weglaufen kann, braucht nichts zu empfinden und kann auch nichts wollen. Was keinen Willen hat, dem kann man auch nichts wollen. Modern gesprochen: Wo kein Nervensystem, keine äußerlichen Verhaltenszeichen, die auf Empfindung hindeuten, da kein ethisches Problem, womit die Ethik auf eine neurozentrische oder auch ethologische Basis gestellt wird.

Wenn aber aus dem von Aristoteles angestellten embryologischen Vergleich früher animalischer Föten mit Pflanzen eine Gleichsetzung wird, dann erstreckt sich diese Ausschlußlogik auch auf pflanzenhafte Zustände nichtpflanzlicher Lebewesen, denen dann gleichfalls jeglicher Anspruch auf ethische Berücksichtigung streitig gemacht wird, weil sie nicht über Empfindungsfähigkeit verfügen. Der Bioethiker Singer bietet ein gutes Beispiel für diese

Verwendung der Pflanzenmetaphorik, wenn er aus dem erwähnten Einfühlungstest, über Pflanzen hinausgehend, folgert: „Dieser Test legt den Gedanken nahe, daß das Leben eines Wesens, das keine bewußten Erlebnisse hat, über keinen Wert an sich verfügt."

Der Mensch als Pflanze entpuppt sich als Problem der Neuzeit, die mit Descartes den tierischen Körper zur empfindungslosen Maschine erklärte und die aristotelische Zielseele als okkultes Lebensprinzip ablehnte. Angesichts der menschlichen Grausamkeit und Ungerechtigkeit gegen Tiere beruhigte es den cartesianischen Theologen Jean Darmanson geradezu, daß Gott die Tiere als bewegliche, aber – gottlob! – empfindungslose Vollautomaten erschaffen habe. Mit dem „Leben" einer Maschine können und müssen wir nicht mitfühlen. Das Phänomen pflanzlichen Lebens war fürs erste restlos mechanisiert, so daß zunächst nur noch dem Menschen eine immaterielle Seele zugestanden wurde, bis der französische Arzt und Materialist La Mettrie am Ende auch diese Seelentätigkeiten als Produkte materieller Organisation behauptete: Leben stecke in der kleinsten Körperfaser, nicht aber in einer dubiosen anima vegetativa.

„Der Mensch ist ihm nichts als Materie, eine bloße Maschine, eine Pflanze, die fortwächset, wie es ihre Organisation mit sich bringt, und mit dem Tode wieder aufhört. Freyheit, Tugend und Laster sind leere Töne": So komprimierte ein Historiker seinerzeit die unliebsamen Ansichten dieses radikalen Materialisten. La Mettrie verglich 1748 in „L'Homme Plante", „Der Mensch als Pflanze", inspiriert durch Linné, tierische mit pflanzlichen Embryonen und stellte Ähnlichkeiten in deren Entwicklungsvorgängen und in der Sexualität heraus. Doch bei aller Ähnlichkeit zählte am Ende doch die Differenz in der materiellen Organisation. Der menschliche Geist entspringe aus einer höheren Gehirnorganisation, weshalb für La Mettrie die hierarchische Stufenleiter der Wesen nicht in Frage steht. Der Mensch sei eine sich selbst bewegende komplexe Maschine, dazu da, um glücklich zu sein. Hier stehen materialistische Weltsicht und hedonistische Glücksethik im Einklang. Es heißt, der Atheist und Freigeist sei infolge unmäßigen Nahrungsgenusses zugrunde gegangen. Er starb in der Tat an einer Lebensmittelvergiftung.

Doch ausgerechnet der gläubige Biologe Carl von Linné kehrt in seiner Schrift „Politia naturae" 1760 die traditionelle Seelenstufenordnung um und behauptet allen Ernstes, daß die Tiere um der Pflanzen willen existieren. Linné fragt sich außerdem, wodurch denn der Mensch als toppredator in Grenzen gehalten werde, damit sich auf Erden ein Gleichgewicht im Haushalt der Natur bewahre – protoökologische Ideen im 18. Jahrhundert. Der Pflanzenliebhaber spielte sogar mit der Vorstellung, daß „die eigentlichen Bewohner der Erde", die Pflanzen, ein Empfindungsleben haben könnten. Doch letztlich versagt er den Pflanzen das „Mitleid" – commiseratio –, aus dem Grund, weil sie kein Widerstreben – nolle – zeigen, und tröstet sich, gestützt durch den Kreislauf des Werdens und Vergehens, des Fressens und Gefressenwerdens, damit, daß am Ende alles der höheren Gerechtigkeit eines weisen Schöpfers diene.

Nach den schrittweisen Desillusionierungen durch Kant, Darwin und Nietzsche vermögen wir heute allerdings kein rechtes Vertrauen mehr in eine letztlich alles regulierende nemesis divina zu setzen. Die Herstellung von Gerechtigkeit im Diesseits scheint dem Menschen selbst zu obliegen – auch und gerade angesichts des „Vegetierens" von Menschen.

Der alte und kranke Linné wurde von seinen Kindern auf einen Stuhl mitten in die blühende Wiese gesetzt, und oft sahen sie „ein glückliches Lächeln über seine Züge" huschen, „wenn er sich unter Blüten, Blättern und Zweigen wiederfand". So beschreibt Alfred Otto Schwede den „Blumenkönig des Nordens" in seinem biographischen Roman über Linné. „Er konnte gewöhnlich Kraut, wenn nicht gar Unkraut, liebevoll streicheln."

Respekt auch dort, wo es kein Widerstreben gibt

Wie Linné als alter Mensch gepflegt wurde, so möchte wohl jeder Mensch, ob jung oder alt, gesund oder krank, von seinen Mitmenschen behandelt werden – mit Achtung und Respekt, als Person, selbst dann, wenn äußerlich kein Widerstreben mehr feststellbar ist, das heißt, wenn man noch nicht oder nicht mehr in der Lage ist, seinen Willen körperlich darzustellen. Der Fall macht klar, daß sich ethische Probleme nicht nur auf eine Frage des Mitleids und Mitfühlens reduzieren lassen. Es ist aufschlußreich, daß Peter Singer im Angesicht seiner an Alzheimer erkrankten Mutter bekannte: „Ich denke, daß diese Sache mir die Augen dafür geöffnet hat, daß diese Dinge sich für Menschen als sehr schwierig darstellen. Es ist schwieriger, als ich früher dachte, weil es etwas anderes ist, wenn es sich um deine eigene Mutter handelt."

Die grundsätzlichere Frage, die sich hier stellt, lautet: Was bin ich mir schuldig als einem Wesen, das gegen sich selbst verpflichtet ist, gemäß einer vollkommenen Pflicht gegen sich selbst, wie Kant meinte, die Würde der eigenen Person sowie Achtung und Respekt vor anderen Personen zu bewahren?

Nach Kant gebietet das moralische Gesetz gerade in der gehaltvolleren Formulierung, welche die „Idee der Menschheit" in den Mittelpunkt stellt, daß Personen niemals bloß als Mittel, sondern immer zugleich auch als „Zweck an sich selbst" anzuerkennen sind. Hier werden nicht nur Grenzen der Instrumentalisierung oder der sprachlichen Entsorgung von ethischen Problemen durch Ausdrücke wie „Zellhaufen" oder „human vegetables" thematisiert. Darüber hinaus geht es darum, die moralische „Idee der Menschheit" mit konkreten, individuellen und gesellschaftlichen Gehalten zu füllen – durch Akte der Kultivierung, Zivilisierung und Moralisierung der menschlichen Gesellschaft.

Angesichts des „Vegetierens" anderer Menschen und explodierender Krankenkassenbudgets wird klar, wie weit wir von der Erfüllung dieser ethischen Maxime entfernt sind. Zugleich führt Singers Nachdenklichkeit angesichts der eigenen Mutter vor Augen, daß jedes Individuum von vegetierenden Mitmenschen vor die Frage gestellt wird, wie es seine eigene Würde zu retten vermag – in einer Gesellschaft, die dazu tendiert, menschliche Würde gegen Kosten aufzurechnen.

Es bedarf also nicht einmal des Mitleids mit dem Vegetieren, erregt durch äußerliche Indikatoren, um zu wissen, was zu tun ist. Es gibt gute Vernunftgründe, sein Gewissen angesichts schwieriger ethischer Grenzfälle nicht sprachlich durch Pflanzenvergleiche zu entlasten und der Metaphorik des Vegetierens anheimzufallen. <

PD Dr. Werner Ingensiep ist Philosoph und Biologe.
Er lehrt an der Universität Gesamthochschule Essen.

Fotos Martin Pudenz

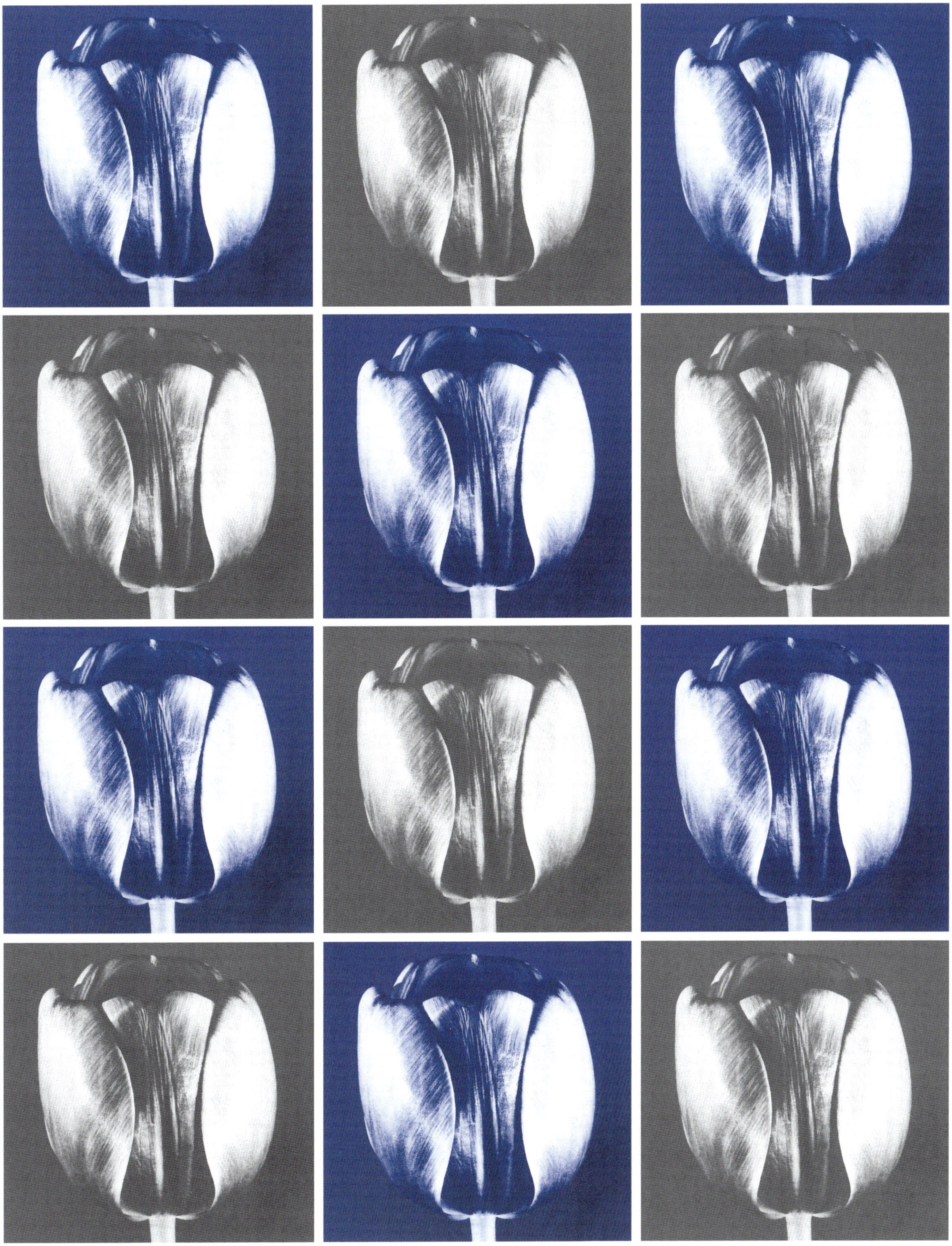

Killer Nummer eins: Zweitausend Menschen sterben täglich in Europa an Krebs. Weltweit sind es Millionen, denen die Ärzte immer noch wenig Hoffnung machen können. Doch in den vergangenen Jahren hat es Fortschritte gegeben – nicht nur in der Theorie.

KREBS

Was die Medizin inzwischen weiß – und was nicht

Die Datenflut ist atemberaubend. Zehntausende von Veröffentlichungen werden Jahr für Jahr über Krebs geschrieben. Aus dem Faktenwust schält sich allmählich ein neues Bild der Krankheit heraus.

VON VOLKER STOLLORZ

Fragt man Berufsoptimisten wie Robert Weinberg vom Whitehead Institute in Boston, steht die Krebsforschung kurz vor dem Durchbruch. Sie wandele sich derzeit in eine „streng logische Wissenschaft". Entartete Zellen ließen sich beinahe so gut analysieren wie Schaltkreise in Computern. „Es gibt nur eine kleine Zahl zentraler Schalter", doziert Weinberg. Die scheinbare Komplexität von Krebs beruhe, sagt Weinberg, gerade mal auf einem halben Dutzend fehlgeleiteter zellbiologischer Vorgänge. Und zwar unabhängig davon, ob eine Krebserkrankung einjährige Kinder erblinden läßt, oder ob sich beim Erwachsenen nach Jahrzehnten aus einer erbsengroßen Wucherung ein bösartiger Darmkrebs entwickelt.

Fehlgesteuertes Erbgut

Eines weiß man heute tatsächlich: Am Anfang des verhängnisvollen Weges stehen fehlgesteuerte Gene. Stets lösen sie eine Kaskade von Ereignissen aus, an deren Ende die Zelle entartet. Welche Eigenschaften die Zelle erwirbt, zeigt anschaulich das „Krebsrad" (Grafik links). Für Weinberg ist es die schlüssige Synthese aller bisherigen Erkenntnisse. Hat man das Verhalten von Krebszellen aber erst begriffen, ist die Krankheit auf molekularer und zellulärer Ebene angreifbar geworden.

Ein Zufall hatte Forscher vor zwei Jahrzehnten erstmals auf die Spur subtiler genetischer Veränderungen in Krebszellen gebracht. Bei einer seltenen Form von Blutkrebs, der sogenannten myeloischen Leukämie, entdeckten aufmerksame Forscher im Mikroskop, daß zwei der 46 Chromosomen des Menschen dabei stets abnorm aussahen. In jeder entarteten Blut-

Die sieben Schritte zum Tumor

1 Flucht vor programmiertem Zelltod. Bevor sich eine Zelle teilt, wird ihr Erbgut auf Schäden untersucht, damit keine Mutationen vererbt werden. „Wächter"-Proteine leiten Reparaturprozesse ein und erlauben nur Zellen mit korrigiertem Erbgut die Zellteilung. Erweisen sich genetische Schäden als irreparabel, schicken die Kontrolleure versehrten Zellen in den sogenannten programmierten Selbstmord (Apoptose). Da Krebszellen eine Vielzahl von Mutationen anhäufen, müssen sie dieses natürliche Kontrollprogramm lahmlegen. Nur so können sie sich trotz massiver genetischer Instabilität ungestört vermehren.

2 Produktion eigener Wachstumssignale. Zellen im Organismus teilen sich nicht ohne Erlaubnis. Sie benötigen Wachstumsbefehle des Körpers, die über komplexe Signalketten ins Innere der Zellen vermittelt werden. Krebszellen müssen diese Signale imitieren, um überhaupt wachsen zu können. Indem sie die Wachstumsampel innerhalb der Zelle quasi ständig auf Grün stellen, erteilen sich Krebszellen selbst die Erlaubnis, mit unkontrollierten Teilungen fortzufahren.

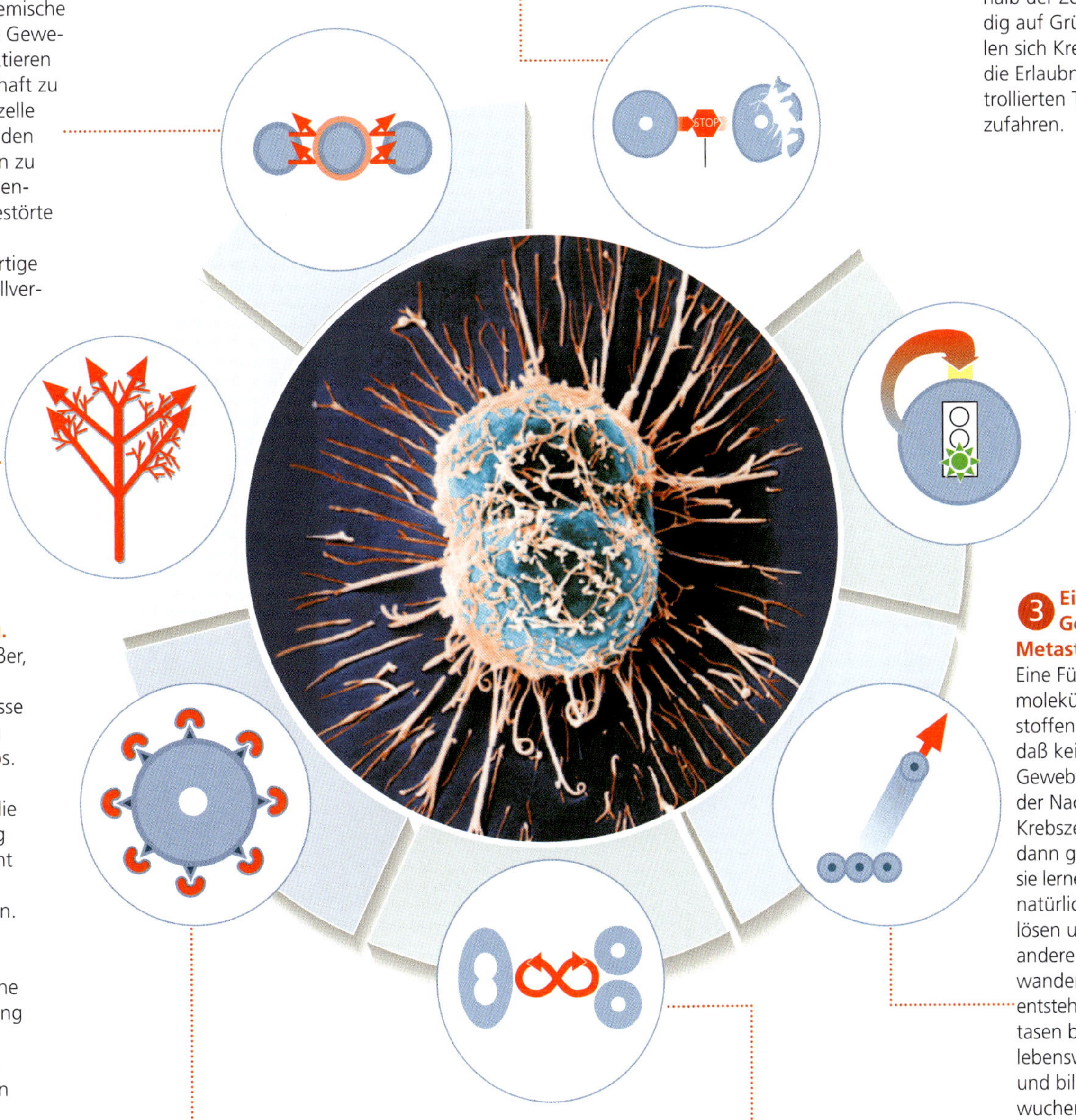

3 Eindringen in Gewebe und Metastasierung. Eine Fülle von Kontaktmolekülen und Botenstoffen sorgt dafür, daß keine Zelle ihr Gewebe ohne Erlaubnis der Nachbarn verläßt. Krebszellen werden dann gefährlich, wenn sie lernen, sich aus ihren natürlichen Grenzen zu lösen und gezielt in andere Gewebe einzuwandern. Die dabei entstehenden Metastasen befallen oft lebenswichtige Organe und bilden aggressiv wuchernde Tumore.

4 Unbeschränktes Vermehrungspotential. Die Lebenszeit einer normalen Zelle ist begrenzt. Maximal 52mal teilt sich eine Körperzelle, bevor sie von einem genetischen Programm in den Zelltod geschickt wird. Krebszellen dagegen sind potentiell unsterblich. Sie beherrschen den Trick, wie man die natürliche Lebenszeit verlängert. Bildlich gesprochen stellen sie bei jeder Zellteilung die Lebensuhr, die das Teilungsalter von Zellen zählt, zurück.

5 Tarnkappe gegen die Immunabwehr. Ständig sucht die Immunabwehr nach Zellen, die anders agieren als gewöhnlich. Diese werden attackiert und wie fremde Eindringlinge behandelt. Krebszellen sind für Immunzellen meistens erkennbar, jede Sekunde eliminiert die Immunabwehr entartete Zellen. Manche bösartigen Tumore aber setzen sich raffinierte molekulare Tarnkappen auf. Diese täuschen der Immunabwehr zelluläre Normalität vor, wo in Wahrheit aggressiver Krebs lauert.

6 Abnorme Gefäßbildung. Wird ein Tumor größer, droht der chaotisch wachsenden Zellmasse in seinem Inneren in der Regel der Kollaps. Es herrscht akuter Sauerstoffmangel, die Nährstoffversorgung schrumpft, es kommt zur Krise und zu massivem Zellsterben. In dieser Notlage gelingt es einigen Tumorzellen, sich eine eigene Blutversorgung zu sichern. Mittels sogenannter angiogenetischer Faktoren zwingt der Tumor umliegende Gewebe, neue Blutgefäße sprießen zu lassen. Dem Krebswachstum sind dann kaum noch Grenzen gesetzt.

7 Unempfindlich gegen Botschaften. Körperzellen sind soziale Wesen, hören aufeinander, tauschen ständig chemische Botschaften aus, um Gewebegrenzen zu respektieren und gute Nachbarschaft zu pflegen. Eine Tumorzelle lernt, diese hemmenden Signale der Nachbarn zu ignorieren. Diese Eigenschaft nennt man gestörte Kontaktinhibition. Nur so können bösartige Wucherungen im Zellverband entstehen.

zelle war ein Stück vom Chromosom Nummer 22 abgebrochen. Statt dessen klebte es fälschlicherweise am Chromosom mit der Nummer 9. Die Krebsforscher nannten das verrückte Stück nach dem Ort, an dem es entdeckt wurde, „Philadelphia"-Chromosom

Das Philadelphia-Chromosom verschafft Krebszellen enorme Wachstumsvorteile. Als Genforscher den Ort der Bruchstelle erstmals näher inspizierten, staunten sie nicht schlecht. Durch die Fusion der Chromosomenstücke geraten zwei normalerweise entfernt liegende Erbanlagen in eine explosive Nachbarschaft. Ein Krebsgen mit dem kryptischen Namen „Bcr" aktiviert dabei ein Gen namens „abl" – fertig ist die Bauanleitung für ein abnormes tumorspezifisches Eiweiß, welches Zellen zu unkontrolliertem Wachstum anregt.

Mediziner finden im Blut des Erkrankten bis zu 50mal mehr weiße Blutkörperchen als normal. Inzwischen können sie die Aktivität des abnormen Eiweißes aber gezielt blockieren. Das Medikament ist unter dem Namen Gleevec im Handel – ein echter Designer-Wirkstoff, der vergangenes Jahr für Schlagzeilen sorgte. Gleevec kann Blutkrebs zumindest zeitweise zurückdrängen und verlängert so das Leben einiger Patienten – der anschauliche Beweis, daß die Suche nach der Nadel im molekularen Heuhaufen die Tumortherapie tatsächlich beflügeln kann.

Leider sind die Ursachen anderer, häufigerer Krebsarten nicht so leicht unter dem Mikroskop erkennbar. Aus dem Beispiel Blutkrebs aber haben die Wissenschaftler eines gelernt: Krebs entsteht, wenn das fein ausbalancierte Gleichgewicht zwischen der Geburt neuer und dem Absterben altgedienter Zellen gestört ist. Normalerweise erhalten teilungsbereite Zellen aus ihrer Umgebung präzise Signale, wann und wo sie sich vermehren dürfen.

Verpatzte Reparatur

Hunderte von Wächterenzymen wachen bei jedem Schritt des Zellzyklus streng darüber, daß nur solche Zellen weiterleben, die sich korrekt teilen. Kritisch durchleuchtet wird das Erbgut immer dann, wenn aus einer Zelle zwei entstehen – also bei der Verdopplung der berühmten DNS-Doppelhelix. Werden Fehler bemerkt, wird der Kopiervorgang sofort gestoppt. Alarmierte Reparaturproteine schwärmen aus und versuchen, genetische Defekte zu korrigieren. Gelingt das, leitet die Zelle die eigentliche Zellteilung ein, bei der die Chromosomen auf die Tochterzellen verteilt werden. Schlägt die Reparatur aber fehl, erhält die Zelle von den Wächterenzymen gewissermaßen den Todeskuß. „Der Zellverband sagt: Du schadest uns, also töten wir Dich", erklärt Krebsforscher Christoph Lengauer von der Johns Hopkins Universität in Baltimore den zentralen Schutzmechanismus gegen Entartung.

In diesem ausbalancierten System kann eine Wucherung auf zwei Arten entstehen. Entweder sorgt der Tumor auf irgendeine Weise dafür, daß sich seine Zellen auch ohne Erlaubnis der Umgebung vermehren. Oder er verhindert, daß Krebszellen trotz fataler Mutationen eliminiert werden. Bei Krebs werden im Körper also entweder zu viele Zellen geboren, oder aber sie sterben nicht mehr ordnungsgemäß. Zum Glück muß ein Tumor mehrere Schutzmechanismen außer Kraft setzen – unkontrolliertes Wachstum allein reicht nicht. Nur wenn genügend genetische Krüppel den programmierten Selbstmord überleben, kann eine wuchernde Tumormasse, Mutation für Mutation, immer aggressivere Zellen hervorbringen.

Ob Krebs angeboren ist oder mit der Zeit erworben wird – stets müssen dieselben Schutzmechanismen der Zelle ausgehebelt werden. Der Körper wehrt sich noch jahrelang

„Die meisten Menschen entwickeln im Lauf ihres Lebens winzige Wucherungen", sagt Lengauer, „aber meistens könnten sie nicht zu Krebs ausblühen, weil weitere Schutzmechanismen intakt sind." Der Tumor braucht also Zeit, um gefährlich zu werden. Auch deshalb schlägt der Krebs sehr häufig erst im Alter zu. Mancher Unglückliche aber erkrankt schon in jungen Jahren. So gibt es Familien, in denen über Generationen hinweg Brustkrebsfälle schon vor dem 40. Lebensjahr auftreten. Dasselbe gilt für Darmkrebs, schon 30jährige können daran sterben. Manchmal entsteht Augenkrebs sogar bei Kleinkindern. Warum?

Betroffene Menschen tragen, so weiß man heute, in ihrem Erbgut von Geburt an fehlgesteuerte Gene. Sie begünstigen das Auftreten von Tumoren. Charakteristische Defekte in der Bauanleitung jener wichtigen Wächterenzyme oder Reparatursysteme sorgen dafür, daß die Balance von Werden und Vergehen aus dem Lot gerät.

Erbliche Formen von Darmkrebs sind hier das Paradebeispiel der Forscher. Bei den Betroffenen arbeiten bestimmte Reparatursysteme im Erbgut von Geburt an „schlampig". Häufige genetische Schäden auf Chromosomenebene sind die Folge, die Mutationsrate ist bis zu tausendfach erhöht. Eine dieser Mutationen trifft irgendwann zufällig das sogenannte APC-Gen in den Zellen der Darmschleimhaut. Es reguliert normalerweise das Zellwachstum in der Darmschleimhaut. Ist es defekt, entstehen erste Wucherungen (Grafik unten).

Spannend wurde es für die Krebsforscher, als sie nicht nur nach genetischen Auffälligkeiten innerhalb bestimmter Familien suchten, sondern auch nach solchen, die im Prinzip jeden treffen können. Überraschendes Ergebnis: Stets sind die gleichen Schutzmechanismen ausgehebelt. Der Unterschied zur angeborenen Krebsanfälligkeit liegt allein darin, daß diese Schäden im Leben erst erworben werden müssen.

Hier kommt die Umwelt ins Spiel. Rauchen, falsche Ernährung, Strahlenbelastung, Asbest oder gar die schwarz gegrillte Wurst – alle Karzinogene setzen das Erbgut unter Beschuß. Immer wieder kommt es zu Schäden, die zu ersten Wucherungen führen können. Nach Jahren erfolgreicher Reparaturversuche kann zufällig auch einmal ein Reparaturgen selbst beschädigt werden. Dann streikt ausgerechnet der Retter in der Not.

Tritt dieses seltene Ereignis ein, entsteht in der Zelle eine Art erworbener genetischer Instabilität. In der Folge nimmt die Zahl der Schäden weiter zu. Gelingt es dieser Zelle, unkontrolliert zu wuchern, ist der Grundstein für die Tumorentstehung gelegt.

Krebsforscher Christoph Lengauer ist davon überzeugt, daß kaum ein Tumor ohne diesen Motor forcierter genetischer Instabilität entarten kann. Doch wie kann eine einzige Mutation ein ganzes Genom destabilisieren? Man stelle sich anschaulich einen Busfahrer vor, der jeden Morgen 46 Kinder zur Schule bringen muß. Fehlt eines der Kinder, wartet der Busfahrer an der Haltestelle und fährt erst los, wenn alle Kinder im Bus sitzen. Krebs entstehe, so Lengauer, „wenn einer der Busfahrer unzuverlässig ist und nach einer gewissen Wartezeit losfährt, ohne auf verspätete Kinder zu warten."

Die Rolle der Busfahrer spielen in den Körperzellen bestimmte Proteine, die eigentlich für die korrekte Verteilung der Chromosomen auf die Tochterzellen sorgen. Ist eines davon defekt, kommt es bei Zellteilungen beinahe immer zu Fehlsortierungen, Brüchen und Umlagerungen (Foto rechts oben). „Es ist fast unmöglich, eine Krebszelle mit einem normalen Chromosomensatz zu finden“, sagt Christoph Lengauer. „Umgekehrt wird man keine normale Zelle mit einem abnormen Chromosomensatz finden.“

Der Verlust ganzer Chromosomen oder Teilen davon stellt für die Tumoren offenbar einen Überlebensvorteil dar. Nach dieser derzeit heiß diskutierten Theorie könnte die treibende Kraft hinter der Krebsentwicklung ein der Evolution vergleichbarer Prozeß sein. Auch in einer Tumormasse mit Millionen von Zellen herrscht Darwins Kampf ums Dasein, überleben nur die Tüchtigsten. Die Aufgabe lautet: Nacheinander alle Schutzmechanismen der Zelle zu zerstören.

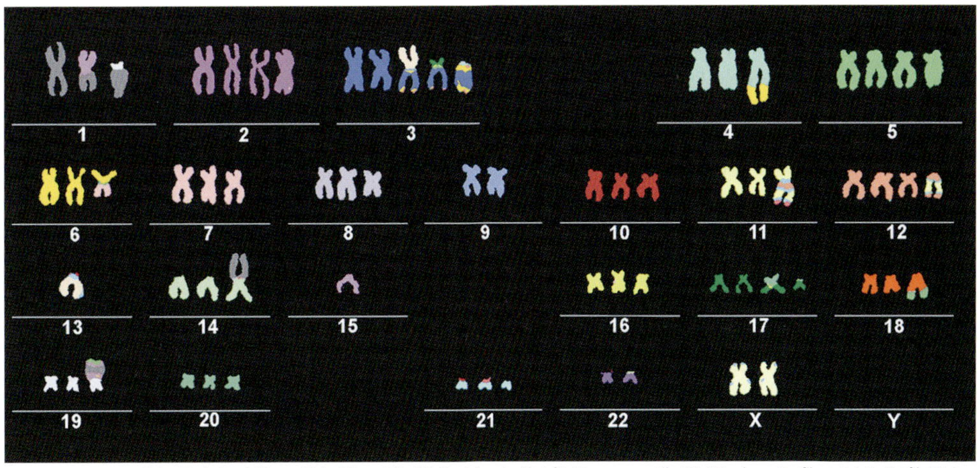

Foto: Dr. J. Azofeifa und Privatdozent Dr. M. Speicher, Institut für Humangenetik, TU München, Grafiken: F.A.Z.-Grafik Döring

Spuren der Entartung.
Das Foto zeigt die Chromosomen einer Lungenkrebszelle, die einem 52jährigen männlichen Patienten entnommenen wurde. Es ist ein Bild des Chaos. Normalerweise besitzt jede menschliche Zelle 23 Chromosomenpaare; hier aber sind einzelne Chromosomen gleich drei- oder vierfach vorhanden, andere fehlen ganz. Um das zu erkennen, ist jedes der verschiedenen, hier nach Größe aufgereihten Chromosomenpaare in einer anderen Farbe markiert. Ein Beispiel: Das grau gefärbte Chromosom Nummer 1 kommt in der Krebszelle dreimal vor, das lilafarbene Chromosom 2 sogar viermal. Bei den drei kleinen, grün gefärbten Chromosomen mit der Nummer 14 ist auf einem ein grau gefärbtes Stück von Chromosom 1 angedockt. Derart abnorme Chromosomenstrukturen sind typisch für bösartige Krebszellen.

Doppelte Sicherheit

Das ist schon vom Prinzip her nicht leicht. Denn die Natur hat für doppelte Sicherheit gesorgt. Von jedem menschlichen Gen existieren in einer Zelle zwei Kopien, eine stammt vom Vater, die andere von der Mutter. Ist eines der Gene auf einem der 23 Chromosomenpaare des Menschen durch Zufall mutiert, kann die intakte Kopie seine Funktion meist ersetzen. Genau diese Ersatzkopie auszuschalten sei die Funktion genetischer Instabilität im Tumor, ist Lengauer überzeugt: „Die meisten Mutationen im Tumor werden erst dann wirksam, wenn das zweite gesunde Chromosom verlorengeht.“ Je chaotischer das Erbgut dabei durcheinandergewirbelt wird, desto größer ist die Chance der Tumormasse, immer aggressivere Zellen hervorzubringen.

Offenbar ringen Körper und Krebs oft jahrelang unbemerkt miteinander. Selbst wenn ein Tumor bereits da ist, gibt der Körper nicht auf. Häufig kann er den Tumor einkapseln, ihm die Blutversorgung abschneiden oder ihn dank wachsamer Immunabwehr aufspüren. Doch am Ende, wenn der Motor der genetischen Instabilität richtig heißläuft, findet der Krebs den ultimativen Trick: Einzelne Tumorzellen beginnen, ohne Respekt vor guter Nachbarschaft, aus ihrem angestammten Gewebeverband herauszuwandern und fortan als Metastasen im Körper Unheil anzu- richten.

Noch ist erst in Umrissen geklärt, welche genetischen Mutationen hinter diesem tödlichen Trick stecken. Den Schlüssel zu diesem Rätsel aber glauben die Forscher bereits gefunden zu haben: Er liegt in der Entwicklungg des Embryos verborgen. Das zumindest glaubt Walter Birchmeier vom Max-Delbrück-Centrum für Molekulare Medizin in Berlin. Einzelne Zelltypen müßten schon im wachsenden Embryo weite Wege zurücklegen, oft auf die Sekunde genau die richtigen Nachbarn abpassen. Die Choreographie dieser Wanderungsbewegungen gleiche einem „faszinierenden Ballett“, bei dem „perfekte Balletteusen in immer anderen Gewändern umhertanzen”. Wer nun nach Genen suche, die Krebsmetastasen im Körper umherwandern lassen, der müsse zuerst die Gesetze jenes molekularen Tanzes im Embryo verstehen. Im Tumor tauchen letztlich nur einzelne, unkoordinierte Tänzerinnen aus dem embryonalen Ballett wieder auf. Nicht zufällig sind in Tumoren viele Gene aktiv, die sonst nur während der Embryonalentwicklung angeschaltet werden.

Auf der Jagd nach dem Schlüssel zum Verständnis des Rätsels Krebs kommt also möglicherweise ein noch viel umfassenderes Rätsel ans Licht. Wie entsteht aus einer befruchteten Eizelle ein Embryo, wie entsteht aus dem Embryo ein lebensfähiger Organismus? Das ist eine der ältesten Fragen der Biologie, an ihr haben sich schon ganze Forschergenerationen die Zähne ausgebissen.

Was bleibt da von Robert Weinbergs Optimismus? Seiner großen Krebs-Synthese? Es ist halt doch „alles viel verwikkelter, als ursprünglich gedacht“, sagt Walter Birchmeier. Die Krebsmedizin finde eben mehr heraus, als in „Weinbergs Kopf paßt“, frotzelt der behutsame Schweizer über allzu simple Vereinfachungen und empfiehlt Weinberg statt dessen, lieber „weniger zu schreiben und mehr zu forschen“.

Das Sterben wird also trotz aller Achtungserfolge weitergehen. Was aber niemals sterben wird, ist die Hoffnung der Patienten auf Heilung. Ein Glück immerhin – auch für die Forscher. <

Was ein Tumor braucht, um seine Lektion zu lernen

Darmkrebs ist besonders tückisch.
Über Jahre hinweg merkt der Betroffene nichts. Der Tumor aber erwirbt in dieser Zeit entscheidende Fähigkeiten. Wie werden seine Zellen unsterblich? Wie häufen sich gefährliche Mutationen an? Wie versorgt sich das Geschwür mit Blutgefäßen? Wie entkommt es der Immunabwehr? Spürt der Patient nach Jahren stillen Wucherns erstmals Symptome, ist es oft zu spät. Der Kampf Krebs gegen Körper ist dann schon verloren. Von 50 000 jährlich an Darmkrebs erkrankten Menschen sterben trotz aller ärztlichen Hilfe weit mehr als die Hälfte. Das entspricht in Deutschland jährlich der Bevölkerung einer ganzen Kleinstadt.

Bisher hilft allein die Früherkennung.
Hier liegt aber auch die Achillesferse des Tumors: Er braucht Zeit, um bösartig zu werden. Darmkrebs ist zu Beginn keine Zellawine, die sich unbeirrt ihren Weg bahnen kann. Der Körper wehrt sich und aktiviert eine Vielzahl von Schutzmechanismen. Darmkrebs entsteht in einem mehrstufigen Prozeß genetischer Veränderungen. Wie, das erklärt ein klassisches Modell des Krebsforschers Bert Vogelstein vom Howard Hughes Medical Institute in Baltimore, Maryland.

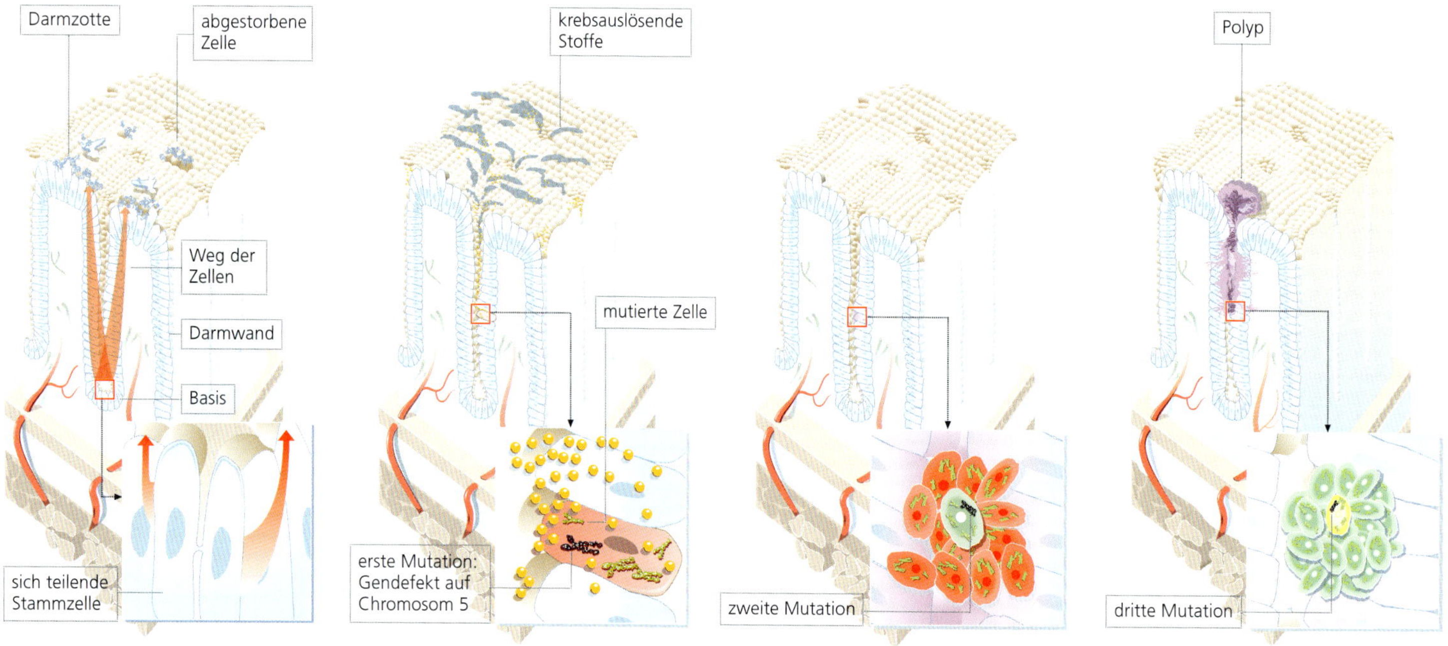

Von der Mutation zur Metastase

Ruhe vor dem Sturm.
Zu sehen ist ein Stück intakter Dickdarmwand. Die hellblauen Zellen haben die Aufgabe, Speisereste zu verdauen. An der Basis teilen sich ständig einzelne Stammzellen, deren Tochterzellen wandern an die Spitze der Zotten. Dort ist der Verschleiß hoch, die Lebensdauer kurz. Nach jeweils sechs Tagen ist die komplette Darmschleimhaut erneuert.

Die Initiation.
Zu Beginn lösen krebserregende Stoffe erste Schäden im Erbgut aus – eine Mutation ist entstanden (rote Zelle). Meist fällt zunächst das sogenannte APC-Gen auf Chromosom 5 aus. Es reguliert im Darm die Zellwanderung von der Basis bis zur Zotte. Ist dieser Mechanismus gestört, entstehen erste unregelmäßige Zellteilungen.

Wachsen, nicht weichen.
Im nächsten Schritt kommt es zu einer stärkeren Wucherung der Darmzotten. Ursache ist in der Hälfte der Fälle eine zweite Mutation – im sogenannten RAS-Gen (grüne Zelle). Das unter seiner Anleitung hergestellte Protein ist Teil einer zellulären Signalkette. Deren Bestandteile leiten hormonelle Botschaften in den Zellkern. Die Signale lösen dort den Beginn der Zellteilung aus. Ist das RAS-Protein oder einer seiner Partner mutiert, teilt sich die Zelle auch ohne dieses Teilungssignal. Es bilden sich irregulär wachsende Zellhaufen.

Der Polyp.
Der Tumor wird größer. Polypen in diesem Stadium sind noch gutartig, sie respektieren Gewebegrenzen. Über viele dieser Adenome gewinnt der Körper noch einmal die Kontrolle, sie degenerieren. In seltenen Fällen aber kommt es nach Jahren zu einer dritten Mutation – zumeist auf dem Chromosom 18 (gelbe Zelle). Derart getroffene Zellen werden unsterblich und teilen sich fortan trotz hemmender Wachstumssignale ihrer Nachbarn. Das unkontrollierte Größenwachstum beginnt.

Die Sicht des Patienten

Krebsauslöser.
Im Dickdarm werden nicht verdaute Nährstoffe aufgenommen, Unverdauliches wird mit Hilfe von Bakterien entsorgt. Dabei entstehen giftige Gase und aggressive, krebsauslösende Stoffe. Belegt ist, daß Ernährung und Krebs eng zusammenhängen. Ballaststoffreiche Nahrung beugt Darmkrebs vor.

Gene als Schicksal.
In sehr frühen Stadien von Dickdarmkrebs findet sich in vier von fünf Fällen eine Mutation im APC-Gen. Bei einer seltenen Erbkrankheit, der sogenannten Familiären Adenomatösen Polyposis (FAP), ist das Gen von Geburt an beschädigt. Fatale Folge: Schon in der Jugend bilden sich im Darm Tausende von Polypen. Bis zum 40. Lebensjahr erkranken fast hundert Prozent der Betroffenen.

Jahre des Reifens.
Der Zellhaufen wächst allmählich über die Darmschleimhaut hinaus. Damit ist in über 90 Prozent aller Darmtumoren eine Vorstufe zum Krebs erreicht. In den restlichen Fällen wachsen die Krebszellen nicht wie kleine Polypen in die Höhe, sondern in die Breite. Sehr bald dringen sie dann in tiefere Gewebeschichten der Darmwand ein. Solche nichtpolypösen Tumore verhalten sich oft äußerst aggressiv. Tückisch ist, daß dieser Krebs bei Darmspiegelungen leicht übersehen wird.

Zweischneidiges Schwert.
Die meisten Adenome wachsen jahrelang als gutartige Wucherungen. Anders ist das bei Menschen mit dem erblichen, sogenannten nichtpolypösen Darmkrebs. Bei Patienten mit dieser Krankheit ist die Mutationsrate in einmal gebildeten Polypen stark erhöht. Dort arbeiten Reparatursysteme im Erbgut von Geburt an nicht fehlerfrei. Aus einem nach einer APC-Mutation zufällig entstandenen Polypen wächst so innerhalb kurzer Zeit immer ein bösartiger Krebs.

Das „Vogelsteinmodell".
Auslöser erster Mutationen können zum Beispiel bestimmte Lebensmittel, aber auch Strahlenschäden oder vererbte genetische Webfehler sein. Solche unerwünschten Erbfaktoren stören die natürlichen Reparaturprozesse der Zellen und können die Mutationsrate steigern. Sind frühe Schutzmechanismen der Zellen erst einmal ausgeschaltet, entstehen zunächst gutartige Polypen in der Darmschleimhaut (Adenome). In ihrem Inneren findet nach Jahren ein zweiter Mutationsschritt statt, dann ein dritter. Mit jeder erfolgreichen Mutation überwuchert der lebenstüchtigere Zellklon seine Nachbarn (Ausschnittvergrößerung, Grafik unten). Der Tumor erwirbt dadurch schrittweise die für seine Entartung nötigen Eigenschaften (siehe Grafik Krebs/Seite 2). Der Tod kommt fast unweigerlich, wenn aggressive Metastasen den Körper befallen.

Theorie und Praxis.
Das Vogelsteinmodell zeigt die Entwicklung von Darmkrebs als idealtypischen Fall, der gleichwohl experimentell gut belegt ist. Über die Reihenfolge der einzelnen Schritte und die Zahl der insgesamt nötigen Mutationen sind sich die Forscher bis heute nicht einig. Fest steht: Jeder Krebs verläuft individuell, die Mechanismen seiner Entstehung aber ähneln sich.

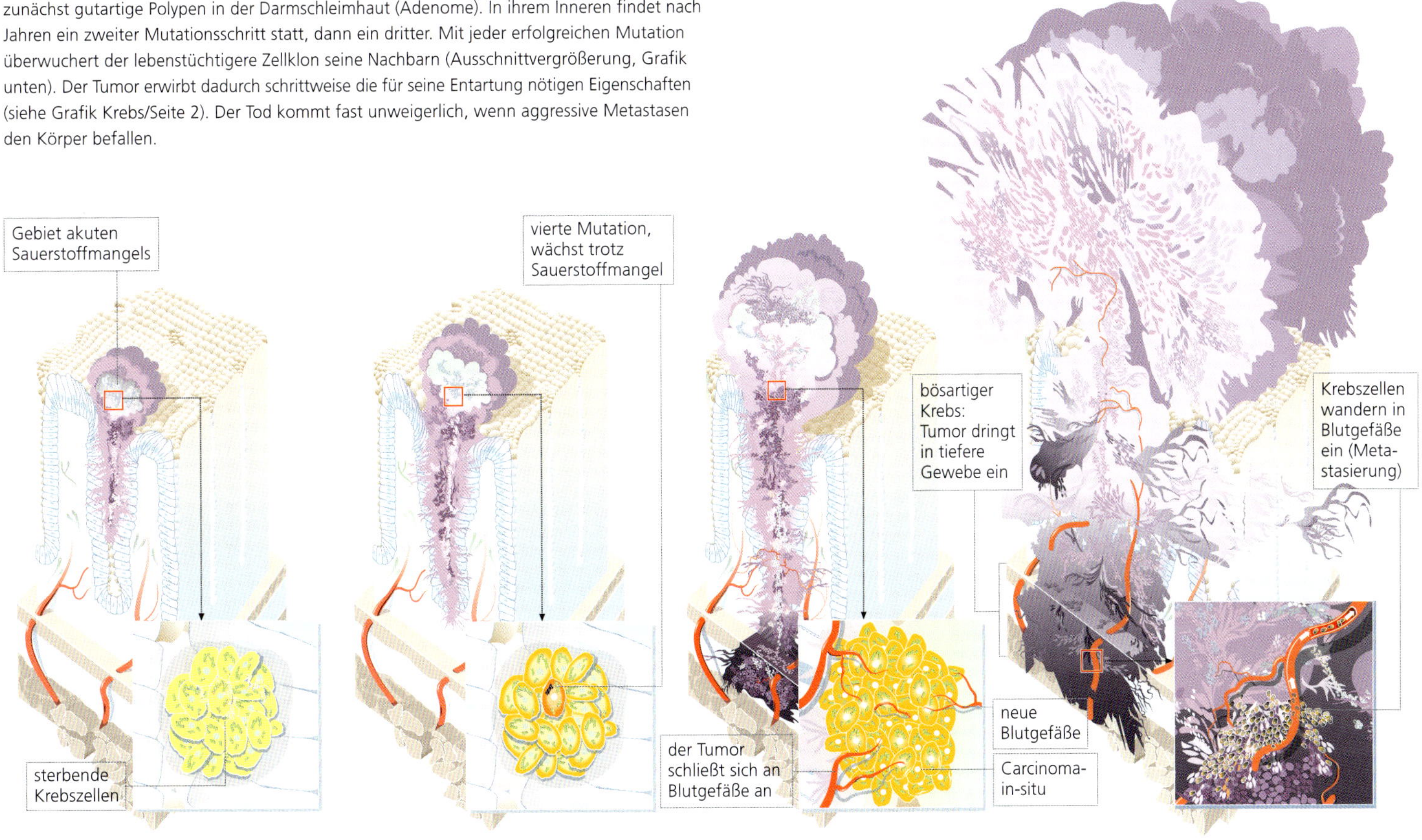

Die Krise.
Chaotisches Größenwachstum führt im Inneren des Polypen zu akutem Sauerstoff- und Nährstoffmangel (graue Zone im Inneren). In dieser Mangelzone sterben die meisten Zellen.

Tödlicher Trick.
Im Inneren der Zellmasse überleben nur solche Zellen, die eine vierte Mutation auf Chromosom 17 erworben haben. Das mit Hilfe des p53-Gens hergestellte Protein schickt normalerweise Zellen in den programmierten Selbstmord, die unter Streß stehen oder genetische Schäden aufweisen. Fällt diese Qualitätskontrolle aus, entgehen die Krebszellen dem vorgesehenen Zelltod. Einige Zellen erwerben sogar die Fähigkeit, sich selbst bei Sauerstoffmangel zu teilen.

Wandel zum Bösen.
Allmählich gerät der Tumor außer Rand und Band. In fast 85 Prozent aller bösartigen Tumoren sind zentrale Reparatursysteme zerstört, die genetische Abnormalität wird mit jeder Zellteilung größer. So zwingt der Krebs nun die umliegenden Gewebe, ihn zur Nährstoffversorgung an die Blutgefäße anzuschließen und sichert sich damit sein dauerhaftes Überleben (Angiogenese).

Die Invasion.
In diesem Stadium wird der Tumor endgültig bösartig. Er hat die ihm angestammte Gewebeschicht verlassen und dringt tiefer in Fett- und Muskelschichten ein. Für diese Metastasierung sind weitere Mutationen notwendig. Die Tumorzellen müssen alle Signale angrenzender Gewebe ignorieren lernen. Metastasen wandern nun auch in die Leber ein. Der Tumor versucht nun, durch vielfältige Umlagerungen im Erbgut letzte Abwehrmechanismen des Körpers auszuhebeln. So stört er Abwehrattacken des Immunsystems. Auch Resistenzen gegen Zellgifte entstehen in der Krebsmasse in immer rascherer Folge.

Früherkennung hilft.
In der Krise entscheidet sich die Zukunft des wachsenden Tumors – wird er gut- oder bösartig? Sind die Adenome größer als eine Bohne, trägt der Patient ein 15prozentiges Risiko, daß sich das Adenom im Verlauf von zehn Jahren zu einem bösartigen Tumor entwickelt. Etwa 20 Prozent der Bevölkerung tragen im Alter von 50 Jahren gutartige Adenome im Darm, bei den über 70jährigen sind es fast 50 Prozent. Würden bei Älteren im Rahmen einer gründlichen Darmspiegelung verdächtige Adenome häufiger aufgespürt, könnte Darmkrebs auch häufiger verhütet werden.

Heilungschancen.
Der Tumor wächst jetzt schneller, ist aber meist noch nicht in tiefere Gewebeschichten eingedrungen. Wird er in diesem Stadium entfernt, liegt das Risiko, daß der Tumor an dieser Stelle wiederkehrt, bei unter zehn Prozent. Wächst er unerkannt weiter, kann er sich zu einem bösartigen lokalen Krebsherd entwickeln, einem sogenannten Carcinoma in situ.

Risiko Metastasen.
Sobald Metastasen auftauchen, sinken die Überlebenschancen für Darmkrebspatienten rapide. Sind mehrere Lymphknoten im Bereich des lokalen Krebsherdes befallen, sterben fast 60 Prozent der Patienten innerhalb von fünf Jahren – selbst nach einer Operation, bei der ein Primärtumor komplett entfernt wurde.

Der tödliche Stoß.
Je tiefer ein aggressiver Krebs in das Darmgewebe eingedrungen ist, desto geringer ist die Überlebenswahrscheinlichkeit für die Patienten. Der Mensch stirbt am Ende aber nicht am Darmkrebs, sondern an Metastasen in Leber oder Lunge. Haben sich Metastasen schon in entfernten Organen wie der Leber festgesetzt, gilt das bis heute als unheilbar.

Archäometrie: Die radioaktive Kohlenstoff-Variante C14 verrät den Todeszeitpunkt jedes Lebewesens. Oft noch nach Jahrtausenden – aber nur, wenn Bäume helfen.

Zeitreise mit der Kohlenstoff-Uhr

Wenn der Achäologe einen Knochen ausgräbt oder eine alte Feuerstelle, dann wüßte er gerne, wie alt der Fund ist. Ihm kommen gleich mehrere Wissenschaften zu Hilfe: Kernphysik, Atmosphärenchemie, Botanik und Altertumskunde.

Bei Tapfheim an der Donau wurde diese etwa 11200 Jahre alte Kiefer gefunden. An den starken Schwankungen der Jahresringbreiten läßt sich ablesen, wie wechselhaft das Klima kurz nach dem Ende der letzten Eiszeit noch war. Die Kiefer weist starke Verletzungen auf, vermutlich durch Eisgang, die der Baum später wieder geschlossen hat.

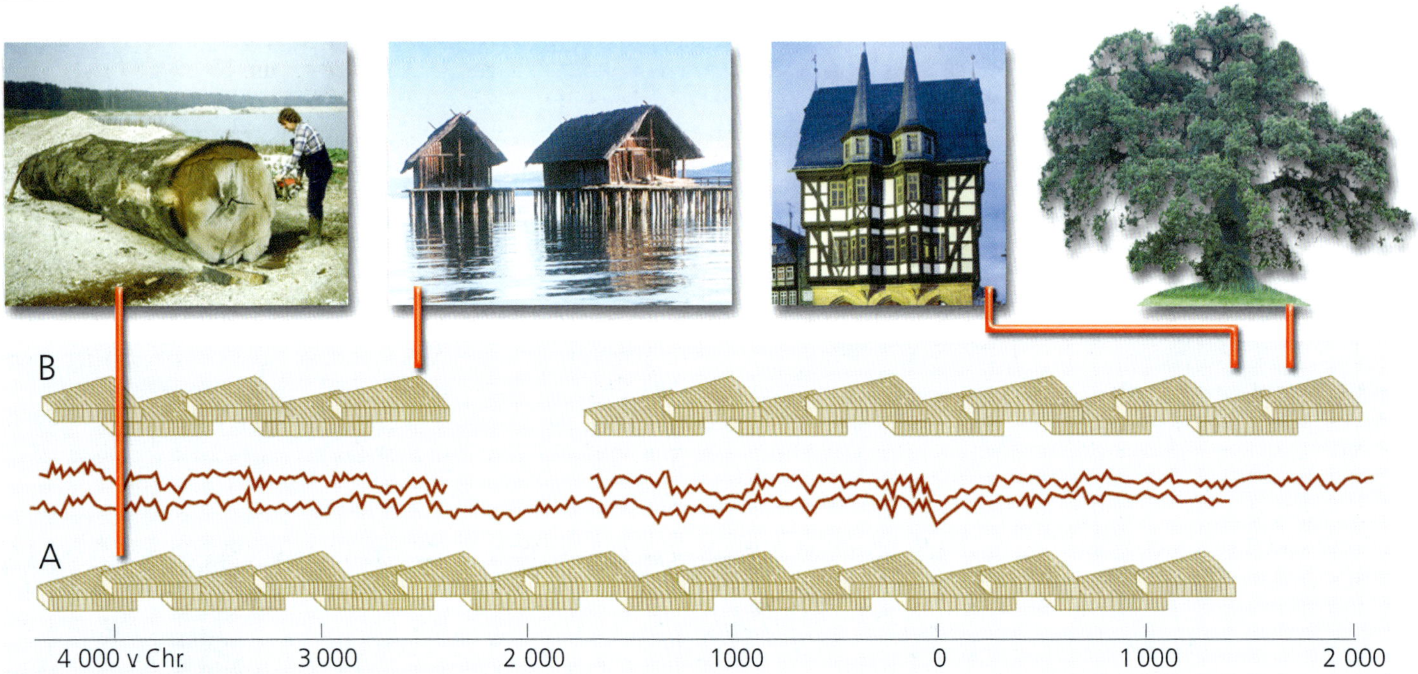

F.A.Z.-Grafik Kaiser/Quelle: Reallexikon der Germanischen Alterskunde 2002

Mit der Dendrochronologie lassen sich Baumstämme aufs Jahr genau datieren, sofern man eine ununterbrochene Folge A von Jahresringprofilen hat, die bis zu einem Baum bekannten Alters reicht. Stämme aus einem Archäologischen Fund (B) lassen sich dann dadurch datieren, indem man ihr Ringstärkeprofil (rote Kurve) mit A vergleicht.

VON ULF VON RAUCHHAUPT

Von König Midas erzählt man sich wunderliche Dinge. So soll er einmal bei Dionysos einen Wunsch frei gehabt haben, worauf ihm nichts Besseres einfiel, als daß alles, was er berühre, zu Gold werde. Die Sage könnte einen wahren Kern haben, denn Midas gab es wirklich. Assyrischen Chroniken zufolge herrschte er nach 718 v. Chr. über Phrygien, einem kleinen Reich in der heutigen Türkei. In dessen Hauptstadt Gordion stieß der amerikanische Archäologe Rodney Young in den fünfziger Jahren auf eine stattliche, aus Baumstämmen gefügte Grabkammer. Was lag da näher, als das Skelett darin für die sterblichen Überreste des Midas zu halten? Vor einem Jahr ergaben Analysen des königlichen Sargbodens, der Grabherr müsse zu Lebzeiten exzessivem Fleischkonsum gefrönt haben. War man damit dem wahren Kern der Legende vom gierigen König auf die Spur gekommen?

Inzwischen steht fest: Der Tote mag König gewesen sein – der historische Midas, der 718 v. Chr. mit den Assyrern zu tun bekam, war er wohl nicht. Die in seinem Grab verbauten Bäume wurden bereits zwischen 744 und 733 v. Chr. gefällt.

Der Mann, dem wir diese Erkenntnis verdanken, ist kein Archäologe, sondern Physiker. Bernd Kromer leitet das C14-Labor der Heidelberger Akademie der Wissenschaften. Dort werden Holzreste, Knochen und Sedimente aus der ganzen Welt datiert - alles, was organischen Kohlenstoff enthält und nicht älter als 50 000 Jahre ist. Besonders gerne untersucht Kromer alte Baumstämme. Es müssen nicht immer so edle Balken sein wie der Wacholder aus dem phrygischen Königsgrab. Öfter sind es ordinäre Kiefern, vor Jahrtausenden in Flüssen eingeschottert. Dafür begleitet er Botaniker von der Universität Hohenheim auf „Sägetouren" in Kiesgruben an Rhein, Main und Donau. Denn erst durch die Dendrochronologie, die Wissenschaft von den Jahresringen der Bäume, wurde die C14- oder Radiocarbonmethode für die Detektivarbeit vieler Archäologen so wertvoll wie die Gerichtsmedizin für die Mordkommission.

Solange ein Organismus ißt oder atmet, strahlt er mit konstanter Rate

„Ein Geschenk der Natur an die Wissenschaft", nennt Kromer das Isotop Kohlenstoff-14, kurz C14. Im Unterschied zu anderen Radioisotopen entsteht es laufend in der Atmosphäre durch Zusammenstöße kosmischer Teilchen mit Stickstoffatomen. Es oxydiert sogleich zu Kohlendioxid, das von Pflanzen aufgenommen wird und anschließend über die Nahrungskette in alles lebende Gewebe gelangt. Solange ein Organismus ißt oder atmet, strahlt er mit konstanter Rate - ein Mensch etwa mit rund 16000 C14-Zerfällen pro Sekunde. Stirbt er, versiegt der Nachschub aus der Atmosphäre und der C14-Gehalt beginnt zu sinken - mit der für Archäologen kommoden Halbwertszeit von 5730 Jahren: Im Holz eines um 3730 v. Chr. gefällten Baumes ist heute noch die Hälfte der ursprünglichen C14-Atome vorhanden. Umgekehrt ergibt sich aus der Zahl der in der Probe verbliebenen C-14-Atome ihr Alter.

Doch die Methode hat ihre Tücken. So muß sichergestellt sein, daß die zu datierende Probe nicht mit Kohlenstoff anderen Alters kontaminiert ist. Knochen aus Gräbern zum Beispiel legt Bernd Kromer vor der Datierung in Salzsäure, um das Carbonat zu entfernen, da dies oft nicht mehr vom Toten, sondern aus dem Erdreich stammt. Ohnehin sind C14-Datierungen nicht zerstörungsfrei. Um die Zerfälle zu registrieren, reicht es nämlich nicht, die Probe an einen Geigerzähler zu halten. C14-Strahlung besteht aus Elektronen, die bereits im Gehäuse eines Strahlenmeßgerätes absorbiert würden. Ein solches Zählrohr besteht aus einem gasgefüllten Metallzylinder, in dem Elektronen dadurch registriert werden, daß sie aus den Gasatomen im Rohr weitere Elektronen herausschlagen. Damit auch alle C14-Elektronen der Probe ins Zählrohr gelangen, verwendet man als Zählgas kurzerhand die zu Kohlendioxid verbrannte Probe. Für eine Zählrohrfüllung braucht man einige Gramm Kohlenstoff. Ist die Probe zu wertvoll, um so große Mengen davon zu opfern, verwendet man lieber ein Atom-Massenspektrometer (AMS). Damit lassen sich die C14-Atome gewissermaßen abzählen, und man braucht nur noch wenige Milligramm Probenmaterial. Dafür ist eine AMS-Datierung auch doppelt so teuer wie die 200 Euro, die Bernd Kromer für eine radiometrische Datierung berechnet.

Neben Kontamination und Meßungenauigkeit gibt es aber noch ein ernsteres Problem: Das C14-Alter, das sich aus dem Zerfallsgesetz ergibt, ist in der Regel nicht das wahre Alter der Probe. Die Rate, mit der die kosmische Strahlung C14-Atome in der Atmosphäre produziert, schwankt nämlich im Laufe der Zeit. Schuld daran sind unter anderem Schwankungen der Sonnenaktivität: Je aktiver die Sonne, desto kräftiger bläst ihr Sonnenwind aus geladenen Teilchen durchs All. Diese haben zwar meist nicht genug Energie, um das Erdmagnetfeld zu überwinden, aber wo sie auf interstellares Gas treffen, erzeugen sie eine Schockfront, die das Sonnensystem vor hochenergetischen Teilchen aus den Tiefen des Kosmos schützt. Bei ruhigerer Sonne schwächt sich dieser Schutzschirm ab, und mehr kosmische Strahlung erreicht die Erde – der C14-Anteil der Atmosphäre ist in solchen Zeiten höher. Der C14-Gehalt einer Probe läßt sich daher nur dann in ihr wahres Alter umrechnen – „kalibrieren“, wie die Wissenschaftler sagen –, wenn man ihn mit dem C14-Gehalt anderer Proben vergleichen kann, deren wahres Alter aus anderen Quellen bekannt ist.

Daher Bernd Kromers Interesse für alte Stämme. Bäume gemäßigter Klimazonen bilden Jahresringe. War das Jahr gut für den Baum, legt er sich einen dicken Ring zu, war es zu kalt oder zu trocken, reicht es nur für einen schmalen. Das Ringmuster eines Baumes ist daher ein Klimaarchiv über viele Jahrzehnte. In Hohenheim hat man in den siebziger Jahren damit begonnen, eine umfassende Sammlung von Bäumen anzulegen, deren Lebenszeit und Ringmuster sich überlappen. Heute ist die Hohenheimer Baumringchronologie die längste der Welt. Lückenlos liefert sie absolut datierte Holzproben bis ins Jahr 10 400 v. Chr. C14-Messungen daran liefern damit den Zusammenhang zwischen C14-Alter und wahrem Alter – die sogenannte Kalibrationskurve. Vor zwei Jahren haben amerikanische Forscher diese Kurve durch Messungen an jahreszeitlich abgelagerten Meeressedimenten vor Venezuela bis etwa ins Jahr 13000 v. Chr. verlängert.

Dabei zeigt sich, daß die Differenz zwischen C14-Alter und wahrem Alter um so größer wird, je weiter man in die Zeit zurückgeht. Proben aus der Zeit vor 500 v. Chr. erscheinen immer jünger, als sie tatsächlich sind - um bis zu mehr als tausend Jahre in der frühen Jungsteinzeit. Zudem ist die Kalibrationskurve von einem Wald von Zacken überlagert, der die Genauigkeit kalibrierter Datierungen stark schwanken läßt. So gibt es Zeiten, in denen die Kurve innerhalb der C14-Meßgenauigkeit praktisch waagrecht verläuft – alle Proben dieser Zeit erscheinen also gleich alt (siehe Abbildung links). Eine besonders lange derartige Episode fällt ausgerechnet in die sogenannte Hallstatt-Zeit, in der auch König Midas regierte: Einzelproben aus der

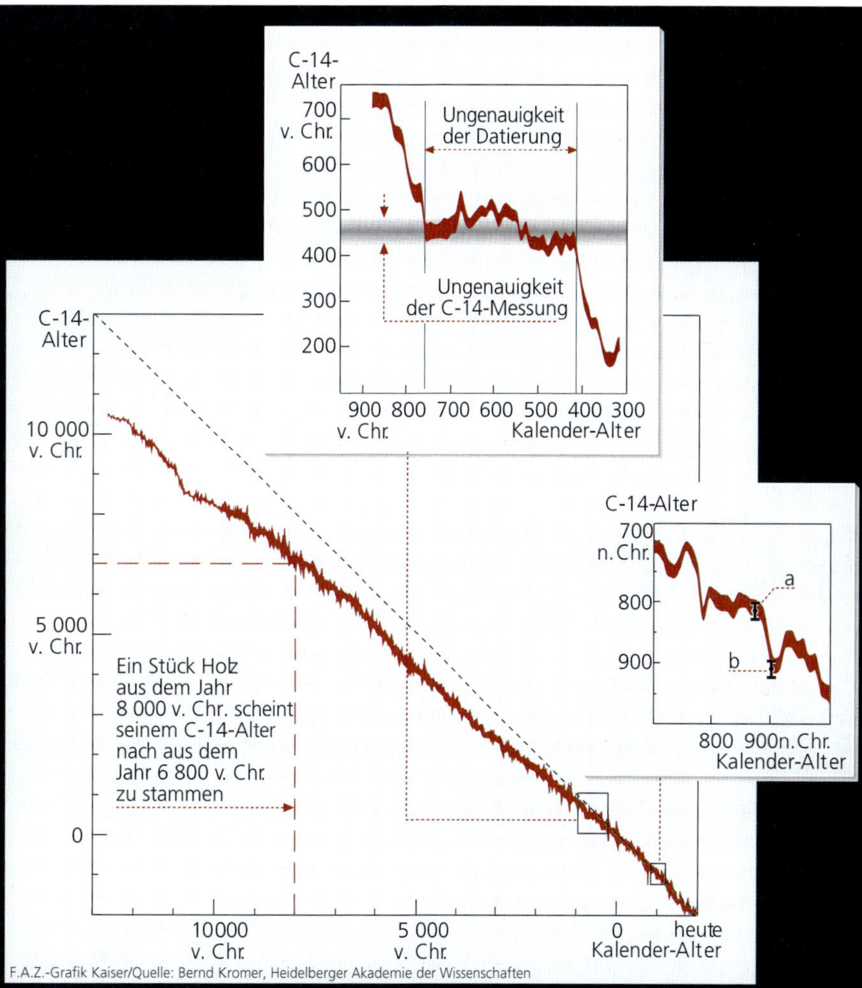

Mit der Kalibrationskurve (rot) läßt sich aus einer C14-Messung das wahre Alter der Meßprobe ermitteln. Wäre dies immer mit dem C14-Alter identisch, wäre die Kurve eine Diagonale (gestrichelt). Schwankungen im Erdmagnetfeld und in der Sonnenaktivität variieren jedoch den C14-Gehalt der Erdatmosphäre: Daher erscheint organisches Material aus der Zeit vor ca. 500 v .Chr. seinem C14-Alter nach immer jünger, als es ist. Kurzfristige Schwankungen verstärken die Ungenauigkeit der C14-Messungen manchmal um Größenordnungen, etwa zur Zeit der sogenannten „Hallstatt-Katastrophe" (oberes Teildiagramm). Hier können archäologische Zusatzinformationen helfen: Ist etwa bei den Fundstücken a und b (Teildiagramm rechts) aus anderer Quelle bekannt, daß a etwas älter ist als b und beide aus der Zeit nach 800 stammen, fügen sich die Meßpunkte der beiden Stücke besonders gut an der gezeigten Position der Kalibrationskurve an. Daraus ergibt sich ihr wahres Alter.

Zeit von 750 bis 400 v. Chr. sind nur auf diese 350 Jahre genau datierbar, obgleich die Unsicherheit der C14-Messung selber nur wenige Jahrzehnte beträgt – für Archäologen eine Katastrophe.

Nun gibt es aber eine Möglichkeit, selbst Funde aus der Zeit der „Hallstatt-Katastrophe" auf wenige Jahre genau zu datieren. Etwa dann, wenn man über Fundstücke verschiedenen Alters verfügt, von denen man auch so weiß, welche aus früherer und welche aus späterer Zeit stammen – etwa Baumringe. Dann kann man aus der relativen Lage ihrer C14-Alter ein Muster zusammenstellen, das sich irgendwo mit dem Zackenmuster der Kalibrationskurve zur Deckung bringen lassen muß. Bei Zeitabschnitten, die nicht ganz so problematisch sind wie die Hallstatt-Katastrophe, reichen oft schon zwei Fundstücke mit bekannter zeitlicher Abfolge. Je mehr man allerdings zur Verfügung hat, desto unwahrscheinlicher ist es, daß man den falschen Abschnitt der Kalibrationskurve erwischt – und desto zuverlässiger ist die Datierung.

Für dieses sogenannte „Wiggle-Matching" gibt es heute eigene Computerprogramme. Forscher wie Bernd Kromer brauchen nur das Ergebnis ihrer C-14-Messung einzugeben, außerdem Zusatzinformationen, die ihnen die Archäologen liefern. Das kann eine relative Abfolge mehrer Funde sein, wie sie sich etwa aus der Position der Fundschichten ergibt. Oft hilft aber auch schon ein terminus post quem oder ante quem, also ein Datum, von dem feststeht, daß der Fund nicht älter oder jünger sein kann. Daraus errechnet das Programm die wahrscheinlichste Position auf der Kalibrationskurve – und damit das wahre Alter. Sind die Zusatzinformationen zu spärlich, spuckt der Computer mehrere mögliche Altersangaben aus – immer zusammen mit den Wahrscheinlichkeiten dafür, daß sie zutreffen.

Proben aus der Zeit vor 500 v. Chr. erscheinen immer jünger, als sie tatsächlich sind

Wie jedes naturwissenschaftliche Verfahren liefern auch dendrochronologisch kalibrierte C14-Datierungen keine Gewißheiten, sondern immer nur Wahrscheinlichkeiten. Das ist bei klassischen archäologischen Datierungen etwa mittels Stilvergleichen ja nicht anders. Diese haben auch keineswegs ausgedient. Die physikalische C14-Messung ist oft zu ungenau, um ohne Einordnung in das bereits vorhandene Wissen der Altertumsforscher einen Sinn zu ergeben. Die manchmal atemberaubende Genauigkeit dieser Methode – wenige Jahre bei jahrtausendealten Funden! –, läßt sich nur erreichen, wo Kernphysik und Altertumswissenschaft zusammenwirken. Überhaupt ist Wissen ja erst dort wirklich gesichert, wo sich mehrere, auf unterschiedlichen Wegen gewonnene Befunde zusammenfügen.

Das gilt auch für unser Wissen über den Herrn im Grab von Gordion. Daß es sich nicht um den sagenhaften Midas handelt, vermutete bereits sein Ausgräber Rodney Young: Bald nach 700 v. Chr. wurde Phrygien von den Kimmerern überrannt. Das Reich brach zusammen, und Midas beging nach Überlieferung des antiken Historikers Strabo Selbstmord. Die Wahrscheinlichkeit, daß ihm sein Volk unter diesen Umständen noch ein so prächtiges Grab errichtete, ist nicht besonders groß. <

Menschenknochen aus einem sächsischen Gräberfeld. Zur Beseitigung fremden Kohlenstoffs werden sie vor der Datierung in Salzsäure gelegt. Das C14 im säurefesten Rest verrät: Dieser Mensch starb um 5000 v. Chr.

Fotos Heidelberger Akademie der Wissenschaften, Marcus Kaufhold, akg images, Transglobe

Wie die Klimaforscher lernten, die Bombe zu lieben

Das Treiben der modernen Menschheit verändert den C14-Gehalt der Atmosphäre. Das wird zukünftigen Altertumskundlern das Leben schwermachen. Die zeitgenössische Wissenschaft allerdings profitiert davon.

HEIDELBERG. Angenommen, ein Bergsteiger unserer Tage segnet auf einem Gletscher das Zeitliche, wie Ötzi vor über 5000 Jahren. Er wird zugeschneit und tiefgefroren ein paar tausend Jahre später von Archäologen gefunden. Wäre es denen dann möglich, seine Leiche mit der Kohlenstoff-14- (C14-) Methode auf die Jahre um 2000 nach Christus zu datieren?

„Das ist vermutlich hoffnungslos", sagt Bernd Kromer, der Leiter des C14-Labors der Heidelberger Akademie der Wissenschaften. Das Zeitfenster, in dem Altersbestimmungen mit der C14-Methode möglich sind, beginnt vor etwa 50 000 Jahren – in älterem Material ist kein C14 mehr nachweisbar. Das Fenster schließt sich mit der Industrialisierung. Knochen von den Schlachtfeldern der Napoleonischen Kriege dürften zu den letzten Dingen gehören, die sich mit C14 sauber datieren lassen.

Schuld sind unsere Abgase. Erdöl und Kohle sind Überbleibsel von Organismen aus Erdurzeit und Erdmittelalter, zwischen 100 und 500 Millionen Jahre alt. Das C14 darin ist längst zerfallen. Je mehr C14-freies Kohlendioxid die Menschheit aber in die Atmosphäre bläst, desto mehr sinkt der Anteil des Isotops. Lebewesen enthalten daher weniger C14, als sie ohne die Industrialisierung enthielten – ihr Holz oder ihre Knochen werden späteren Forschern daher stets älter erscheinen, als sie sind. „Eine Probe aus dem frühen 20. Jahrhundert hat das identische C14-Alter wie eine aus dem 18. Jahrhundert", erklärt Bernd Kromer. Dieser Effekt war Hans Suess, einem amerikanischen Geochemiker österreichischer Herkunft, 1955 zum erstenmal aufgefallen.

Der Suess-Effekt läßt sich sogar regional beobachten. Ingeborg Levin vom Institut für Umweltphysik der Heidelberger Universität hat mit ihren Mitarbeitern über Jahre hinweg präzise Messungen des C14-Anteils im atmosphärischen Kohlendioxyd ausgewertet. Dabei zeigte sich, daß der C14-Gehalt über dicht besiedelten Regionen wie Heidelberg im Rhythmus der Jahreszeiten schwankt. Während der Wintermonate ist besonders wenig C14 in der Luft – eine Folge des höheren Verbrauchs an fossilen Brennstoffen und des geringeren Austauschs zwischen bodennahen und höheren Luftschichten während der kalten Jahreszeit. Diesen regionalen Suess-Effekt könnte man für den Klimaschutz ausnutzen, glaubt Levin. „Er eröffnet die Möglichkeit, durch regionale C14-Beobachtungen die Einhaltung von Emissionsreduktionen zu überprüfen", sagt Levin, „etwa im Rahmen des Kyoto-Protokolls."

Das Bomben-C14 brachte es an den Tag: Die Ozeane speichern Kohlendioxyd nicht so gut, wie mancher Klimaoptimist hoffte

Abgesehen von den jahreszeitlichen Schwankungen über industrialisierten Regionen, ist der C-14-Gehalt der Atmosphäre in den letzten Jahrzehnten allerdings immer weiter zurückgegangen. Doch nicht deshalb, weil die Menschen immer mehr fossilen Kohlenstoff verfeuern. Vielmehr erholt sich die Atmosphäre langsam von einer Umweltsünde mit gegenteiliger Auswirkung auf den atmosphärischen C14-Gehalt: Zwischen 1954 und 1962 haben oberirdische Kernwaffentests gewaltige Mengen an C14 freigesetzt. Bis ein Teststopabkommen in Kraft trat, wurde durch Neutronen aus Atom- und Wasserstoffbombenexplosionen wesentlich mehr C14 produziert als natürlicherweise durch kosmische Teilchen. Insgesamt haben die Bomben den C14-Gehalt der Atmosphäre verdoppelt.

Seit dem Ende der überirdischen Nuklearwaffenversuche verschwindet das Bomben-C14 allmählich aus der Atmosphäre, vor allem dadurch, daß es als atmosphärisches Kohlendioxyd von den Weltmeeren aufgenommen wird. Für Wissenschaftler wie Ingeborg Levin ist der radioaktive Bombenkohlenstoff daher ein Glücksfall. Außer dem regionalen Suess-Effekt erforscht sie auch den globalen Kohlenstoffkreislauf. Die Frage, in welchem Umfang, wie schnell und für wie lange die Ozeane Kohlendioxyd speichern, interessiert vor allem die Klimaforscher brennend. Je effektiver die Meere das Treihausgas schlucken, desto glimpflicher die klimatischen Folgen der Industrialisierung. Levins Befunde deuten allerdings darauf hin, daß die Ozeane das Kohlendioxyd weniger effektiv speichern, als mancher Klimaoptimist glaubte.

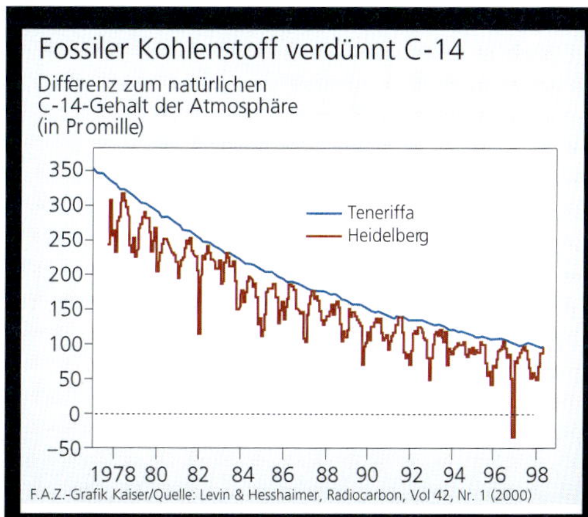

Über Industriegebieten schwankt das C14 im Takt der Jahreszeiten (rot): Im Winter ist es besonders wenig - dann pumpt die Verfeuerung fossiler Brennstoffe besonders viel C14-freies Kohlendioxyd in die Atmosphäre.

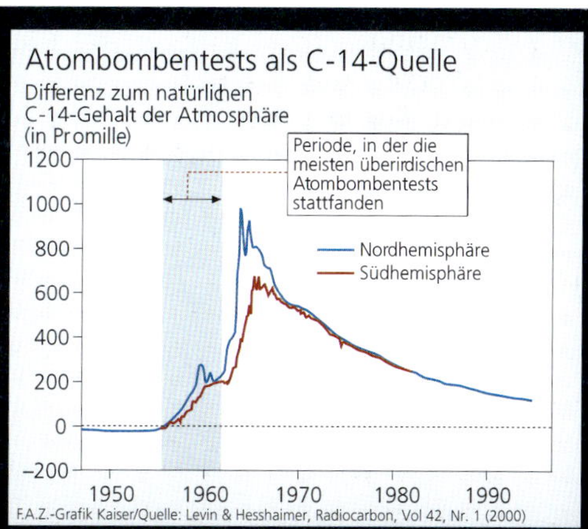

Oberirdische Kernwaffentests haben enorme Mengen C14 freigesetzt - auf der Nordhalbkugel (blau) mehr als im Süden. Nach dem Teststopabkommen sinkt das Bomben-C14 seit Mitte der Sechziger kontinuierlich.

Während das Bomben-C14 dabei hilft, aktuelle Klimamodelle empirisch abzusichern, wird es zukünftigen Erforschern der Epoche ab 1954 fast noch mehr zu schaffen machen als der Suess-Effekt in dem Jahrhundert davor. Eine Probe aus dem Jahr 1962, in dem die Bomben das C14 in der Atmosphäre verdoppelt hatten, wird in 5700 Jahren noch etwa genausoviel C14 enthalten wie ein dann gerade frisch gefällter Baum. „Natürlich sollte es für Leute in 5700 Jahren möglich sein, anhand anderer Kriterien zu entscheiden, ob ein Stück Holz neu oder Jahrtausende alt ist", sagt Bernd Kromer. Archäologen der näheren Zukunft haben es da schwerer: Holz aus dem Jahr 2002 wird in seinem C14-Gehalt bereits in 540 Jahren nicht von dann neuem Material zu unterscheiden sein.

Dafür bescheren die Bombentests heutigen Forschern die Möglichkeit, Proben aus den letzten 40 Jahren durch ihren C14-Gehalt nahezu jahrgenau zu datieren. „Für forensische Fragen, etwa nach der Liegezeit von Leichen, ist das schon ausgenutzt worden", erklärt Kromer, „auch bei der Datierung von Schwermetalleinträgen in Mooren". Die Präzision dieser Datierung übertrifft alles, was bei archäologischen Proben je möglich war oder sein wird. Ein Lebensmittelhändler etwa schickte Kromers Labor kürzlich einige Flaschen Bio-Essig, um zu erfahren, ob sein Lieferant den angeblichen Aceto Balsamico nicht vielleicht mit synthetischer Essigsäure petrochemischen Ursprungs gestreckt hat. Ein zu geringer Gehalt an C14 hätte den Essig-Panscher sofort verraten. „Der Essig war okay", erinnert sich Kromer „doch der Analyse nach mußte der Wein, aus dem man den Essig hergestellt hatte, ein 1984er gewesen sein." Als Kromer seinen Auftraggeber fragte, warum man denn so alten Wein zu Essig verarbeite, stellte sich heraus, daß der Rechtstreit zwischen Händler und Essig-Fabrikant bereits so lange andauerte. Die Flaschen lagerten seit Mitte der achtziger Jahren in der Asservatenkammer des Gerichts. <

Als Troja brannte, blieb diese Holzkohle zurück und wurde unlängst von dem Archäologenteam um Manfred Korfmann gefunden. Nur organischer Kohlenstoff, der nicht älter als etwa 50 000 Jahre ist, enthält noch ausreichend viel C14 für eine Datierung. Steinkohle dagegen ist Hunderte von Millionen Jahre alt.

Eichenholz aus den Gründungspfählen des Marco-Polo-Hauses in Venedig

In den großen Seen Ostafrikas läuft die Entstehung neuer Arten wie im Zeitraffer ab. Besonders die Familie der Buntbarsche hat dort eine unglaublich Vielfalt hervorgebracht. Algenkratzer, Schneckenknacker, Schuppenfresser besetzen jede noch so kleine Nische. Doch das Freilandlabor ist bedroht, der Viktoria-See droht ökologisch zu kippen. Dann wäre ein einmaliges Theaterstück der Evolution zu Ende, bevor wir es richtig studieren konnten.

Die Weltmeister der Evolution

VON AXEL MEYER

Charles Darwin hat viel von der Welt gesehen. An Bord der „Beagle“ kam er bis nach Brasilien, zu den Galapagos-Inseln, nach Neuseeland und nach Australien. Nur nach Afrika kam er nie. So hat er nie von der unglaublichen Artenvielfalt erfahren, die in den großen Seen Ostafrikas herrscht. Seine Theorie vom Ursprung der Arten hätte möglicherweise anders ausgesehen, hätte Darwin Afrikas Buntbarsche gekannt.

Die Familie der Buntbarsche, wissenschaftlich Cichliden genannt, ist mit Abstand die formenreichste unter den Wirbeltieren. Man kennt fast 2 500 verschiedene Arten. Allein im Viktoria-See, mit einer Fläche von der Größe Irlands einer der größten Seen der Welt, leben fünfhundert von ihnen. Zum Vergleich: In allen Flüssen und Seen Europas schwimmen, vom Aal bis zur Quappe, insgesamt nur etwas mehr als zweihundert verschiedene Fischarten. Einige der ostafrikanischen Buntbarsch-Arten sind extrem jung, innerhalb von wenigen Tausenden, vielleicht sogar nur Hunderten von Generationen entstanden. Kein Wunder, daß sie sich zu einem der wichtigsten Modellsystem der Evolutionsbiologie entwickelt haben.

Was sind überhaupt Arten? Darwins berühmtes Buch, zwanzig Jahre nach seiner Rückkehr von den Galapagos-Inseln veröffentlicht, trägt zwar den Originaltitel „On the origin of species by means of natural selection“. Doch durch welche geographischen oder genetischen Prozesse neue Arten nun genau entstehen, das hat Darwin nie erklärt. Er nannte zwar Beispiele, wie sich durch künstliche Selektion innerhalb von wenigen Dutzend Generationen neue Tauben- oder Schafsrassen züchten lassen. Doch verschiedene Rassen können sich, wie jeder Hundebesitzer weiß, weiterhin miteinander paaren. Trotz gelegentlicher mechanischer Schwierigkeiten kommen dabei fertile Nachkommen zustande, und

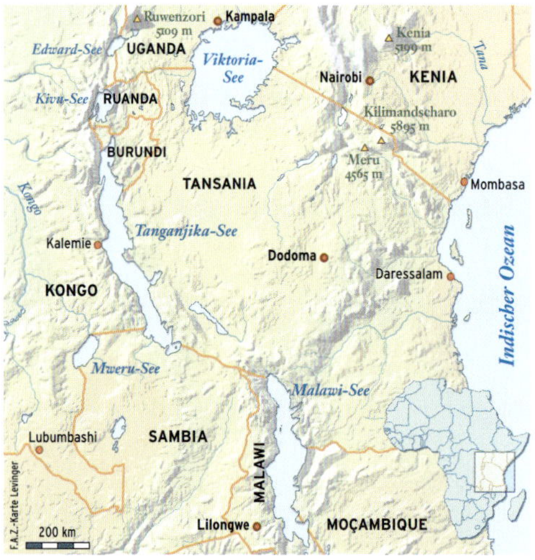

Der Viktoria-See ist der größte und gleichzeitig der jüngste der ostafrikanischen Seen. Zum letzten Mal trocknete er vor 14 700 Jahren aus. Anschließend explodierte seine Artenvielfalt.

niemand würde bezweifeln, daß diese Nachkommen immer noch zur gleichen Art gehören. Ganz im Gegensatz dazu paaren sich verschiedene Arten nicht. Ausnahmen bestätigen nur die Regel: Maultiere, also Nachkommen von Pferd und Esel, sind selber unfruchtbar. Die Frage, wie solche Reproduktionsbarrieren entstehen, hinterließ Darwin seinen Nachfolgern.

Das Problem war schon Carl von Linné, sogar Aristoteles vertraut. Arten wurden allgemein als von Gott geschaffen, als perfekt und damit unveränderlich gesehen. Denn wie könnte etwas Gottgeschaffenes nicht zugleich perfekt sein? Zu Darwins Zeiten war die Sichtweise schon etwas differenzierter. Verschiedene Arten ließen sich, mindestens für den geschulten Kenner, morphologisch, also durch äußerlich erkennbare Merkmale, voneinander unterscheiden. Doch was, wenn sich die Weibchen zweier Arten wie ein Ei dem anderen ähneln? Und nur die Männchen durch eine unterschiedliche Färbung, vielleicht auch nur während der Paarungssaison, auseinanderzuhalten sind? Auch der umgekehrte Fall kommt vor: Zwischen Mitgliedern derselben Art kann eine große Variationsbreite herrschen, sei es durch Färbung, Größe oder andere körperliche Attribute. Letzteres wurde von Darwins Zeitgenossen als ausgesprochen störend empfunden und bequemerweise ignoriert. Erst Darwin erkannte in der Variation etwas Wichtiges, dies war überhaupt eine seiner ganz entscheidenden Einsichten. Unterschiede zwischen Individuen zeigen nämlich, daß Arten nicht unveränderlich sind. Für Darwin erklärten Unterschiede im Aussehen auch Unterschiede im Reproduktionserfolg und damit den Mechanismus der Veränderbarkeit von Arten.

Die Definition, was eine Art sei, hat sich seit Darwin mehrfach geändert. Am häufigsten wird seit den vierziger Jahren des vergangenen Jahrhunderts das „biologische

Altrolamprologus calvus verklemmt sich in Felsspalten zum Schutz gegen Fressfeinde.

Aulonocranus dewindti schwimmt in kleineren Gruppen im Flachwasser über Sand.

Asprotilapia leptura hängt beim Fressen senkrecht vor Felsen. Beide Eltern beteiligen sich an der Brutpflege.

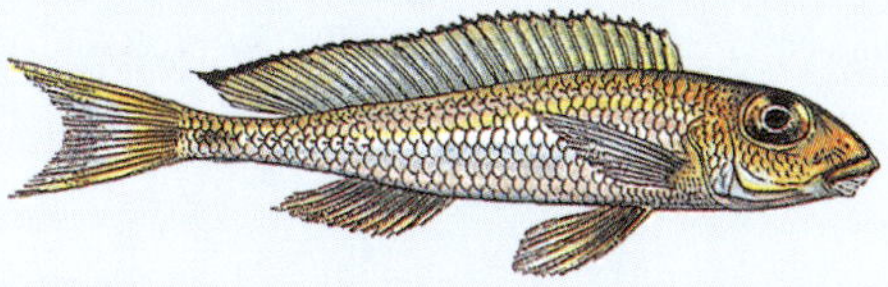

Bathybates ferox ist ein ausgesprochen schneller Schwimmer. Einer der wichtigsten Raubfische des Tanganjika-Sees.

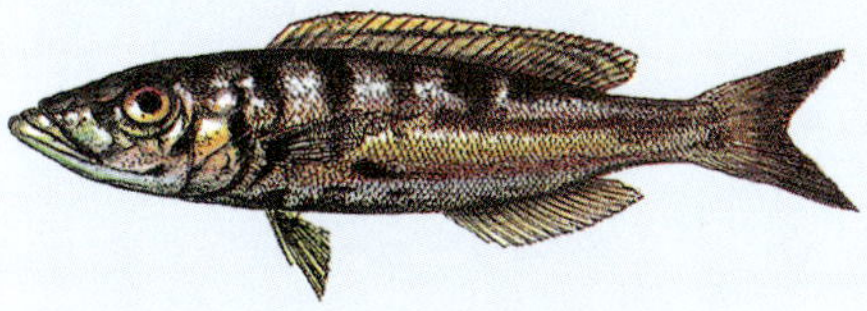

Astatoreochromis straeleni liebt den Schlamm und findet sich folglich an der Mündung von Flüssen. Ziemlich selten.

Reganochromis centropomoides wird nur gelegentlich gefangen. Er lebt immerhin in vierzig Meter Tiefe.

Astatotilapia stappersi ist ein Buntbarsch, der in den Flüssen rund um den See lebt.

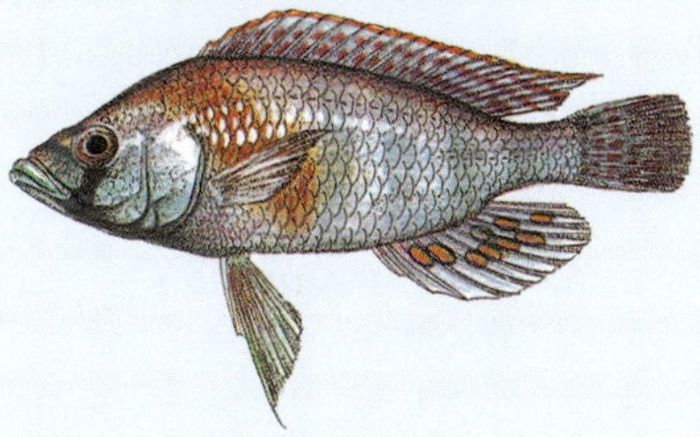

Bentochromis tricoti gehört zu den ursprünglichsten Besiedlern. Lebt in der Tiefe.

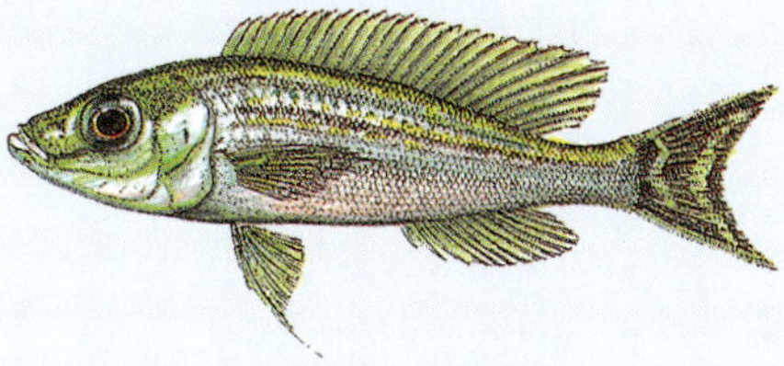

Boulengorochromis microlepis kann beinahe einen Meter lang werden und ist ein begehrter Speisefisch.

Callochromis melanostigma lebt in Ufernähe und gräbt im Sand nach Schalentieren.

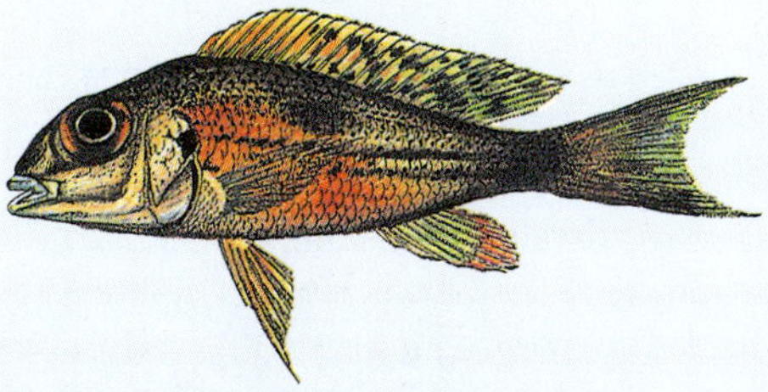

Cardiopharynx schoutedeni pickt sich seine Nahrung aus dem Plankton heraus.

Chalinochromis brichardi gilt als außerordentlich lernfähig. Paare brüten gemeinsam in Höhlen.

Ctenochromis horei buddelt sich bei drohender Gefahr im Sand ein.

Cunningtonia longiventralis baut zum Brüten Sandburgen. Als Aquarienfisch geeignet, aber schwierig zu halten.

Cyathopharynx furcifer ist ein ausgesprochen friedlicher Fisch. In Gefangenschaft büßt er einen Teil seiner Farbenpracht ein.

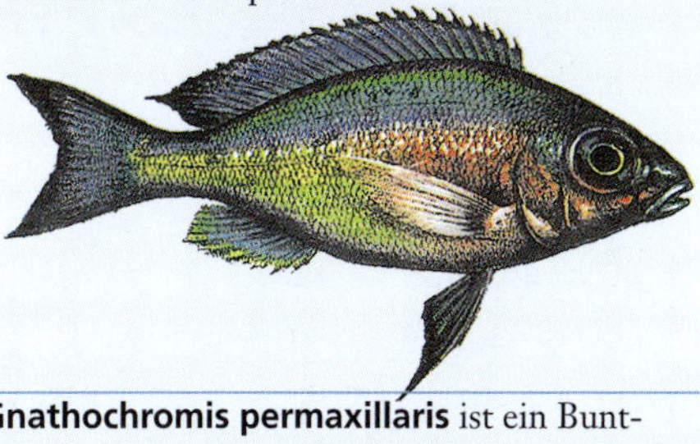

Cyprichromis microlepidotus wird häufig dabei beobachtet, wie er mitten im Wasser auf dem Kopf steht.

Cyphotilapia frontosa lebt in größerer Tiefe und muß, soll er lebend gefangen werden, wie ein Taucher dekompressiert werden.

Gnathochromis permaxillaris ist ein Buntbarsch, dessen taxonomische Einordnung noch umstritten ist.

Abbildungen aus: Pierre Brichard „Cichlids of Lake Tanganyika", T.F.H. Publications, USA 1989

Ectodus descampsi ist nicht besonders schwierig im Aquarium zu halten, aber auch nicht besonders attraktiv.

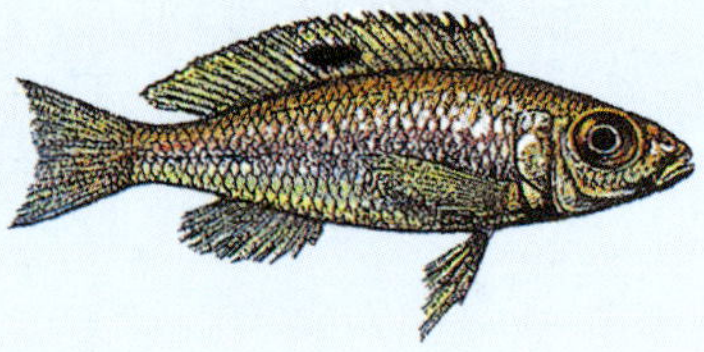

Grammatotria lemairei ist ein friedlicher Vertreter. In seinem Magen findet man Algen und Schnecken.

Eretmodus cyanostictus lebt in sehr flachem Wasser. Schabt Algen von Steinen.

Greenwoodochromis bellcrossi ist einer der ostafrikanischen Buntbarsche, von denen man am wenigsten weiß.

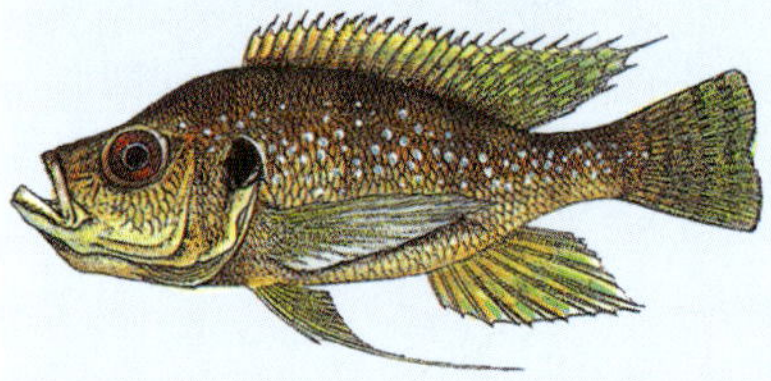

Enantiopus melanogenys ist von außerordentlicher Farbenpracht. Sehr scheu und krankheitsanfällig.

Haplotaxodon microlepis läßt sich anhand seines ungewöhnlichen Mauls identifizieren. Ein guter Schwimmer.

Artenkonzept“ gelehrt. Es geht auf den Populationsgenetiker Theodozius Dobzhansky und den Taxonomen Ernst Mayr zurück und definiert Arten als Fortpflanzungsgemeinschaften. Daneben existieren rund zwanzig konkurrierende Artenkonzepte, die mal besser, mal schlechter auf verschiedene Gruppen von Organismen zuzutreffen scheinen. Eines der großen Probleme des biologischen Artenkonzepts ist nämlich, daß es nur auf Organismen anwendbar ist, die sich sexuell fortpflanzen, also beispielsweise nicht auf Bakterien. Ferner kann Fortpflanzung im Tierreich nicht immer unter natürlichen Bedingungen beobachtet werden – selbst wenn Individuen sich im Zoo oder im Labor paaren, ist damit noch nicht gesagt, daß sie damit zur selben Art gehören. In den letzten zehn Jahren wurden deshalb zunehmend molekulargenetische Unterschiede als Kriterien zur Arterkennung und -abgrenzung herangezogen.

An den Buntbarschen Ostafrikas läßt sich nun das Problem der Entstehung von Artgrenzen wie unter dem Mikroskop studieren. Neben ihrer atemberaubenden Farben- und Formenvielfalt besitzen sie eine ökologische Anpassungsfähigkeit, die sie in den größten Seen der Welt alle überhaupt nur denkbaren Nischen besiedeln läßt. Und zwar in einem Tempo, wie man es sich vor kurzem noch nicht hätte vorstellen können. Hätte Darwin diese Fische gekannt, hätte er dann immer noch behauptet, daß Evolution nur in kleinen Schritten, also graduell stattfindet? Wäre das Mantra der klassischen Evolutionsbiologie „Natura non facit saltum“ so tief in das Bewußtsein der folgenden Generationen von Biologen gedrungen? Vielleicht nicht.

Im Jahre 1858, auf der Suche nach der Quelle des Nils, entdeckte der Engländer Speke als erster Europäer den Viktoria-See. In Ostafrika gibt es daneben Hunderte von Seen. Die beiden ältesten (mit etwa vier und wenigstens neun Millionen Jahren) und tiefsten (bis zu 700 beziehungsweise 1500 Meter) sind der Malawi- und der Tanganjika-See. Beide liegen im Verlauf des ostafrikanischen Grabenbruchs, wo die ostafrikanische und die zentralafrikanische Platte auseinanderdriften. Obwohl der Viktoria-See beide Seen an Oberflächengröße übertrifft, ist er doch sehr viel jünger und

Hemibates stenosoma gehört ebenfalls zu den maulbrütenden Buntbarschen, die ihre Nachkommen in der Mundhöhle schützen.

Lestradea stappersi ist ein unauffälliger Buntbarsch, der sich bescheiden von Mikroorganismen ernährt.

Julidochromis marlieri ist einer der attraktivsten Aquarienbarsche. Er gilt, für einen Fisch, als hochintelligent

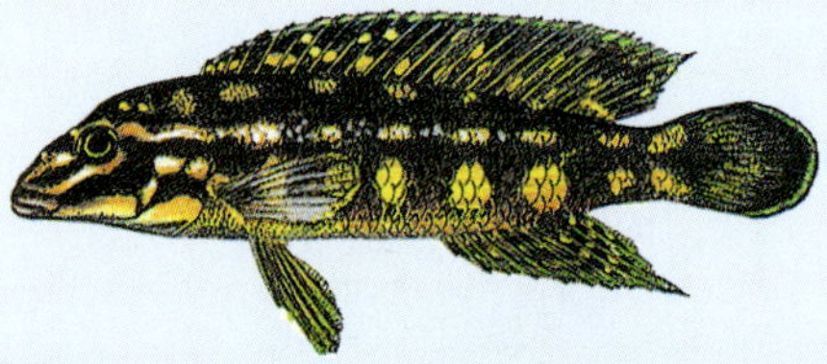

Limnochromis abeelei lebt im südlichen Teil des Sees auf schlammigem Untergrund.

Lamprologus ornatipinnis wird nur sieben Zentimeter groß. Er brütet in leeren Schneckenhäusern.

Limnotilapia dardennei lebt auf sandigem Grund. Ernährt sich von Pflanzen.

Lepidiolamprologus profundicula ist eine bis zu dreißig Zentimeter große Art, die andere Fische frißt.

Lobochilotes labiatus tastet mit seinen fleischigen Lippen nach Nahrung im Sand und zwischen Kieseln.

Xenotilapia tenuidentata lebt in Gruppen. Weibchen legen ihre Eier in Sandkrater, die von den Männchen gebaut werden.

Oriochromis niloticus wird häufig mit Angeln gefangen. Er kommt in vielen Gewässern Afrikas vor.

Neolamprologus sexfasciatus Ein sehr mutiger Buntbarsch aus dem Tanganjika-See, der sein Revier aggressiv verteidigt.

Oreochromis tanganyicae ist in den Tanganjika-See neu eingewandert. Lebt in sandigen Buchten oder auf Schlamm.

auch nur achtzig Meter tief. Sein Alter wird auf weniger als 500 000 Jahre geschätzt. Der Viktoria-See ist wegen seiner geringen Tiefe im Laufe der jüngeren Erdgeschichte mehrfach komplett oder fast komplett ausgetrocknet, zum letzten Mal vor 14 700 Jahren. Dies legt die Vermutung nahe, daß alle fünfhundert heute dort lebenden Buntbarsch-Arten innerhalb von höchstens 15 000 Generationen entstanden sind. So viel Biodiversität, entstanden innerhalb von beinahe historischen Zeiträumen, gibt es sonst nirgendwo auf der Welt. Aber trotz ihrer vollkommen unterschiedlichen Geschichte beherbergen alle drei großen ostafrikanischen Seen Hunderte verschiedener Arten von Buntbarschen, die jeweils nur in einem dieser Seen vorkommen.

Wie derart viele Arten entstehen können, das interessiert Evolutionsbiologen. Wie derart viele Arten in einem gemeinsamen Biotop koexistieren können, das versuchen Ökologen herauszufinden. Schon Mitglieder einer Art konkurrieren nicht nur um Fortpflanzungspartner, sondern auch um andere Ressourcen, wie Nahrung und Platz. Damit andere Arten im gleichen Habitat überleben können, müssen sie eine andere ökologische Nische besetzen, andere Anforderungen an ihren Lebensraum stellen. Wäre das nicht so, würde die eine Art die andere über kurz oder lang zum Aussterben bringen. Es geht also um Spezialisierung. Darin sind Buntbarsche Weltmeister. Beispielsweise beim Fressen: Neben Schneckenfressern findet man Algenkratzer, Zooplanktonfresser, Insektenpicker, Jungfischfresser und so weiter, und so fort – man kann diese extremen Spezialisten grob in „ökologische Gilden" einteilen. Aber selbst so verschiedene Ernährungsweisen ergeben noch keine fünfhundert ökologischen Nischen, die notwendig sind, um die gesamte Barsch-Diversität innerhalb des Viktoria-Sees beherbergen zu können. Eine Art geographischer Spezialisierung muß hinzukommen. Nur ein Prozent aller Buntbarsch-Arten findet man überall im See, der Rest hat kleinere bis kleinste Verbreitungsgebiete. Typischerweise existiert in jedem Teilsegment des Sees eine andere Art, die jeweils dieselbe ökologische Gilde repräsentiert; auf diese Weise werden ähnliche ökologische Teilgesellschaften mit ähnlicher Ausnutzung

Orthochromis malagaraziensis ist nicht besonders spezialisiert. Lebt im Malagarisi und in benachbarten Flüssen.

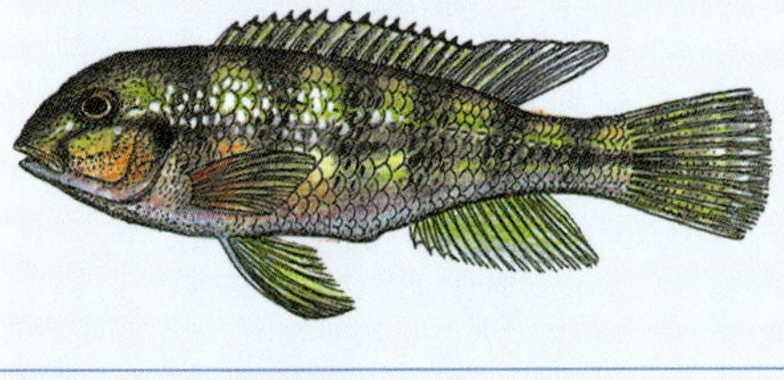

Tilapia karomo ist ebenfalls kein Bewohner des Tanganjika-Sees, sondern im Malagarasi zu Hause.

Paracyprichromis brieni lebt im Schwarm, im offenen Wasser und im gesamten Bereich des Tanganjika-Sees.

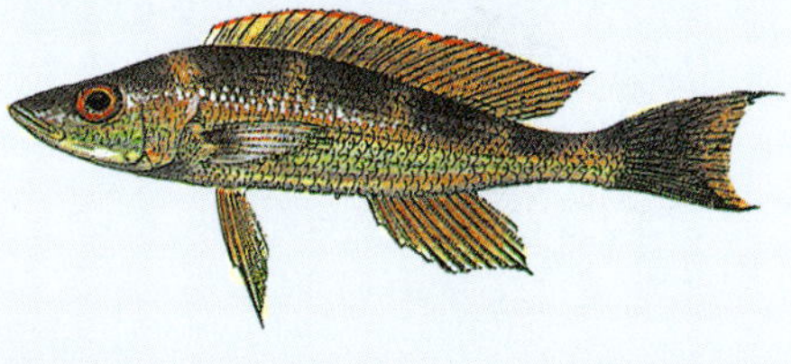

Perissodus eccentricus weidet Schuppen anderer Fische. Gelegentlich in Schwärmen zusammen mit Süßwassersardinen.

Pseudosimochromis curvifrons gehört zu den „Plattnasen" mit ihrem typisch endständigen Maul.

Reganochromis calliurus wird selten gefangen. Entsprechend wenig weiß man über ihn.

der Nahrungsressourcen, aber jeweils anderen Arten mehrfach gebildet.

Interessanterweise trifft das nicht nur für den Viktoria-See zu. Ähnliche Lösungen für das gleiche ökologische Problem wurden durch „parallele Evolution" auch im Malawi-See und im Tanganjika-See gefunden. Das demonstriert eine mögliche Gesetzmäßigkeit der Entwicklungsgeschichte: Die Evolution wiederholt sich, arbeitet dabei aber immer mit den gleichen entwicklungsbiologischen Mechanismen. Unter Einsatz feinstauflösender DNA-Fingerabdruckmethoden läßt sich außerdem zeigen, wie die extrem jungen Arten des einen Sees untereinander verwandt sind und in welchem evolutionären Verhältnis sie zu den älteren Arten der anderen Seen stehen. Ergebnis: Beinahe identisch aussehende Arten aus verschiedenen Seen sind keinesfalls nahe Verwandte. Die Genanalysen zeigen vielmehr, daß alle Buntbarsche des Viktoria-Sees von einer oder ganz wenigen Abstammungslinien herrühren. Alle diese noch so spezialisierten und unterschiedlich aussehenden Arten sind näher miteinander verwandt als mit irgendeiner Art aus dem Malawi-See oder aus dem Tanganjika-See. Die Evolution hat Algenfresser, Schuppenfresser oder Schneckenknacker mehrfach erfunden, unabhängig voneinander und sowohl innerhalb eines Sees wie in verschiedenen Seen. Wie im Zeitraffer entstanden dabei sehr viele, sehr spezialisierte Arten sehr schnell, indem sie jeden noch so kleinen freien Lebens- und Nischenraum besetzten.

Ein Extrembeispiel für ökologische Spezialisierung sind die schuppenfressenden Buntbarsche. Sie ernähren sich, indem sie mit langen, nach hinten gebogenen Zähnen Schuppen von den Flanken ihrer Opfer raspeln. Sie wachsen beim Opfer wieder nach, liefern dem Räuber aber genügend Nährstoffe, um von einer fast ausschließlichen Schuppendiät leben zu können. Bei mehreren schuppenfressenden Arten sind die Hälfte der Individuen einer Population „linksmäulig", die andere Hälfte „rechtsmäulig". Erstere sind besonders effizient im Abraspeln von Schuppen an der rechten Seite ihrer Opfer, letztere sind erfolgreicher an der linken Flanke. Durch sogenannte „frequenzabhängige Selektion" wird das Verhältnis der beiden Räuber paritätisch gehalten. Denn wenn die Linksraspler in der Population überhandnehmen, gewöhnen sich ihre Beutefische daran, von rechts angegriffen zu werden, weshalb die Linksraspler erst einmal weniger erfolgreich sind als die Rechtsraspler, die mehr Opfer finden, sich erfolgreicher fortpflanzen und so in der Population zunehmen, bis die Opfer wieder beginnen, auf ihrer rechten Seite Räuber zu vermuten.

Was führt, außer Spezialisierung, noch dazu, daß sich neue Arten bilden? Verschiedene Unterpopulationen einer Art unterscheiden sich genetisch voneinander, und verschiedene Arten unterscheiden sich typischerweise noch mehr voneinander als Unterpopulationen. Solche Unterschiede entstehen durch Mutationen. Mutationen, die in kleinen Populationen auftreten, haben eine größere Chance, sich auf alle Mitglieder auszubreiten, als Mutationen in großen Populationen (sie treten allerdings auch weniger häufig auf). So können Unterschiede zu anderen Teilpopulationen in kleineren Fischbeständen schneller dazu führen, daß die Fische, die ursprünglich zu einer einzigen Art gehörten, beginnen, sich in wichtigen Genen zu unterscheiden. Das kann manchmal eine morphologische, physiologische oder verhaltensbiologische Veränderung hervorbringen. Veränderungen wiederum können, je nach ökologischen Bedingungen, einen Selektionsvorteil oder -nachteil hervorrufen.

Ein weiterer wichtiger Faktor im Artbildungsprozeß ist das Verdriften von Genen aus einer Population in die andere. Besser gesagt: das Ausbleiben dieses Verdriftens. Denn Gendrift homogenisiert die genetischen Unterschiede zwischen Populationen. Wenn ein Fisch einer Teilpopulation, deren Mitglieder sich durch Mutationen von anderen Teilpopulationen unterscheiden, sich mit einem Fisch einer anderen Population fortpflanzt, dann verringert sich die Wahrscheinlichkeit, daß neue Arten entstehen. Bei den Buntbarschen sind die effektiven Populationsgrößen, also die Anzahl der sich fortpflanzenden Individuen einer Population, oft extrem klein. Manchmal bestehen sie vielleicht nur aus einigen hundert Fischen. So gibt es algenkratzende Buntbarsch-Arten im Malawi-See, die nur in einem sehr kleinen Areal, einem Areal vielleicht von der Größe eines Wohnzimmers, in der Nähe der Uferzone leben. Auch sind Buntbarsche generell sehr standorttreu. Männchen vieler Arten müssen ihr Revier, das zum Beispiel aus einer selbstgebauten Sandburg bestehen kann, gegen Konkurrenten verteidigen. Nur Männchen mit eigenem Revier schaffen es, sich fortzupflanzen.

Man kann diese Männchen mit farbigen Latextupfern individuell markieren und sie dann über mehrere Jahre auf den Meter genau an derselben Stelle wiederfinden. Ihre Gene können gar nicht wandern, solange auch die befruchteten Weibchen in dieser scharf abgegrenzten Region des Sees bleiben. Genetische Untersuchungen zeigen tatsächlich, daß der Genfluß selbst zwischen benachbarten Populationen häufig extrem gering ist. Deshalb können selbst über sehr kurze Strecken, vielleicht wenige hundert Meter Uferdistanz, signifikante genetische Unterschiede entstehen und bestehen.

Es ist, salopp gesprochen, im eigenen Interesse der Individuen einer Art, sich auch nur mit Individuen derselben fortzupflanzen. Ein Grund dafür ist, daß die Hybriden, die als Nachkommen aus der Paarung von Fischen verschiedener Arten entstünden, möglicherweise eine abgeschwächte Kombination von Adaptationen

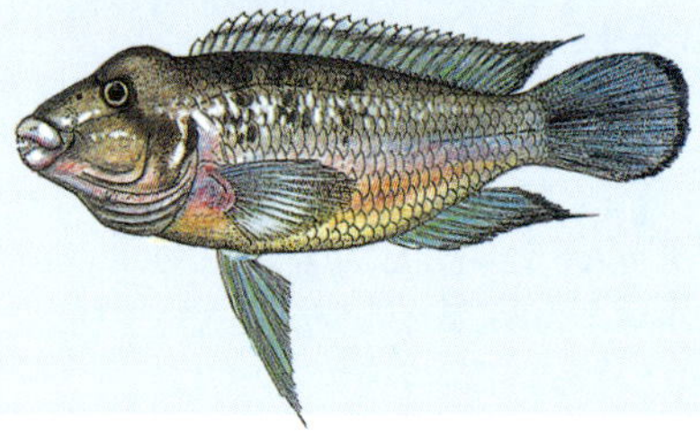

Spathodus marlieri besitzt eine reduzierte Schwimmblase. Auf dem Grund liegend frißt er Faden- und Kieselalgen.

Simochromis marginatus gehört zu den Algenkratzern und kommt nur in zwei bestimmten Uferregionen vor.

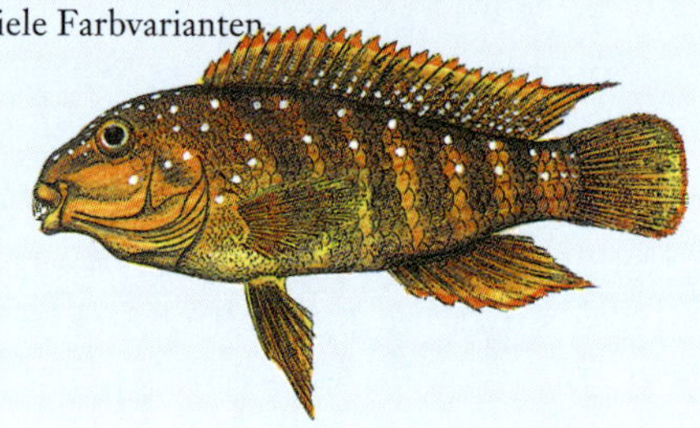

Tanganicodus irsacae pickt sich mit Vorliebe Insektenlarven aus dem Sand. Von ihm existieren viele Farbvarianten.

beider Elternarten in sich tragen könnten. Sie wären unter Umständen ökologisch weniger „fit“. Reinrassige Nachkommen wären in der Konkurrenz um die gleichen limitierten Ressourcen überlegen. Insbesondere die Weibchen sind unter diesem Aspekt wählerisch bei der Auswahl ihres Partners. Eier sind kostbar und energetisch aufwendig herzustellen – sie sollten nicht an Männchen anderer Arten verschwendet werden.

Der Kampf um den Fortpflanzungspartner nimmt bei den Buntbarschen manchmal seltsame Formen an. Bei den Schnekken-Cichliden beispielsweise bewohnen die nur drei Zentimeter großen Weibchen der Gattung Lamprologus leere Schnekkenhäuser, in denen sie mit ihren Jungen Schutz vor Freßfeinden suchen. Die Männchen sind zu groß für diese Behausungen, halten sich aber ganze Harems, indem sie möglichst viele leere Schneckenhäuser sammeln und gegen andere Männchen verteidigen. Auch pflegen sie sich gegenseitig Schneckenhäuser zu stehlen, manchmal schon mitsamt Bewohnerin. Je mehr Schneckenschalen ein Lamprologus-Männchen also besitzt, desto mehr Nachwuchs kann es haben.

Buntbarsche der Gattung Tropheus aus dem Tanganjika-See bestechen durch ihre selbst für Buntbarsche außergewöhnliche Farbenvielfalt. Unter den vier beschriebenen Arten gibt es fast hundert verschiedene Farbformen, die jeweils nur an kurzen Uferabschnitten vorkommen. So leben rotgebänderte Exemplare kaum hundert Meter entfernt von gelbstreifigen. Oft wechseln Felszonen im Tanganjika-See mit sandigen Zonen ab. Ein langsam schwimmender Fisch wie Tropheus kann die Sandzonen nicht ohne weiteres durchqueren, denn dort lauern Räuber. Felsenregionen sind unter diesen Umständen kleine Inseln, isolierte Lebensräume, in denen eine eigenständige Evolution stattfindet. Anhand der Farbvariationen von Tropheus läßt sich die Rolle der weiblichen Partnerwahl beim Entstehen von Artgrenzen genau studieren. Im Gegensatz zu den Männchen, die es oft nicht so genau nehmen, sind die Weibchen sehr delikat: Nur Männchen mit der richtigen Färbung kommen zum Zug. Deshalb sind gerade die besonders farbigen Buntbarsch-Gattungen auch besonders artenreich; sexuelle Selektion bringt offenbar nicht nur besonders schnell neue Arten hervor, sondern auch besonders viele.

Die Cichliden der ostafrikanischen Seen sind auf diese Weise zu einem Modell geworden, das in keinem Lehrbuch der Evolution mehr fehlt. Doch dieses Paradebeispiel evolutionärer Phantasie ist in Gefahr. Die Biodiversität des Viktoria-Sees, ja das gesamte Biotop Viktoria-See, wird inzwischen durch die Einführung des Nil-Barsches Lates niloticus bedroht (nicht zu verwechseln übrigens mit dem Viktoria-Barsch Tilapias, einem Buntbarsch, der auch in Deutschland in Fischgeschäften zu kaufen ist). Britische Fischereibiologen setzten den Nil-Barsch in den fünfziger Jahren aus; er kann bis zu zweihundert Kilogramm schwer und über ein Meter fünfzig groß werden. Das geschah damals in der Hoffnung, den gesamten Fischertrag zu steigern. Statt dessen wurde nur die Artenvielfalt dezimiert. Wahrscheinlich sind seitdem schon mehrere hundert Arten von Buntbarschen ausgestorben.

In den angrenzenden Ländern Uganda, Kenia und Tansania leben traditionell mehrere Millionen Menschen von dem Fisch aus dem Viktoria-See. Buntbarsch wurde früher von Kanus aus mit Netzen gefangen, auf Stöckchen gespießt in der Sonne am Ufer des Sees getrocknet, um später auf lokalen Märkten verkauft zu werden. Diese Konservierungsmethode funktioniert beim Nil-Barsch nicht mehr, denn er ist zu groß und sein Fleisch zu ölig. So muß dieses Fleisch zur Konservierung geräuchert werden, was heißt, daß Bäume gefällt werden müssen. Das Roden der Wälder erhöht die Erosion des Bodens, was wiederum dazu führt, daß vermehrt Mineralien in den Viktoria-See gewaschen werden. Durch diese Überdüngung hat sich das Algenwachstum im Viktoria-See bereits dramatisch verstärkt.

Einer der größten Seen der Welt steht unmittelbar vor der Gefahr, ökologisch umzukippen. Das wäre ein Desaster, das nicht nur die Nahrungsgrundlage der Bevölkerung rund um den Viktoria-See gefährdete, sondern auch eine besonders aufregende Bühne der Evolution mit der endgültigen Schließung bedroht. Es wäre mehr als tragisch, wenn dieses außergewöhnliche Theaterstück jetzt schon zu Ende ginge, bevor man es im Detail studieren konnte. <

Tangachromis dhanisi – eine eher seltene Art. Noch nicht im Aquarienfachhandel erhältlich.

Tropheus polli ist zweifellos einer der farbigsten Buntbarsche des Tanganjika-Sees.

Telmatochromis dhonti ist aus Überzeugung monogam. Er kommt im gesamten See vor.

Ähnlich, aber nicht verwandt. Die Buntbarsche des Tanganjika-Sees sind trotz aller Differenzen enger miteinander verwandt als mit den viel ähnlicher aussehenden Arten des Malawi-Sees. In beiden Seen hat eine konvergente Evolution stattgefunden.

Axel Meyer ist Professor für Evolutionsbiologie an der Universität Konstanz. Er promovierte 1988 an der Universität von Kalifornien in Berkeley und kehrte 1997 nach Deutschland zurück.
Seine Buntbarsche zierten bereits zweimal die Titelseite von „Nature“.

Leseempfehlung: Tijs Goldschmidt: „Darwins Traumsee. Nachrichten von meiner Forschungsreise nach Afrika“, C.H. Beck, München 1997.

ZAUBERN WIE HARRY POTTER

Wir Muggel können nicht zaubern. Damit finden wir uns nicht ab. Deswegen gibt es die Wissenschaft.

Illustrationen Paola Piglia

Worum geht es bei „Harry Potter"? Um Abenteuer, Freundschaft – aber auch um Technik, magische Technik natürlich. Vom mittelalterlichen Flair ihrer Utensilien – Eulen, Kessel, Pergament – sollte man sich nicht täuschen lassen. Auch nicht vom verballhornten Latein der Zaubersprüche. Technik durchzieht alle vier Harry-Potter-Bände, von den Scherzartikeln der Weasley-Brüder bis zur Technokratie des Zaubereiministeriums. Dessen Agenten sind ständig damit beschäftigt, Muggeln (Nicht-Magiern), die versehentlich Zeugen einer Zauberei geworden sind, per Gedächtnislöschung in den Zustand der – zaubertechnologischen – Unschuld zurückzuversetzen. Aber Harrys Zaubererfreund Hagrid hat ganz recht, wenn er vermutet, Muggel „wären doch ganz scharf darauf, daß wir ihre Schwierigkeiten mit magischen Kräften lösen". Allerdings, auch in den Grenzen der für die Magie so hinderlichen Naturgesetze der Muggelwelt sind viele Zaubereien im Prinzip realisierbar. Einige schon jetzt, andere morgen, wieder andere vielleicht in ferner Zukunft.

Der unglaubliche Tarn-Umhang

Der Entwurf der Sonntagszeitung für einen Tarn-Umhang sieht folgendermaßen aus:

Harry Potter steckt bis über die Ohren in einem Anzug, dessen Außenseite mit Flüssigkristallen besetzt ist. Diese lassen je nach Ausrichtung Licht durch oder nicht; die Ausrichtung wird mit elektrischer Spannung gesteuert. Aus vielen solcher Elemente entsteht dann ein Bild – so funktionieren Liquid Crystal Displays (LCD). Auf der diesjährigen Internationalen Funkausstellung in Berlin wurden schwarz/weiße LCDs in Plastikfolien vorgestellt; sobald farbige verfügbar sind, ließe sich aus ihnen im Prinzip ein solcher Anzug herstellen. Er soll dem Beobachter dasjenige Bild zeigen, das dieser sehen würde, wenn sich Harry Potter nicht im Raum befände.

Das Bild entsteht, indem ein Rechner erstens die Videosignale aus Kameras, die im Raum installiert sind, miteinander verknüpft und zweitens die Daten auswertet, die ihm ein Sonar-System liefert: Dabei handelt es sich um ein akustisches Meßsystem, das den relativen Standpunkt des Beobachters ermittelt. Das errechnete Bild wird per Funk auf den Anzug geschrieben. Der Rechner gleicht auch die optischen Verzerrungen aus, die durch die Wölbungen des Anzugs aus der Sicht des Beobachters entstehen (am besten bestückt man den Anzug noch mit Drucksensoren, mit deren Daten der Anzug das Bild selbständig nachkorrigiert).

Damit auch Harry Potter etwas sieht, werden ihm Bilder auf das Helmdisplay (Head Mounted Display) gefunkt, das er unter dem Anzug trägt. Auch diese Bilder werden aus den Videosignalen errechnet. Die Sehrichtung Potters könnte mittels einer Kamera ermittelt werden, die seine Pupillen verfolgt. <

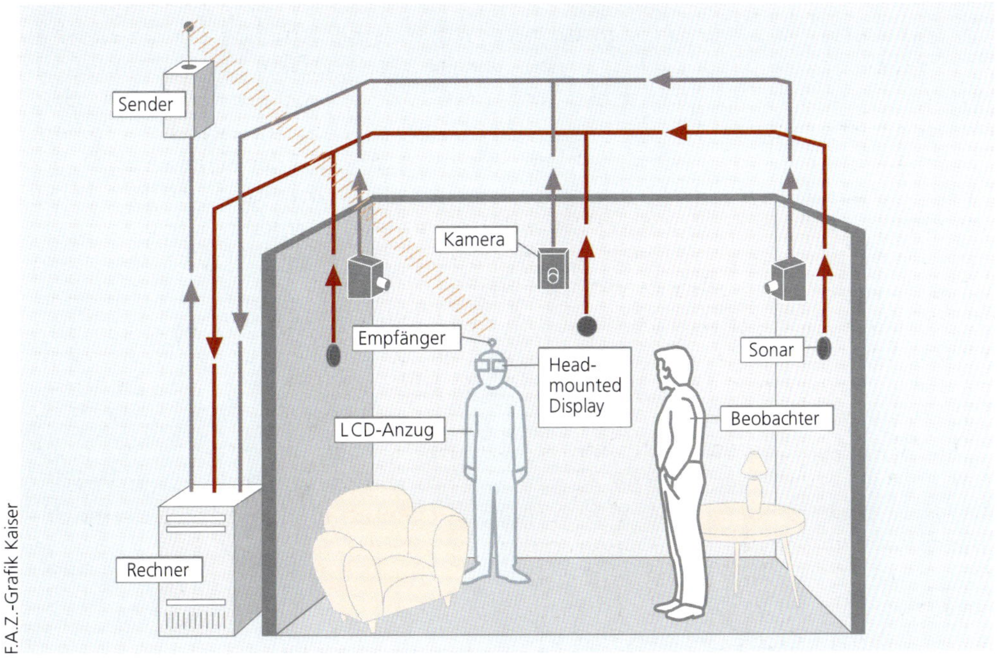

von
GERO VON RANDOW
ULF VON RAUCHHAUPT
JAN SCHWEITZER
JÖRG ALBRECHT
HANNO CHARISIUS

Unsichtbarkeit
läßt sich zwar nicht auf freier Flur realisieren, aber in speziellpräparierten Räumen sollte sie kein Ding der Unmöglichkeit sein. Unsere Erfindung stellt allerdings harte Anforderungen an Programmierer.

Bohnen aller Geschmacksrichtungen

Die moderne Chemie macht einiges möglich, auch Gelee-Bohnen vieler Geschmacksrichtungen. Identifiziert sind bisher über 3000 verschiedene Aromastoffe, natürliche und künstliche. Der Anteil aller Aromastoffe in einem Produkt beträgt meist nur zwischen 0,0001 und 0,1 Prozent. In Deutschland sind zur Zeit 14 synthetische Geschmacksstoffe erlaubt. Bratapfel- und Pfirsich-Aroma wird aus Schimmelpilzkulturen gewonnen, Himbeer-Geschmack aus Zedernholzöl. Um die Geschmacksnerven der Zunge in helle Aufregung zu versetzen, müssen Lebensmitteln zusätzlich noch Geschmacksverstärker zugemischt werden. Der bekannteste Vertreter dieser Substanzgruppe ist das Glutamat. Es wird häufig in Fertiggerichten, Knabbereien oder Gewürzmischungen verwendet und kommt in Sojasauce auch natürlich vor. Berühmt-berüchtigt ist das „China-Restaurant-Syndrom“ mit Kopfschmerzen, Übelkeit, Wärmegefühl und Prickeln auf der Haut. Als Auslöser wird das Glutamat verdächtigt, wissenschaftliche Belege für diese Nebenwirkung gibt es aber nicht. Viele Lebensmittelzusätze haben eine E-Nummer, darunter auch einige natürliche. Das „E“ steht für Europa, heute kürzen die E-Nummern die oft unaussprechlichen chemischen Bezeichnungen vieler Lebensmittelzusatzstoffe ab. <

Gebräuchliche Geschmacksverstärker

E 355	Adipinsäure sauer
E 363	Bernsteinsäure sauer
E 621	Mononatriumglutamat kein Eigengeschmack
E 626	Guanylsäure bei salzigen Lebensmitteln
E 640	Glycin süß
E 957	Thaumatin süß

Energie versprühen mit dem Zauberstab

Der Zauberstab ist so etwas wie das Schweizer Taschenmesser des Magiers. Das Instrument hat so viele Funktionen, wie er Zaubersprüche gelernt hat: Der Zauberstab dient als unerschöpfliche Taschenlampe, als schnelles Transportsystem für tragbare Gegenstände – oder als gefährliche Waffe. Einiges davon können auch Muggel mittlerweile bewerkstelligen. So arbeiten Militärs seit Jahrzehnten an transportablem Gerät zum Verschießen energiereicher Laserstrahlen. Da Licht sich mit enormer Geschwindigkeit ausbreitet, wären Laserkanonen mit automatischer Zielerfassung ideale Abfangwaffen gegen schnell heranfliegende Raketen. Die Konstrukteure haben allerdings mit erheblichen Problemen zu kämpfen. Eines besteht darin, daß die Erdatmosphäre Lichtenergie verdünnt und teilweise verschluckt. Daher müssen Laserkanonen Strahlleistungen im Megawattbereich aufbringen. Zwar wird diese Leistung nur für Bruchteile von Sekunden benötigt, aber der Energiebedarf ist dennoch enorm. Vor allem deswegen bleiben tragbare Laserwaffen noch auf absehbare Zeit Science Fiction – oder eben echte Zauberei. Die erste einsatzfähige bewegliche Laserwaffe ist die amerikanisch-israelische Strahlenkanone THEL (Tactical High Energy Laser, siehe Foto). Sie wurde nach dem Golfkrieg vor allem zur Abwehr von Katyusha-Raketen („Stalinorgel“) entwickelt und arbeitet mit Deuteriumfluorid. THEL ist zwar mobil, benötigt zum Transport aber mehrere schwere Lastwagen. Teuer ist das Teil auch noch: Ein Schuß kostet 3000 Dollar. Immer noch billiger als eine Boden-Luft-Rakete. <

Laserwaffen sind ein ambitioniertes Projekt der Militärforschung. In Science-Fiction-Filmen zischt der Strahl laut und sichtbar aus der Kanone. Aber Laser funktionieren nur bei gutem Wetter, und da sieht man sie nicht. Außerdem sind sie lautlos.

Foto VRM

Zaubertrank für Körper und Geist

Zaubertrankunterricht bei Professor Snape zählt nicht zu Harry Potters Lieblingsstunden. Umso eifriger ist seine Freundin Hermine bei der Sache. In Band zwei („Kammer des Schreckens") rührt sie einen „Vielsaft-Trank" zusammen, mit dessen Hilfe sich die Freunde in gegnerische Slytherins verwandeln. Wäre so etwas möglich?

Äußerlich nicht. Die menschliche Gestalt läßt sich auf diese Weise morphologisch nicht verändern. Aber in der Einbildung. Halluzinogene Drogen können die Wahrnehmung drastisch beeinflussen. Seit dem Altertum weiß man, daß bestimmte Pflanzen berauschende oder bewußtseinsverändernde Wirkung besitzen. Die bekanntesten europäischen Vertreter sind das Bilsenkraut, Hyoscyamus niger, die Tollkirsche, Atropa belladonna, und die Alraune, Mandragora officinarum. Alle drei dienten im Mittelalter als Bestandteil sogenannter „Hexengebräue".

Bilsenkraut wurde schon auf ägyptischen Papyri beschrieben; auch die Priesterinnen des Delphischen Orakels sollen sich seiner Wirkung bedient haben. Sie beruht auf den Inhaltsstoffen Hyoscyamin und Scopolamin. Letzteres erzeugt bei korrekter Dosierung einen halbwachen Zustand mit beeinträchtigter Willenskraft, weshalb es manchmal als „Wahrheitsdroge" bezeichnet wird. Scopolamin wirkt außerdem dämpfend und entspannend; es ist Bestandteil von Mitteln gegen Seekrankheit.

Die Alraune war in der Volksmedizin lange Zeit geheimnisumwittert. Das Ausreißen der Wurzel, hieß es, sei mit Gefahr für Leib und Leben verbunden. Bei Joanne Rowling müssen Harry Potter und seine Freunde Ohrenschützer tragen, wenn sie Alraunen umtopfen, weil deren Schreie angeblich töten können. Mandragora enthält neben Scopolamin auch Atropin, den Hauptbestandteil der Tollkirsche. Atropin, in die Augen geträufelt, erweitert die Pupille; der Beiname belladonna bedeutet „schöne Frau" und erinnert an die Sitte vornehmer italienischer Damen, mit Hilfe von Tollkirschsaft einen träumerisch-berauschten Blick hervorzurufen. Der Stoff wirkt erregend auf das autonome Nervensystem. <

Verwandlungen
treten auf, wenn man seinen Trank aus dem richtigen Kraut braut.
Der Stechapfel (Datura stramonium) enthält – wie Tollkirsche und Alraune – halluzinogene Substanzen.

Die hohe Kunst des Desapparierens

Wenn Magier reisen, dann nehmen sie nicht immer den umständlichen Weg durch Zeit und Raum. Ob durch den heimischen Kamin oder mit Hilfe eines Portschlüssels – als Magier reist man bei Bedarf ohne Zeitverlust. Muggel können von so etwas nur träumen – und das tun sie auch. Allerdings richten sich die Träume vor allem auf Reisen zu Welten, die ihnen auf normalem Wege unerreichbar blieben, weil sie Hunderte oder Tausende von Lichtjahren entfernt sind. Die Gesetze der Physik verbieten es, schneller als das Licht zu reisen, allerdings erlauben sie im Prinzip die Existenz sogenannter Wurmlöcher. Das sind tunnelförmige Abkürzungen in der Raumzeit, durch die weit entfernte Orte erreichbar würden. Unser Bild zeigt die Projektion eines solchen Gebildes in einen dreidimensionalen Raum, und die Reise geht von A nach B: Das Wurmloch ist eine Abkürzung. Leider sind klassische Wurmlöcher instabil und würden ohne zusätzliche Maßnahmen sofort kollabieren. Um ein Wurmloch zu stabilisieren, benötigte man negative Energie. Die Existenz solcher Energie ist eine Konsequenz der Quantentheorie und sie wurde auch schon experimentell nachgewiesen. Für Wurmlöcher, die groß genug wären, damit ein Mensch oder ein Raumschiff hindurchpaßt, müßte man allerdings enorme Mengen an negativer Energie konzentrieren. Bislang hatte noch kein Muggel eine Idee, wie das zu bewerkstelligen wäre. <

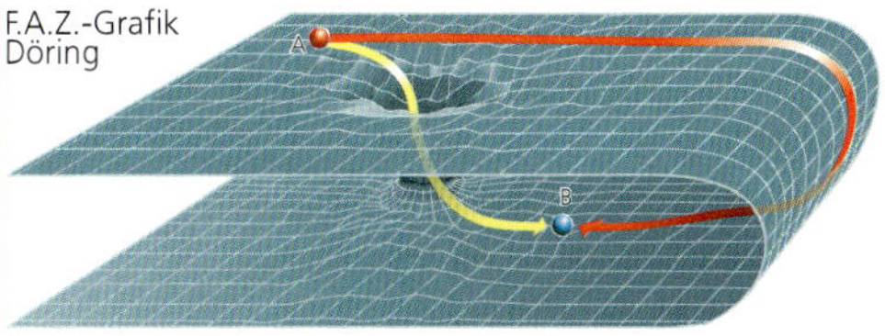

Verschwinden
und weit entfernt wieder auftauchen, das ist theoretisch möglich. Sollte es eines Tages gelingen, ein sogenanntes Wurmloch aufzubauen, tritt allerdings ein weiteres Problem hinzu: Es wären Zeitreisen möglich – mit allen Paradoxa, die sie mit sich bringen. Was geschieht beispielsweise mit dem, der einen seiner Urahnen umbringt?

Karte des Rumtreibers

Wie funktioniert eine Karte, die stets anzeigt, wo sich bestimmte Personen gerade aufhalten? Erstens braucht man eine Computerkarte, die zusätzliche räumliche Informationen auswertet und einzeichnet: Solche Software gibt es bereits, der Fachbegriff ist „Geographisches Informationssystem" (GIS). Zweitens eine Art Bildschirmpapier: Daran arbeiten etliche Forscher derzeit, zum Beispiel am Massachusetts Institute of Technology (MIT); man spricht von „electronic ink". Die beiden aussichtsreichsten Prinzipien der elektronischen Tinte zeigt die Zeichnung; beide beruhen auf farbigen Teilchen, die beweglich in eine transparente Folie eingeschlossen sind. Entweder kippt eine elektrische Spannung je nach Vorzeichen zweifarbige Teilchen um (oben), oder sie konzentriert zwei verschiedenfarbige Teilchensorten im unteren und im oberen Bereich des Papiers. Aus den Punkten lassen sich dann Zeichen bilden. Drittens muß an den Kartenrechner ein kleiner Funkempfänger angeschlossen sein: kein Problem. Viertens müssen die Standorte der Personen ermittelt werden. Zwei Lösungen bieten sich dafür an. Entweder tragen die Personen GPS-Empfänger, mit denen sie aus Satellitensignalen ihre Position ermitteln können, sowie Sender, die ihren Aufenthaltsort an die Karte melden – mit solchen Techniken arbeiten heutzutage Speditionen, die den Weg ihrer Lastwagen in einem GIS verfolgen. Oder die Personen werden mit Kameras einzeln überwacht. Diese Kameras können fest installiert sein, etwa an öffentlichen Plätzen oder in Gebäuden; denkbar ist auch der Einsatz des Arsenals aus der Luftraumüberwachung. Bis auf das Bildschirmpapier sind alle diese Techniken verfügbar. Rumtreiber-Karten, die nicht flexibel sein müssen, ließen sich also schon heute konstruieren. Sie wären eine extreme Form der Überwachungstechnik, geeignet für den Einsatz im offenen Strafvollzug oder in Hochsicherheitsbereichen. <

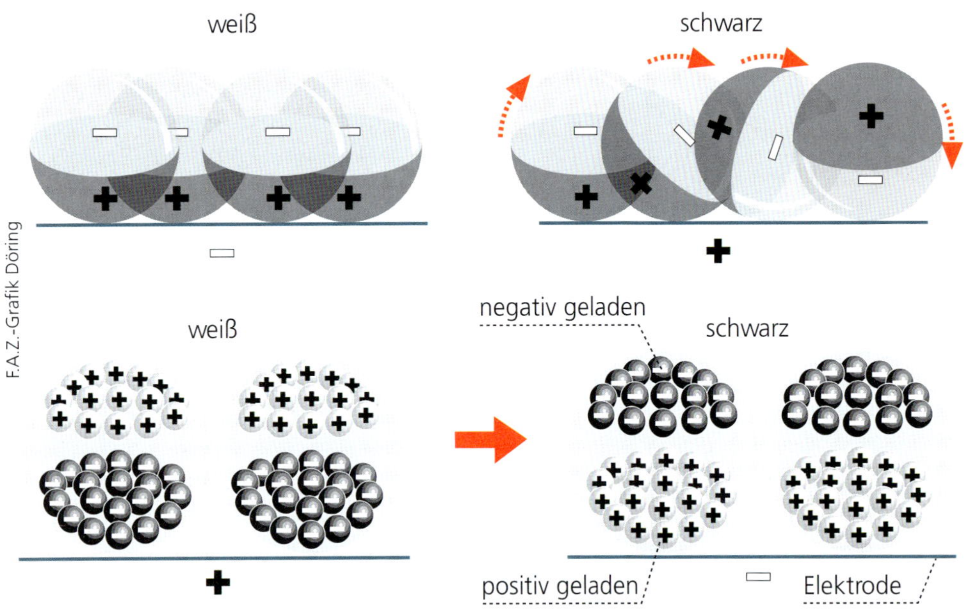

Überblick
über alle Bewegungen soll die Zauberkarte verschaffen. Dafür sind heute bereits sämtliche Techniken verfügbar. Nur an der Zaubertinte wird noch gearbeitet.

Atmen können unter Wasser

Schon vor 40 Jahren kamen Wissenschaftler auf eine verrückt klingende Idee, die nichts mit dem Dianthuskraut von Harry Potter zu tun hatte: Könnte eine Flüssigkeit in der Lunge von Tauchern das Atmen unter Wasser ermöglichen?

Diese Spezial-Lösung müßte einerseits bestrebt sein, ihren Sauerstoff über das Lungengewebe an die roten Blutkörperchen des Tauchers abzugeben, andererseits müßte sie das Abfallprodukt Kohlendioxyd aus dem Blut aufnehmen. Tauchmediziner stellten verschiedene Tinkturen her und testeten sie an Mäusen und Hunden. Einige Tiere überlebten bis zu 18 Stunden und waren auch noch Jahre danach fidel und erfreuten sich bester Gesundheit.

Was im Labor funktionierte, ließ sich am Menschen allerdings nicht umsetzen. „Über Studien sind die Wissenschaftler damals nicht hinausgekommen", sagt der Tauchmediziner Jürgen Wenzel vom Deutschen Zentrum für Luft- und Raumfahrt in Köln. Die verwendeten Substanzen waren den Kühlmitteln in heutigen Kühlschränken ähnlich und trugen Namen wie THAM oder FX-80. Sie waren giftig, und ihre Fähigkeit, den Menschen mit Sauerstoff zu versorgen und das Kohlendioxyd aus dem Körper abzutransportieren, erwies sich als nur sehr begrenzt. So beendeten die meisten Wissenschaftler Ende der 70er Jahre die Versuche – nicht ohne die Hoffnung, daß man vielleicht in der Zukunft einmal eine funktionierende, ungiftige Spezial-Flüssigkeit entwickeln könnte.

Heute erzählt man sich in der Taucherszene von einem kürzlich gedrehten Video russischer Wissenschaftler. Es soll einen Mann unter Wasser zeigen, dessen Lungen mit einer Flüssigkeit geflutet sind. Er soll überlebt haben. <

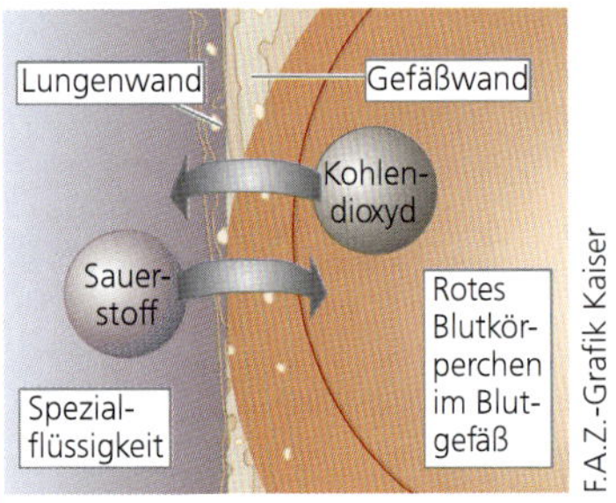

Abtauchen
ohne Luft in der Lunge: So könnte es gehen. Tut's aber noch nicht.

Entschwinden auf fliegenden Besen

Luftreisen
ohne Start- und Landebahn, mit einem kleinen Fluggerät: ein alter Ingenieurstraum. Im Silicon Valley soll er jetzt verwirklicht werden. Das Pentagon bezahlt's.

Foto Millenium Jet

Draufsetzen und abheben: Das ist das Prinzip des fliegenden Besens. Seit Jahrzehnten versuchen Ingenieure, Einpersonen-Flieger zu bauen, die nicht viel größer sind als der Pilot selbst. Folglich sollen sie keine Tragflächen haben. Man könnte auf kleinen Raketen reisen, aber das ist bloße Theorie, denn solche Flugkörper wären zu unsicher; insbesondere ließen sie sich kaum gegen Umdrehungen um die Längsachse stabilisieren. In Frage kommen indes Hubschrauber. Damit das Fluggerät klein bleibt, muß freilich ein Weg gefunden werden, die Spannweite der Rotoren zu vermindern. Zweite Schwierigkeit: Ein Hubschrauber braucht zwei Rotoren, damit die Eigenrotation der Pilotenzelle vermieden wird. Die dritte: Er muß, obwohl sich viele seiner Teile periodisch bewegen, stabil und möglichst vibrationsarm fliegen. Viertens: Ein Hubschrauber mit relativ wenig Masse ist eine wackelige Angelegenheit, also schwierig zu steuern. An diesen Problemen sind bisher viele Entwürfe gescheitert. Eine kleine amerikanische Firma im Silicon Valley baut indes zur Zeit eine Maschine, die dem fliegenden Besen nahekommen könnte: den „SoloTrek" (siehe Bild). Das Fluggerät startet und landet vertikal. Die schwenkbaren Rotoren befinden sich in Gehäusen, damit sie trotz der kleinen Spannweite den nötigen Auftrieb erzeugen; weiterer Vorteil dieser Konstruktion: Die eingebetteten Rotoren sind vergleichsweise leise und können überdies niemanden gefährden. Der Pilot steht in der Maschine und fliegt sie mittels Handsteuerung. Die Steuerung wird per Software auf solche Bewegungen beschränkt, die das Gerät nicht in Gefahr bringen. Wie sicher das Ganze ist, können freilich nur ausgiebige Tests erweisen. Bisher gibt es lediglich Prototypen, die an Seilen aufgehängt wurden und ihre ersten Flugversuche in etwa einem Meter Höhe absolvierten. SoloTrek soll eine Fluggeschwindigkeit von 120 km/h und eine Reichweite von 250 Kilometern erreichen, die angestrebte Flughöhe beträgt 30 bis 50 Meter. Geplanter Verkaufspreis: rund 200 000 Mark. Die Entwicklung des Geräts wird von den Militärs mitfinanziert: Sie sind an der Konstruktion von Außenskeletten interessiert, den sogenannten „Exoskeletons". Das sind Apparate, die der Mensch sich umschnallt, um schneller laufen, kräftiger heben oder weiter springen zu können – oder eben: um zu fliegen. Auch Verkehrsplaner interessieren sich mittlerweile für Projekte wie SoloTrek; sie träumen davon, daß die Menschen dem Stau durch Ausweichen in die dritte Dimension entfliehen könnten. Wer sich über das Testprogramm auf dem laufenden halten will, geht zu www.solotrek.com. <

Drachen züchten, das ist schwer

Hagrid, der hünenhafte Hausmeister von Hogwarts, legt einfach ein Ei ins Kaminfeuer und wartet, bis Norbert der Drache herausschlüpft. Schnell verliert Hagrid die Kontrolle über sein feuerspeiendes Haustier. Den Weg vom Ei zum Inferno schildert auch Michael Crichton in seinem Buch Jurassic Park. Darin erweckt er allerdings nicht Drachen, sondern Dinosaurier zum Leben. Ein ganzes Reptilien-Ei braucht Crichton freilich nicht, ihm genügt die Jahrmillionen alte Blutmahlzeit einer in Bernstein eingeschlossenen Mücke. Leider verrät der Autor nicht, wie man Erbgut aus Blutstropfen in ein Dinosaurier-Ei verwandelt.

Beide Verfahren sind aus heutiger Sicht ungeeignet und werden es wahrscheinlich auch bleiben. Zumindest theoretisch könnten Wissenschaftler jedoch Dinosaurier nach der Methode wiederbeleben, mit der das schottische Klonschaf Dolly gezeugt wurde. Dabei wird ein Zellkern des zu klonenden Tiers in zuvor entkernte Eizellen eines Spendertiers gespritzt. In der Kulturschale wächst daraus ein Embryo, der nach einigen Tagen einer Leihmutter eingepflanzt wird. Voraussetzung für diese Technik wäre ein gut erhaltener Gewebefetzen eines Dinosauriers, dem man einen intakten Zellkern mitsamt Erbgut entnehmen könnte. So etwas wurde bislang nicht gefunden. Selbst wenn Paläontologen einen konservierten Dino ausgraben würden – die Erbsubstanz DNA kann die Jahrmillionen kaum heil überstehen. Die ältesten Erbgutschnipsel, die Molekular-Archäologen bislang lesen konnten, waren höchstens 100 000 Jahre alt. Selbst mit intakter Dino-DNA im Reagenzglas wären die Züchter lediglich einen kleinen Schritt weiter. Die Dolly-Methode funktioniert nur bei Säugetieren. An Vögeln scheiterten Forscher bislang, weil sie deren Eier nicht einfach entfernen und nach der Gen-Manipulation wieder implantieren können. Mit dem Gelege von Reptilien, den potentiellen Dinosaurierbrut-Pflegern, dürften sie sich kaum leichter tun. Wenn einst sogar diese Hürde genommen sein sollte, ergibt sich die Frage, wer die Ur-Echse aufziehen soll. Ein so fürsorglicher Ziehvater wie Hagrid dürfte schwer zu finden sein. <

Waisenkind
Ein sensationeller Fund: Saurierhaut, der Forscher eine intakte Zelle entnehmen können.

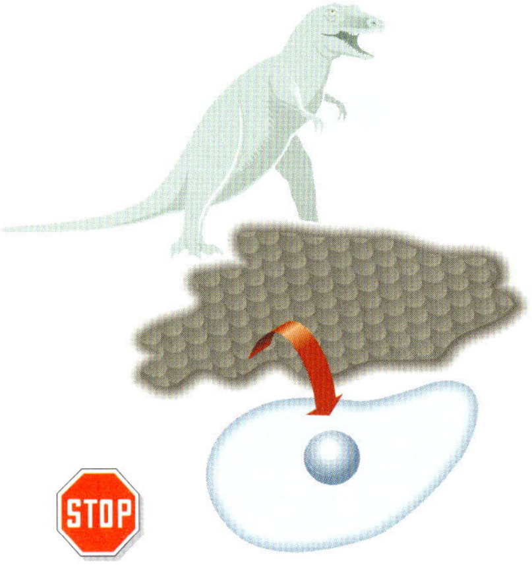

Solch ein konservierter Gewebefetzen wurde noch nie gefunden.

Der Kern samt Erbinformationen wird aus der Dino-Zelle gesaugt.

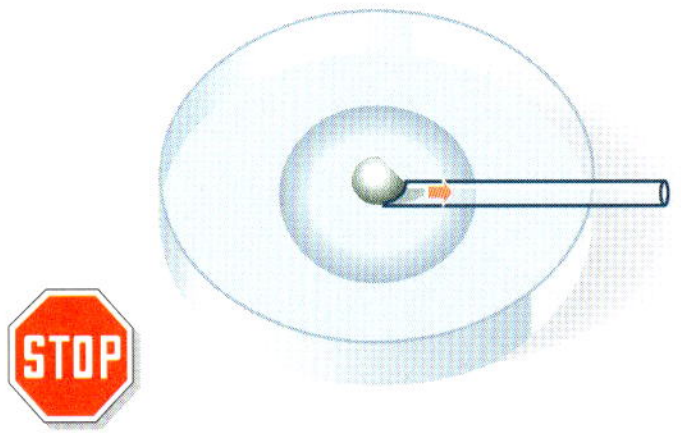

Nach Jahrmillionen ist der Zellkern und damit die Erbsubstanz unbrauchbar.

Ein Krokodil
könnte ein Ei für das Retorten-Reptil spenden.

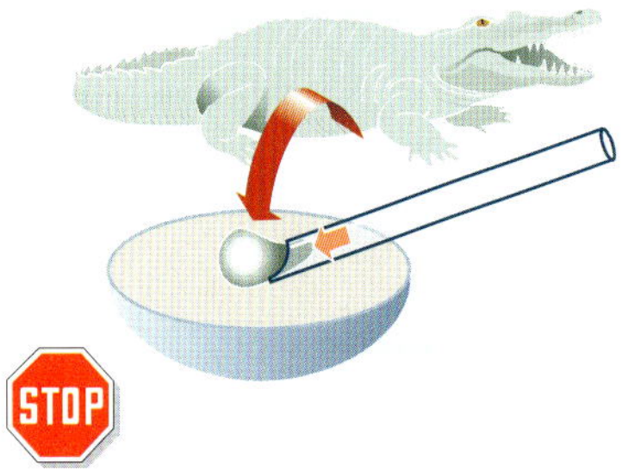

Erst ein einziges Mal trug eine Leihmutter einen artfremden, aber sehr eng verwandten Säugetierfötus aus.

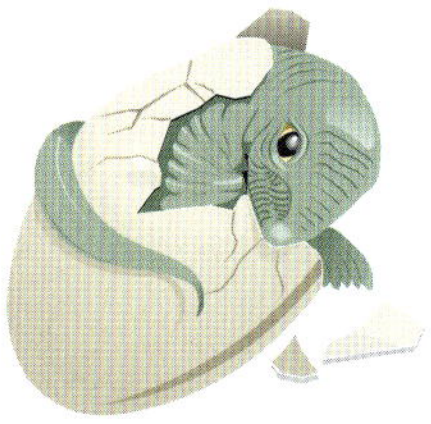

STOP Selbst wenn einst ein Dinosaurier schlüpfen sollte – wer könnte ihn aufziehen?

F.A.Z.-Grafik Döring

Menschliche
Ausscheidungen

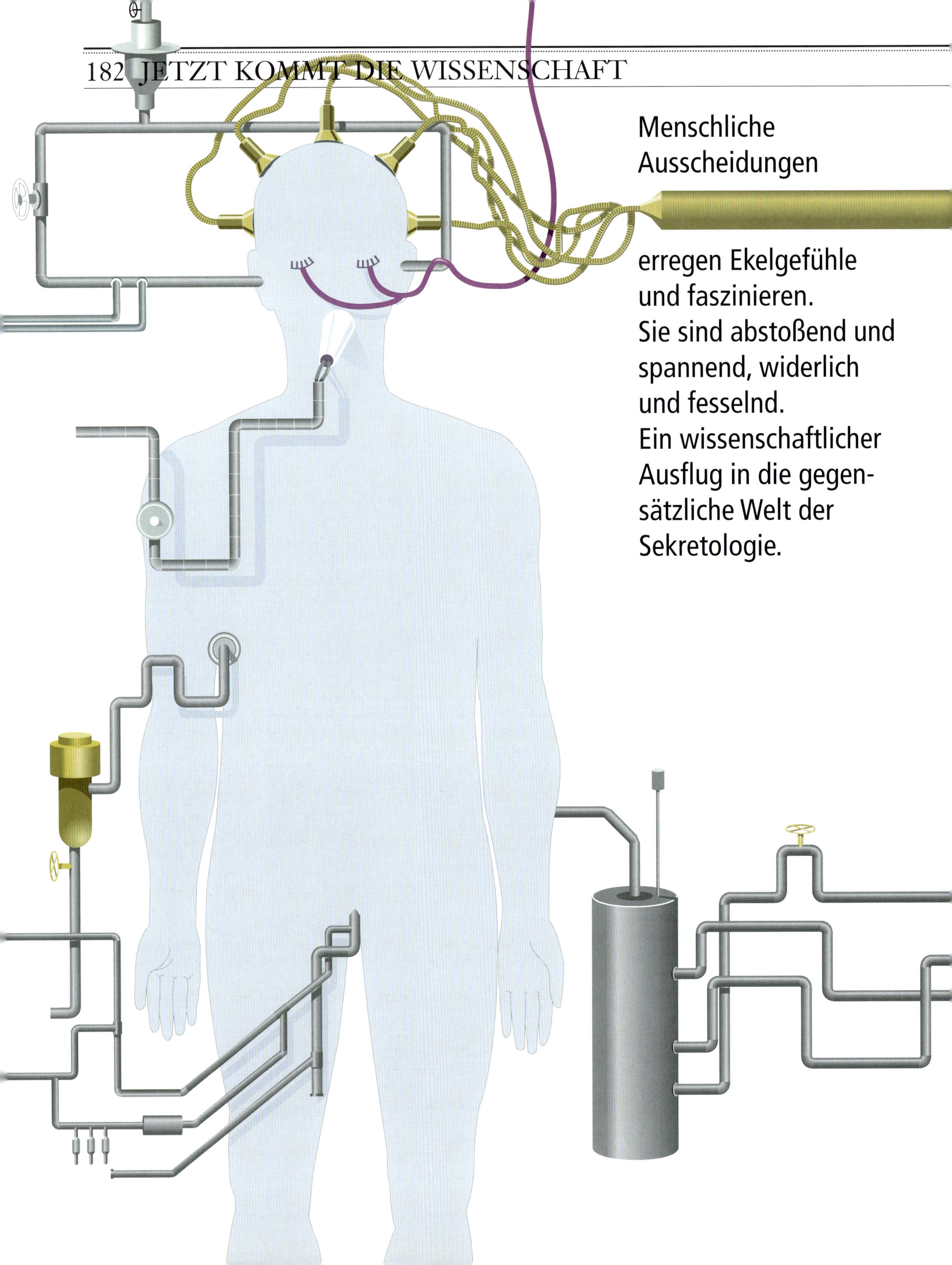

erregen Ekelgefühle
und faszinieren.
Sie sind abstoßend und
spannend, widerlich
und fesselnd.
Ein wissenschaftlicher
Ausflug in die gegen-
sätzliche Welt der
Sekretologie.

BLUT, SCHWEISS UND TRÄNEN

Eine Amerikanerin hat eine Ausstellung konzipiert, die in die Ekelogie einführt. Die Besucher haben Spaß daran und lernen noch etwas dabei.

VON JAN SCHWEITZER

Kinder rutschen kreischend durch den Magen-Darm-Trakt, hangeln sich von Pickel zu Pickel, sie stehen mit großen Augen am, nun ja: Kotzzentrum. Ekliges kann spannend sein und so viel Spaß machen.

Die Amerikanerin Sylvia Branzei schürt nach Kräften die Begeisterung für alle Ausscheidungen und Ausdünstungen des Menschen. Sie ist Amerikas führende Expertin für Grossology, für Ekelogie. Und verdient mit Rülpsern und Fürzen Geld. Branzei hat eine Ausstellung konzipiert, die in den Vereinigten Staaten große Erfolge feiert. Magen-Darm-Rutschen oder Pickel-Kletterwände begeistern die Besucher, meist Kinder. Und sie hat Bücher geschrieben mit Seiten, die stinken.

Hinter diesen Aktivitäten steckt kein krankes Gemüt, sondern ein aufklärerischer Geist: Wer sich für seinen Körper nicht interessiert, der kann sich vielleicht für seine Ausscheidungen begeistern – und lernt so spielerisch auch die Vorgänge in seinem Körper kennen und schätzen. Denn Ekliges stößt nicht nur ab, es fasziniert auch, das gehört ja gerade zur Dynamik des Ekelgefühls. Und damit kann man das Interesse der Menschen wecken. Wir versuchen das auf diesen Seiten, und Sylvia Branzei machte das sogar jeden Tag: Sie war lange Zeit Lehrerin für Naturwissenschaften an der Edison Elementary School im kalifornischen Alameda. „Die Aufmerksamkeit erhöht sich extrem, wenn ich über die Entstehung von Blähungen spreche oder die Zusammensetzung des Schweißes erkläre“, sagte sie der Zeitschrift „Bild der Wissenschaft“, „Kinder mögen einfach solch eklige Dinge!“ Nicht nur Kinder.

> „Die Aufmerksamkeit erhöht sich extrem, wenn man über die Entstehung von Blähungen spricht.“

Doch die menschlichen Ausscheidungen machen nicht immer Freude, so mancher Mann hat damit ein Problem. „Paruresis“ heißt eine psychische Störung, die einen in die soziale Isolation treiben kann: Die Betroffenen, meist Männer, können keine Gemeinschaftstoiletten benutzen. Ob in der Stadt das öffentliche WC oder im Café das Pissoir – es geht einfach nicht. Sechs Prozent der Männer leiden an dieser Hemmung. An der Düsseldorfer Heinrich-Heine-Universität soll nun eine Therapie zur Behandlung der Paruresis erprobt werden.

Vielleicht sollte man den Betroffenen spielerisch die Angst nehmen und sie einmal in eine Grossology-Ausstellung schikken. Dort könnten sie dann beim Urin-Spiel mittels Virtual Reality die Rolle der Niere übernehmen: Der Spieler muß mit einem Handschuh Abfallstoffe aus dem Blut fischen, die dann über den Urin ausgeschieden werden. Und er lernt dabei gleichzeitig, daß Männer eigentlich das schnelle Geschlecht sind: Sie brauchen durchschnittlich nur 45 Sekunden fürs Wasserlassen. Frauen hingegen 79 Sekunden. <

Blut

So groß wie ein halbes Fußballfeld ist die Oberfläche aller Erythrozyten, der roten Blutkörperchen. Neben ihnen schwimmen auch weiße Zellen, Leukozyten, und Blutplättchen, Thrombozyten, im Lebenssaft. Blut enthält aber auch eine flüssige Komponente, das Plasma. Dessen Hauptaufgabe ist der Transport, etwa von Proteinen (siehe Grafik) oder auch Wärme. Die roten Blutkörperchen sind ebenfalls Transportvehikel. Sie haben eine Vorliebe für Sauerstoff, den sie in der Lunge binden und dann bis in den letzten Winkel des Körpers schleppen, wo sie ihn an die Zellen abgeben. Eine noch leidenschaftlichere Beziehung pflegen die roten Blutkörperchen allerdings zu Kohlenmonoxyd. Sind sie mit dem Autoabgas einmal eine Verbindung eingegangen, wollen sie es gar nicht mehr loslassen: Kohlenmonoxyd kettet sich 300mal fester an rote Blutkörperchen als Sauerstoff. Sind etwa 50 Prozent der Erythrozyten durch das Gas blockiert, droht der Vergiftete an einer inneren Erstickun zu sterben.

Die weißen Körperchen schlagen die Abwehrschlachten für den Menschen, sie sind allesamt beweglich und vernichten Eindringlinge wie etwa Bakterien (siehe auch „Eiter").

Blutplättchen sind nur Zell-Fragmente. Sie entstehen im Knochenmark aus sogenannten Riesenzellen. Eine einzelne kann bis zu 1000 Blutplättchen abschnüren. Die schwimmen dann im Blut zunächst in einem inaktiven Zustand. Das kann sich schnell ändern: Durch bestimmte Signale werden sie angeregt und helfen dann mit, Wunden zu stillen.

Bei der Elektrophorese wird eine Spannung an einen mit Pufferlösung durchtränkten Papierstreifen angelegt. Die negativ geladenen Blut-Eiweiße wandern je nach Stärke der Ladung unterschiedlich schnell in Richtung der positiv geladenen Anode, Albumin am schnellsten, g-Globuline am langsamsten. Albumin transportiert etwa Fettsäuren und Medikamente, a1-Globulin vor allem Zuckermoleküle, a2-Globuline binden den größten Teil des Kupfers, b-Globuline kümmern sich darum, daß Fette zu ihren Zielorten gelangen. Unter den g-Globulinen finden sich die meisten Abwehrstoffe. <

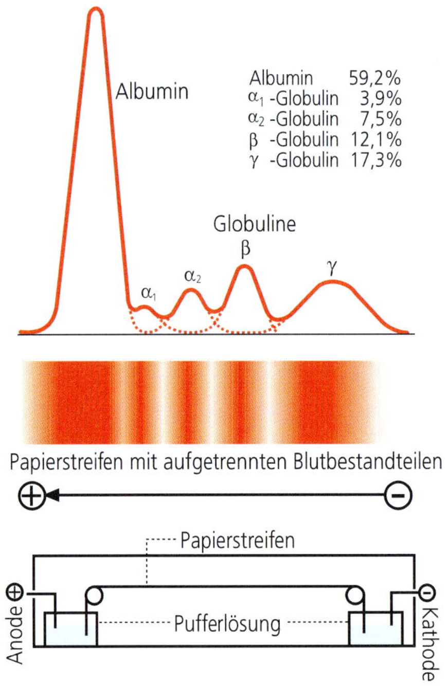

Erbrochenes

Als die „rückläufige Entleerung von Mageninhalt" definiert ein medizinisches Wörterbuch trocken das, was einem ganz gehörig einen geselligen Abend verderben kann. Apropos: Es muß natürlich nicht immer Alkohol die Ursache für Erbrechen sein, auch verdorbener Fisch will mitunter wieder hinaus. Dafür aktiviert der Körper einen Reflux, pardon: Reflex, den das Brechzentrum im Gehirn steuert.

Er dient vornehmlich der Entsorgung giftiger Stoffe, ihn können aber auch ein gestörter Gleichgewichtssinn oder psychische Erregung auslösen. Das Ergebnis riecht immer nach Magensäure und ist manchmal vermischt mit grün-bräunlicher Galle – wenn der Magenpförtner nicht dicht gehalten hat, der den Übergang vom Magen zum Dünndarm verschließt. In letzterem nämlich liegt der Ausführungsgang der Gallenblase. <

Spucke

Sechs große und eine Vielzahl kleinerer Drüsen sorgen dafür, daß uns das Wasser im Mund zusammenläuft. Etwa 1,5 Liter Flüssigkeit pro Tag kommen da zusammen, die zu 99 Prozent aus Wasser besteht. Der Rest hat es in sich. Zum Beispiel das Enzym Amylase, das Stärke spaltet. Oder spezielle Abwehrstoffe gegen Keime. Lysozym etwa hat die Fähigkeit, die Wand von Bakterien aufzulösen. Ohne Speichel fiele auch das Essen schwer: Er macht die Nahrung so schlüpfrig, daß sie ohne großen Widerstand nach unten in den Magen rutscht. Und ohne ihn würden die Zähne unweigerlich an Karies erkranken und früher oder später ausfallen. <

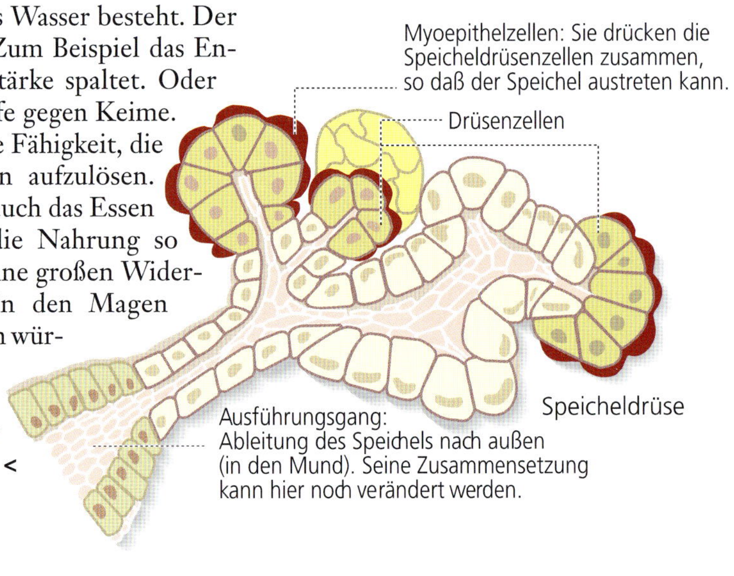

Scheidensekret

Albert Döderlein (1860–1941) hieß der Münchner Frauenarzt, dem die Döderlein-Stäbchen ihren Namen verdanken. Mikrobiologen hingegen nennen den wichtigsten Keim des Scheidensekrets Lactobacillus acidophilus. Die Bezeichnung deutet die Funktion der Bakterien an: Sie spalten einen langkettigen Zucker in kleinere Stücke, die wiederum zu Milchsäure vergoren werden.

Das alles geschieht in der Scheide und schafft dort ein ziemlich saures Milieu, in dem sich die meisten Bakterien unwohl fühlen und sich nicht vermehren können. In vielen Medikamenten zur Behandlung einer Scheidenentzündung sind die Döderlein-Stäbchen deswegen Bestandteil.

Die Milchsäurebildung unterliegt übrigens dem Einfluß von Östrogenen – ist ihre Konzentration zu gering, erkranken Frauen schneller an Infektionen. <

Duftstoffe

Einige Hautregionen des Menschen enthalten Duftfabriken. Im Bereich der Brustwarzen kann man sie finden, am Schamhügel, an den großen Schamlippen, am After und in den Achseln.

Mit Beginn der Pubertät nehmen diese Duftdrüsen ihre Arbeit auf und produzieren ein alkalisches Sekret, das zunächst geruchlos ist. Erst auf der Hautoberfläche entwickelt sich in Zusammenarbeit mit Bakterien der spezielle Duft. Dessen Wirkung ist beim Menschen nicht so ausgeprägt wie in der Tierwelt.

Dort locken sie etwa das andere Geschlecht an und spielen eine wichtige Rolle bei der Vermehrung.

Beim Menschen sorgen Duftdrüsen eher für Ärger: Sogenannte Schweißdrüsenabszesse entstehen oft aus verstopften Duftdrüsen und kommen nur dort vor, wo es diese Sorte Drüsen gibt – meist in der Achsel. <

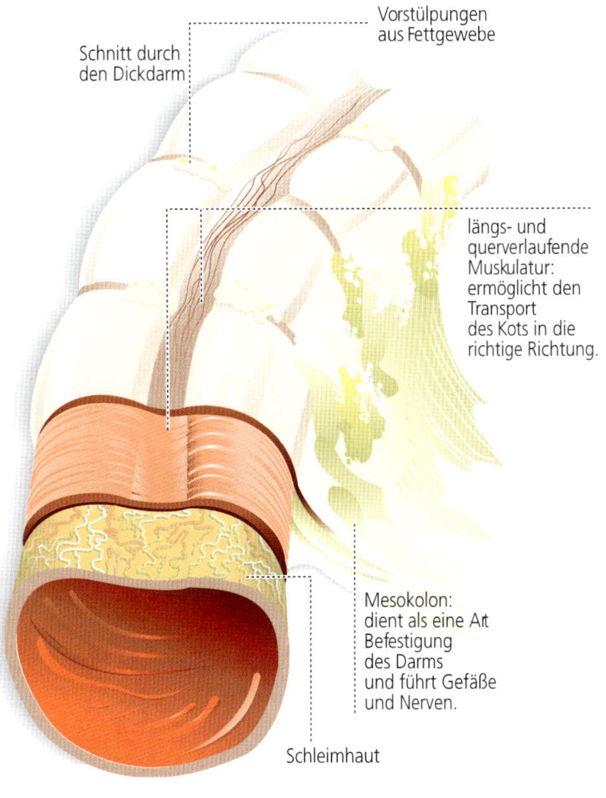

Fäkalien

Bei afrikanischen Dorfbewohnern flutscht es meist schon nach 36 Stunden. Die europäische Stadtbevölkerung muß sich doppelt so lange gedulden. Das liegt am Essen: Je faserreicher, desto schneller. Afrikaner, wenn sie nicht von Hungersnöten geplagt sind, essen sehr ballaststoffreich, da verbringt der spätere Kot nur eineinhalb Tage im Dickdarm. Der Gehalt an Ballaststoffen wirkt sich übrigens auch auf das Gewicht des Kots aus. Aber das ist ein anderes Thema.

Wichtiger ist es, Normales zu definieren, denn anhand der Abweichung lassen sich Fehlernährung und Krankheiten erkennen. Normal ist ein Stuhlgang von mehr als zweimal die Woche und weniger als viermal am Tag. Anregend auf die Tätigkeit des Dickdarms wirken neben Ballaststoffen auch der Energie- und Fettgehalt des Essens. Je mehr davon, desto stärker werden die Eigenbewegungen des Darms gefördert.

Kaum landet etwas Fettiges im Magen, wirkt sich das aus. Experten sprechen folgerichtig vom gastro-colischen Reflex (Gaster=Magen, Colon=Dickdarm). Bewegungsfördernd auf den Darm wirken sich auch bestimmte Formen von Streß aus. Unterhält man sich etwa mit Versuchspersonen über Themen, die Aggressionen oder Feindseligkeit hervorrufen, und registriert gleichzeitig mit einem speziellen Meßballon im Colon den Druck, zeigt die Skala höhere Werte als bei traurigen Themen.

Druck ist ein wichtiger Aspekt für die Funktion des Dickdarms, Bakterien sind ein anderer. Im Gegensatz zu Magen und Dünndarm, die weitgehend keimfrei sind, tummeln sich in den 1,3 Metern des Colons über 400 Bakterienarten. Eigentlich besteht Kot sogar überwiegend aus Bakterien: Die sogenannte Gesamtstuhltrockenmasse wird bis zu 75 Prozent aus Keimen gebildet. Das hat auch seinen Sinn, denn die kleinen Biester müssen das erledigen, was der Körper zuvor nicht vermocht hat: Sie spalten all die pflanzlichen Faser- und Füllstoffe, die der Dünndarm nicht verdauen konnte. Und das machen sie recht effektiv: 40 bis 50 Prozent der widerstandsfähigen, ehemaligen Nahrung bauen sie so weit ab, daß der Colon sie dann resorbieren kann. <

Hautschuppen

Jeden Tag tut ein Mensch viele gute Taten: Er füttert eine Million Hausstaubmilben. Und das mit nur 1,5 Gramm Nahrung. Die besteht aus Hautschuppen und fällt einfach so von ihm ab. Einige tausend sind es in der Sekunde, ein paar mehr, wenn man sich kratzt. Macht 50 Kilogramm Haut in einem durchschnittlichem Menschenleben.

Die Ursache für das spendable Verhalten der Haut ist ihre Erneuerungsfähigkeit. Sie stößt täglich die obersten zwei bis drei Hautschichten ab und ersetzt sie. Innerhalb eines Monats erneuert der Mensch seine komplette Epidermis, seine Oberhaut. Besonders aktiv ist die Haut morgens zwischen acht und zehn Uhr. Da teilen sich die Zellen am liebsten und sorgen für Nachwuchs. Abends zwischen acht und zehn hingegen sind die Zellen nicht so geschäftig. Ihre Arbeitswilligkeit soll mit dem Einfluß von Hormonen zusammenhängen, mit mechanischen Reizen und auch mit Vitaminen. <

Fruchtwasser

Ein Ungeborenes boxt, dreht und streck sich, es tritt und wendet den Kopf. Das macht Durst, ab und an muß es mal etwas trinken. Die Flüssigkeit muß auch wieder raus: Von der 12. Woche an pinkelt ein Ungeborenes 40 Milliliter pro Tag – in die Flüssigkeit, die es zuvor noch getrunken hat, ins Fruchtwasser. Doch das Fruchtwasser ist nicht nur das Schwimmbecken und die Toilette des Embryos, es schützt auch gegen Stöße.

Gebildet wird es von der inneren Eihaut, dem Amnion, die das Ungeborene umgibt. Zu Anfang ist das Fruchtwasser noch klar, später wird es durch Fruchtschmiere und Haare trüb. In der 20. Schwangerschaftswoche kann sich das Ungeborene in etwa 500 Millilitern austoben, in der 38. in bis zu eineinhalb Liter. Danach nimmt die Menge wieder ab, auf etwa einen Liter in der 40. Woche. <

Eiter

Eiter besteht vor allem aus sogenannten neutrophilen Granulozyten. Sie gehören zu den weißen Blutkörperchen, deren Bestand sie zu 50 bis 70 Prozent bilden. Die Hälfte aller neutrophilen Granulozyten schwimmt nicht im Blut umher, sondern lauert, an den Innenwänden der Gefäße haftend, auf Eindringlinge. Gibt der Körper Alarm, etwa, indem er Adrenalin ausschüttet, lösen sich die Granulozyten von den Gefäßwänden und schwimmen zu ihrem Einsatzort.

Dort haben sie eine ganz wichtige Rolle: Sie bilden giftige Stoffe mit freien Sauerstoffradikalen, die Zellwände von Bakterien auflösen. Die abgetöteten Keime und ihre Gewebetrümmer verschlucken die Granulozyten dann und bauen sie zu ungefährlichen Bestandteilen ab.

Das können die Abwehrzellen auch unter ungünstigen Bedingungen, etwa wenn beim Kampf gegen den Feind nur wenig Sauerstoff zur Verfügung steht, weil der Bereich schlecht durchblutet ist. <

Schweiß

Der Mensch ist übersät von Schweißdrüsen. Bis zu 400 Stück pro Quadratzentimeter sitzen in seiner Haut, insgesamt sind es mehr als zwei Millionen. Sie warten nur darauf, daß es heiß wird oder Streß ausbricht.

Dann erhöhen die Drüsen ihren Ausstoß. Ihre konstante tägliche Basisproduktion von 1,5 Liter können sie bis auf 18 Liter steigern. Ob Hitze oder Streß die Ursache für den Schweißausbruch sind – das Ergebnis ist das gleiche: Schweiß besteht zu 99 Prozent aus Wasser. Weitere Bestandteile sind Elektrolyte, Harnstoff oder auch Ammoniak. Doch an welcher Stelle es anfängt zu triefen, das hängt vom Anlaß ab.

Bei Hitze bricht Schweiß zuerst im Gesicht aus, Streß treibt ihn vorzugsweise an den Handtellern und Fußsohlen aus den Poren. Besonders unter diesen Tretorganen tummeln sich zahlreiche Bakterien. Sie zersetzen den Schweiß und geben ihm seine unangenehme Note. Schweiß allein ist nämlich geruchlos. <

Hautfett

Das Schicksal einer Talgdrüse gleicht dem einer Eintagsfliege: Nachdem sie ihre Aufgabe erledigt hat, geht sie zugrunde. Doch sie tut es für einen guten Zweck. Die im Untergang von ihr produzierte Substanz aus Fett, Cholesterin und abgestorbenen Zellen macht Haut und Haare geschmeidig und hält Wasser von ihnen fern. In etwas ausgeprägterer Form kann man diese Wirkung bei einem Spaziergang um einen Ententeich beobachten.

Die Vögel produzieren mit ihren sogenannten Bürzeldrüsen ein wasserabstoßendes Erzeugnis, das sie mit den Schnäbeln auf ihren Federn verteilen. Bei den Tieren nicht ganz so ausgeprägt dürften allerdings die psychischen Reaktionen auf eine kleine Fehlfunktion dieser Drüsen ausfallen: Beim Menschen folgt auf eine verstopfte Drüse oftmals ein hysterischer Anfall. Denn eine verschlossene Talgdrüse entzündet sich meist und entwickelt sich dann zu einem Pickel. <

Muttermilch

Für ein Neugeborenes gibt es keine bessere Mahlzeit als Muttermilch. In den ersten Lebenstagen ist sie besonders reich an Proteinen, die das Kind vor Infektionen schützen. Neuraminsäure etwa verhindert, daß sich Viren an die Darmschleimhaut anheften können. Überdies enthält Muttermilch anfangs viele Abwehrzellen. Denn ein Neugeborenes hat noch kein effizientes Immunsystem, für den Schutz des kindlichen Magen-Darm-Systems sorgt die Mutter mit Hilfe der Milch. Vom 5. Lebenstag des Säuglings an wandelt sich die Milch-Zusammensetzung: Der Anteil an energiereichen Substanzen wie Milchzucker und Fett nimmt zu.

Zusätzlich stecken Enzyme in der Muttermilch, die dem Kind die Verdauung erleichtern. Der Gehalt an Proteinen allerdings wird geringer, der an Mineralien bleibt konstant niedrig: Das belastet die kindlichen Nieren nicht so sehr, die anfangs noch nicht so funktionstüchtig sind. Vier bis sechs Monate lang sollten Mütter stillen – auch deswegen, weil dann wahrscheinlich die Gefahr für das Kind geringer ist, später an einer Allergie zu erkranken. <

Tränen

Sie fallen auf, wenn es kein Happy-End gibt. Oder wenn es doch eins gibt. Vor allem aber fallen sie auf, wenn sie nicht mehr fließen: Denn ohne Tränen werden die Augen trocken, und das Lid gleicht Schmirgelpapier. Normalerweise sollte die Tränenflüssigkeit mit dem Lidschlag alle fünf bis zehn Sekunden neu über die Augenoberfläche gespannt werden, zu einem Film aus drei Schichten. Dieser Film erfüllt eine wichtige Aufgabe: Er muß die Hornhaut des Auges mit Sauerstoff aus der Luft versorgen. Denn die Hornhaut hat keine eigenen Blutgefäße, die würden nur die Sicht stören.

Nur im Notfall, bei Sauerstoffmangel, schaltet der Körper um und läßt Gefäße die Arbeit des Tränenfilms übernehmen – mehr schlecht als recht. Eine Ahnung von diesem Notprogramm bekommen einige Menschen morgens, wenn die Augen die ganze Nacht über geschlossen waren. Dann sind sie rot und geschwollen - ein harmloser Zustand, der schnell vergeht.

Doch wenn die Augen chronisch zuwenig Sauerstoff von außen bekommen, wachsen Gefäße in die Hornhaut ein. Letztlich können die Betroffenen daran erblinden. Doch meistens erfüllt der Tränenfilm seine Aufgabe und leistet noch weitere Dienste für das Auge: Er tötet Keime und spült Fremdkörper heraus. Das tut er am besten zwischen 19 und 22 Uhr. Dann ist in Deutschland Hauptweinzeit. Frauen weinen übrigens höher temperiert: Ihre Tränen sind ein halbes Grad wärmer als die von Männern. <

Tränenfilm Die äußere Fettschicht ist ein Schutz vor Verdunstung, die wäßrige Schicht ernährt die Hornhaut, die Schleimschicht grenzt den Film zur Hornhaut ab.

Ohrenschmalz

Ostasiaten haben es gut: Ihr Ohrenschmalz ist weiß und eher trocken-bröselig – nicht so dunkelgelb und fettig wie das von Europäern. Doch davon unabhängig: Ohrenschmalz ist kein Überflußprodukt des Körpers, es reinigt und schützt.

Sein Geruch soll Insekten davon abhalten, im äußeren Gehörgang des Menschen ein Päuschen einzulegen.

Zudem wirkt Ohrschmalz antibakteriell. Wer es sich mit dem Wattestäbchen einmal zu weit Richtung Trommelfell gedrückt hat, sollte kauen, kauen, kauen. Das bewirkt den Abtransport nach außen. <

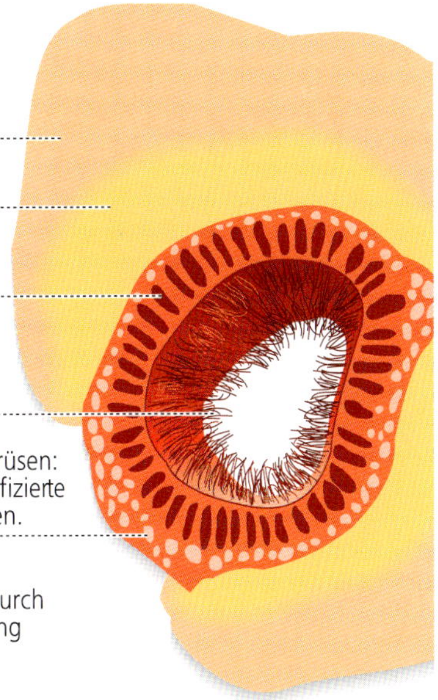

Querschnitt durch den Gehörgang

Sperma

Unbeweglich harren sie in ihrem Speicher, oft über Tage. Sauer ist es da und dunkel. Zumindest ihre Energie verlieren die Spermien dort im Nebenhodengang nicht.

Doch plötzlich geht es sehr schnell, und sie werden mit hoher Geschwindigkeit im Samenerguß herausgeschleudert.

Was danach kommt, ist eher gemächlich: Mit dem Tempo von vier Millimetern pro Minute schlängeln sich die Spermien ihrem Ziel entgegen, einer Eizelle. Für die 20 Zentimeter lange Gesamtstrecke vom Muttermund bis zum Eileiter benötigt ein Spermium etwa eine Stunde. Auf diesem Weg reift es und wird endgültig befruchtungsfähig.

Pro Ejakulation gibt der Mann etwa drei Milliliter Sperma ab. Es enthält 300 Millionen Spermien, ihr Anteil entspricht weniger als zehn Prozent der Menge des gesamten Ejakulats. Der Rest ist Samenflüssigkeit. Sie enthält viel Fruchtzucker und Fette für die Energieversorgung der Spermien. Dazu kommt auch Spermin, das dem Sperma seinen typischen Geruch gibt und die Beweglichkeit und Befruchtungsfähigkeit der Spermien erhöht.

Nur wenige schlagen sich gegen den harten Widerstand durch, den ihnen die Scheide entgegenstellt: Sie ist ziemlich sauer. Das behagt Spermien nicht. Nur die alkalische Samenflüssigkeit ermöglicht ihnen, das Ziel zu erreichen. Zuletzt kann es nur einen geben und es geht wiederum recht schnell: Ein Spermium und eine Eizelle verschmelzen. <

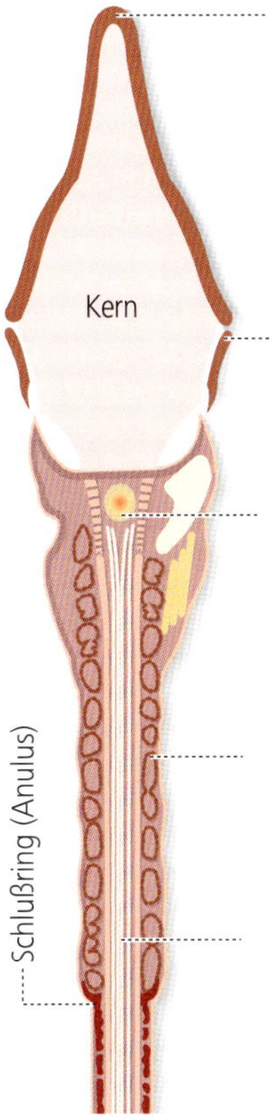

Spermium Entgegen dem Sekretstrom des Eileiters schlängelt es sich der Eizelle entgegen.

Urin

Den Autor eines medizinischen Lehrbuchs bringt so schnell nichts ab von seinem nüchternen Schreibstil. Doch es gibt etwas, da gerät auch diese Spezies ins Schwärmen: die Nieren, Produktionsorte des Urins. Ihre Leistungsfähigkeit sei ein „Wunder an Ökonomie und Effizienz", schreibt der Physiologe Peter Deetjen in einem Lehrbuch.

Für diese Begeisterung gibt es gute Gründe: Die gesamte zirkulierende Blutmenge rauscht alle vier bis fünf Minuten durch beide Nieren, insgesamt entstehen auf diese Weise täglich 180 Liter sogenannter Primärharn, der auf etwa ein bis zwei Liter konzentriert wird. Eine fast unglaubliche Leistung, vollbracht von zwei Organen, die nur 300 Gramm wiegen, also etwa 0,4 Prozent des Körpergewichts eines 70 Kilogramm schweren Menschen.

Nur durch diese Schwerstarbeit schafft sich der Körper optimale Bedingungen für seine Zellen. Denn Schwankungen im Wasser- und Elektrolythaushalt des Menschen wirken sich dramatisch aus: Die Zellen sterben ab. Gleichzeitig tarieren die Nieren den pH-Wert des Bluts in engen Schranken aus und bilden ein Hormon, das den Blutdruck regelt. Zudem sorgen die Nieren dafür, daß nicht verwertbare oder sogar giftige Stoffwechselprodukte ausgeschieden werden. Zum Beispiel Harnstoff, Ammoniak und Schwefel.

Zwei Dinge allerdings sollten im gesunden Urin nicht oder nur in äußerst geringen Mengen vorkommen: Zucker und Bakterien. Enthält Urin ersteres, ist das ein Zeichen für einen Diabetes. Keime im Urin sprechen für eine Infektion der Harnwege, im schlimmsten Fall der Nieren. <

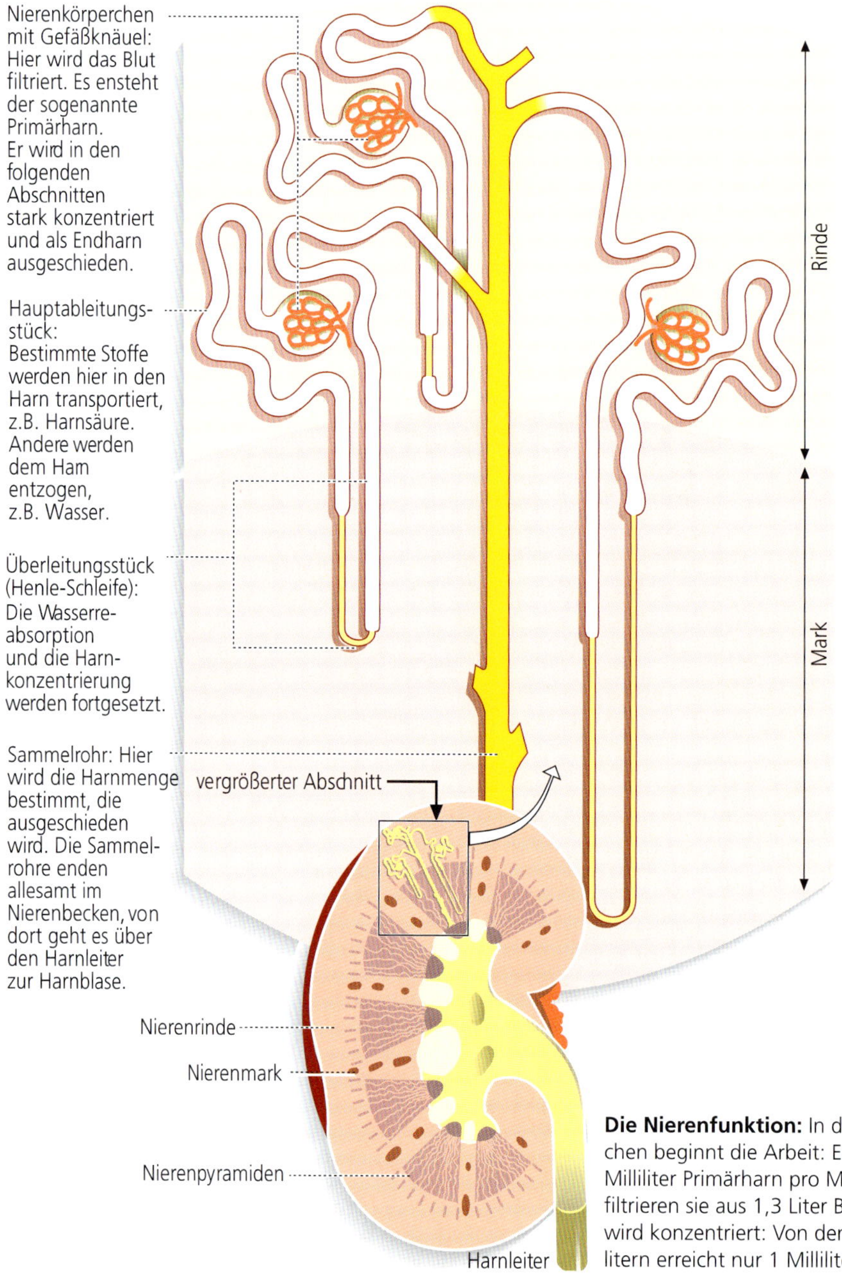

Die Nierenfunktion: In den Körperchen beginnt die Arbeit: Etwa 125 Milliliter Primärharn pro Minute filtrieren sie aus 1,3 Liter Blut. Der wird konzentriert: Von den 125 Millilitern erreicht nur 1 Milliliter die Blase.

Nasensekret

Freunde der Nasenschleimhaut nennen sie liebevoll „Klebefalle". Und benennen damit auch ihre Hauptaufgabe: Sie soll kleine Partikel und Erreger einfangen und in Richtung Rachen transportieren.

Zu diesem Zweck schlagen die Flimmerhärchen auf den Schleimhautzellen bis zu 900mal in der Minute und sorgen so dafür, daß die Schleimschicht alle 20 Minuten erneuert wird.

Der Mensch verschluckt bei dieser Tätigkeit etwa einen Liter Nasensekret täglich. <

Auch ein Astronaut *muß mal Pipi*

Für das Geschäft im All haben Ingenieure aufwendige Geräte entwickelt. Doch noch immer ist es nicht ganz einfach.

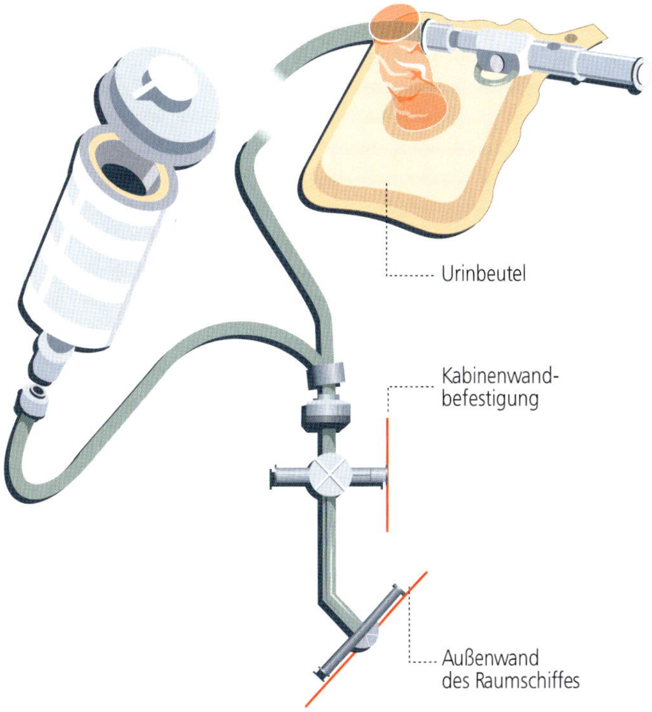

Bordtoiletten der Apollo-Missionen
In den ersten Versionen (Urinbeutel rechts oben) arbeiteten die Astronauten nach dem Schlüssel-Schloß-Prinzip, um zu urinieren. Später, in der etwas hygienischeren Version (röhrenartiger Auffangbehälter links oben), mußten sie zielen. Und sich vorher am Boden festhaken, um dem Rückstoß zu begegnen.

„Mal eben“ gibt es nicht im Weltraum. Für das kleine und große Geschäft muß dort ein gewaltiger Aufwand betrieben werden. Das zeigt schon die Liste von Bezeichnungen und ihren Abkürzungen, die das beschreiben, was man auf der Erde einfach „Toilette“ nennt: „urine collection and transfer assembly“ (UCTA), „maximum absorbency garment“ (MAG) oder „fecal/emesis bag“ (FE) - um nur einige zu nennen.

Etwa 45 Minuten benötigt ein Astronaut, um an Bord ein großes Geschäft zu verrichten. Dafür muß er zuvor, noch auf der Erde, trainieren. Denn die Toilettenöffnung hat nur einen Durchmesser von wenigen Zentimetern. Da will das Treffen geübt sein. Zumal in der Schwerelosigkeit des Weltraums nicht alles von selbst seinen Weg findet.

Damit keine allzu großen Unglücke geschehen, muß sich der Astronaut mit Gurten an der Toilette festschnallen. Spezielle Düsen im Inneren der Space-Kloschüssel erzeugen einen Sog, der den Kot in einen Beutel hineinschlürft – das Prinzip gleicht dem eines Staubsaugers. Doch damit ist noch nicht alles getan.

Da man in Weltraum-Toiletten nicht einfach einen Duftstein anbringen kann, muß die wertvolle Luft aufwendig von Gasen, Gerüchen und Bakterien gereinigt werden. Danach dürfen die Astronauten diese Luft wieder einatmen. Während man mit den Fäkalien an Bord meist nichts Gewinnbringendes mehr anstellen kann und sie höchstens noch sammelt, um sie nach der Rückkehr zu untersuchen, enthält Astronauten-Urin einen Rohstoff, der im All äußerst wertvoll sein kann: Wasser. Durch ein spezielles Verfahren, genannt „multi-filtration“, kann es in mehreren Stufen zurückgewonnen werden.

In einem ersten Schritt stabilisiert eine Vorbehandlung den Urin so weit, daß Keime sich nicht vermehren können. Im nächsten Schritt wird durch Destillation der Gehalt an Salzen vermindert. Dann machen hinzugegebene Chemikalien den ammoniak-bildenden Bakterien den Garaus – das Gas ist schließlich sehr giftig. Anschließend werden mit Filtern die festen Teilchen aus dem ehemaligen Urin entfernt, sodann die letzten Salze und organischen Bestandteile mit speziellen Ionen-Austauscher-Harzen ebenso wie Reste von Harnstoff mit einem Katalysator – und fertig ist das Trinkwasser.

So viel Mühe macht man sich im Weltraum allerdings nur noch selten. Heute urinieren die Astronauten oftmals in spezielle Beutel oder Tanks. Und auf Spaziergängen im All sind Säuglingsprodukte das Vorbild: Die verwendeten Auffangapparaturen sind im Prinzip nichts anderes als High-Tech-Windeln (siehe Grafik unten). Mit ihnen läßt es sich dann einige Zeit freischwebend im All verbringen: Beide Weltraum-Windeln tolerieren die Abgabe von mehr als einem Liter Urin. <

Auf Spaziergängen im All sind Säuglingsprodukte das Vorbild: Die Auffangapparaturen sind nichts anderes als High-Tech-Windeln.

Der Weltraum-anzug: effektiver Schutz vor dem Gefriertrocknen

Ein Weltraum-Anzug muß einen gewissen Druck aufbauen und den Astronauten so vor dem Vakuum des Alls schützen. Er hält die Körpersäfte flüssig. Zusätzlich ist er eine Art Hitze- und Kälteschild: Im All sind die Astronauten Temperaturunterschieden von minus 157 bis plus 121 Grad Celsius ausgesetzt – je nachdem, ob sie im Dunkeln schweben oder ob sie der Sonnenstrahlung direkt ausgesetzt sind.

Ohne den Anzug, Fachausdruck „extravehicular mobility unit", würde der Mensch gefriertrocknen. Insgesamt 14 Schichten sorgen bei einem Space-Shuttle-Anzug dafür, daß er seine Aufgaben erfüllen kann.

Für Männer gibt es die „urine collection device", die Weltraum-Windel für Frauen heißt „disposable absorption and containment trunk". Erstere hat einen Anschluß für einen Beutel, letztere besteht aus fünf Schichten, die chemisch speziell behandelt sind und den Urin aufsaugen. Die Frauenwindel wird nach dem Ausflug weggeworfen. <

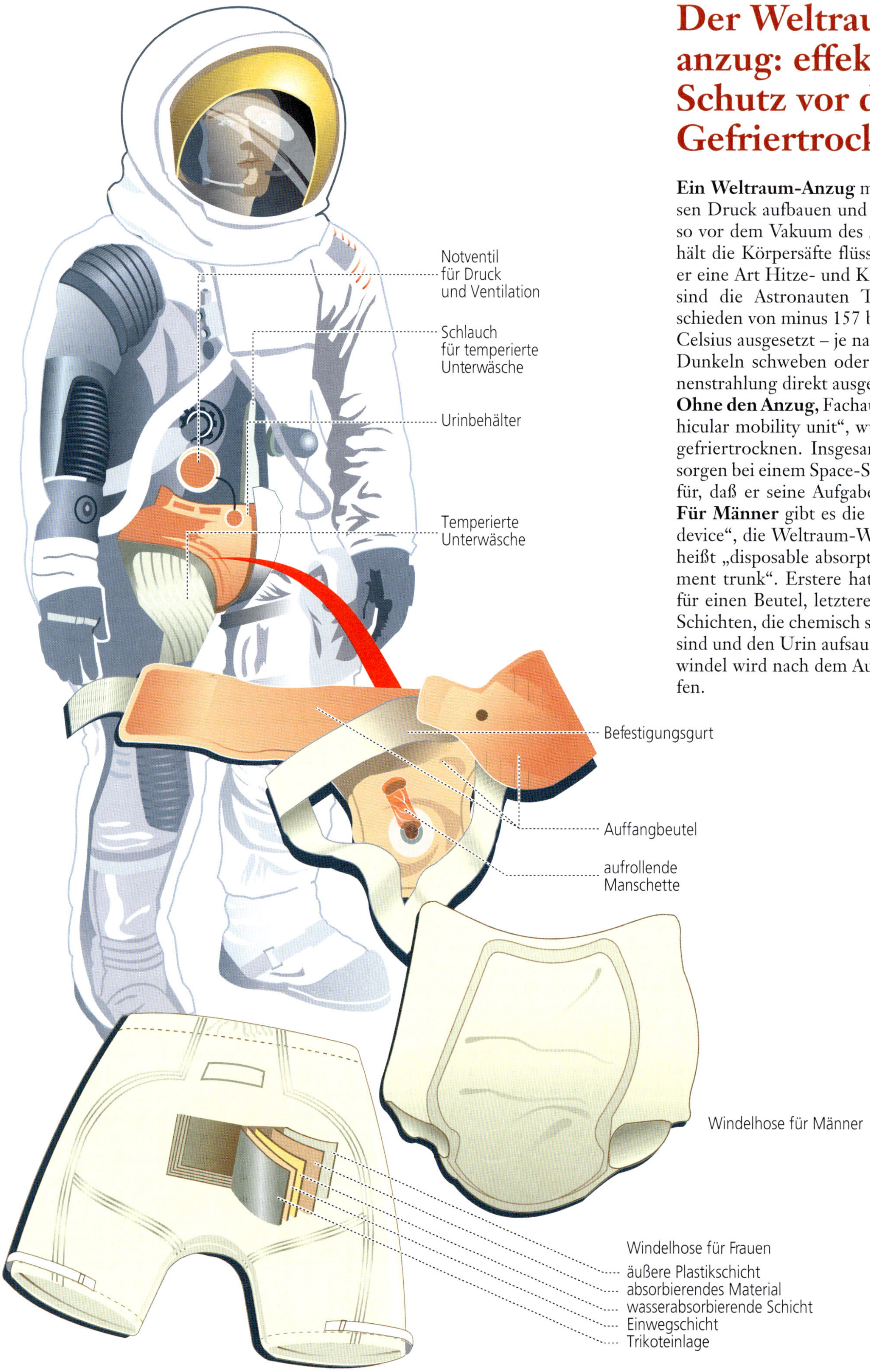

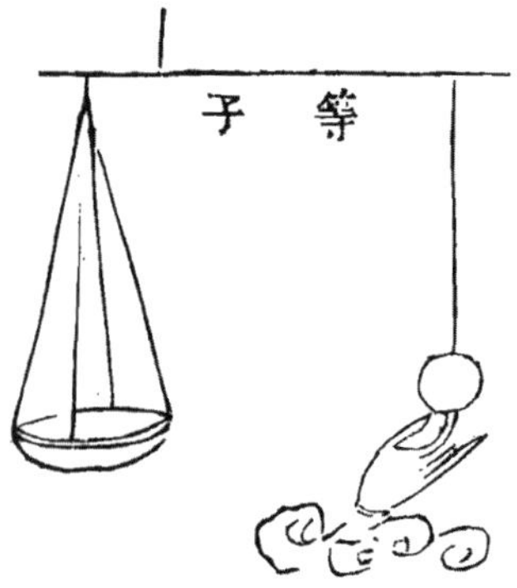

Feingewichtswaage (Dengzi) - Abbildung aus dem Qi Qi Tu Shuo, dem frühesten chinesischen Werk über westliche Mechanik, einem Gemeinschaftswerk eines chinesischen Beamten und eines Jesuitenpaters.

DIE WAAGE *und* DAS WISSEN

„Schnell-Waage, weil man hurtig und schnell damit auswägen kan" Zeichnung aus dem „Schauplatz der Gewicht-Kunst und Waagen" von Jacob Leupold aus dem Jahr 1726.

Eine Entdeckungsreise zu den Ursprüngen der Mechanik

VON JÜRGEN RENN
UND PETER DAMEROW

Was existierte früher – die Henne oder das Ei? Wer diese Scherzfrage bemüht, dem geht es selten um die Evolution des Haushuhns, viel öfter dagegen um historische Entwicklungen. Etwa die der Waage. Kann man eine Waage erfinden, ohne eine klare Vorstellung davon, was Gewicht ist? Kann man andererseits eine klare Vorstellung von Gewicht besitzen, ohne je eine Waage gesehen zu haben? Kann man einen Hebel verwenden, ohne das Hebelgesetz zu kennen? Kann man das Hebelgesetz entdecken, ohne je einen Hebel angesetzt zu haben? Was besaßen die Menschen früher, die Waage oder das Gewicht, den Hebel oder das Hebelgesetz?

Immanuel Kant sah unser Wissen über mechanische Vorgänge wie das Herunterfallen schwerer Körper als Teil der unveränderlichen Ausstattung des menschlichen Erkenntnisapparates. Jüngere psychologische Untersuchungen haben versucht, solches intuitives physikalisches Wissen selbst bei Säuglingen nachzuweisen.

Andererseits lehrt die Physikgeschichte, daß sich selbst so grundlegende Kategorien wie Raum, Zeit oder Schwere mehrfach fundamental verändert haben, bis hin zur allgemeinen Relativitätstheorie, in der Schwere nicht mehr als eine universelle Eigenschaft der Körper aufgefaßt wird, sondern als Wirkung der Krümmung von Raum und Zeit. Die moderne Wissenschaftsgeschichte versucht die Ursachen solcher langfristigen Entwicklungen zu erklären, die in einer Welt ohne Waagen beginnen und und noch heute die Wissensentwicklung bestimmen.

Welt ohne Waagen

Wie hat man sich eine Welt vor der Erfindung der Waage auszumalen? Welche Vorstellungen begleiten in einer solchen Welt den Umgang mit schweren Körpern und wie universell sind diese? Eine Antwort auf diese Frage versuchte unlängst eine Studie zu geben, die Kinder in einer entlegenen Region der Trobriandinseln im Südpazifik und Kinder unserer eigenen Kultur mit den gleichen mechanischen Problemen konfrontierte. In einem der Versuche wurden die Kinder gefragt, ob man ihrer Meinung nach so viele Vogelfedern aufhäufen könne, daß sie zusammengenommen ebenso schwer sind wie ein großer Metallgegenstand. Die Antwort fällt in beiden

Wissenschaftsgeschichte

Die römische Schnellwaage basiert auf dem Hebelgesetz Doch ihre Konstrukteure kannten es nicht.

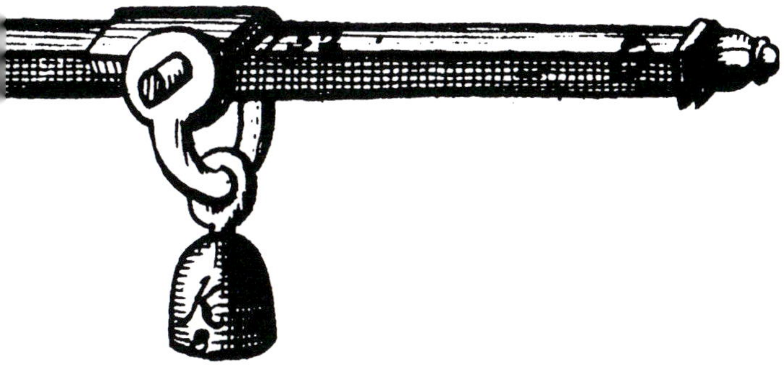

Die Waage als Symbol. Katalanische Malerei aus dem 13. Jahrhundert.

Kulturen gleich aus, solange die Welt der Kinder noch nicht durch Erfahrungen im Umgang mit der Waage geprägt ist: Auch noch so viele aufgehäufte Federn machen diese nicht schwerer als Metall.

Diese Vorstellung mag uns befremden, unlogisch ist sie nicht. In einer Welt ohne Waage wird Schwere dadurch erfahren, daß es Mühe bereitet, Lasten zu bewegen. Ein handlicher Körper aus Metall, den man tragen oder werfen kann, und Tausende von Vogelfedern, die sich nur schwer zusammenhalten lassen, haben in bezug auf die Möglichkeiten, mit ihnen zu hantieren, kaum etwas gemeinsam. Wie könnte man sie da als gleich schwer ansehen? In einer Welt ohne Waagen ist das Schwere nicht die Summe des Leichten. Die Kraft des eigenen Körpers und die Geschicklichkeit, diese einzusetzen, bestimmen dort die Erfahrungen, die wir in einer Welt voller Waagen mit Hilfe des abstrakten Begriffs des Gewichts beschreiben.

Dinge erhalten ein Gewicht

Die frühesten Hinweise auf den Gebrauch von Waagen stammen aus dem Ägypten und Mesopotamien der Mitte des dritten Jahrtausends vor Christus. In jenen frühen Hochkulturen spielte die zentrale Verfügung über Ressourcen sowie die Regelung ihrer Verteilung eine entscheidende Rolle und bildete den historischen Hintergrund für die Erfindung der Waage. Zugleich mit der Waage entstanden Systeme von Gewichtsmaßen und soziale Regelungen, um diese Maße verbindlich zu halten. Aus den subjektiven Erfahrungen der Mühe, schwere Lasten zu heben, wird das Gewicht als eine objektive Eigenschaft aller Körper isoliert. Mittel hierzu ist die Waage. Sie ermöglichte es, Unvergleichbares vergleichbar zu machen.

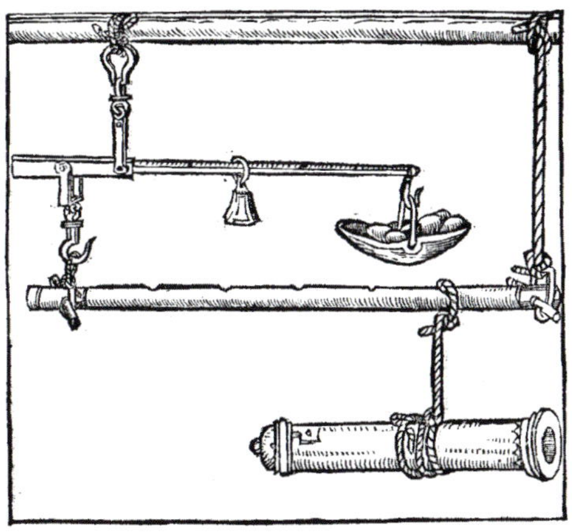

Eine Waage für schwere Fälle entwarf Johannes Buteo (1559)

Welch tiefgreifende Veränderung im Denken diese Erfindung hinterließ, wird an ihrem Einfluß auf die Mythologie deutlich. Im Totenkult der Ägypter beispielsweise wird das Wägen als eine Metapher für das Vergleichen von Unvergleichbarem verwendet: Das Herz des Verstorbenen wird vor dem Thron von Osiris gegen „Maat“ aufgewogen, dem altägyptischen Schlüsselbegriff für Tugend und Gerechtigkeit.

Mechanik überlistet die Natur

Im Alltagsdenken hingegen blieb der Gebrauch der Waage lange Zeit auf praktisch Wägbares beschränkt. Andere Bereiche mechanischen Wissens – etwa solche, die das Bewegen schwerer Lasten betreffen – blieben von der Erfindung der Waage weitgehend unberührt. Wie reichhaltig dieses Wissen dennoch war, davon zeugen die Ruinen der Großbauten der frühen Hochkulturen wie Tempelberge und Pyramiden. Sowohl in Ägypten als auch in Mesopotamien gibt es bildliche Darstellungen des technischen Arsenals, das dazu diente, mit den verfügbaren Kräften Widerstände zu überwinden, zu denen eigentlich größere Kräfte erforderlich wären.

Eine besonders schöne Beschreibung dieser Techniken findet sich auf einer Serie von Wandreliefs im Palast des assyrischen Königs Sennacherib (704 – 681 v. Chr.) in Ninive, auf denen er den Transport gigantischer Statuen vom Steinbruch bis zur Baustelle seines Palastes darstellen ließ. Man sieht, wie Scharen von Sklaven unter den Peitschenhieben ihrer Aufseher einen Koloß auf einem Schlitten eine schiefe Ebene hinaufziehen. Ein Oberaufseher erteilt durch eine Art Megaphon rhythmische Kommandos und koordiniert die Kraftentfaltung. Ein weiterer Trupp Arbeiter entfernt Steine, um den Weg für den Schlitten zu ebnen; unter ihn werden Rollen geschoben, um die Reibung herabzusetzen. Am Ende des Schlittens wird ein riesiger Hebel angesetzt und ein Keil darunter geschoben, den die Griechen später Hypomochlion nennen werden. Der Keil dient dazu, den am Schlitten angreifenden Hebelarm zu verkürzen, um damit die Wirkung der Kraft zu erhöhen.

Kannten die Sklaven, oder zumindest ihre Aufseher, die mechanischen Gesetze, die sie hier nutzten? Es sollten noch mindestens 300 Jahre vergehen, bevor der erste Versuch unternommen wurde, das Wissen davon, wie man mit geringen Kräften größere Kräfte überwinden kann, schriftlich niederzulegen. Auch das Wissen von den mechanischen Zusammenhängen wie dem Hebelgesetz bestand zunächst nur in der Form anwendungsspezifischer technologischer Kenntnisse, die von Generation zu Generation tradiert und weiterentwickelt wurden.

Marktszene im antiken Griechenland. Gleicharmige Waagen wie diese waren damals schon seit 2000 Jahren bekannt. Dann begann eine neue Art von Waagen die Wissenschaft der Mechanik zu beflügeln.

Eine folgenreiche Erfindung

Jahrhundertelang entwickelten sich Waage und Hebel unabhängig voneinander. Irgendwann jedoch kam im antiken Griechenland jemand auf die Idee, eine völlig neuartige Waage zu konstruieren, eine Waage mit ungleich langen Armen, deren Funktionsprinzip auf dem Hebel beruht. Statt Lasten durch standardisierte Gewichte auszugleichen wie bei der gleicharmigen Waage, wurden nun verschiedene Lasten durch dasselbe Gewicht an verschieden langen Hebelarmen ausgeglichen. Die gleicharmige Waage erschien dadurch plötzlich als ein Sonderfall des Hebels.

Taschen-Waage Eine Minatur-Statera aus Pompeji.

Ist es ein Zufall, daß in der gleichen Epoche griechische Autoren wie Aristoteles und Archimedes die ersten Traktate zur Mechanik verfaßten?

Die Veränderung des Hebelarms einer Waage ist historisch auf zweierlei Weise verwirklicht worden. Am einfachsten erscheint die Möglichkeit bei der römischen Schnellwaage oder Statera realisiert. Die Waagschale mit der Last befindet sich an einem Hebelarm mit konstanter Länge. Sie wird durch ein Gegengewicht ausgeglichen, das auf dem anderen, längeren Hebelarm entlang einer linearen Skala verschiebbar ist. Aus dem Hebelgesetz folgt: Jede Veränderung des Gewichts in der Waagschale läßt sich durch eine proportionale Verschiebung des Gegengewichts ausgleichen. Die andere, historisch im sogenannten „dänischen Besmer" realisierte Möglichkeit besteht darin, die Längen der Hebelarme durch Verschieben des Aufhängepunktes entlang einer Skala zu verändern. Diese Skala ist dann allerdings, wie ebenfalls aus dem Hebelgesetz folgt, nicht linear. Beide Typen von Waagen sind aus der römischen Antike durch archäologische Funde belegt. Oft sind es raffinierte Konstruktionen mit mehreren Aufhängepunkten und Skalen zur Erweiterung des Wägebereichs.

War es die Entdeckung des Hebelgesetzes, die zur Erfindung derartiger Waagen geführt hat? Es ist nicht leicht festzustellen, wann genau solche Waagen in Gebrauch kamen. Den ältesten Hinweis haben wir in einer Komödie des Aristophanes (etwa 445 – 385 v. Chr.) ausfindig gemacht. Der Dichter verspottet darin einen Hersteller von Kriegstrompeten und empfiehlt ihm, diese doch für andere Zwecke zu verwenden. Eine der Empfehlungen ist es, Blei in das dicke Ende der Trompete zu gießen und am anderen Ende an Schnüren einen Teller zu befestigen, um damit Feigen abzuwiegen. Aristophanes setzte offensichtlich voraus, daß seinen Zuschauern Waagen vom Besmer-Typ bekannt waren – über 100 Jahre vor den ersten überlieferten Schriften zur Mechanik, in denen das Hebelgesetz ausdrücklich formuliert wird.

Den Ausgangspunkt dieser Abhandlungen bildete eine Beobachtung, die viele antike Denker verwunderte: Die Kraft, die man benötigt, um einen Körper zu bewegen, ist proportional zu seinem Gewicht; warum kann man dann aber mit Hilfe mechanischer Mittel wie dem Hebel durch eine kleine Kraft einen Widerstand überwinden, der eigentlich eine größere Kraft erfordern würde? Die Antwort, welche die Philosophen fanden, stützte sich auf die Gleichsetzung des Hebels mit einer Waage: Je weiter ein Gewicht vom Drehpunkt entfernt ist, desto stärker bewegt es den Arm der Waage nach unten.

Das wahrscheinlich älteste uns überlieferte Traktat der Mechanik wurde lange Zeit – wahrscheinlich zu Recht – Aristoteles zugeschrieben. Gleich zu Beginn wird das Prinzip formuliert und dann auf eine Vielzahl mechanischer Hilfsmittel angewandt, die das Wunder zu vollbringen scheinen, mit kleinen Kräften größere zu überwinden. Unter diesen Hilfsmitteln findet sich auch eine Fleischerwaage, bei der ein festes Gewicht durch die Beweglichkeit der Aufhängung mehrere verschiedene Gewichte ausgleichen kann – eben jene Waage, die Aristophanes bereits kannte.

Das in dem Aristotelischen Traktat formulierte Prinzip führte direkt zum Hebelgesetz, wie wir es kennen: Wenn die Wirkung einer Kraft mit der Entfernung vom Drehpunkt wächst, dann muß die Kraft, die sie im Gleichgewicht halten soll, in gleichem Maße anwachsen; im Gleichgewicht sind die Kräfte den Entfernungen zum Drehpunkt umgekehrt proportional. Dieses Hebelgesetz – und der aus der Verallgemeinerung des Drehpunktes der Waage gewonnene Begriff des Schwerpunktes – sollten den Kern aller in der Folgezeit entstandenen, theoretischen Traktate zur Mechanik bilden.

Das weitere Schicksal der Mechanik und die Rolle des Wissens von der Waage wurden weitgehend bestimmt von den dramatischen historischen Szenenwechseln zwischen Antike und Neuzeit. Nur das praktische Wissen über die Herstellung von Waagen wurde offenbar über die Epochenklüfte hinweg kontinuierlich überliefert und hat sich in Handwerkertraditionen bis heute erhalten. Ob in Süditalien, in Ägypten oder in China – ungleicharmige Waagen werden auch heute noch nach einfachen Handwerkerregeln hergestellt, die ihre Wurzeln in der Antike haben, in einer Zeit, bevor das Hebelgesetz formuliert wurde.

Wann und in welcher Form das praktische Wissen über die Waage zum

Vom Gewicht zum Wert
Ohne die Waage gäbe es nicht einmal Geld. „Der Geldverleiher und sein Weib", Gemälde von Quentin Massys (1465/66–1530).

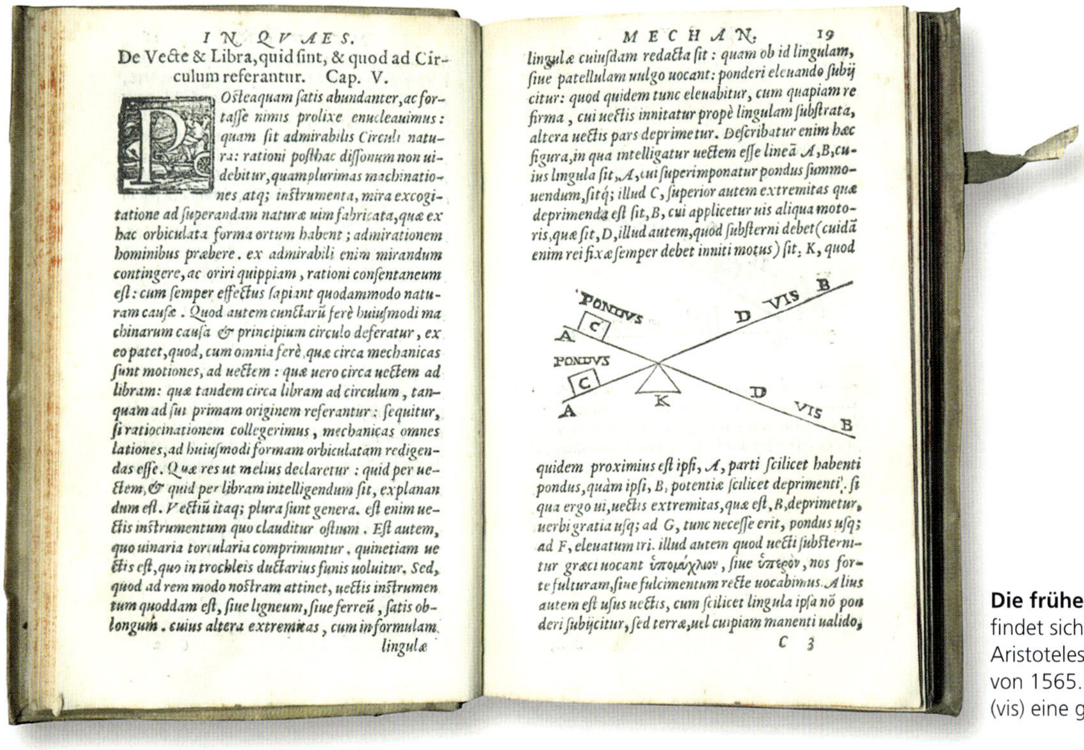

Waagentest im altägyptischen Totenbuch
Wog das Herz des Verstorbenen (links) nicht genauso leicht wie die Maat-Feder, fraß ihn ein Ungeheuer.

Die früheste Erwähnung des Hebelgesetzes findet sich in den „Problemata Mechanica" des Aristoteles. Hier ein Kommentar in einer Ausgabe von 1565. Die Skizze erklärt wie eine kleine Kraft (vis) eine große Last (pondus) bewegt.

Gegenstand theoretischer Reflexion wurde, hing von mehr oder weniger zufälligen historischen Konstellationen ab. In der Literatur der Antike spielte die Waage als Gegenstand der Wissenschaft jedenfalls nur eine Nebenrolle. Wichtiger waren die an der Waage gewonnenen Konzepte des Schwerpunkts und des Hebelgesetzes. In ihrem Anwendungshorizont waren sie nun nicht mehr auf die Waage beschränkt und wurden, insbesondere im hellenistischen Alexandria, theoretische Basis eines hochentwickelten Ingenieurwissens. Mit dem Ende des Hellenismus allerdings zerfiel auch diese Einheit von praktischem und theoretischem Wissen.

Eine Starrolle spielte die Waage erst im islamischen Mittelalter, und zwar sowohl in praktischer als auch in theoretischer Hinsicht. In einem Handelsimperium, das sich über weite Teile des Mittelmeerraums und Nordafrikas erstreckte, aber über kein einheitliches Maß- und Währungssystem verfügte, wurde das Wiegen zu einer Schlüsseltechnologie für den Wertvergleich von Gütern. In der arabischen Welt übernahm die Waage darüber hinaus Funktionen, die in späteren Epochen der Proportionalzirkel, der Rechenschieber und schließlich der Taschenrechner erfüllten. So wurde die ungleicharmige Waage zu einem Universalinstrument weiterentwickelt, das die Konvertierung von Maßen ebenso wie die Bestimmung spezifischer Gewichte erlaubte.

So wurde die Waage für die arabische Wissenschaft zum Prestigeobjekt. Da die Kalifen der Abbasiden-Dynastie (750 – 1258 n. Chr.) sich als Erben der hellenistischen Kultur verstanden, veranlaßten sie von der Mitte des achten Jahrhunderts an Übersetzungen wissenschaftlicher Literatur aus dem Griechischen. Was den arabischen Gelehrten dabei lückenhaft oder unverständlich erschien, ergänzten sie zunehmend durch eigene Arbeiten. Der veränderte kulturelle und technische Hintergrund dieser Arbeiten führte allerdings zu einer folgenreichen Transformation des antiken Kulturerbes, zu dem auch die Mechanik gehörte.

Die arabische Wissenschaft der Waage prägte auch das lateinische Mittelalter. Vom 10. Jahrhundert an reisten europäische Gelehrte von weither nach Spanien, um an der Grenze zwischen christlicher und islamischer Zivilisation dem geheimnisumwitterten, überlegenen Wissen der Araber auf die Spur zu kommen, dem sie nachjagten wie andere dem Heiligen Gral. Zunächst ging es ihnen dabei um Wissen, das unmittelbaren praktischen Nutzen versprach, wie das der Astrologie oder Medizin. Bals wurde aus der Jagd ein systematisches Sammlungs- und Übersetzungsunternehmen.

Der veränderte Kontext, in den das Wissen über die Waage im lateinischen Mittelalter eintrat, hatte abermals Rückwirkungen auf die Strukturen dieses Wissens. Der praktische Bezug trat jetzt in den Hintergrund. Wichtiger wurde die Frage, wie das Wissen über die Waage in die vorherrschende aristotelische Naturphilosophie eingebaut und auf andere mechanische Instrumente – etwa auf die schiefe Ebene – ausgedehnt werden konnte. Um diese Fragen zu beantworten, mußten die Prinzipien der aristotelischen Naturtheorie zunächst einmal in eine Form gebracht werden, die es ermöglichte, mathematisch formulierte Lehrsätze wie das Hebelgesetz aus ihnen abzuleiten.

Jordanus Nemorarius, ein Gelehrter des 13. Jahrhunderts, hat zu diesem Zweck den Begriff der gravitas secundum situm, des positionsabhängigen Gewichts, eingeführt. Mit Hilfe dieses Begriffs läßt sich ganz allgemein die Abhängigkeit des wirksamen Gewichts eines Körpers von seiner Lage erfassen, also etwa davon, ob er sich auf einer steilen oder flachen schiefen Ebene befindet. Insbesondere aber läßt sich so der verblüffende Umstand, daß auf einer ungleicharmigen Waage ein leichter Körper einem schweren das Gleichgewicht halten kann, einfach auf die Gleichheit der positionsabhängigen Gewichte beider Körper zurückführen.

Es mag paradox erscheinen, aber durch die Integration des Wissens über die Waa-

Mit Hilfe eines Hebels stemmen Sklaven die Kolossalstatue eines geflügelten Bullen mit Menschenkopf für den Palast des assyrischen Königs Sennacherib (704-681 v. Chr.), der den Vorgang höchtspersönlich überwacht (oben links). Das Hebelgesetz als theoretisches Konzept war zu Sennacheribs Zeiten noch unbekannt.

ge in das praxisferne Lehrgebäude der mittelalterlichen Scholastik war ein Begriff entstanden, der zu einem Schlüsselkonzept für das theoretische Verständnis des Ingenieurwissens in der Renaissance werden sollte. Dieses Potential konnte sich allerdings so lange nicht entfalten, wie die soziale Organisation des Wissens theoretische Einsichten und praktische Herausforderungen voneinander isolierte.

Der Weg zur klassischen Mechanik

Das änderte sich erst, als in der frühen Neuzeit mit Künstler- und Wissenschaftleringenieuren wie Brunelleschi, Leonardo, Tartaglia, Stevin oder Galilei eine neue soziale Gruppe entstand, die zur Bewältigung der großen technischen Herausforderungen ihrer Zeit auf jedes verfügbare Wissensreservoir zurückgriff, insbesondere aber auf das wissenschaftliche Erbe der Antike. In dieser Zeit erneuerte sich auch das Interesse an der Waage. Das mag überraschend klingen. Denn welche Rolle konnten Waagen für die großen Ingenieurprojekte der Renaissance schon spielen? Längst standen andere technische Herausforderungen wie Artillerie oder Schiffbau im Vordergrund, die die Theorie vor ähnliche Probleme stellten wie seinerzeit die Waage.

Versucht man aber zu verstehen, wie diese Herausforderungen von den zeitgenössischen Ingenieuren bewältigt wurden, entdeckt man, daß die Waage nach wie vor ein entscheidendes Bindeglied zwischen Wissenschaft und Praxis war. Gelang es etwa, die Form der Schußbahn oder die Festigkeit eines Balkens mit dem Verhalten der Waage in Verbindung zu bringen, dann war damit zugleich auch das seit Jahrhunderten akkumulierte Wissen über die Waage für die Behandlung solcher neuen Herausforderungen verfügbar. Aus dem Wissen über die Waage wurde so eine neue Wissenschaft – die klassische Mechanik.

Was also existierte früher: die Henne oder das Ei, in unserem Falle also das theoretische Wissen, wie es im Hebelgesetz verkörpert ist, oder das praktische Wissen über die ungleicharmige Waage? Am historischen Wechselspiel zwischen Waage und Wissen läßt sich erkennen, daß die Entstehung des Neuen in der Geschichte des Wissens, ähnlich wie in der Biologie, nur zu verstehen ist, wenn man dem Ei ein Entwicklungspotential zubilligt, das über seine Bestimmung durch die Abkunft von der Henne hinausgeht, und der Waage ein solches, das ihre Erfinder nicht voraussehen konnten. Denn ohne ein solches Potential müßten aus Eiern auch heute noch Dinosaurier schlüpfen. <

Die Autoren Professor Dr. Jürgen Renn und PD Dr. Peter Damerow erforschen langfristige Entwicklungsprozesse in der Mechanik am Max-Planck-Institut für Wissenschaftsgeschichte in Berlin.

Einen Kochtopf hat ein römischer Handwerker aus Pompeji zur Waage vom Besmer-Typ, also mit beweglicher Aufhängung, umfunktioniert. Der Topf war nicht die Waagschale, sondern das Gewicht. Das Wägegut wurde dort aufgehängt, wo Restauratoren – in Unkenntnis der wahren Funktion – einen ursprünglich nicht dazugehörenden Merkurkopf befestigt haben.

Züchtungsforschung In Sankt Petersburg lagert die drittgrößte Kulturpflanzensammlung der Welt. Daß sie Revolution, Stalinismus, Weltkrieg und den Zusammenbruch der Sowjetunion überdauert hat, ist ein Wunder. Jetzt soll sie in den Kälteschlaf versetzt werden.

Nikolaj Iwanowitsch Wawilow hatte eine Theorie: Es gibt nur sieben Orte, an denen die Ursprünge der heutigen Agrarwirtschaft zu finden sind. Dort müßte auch die größte genetische Vielfalt anzutreffen sein. Zwanzig Jahre lang sammelte er Beispiele in aller Welt. Daraus entstand ein einzigartiges Archiv. Das Institut, das heute seinen Namen trägt, hütet ein Erbe der Menschheit: Die Biodiversität der Kulturpflanzen.

Bauern, Biologen, Bolschewiken – die Geschichte einer Genbank

VON JÖRG ALBRECHT

FOTOS URSULA SCHULZ-DORNBURG

Sankt Petersburg im Winter ist nichts für beklommene Seelen. Fahl bleibt der Himmel bis zum Mittag, dafür fegt ein Wind über den Isaaksplatz, der selbst die schwere Eichentür an der Bolschaja Morskaja Nummer 42 aufspringen läßt. Die Eingangshalle liegt im Halbdunkel, am Boden Reste eines Teppichs, der vielleicht einmal rot war, rot wie die Elite der Sowjetunion, die hier zu ihren besten Zeiten Vorzeigeforschung betrieb. Wer am „Allrussischen Institut für Pflanzenzüchtung" beschäftigt war, hatte es geschafft. Für die Karriere war gesorgt, für Auslandsreisen, manchmal sogar für Devisen. „Dienstausweis vorzeigen" steht noch immer an der Portiersloge. Die Empfangsdame blickt nicht mal mehr hin, wenn Fremde ins Haus kommen.

Viele kommen nicht, und wenn, dann sind es Klienten der Anwaltskanzlei, die sich im zweiten Stock zur Untermiete einquartiert hat. Oder Anzeigenkunden der St. Petersburg Times gegenüber. Im dritten Stock steht die Tür offen. Den Besucher empfängt blank gewetztes Parkett, ein langer Gang, bis in Augenhöhe mit blaßgrüner Ölfarbe gestrichen. Gleich darüber bröckelt der Putz. Willkommen im berühmten Wawilow-Institut, der drittgrößten Genbank der Welt.

Hinter Sergej Alexanjan, dem „Direktor für internationale Beziehungen", hängt eine Karte der ehemaligen Sowjetunion an der Wand. Zwanzig Experimentalstationen gab es bis 1991, unter anderem in der Ukraine, in Georgien, Usbekistan, Kasachstan und Turkmenistan. Damals betrug der Durchschnittslohn 120 Rubel, ein Professor bekam zwischen 250 und 400. Gutbezahlte Arbeit und prestigeträchtig, von überallher kam der Nachwuchs. Jährlich bis zu dreißig „Aspiranten". Nur die Besten blieben. Heute, sagt Alexanjan, kommen vielleicht noch fünf oder sechs, aus St. Petersburg und Umgebung. Von außerhalb niemand mehr, wovon sollte er auch Miete zahlen? 3000 Rubel pro Monat braucht man im Schnitt zum Leben, ein Angestellter verdient gerade mal die Hälfte. Alexanjan deutet zur Decke, wo sich ein Wasserschaden ausbreitet: „Und dann müssen wir auch noch das hier bezahlen". Strom, Heizung, Reparaturen. Das Wort „Forschungsetat" taucht in Alexanjans Aufzählung nicht mal am Rande auf.

Wie zu Wawilows Zeiten werden die Herbariumsmuster in Kartons gestapelt. Vieles von dem, was die Pflanzenjäger in hundert Jahren gesammelt haben, ist am Ursprungsort nicht mehr vorhanden.

Als Nikolaj Iwanowitsch Wawilow im März 1921 nach Petersburg kommt, herrscht Anarchie, besser gesagt: Kriegskommunismus, was dasselbe ist, nur schlimmer. Die Arbeiter sind im Streik, es gibt nichts zu heizen, kein Licht. Jeder andere wäre in Saratow geblieben, 1500 Kilometer südöstlich an der Wolga, wo der hoffnungsvolle Agronom gerade eine Professur angetreten hatte. Der 34jährige hat im Ausland studiert und gilt als Stern am Himmel der russischen Wissenschaft.

Wawilow bringt aus Saratow zwanzig Studentinnen mit, alle jung, begeistert und bis über die Ohren verliebt in ihren Lehrer. Kaum in Petersburg angekommen formuliert er sein Ziel: Er will die Ursprungsregionen aller wichtigen Nutzpflanzen erkunden, denn dort sei die größte genetische Vielfalt zu finden. Wawilows erste Auslandsreise nach der Revolution führt in die Vereinigten Staaten; dort knüpft er Kontakte zu führenden Genetikern wie Thomas Morgan. Besonders beeindruckt ist er von der Arbeit des Züchters Luther Burbank, der in großem Stil Zehntausende von Pflanzen kreuzt, immer auf der Suche nach neuen Sorten.

Daheim in Rußland liegt die Landwirtschaft am Boden. Lenins „Neue Ökonomische Politik“ bringt vorübergehend Erleichterung. Wawilow organisiert den Versand von Pflanzenmaterial, in New York gründet er ein Büro, das mehr als 20 000 Samenproben nach Rußland verschifft. Als er im Februar 1922 zurück nach Petersburg kommt, steckt er voller Pläne.

Überall im sowjetischen Riesenreich läßt Wawilow Forschungsstationen errichten. Er will möglichst verschiedene Sorten Getreide unter möglichst verschiedenen klimatischen Bedingungen testen. Von Murmansk bis nach Turkmenistan, von Wladiwostok bis nach Kaunas in Litauen reicht bald das Netz der Außenstellen. Die Zukunft gehört den Optimisten.

300 000 verschiedene Proben
umfaßt das Petersburger Samenarchiv.

Sergej Alexanjan schaltet den Lüfter aus, der seinem Büro ein paar Grad zusätzliche Wärme verschafft. „Sehen Sie“, sagt er, „von hier zur nächsten Station in Zarskoe Selo sind es 25 Kilometer. Die einfache Fahrt kostet schon zwanzig Rubel. Selbst unser Direktor verdient nur 2400 Rubel im Monat. Wie soll das funktionieren?“

Wie das funktionieren soll, fragt man sich in Petersburg häufig. Wie es funktioniert, sowieso. Mit dem Auto braucht man eine Stunde bis nach Zarskoe Selo, dem ehemaligen Sommersitz der Zarenfamilie. Endlos zieht sich die Trabantenvorstadt, vorbei am Flughafen Pulkowo, bis die ersten Datschen auftauchen. Die Versuchsstation liegt nicht weit vom Schloß entfernt, gruppiert um ein Gebäude, das Queen Viktoria einem ihrer Verwandten, dem Großherzog Boris Wladimirowitsch, zukommen ließ. Hier sind die Labors der Petersburger Genbank untergebracht: Pflanzenphysiologie, Molekularbiologie, Biotechnologie – auf Papier liest sich das, als seien Wawilows Träume in Erfüllung gegangen. Aber Papier ist geduldig. In Rußland vielleicht geduldiger als anderswo. Anderswo käme niemand auf die Idee, ohne moderne Ausrüstung, ohne E-Mail, Zeitschriften, Chance auf Beförderung oder wissenschaftliche Karriere unverdrossen an einem Laborarbeitsplatz wie diesem auszuharren. Dazu braucht man mehr als Optimismus. Dazu braucht man Glauben. Glauben versetzt Berge.

Hatte Breschnew in den sechziger Jahren nicht verkündet, die Sowjetunion werde den Westen innerhalb von zwanzig Jahren überholen? „Das war nicht Breschnew“, korrigiert Wladimir Tschernow, der Pflanzenphysiologe, ungerührt. „Das war Chruschtschow.“ Seine Mitarbeiter kichern. Eisern fügt er hinzu: „Wir haben vor zwanzig Jahren Dinge gemacht, die der Westen heute erst entdeckt.“ Was das gewesen sein soll, sagt er nicht. Was auf der Hand liegt, erst recht nicht: Daß nämlich genetische Forschung in der Sowjetunion ein halbes Jahrhundert lang nicht existiert hat. Sie hat im Untergrund gelebt, abgekoppelt von jedem Fortschritt. Ein halbes Jahrhundert, in dem die Genetik zu einer führenden Disziplin aufstieg, fand ohne Beteiligung sowjetischer Wissenschaftler statt. Schon ein halbes Jahr Rückstand wäre heute der Ruin jedes Labors.

Es gibt ein Bild aus den dreißiger Jahren, das zeigt Wawilow zusammen mit Theodosius Dobshansky. Beide arbeiteten in Leningrad. Dobshansky ging nach Amerika und wurde einer der führenden Genetiker seiner Zeit. Wawilow blieb und wurde zur tragischen Figur.

In den zwanziger Jahren ist davon noch nichts zu spüren. Die intellektuelle Avantgarde Europas blickt voller Bewunderung nach Osten. Wawilow korrespondiert mit aller Welt, hält Vorträge, er ist ein mitreißender Organisator. Sein Enthusiasmus steckt alle an, das Institut beschäftigt die besten Spezialisten des Landes. Von hier

Hochertragsweizen
ist das Ziel moderner Züchtung.

Getreidepflanzen
wie Weizen, Gerste, Hafer oder Roggen sind die Basis menschlicher Ernährung. Seit Jahrtausenden hat ihre Vielfalt zugenommen – erst im vorigen Jahrhundert setzte mit der industriellen Landwirtschaft die genetische Verarmung ein.

aus bricht Wawilow in den folgenden Jahren immer wieder zu Expeditionen auf; unter abenteuerlichen Umständen bereist er Afghanistan, den Mittelmeerraum, Abessinien und Eritrea, Nord- und Südamerika, schließlich Asien. In den entlegensten Dörfern sammelt er, was angebaut wird – primitive Sorten, die dort über Generationen hinweg kultiviert worden sind. Sie bilden den Grundstock der Sammlung. Und sie liefern Anschauungsmaterial für Wawilows Theorie der „Ursprungszentren".

Anders als seine Zeitgenossen glaubt Wawilow nicht, daß die Kultur der Ackerbauern sich entlang der großen Flüsse entwickelt hat. Am Nil, am Euphrat oder Jangtsekiang findet er nicht die ursprünglichsten Sorten. Er findet sie in den Bergen, dort, wo das Mikroklima sich mit jedem Höhenmeter ändert. An wenigen, von der Außenwelt isolierten Orten, folgert Wawilow, sind im Laufe der Geschichte Zentren entstanden, von denen aus die Kulturpflanzen später ihren Weg in die fruchtbaren Ebenen fanden. Wawilow nennt sie „Zentren der Mannigfaltigkeit"; so ortet er den Ursprung des Brotweizens in Afghanistan, den Ursprung der Kartoffel in den Anden, den Ursprung des Mais in Zentralamerika und den Ursprung des Weichweizens in Vorderasien.

„Nie wieder habe ich jemanden getroffen", schreibt der Nobelpreisträger Hermann Muller später über Wawilow, „der sich mit solchem Elan in derart große Unternehmungen gestürzt hat, und gleichzeitig so sorgfältig aufs Detail geachtet hat." Das Herbarium, das die Pflanzenjäger auf ihren Expeditionen zusammentrugen, steht heute als Weltkulturerbe unter dem Schutz der Unesco. Bis unter die Decke stapeln sich die Kisten mit den gepreßten Pflanzen. Auf Karteikarten sind die Einträge festgehalten, in altertümlicher Schrift, viele stammen noch von Wawilow selbst. Tamara Smekalowa, die Herbariumsleiterin, zieht aufs Geratewohl eine Karte heraus. Triticum vulgare Vill., steht darauf, Sorte ‚weiß' (Sommergetreide), Region Krasnojarsk, Bezirk Nasarowsk, Siedlung Antropowo, Kolchose K. I. M., 27. August 1954, gesammelt von Koschkow und Schebalina. Ob die Pflanze noch keimfähig ist? „Gute Frage", sagt sie, „wahrscheinlich schon."

Samen keimfähig zu lagern ist die eigentliche Aufgabe der Genbank. Mehr als 300 000 Proben umfaßt sie, abgefüllt in Papiersäckchen. Allein die Weizenabteilung betreut 54 000 Vertreter der Gattung Triticum, von der Wildform bis zum Hochertragsweizen. Theoretisch müßten alle Proben regelmäßig neu ausgesät werden. Anschließend müßten Spezialisten bestimmen, ob das Ergebnis mit dem Original übereinstimmt. Viele Spezialisten gibt es nicht mehr, die 54 000 Weizenmuster zuverlässig auseinanderhalten können.

Das Saatgut muß in regelmäßigen Abständen auf Keimfähigkeit geprüft werden. Spezialisten, die das Ergebnis zuverlässig beurteilen können, gibt es kaum noch.

Eine davon lebt heute im Ruhestand. Anna Filatenko hat ihr Leben dem Weizen gewidmet. Der Extrakt ihrer Arbeit ist ein schmales Bestimmungsbändchen. „So eine Sammlung ist etwas Lebendiges", sagt Anna Filatenko. „Es muß Ordnung herrschen." Sind sich die Fachleute da wenigstens einig? „Nein", sagt sie, sie selbst habe sich immer an Wawilows „differenzierte Systematik" gehalten.

Anfang der dreißiger Jahre ist Wawilow auf dem Höhepunkt seiner Karriere angelangt. In großem Stil will Stalin die Landwirtschaft umgestalten. Kolchosen und Sowchosen sollen den neuen, den wissenschaftlich denkenden Bauern hervorbringen. Und Nikolaj Iwanowitsch Wawilow ist der führende russische Forscher auf diesem Gebiet: Träger des Leninordens, erster Agronom des Staates. Allerdings trägt er einen Makel: Er stammt aus reicher Familie. Sein Vater hat sich im vorrevolutionären Rußland als Sohn eines leibeigenen Bauern bis zum Fabrikdirektor emporgearbeitet. In den Augen der Bolschewisten zählt Wawilow zu den „bourgeoisen Spezialisten". Ein Nachfolger ist bereits in Sicht: Trofim Lyssenko, Sohn eines ukrainischen Landarbeiters, ein glühender Anhänger des Regimes, der in allem das Gegenteil von Wawilow verkörpert: ungebildet, mißtrauisch, dafür machtbewußt und mit untrüglichem Instinkt für die Parteilinie ausgestattet.

Gefordert werden Erfolge an der Propagandafront. Stalins Zwangskollektivierung ist fehlgeschlagen; Hunderttausende von Bauern verhungern, in den Städten wird die Nahrung rationiert. Sündenböcke werden gesucht. Lyssenko ist der Parteiführung positiv aufgefallen; ein Journalist hat in der Prawda beschrieben, wie der proletarische „Barfußwissenschaftler" Erbsen mitten im Winter zum Keimen gebracht hat. Angeblich hat der Kälteschock die Pflanze „umerzogen" – ein Konzept, das hervorragend zum Bolschewismus paßt. Wawilow selbst ermuntert Lyssenko, seine Arbeiten fortzusetzen. Obwohl keine Protokolle vorliegen, keine Daten, nicht einmal die spärlichsten Ergebnisse, schlägt er ihn zum Akademiemitglied vor. Lyssenko bekommt ein Institut in Odessa, von dem bald Wunderdinge berichtet werden. Stalin springt bei einem Vortrag im Kreml spontan auf und ruft: „Bravo, Genosse Lyssenko, bravo!" 1938 wird Lyssenko Akademiepräsident. Von nun an soll er sich dreißig Jahre an der Spitze halten – eines der finstersten Kapitel russischer Wissenschaftsgeschichte.

Offiziell wird die Genetik in der Sowjetunion zum unerwünschten „Mendelismus" erklärt. Wawilow wird am 6. August 1940 verhaftet und der Spionage angeklagt. Nach elfmonatigem Verhör wird er zum Tode verurteilt; eine Begnadigung wird vom Geheimdienstchef Berija in Aussicht gestellt, erreicht ihn aber nicht mehr, weil deutsche Truppen bereits vor Moskau stehen. Wie andere prominente Gefangene wird Wawilow evakuiert; er stirbt, entkräftet, am 23. Januar 1943 im Gefängnis von Saratow, in der Stadt, in der seine Karriere begann.

Nicht alles, was Wawilow formuliert hat, ist in die Lehrbücher eingegangen. Der Grundgedanke seiner Theorie aber gilt bis heute: Der genetische Reichtum aller Kulturpflanzen steck in ihrer Variationsbreite. Für die Züchtung bedeutet das: Neue Merkmale lassen sich aus alten Sorten einkreuzen. Wo alte Sorten verschwinden, gehen Merkmale unwieder-

Triticum polonicum, eine Weizensorte, gefunden in Palästina.

bringlich verloren. Niemand weiß, wieviel von dem, was in der Petersburger Genbank lagert, überhaupt noch angebaut wird.

Wie durch ein Wunder hat die Sammlung die Jahrzehnte nach Wawilows Tod überlebt. Während der Belagerung Leningrads durch die Deutschen sterben 600 000 Einwohner den Hungertod – die Säcke voll Getreide, die wertvolle Kartoffelsammlung am Isaaksplatz werden nicht angetastet. Selbst Stalins Tod geht beinahe spurlos vorbei. Es war damals nicht alles schlecht, sagen Angestellte des Instituts hinter vorgehaltener Hand.

Auf dem Kaminsims im Zimmer von Direktor Viktor Dragawzew stehen Erinnerungsfotos. Eines zeigt ihn mit Al Gore, dem amerikanischen Vizepräsidenten unter Clinton. Mitte der neunziger Jahre stand das Institut vor dem finanziellen Aus. Monatelang konnten keine Löhne mehr gezahlt werden, die Sammlung war bedroht. Ein kurzer Abschnitt in Al Gores Umweltbibel „Earth in Balance" über das Schicksal der „wichtigsten Sammlung der Welt" löste eine Welle der Spendenbereitschaft aus. 15 000 Tonnen Hybridmais und 12 000 Tonnen Saatgut für Getreide und Gemüse wurden nach Rußland verschifft und an private Pächter verteilt. Ein Teil vom Erlös der Ernte, lautete die Bedingung, müsse dem Wawilow-Institut zugute kommen. Es waren schließlich 25 Millionen Rubel. „Wir haben davon Kühlkammern gebaut", sagt Dragawzew, „wir haben um jede Kühltruhe gebeten, die irgendwo noch vorhanden war." Jetzt, sagt der Direktor, sei Kühlkapazität für 450 000 Muster allein in Petersburg vorhanden, mehr, als die Sammlung zur Zeit umfaßt.

„Kommen Sie", sagt Boris Iwanowitsch Makarow, „ich zeige Ihnen den Stolz des Institutes." Im ersten Stock an der Bolschaja Morskaja ist ein Flügel frisch gestrichen worden. Auf dem Flur steht ein halbes Dutzend Kühltruhen finnischer Bauart. Eingeschweißt in Plastiktüten, lagern darin bereits mehrere zehntausend Proben; es raschelt ein bißchen, wenn man die Tüten schüttelt. Zwei große Kühlkammern sind installiert, aber noch nicht in Betrieb. Wenn sie erst einmal gefüllt sind, wird man sie nur noch zweimal im Jahr betreten dürfen.

Dann wird die drittgrößte Genbank der Welt bei minus zwanzig Grad bis in alle Ewigkeit überdauern. Oder mindestens so lange, wie das Wawilow-Institut seine Stromrechnung bezahlt. <

Der Sieger und sein Opfer: Propaganda schlägt Wahrheit

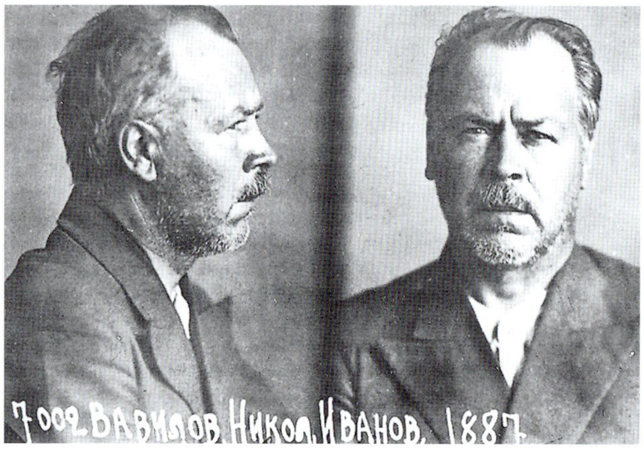

Mit dem Namen Trofim Lyssenko (links ein Foto aus dem Jahr 1934) verbindet sich eines der dunkelsten Kapitel der Wissenschaftsgeschichte. Auf Grund spärlicher, noch dazu gefälschter Ergebnisse machte er unter Stalin eine steile Forscherkarriere. Lyssenko bestritt die Existenz der Vererbung, er experimentierte stattdessen mit der Übertragung „erworbener" Eigenschaften. Damit isolierte sich die sowjetische Forschung mehr als fünzig Jahre vom Rest der Welt. Rußlands führender Genetiker Nikolaj Wawilow wurde 1940 inhaftiert, das Foto rechts zeigt ihn als Gefangenen. Er starb 1943 an Entkräftung; erst in den siebziger Jahren wurde er rehabilitiert.

Fünf Kontinente bereiste Nikolaj Wawilow. Seine Funde sind sorgfältig dokumentiert. Allein 54 000 Weizenmuster unterschiedlicher Herkunft lagern in Petersburg.

Sciurus vulgaris
ist ein wahrer Akrobat.
Das ist auch besser
so, wegen der Füchse,
Eulen und Habichte.
Und wenn der
Baummarder kommt,
wird das Hörnchen
zum Gleiter.

Zeigt her eure Füße!
Gesunde Eichhörnchen
sehen reinlich aus,
verdreckte sind
möglicherweise krank.
Beim Menschen ist dieser
Zusammenhang nicht
so eindeutig.

Die Affen unserer Wälder

VON SIGRID TINZ

Eichhörnchen sind wilde Tiere. Wer sie zu Hause halten will, tut ihnen nichts Gutes. Dennoch gibt es einen Markt für die Nager. Ein Bericht über Nüsse und Symbole, den Menschen und die Natur.

Im Stadtpark. In der Astgabel einer großen Buche hockt ein rotes Fellknäuel. Plötzlich springt es weg und weiter von Zweig zu Zweig, auf die Eiche nebenan, den Stamm hinunter, durchs Gras. Es grapscht nach einer Pflaume, die jemand weggeworfen hat, schabt an der Schale, schlabbert am Saft. Das Fruchtfleisch spritzt nach allen Seiten. Den Kern zwischen den Zähnen, springt es an den nächsten Baum, die Krallen in der Rinde verhakt. Sprung, einhaken, Sprung, bis in die Krone.

Das Eichhörnchen ist der Affe unserer Wälder, wie es so schön heißt. Stundenlang könnte man zuschauen.

Horst Hahn ist da keine Ausnahme. Er und seine Frau Susanne sitzen auf ihrer Terrasse im ostwestfälischen Löhne. Im Garten, zwischen Schuppen, Teich und Fleißigen Lieschen, stehen Volieren aus grünem Maschendraht: zwei mal zwei mal zwei Meter groß, darin Steine, Äste, Balken, ein Laufrad und eine große Schüssel voller Haselnüsse. Hörnli und Willi haben sich versteckt. Der Nachmittag ist nicht ihre Zeit. Morgens und abends werden sie munter.

Seit seiner Kindheit ist Hahn vernarrt in Eichhörnchen, und vor neun Jahren, „nach langem Ringen, mit mir und mit meiner Frau", hat er sich eines angeschafft. Es wurden zwei, drei, vier, Bekannte brachten ihm Findelkinder, irgendwann kam der erste Nachwuchs. Fingergroße nackte Würmer zuerst, taub und die Augen nicht mehr als graue Knubbel, der Schwanz ein rosiger Strich. „So an die siebzig Tiere" hat er aufgezogen und später verkauft. Im Alter von fünfeinhalb Wochen, wenn die Kleinen Haare haben und sehen können, nimmt er sie der Mutter weg. Zwei Wochen bekommen sie noch die Flasche, bevor sie auf Zwieback und Sonnenblumenkerne umsteigen, „damit sie sich an Menschen gewöhnen". Nach jeder Mahlzeit muß man ihnen mit einem Lappen über den Bauch streichen wie die Eichhörnchenmama mit ihrer Zunge – „sonst machen sie ihr Geschäft nicht".

„Die erste Zeit ist die schönste", sagt Susanne Hahn und verteilt Pflaumenkuchen und frischen Kaffee. Die Katze bekommt eine Portion Sahne. „Sie sind klein und brav, und wir haben sie im Haus." Sie schlafen auf dem Sofa, turnen an der Kaffeetasse und schauen beim Kochen zu. „Bis sie merken, was sie alles können." Dann ist nichts mehr vor ihnen sicher, die Bücher nicht, die Gardinen nicht und auch nicht die Kleidung. „Die flitzen einem direkt das Hosenbein hoch", sagt Horst Hahn. Manchmal auch innen, dann sieht man noch tagelang die Spuren der Krallen.

Spätestens nach einem Vierteljahr heißt es deshalb: umziehen, nach draußen in die Voliere. Die läßt sich auch leichter sauberhalten. Eichhörnchen machen zwar nicht ins Bett und nicht ins Nest. Sonst aber lassen sie Kot fallen, sobald etwas anfällt, im Wald oder auf der Sessellehne. Die Voliere wird zweimal in der Woche geschrubbt, und alle paar Monate geht Horst Hahn mit dem Hochdruckreiniger durch.

Hörnli schlüpft aus ihrem Kasten, saust zur Futterschüssel,

schnappt sich eine Nuß und hockt sich damit hinter einen Balken. Die meisten Eichhörnchen werden scheu – und wehrhaft –, wenn sie erwachsen sind. „Bissig", sagt Susanne Hahn in das Quietschen und Knarzen von Hörnlis Zähnen. Mit einem Knacken gibt die Schale nach. Hörnli lugt um die Ecke, der weiße Fleck auf der Nase zittert. „Richtig zahm und anhänglich waren in der ganzen Zeit eigentlich nur zwei." Beides waren Sorgenkinder, die besonders viel Pflege brauchten. Das eine, erst ein paar Wochen alt, wollte nicht essen. Susanne Hahn hat es Tag und Nacht mit sich herumgetragen, auch bei der Arbeit, und ihm alle halbe Stunde ein paar Tropfen Milch und Tee eingeflößt. Das andere Eichhörnchen wurde abgegeben, weil es kaum noch laufen konnte. „Die Füße waren richtig nach außen gebogen, die Krallen waren zu lang. Viel zu lang. Der hat sich die nirgends abwetzen können." Mit einem Maniküreclip hat Susanne Hahn die Nägel gestutzt, ihm danach die verkrampften Finger und Zehen massiert. „Wochenlang." Nicht immer geht alles so gut aus für ein krankes Eichhörnchen. „Oft kann man nur zusehen, wie es stirbt. Die sind klein, das geht schnell." Und selbst wenn das Tier rechtzeitig beim Arzt ist, hören die Halter oft: „Hmm. Ich schau' mal, ob in meinen Büchern etwas steht."

„Hmm, Eichhörnchen", heißt es auch bei Naturschutzbehörden, Forschungsanstalten, Waldbiologen, „ist ja nicht gerade eine problematische Art, ökologisch gesehen, nicht?" In der Tat, Eichhörnchen leben gut in unserer Kulturlandschaft. Sie sind Allesfresser und damit flexibel: Neben Nüssen und Samen scharren sie sich auch Käfer aus dem Laub, sie zwikken Blätter und Knospen von den Bäumen, beernten Gemüsebeete und Obstbäume und schauen, was die Komposthaufen bieten. Im Wald – oder besser im Forst – fühlen sie sich wieder richtig wohl, seit nur noch einzelne Bäume entnommen werden und nicht mehr hektarweise kahlgeschlagen wird. So gibt es immer und überall genügend alte Bäume, die Früchte tragen und auf denen sie ihr Nest aus Zweigen bauen können, den Kobel. Und: Eichhörnchen knipsen zwar junge Triebe ab, schälen Bäume und plündern Vogelnester. Aber nicht so viele, daß es für die Pflanzen und die anderen Tiere bedrohlich würde. Unproblematisch eben.

Unproblematisch heißt aber für Wissenschaftler und Behörden oft auch: uninteressant. „Geld für Eichhörnchenprojekte gibt es kaum", sagt Ragnar Kinzelbach, Zoologe und Experte für Biodiversität an der Universität Rostock. Viele Anträge auch nicht, denn schwierig zu beforschen

sind die flinken Tiere außerdem. Schon ihre Zahl läßt sich schwer feststellen. „Grob geschätzt sind es in Deutschland vielleicht drei Millionen zur Zeit", sagt Kinzelbach. „Es gibt Hinweise, daß die Populationen schrumpfen." Grund: ein Virus, vielleicht.

Die zoologischen Basisdaten rund ums Hörnchen sind gut erkundet und dokumentiert. Im Lexikon, in Handbüchern. Oder bei Alfred Brehm. „Eichhörnchen gehören zu den Nagetieren", schrieb der legendäre Zoologe vor bald 150 Jahren in seinem „Tierleben". „Man muß ihnen nur in den Mund sehen, um das sofort und unzweifelhaft zu erkennen." Sie seien auch klüger als das „geistarme Gesindel" der restlichen Nager.

Mehrere hundert Arten gibt es in der Familie der Hörnchen: Flughörnchen, Streifenhörnchen, Erdhörnchen, auch die Murmeltiere gehören dazu. Unser europäisches Eichhörnchen heißt wissenschaftlich Sciurus vulgaris und zählt zu den tagaktiven Baumhörnchen. Hörnchen übrigens

wegen des Schwanzes. Andere sagen, wegen der „Pützer" an den Ohren.

Auch Alfred Brehm hat als Junge Eichhörnchen gehalten. Vielleicht wußte er deshalb, daß sie ohne Schwanz nicht halb so gut springen und klettern können. Sie brauchen ihn als Steuer und zum Balancieren. Auch mit dem Klammerreflex kannte Brehm sich aus. Schüttelt man den Ast, auf dem das Hörnchen gerade sitzt, wird es sich festkrallen, um nicht herunterzufallen. Ans Weglaufen denkt es nicht. Klein Alfred brauchte nur zuzugreifen. Eichhörnchen kommen in vielen Farben vor, von typisch rot über schwarz, bräunlich und gescheckt – bis hin zu Albinos. Letztere gibt es in der freien Wildbahn aber eher selten. Sie fallen auf, sehen oft schlecht und sind damit leichte Beute für Eulen, Füchse oder Habichte. Die schaffen es ansonsten kaum, die flinken Hörnchen zu fangen. Wirklich gefährlich ist nur der Baummarder, „dieser mordlustige Gesell", wie Alfred Brehm ihn nennt. Der Baummarder klettert ebenso gut wie das Eichhörnchen, verfolgt es den Stamm hinauf, bis in die Baumkrone. Einzige Rettung: springen. Die Beine ausgebreitet, den Schwanz gespreizt und von der Haut zwischen Ellbogen und Körper unterstützt, gleitet das Hörnchen schräg nach unten. Der Marder muß den Landweg nehmen, das Eichhörnchen kann entwischen.

Mancherorts kommt der Feind aus der eigenen Familie, wie in Großbritannien. Vor 100 Jahren wurden dort einige amerikanische Grauhörnchen ausgewildert – heute sind es mehrere Millionen auf der

Endlich mal jemand, der alles ißt, was auf den Tisch kommt!

Der Mensch ist kein Baum, auch wenn er gerne einer wär'.

ganzen Insel. Die Einheimischen, eine Unterart des Europäischen Eichhörnchens mit weißem Schwanz, leben nur noch in Südengland und in Schottland. Ein paar hunderttausend sind es noch.

Grauhörnchen sind kräftiger, nicht so wählerisch, was das Essen angeht, und dreister. Sie mopsen die Sandwiches direkt von der Picknickdecke, vergreifen sich an Singvögeln, fressen Abfall und auch mal eine Zigarettenkippe. Zur Paarungszeit stellen ihre Männchen den Weibchen der einheimischen Art nach. Die werden zwar nicht schwanger – Bastarde sind noch nicht beobachtet worden –, aber sie reagieren kaum noch auf das Gewackel der heimischen Hörnchenmänner. Geschweige, daß sie sich mit einem in ihren Kobel zurückzögen. Mittlerweile werden die Grauhörnchen von den Briten gehaßt und bekämpft – weniger werden es trotzdem nicht.

„In Deutschland sind noch keine Grauhörnchen gesichtet worden", sagt Ragnar Kinzelbach, „bis jetzt." Sollten sie hier auf-

tauchen, plädiert er dafür, „sie schnell und gründlich zu eliminieren", solange es noch wenige sind. „Grauhörnchen sind vitaler und würden sich hier genauso verbreiten wie in Großbritannien." In den nordamerikanischen Wäldern dagegen gebe es mehr Platz. Und viel mehr Greifvögel und Raubsäuger, die den Bestand regulieren könnten. Außerdem werden Hörnchen in Nordamerika, wie in Sibirien, gefangen und zu Pelzjacken verarbeitet. Besonders kostbar ist das Bauchfell, Feh genannt. Eichhörnchenfleisch wird auch gegessen. Es soll lecker sein, weiß und zart. Früher glaubte man, Schwangere müßten Hörnchenhirn essen. Dann würde das Kind schwindelfrei. Lange Zeit waren Eichhörnchen Symbol für Fruchtbarkeit. Diese Rolle hat mittlerweile wohl das sprichwörtliche Kaninchen übernommen. Heute warnen Eichhörnchen mit brennendem Schweif vor Waldbränden und leihen ihren Namen der einen oder anderen Sache: Bioläden zum Beispiel. Oder der Aktion Eichhörnchen: Denk' dran, leg' Vorrat an.

Ab Mitte September ist die Jahreszeit dafür. Mehr als sonst sind die Eichhörnchen unterwegs und fressen sich ein Ränzchen an. Was nicht mehr hineinpaßt, wird unter einen Stein gestopft, vergraben, auf Äste gespießt. Im Winter dann liegen die Tiere eingemummelt in Fell und Moos im Kobel und dösen. Ab und zu schlüpfen sie nach draußen, einen Happen essen. Große Verstecke können sie sich wohl merken. Ansonsten schnüffeln sie einfach Ritzen und Löcher ab. Vielleicht steckt ja was drin.

Zahm und brav sind nur die Verhaltensgestörten. Zumindest ist das bei Eichhörnchen meistens so.

Haselnüsse, Walnüsse und Erdnüsse sind willkommen. Nur die allzu öligen Paranüsse sind schlecht fürs Tier.

Allesfresser sind sie, wie der Mensch. Wesentlicher Unterschied: In manchen Gegenden der Welt jagt der Mensch die Eichhörnchen und ißt sie. Der umgekehrte Fall ist nicht bekannt.

Was sie finden, wird nicht immer restlos verputzt, und das hat Folgen: Eichhörnchen nehmen einigen Einfluß auf ihr Ökosystem, sehr zum Ärger mancher Gartenbesitzer. Keine einzige Walnuß bleibt übrig im Herbst, aber im Mai sprießen zwischen Flieder, Veilchen und Gehwegplatten junge Bäume.

Im Wald hat das Treiben der Eichhörnchen seinen Sinn. Der Forst wird besser durchmischt und verjüngt, wenn Eicheln, Bucheckern und Fichtenzapfen nicht nur rund um den Baum fallen, an dem sie hängen.

Auch Hörnli und Willi haben Vorräte verbuddelt, im vergangenen Herbst. Jetzt wachsen in einer Ecke der Voliere drei Maispflanzen. Horst Hahn steckt seinen Waldaffen Katzenfutter durch den Draht. Wenn die beiden nicht mehr da sind, wird die Voliere leer bleiben. Oder es kommt Kaminholz hinein, wie schon in die anderen. „Eichhörnchen sollte man nicht einsperren, denke ich. Mittlerweile.“ Einmal, als ein Käufer wissen wollte, ob der alte Vogelkäfig ausreiche oder wie groß die Voliere sein müsse für so ein Hörnchen, da hat er sich gefragt: „Wie groß ist eigentlich der Wald?“ <

Über das Halten von Eichhörnchen

Und warum man es besser nicht tun sollte.

Eichhörnchen als Stubenhörnchen – diese Idee ist nicht neu. Über 100 Jahre alt ist der Text einer englischen Kinderenzyklopädie, den Harry Rowohlt übersetzt hat und der Axel Scheffler zum Hörnchenzeichnen inspiriert hat. Entstanden ist so das Buch „Über das Halten von Eichhörnchen. Ein Ratgeber“ aus der Edition Büchergilde, frisch erschienen in diesem Monat. Es kostet 16,90 Euro. Alle Zeichnungen auf dieser Seite stammen aus diesem Buch.

Den Untertitel „Ratgeber“ sollte man nicht wörtlich nehmen. Die Tips sind zwar nicht direkt falsch, aber, sagen Eichhörnchenkenner, verharmlosen die Probleme. Es ist nicht nett, heißt es zum Beispiel im Buch, wenn man ein Tier aus der Freiheit der Wälder fängt – heutzutage und bei uns ist es nach Auskunft des Bundesamtes für Naturschutz sogar verboten. Wie alle wildlebenden einheimischen Arten steht das Eichhörnchen unter Schutz: Es darf nicht gejagt, gefangen, gehalten oder gehandelt werden. Eigentlich, denn für Findlinge und Zuchttiere können Ausnahmen beantragt werden. Die werden auch meistens genehmigt. Wie viele Eichhörnchen in Wohnungen, Käfigen und Volieren gehalten werden, läßt sich kaum feststellen, denn „Kleintierzüchter sind mit Ausnahme der Kaninchenzüchter kaum organisiert“, sagt Jörg Turk vom Zentralverband Zoologischer Fachbetriebe. Im Handel werden sie nicht angeboten. Interessierte müssen sich also durchfragen, Kleinanzeigen lesen, im Internet suchen. Zwischen 50 und 500 Euro kostet ein Tier. Die Nachfrage steigt, sagen Züchter. „Die Leute haben genug von exotischen Vögeln und so was.“

Bleibt die Frage, ob man überhaupt ein Eichhörnchen halten sollte. Der Tierschutzbund rät ab. Selbst in großen Volieren oder in Zoos entwickeln manche Tiere Verhaltensstörungen, rennen pausenlos das Gitter entlang. „Hörnchen sind beratungsintensiv“, sagt Jörg Turk. Schwierig zu halten also und keine Kuscheltiere für Kinder. Mehr zum Anschauen. Und das geht in Wäldern, Parks und Gärten am besten. <

Illustrationen Axel Scheffler

Anpassungsfähig sind
die buschigen Wesen ja.
Zur Not schwingen sie sich
von Lampe zu Lampe.
Aber am besten geht es
ihnen im Wald.

Menschen lieben
kleine Tiere.
Sie sind so platzsparend.

Hörnchen beißen
ihre Nüsse auf, der Mensch
kann das (meistens) nicht.
Also benutzt er Werkzeuge:
Das ist die wahre
Überlegenheit.

Amerikas Satelliten und Flugroboter im Kriegseinsatz: Sie spähen die Verstecke der Terroristen aus – und die Machtzentren ihrer Helfershelfer. Militärische Fernerkundung liefert präzise Daten. Doch die Interpretation verlangt nicht nur künstliche, sondern auch menschliche Intelligenz.

Terroristenjagd auf allen Frequenzen

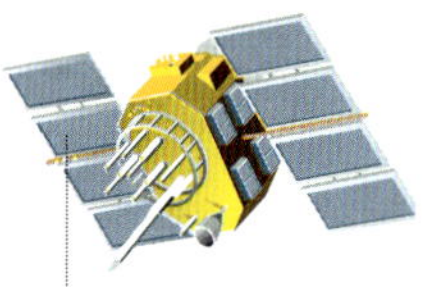

Das GPS (Global Positioning System) ist heutzutage jedem Segler oder Wanderer geläufig, es findet sich auch in Autos. Mit Hilfe von Signalen mehrerer Satelliten kann ein GPS-Empfänger seinen Standort bestimmen – so navigieren Flugroboter. Akustische Sensoren, von einem Flugzeug abgeworfen, bohren sich in die Erde und messen Erschütterungen, zum Beispiel von LKW-Verkehr. Sie melden die Werte und ihre GPS-Position via Satellit an die Einsatzzentrale.

Bin Ladin und seine Komplizen im Visier Amerikas: Was leistet die Technik?

VON GERO VON RANDOW

Kriminalisten und Finanzexperten, Geheimagenten und Ermittler aller Art haben Bin Ladins Fährte aufgenommen. Gesucht werden auch die Komplizen, womöglich solche in Staatsämtern oder Uniformen. Sie sollen unschädlich gemacht werden. Die Technik der Fernerkundung kann dazu beitragen.

Sie gehört jedenfalls zu den Stärken der Vereinigten Staaten. Es ist ja alles vorhanden: Satelliten, Flugzeuge, Hubschrauber, Ballons und Flugroboter, ausgerüstet mit allerlei Sensoren, von der Fotokamera bis zum Radar, und im Hintergrund die Virtuosen der Bildauswertung und ihre Computer – eine eigene Armee, wenn man so will, darauf spezialisiert, Gegner zu entdecken.

Militärische Fernerkundung ist ein Zweig einer etablierten, von Firmen und Forschern weltweit intensiv genutzten Technik. Sie zeichnet verblüffend genaue

Radar ist eine Abkürzung für „Radio Detection and Ranging". Antennen strahlen elektromagnetische Pulse im Mikrowellenbereich (1–100 Zentimeter) aus. Sie werden reflektiert; Laufzeit und Stärke des Rücksignals geben Auskunft über die angestrahlten Objekte. Die Wellen wandern durch Wolken und fast jeden Regen. Nachteil: Die Pulse verraten ihren Urheber.

Blechhütten geben ein gutes Radarecho, Personen ein schlechtes. Allerdings läßt sich Radar leicht täuschen und verwirren, zum Beispiel mit Aluminiumfolie, die ein starkes Signal zurückwirft.

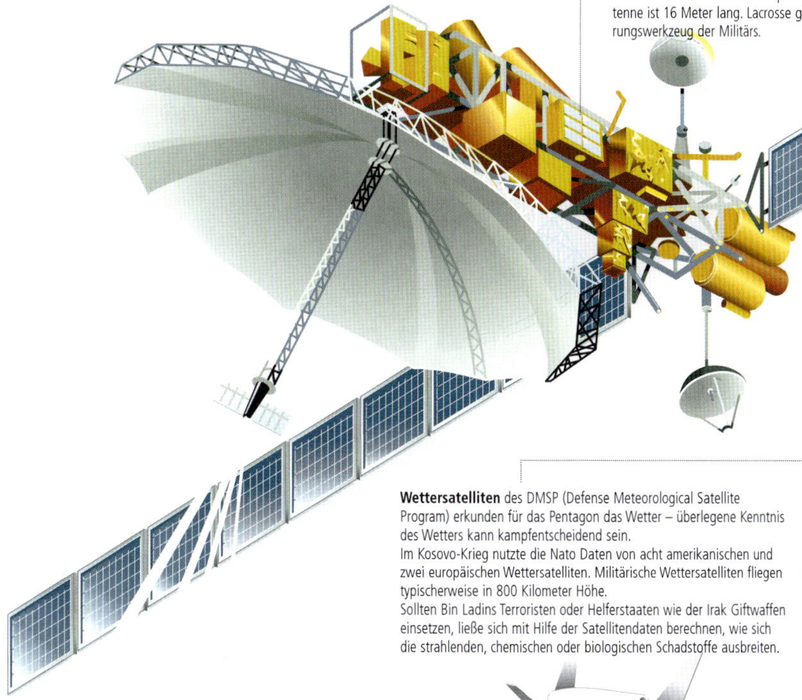

Radarsatelliten vom Typ Lacrosse (andere Namen: Onyx oder Vega) haben die Größe eines Autobusses und liefern auch bei Nacht und fast jedem Wetter Bilder mit Auflösungen bis hinab zu etwa 30 Zentimeter.

Im Kosovo-Krieg waren zwei Lacrosse im Einsatz, jeder von ihnen überflog den Balkan zweimal am Tag in fast 800 Kilometer Höhe. Sie könnten Terroristencamps in den afghanischen Schluchten entdecken.
Die Solar-Panels, die ihm die Energie für Radar und Funk liefern, verleihen dem Satelliten eine Spannweite von 50 Metern, die Antenne ist 16 Meter lang. Lacrosse gilt als das wichtigste Aufklärungswerkzeug der Militärs.

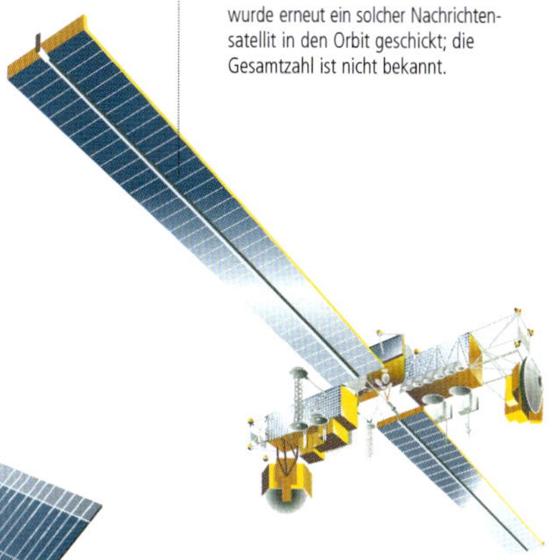

Milstar heißen die amerikanischen Kommunikationssatelliten, die den Militärs störungsfreie und abhörsichere Nachrichtenverbindungen bereitstellen sollen. Ende Februar 2001 wurde erneut ein solcher Nachrichtensatellit in den Orbit geschickt; die Gesamtzahl ist nicht bekannt.

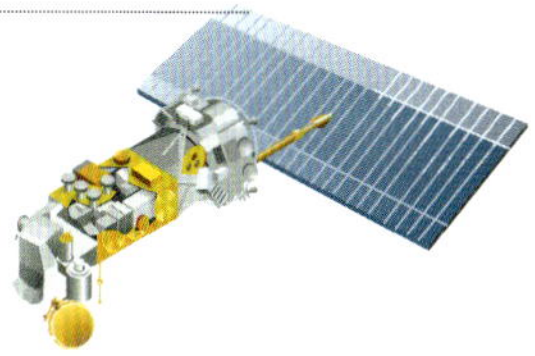

Wettersatelliten des DMSP (Defense Meteorological Satellite Program) erkunden für das Pentagon das Wetter – überlegene Kenntnis des Wetters kann kampfentscheidend sein.
Im Kosovo-Krieg nutzte die Nato Daten von acht amerikanischen und zwei europäischen Wettersatelliten. Militärische Wettersatelliten fliegen typischerweise in 800 Kilometer Höhe.
Sollten Bin Ladins Terroristen oder Helferstaaten wie der Irak Giftwaffen einsetzen, ließe sich mit Hilfe der Satellitendaten berechnen, wie sich die strahlenden, chemischen oder biologischen Schadstoffe ausbreiten.

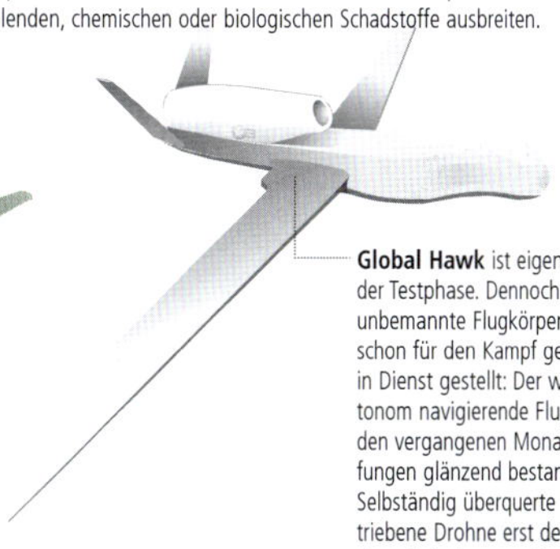

Global Hawk ist eigentlich noch in der Testphase. Dennoch wird dieser unbemannte Flugkörper vielleicht jetzt schon für den Kampf gegen den Terror in Dienst gestellt: Der weitgehend autonom navigierende Flugroboter hat in den vergangenen Monaten alle Prüfungen glänzend bestanden.
Selbständig überquerte die düsengetriebene Drohne erst den Atlantik und dann, bei einem zweiten Test, sogar den Pazifik. Aus einer Höhe von beinahe 20 Kilometern macht der globale Falke hochauflösende Bilder mit Digitaloptik und Radar. Seine Spannweite mißt beeindruckende 35 Meter.

Predator heißt diese kampferprobte Überwachungsdrohne, die mit Joystick und Pedalen ferngelenkt wird. Über Bosnien und dem Kosovo machte Predator (zu deutsch: Raubtier) digitale Fotos und Infrarot-Aufnahmen aus 7,5 Kilometer Höhe. Seine Radarbilder sollen eine Auflösung von 30 Zentimetern erreichen.
Seit Februar 2001 fliegt die Maschine mit einem Turboprop-Triebwerk. Im August schossen die Iraker einen Predator ab, in der vergangenen Woche holten die afghanischen Taliban einen vom Himmel. „So etwas passiert eben", kommentierte der amerikanische Verteidigungsminister Donald Rumsfeld.

Das Aufklärungsflugzeug U-2 ist legendär. 1955 wurde es zum ersten Mal fertiggestellt. Der Abschuß einer U-2 über der Sowjetunion und die Gefangennahme des Piloten Gary Powers verursachten im Mai 1960 eine internationale Krise.
Heute sendet das in gut 20 Kilometer Höhe fliegende Gerät nicht nur Fotos, sondern auch Infrarot- und Radarbilder. Gegenwärtig ist es auch über dem Irak im Einsatz.

JSTARS ist die Abkürzung für Joint Surveillance Targeting Attack Radar System – eine Technik, die dazu dient, Gebäude, Anlagen und Fahrzeuge zu erkennen und zu klassifizieren.
Das Radarsystem spricht besonders gut auf reflektierende Gegenstände an, die sich schneller als mit 15 km/h fortbewegen. Träger von JSTARS ist eine umgebaute Boeing 707-300.

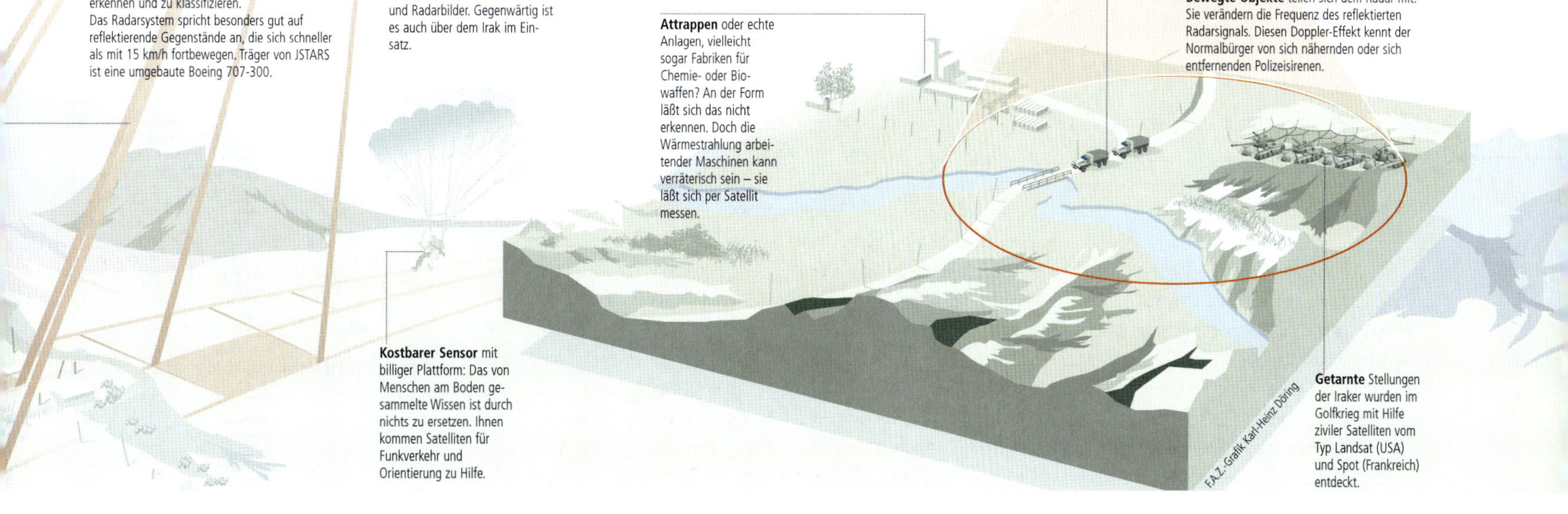

Bewegte Objekte teilen sich dem Radar mit: Sie verändern die Frequenz des reflektierten Radarsignals. Diesen Doppler-Effekt kennt der Normalbürger von sich nähernden oder sich entfernenden Polizeisirenen.

Attrappen oder echte Anlagen, vielleicht sogar Fabriken für Chemie- oder Biowaffen? An der Form läßt sich das nicht erkennen. Doch die Wärmestrahlung arbeitender Maschinen kann verräterisch sein – sie läßt sich per Satellit messen.

Kostbarer Sensor mit billiger Plattform: Das von Menschen am Boden gesammelte Wissen ist durch nichts zu ersetzen. Ihnen kommen Satelliten für Funkverkehr und Orientierung zu Hilfe.

Getarnte Stellungen der Iraker wurden im Golfkrieg mit Hilfe ziviler Satelliten vom Typ Landsat (USA) und Spot (Frankreich) entdeckt.

Bilder der Welt. Und, wenn erforderlich, eben auch der Welt in den afghanischen Bergen.

Die Anfänge der Fernerkundung reichen in die Zeit der Französischen Revolution zurück, als Aufklärertrupps mit Ballons ausgerüstet wurden. Bis zum nächsten Technologiesprung verging viel Zeit: 1911 wurde vom Flugzeug aus die Küste vor San Diego fotografiert. Weitere Erfindungen kamen hinzu: Radar, Satelliten und – Computer. Wo sich früher ein Film mit silbriger Chemieschicht unter dem Einfluß der Sonne einschwärzte, geben heutzutage Halbleiter digitale, leicht zu sendende Signale ab, die sodann von bildverarbeitenden Programmen aufgesogen werden. In jüngster Zeit operiert die militärische Aufklärung auch mit Videoaufnahmen; sie sind zwar unschärfer als Momentbilder, enthalten aber mehr Information, zumal dann, wenn sie vom Piloten live kommentiert werden.

Aufklärungstechniker sprechen von vier Phasen ihrer Arbeit: Zielansprache, Datensammlung, Verarbeitung und Verbreitung. In allen vier Stadien steigern heutzutage Computerpower und Künstliche Intelligenz das Tempo, dennoch tun sich immer wieder Hindernisse auf. Zwar herrscht die Meinung vor, die Verarbeitung sei das Nadelöhr, Praktiker indes weisen auf die mindestens so großen Probleme der anderen Phasen hin und stellen die Regel auf, daß jedes Stadium in etwa gleich viel Zeit und Geld verschlinge.

Die Zielansprache ist Sache der Strategen und Taktiker; die Strategen entscheiden beispielsweise, ob Kabul, Kandahar oder doch Bagdad ins Visier genommen wird, die Taktiker wiederum legen fest, ob nach Palästen oder Zelten, Panzern oder Kamelen gesucht werden soll. Die Datensammlung ist sodann die Aufgabe der Fluggeräte und Meßwerkzeuge (Sensoren). Die Wahl der richtigen Technik fällt nicht immer leicht; auch für die Jagd auf Terroristen gibt es keine Erkundungsform, die allen anderen überlegen wäre. Und wie so oft in der Technik werden Vorteile durch Nachteile erkauft. Wer beispielsweise hochauflösende Bilder will, kann pro Überflug des Flugzeugs oder Satelliten eben nur einen kleineren Geländeausschnitt abbilden.

Es kommt nicht allein auf die räumliche Auflösung an. Manchmal sind Kontraste wichtiger – so kann ein Unterschied in der Helligkeit ansonsten nicht erkennbarer Bildbereiche auf einen Trampelpfad der Terroristen hindeuten. Entscheidend ist oft die zeitliche Auflösung: Die Zeitspanne zwischen zwei Aufnahmen desselben Geländes. Häufiges Überfliegen kann sinnvoller sein als einmaliges, hochgenaues Hinsehen.

Das Ergebnis des Datensammelns ist zunächst eine Serie von Nullen und Einsen, die erst ein Bild werden will: Verarbeitung. Schließlich die Verbreitung: Alles kommt darauf an, das richtige Bild zur richtigen Zeit zum richtigen Ort zu senden. Das klappt nicht immer. Während des Bosnien-Konflikts soll es häufiger vorgekommen sein, daß höhere Kommandostellen in Daten ertranken, die Kämpfer im Einsatz hingegen nicht im Bilde waren.

Bilder bergen freilich eine Gefahr: Sie täuschen Wahrheit vor. Was den Soldaten erreicht, ist stets eine Interpretation, vielfach umkonstruiert und daher voll von menschlichen und maschinellen Fehlern. Fernerkundung kann daher niemals die wichtigste Quelle der militärischen Aufklärung ersetzen: die Kundschafter im Gelände. Was sie finden, nennen Fernerkundler gerne „ground truth“, die Wahrheit, die am Boden liegt: Der beste Sensor bleibt der Mensch. <

Wie Maschinen sich aus Daten ein Bild machen

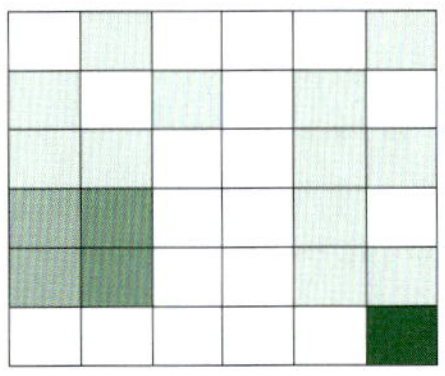

Abb. 1: Testbild

	1				1
1		1		1	
1	1			1	1
3	4			1	
3	4			1	1
					9

Abb. 2: Helligkeitsverteilung im Testbild

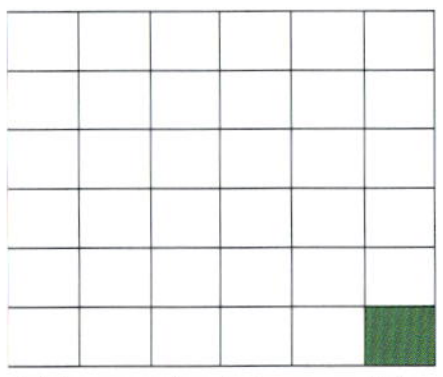

Abb. 3: Pixel-Auswahl, Schwellenwert 4,5

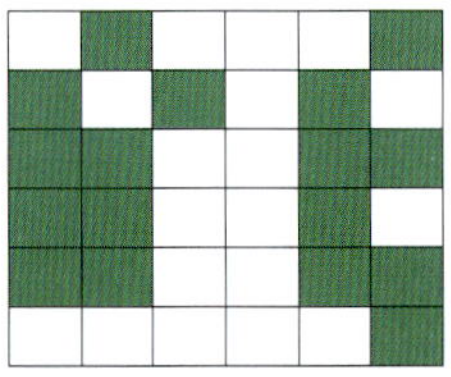

Abb. 4: Pixel-Auswahl, Schwellenwert 0,972

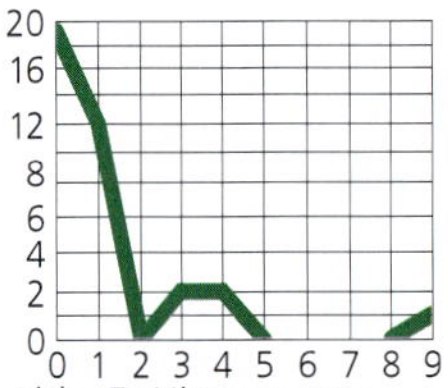

Abb. 5: Histogramm des Testbilds

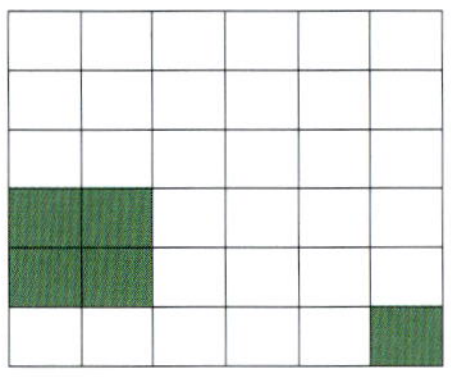

Abb. 6.: Pixel-Auswahl nach Histogramm-Auswertung

Computer können Satellitendaten auswerten und auffällige Bildelemente hervorheben. Dafür ordnen sie zunächst einmal die digitalen Signale aus den Satelliten-Kameras zeilenweise als Werte, und jeder Wert steht für einen Bildpunkt: ein Pixel. Das Pixel enthält zwei Informationen: seinen Ort im Zeilenraster und eine Zahl, die seinen Wert innerhalb einer Helligkeitsskala angibt, etwa von null bis 265 oder bis 1024.

Für unser Beispiel wählen wir die Werte null bis neun, und aus dem Testbild (Abbildung 1) würde die Abbildung 2. Nun muß die Maschine dem Menschen Vorschläge machen, was als auffällige Struktur im Bild anzusehen ist. Zu diesem Zweck bildet sie zwei Gruppen: dunkle und helle Pixel. Angenommen, alles über dem zwischen null und neun liegenden Mittelwert von 4,5 solle als dunkel gelten: dann würde uns die Maschine nur auf das Pixel rechts unten hinweisen (Abbildung 3) – kein sinnvolles Ergebnis. Vielleicht ist die durchschnittliche Helligkeit aller Pixel ein besserer Unterscheidungswert? Das wäre circa 0,972 und entspräche der Abbildung 4 – schon besser, aber die auffälligsten Strukturen zeigt sie nicht, nämlich die beiden Objekte aus Dreien und Vieren und die einsame Neun (siehe Abbildung 2). Meist ist es besser, ein Histogramm anzufertigen: ein Diagramm der statistischen Verteilung der Helligkeit – senkrecht die Häufigkeit, waagrecht die Helligkeitswerte (Abbildung 5). Zwei Täler zeigt das Histogramm, und eine Daumenregel sagt: Nimm als Schwellenwert einen Punkt aus dem Tal mit den steilsten Kanten.

Nehmen wir also die Zwei als Schwellenwert – und wir erhalten die Abbildung 6. Sie weist auf markante Aspekte des Bildes hin. Dieses Beispiel ist natürlich extrem vereinfacht, aber es zeigt das Prinzip. Der nächste Schritt ist stets die Entscheidung des Menschen, der die maschinelle Auswertung verwirft oder zum Ausgangspunkt eigener Ideen macht – oder neuerlicher Anfragen an die Maschine. Bildauswertung ist stets ein Dialog zwischen Menschen und Maschinen. <

Foto Satellite image by Space Imaging

Ikonos-Satellit, Auflösung 1 Meter: Trümmer des World Trade Center, aufgenommen aus einer Höhe von 680 Kilometern. Bei dieser Auflösung sind gerade noch Fahrzeuge zu erahnen.

So sehen Satelliten

Elektro-optische Chips wandeln Infrarot, Licht und Ultraviolett-Strahlung zu Signalen.

Satelliten mit optischen Sensoren nehmen Signale aus einem weiten Spektrum elektromagnetischer Strahlung auf – von Infrarot (IR) über sichtbares Licht bis zum Ultraviolett (UV). Die Sensoren funktionieren wie Digitalkameras: Die auftreffenden Energien erzeugen elektrische Ladungen in einem Halbleiterchip, aus denen dann ein Signal entsteht (CCD-Technik). Oft arbeiten die Sensoren „multispektral“: Sie enthalten Chips, die auf unterschiedliche Wellenbereiche ansprechen; zum Schluß wird das Bild zusammengerechnet. Vorteile: Die Auswerter können Auffälligkeiten im Bild bestimmten Wellenbereichen zuordnen, IR und UV geben Zusatzinformationen. Nachteil: Die Auflösung ist schlechter als bei „panchromatischen“ Sensoren, die auf ein kontinuierliches, aber schmaleres Spektrum ansprechen und Farbtöne als Grauwerte wiedergeben. Lösung: die Verfahren kombinieren. Aufnahmen aus verschiedenen Blickwinkeln lassen sich zu 3-D-Bildern verknüpfen; die Daten können in computerisierte Karten eingespeist werden – so könnte es gelingen, Bin Ladins Lager zu lokalisieren. <

The National Security Archive/Department of Defense

Amerikanischer KH-11-Militärsatellit, Auflösung geheim: Ausbildungslager von Bin Ladin, Afghanistan 1998. Das Bild wurde vor Veröffentlichung bewußt verschlechtert.

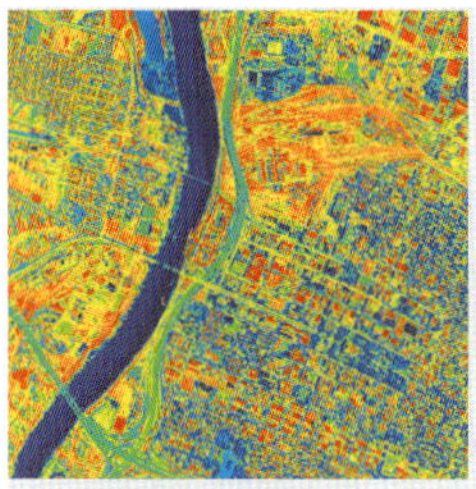

Thermo-Infrarot-Satellitenaufnahme Sacramento, Kalifornien: Temperaturverteilung im Stadtgebiet – der Fluß ist am kältesten, der Bahnhof (oben rechts) strahlt.

Derselbe Ausschnitt, sichtbares Licht, Sacramento, Kalifornien: Moderne Satelliten machen beim Überflug mehrere Aufnahmen, Computer fügen die Daten zusammen.

Foto Global Hydrology and Climate Center (2)

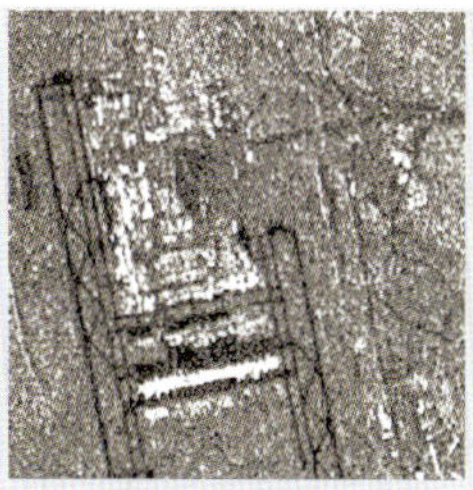

Radar-Satellitenaufnahme (Dulles International Airport, Washington, D.C.), Auflösung 30 Meter: Solche Bilder sind auch bei Nacht und Nebel möglich.

Foto Satellite image by Space Imaging

Laser-Luftbild, vertikal aufgenommen, zu 3-D-Modell verarbeitet und gedreht: Städte, Industrieanlagen und Verstecke in engen Tälern werden übersichtlich.

Foto Interra GmbH

Kataster- und Vermessungsamt, Luftbildkarte der Stadt Bonn

Welche Details könnten Geheimdienstler sehen? Dies ist die simulierte Darstellung eines Satellitenbildes mit acht Zentimeter Auflösung. Selbst Radfahrer wären zu erkennen.

Thermo-Infrarot

Langwelliger als sichtbares Licht ist das breite Spektrum der Infrarotstrahlung. Reflektierte Wellen mit einer Länge zwischen 0,7 und drei Mikrometern geben Auskunft über die Beschaffenheit des Geländes. Zwischen zehn und 100 Mikrometern (das entspricht 0,1 Millimetern) liegen zumeist die Wellenlängen des thermischen Infrarots, also der eigenen Wärmestrahlung der Objekte. Auch sie läßt sich mit Drohnen oder vom Satellit aus messen. Sie verrät die Anwesenheit von Fahrzeugen, Fabriken oder Menschenansammlungen – oft sogar dann, wenn sie sich tarnen; im Golfkrieg hat das gut funktioniert. Thermische Sensoren kann der Gegner freilich mit Fackeln und Bränden außer Gefecht setzen.

Tasten nach Terroristen

Mit Radar läßt sich ein Gelände abtasten. Das ist auch mit Lasern möglich: In Flugzeugen oder auf Satelliten angebracht, geben sie ihr Licht in mehreren Hundert kurzen Pulsen pro Sekunde ab. Gemessen wird die Zeit bis zur Rückkehr des reflektierten Pulses zum Sensor. Aus den Daten lassen sich Modelle unübersichtlicher Täler und Schluchten errechnen. Manche Objekte absorbieren Laserlicht und senden langwelligere Strahlung zurück – sie gibt Auskunft über die Vegetation oder ausgeflossenes Öl. Nachteil: Laser wird durch Wolken behindert.

Die Codes der *Killer*

Lauschen heißt nicht verstehen:
Bin Ladin kann alles verschlüsseln

VON ULF VON RAUCHHAUPT

„Echelon" ist der Name des umfassendsten Abhörsystems der Welt. Sein Herzstück ist eine Flotte von 120 Satelliten, mit denen Nachrichtendienste der Vereinigten Staaten und einiger Verbündeter den globalen Funkverkehr belauschen. Gerade Länder wie Afghanistan und Irak sind dankbare Ziele. Telefonkabel sind dort spärlich, um so wichtiger sind Richtfunkstrecken und Satellitenkommunikation – und die lassen sich bequem abhören. Doch wer soll das Erlauschte verstehen? Wenige Geheimdienstler sind des Arabischen oder gar des von den Taliban vorwiegend gesprochenen Paschtu mächtig. Die Verbreitung hochwertiger Verschlüsselungssoftware kommt hinzu. Seit PC und Internet Einzug ins Wirtschaftsleben hielten, ist die Verschlüsselung digitaler Information auch für den Normalbürger möglich. Online-Banking und E-Commerce sorgten für die Verbreitung moderner Verschlüsselungstechnik; damit steht sie auch Mafiosi und Terroristen zur Verfügung.

Echelon-Abhörstation in Bayern: Horchen ist leichter als entschlüsseln

Foto AP

Asymmetrische Schlüssel

Im Prinzip macht eine Verschlüsselung nichts anderes, als die Elemente einer Botschaft – also etwa die Buchstaben eines Textes oder die Bits einer digitalen Datei – nach einer bestimmten Regel zu verwirbeln. Die Sicherheit einer Verschlüsselung beruht darauf, daß es extrem viele Möglichkeiten für solche Regeln gibt. Der Empfänger muß genau die richtige Regel – den „Schlüssel" – kennen, um die Botschaft wieder zu entziffern. Selbst für kurze Nachrichten ist die Zahl möglicher Regeln so groß, daß noch die schnellsten Computer fürs Durchprobieren zu lange brauchen würden. Nur wenn die Regel ungeschickt gewählt wurde, so daß sie sich aus dem verschlüsselten Text erschließen läßt, ist der Code zu knacken.

Bei älteren Verfahren ist die Regel zum Entschlüsseln eine einfache Umkehrung der Regel zum Verschlüsseln – etwa so, wie das Dividieren die Umkehrung des Multiplizierens ist. Experten sprechen von einem „symmetrischen Schlüssel". Das Problem ist nun, diesen Schlüssel vor der geheimen Kommunikation an die Teilnehmer zu verteilen, ohne daß er dem Gegner in die Hände fällt – ein Schwachpunkt symmetrischer Verfahren.

Doch in den siebziger Jahren entwickelten Mathematiker Chiffrierverfahren mit asymmetrischen Schlüsseln: Fortan konnten Spione ihre Botschaften mit einem Schlüssel unlesbar machen, der aber nicht dazu taugt, die Nachricht wieder zu dechiffrieren. Den dazu nötigen Schlüssel hat nur der Empfänger – und niemand sonst, der mitlesen könnte. Zwar läßt sich im Prinzip der Dechiffrierschlüssel auch hier aus dem Chiffrierschlüssel errechnen, doch dazu muß man eine Zahl in ihre Primfaktoren zerlegen – das sind die Primzahlen, durch die sie teilbar ist. Die Zerlegung ist eine Heidenarbeit, für die ein Computer bei ausreichend großen Zahlen ähnlich lange braucht wie für die Prüfung aller möglichen Schlüssel. Die meisten Verschlüsselungsverfahren arbeiten heute mit asymmetrischen Schlüsseln, auch das im Internet vielverwendete PGP („Pretty Good Privacy"). Sind sie richtig implementiert, kann den Code niemand knacken, auch die amerikanischen Geheimdienste nicht.

Usama Bin Ladin dürfte als international erfahrener Geschäftsmann über PGP oder ähnliche Software verfügen. Allerdings – sicher im strengen mathematischen Sinn sind auch diese Verfahren nicht. Denn bislang ist die Unmöglichkeit eines Rezepts zur schnellen Zerlegung einer Zahl in Primfaktoren nicht bewiesen – auch wenn fast jeder Mathematikprofessor seinen Lehrstuhl darauf verwetten würde. <

DIE STARKEN SEITEN DER PRESSE

Zeitungspapier ist geduldig. Es muß eine Menge aushalten. Daher nützt das Material auch noch nach dem Lesen.

Was geschieht mit dieser Doppelseite, nachdem sie gelesen wurde? Wer sie nicht weitergibt oder archiviert, kann sie für vieles mehr verwenden: Das Material hält Kopfsalat frisch, isoliert Tiefkühlkost, eignet sich als porzellanbewahrender Füllstoff beim Umzug. Es gibt sogar Leute, die basteln Möbel, Musikinstrumente oder Girlanden aus Zeitungspapier. Seine Vielseitigkeit rührt nicht zuletzt daher, daß es vielen Anforderungen der Zeitungsproduktion genügen muß. Sie zu definieren und einzuhalten, ist mittlerweile eine Wissenschaft für sich.

VON WERNER D'INKA

Strapazierfähig wie die Latzhose eines Fünfjährigen muß Zeitungspapier sein, denn unter Druck hat es allerhand auszuhalten. Vor allem darf es nicht reißen, wenn es mit Transrapid-Tempo von elf Metern je Sekunde durch die Druckmaschine jagt und bis zu 1800 Kilonewton an der Papierbahn zerren. Obwohl es Zeitungspapier in punkto Zugfestigkeit mit gewöhnlichem Baustahl aufnehmen kann, kommt es bei einer von hundert Papierrollen dennoch vor, daß die Bahn reißt. Selten ist das Papier alleine daran schuld, meistens gehören zwei dazu: außer Löchern, Splittern, Falten oder Rissen im Papier noch Bahnspannungsschwankungen der Druckmaschine.

Fehler im Papier titulieren die Drucker mit drastischen Namen: Ein „Schleimbatzen" entsteht, wenn Pilze oder Bakterien, verklebt mit Harz, die Papierbahn befallen; dann droht ein „Schleimloch". „Krampfadern" bilden sich, wenn ungleichmäßig dickes Papier beim Aufwickeln kreppartige Falten wirft. Auch über einen „Wassersack" kann kein Drucker lachen, obwohl eine solche quer zur Bahn durchhängende Schwachstelle so drollig aussieht wie der Pummelige aus der Parallelklasse am Barren. „Staubt" das Papier, dann lösen sich Faserteile von der Papierbahn und verschmutzen die Druckmaschine derart, daß sie im schlimmsten Fall angehalten und gereinigt werden muß.

Erfahrene Drucker wissen, daß es im Winter häufiger zu Papierreißern kommt, weil die relative Luftfeuchtigkeit im Drucksaal abnimmt. Üblicherweise enthält Zeitungspapier etwa sieben Prozent Feuchtigkeit, dazu kommt beim Drucken das Drei- bis Vierfache an Farbe und Feuchtwasser. Auch das Verhältnis von Holz- und Zellstoffasern im Papier spielt eine Rolle. Grob gesagt, ist Zellstoff dem Holz an Festigkeit (Verdruckbarkeit) überlegen, dafür ist er teurer. Dagegen ergibt Holzstoff eine bessere Druckqualität (Bedruckbarkeit), weil er das Papier so gut wie undurchsichtig macht. Nach einer Faustregel enthält Zeitungsdruckpapier etwa 20 Prozent Zellstoff, mit steigendem Altpapieranteil noch weniger.

Im Rohstoffkreislauf ist nichts so neu wie die Zeitung von gestern, denn Zeitungspapier wird überwiegend aus Recyclingpapier hergestellt, und deutsche Zeitungen haben im Durchschnitt drei Leben. Je häufiger es aufgearbeitet wird, desto älter sieht Altpapier freilich aus. Deshalb muß dem Papierkreislauf von Zeit zu Zeit eine Frischzellenkur gegönnt werden, junge, langbeinige Fasern müssen her. Das geschieht, indem aus Skandinavien oder Kanada importiertes Papier verwertet wird: Weil das Zeitungspapier in diesen Ländern fast vollständig aus frischen Fasern besteht, kommt es so zu der nötigen Auffrischung durch „Fasern der ersten Generation".

Schon die alten Römer haben Lebensmittel in Beschreibstoff eingewickelt. „Damit es den Fischen nicht an Packpapier fehle und den Oliven nicht an Tüten (...), laßt den Papyrus vom Nil nur zum Teufel gehen", beginnt der Dichter Martial (ca. 40-103 nach Christus) das dreizehnte Buch seiner Epigramme. Häufiger als in beschriebenem Altpapyrus dürfte das Meeresgetier jedoch in „Emporitica" („Kaufmannspapier") verpackt worden sein. Diese billigste von sechs Qualitätsstufen, in denen Papyrus zur Kaiserzeit gehandelt wurde, war laut Plinius dem Älteren (Naturalis historia 13, 76) „zum Schreiben unbrauchbar". Doch schätzten antike Fischhändler am Papyrus aller Handelsklassen die gleichen Eigenschaften wie ihre modernen Kollegen: Saugfähigkeit und tägliche Verfügbarkeit (UvR).

Unter Druck muß das Papier in Sekundenbruchteilen Farbe und Feuchtwasser in so verträglichen Mengen aufnehmen, daß bei der Zeitungslektüre weder die Unterrichtsanzeigen von der Rückseite durchschlagen noch die gegenüberliegende Seite abschmiert. Deshalb ist Zeitungspapier an der Oberfläche vergleichsweise rauh, damit es die Farbe schnell aufsaugen kann. Die Drucke sprechen davon, daß die Farbe ins Papier „wegschlägt". Die Fähigkeit von Papier, die Ölbestandteile der Druckfarbe und Wasser aufzunehmen, wird durch die Cobb-Zahl ausgedrückt; sie gibt die Menge Öl oder Wasser in Gramm an, die eine ein Quadratmeter große Papierfläche absorbiert.

Kann die Papieroberfläche also gar nicht rauh genug sein? Auch hier heißt es abwägen. Je rauher das Papier, desto mehr Farbe muß aufgetragen werden, um eine gleichmäßige Deckun zu erreichen, was wiederum schnell auf die Rückseite durchschlägt. Umgekehrt fällt zwar die Druckqualität um so besser und gleichmäßiger aus, je glatter das Papier ist, aber eine zu glatte Oberfläche kann dazu führen, daß die Farbe zu wenig in das Papier eindringt und deshalb schmiert. Darum gilt, was auch im Verhalten gegenüber der Erbtante zu empfehlen ist: so glatt wie möglich, so rauh wie nötig. Wer es genau wissen will, dem empfiehlt das „Ifra-Handbuch für Zeitungsdruckpapier und

Oma wußte es, und Glaser wissen es noch immer: Fürs Fensterputzen ist Zeitungspapier erste Wahl. Nachdem die Scheiben abgewaschen wurden (mit Essigwasser zum Beispiel, manche nehmen auch Brennspiritus), knüllt der Fachmann das Papier zu handlichen Knödeln, mit denen er das Glas abreibt. Die Zellulose im Papier saugt das Wasser-Schmutz-Gemisch auf, das Öl der Druckerfarbe wiederum läßt das Glas erglänzen. Weiterer Vorteil: Solange es nicht allzusehr durchgefeuchtet ist, hinterläßt das Substrat der Qualitätspresse keine Fusseln. Es wird sogar von Leuten berichtet, die den Lack ihrer Autos damit wienern. Empfohlen wird in jedem Fall, unmittelbar danach die Hände zu waschen, sonst gibt's unschöne Flecken. Das Erfahrungswissen umfaßt auch den Leitsatz, nur schwarz-bedrucktes Papier zu verwenden (Beispiel: Frankfurter Allgemeine Zeitung), denn andere Farben (Beispiel: Bildzeitung) ergeben zwar optisch, nicht aber reinigungstechnisch befriedigende Resultate. Nach dem Hausputz bleibt das bedruckte Material auch weiterhin nützlich: Unter den Kompost gemischt, lockert es ihn auf. *Gero von Randow*

Bergradfahrer packen sich, wenn es kalt wird, Zeitungspapier unter die Trikots. Sie wenden ein Prinzip an, das zu den Knüllern der Evolution zählt und den Vögeln ihr Federkleid und den Landtieren ihre Pelze wachsen ließ: Eingeschlossene Luft isoliert. Denn wenn kalte Luft nicht aus der Nachbarschaft eines wärmeren Körpers entweichen kann, wärmt sie sich so lange auf, bis kein Temperaturunterschied mehr besteht. Dann hört die Wärmeübertragung auf. Theoretisch jedenfalls. In der Wirklichkeit grenzt die warme Luft an weitere Materialien, die ihrerseits kälter sein können, es sei denn, sie sind gleichfalls durch Luftschichten isoliert – und so weiter. Deshalb halten mehrere Lagen Kleidung oder auch dicke Pullis mit ihren vielen Lufteinschlüssen schön warm. Zeitungspapier wird auch als Dämmaterial im Hausbau benutzt, zum Wärmen von Katzenklos oder dazu, Kinderwagen winterfest zu machen. Finnische Bauern, die ihre Kühe auch im klirrensten Winter hinausschicken, umwickeln deren Euter mit Zeitungspapier.

Gero von Randow

Illustrationen Valentine Edelmann

So ziemlich das Dauerhafteste, was sich aus Zeitungspapier herstellen läßt, ist aus Pappmaché. Die auf Drahtkörper aufgetragene Masse aus Kleister und eingeweichtem Journalismus eignet sich keineswegs nur für die Bastelstunde im Kindergarten oder zum Verfertigen von Einwegskulpturen wie Karnevalswagen oder Schultheaterkulissen. Aus Pappmaché (vom französischen „papier mâché", also „gekautes Papier") entstand schon große Kunst. Bereits die Chinesen der Han-Zeit (202 v. Chr. bis 220 n. Chr.) nutzten Papier zum Modellieren. In Europa begann man vor 400 Jahren in der apulischen Stadt Lecce, Papierbrei zu Madonnen und Heiligenstatuen zu formen. Diese „Arte della Cartapesta" blüht dort noch heute – nicht zuletzt, weil die Künstler sich zugleich als Restauratoren betätigen können. Denn unbegrenzt haltbar ist der Werkstoff nicht. Auch die bekannteste Pappmaché-Künstlerin, die Französin Niki de Saint Phalle (1930-2002), fertigte nur die ersten ihrer „Nanas" aus Zeitungen und ging bald zu Polyester über. Aber ob sie ohne den Papierbrei je auf diese Formidee gekommen wäre? Vielleicht wird Zeitungspapier also noch Spuren in der Kunstgeschichte hinterlassen, wenn der Polyester längst brüchig geworden ist und man die Nanas in Marmor oder Bronze umkopiert hat. *Ulf von Rauchhaupt*

Druckfarbe" das Bendtsen-Rauhigkeitsprüfgerät. Es mißt, wieviel Milliliter Luft pro Minute bei einem Luftdruck von 1,471 kPa und bei einem Anpreßdruck von 98 und 490 kPa entweichen.

Glanz und Glätte erhält das Papier, indem es in der Papierfabrik nach dem Trocknen zwischen Kalanderwalzen glattgebügelt („satiniert") wird. Papier, das diese Mangel nicht durchläuft, bleibt „maschinenglatt". Eng mit der Rauhigkeit hängen die Härte und die Kompressibilität des Papiers zusammen. Sie beschreiben, wie stark das Papier zusammengedrückt wird, wenn es zwischen Druck- und Formzylinder der Rotationsmaschine gerät. Die Härte wird als Prozentwert angegeben, der sich aus dem Quotienten der Bendtsen-Rauhigkeit bei 490 kPa und bei 98 kPa ergibt, multipliziert mit 100.

Überhaupt ist die Beschäftigung mit Zeitungspapier eine Wissenschaft für sich. Achtzehn physikalische Eigenschaften behandelt das Handbuch der Darmstädter Verlagsberatungsgesellschaft Ifra, vom „Aschegehalt (Glührückstand)" bis zum „Zugbelastungs-Arbeitsaufnahmevermögen".

Den Lesern fallen hauptsächlich die optischen Merkmale ins Auge, denn anders als gewöhnlicher Baustahl muß Zeitungspapier nicht nur zug- und reißfest sein, sondern auch noch gefällig aussehen. Je heller – „weißer" – das Papiersubstrat, desto angenehmer und lesbarer wirkt die Zeitung. Außerdem sollte das Papier ausreichend blickdicht (opak) sein, denn wenn die Rückseite durchschimmert, wird das Blatt als fadenscheinig empfunden. Druckern dient die Opazität als Maß der Undurchsichtigkeit – nicht überliefert ist, ob je ein Politiker einen anderen als „opake Figur" bezeichnet hat.

Weil das Fasermaterial des Papier-Rohstoffs reichlich gelbe Farbträger enthält, werden ihm komplementäre blaue Farbstoffe untergemischt, um das Papier heller erscheinen zu lassen. Wir erinnern uns an den Physik-Unterricht: Komplementärfarben sind solche, die andere Farben bei additiver Mischung zu Weiß ergänzen, und Blau ist die Komplementärfarbe zu Gelb.

Das Auge erkennt außerdem, ob Zeitungspapier einen Grün- oder Rotstich aufweist. Deshalb werden zur Beschreibung des Papier-Farbtons drei erkennungsdienstliche Messungen angestellt: Die Papier-Helligkeit (L^*) beschreibt das Verhältnis des von einem hinreichend dicken, lichtundurchlässigen Papierstapel reflektierten Lichts zu derjenigen Lichtmenge, die von einem unter gleichen Bedingungen vollkommen reflektierenden Medium zurückgeworfen wird. Null Prozent bedeutet völlig schwarz, 100 Prozent völlig weiß. Je heller das Papier, desto weniger Farbe braucht der Drucker, um eine bestimmte Druckdichte (in bezug auf den unbedruckten Papierhintergrund) zu erzielen. Die Kennziffern a^* und b^* geben an, wo der Farbton auf der Rot-Grün- und auf der Gelb-Blau-Skala liegt. Die Opazität schließlich wird als Verhältnis zwischen dem Lichtreflexionsfaktor eines einzelnen Papierblatts über schwarzem Hintergrund und der Helligkeit bestimmt, beides gemessen durch einen Filter mit der Wellenlänge von 557 nm. Je höher die Opazität, desto weniger Licht läßt das Papier durch, bei Zeitungspapier liegt sie zwischen etwa 90 und 93,5 Prozent.

Seit den siebziger Jahren werden Zeitungen auf immer leichterem Papier gedruckt. Das Papiergewicht – genauer: die flächenbezogene Masse – sank von 52 Gramm je Quadratmeter, dem einstigen Standard, auf Werte zwischen 48,8 und 40 g/m2. Für Druckereien und Verlage liegen die Kostenvorteile dünneren und leichteren Papiers auf der Hand. Bei gleichem Rollendurchmesser bekommen sie mehr Papier je Rolle, was zu weniger Rollenwechseln und Abfall von Restrollen führt. Dünneres Papier senkt außerdem – bei gleicher Seitenzahl – die Versandkosten.

Allerdings gibt es auch hier eine Grenze: Wenn das Papier immer dünner wird, empfinden die Leser ihre Zeitung als billig – wie wenn die Autotür nicht mehr mit einem satten Geräusch schließt, sondern scheppert, weil der Hersteller am Blech gespart hat.

Das tut diese Zeitung nicht, denn sonntags kommt etwas besonders Gutes auf den Tisch. „45 Gramm Extraweiß Utzenstorf Snow-Print-Papier" halten die Leser der Frankfurter Allgemeinen Sonntagszeitung in den Händen: bei 80 Prozent Altpapieranteil 69 Prozent Weiße, 92 Prozent Opazität und süffige 7,5 Prozent Feuchte. Für eine durchschnittliche Auflage werden von diesem Leckerbissen zirka 147 Tonnen verdrückt. <

Ein Eskimo im Norden Rußlands geht zur Dorfmiliz und verlangt die Ausstellung eines Passes. „Aber wir haben dir doch schon im letzten Monat einen gegeben", sagt der Milizionär. Sagt der Eskimo: „Ja, aber den habe ich schon aufgeraucht." Solche Witze zeigen, daß man in Rußland mit bedrucktem Papier stets noch mehr anzufangen wußte, als es zu lesen. Für das Herstellen von Samokrutki, von Selbstgedrehten, nimmt man Zeitungspapier, schneidet es zurecht und schüttet Machorka, den groben russischen Tabak, hinein. Neben den Selbstgedrehten sind industriell hergestellte Papyrossi beliebt. Kürzlich wurde sogar berichtet, ein Rüstungsbetrieb plane die Produktion von „Selbstgedrehten" aus Zeitungspapier. Vom Nutzen der Zeitung handelt auch diese Anekdote: Lenin fragt den Geheimdienstchef Dserschinskij: „Haben Sie schon die heutige Iswestija gelesen?" „Nein, Wladimir Iljitsch." „Das ist ein Fehler", sagt Lenin, „ein sehr feines Blättchen". *Markus Wehner*

FT
FINANCIAL
JANUARY 4 / JANUARY 5 2003
www.ft.com
PRESIDENT ADDRESSES TROOPS AT

In Zeiten der Krise krempelt man beim Renovieren schon mal selber die Ärmel hoch und greift zum Spachtel: Im durchschnittlich verwohnten Altbau muß vor dem Tapezieren erst die alte Deko runter von der Wand. Nicht selten stößt man dann auf Lesestoff aus den Fünfzigern – alte Zeitungen, die hartnäckig wie die Pestilenz auf dem Putz kleben. Die armen Menschen, sie konnten sich damals offenbar keine richtigen Tapeten leisten – oder? Den wahren Grund findet man im Archiv: Laut der ersten Ausgabe des Handwerkermagazins „Selbst ist der Mann" von 1957 diente die Zeitung an der Wand nicht als Schmuck, sondern erfüllte die Aufgabe der sogenannten „Makulatur". Auf sandig verputzten Wänden hielt nämlich keine noch so schön bedruckte, teure Tapete. Oder sie schlug Blasen, Falten und verzog sich beim Trocknen. Das sah nicht gut aus und deprimierte den Tapezierer. „Selbst ist der Mann" riet seinen Lesern deshalb, erst einmal eine Lage Zeitungen zu tapezieren. Wegen seiner kleinen Fasern und guten Quelleigenschaften saugte sich das Zeitungspapier in den Putz hinein und bot die perfekte Unterlage für die eigentliche Tapete. Heute dürfen wir unsere Zeitung nach dem Lesen behalten oder uns zum Renovieren einen Malerhut draus falten, denn in moderne Tapeten ist die Makulatur bereits eingebaut.

Kathrin Zinkant

Nach der Steinzeit, der Bronze- und der Eisenzeit sei nunmehr die Papierzeit angebrochen, schwärmte das Druckerfachblatt „Inland Printer" anno 1889: „Wir leben in Papierhäusern, tragen Papierkleidung und sitzen auf Papierkissen in Papierwagen, die auf Papierrädern rollen." Eine Übertreibung wie im jüngsten Dotcom-Boom, doch auch damals mit wahrem Kern: Seit den siebziger Jahren des 19. Jahrhunderts rollten Luxuswaggons der Marke Pullman auf Rädern, die aus Papier gefertigt waren (abgesehen von der Nabe und einem Reifen). Sie drehten sich leiser und federten Erschütterungen so viel besser ab als Stahlräder, daß der Firmenchef George Pullman mächtig Reklame damit machte. In den neunziger Jahren freilich verblühte der Charme der leichten, aber festen Räder. Sie hielten nur Waggons aus, die weniger als 30 Tonnen wogen – nun aber dampften schwerere Züge, und die Stahlindustrie reklamierte mit Recht die Zuständigkeit auch für das Eisenbahnrad.

Gero von Randow

Mancher Zeitung droht übles Schicksal. Dann nämlich, wenn es dunkel wird und eng, wenn das Papier umgeben ist von Pilzen und anderen Mikroorganismen. Wenn es zerknüllt in die Ecke gestopft wird – in die letzte, feuchteste Ecke. Dorthin, wo kurz zuvor noch etwa 350 000 Schweißdrüsen ihre Arbeit verrichteten: im Schuh. Denn für einen nassen Schuh gibt es nichts Besseres als Zeitungspapier. Das weiß jeder. Warum aber gerade Zeitungspapier? Das weiß ein Experte wie Michael Jacobs von der Schuhhauskette Görtz: „Vor allem, weil Zeitungspapier sehr saugfähig ist", sagt er. Und weil es flexibel faltbar sei: „Man kann eine Zeitungsseite phantastisch knüllen und damit den Schuh bis in den letzten Winkel ausstopfen", schwärmt Jacobs. Ein weiterer Aspekt spiele eine Rolle, sagt der Fachmann: Zeitungen gebe es in jedem Haushalt. Hoffentlich sind es die richtigen.

Jan Schweitzer

DAS LICHTLOSE GESINDEL

Wie Wesen von einem anderen Planeten wirken Fische und andere Kreaturen, die dort existieren, wo kein Sonnenstrahl mehr hindringt. Und in gewisser Weise sind sie das auch: Der größte Lebensraum der Erde ist für den Menschen beinahe unzugänglich.

VON JÖRG ALBRECHT

Um Geld zu betteln, gehört nicht zu den Lieblingstätigkeiten eines Forschers. Eher zu den unangenehmen. Aber zu den notwendigen. Vor allem dann, wenn es um ein Großforschungsprojekt geht. Und das hatte Karl Chun im Sinn, als er sich aus Breslau an das preußische Kultusministerium in Berlin wandte: die erste deutsche Tiefseeexpedition auszurüsten. Der Zoologieprofessor, hervorgetreten mit einer Arbeit über Meeresquallen, hatte sich schon ausgerechnet, was es mindestens kosten würde, ein Schiff samt Mannschaft zu chartern, Hilfsmittel an Bord zu nehmen und Richtung Südatlantik in See zu stechen, einen Vorstoß in die Antarktis zu wagen und schließlich den Indischen Ozean unter die Lupe zu nehmen. Was daraufhin geschah, hat es in der Geschichte der Tiefseeforschung weder vorher noch hinterher gegeben.

Chun wurde von höchster Stelle aufgefordert, „den Rahmen doch etwas weiter zu fassen". Seine Majestät Wilhelm II. sei persönlich interessiert, die Expedition solle „in würdiger Weise ausgerüstet werden, ohne Rücksicht auf Ersparnisse". Ob 300 000 Mark genug seien? Für Chuns Zwecke war es jedenfalls mehr als genug.

Am 31. Juli 1898 bejubelten die Hamburger, wie der umgebaute Hapag-Dampfer „Valdivia" zur Mittagszeit in seinem weißen Tropenanstrich wie ein Schwan die Elbe hinunterglitt. „Hipp, hipp, hurra", riefen die Matrosen, die Menge schwenkte Tücher, und die Seewarte am Stintfang hißte die Reichsflagge. Knapp ein Jahr lang blieb die „Valdivia" anschließend auf See, legte mehr als 30 000 Seemeilen zurück und brachte eine der reichsten Sammlungen an Tiefseefischen zurück, die bis heute existieren.

Siebzig Prozent der Erdoberfläche sind von Wasser bedeckt, siebzig Prozent davon wiederum gehören zur Tiefsee. Gemessen daran, sind erstaunlich wenig Versuche unternommen worden, nachzuschauen, was dort unten lebt. Man hielt es lange Zeit auch nicht für nötig. Anfang des 19. Jahrhunderts glaubte man beispielsweise, entgegen physikalischer Vernunft, daß der Meeresboden von einem dicken Eispanzer überzogen sei, der alles Organische unter sich ersticke. Edward Forbes gilt als der erste Naturforscher, der damals mit dem Schleppnetz daranging, die Tiefen systematisch abzufischen. An Bord der „Beacon" sammelte er in der Ägäis Hunderte von Tierarten; deren Zahl nahm allerdings mit zunehmender Tiefe ab. Forbes unterteilte das Meer daraufhin in neun Zonen. Die unterste nannte er die „azoische" Zone, in der kein Leben mehr möglich sei.

Als wenig später die ersten Tiefseekabel verlegt wurden, kamen immerhin Zweifel an dieser Theorie auf. Denn als man sie zur Reparatur aus mehr als tausend Metern zurückholte, klammerten Seesterne und Würmer daran. Belebter Schlamm, den man vor Irland vom Grunde des Atlantiks holte, enthielt Weichtiere, Stachelhäuter, Ringelwürmer und zahlreiche Einzeller. Der Brite Thomas Huxley, damals „Darwins Bulldogge" genannt, erhielt eine Sandprobe, die in Alkohol eingelegt worden war. Er schüttelte sie und bemerkte, daß die Masse gallertartig vibrierte; außerdem enthielt sie ein unbekanntes, körniges Substrat. Huxley folgerte, es müsse sich um

Anoplogaster cornuta
Der Fangzahn hat so große Zähne, daß er das Maul nicht schließen kann. So schluckt er seine Beute unzerkaut herunter.

Opisthoproctus soleatus
Der Hochgucker lauert in der sogenannten Streuzone auf Quallen, die er mit seinen Glubschaugen von unten gut erkennen kann.

Stomias longibarbatus gehört zu den Drachenfischen. Der Körper ist aalartig und maximal einen halben Meter lang.

reines Protoplasma handeln, gewissermaßen um den Urschleim allen Lebens; er taufte ihn, zu Ehren des deutschen Biologen Ernst Haeckel, Bathybius haeckelii.

Um diese und andere Spekulationen aus der Welt zu schaffen, wurde 1862 die Reise der britischen „Challenger" organisiert. Die Ergebnisse der vierjährigen Forschungsfahrt wurden in mehr als fünfzig Bänden festgehalten und legten die Grundlage der Tiefseeforschung. Urschleim fanden die Forscher übrigens nirgends, sie entdeckten nur, daß sich Gipskristalle bilden, wenn man Meeresschlamm mit Alkohol versetzt.

Tauchfahrten mit bemannten Spezial-U-Booten wie der amerikanischen „Alvin", der Einsatz ferngesteuerter Kameras und Schleppvorrichtungen haben nach dem Zweiten Weltkrieg zum Verständnis der Tiefseebiologie beigetragen. Allerdings stand für alle diese Vorstöße in die Tiefe nur ein Bruchteil der Mittel zur Verfügung, die man im gleichen Zeitraum zur Erkundung des Weltalls ausgegeben hat. Tiefseebiologie ist kein Fach, das ökonomischen Nutzen verspricht. Weder hat sie die Teflonpfanne hervorgebracht noch in nennenswertem Umfang Sondersendungen im Fernsehen. Auch scheint die Aussicht, jemals den Meeresboden zu besiedeln, noch weniger greifbar als der Plan, den Weltraum zu kolonisieren. Deshalb ist das meiste dort unten nach wie vor Terra incognita. Die Meeresbiologin Cindy Lee van Dover, die als einzige Wissenschaftlerin eine gültige Pilotenlizenz für das Tauchboot „Alvin" besitzt, schätzt, daß in all den Jahren bestenfalls zwei Dutzend Seemeilen Ozeanboden aus nächster Nähe in Augenschein genommen worden sind.

Was könnte man sehen, wenn man ohne jede Einschränkung einfach so von oben bis hinunter auf den Meeresgrund tauchen könnte? Maximal zweihundert Meter tief reicht das Sonnenlicht. Hier, im sogenannten Epipelagial, können Algen und Plankton wachsen. Davon lebt eine bunte Unterwasserwelt, Korallen, Fische, Quallen und Krebse, also alles, was ein gewöhnliches Fischernetz an Land zieht. Die Zwielichtzone, Mesopelagial genannt, schließt sich an. Bis in eine Tiefe von knapp tausend Metern läßt sich das Restlicht noch schwach wahrnehmen. Die Hälfte von dem, was in diesen Regionen lebt – Garnele, Qualle, Tintenfisch, Krebs oder Fisch –, steigt Nacht für Nacht Hunderte von Metern empor, um dort zu fressen (oder gefressen zu werden), und sinkt tagsüber zurück in die Tiefe. Täglich fahren auf diese Weise etwa eine Milliarde Tonnen Biomasse Fahrstuhl.

Unterhalb von tausend Metern, im Bathyal, beginnt die eiskalte, lichtlose Tiefsee. Hier herrscht ein Druck von mehr als hundert Bar pro Quadratzentimeter, was jeden Taucher auf der Stelle zerquetschen würde. Die Bewohner des Bathyals wandern auch nicht mehr regelmäßig empor, um zu fressen, sondern lauern hier unten auf Nahrung. Alles Gute kommt in diesem Fall von oben, in Form abgestorbenen Planktons. Dieser Schnee rieselt zuverlässig, aber sparsam; nur knapp ein Prozent wird nicht in den oberen Schichten zersetzt. Abhängig von der Jahreszeit kann es allerdings auch zu ausgesprochenen Planktonblüten kommen. Oder es sinkt ein größerer Kadaver herab; Aasfresser sind dann blitzschnell zur Stelle, sie orten ihre Nahrung noch aus großer Entfernung.

Die Fische der ewigen Nacht scheinen, jedenfalls aus menschlicher Sicht, einem Gruselkabinett zu entstammen. Monströse Mäuler dienen dazu, große Bissen zu verschlingen, spitze Zahnreihen verhindern, daß die Beute wieder entgleitet. In natura wirken diese Geschöpfe allerdings nicht immer so erschreckend wie auf Abbildungen; manche sind nur wenige Zentimeter groß, andere unscheinbar. Und wieder andere, wie den sagenumwobenen Riesenkalmar Architeuthis, hat kein Mensch je lebend zu Gesicht bekommen; das größte, 1887 auf Neuseeland gestrandete Exemplar war mehr als 17 Meter lang.

Kalt ist es in diesem Schattenreich, aber nicht unbedingt

Oneirodes spec.
Ein nicht näher bestimmbares Mitglied der Familie der Traumfische. Man weiß nicht allzuviel über sie.

Gigantactis vanhoeffeni
Ebenfalls ein Angler mit einem Leuchtköder, zum ersten Mal von August Brauer an Bord der „Valdivia" bestimmt.

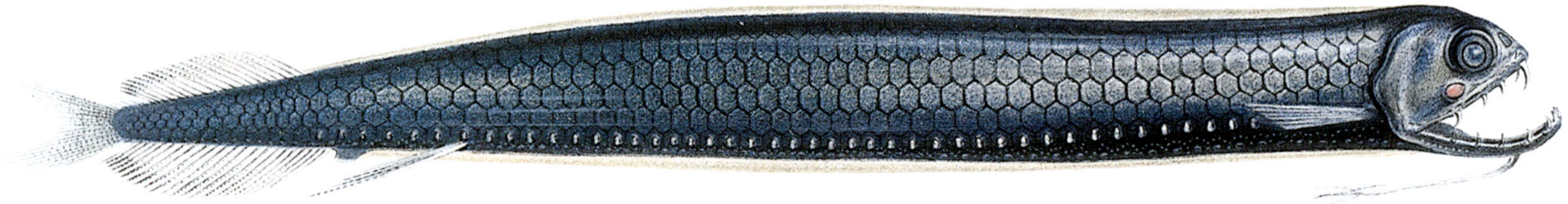

Stomias affinis
Dieser Drachenfisch wird gelegentlich im Atlantik gefangen. Offenbar wandert auch er nachts aus der Tiefe empor.

eintönig. Viele Lebewesen haben Leuchtorgane entwickelt, mit denen sie Licht unterschiedlicher Wellenlänge senden können. Ob das im einzelnen dazu dient, Angreifer zu erschrecken, Beutetiere zu orten oder potentielle Partner zu finden, ist nicht in jedem Fall geklärt.

Zwischen viertausend und sechstausend Metern Tiefe liegt das Abyssal, wörtlich die „bodenlose Tiefe". Bodenlos ist der Ozean freilich nicht. In dieser Region finden sich die flachen Tiefseebecken. Noch tiefer, nämlich bis in elftausend Meter, reichen die Tiefseegräben, nach dem griechischen Wort Hades auch „Hadal" genannt.

Die flacheren Tiefseebecken sind prinzipiell nahrungsärmer. Trotzdem wurden dort in den vergangenen Jahrzehnten die erstaunlichsten Funde gemacht. Obwohl es ein relativ homogener Lebensraum ist, um die zwei Grad Celsius kalt und auf den ersten Blick leblos, herrscht im Sediment nach neueren Erkenntnissen eine Artenvielfalt, die sich nur noch mit dem biologischen Reichtum tropischer Regenwälder vergleichen läßt. Über Jahrmillionen hat sich am Meeresgrund nicht viel geändert. So konnte sich jede Art an die andere anpassen, und es entstand ein Fleckenteppich kleinerer und kleinster ökologischer Nischen.

Apristurus indicus
Der Kleinbäuchige Katzenhai kommt im Indischen Ozean vor. Für den Menschen ist er ungefährlich.

Seit dem Rekordversuch des Schweizers Jacques Piccard und des Amerikaners Donald Walsh, die 1960 mit der „Trieste" östlich von Guam bis auf den Grund des Marianengrabens tauchten, weiß man wenigstens, daß auch die tiefste Stelle des Ozeans noch von Organismen bevölkert ist; dort leben vor allem Seegurken. Diese Hohltiere finden einen vergleichsweise gut gedeckten Tisch vor, denn die meisten Tiefseegräben liegen in Küstennähe und sammeln angeschwemmtes Material wie ein Trichter.

Darin existieren, wiederum aus menschlicher Sicht, keine besonders attraktiven Lebewesen; vom seßhaften Igelwurm beispielsweise sieht man nur die meterlange Zunge, mit der er den Umkreis seiner Wohnhöhle abweidet, sowie die Hügel, die durch seine Kotausscheidungen entstehen. Amerikanische Tiefseeforscher haben kalkuliert, daß alle Igelwürmer im kalifornischen Santa-Catalina-Becken zusammen alle siebzig Jahre die komplette obere Sedimentschicht verdauen. Andere Bewohner des Sediments, wie der hand-

Astronesthes cyaneus
Die Leuchtorgane dieses Großmünders sind gleichmäßig über den Körper verteilt. Größe: zirka zehn Zentimeter.

Astronesthes martensii
Ein naher Verwandter aus der Unterordnung der Großmünder. Wird bis in 2000 Meter Tiefe gefunden.

tellergroße Einzeller Xenophyophoria, sammeln mehr oder weniger wahllos alles ein, was herumliegt, und bauen daraus Gerüste.

Die spektakulärsten Lebensgemeinschaften der Tiefsee allerdings sind die Bewohner der heißen Tiefseequellen, die vor 25 Jahren bei einem Tauchgang auf dem mittelozeanischen Rücken vor Galapagos entdeckt wurden. Vulkanisch erhitztes Wasser strömt dort an die Oberfläche und führt Schwefelverbindungen wie den faulig riechenden Schwefelwasserstoff mit sich. Bakterien können daraus in Anwesenheit von Sauerstoff und Kohlenstoff energiereiche Verbindungen aufbauen – eine Chemosynthese, die ähnlich wie die Photosynthese der Pflanzen im Sonnenlicht funktioniert. Muscheln und Würmer leben von diesen Bakterien, teils in echter Symbiose. Am weitesten hat es dabei der Riftia-Wurm gebracht. Die bis zu zwei Meter großen Tiere wachsen in dichten Büscheln und besitzen keinen eigenen Verdauungstrakt; statt dessen haben sie ein sackförmiges Trophosom entwickelt, das von Schwefelbakterien besiedelt wird. Mit seinen blutroten Kiemenbüscheln filtert der Riftia-Wurm Schwefelwasserstoff; ein dem menschlichen Hämoglobin verwandter Farbstoff transportiert ihn zu den Bakterien. Nirgendwo, außer in der Tiefsee, wurde von der Evolution je etwas Ähnliches ersonnen.

Manche Wissenschaftler glauben inzwischen sowieso, daß die Evolution des Lebens dort unten begann. Der extreme Temperaturgradient zwischen dem brodelnden Vulkanwasser und der eiskalten Umgebung hätte spontan gebildete organische Moleküle stabilisieren können – anders als in wärmeren Gefilden, wo solche Verbindungen rasch wieder zerfallen. Gab es am Ende also doch eine Art Urschleim am Meeresboden? Wenn das stimmt, hätte Thomas Huxley im höheren Sinne sogar recht behalten. <

Die Abbildungen auf dieser Seite stammen aus dem Buch „Die Tiefseefische" von August Bauer, das im Anschluß an die Expedition der „Valdivia" 1906 erschien.

Astronesthes indicus
Der Indische Großmünder lebt in 500 Meter Tiefe und steigt, wie viele Tiefseefische, nachts zur Meeresoberfläche empor.

Malacosteus niger
Der schwarze Drachenfisch ist imstande, rotes Licht zu senden, das nur er und kein anderer Bewohner der Tiefsee sieht.

Coccorella atrata gehört, wie man am Gebiß erkennt, zur Familie der Säbelzahnfische. Ein weiteres Merkmal sind die hervorstehenden Augen.

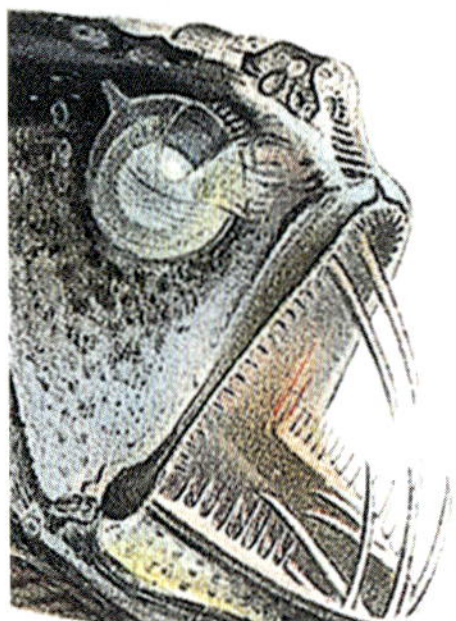

Scopeloberyx robustus kommt in allen Weltmeeren vor, außer in der Arktis und im Mittelmeer. Er wird gerade mal sieben Zentimeter lang.

Rouleina livida lebt in der indischen und chinesischen See. Sein Geruchssinn ist möglicherweise ebenso gut entwickelt wie die Augen.

Winteria telescopa Noch so einer, der nach oben blinzelt. Beheimatet im Golf von Guinea, im Westpazifik, vor Australien und Neuseeland.

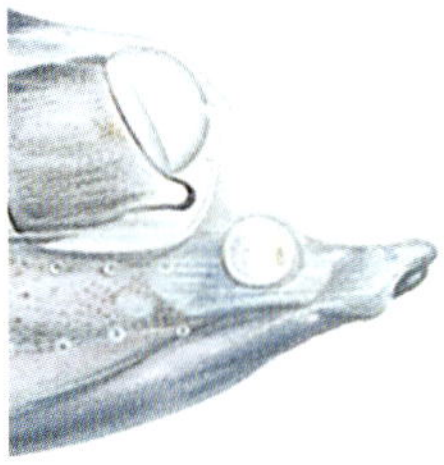

Bathypterois atricolor gehört zu den Spinnenfischen und ist extrem anpassungsfähig an Druckunterschiede zwischen 200 und 5000 Metern.

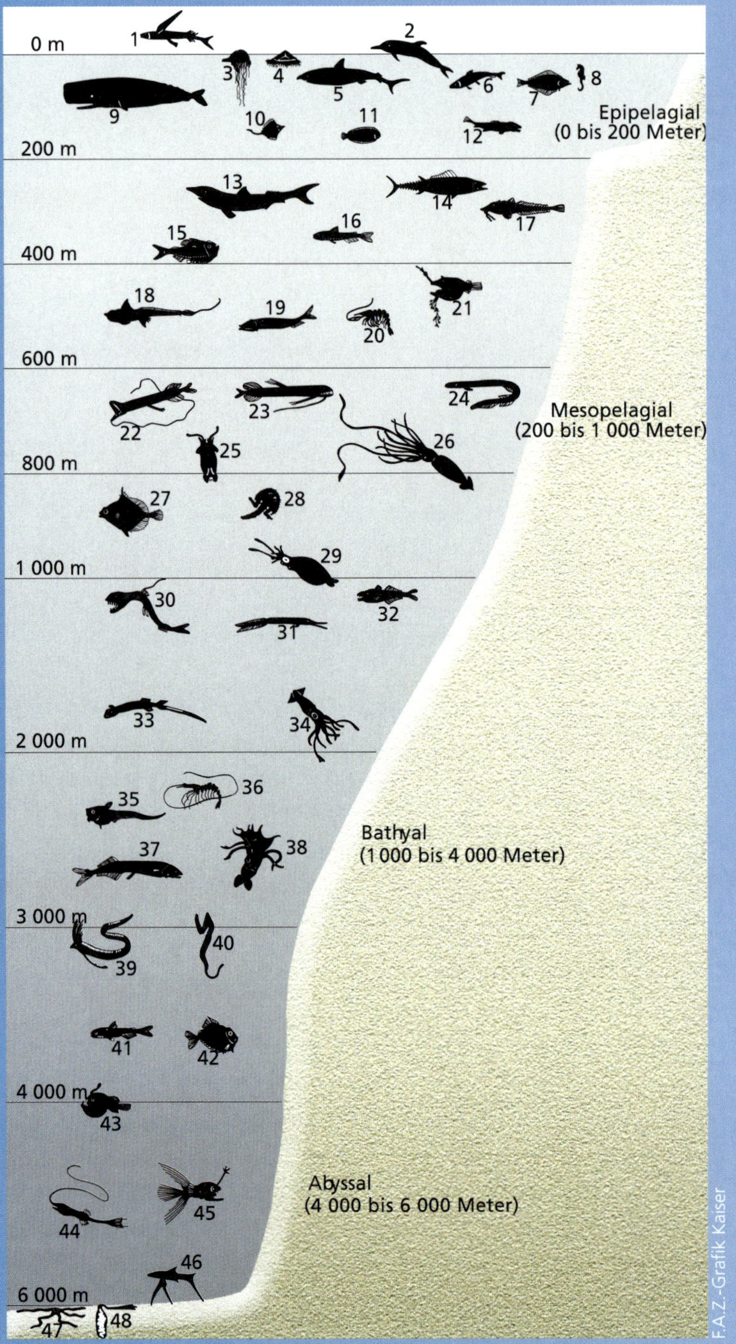

Was schwimmt denn da? 1 Fliegender Fisch, 2 Gemeiner Delphin, 3 Portugiesische Galeere, 4 Segelqualle, 5 Riesenhai, 6 Hering, 7 Heilbutt, 8 Seepferdchen, 9 Pottwal, 10 Gemeiner Rochen, 11 Scholle, 12 Kabeljau, 13 Blauhai, 14 Thunfisch, 15 Beilfisch, 16 Laternenfisch, 17 Panzerknurrhahn, 18 Seekatze, 19 Braunes Borstenmaul, 20 Garnele, 21 Teufelsfisch, 22 Bärtiger Wunderdrache, 23 Schwarzer Drachenfisch, 24 Krausenhai, 25 Posthörnchen, 26 Riesenkalmar, 27 Falscher Eberfisch, 28 Fledermausfisch, 29 Tintenfisch, 30 Viperfisch, 31 Schnappaal, 32 Säbelzahnbarsch, 33 Riesenschwanzfisch, 34 Wunderlampen-Kalmar, 35 Großmaulfisch, 36 Tiefsee-Garnele, 37 Kleinzähniges Borstenmaul, 38 Tiefsee-Kalmar, 39 Riemenfisch, 40 Schlingaal, 41 Laternenfisch, 42 Beilfisch, 43 Anglerfisch, 44 Anglerfisch, 45 Teufelsfisch, 46 Spinnenfisch, 47 Schlangenstern, 48 Igelwurm (Zeichnungen nicht maßstabsgerecht)

Melanostomias melanops
Auffällig lange Bartfäden am Kinn sind ein Merkmal fast aller Schwarzen Drachenfische.

Melanocetus johnsoni
Der Bucklige Anglerfisch gilt als der Mercedes unter den Tiefseefischen. Sein Leuchtorgan dient als Köder.

Kunsthüften kennt jeder. Aber Kunstaugen? Nerven aus Silizium? Schon heute ist vieles möglich.

nur die Seele *bleibt*

Selbst komplexe Organe können inzwischen ersetzt werden. Der Mensch mutiert immer mehr zum Zwitter aus Fleisch und Technik.

VON JAN SCHWEITZER

Sie sind unter uns. Schon lange. Und es werden immer mehr. Sie können nur mit Hilfe von eingebautem Metall gehen, kleine Computer ermöglichen ihnen zu hören, sie ertragen Schmerzen nur durch Elektroreize und ihr Herz schlägt im Takt einer Maschine.

Die Technik hat längst Einzug gehalten in die menschlichen Körper, und es ist ganz normal. Anders gesagt: Ohne implantierbare Geräte würde es vielen Menschen schlecht gehen, einige Tausend müßten auf der Stelle sterben.

Denn würde man auf diese Errungenschaften verzichten, gäbe es keine künstlichen Hüft- und Kniegelenke und keine sogenannten Cochlea-Implantate, die Taube wieder hören lassen. Es gäbe keine Rückenmarksstimulatoren, die Schmerzreize unterdrücken, und auch keine Herzschrittmacher.

Die Idee, verschlissene oder nicht funktionsfähige Organe zu ersetzen, ist nicht neu. Schon im Mittelalter interessierten sich die Menschen für künstliche Körperteile. Die Bemühungen damals konzentrierten sich auf Arme und Beine – um 1500 wurde die erste Eisenhand gebaut. 1847 dann füllen Ärzte einen Zahn mit Amalgam. Und 1905 versuchen Mediziner erstmalig, ein künstliches Hüftgelenk einzusetzen.

1953 entwickeln Wissenschaftler die Herz-Lunge-Maschine, mit der Operationen am offenen Herzen möglich werden. Knapp 20 Jahre später bekommt der Zahnarzt Barney Clark das erste künstliche Herz eingepflanzt, Jarvik-7 heißt es nach seinem Entwickler Robert Jarvik. Clark stirbt nach 112 Tagen, Jarvik ist noch immer im Geschäft.

Inzwischen hat er sich aber von seinem einstigen Prinzip getrennt: Das natürliche Herz zu entnehmen und durch ein Kunstherz zu ersetzen, sei „obsolet". Er baut jetzt kleinere Geräte, die nur noch die linke Kammer bei ihrer Arbeit unterstützen. Die Namensgebung allerdings ist die alte geblieben: Seine neueste Hilfspumpe heißt Jarvik 2000.

Die Firma Abiomed hingegen setzt auf die alte Methode und hat ein Kunstherz entwickelt, Abiocor genannt. Sechs Patienten wurde es inzwischen eingesetzt. Der Nutzen ist eher zweifelhaft: Die Hälfte ist mittlerweile tot. Der erste Patient mit Abiocor, Robert Tools, starb im November 2001 nach 151 Tagen an einer Blutung. Nachdem er zuvor einen Schlaganfall erlitten hatte, mußte sein Blut stark verdünnt werden. Denn ein Nachteil des Kunstherzens ist seine Neigung, Blut zu verklumpen. Die Gerinnsel strömen dann manchmal auch in die Gefäße des Gehirns – die Folge ist ein Schlaganfall.

Das Beispiel zeigt: Kunstorgane sind meist nur ein leidlicher Ersatz für die natürlichen Produkte; oft sollen sie nur die Zeit überbrücken, bis Spenderorgane zu bekommen sind. Doch es gibt auch Menschen, die sich darum reißen, zu einem Cyborg zu werden, zu einer Mischung aus Mensch und Maschine.

Kevin Warwick ist so jemand. 1998 wollte der Kybernetikprofessor der englischen University of Reading vor dem „gläsernen Menschen" warnen und ließ sich einen Chip unter die Haut eines Arms pflanzen, der ihn für Scanner eindeutig identifizierbar machte. Betrat er etwa einen bestimmten Raum, ging automatisch das Licht an. Der Chip mußte zwar schon nach einer Woche wegen medizinischer Komplikationen wieder herausoperiert werden, doch das stachelte Warwick wohl nur noch mehr an.

Mitte März 2002 machte er sich zum Forschungsobjekt: Ärzte setzten ihm am linken Handgelenk einen Mikrochip ein, der über 100 Elektroden mit dem Hauptnerv in seinem Arm verbunden ist. Am Unterarm baumelt ein Stecker – die Verbindung zu einem Computer. Ist die Operationswunde verheilt, können die Experimente beginnen, mit denen sich manche

Ohne implantierbare Geräte, ohne künstliche Organe würde es vielen Patienten schlecht gehen. Einige Tausend müßten sterben, auf der Stelle.

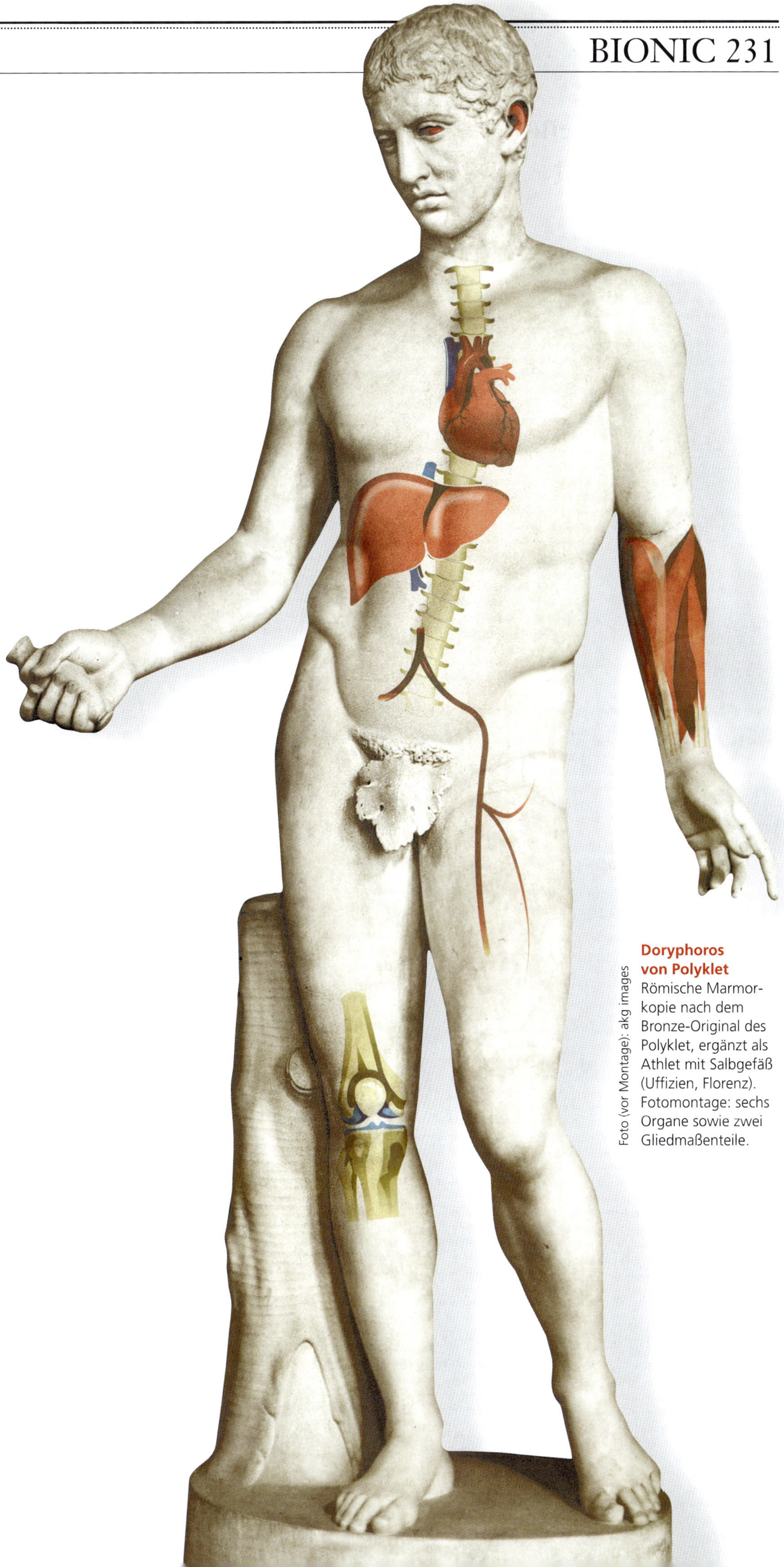

Foto (vor Montage): akg images

Doryphoros von Polyklet
Römische Marmorkopie nach dem Bronze-Original des Polyklet, ergänzt als Athlet mit Salbgefäß (Uffizien, Florenz). Fotomontage: sechs Organe sowie zwei Gliedmaßenteile.

Forscher Erkenntnisse über die Abläufe in Nerven erhoffen.

Warwick selber will Empfindungen aufzeichnen: Angst, Schmerz, sexuelle Erregung. Und eines Tages könnten von seinen Ergebnissen auch Blinde profitieren, sagt er. Seriöse Wissenschaftler jedoch tun die Bemühungen Warwicks als „Publicityunternehmen" ab, wie der Neurologe Steve McMahon vom King's College in London.

Warwicks Drang zum Cyborg dürfte auch nur Ängste vor dem künstlichen Menschen schüren, der unter dem Diktat von Maschinen steht. Dabei nutzt Warwick alte Technik in sinnloser Weise: Der Chip kann nur ganz grob Erregungen der Nerven ableiten. Denn wie sollen nur 100 Elektroden die Impulse aus Tausenden von Nervenfasern messen, aus denen der Unterarmnerv besteht? Von diesen Problemen hätten ihm allerdings Wissenschaftler berichten können, die seit Jahrzehnten an der Weiterentwicklung von Hörprothesen und Augennetzhautimplantaten arbeiten. Auch deren Geräte arbeiten noch sehr grob. Die Natur kann es immer noch am besten. <

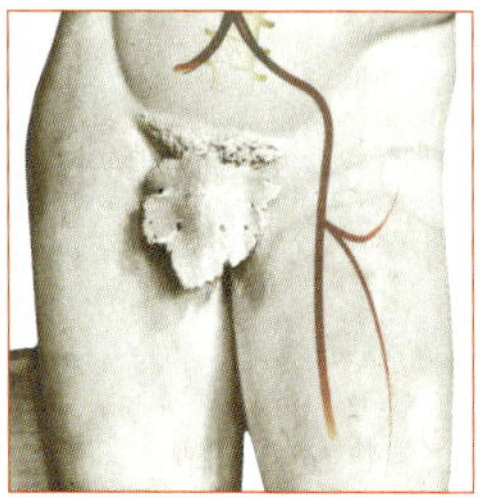

Blut ist immer knapp

Der rote Lebenssaft rinnt bei schweren Verletzungen oft schneller davon, als durch Konserven ersetzt werden kann. An einem Stoff, der ihm gleichkommt, wird noch gearbeitet.

Es gibt Momente, da kann es gar nicht genug davon geben. Nach einem Verkehrsunfall zum Beispiel. Dann hätten die Ärzte am liebsten literweise Blut, das sie den Unfallopfern transfundieren könnten. Auch für solche Momente arbeiten zahlreiche Pharmafirmen an einem künstlichen Blutersatz, der einfach und in großer Menge gelagert werden kann. Außer der kurzfristigen Verfügbarkeit hätte Kunstblut noch weitere Vorteile: Es kann besser sterilisiert, also keimfrei gemacht werden als Spenderblut. Und es besteht noch nicht einmal die Möglichkeit, daß die Ärzte aus Versehen zur falschen Blutgruppe greifen – der Blutersatz hat erst gar keine Eigenschaften einer Blutgruppe und kann somit auch keine Immunreaktionen auslösen, die oft lebensbedrohlich sind.

Die Forscher konzentrieren sich bei der Entwicklung des Kunstprodukts auf die Eigenschaft des Bluts als Transporteur von Sauerstoff und Kohlendioxyd, also auf die roten Blutkörperchen. Weitere Bestandteile, wie die weißen Zellen oder die Plättchen, lassen sie der Einfachheit wegen außer acht. Denn schon allein die Funktion der Erythrozyten, der roten Blutkörperchen, nachzuahmen, ist schwer genug. Zwei verschiedene Verfahren haben sich durchgesetzt. Das eine nimmt sich das entscheidende Molekül der roten Blutkörperchen zum Ziel, das Hämoglobin. Forscher isolieren es aus abgelaufenen Blutspenden oder auch aus Rinderblut. Hämoglobin kann aber nicht einfach als Spritze gegeben werden; unter anderem erhöht es den Blutdruck und vermindert die Herzfunktion. Es muß also von einer Schutzhülle ummantelt sein. Die richtige Hülle zu entwickeln ist nicht ganz einfach.

Tierische Erythrozyten könnte man zwar auch verwenden, doch sie tragen eventuell Keime, die den Menschen infizieren können. Bei Rinder-Erythrozyten ist die Angst vor BSE nicht ganz unberechtigt. Trotzdem ist Blutersatz von Rindern in Südafrika unter dem Namen Hemopure im Einsatz.

Beim zweiten Verfahren ignorieren die Forscher das Vorbild der Natur gänzlich und synthetisieren ein Kunstprodukt aus sogenannten Perfluorcarbonen, die dem aus der Pfanne bekannten Teflon ähneln. Diese Stoffe haben die Fähigkeit, sowohl Sauerstoff als auch Kohlendioxyd sehr gut zu transportieren. Trotzdem kamen die Perfluorcarbone bis jetzt nicht über klinische Studien hinaus.

Ob Kunstblut das natürliche Produkt jemals verdrängen wird? Es wird zumindest noch sehr lange dauern. <

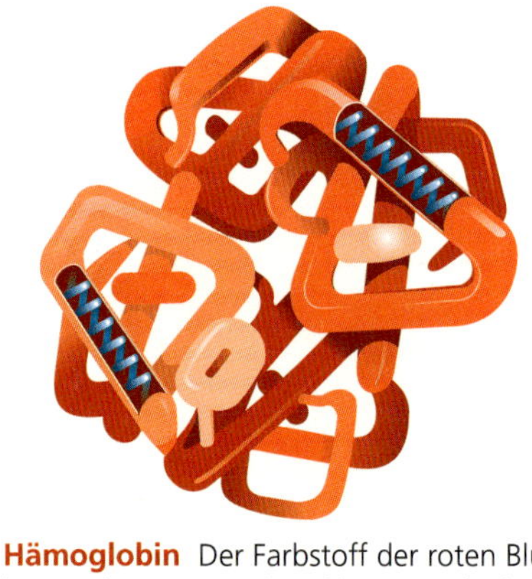

Hämoglobin Der Farbstoff der roten Blutkörperchen ist aus Eiweißketten aufgebaut (blau) und in seiner Struktur verschachtelt (rot). Er bindet Sauerstoff und Kohlendioxyd mit Hilfe von Eisenkomplexen (rosa).

F.A.Z.-Grafiken Karl-Heinz Döring

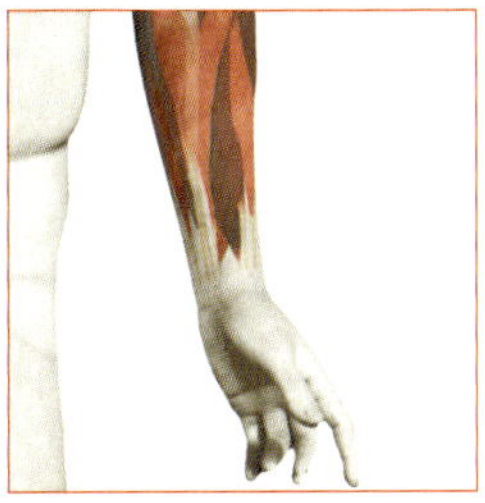

Die Kraft der Gedanken

Durch bloßen Hirnimpuls künstliche Gelenke steuern? Wenn das gelänge, hätten selbst Gelähmte die Möglichkeit, wieder ein halbwegs normales Leben zu führen.

Einen Roboterarm zu bauen fällt den Ingenieuren normalerweise nicht schwer. Doch wie erfährt das Gerät, wenn man sich zum Beispiel kratzen möchte? Ein Elektroenzephalogramm (EEG) wäre eine Möglichkeit, eine solche Willensäußerung zu registrieren. Ein Computer könnte die Hirnströme übersetzen und die Armprothese dann steuern. Der Haken an der Methode: Sie ist viel zu langsam. Also denken viele Forscher schon einen Schritt weiter. In die Hirnrinde implantierte Elektroden könnten die Befehle direkt aufnehmen und an ein Aufzeichnungsgerät weitergeben. Das allerdings müßte außerhalb des Schädels liegen, denn noch sind solche Apparaturen zu groß.

Das Potential solcher Methoden ist trotzdem faszinierend. Schon jetzt können komplett gelähmte Menschen über einen im Gehirn implantierten Chip Zeiger auf einem Computerbildschirm bewegen. Wissenschaftler der amerikanischen Brown University stellten jetzt ein Experiment vor, in dem Affen durch Gedanken einen Zeiger bewegten und so ein einfaches Computerspiel beherrschten. Die Forscher hatten für ihren Versuch ein Programm geschrieben, das die Gedanken der Affen übersetzte. Das Erstaunliche daran: Die Affen brauchten nur Minuten und nicht, wie sonst, Wochen, um den Zeiger manipulieren zu können. <

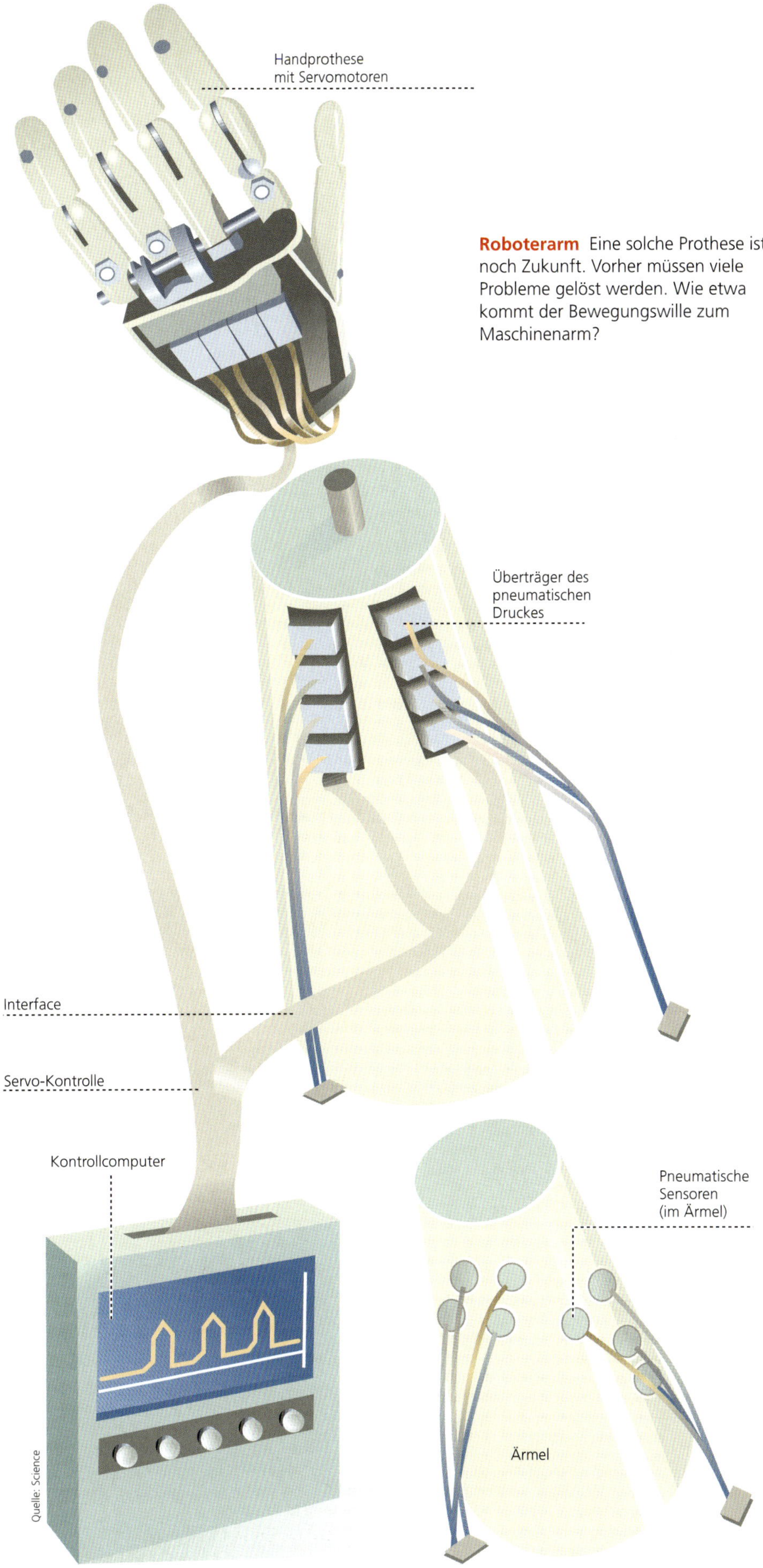

Roboterarm Eine solche Prothese ist noch Zukunft. Vorher müssen viele Probleme gelöst werden. Wie etwa kommt der Bewegungswille zum Maschinenarm?

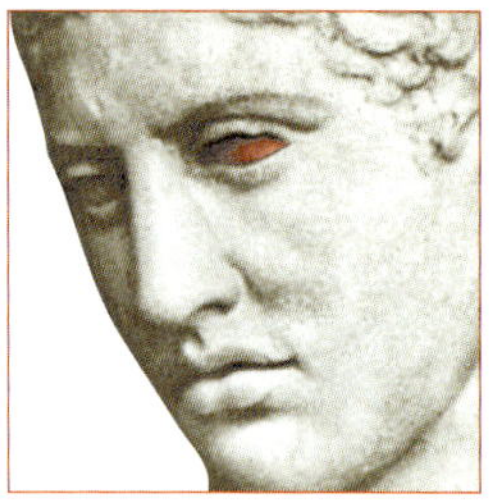

Sehen trotz Blindheit

Für viele Blinde wäre sie im wahrsten Sinne des Wortes das Licht in der Dunkelheit: die künstliche Augennetzhaut. Versprochen wird auf diesem Gebiet viel, gehalten weniger.

Der Streit ums künstliche Auge entbrannte vor drei Jahren, als Stevie Wonder im Fernsehen zusammen mit Mark Humayun auftrat. Humayun, Forscher am Wilmer Eye Institute in Baltimore, hat sich darauf spezialisiert, Blinde sehend zu machen. Doch auf diesem Gebiet ist er nicht alleine. Seine Kollegen waren nicht gerade begeistert; sie warfen ihm Medienrummel vor, als er damals ankündigte, in „zwei bis drei Jahren" gäbe es ein Gerät, das dem blinden Popsänger das Sehen ermögliche.

Der Kampf um die erste anwendungs- und marktreife künstliche Augennetzhaut (medizinisch „Retina") ist in vollem Gange. Auch zwei deutsche Forschergruppen mischen ganz vorne mit — mit unterschiedlichen Konzepten (s. Grafik). Vor wenigen Tagen aber bestimmten nicht sie und auch nicht Humayun die Nachrichten, sondern Larry Cooper von den amerikanischen Oak Ridge National Labs: Er verkündete vor laufenden Kameras die Entwicklung eines neuartigen Augen-Chips.

Freilich sind die Probleme damit noch längst nicht gelöst. Wie verbindet man das Implantat mit den etwa 1,2 Millionen Nerven der Netzhaut? Wird man damit jemals mehr als nur grobe Strukturen erkennen können? Wird der menschliche Körper die Apparatur abstoßen? Stevie Wonder zumindest kann auch drei Jahre nach der Prophezeiung noch nicht sehen. <

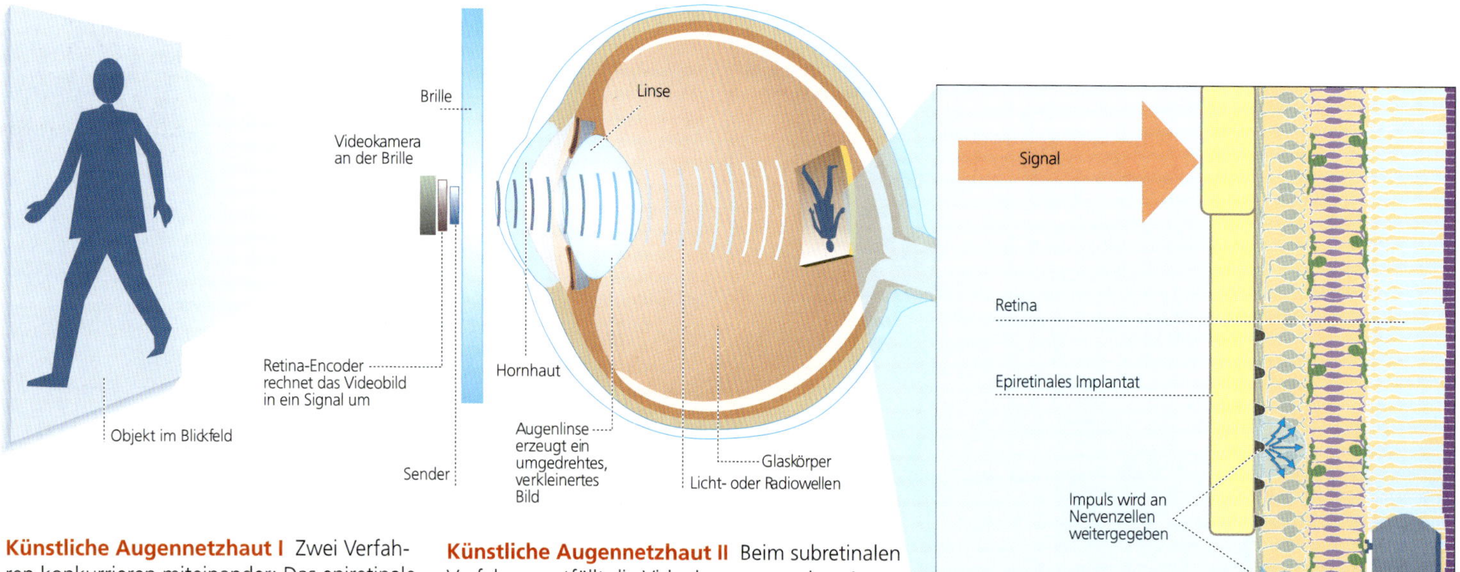

Künstliche Augennetzhaut I Zwei Verfahren konkurrieren miteinander: Das epiretinale und das subretinale. Beim epiretinalen Verfahren nimmt eine Videokamera das Objekt auf und verwandelt es in ein elektrisches Signal, das vom Sender auf das Implantat übertragen wird. Dort reizt es als Impuls die Nervenzellen der Netzhaut (roter Pfeil, Grafik ganz rechts).

Künstliche Augennetzhaut II Beim subretinalen Verfahren entfällt die Videokamera vor dem Auge, das Implantat selber nimmt Lichtsignale auf. Genau wie beim epiretinalen Verfahren werden in den Nervenzellen der Netzhaut Impulse erzeugt, die der Sehnerv anschließend ans Gehirn weiterleitet. Der Vorteil gegenüber dem epiretinalen Verfahren soll die einfachere Implantation sein.

Quelle: F. Gekeler, Universität Tübingen

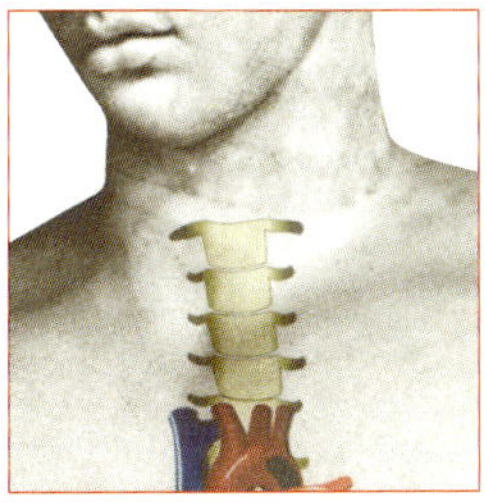

Ein neues Rückenmark

Nerven wachsen nicht nach – so steht es in den Lehrbüchern. Ein Schweizer Forscher läßt sich davon nicht beeindrucken. Im Experiment hatte er bereits erste Erfolge.

Martin Schwab ist ein Mann, der mit Vor urteilen aufräumt. Eine Dogma in der Medizin besagte, daß Nervenfasern nicht wachsen können. Schwab, Forscher am Zürcher Institut für Hirnforschung, ließ Nerven gleich zentimeterlang sprießen. Dazu trickste er die Reparaturmechanismen des Körpers aus.

Doch was da im medizinischen Sprachgebrauch als „Reparatur" bezeichnet wird, ist in Wahrheit Zerstörung. Wenn zum Beispiel Nervenbahnen im Rückenmark geschädigt wurden, geht in einer zweiten Phase noch mehr Gewebe verloren, weil die Durchblutung im verletzten Gebiet gedrosselt wird. Nach ein paar Wochen strömen Freßzellen in das Gebiet ein und räumen den Zellschutt ab – eine Narbe mit Zysten entsteht. Zusätzlich schüttet der Körper Substanzen aus, die Nervenfasern daran hindern nachzuwachsen. Genau da setzte Schwab mit seinen Versuchen an: In lädierte Nervengewebe von Tieren spritzte er Antikörper, die diese Hemmstoffe neutralisierten, so daß neue Nerven wachsen konnten. Weitere Versuche deuteten die erstaunliche Zielstrebigkeit dieses Wachstums an: Gibt man den Nervenfasern erst einmal die Möglichkeit zu gedeihen, erinnern sie sich gleichsam an ihre Bestimmung und suchen sich die richtigen Endpunkte.

Manchmal bleiben nach einer Verletzung auch noch ein paar intakte Nervenverbindungen stehen. Sie bieten eine weitere Chance zur Heilung. Allerdings sind auch diese Fasern von Stoffen umgeben, die ihr Wachstum unterdrücken. Man kann versuchen, eine Art von Gerüst über die geschädigten Areale zu bauen. Diese Brücken imprägnieren die Wissenschaftler mit Wachstumsfaktoren und hoffen so auf Regeneration.

Schwab zumindest ist Optimist: Einige der neuen Strategien böten die Möglichkeit effektiver Therapien in „nicht allzu weit entfernter Zukunft". <

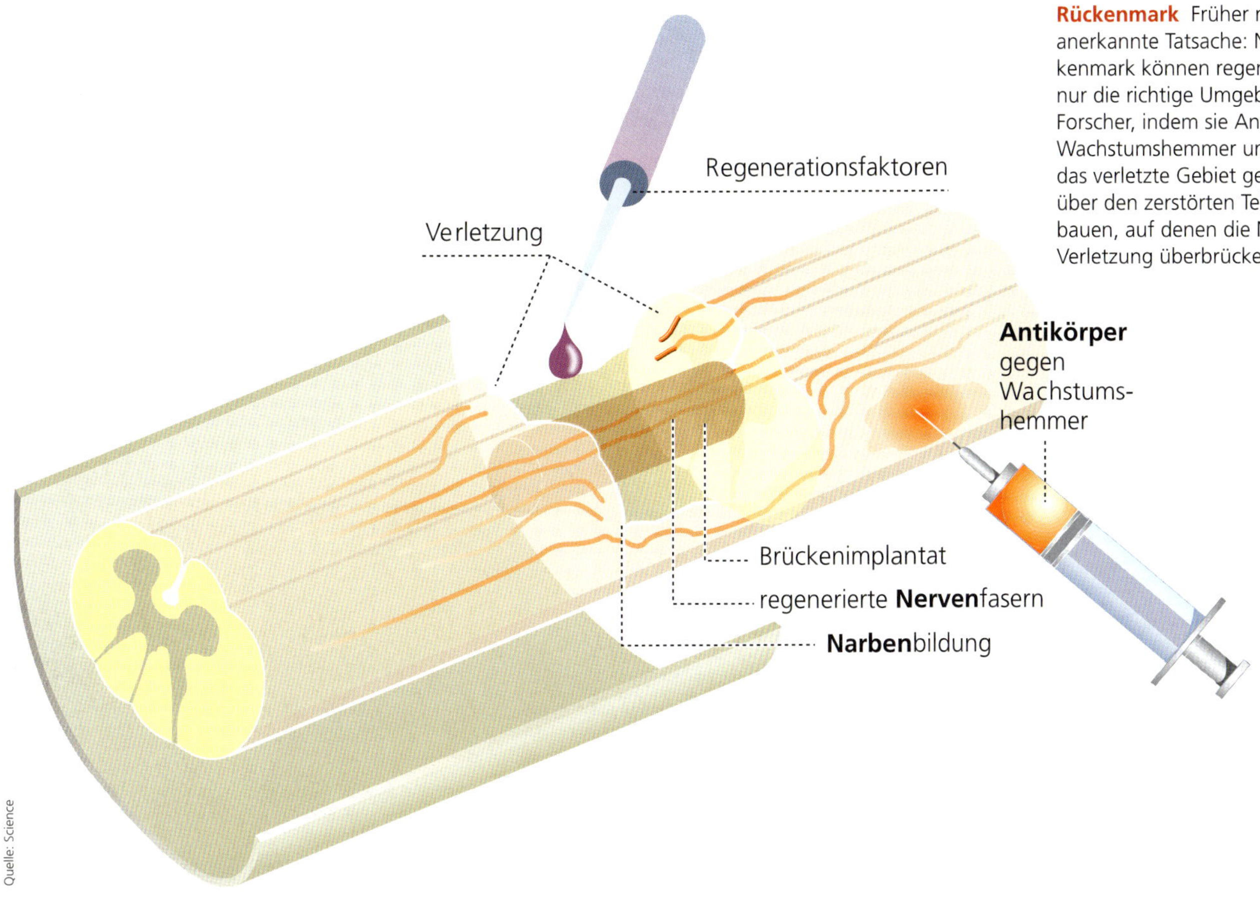

Rückenmark Früher nicht vorstellbar, heute anerkannte Tatsache: Nervenfasern im Rükkenmark können regenerieren. Sie brauchen nur die richtige Umgebung. Die schaffen Forscher, indem sie Antikörper gegen Wachstumshemmer und andere Faktoren in das verletzte Gebiet geben. Oder Gerüste über den zerstörten Teil des Rückenmarks bauen, auf denen die Nervenfasern dann die Verletzung überbrücken können.

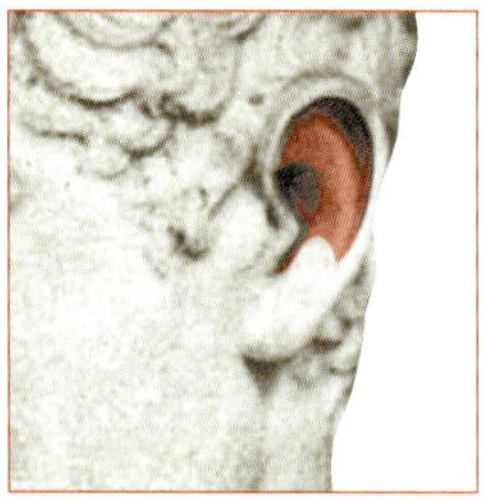

Das simulierte Gehör

Sogenannte Cochlea-Implantate lassen heute schon Taube hören. Die Tonqualität läßt allerdings zu wünschen übrig. Das Ziel der Forscher ist die Stimulation des Gehirns.

Schon vor zwanzig Jahren unternahm die Geräte-Medizin den Versuch, Taube wieder hören zu lassen. Schon damals mit leidlichem Erfolg pflanzten Ärzte ihren Patienten sogenannte Cochlea-Implantate ins Ohr. Heute profitieren weltweit etwa 40 000 Menschen von diesen Neuroprothesen, die mit Hilfe von Elektroden die Funktion der Sinneszellen des Ohrs ersetzen und den Hörnerv direkt in der Hörschnecke, der Cochlea, stimulieren (s. Grafik). Mit diesen Implantaten können einst taube Kinder ganz normale Schulklassen besuchen, Erwachsene können im Alltag Unterhaltungen folgen. Konzerte hingegen können sie nicht in ihrer vollen Vielfalt wahrnehmen – bei hohen Frequenzen hapert es noch mit der Tonqualität.

Auf dem Weg zum perfekten künstlichen Gehör dringen die Forscher nun immer weiter vor. Der Hörnerv im Innenohr war nur der erste Schritt, neue Geräte stimulieren gleich eine Schaltstation im Gehirn. Und manche Forscher, wie Henning Scheich vom Leibniz-Institut für Neurobiologie in Magdeburg, träumen davon, Elektroden direkt an der Hörrinde anzuschließen. Im Tierversuch erzielt er schon kleine Fortschritte. Der Erfolg beim Menschen allerdings ist ungewiß: Viele Forscher befürchten, daß mit dem direkten Zugang zum Gehirn ein Schritt zuviel getan wäre. Wichtige Prozesse etwa für das Sprachverständnis, die nahe am Ohr verschaltet werden, würden die neuen Prothesen übergehen. <

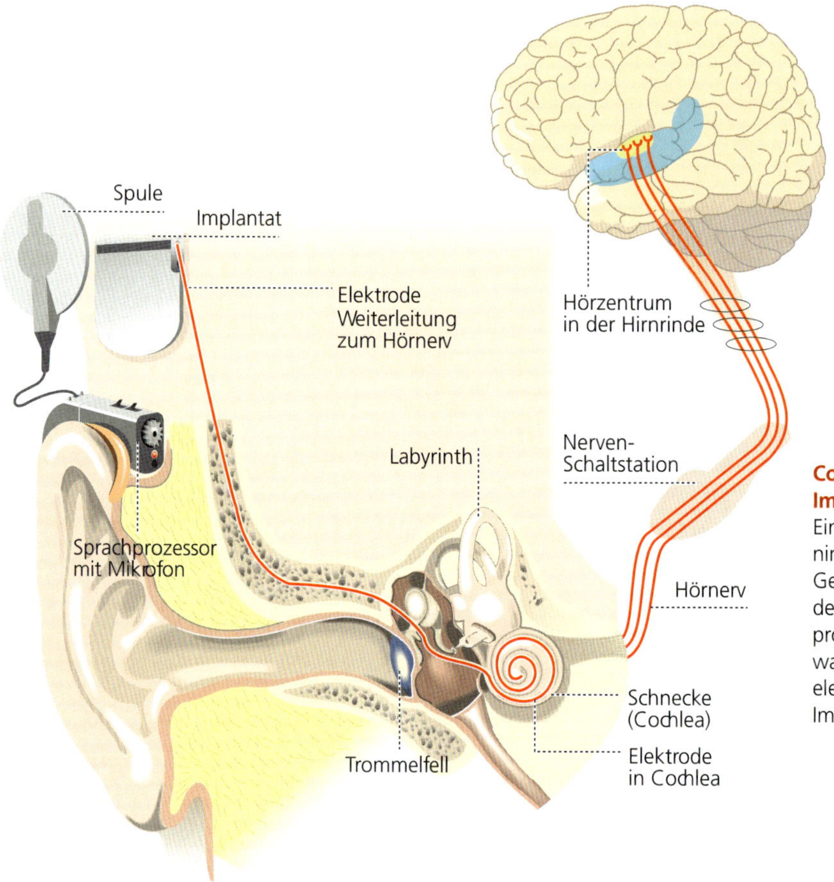

Cochlea-Implantat I Ein Mikrofon nimmt die Geräusche auf, der Sprachprozessor wandelt sie in elektrische Impulse um.

Cochlea-Implantat II Eine Spule ist die nächste Station. Als Radiowellen werden die Impulse zum Implantat im Ohr übertragen. Das leitet sie zur Elektrode im Innenohr, genauer: zur Schnecke (Cochlea). Diese Elektrode stimuliert den Hörnerven, der mit dem Hörzentrum in der Hirnrinde verbunden ist.

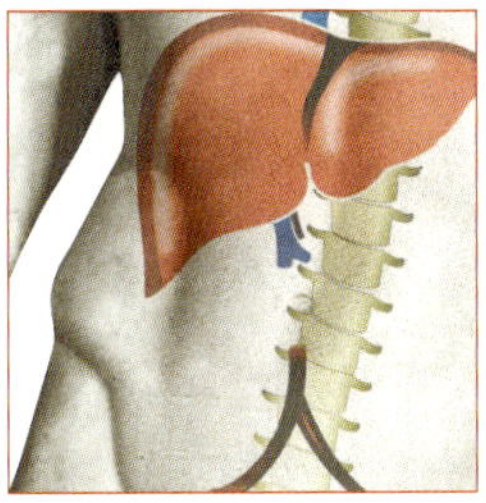

Die künstliche Leber

Energielieferant, Entgiftungsorgan, Eiweißproduzent – die gesunde Leber hat zahlreiche Aufgaben. Gibt es überhaupt eine Chance, sie durch einen Apparat zu ersetzen?

Das größte innere Organ des Menschen ist eine Art biologischer Reaktor. Es wandelt Energie aus der Nahrung, etwa Kohlenhydrate, in eine für den Körper verwendbare Form um. Die Leber reinigt das Blut von giftigen Stoffen, baut Alkohol und Medikamente ab und produziert zudem noch Eiweiße und Galle. Soll all das auch eine künstliche Leber können? Oder stellt man damit nicht zu hohe Anforderungen an einen solchen Organersatz?

Noch am entbehrlichsten ist die Leber als Eiweißfabrik. Viele Proteine können heutzutage künstlich hergestellt werden, zum Beispiel Eiweiße, die das Blut gerinnen lassen. Am wichtigsten ist wohl die Fähigkeit der Leber, das Blut von Ammoniak zu reinigen, das beim Abbau von Proteinen zwangsläufig entsteht: Ein Mensch, dessen Leber versagt, stirbt an den Folgen des hohen Ammoniakspiegels.

Die heute gebräuchlichen Leber-Ersatz-Apparaturen nutzen allesamt isolierte Leberzellen. Der Unterschied der verschiedenen Systeme liegt vor allem in der Herkunft dieser sogenannten Hepatozyten: Die meisten stammen von Schweinen, vor allem deswegen, weil menschliche Hepatozyten rar sind – mindestens ein Fünftel der normalen Lebermasse werden für einen Reaktor benötigt, also etwa 200 bis 300 Gramm. Schweinezellen allerdings können Viren enthalten, die potentiell gefährlich für den Menschen sind.

Leberapparaturen sind momentan noch ein Provisorium: Sie sollen Leberkranken über akute Notsituationen hinweghelfen und Zeit überbrücken, bis eine Spenderleber gefunden wird oder die eigene Leber ihre Tätigkeit wiederaufgenommen hat – was nicht ganz selten vorkommt, das Organ ist erstaunlich regenerationsfähig. <

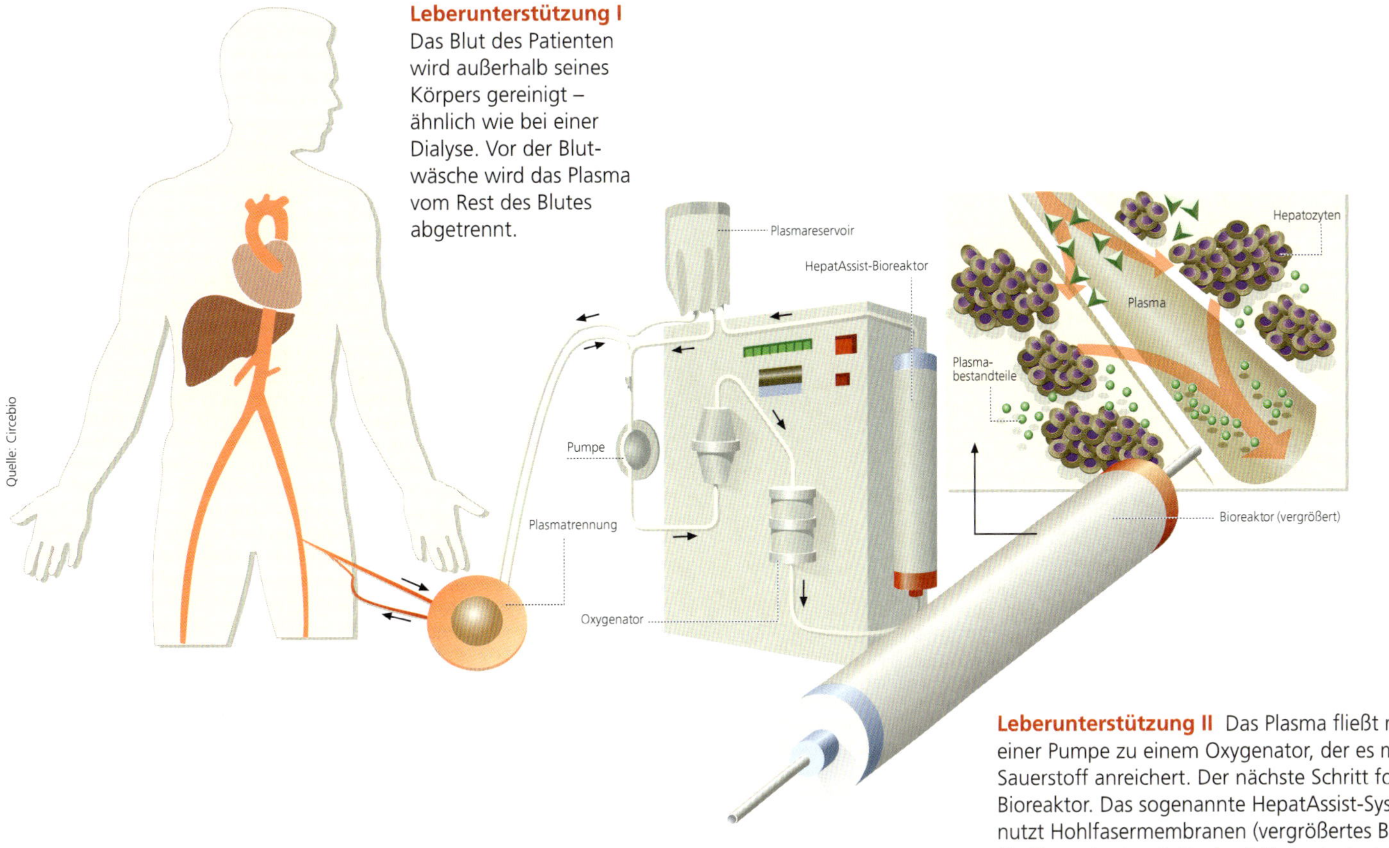

Leberunterstützung I Das Blut des Patienten wird außerhalb seines Körpers gereinigt – ähnlich wie bei einer Dialyse. Vor der Blutwäsche wird das Plasma vom Rest des Blutes abgetrennt.

Leberunterstützung II Das Plasma fließt mit Hilfe einer Pumpe zu einem Oxygenator, der es mit Sauerstoff anreichert. Der nächste Schritt folgt im Bioreaktor. Das sogenannte HepatAssist-System nutzt Hohlfasermembranen (vergrößertes Bild), die für Plasmabestandteile durchlässig sind, nicht aber für Hepatozyten. Das sind isolierte Leberzellen, meist vom Schwein, die hier genauso ihre Aufgabe erfüllen müssen wie in der intakten Leber: Sie müssen das Plasma reinigen und entgiften.

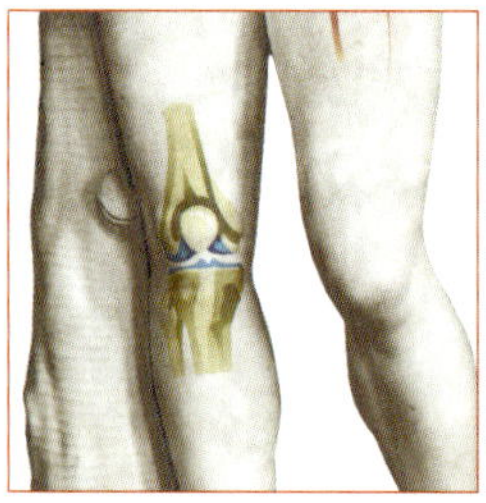

Das reine, perfekte Knie

Infektionen sind eines der großen Probleme beim Einsatz von Prothesen. Jetzt sucht man nach einem Material, das dem vorbeugt.

Die Entwicklung der Prothese nimmt seit Jahren einen ähnlichen Verlauf wie die Außenpolitik der Schweiz. Lange Zeit galt etwa für ein künstliches Kniegelenk die Maxime der größtmöglichen Neutralität. Die Prothese durfte keine Stoffe abgeben und auch keine Immunreaktionen auslösen. Kunstgelenke sollten festwachsen und dann möglichst lange halten.

Die Zeiten ändern sich. Die Schweiz wird demnächst den Vereinten Nationen beitreten, und Mediziner forschen an Biomaterial, das Substanzen auf Kommando freisetzt und mit dem umgebenden Gewebe regelrecht kommuniziert. So beschichten Forscher künstliche Gelenke mit Antibiotika, die durch ein Ultraschallsignal aktiviert werden und eine Infektion der Prothesen verhindern sollen. Wissenschaftler bringen Substanzen auf, die im Körper Stickstoffmonoxyd ausschütten. Das wiederum tötet Bakterien ab und erweitert die Gefäße – die Implantationsstelle wird vermehrt durchblutet und heilt besser. Andere Forscher wollen spezielle Hormone einsetzen, die den Knochen zum Wachstum anregen. Oder sie benetzen die Prothesen mit Stoffen, die dem Körper vorgaukeln, das Implantat sei aus körpereigener Substanz aufgebaut.

Noch in der Entwicklung befinden sich Platten und Schrauben aus Magnesium, die sich im Körper auflösen. Damit könnte nach einem Knochenbruch die zweite Operation entfallen, bei der die Schrauben und Platten wieder entfernt werden müssen. Die Zukunft liegt wieder einmal in den Genen: Biomaterial, das die Gene des umgebenden Gewebes zum Regenerieren von Körperzellen stimuliert. <

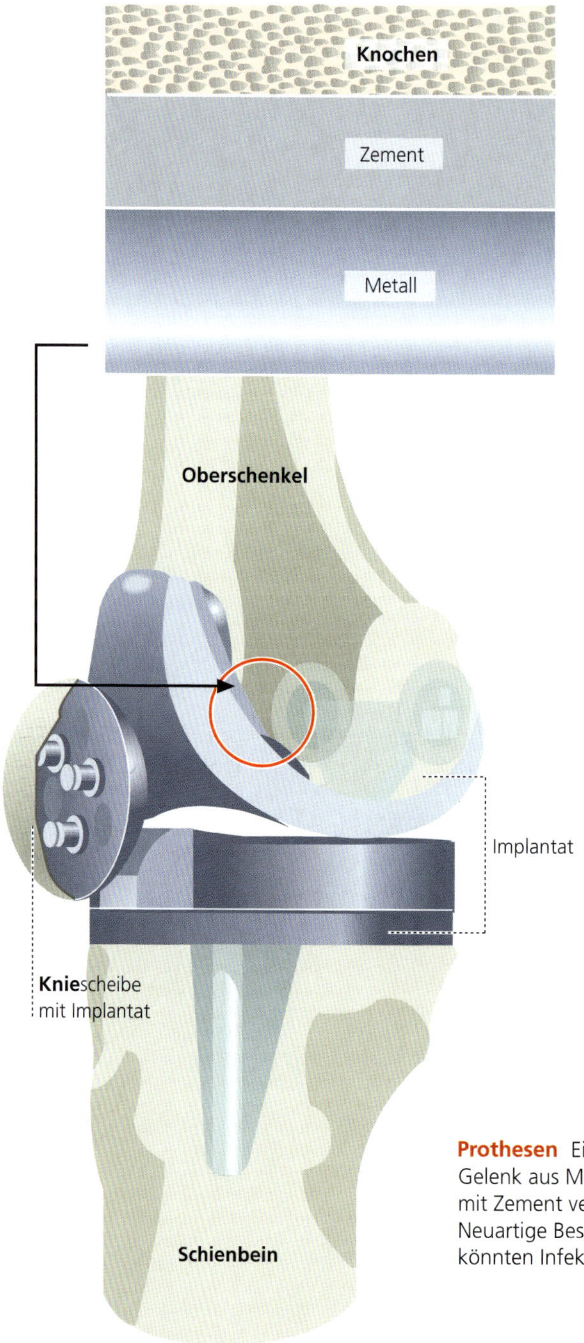

Quelle: www.allaboutarthritis.com

Prothesen Ein künstliches Gelenk aus Metall (blau) wird oft mit Zement verankert. Neuartige Beschichtungen könnten Infektionen vorbeugen.

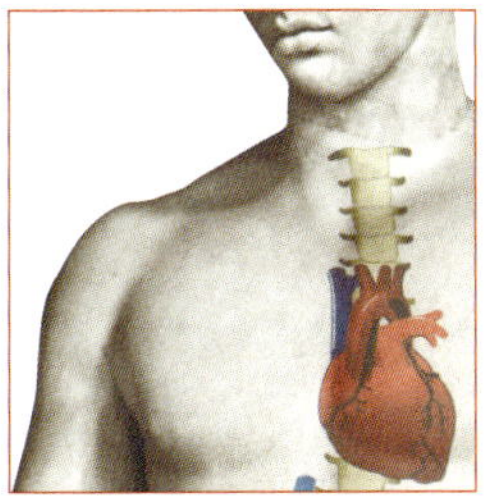

Herz ohne Puls

Wenn das Zentralorgan des Menschen versagt, bleibt häufig nur die Transplantation. Doch Spenderherzen sind knapp. Vielleicht sind Pumpen eine Alternative.

Wenn alles glatt läuft, haben Ärzte in Zukunft ein Problem. Dann können sie bei einigen ihrer Patienten keinen Puls mehr fühlen. Das ist zwar auch heute schon so und ein fast untrügliches Zeichen für den Tod. In einigen Jahren aber wird es Menschen geben, die Fernsehen gucken, vielleicht sogar Sport treiben – ohne daß bei ihnen ein Puls zu fühlen wäre. Wenn, wie gesagt, alles glatt läuft. Denn momentan sind die Geräte, die ein pulsloses Leben ermöglichen, erst in Erprobung: die neuste Generation der sogenannten Ventricular Assist Devices (VADs), übersetzt etwa Herzkammer-Hilfspumpen. Sie erzeugen einen permanent gleichförmigen Blutstrom – deswegen ist kein Puls zu fühlen. VADs werden schon seit den sechziger Jahren entwickelt, den Durchbruch schafften sie aber erst in den neunziger Jahren. Sie unterstützen die linke Herzkammer, die das Blut in den letzten Winkel des Körpers pumpen soll, dafür aber manchmal zu schwach ist. VADs sind etwa nach einem Herzinfarkt die eine, die Transplantation eine weitere Möglichkeit. Doch Spenderherzen sind knapp. So hat die Firma Abiomed ein künstliches Herz entwickelt. Abiocor heißt es: ein Kilogramm schwer, gefertigt aus Titan. Viele Herzspezialisten halten es für überholte Technik. Die meisten setzen auf die VADs, die kleiner sind und das Herz entlasten – so lange, bis ein geeignetes Spenderherz verfügbar ist. Oder bis es die Pumparbeit wieder alleine erledigen kann. Denn in einigen Fällen erholt sich das Herz mit dem VAD so gut, daß es danach nicht mehr ersetzt werden muß. <

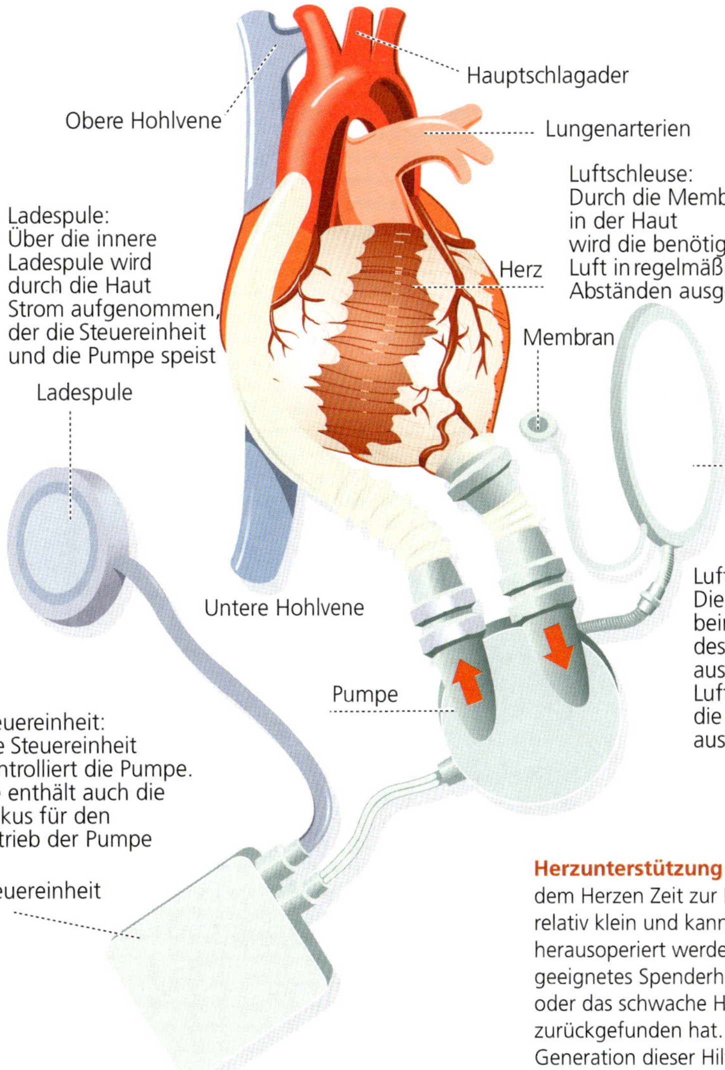

Herzunterstützung Eine Pumpe gibt dem Herzen Zeit zur Erholung. Sie ist relativ klein und kann auch wieder herausoperiert werden – wenn ein geeignetes Spenderherz gefunden ist oder das schwache Herz zu alter Stärke zurückgefunden hat. Die nächste Generation dieser Hilfspumpen soll einen gleichförmigeren Blutstrom erzeugen.

Babies soll man schaukeln und nicht rütteln

Säuglinge sind schwierige Kunden. Sie schreien viel.

VON JÖRG ALBRECHT

Wer lange genug über Kinderwagen nachdenkt, landet im Grundsätzlichen. Was ist der Mensch? Über diese Frage hat sich schon mancher den Kopf zerbrochen. Homo sapiens, Homo ludens, Homo faber, alles das ist der Mensch, und noch mehr. Der englische Reiseschriftsteller Bruce Chatwin war vor allem davon überzeugt, daß der Mensch eine wandernde Spezies sei. In seinem Roman „Traumpfade“ widmet er dieser Theorie viel Platz. Nomaden seien wir, von unserer Herkunft her, und dazu bestimmt, zu wandern und zu wandern und zu wandern.

Chatwin zitiert unter anderem den Kinderpsychiater John Bowlby. In seinem mittlerweile klassischen Werk „Attachment and Loss“ beschreibt Bowlby ein Experiment, das er in der Tavistock-Klinik in London durchgeführt hat. Ausgangspunkt dieses Experiments war die Beobachtung, daß jedes Baby automatisch zu schreien beginnt, sobald es allein gelassen wird. Die meisten Mütter wissen das, und um ihr Kind zu beruhigen, nehmen sie es meist auf den Arm, wiegen es mehr oder weniger sanft oder wandern mit ihm umher, bis es sich wieder in ein zufriedenes menschliches Mitgeschöpf verwandelt hat.

Bowlby bastelte nun eine Maschine zusammen, die den Gang, das Tempo und die Bewegungen einer Mutter perfekt imitierte. Dann probierte er sie an einer Reihe von Versuchssäuglingen aus. Das Ergebnis war mehr oder weniger eindeutig: Vorausgesetzt, das Baby war ansonsten gesund, satt und fror nicht, hörte es sofort zu schreien auf, wenn es in wiegende Bewegungen versetzt wurde. „Die ideale Bewegung“, resümierte Bowlby, „ist eine vertikale, mit einer Verschiebung von zehn Zentimetern in jede der beiden Richtungen.“ Außerdem war es wichtig, wie schnell gewiegt wurde. Langsames Wiegen allerdings half nicht; die Frequenz mußte schon fünfzig Wiegebewegungen pro Minute und mehr betragen, dann schloß auch der ärgste Schreihals seinen Mund. Und das, folgerte Bruce Chatwin, sei der Beweis dafür, daß Babys immer noch ein kollektives Bild von jenen Tagen in sich haben, als ihre Mütter mit ihnen durch die Savanne zogen, sei es auf der Suche nach Nahrung, sei es auf der Flucht vor Raubkatzen oder, ähnlich wie heute, einfach nur, um Nachbarn oder Freunde zu besuchen.

Bowlby ging noch weiter. Wenn jeder Säugling Gefallen an der Vorwärtsbewegung findet, so sein Gedanke, müsse sich als nächstes auch herausfinden lassen, warum er es nicht erträgt, still dazuliegen, wie es seine geplagten Eltern oft am liebsten hätten. Bowlby setzte seinen ganzen analytischen Scharfsinn ein, um diese Frage zu beantworten. Er entwickelte daraus später sogar eine komplette Theorie, welche die komplexen emotionalen Bande zu erklären versucht, die zwischen Mutter und Kleinkind von Anfang an instinktiv herrschen (Bowlby nannte sie die „Theorie der Monotropie“).

Warum also stößt ein allein gelassener Säugling manchmal regelrechte Entsetzensschreie aus, die sich vom üblichen Wimmern aufgrund von Kälte, Hunger oder Schmerzen unterscheiden? Warum vernimmt eine Mutter solche Schreie noch durch sieben Wände hindurch? Warum hat das Kind Angst vor dem Dunkeln, vor dem Fremden, vor schnell sich nähernden Gegenständen, warum träumt es von Ungeheuern, wacht schweißgebadet auf, flüchtet sich zitternd zu den Eltern ins Bett, wo doch nichts existiert, was es derart existentiell bedrohen könnte? Woher kommen all diese verwirrenden Phobien, die nicht einmal Freud erklären konnte? Bowlbys Antwort: Das alles läßt sich zwanglos durch die andauernde Anwesenheit von Raubtieren im urzeitlichen Lebensbereich der Menschen erklären.

„Die wichtigste Quelle des Schreckens in der Kindheit“, schrieb dazu Ende des vergangenen Jahrhunderts der amerikanische Psychologe William James, „ist Einsamkeit.“ Ein einsames Kind, das strampelt und zappelt und schreit, demonstriert nicht etwa seinen Aggressionstrieb, seinen Wunsch, die Umwelt zu tyrannisieren. „Es schreit“, kommentiert Bruce Chatwin, „weil es, wenn die Mutter nicht in wenigen Minuten zurückkommt, von der Hyäne geschnappt werden wird.“

Vor allem nachts will das niemand. In der Nacht, sagt das Sprichwort, sind alle Katzen grau. Für uns sind sie grau, weil wir nachtblind sind, verglichen mit den Katzen, die des Nachts besser zu sehen scheinen als am hellerlichten Tag. Wenn man sich nun vor Augen hält, daß auch der sanfteste Stubentiger noch ein Abkömmling jener reißenden Säbelzahntiger ist, die dem Menschen seine Frühzeit streitig machten, dann ahnt man, warum Kinder, die von ihrer Mutter verlassen sind, irgendwann nicht mehr schreien, sondern in völlige Stille verfallen. Denn wenn eine Mutter, schreibt Chatwin, ihr Kind tatsächlich und endgültig verlassen hat, ist seine einzige Chance zu überleben, daß es stumm bleibt.

Und ist, fragt Chatwin weiter, dieses „manichäische Drama“ vom Licht, von der Finsternis und dem wilden Tier nicht ohnehin das Kernproblem der menschlichen Existenz? Was hat das nun alles mit dem Kinderwagen zu tun? Als erstes wäre es mal gut, wenn er die Bewegungen einer Mutter, die ihr Kind mit sich trägt, halbwegs nachbilden würde. Das geht natürlich schon aus physikalischen Gründen nicht, denn der Kontakt vierer Räder mit dem Großstadtpflaster ist ein anderer als der Kontakt zweier menschlicher Fußsohlen mit dem weichen Steppenboden. Also sollte er zumindest gefedert sein. Aber wie stark? Welche Dämpfung sollte dabei entstehen? Fragen, die normalerweise von Fahrgestelltechnikern gelöst werden müssen. Die Automobilhersteller kennen sich denn auch aus mit der Schwingungsphysik, sie haben aber auch einen entscheidenden Vorteil im Vergleich zu den Herstellern von Kinderwagen: Sie können ihre Kunden fragen, was und wie es ihnen am besten gefällt. Säuglinge dagegen? Die schreien den ganzen Tag, egalweg, wegen allem möglichen

Der holprige Weg der Kinderwagentechnik: Das Ziel ist die Vortäuschung des anthropologischen Urzustandes.

Britischer Landadel. Um 1880 konnten die Kinderwagen in England nicht elegant genug ausfallen. Dieses Modell (Hersteller unbekannt) verfügt über zwei Porzellangriffe und ein filigranes Räderwerk, das schon auf Kies versagt.

Fotos Manfred Mahn

Wassilios Fthenakis, Direktor des Münchner Instituts für Frühpädagogik, ist einer der wenigen Forscher, die solchen Fragen überhaupt jemals nachgegangen sind. Das ist allerdings schon zwanzig Jahre her, heute arbeitet er auf dem Gebiet der Familienforschung. Man müßte, sagt Fthenakis, Kinderwagen eigentlich folgendermaßen testen: Der Proband wird hineingesetzt und über eine definierte Holperstrecke geschoben. Dabei wird sein Gesicht gefilmt – so wird festgehalten, ob der Säugling selig lächelt, zufrieden ausschaut oder seine Züge schmerzhaft verzerrt. Parallel dazu müßte man ein paar physiologische Parameter bestimmen: den Hautwiderstand etwa, oder den Pulsschlag. So bekäme man vielleicht etwas heraus über die Konstruktion des idealen Kinderwagens. Wenn man wollte. Aber offenbar will das niemand. Es geht ja auch nur um das Wohlbefinden und um den Gemütszustand kleiner Kinder. Woher diese Ignoranz? Fthenakis muß lachen: „Offen gestanden, ich weiß es nicht. Bis vor wenigen Jahren hatten wir noch nicht mal ein Konzept, den Begriff Elternschaft psychologisch exakt zu fassen." Und Fthenakis fügt etwas hinzu, das paradigmatisch für jede Art von Wissenschaft gelten könnte: „Auf die elementaren Fragen des Lebens wissen wir ohnehin keine Antwort." <

Testergebnisse im Shredder, Museum in Holland, und Sankt Petersburg ist weit

Von der Lust
an der Recherche. Und von ihren Grenzen.

Am Anfang stand, wie immer, eine Beobachtung. „Ist dir schon aufgefallen, daß die jungen Mütter heutzutage mit dem Kinderwagen über den Kantstein knallen wie blöde?“, fragte Manfred Mahn, der Fotograf, der Dinge sieht, die andere nicht sehen, weil sie nicht so genau hinschauen. Eigentlich nicht, mußte ich gestehen. Dann kam, wie immer, eine Idee. Warum fotografieren wir das Ganze nicht mal? So ist das immer mit Manfred Mahn.

Der Fortgang der Recherche ist schnell erzählt. Anruf bei der Stiftung Warentest. Ja, gerade sei ein Bericht erschienen, „Jeeps für die Kleinen“ test 3/2001). Tenor: „Robuste Kinderkutschen mit großen Luftreifen sind in Mode und kommen auch im Gelände gut voran. Doch zum Joggen taugen sie wenig. Elf Modelle waren im Test, vom „Quinny Freestyle 4“(300 Euro) über den „Hack City Shopper Air“ (175 Euro) bis zum „ABC Design Tech Rider Plus“ (nicht mehr im Angebot).Wenig befriedigendes Ergebnis: Alle Modelle schnitten mit der Note „befriedigend“ ab.

Nächste Station: Testleiter Rüdiger Simonides. Mit Wehmut erinnert er sich an die Zeiten, als Tests noch richtige Experimente waren. „Wir haben damals völlig neue Methoden entwickelt.“ Er würde sich gern ins Archiv bemühen, da müßten noch Zentner von Material über das Schwingungsverhalten von Kinderwagen lagern. Ernüchterndes Ergebnis: Die Stiftung Warentest hat alles in den Shredder geworfen, auf Grund beengter Platzverhältnisse und weil sich ohnehin niemand mehr für den alten Kram interessiert. Traurig überreicht Rüdiger Simonides ein schmales Mäppchen mit dem Rest vom Schützenfest: „Vielleicht hat Dieter Gläser noch mehr darüber.“ Dieter Gläser lebt im Ruhestand; vormals war er Verkaufsleiter Deutschland der italienischen Firma Perego. Dieter Gläser schickt einen alten Prospekt aus den achtziger Jahren. Darin finden sich ein paar Meßprotokolle.

Nächster Schritt: Anruf bei der Firma Perego, die sich inzwischen in amerikanischer Hand befindet. Dottore Perego ist im Urlaub. Aus dem Urlaub zurückgekehrt, ist er zur Messe. Von der Messe zurückgekehrt, ist er wieder im Urlaub. Der Rest der Firma tagt in Permanenz, weshalb die Firma Perego bis heute kein einziges Lebenszeichen von sich gegeben hat.

Für solche Fälle wurde das Internet erfunden. Laut Google gibt es genau zwei Kinderwagenmuseen in Europa, Eines in Thüringen, eines in Holland. Wir entscheiden uns für das in Holland. Es wird von Mieneke van Noort geleitet, die einen hervorragenden Apfelkuchen backt. Sie hat auch nichts dagegen, daß wir ihre schönsten Exponate nach draußen schleppen, drei davon anschließend nach Hamburg verfrachten, um sie einem erbarmungslosen Rütteltest zu unterziehen. Nur verkaufen will uns Mieneke van Noort keinen ihrer Kinderwagen, und sei er noch so unansehnlich. Dabei haben wir ihr gar nicht gesagt, was wir damit vorgehabt hätten: Wir hätten ihn nach St. Petersburg geschafft, um die Schlüsselszene aus Sergej Eisensteins „Panzerkreuzer Potemkin“ nachzustellen. Darin fällt ein Kinderwagen in Zeitlupe eine sehr, sehr lange Treppe hinunter. Wir leihen uns den häßlichsten Wagen kurz aus. Beschweren ihn mit Ziegelsteinen. Und schubsen ihn die kurze Eingangstreppe vorm Museum herunter. Auf der zweiten Stufe überschlägt er sich bereits. „Manfred“, sage ich, „wir fahren nicht nach St. Petersburg.“ <

Panzerfahrzeug. Mit dem französischen Modell Terrot gingen Eltern in den unruhigen 30ern spazieren.

Das Schlagloch-Suchgerät. Eine Buggy der Firma Chico wird über die Teststrecke der Sonntagszeitung geschoben. Die Lichtspuren beweisen, daß bei diesem Modell auf jeden Federungskomfort verzichtet wurde. Eine harte Sache für Babies.

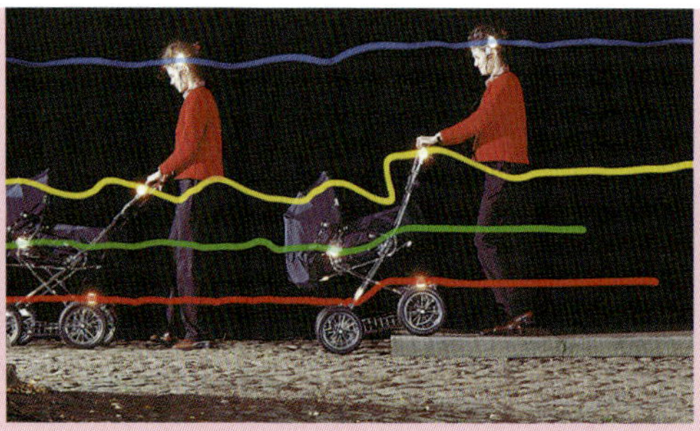

Die Schwabbelkiste. Ein Corrado von Hespa zeigt vor allem am Kantstein gewisse Schwächen. Das Baby liegt zwar ruhig, doch die Mutter muß sich wegen des Nickverhaltens am Griff sehr konzentrieren (blaue Lichtspur).

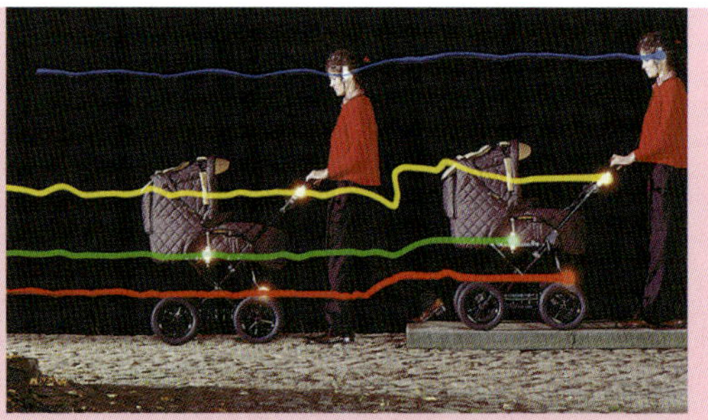

Unser Testsieger. Ein Hartan Profi schnitt bei den Versuchen der Sonntagszeitung am besten ab. Er zeigte ein harmonisches Verhältnis zwischen Schwingungs- und Dämpfungseigenschaften: Er federt, aber das Baby schläft.

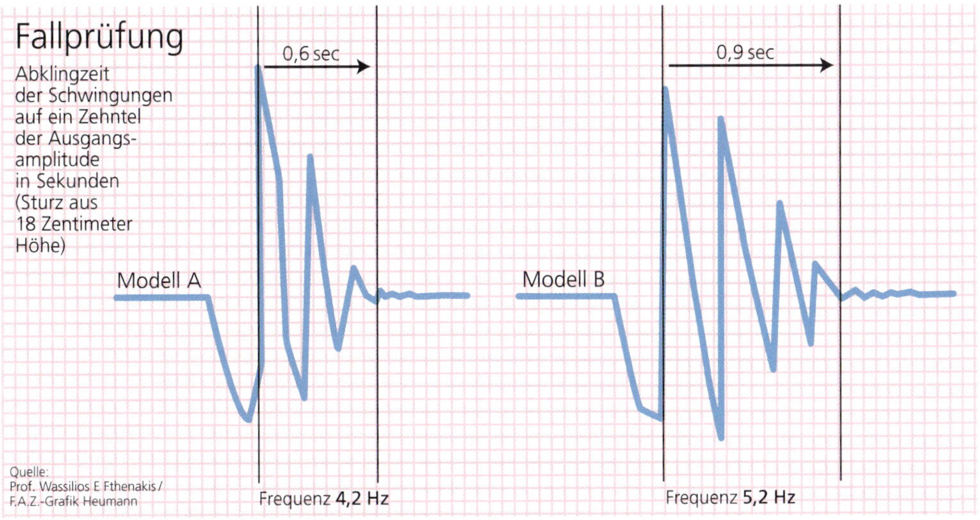

Angewandte Schwingungsphysik. Dies sind die einzigen übriggebliebenen und der Interpretation zugänglichen Kurven aus einer umfangreichen Versuchsreihe der Stiftung Warentest. Mitte der achtziger Jahre entwickelten Ingenieure im Auftrag der Stiftung mehrere Methoden, das Schwingungsverhalten von Kinderwagen nach wissenschaftlichen Kriterien zu prüfen. Dazu zählte ein Fallversuch (Sturzhöhe 18 Zentimeter), bei dem das Modell A (links) besser abschnitt als das Modell B: Bereits nach 0,6 Sekunden war die Amplitude auf ein Zehntel reduziert.

Shakertest, Fallversuche, Rüttelstrecke, Dämpfungsprüfung

Experimente im Dienst am Kleinkind.

Wie testet man das Schwingungsverhalten eines Kinderwagens? Die Stiftung Warentest hat dazu vor fünfzehn Jahren ein aufwendiges Verfahren entwickelt. Wassilios Fthenakis, damals Leiter eines Institute for Research of the Behavioral Sciences, war maßgeblich daran beteiligt. Fallversuche wurden durchgeführt, die Bewegungen des Kinderwagens telemetrisch erfaßt und aufgezeichnet. Im Test waren unter anderem vier Modelle der Firma Perego (Werbeslogan: „Pluspunkte für Komfort und Sicherheit"). Nur von diesem Test sind Unterlagen erhalten geblieben.

Das Dämpfungsverhalten des Kinderwagens wurde danach beurteilt, wie schnell er nach dem Aufprall zur Ruhe kam: Je schneller, desto besser. Dahinter stand die Überlegung, daß unnötige Beschleunigungen des Kleinkindes zu vermeiden sind. Beschleunigung wird als ein Vielfaches der Erdanziehung gemessen – was ein Astronaut noch aushält, wäre einem Säugling nicht mehr zuzumuten. Parallel zu den Fallversuchen entwickelten die Prüfer damals ein Verfahren, das sie „Shaker-Test" nannten. Ein speziell entwickeltes Sieb wurde mit Sand gefüllt, auf dem Bodengestell des Kinderwagens befestigt und anschließend die Länge des Weges ermittelt, die man das Gefährt über eine Rüttelstrecke schieben mußte, bis das Sieb vollständig entleert war. Diese Testergebnisse sind nur noch in Bruchstücken vorhanden.

Fotografisch läßt sich das Schwingungsverhalten direkter darstellen. Nötig sind nur eine Teststrecke, in diesem Falle Kopfsteinpflaster, partiell belegt mit Gehwegplatten, um den Kantstein eines Bürgerstigs zu simulieren. Eine rote, eine grüne und eine gelbe Leuchte markieren die Position des Radgestells, des Kleinkindes und des Kinderwagengriffs. Die Testperson, hier eine leibhaftige Mutter, trägt zusätzlich eine blaue Leuchte an der Stirn, um die Bewegungen des Erwachsenen aufzuzeichnen.

Zum Test der Sonntagszeitung gelangten drei moderne Kinderwagen, einer davon ein dreirädriger fürs Joggen im Gelände, ein sogenannter Buggy. Um es vorwegzunehmen: Dieser Wagen schnitt mit Abstand am schlechtesten ab. Praktisch federungsfrei bildet er den Untergrund eins zu eins ab, das heißt, das Kind spürt jeden Kieselstein. Die älteren Modelle, die das Kinderwagenmuseum Nieuwolda freundlicherweise zur Verfügung stellte, wurden der gleichen Prozedur unterzogen. Verblüffendes Ergebnis: Auch hier gab es einen üblen Rüttler, nämlich einen mit reichen Holzschnitzereien verzierten Wagen der Firma Naether aus Zeitz, Sachsen-Anhalt, Baujahr ca. 1900. Zur Erklärung muß man vielleicht hinzufügen, daß die Reifen dieses Modells, ursprünglich wohl aus Vollgummi, nicht mehr in allerbestem Zustand sind.

Als bestes, weil am harmonischsten schwingendes und gleichzeitig relativ gedämpftes Fabrikat schnitten ein Hartan Profi und ein französischer Wagen der Firma Terrot, Baujahr 1930 ab. Der Terrot lag gleichzeitig gut in der Hand und auf der Straße, ähnlich einem alten Citröen. Beide Fahrzeuge hätte man seinerzeit auch für einen Bankraub verwenden können, wobei der Citröen wahrscheinlich unter erheblich größerer Geräuschentwicklung um die Ecke gebogen wäre. Mit dem Kinderwagen hätte man sich nahezu unbemerkt aus dem Staub machen können, vorausgesetzt, das Kind hätte mitgespielt und sich, wie im Lehrbuch, ruhig verhalten.

Was lernen wir daraus? Der Fortschritt ist manchmal eine Schnecke. <

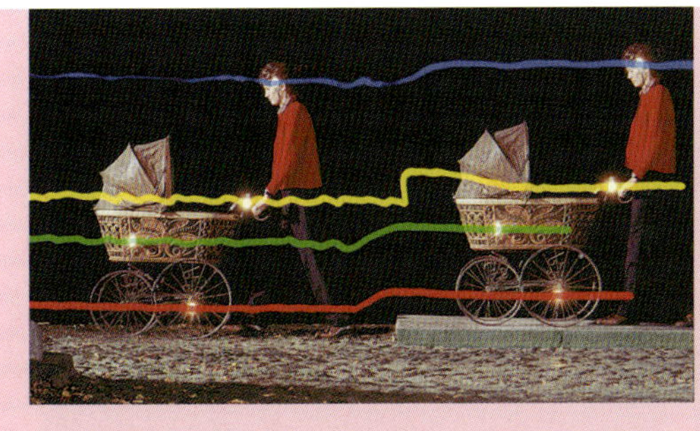

Das Kunstwerk. Ein Modell der Firma Naede aus Zeitz in Sachsen-Anhalt, Baujahr ca. 1900, rüttelt in etwa so übel wie ein moderner Buggy. Was vielleicht daran liegt, daß die ursprüngliche Vollgummi-Bereifung steinhart geworden ist.

Der Baby-Kübelwagen. Ein Terrot, 1930 in Frankreich hergestellt, zeigt nahezu das gleiche Verhalten wie unser Testsieger. Siebzig Jahre technischer Fortschritt scheinen spurlos am Kinderwageningenieurswesen vorbeigegangen zu sein.

Drei • Räder • sind • schick

Die Geschichte des Kinderwagens: Markt, Mode, Technik

Kinderwagen sind eine Erfindung der Neuzeit. Bis ins 19. Jahrhundert hinein wurden kleine Kinder getragen – oder sie blieben zu Hause.

Als Urheimat des Kinderwagens gilt England. Die ersten Modelle wurden aus Holz oder Schilf hergestellt; die Räder mußten mit einem Eisenband zusammengehalten werden, weil die Wagenmacher jener Zeit noch nicht die Fertigkeit besaßen, so große Räder aus einem Stück zu bauen. Im übrigen hatten die Wagen auch nur drei Räder, und zwar deshalb, weil es nicht gestattet war, mit vier Rädern den Bürgersteig zu befahren. Außerdem war pro Rad eine Extrasteuer fällig.

Im Kinderwagenmuseum von Nieuwolda nahe der niederländisch-deutschen Grenze sind einige der frühen Kinderwagen zu sehen (geöffnet vom 1. April bis 1. November mittwochs, samstags und sonntags von 13 bis 18 Uhr, Tel. 0031 596 541941; www.kinderwagenmuseum.nl). Der älteste stammt von 1840. Sechs Jahre später bestellte Königin Victoria in London gleich drei Wagen, standesgemäß ausgestattet inklusive Sonnenschirm. Der englische Adel, von der Mode bei Hofe inspiriert, zog nach und orderte Kinderwagen wie am Fließband. Um 1850 herum gab es in England bereits zwanzig Kinderwagenfabriken. Sie lieferten beste Qualität. Namen wie Pedigree, Montfort oder Harris hatten bald auch auf dem Kontinent einen guten Klang. Am prestigeträchtigsten allerdings war der Besitz eines „Wilson Silver Cross“; er galt als der Rolls-Royce unter den Kinderwagen.

Die Kunst des Wagenbaus blieb natürlich nicht auf England beschränkt. Auch in Deutschland bildeten sich mehrere Produktionsstandorte heraus. Einen guten Namen erwarb sich beispielsweise die Firma Naether in Thüringen. Noch heute sind einige ihrer Produkte in einer Dauerausstellung im Museum Schloß Moritzburg im sachsen-anhaltischen Zeitz zu besichtigen (geöffnet täglich außer montags von 10 bis 17 Uhr). Andere Hersteller ließen sich in Westfalen oder im Fränkischen nieder. Bei der Produktion waren der Phantasie kaum Grenzen gesetzt. So gab es reich verzierte Modelle aus Holz, aus emailliertem Blech, aus Stoff, aus Pappe, später auch aus Bakelit und anderen Kunststoffen.

Die Ironie der Geschichte will es, daß dreirädrige Kinderwagen heute wieder der letzte Schrei sind. Die Joggingwelle hat dafür gesorgt, daß die Mode zurück zum Urmodell tendiert, obwohl die Laufeigenschaften eines dreirädrigen Fahrzeugs alles andere als günstig sind – und bei Schnee ziehen sie auch noch eine dritte Spur.

Überhaupt wird heute weniger Gewicht auf Ausstattung gelegt. Wichtig ist offenbar nur, daß ein Kinderwagen leicht zu transportieren ist und nach Möglichkeit ins Auto paßt. Es gibt auch längst nicht mehr so viele Hersteller. Die Firma Teutonia hat den größten Marktanteil in der High-End-Kategorie (ab 500 Euro aufwärts). „Man geht in ein Geschäft“, sagt dazu unsere Gewährsmutter aus Hamburg-Blankenese, „guckt sich tausend Kinderwagen an und kommt am Ende immer mit einem dunkelblauen Teutonia heraus.“

In ähnlicher Qualität, nur vielleicht nicht ganz so sportlich, kommen die Wagen der Firma Hesba daher. Wer Wert auf Design legt, greift möglicherweise zu einem italienischen Modell aus dem Hause Inglesina. Chicco, ebenfalls aus Italien, setzt die Qualitäts- und Preisskala nach unten fort, die billigste Kategorie eines No-name-Herstellers ist schon um 125 Euro zu haben, wobei man dann allerdings deutliche Abstriche in bezug auf Federungskomfort und Lebensdauer machen muß. <

Korbflechter, Tischler und Wagenmacher gaben ihr Bestes, um diese repräsentative Karre herzustellen. Es gab Zeiten, da war so etwas in Sachsen-Anhalt unterwegs – nur hundert Jahre ist das her.

Mutationstyp A: Die genetische Blaupause (mRNA), nach der das Protein in den Eiweißfabriken der Zelle (Ribosomen) hergestellt werden soll, weist gravierende Druckfehler auf. Die verkürzte Bauanleitung wird entweder gar nicht gelesen oder es entstehen nur kurze Proteinbruchstücke. Den Patienten mit diesen eher seltenen Mutationen fehlt das intakte Protein völlig.

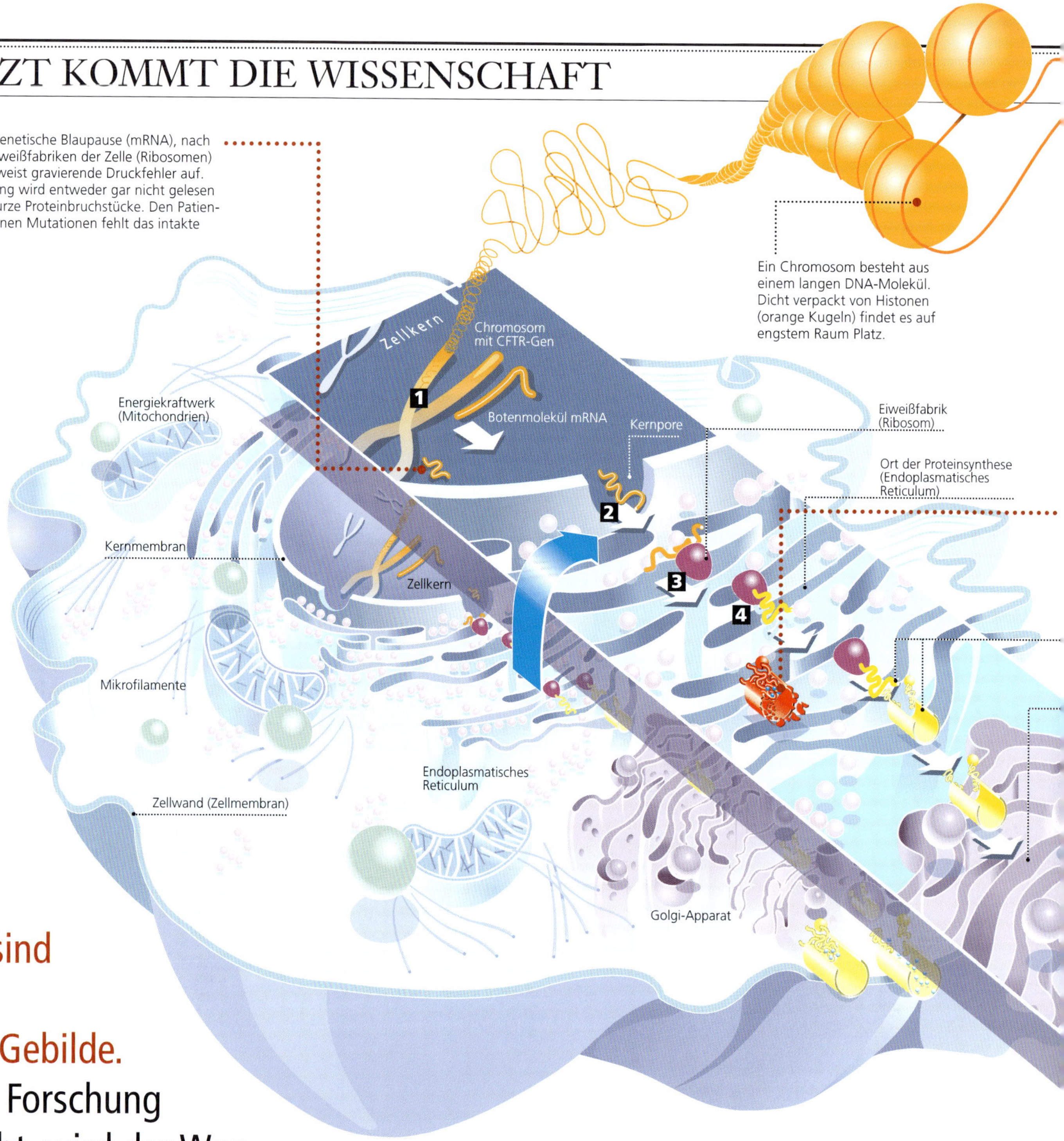

Ein Chromosom besteht aus einem langen DNA-Molekül. Dicht verpackt von Histonen (orange Kugeln) findet es auf engstem Raum Platz.

Proteine sind raffiniert gefaltete Gebilde. Wenn die Forschung sie versteht, wird der Weg für eine neue Medizin frei.

Molekulares ORIGAMI

F.A.Z.-Grafik Karl-Heinz Döring (4)

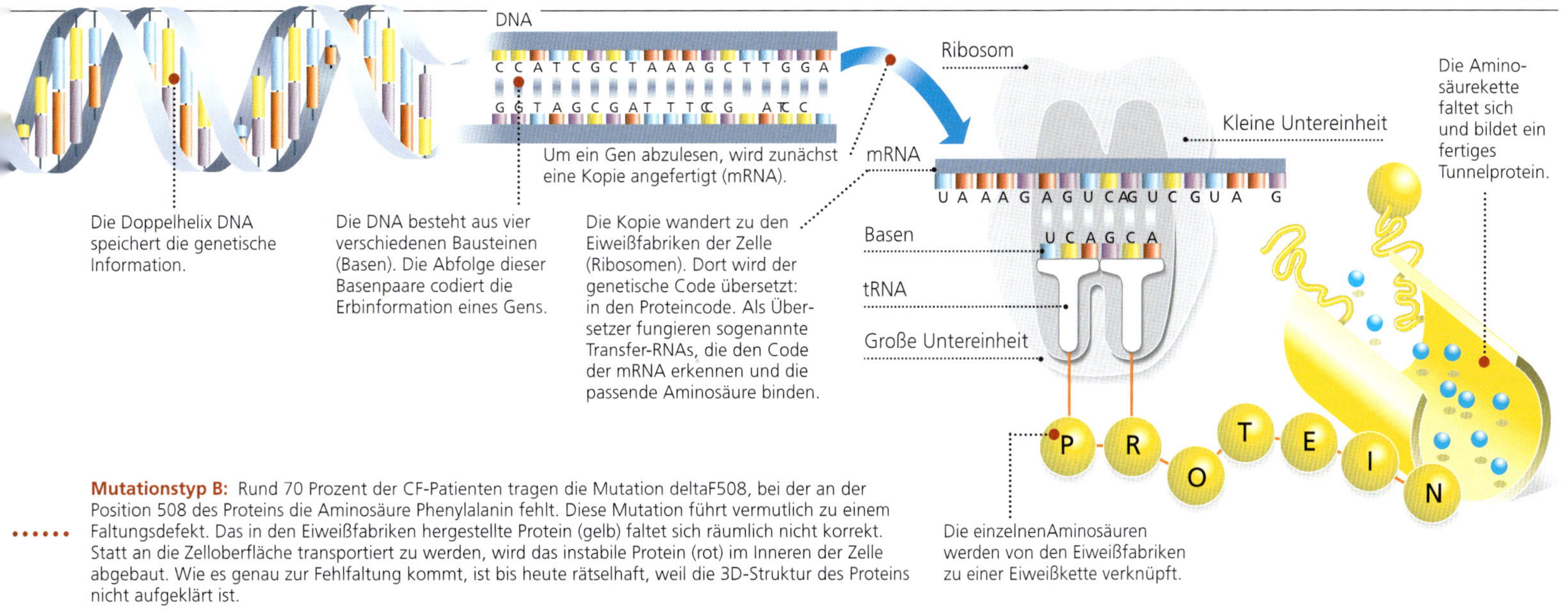

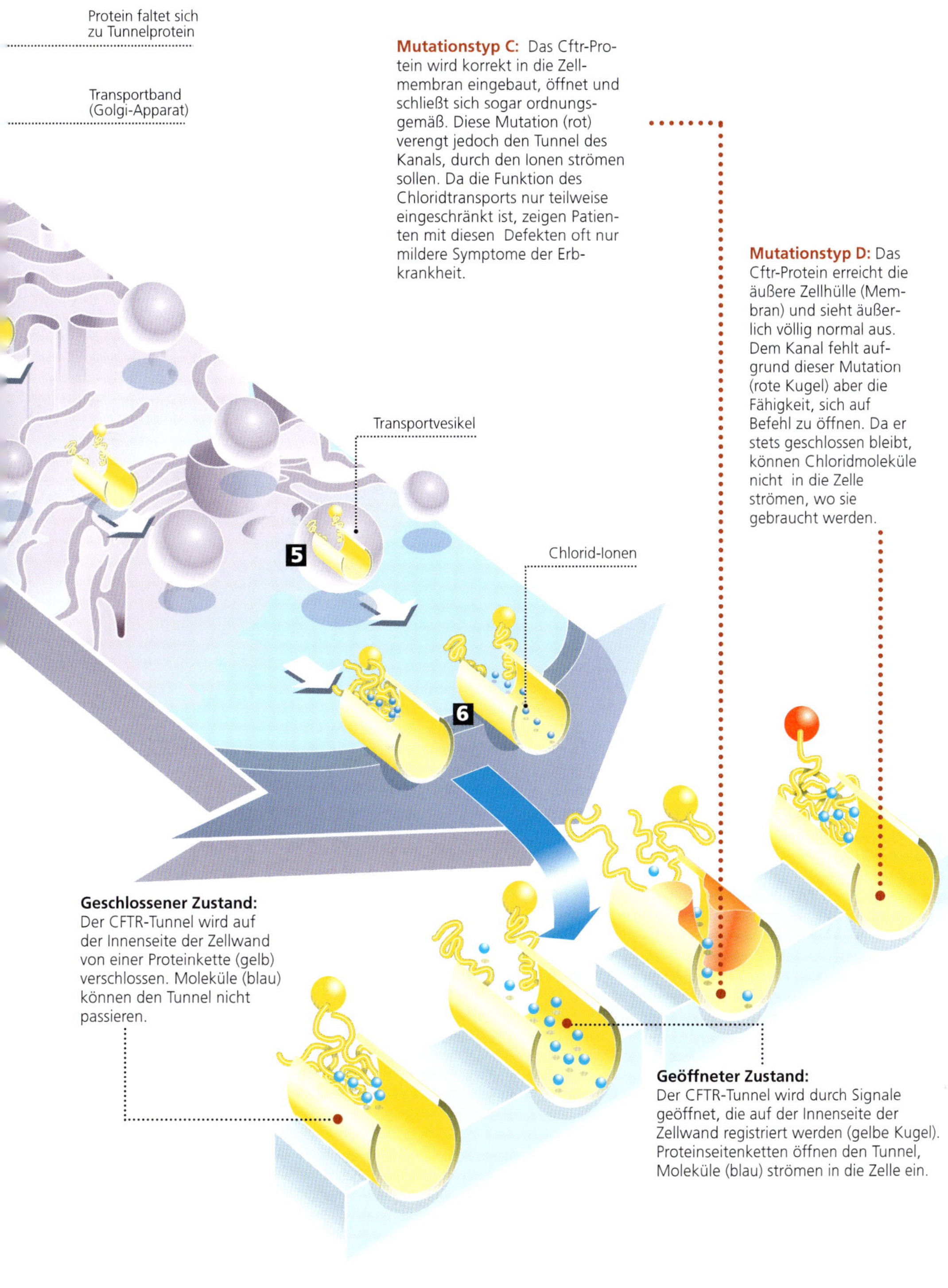

Fatale Faltungsfehler – Wie die Erbkrankheit Cystische Fibrose entsteht

Eines von 2000 Neugeborenen kommt mit der Erbkrankheit Cystische Fibrose (CF) auf die Welt. Die Ursache der Krankheit liegt in verschiedenen Defekten eines Gens, das 1989 entdeckt wurde. Normalerweise wird das sogenannte Cftr-Gen im Zellkern regelmäßig abgelesen (siehe Fuß des Pfeils in der Graphik links) **1**. Kopien in Form eines Botenmoleküls **2** werden zu den Ribosomen, den Eiweißfabriken **3** der Zelle, transportiert. Dort entsteht das Cftr-Protein **4**, indem eine Kette von 1480 Aminosäuren Länge geknüpft und gefaltet wird. Anschließend wandert das CF-Protein in kleinen Vesikeln **5** zur Zelloberfläche, wo es in der Zellwand einen Kanal für Chlorid-Ionen (kleine blaue Kugeln) ausbildet **6**. In der Lunge besteht die Funktion des Kanals darin, den Salzhaushalt und damit die Konsistenz des Schleims in den Bronchien flüssig zu halten. Ist das Protein defekt oder fehlt es ganz, bildet sich zu zäher Schleim. Eine Folge: Schon in jungen Jahren nisten sich dort hartnäckige Bakterien ein. CF-Patienten neigen zu chronischen Lungenentzündungen, was ihre durchschnittliche Lebenserwartung auf unter 40 Jahre verringert. Im Cftr-Gen von Patienten mit dieser Erbkrankheit wurden bisher über 1000 verschiedene Mutationen aufgespürt, die man je nach molekularer Ursache in vier Klassen gruppieren kann (siehe Mutationstypen A–D).

Wie sich ein **Protein** faltet

Alles beginnt mit der DNA. Aber wie daraus ein kompliziertes Eiweißmolekül entsteht, kann kein Computer errechnen.

VON VOLKER STOLLORZ

Angenommen, eine Perlenkette mit 100 Gliedern liegt auf dem Tisch. Die Aufgabe: Daraus in fünf Sekunden ein Gebilde zu konstruieren, in dem bestimmte Perlen einander nach einem festgelegten Plan berühren und miteinander Muster bilden. Ein kniffliges Problem, selbst für Superrechner. Aber noch viel komplexer ist der Vorgang, der in unseren Körperzellen abläuft: die räumliche Faltung von Eiweißketten. Sollte es eines Tages gelingen, ihn zu verstehen, dann – und erst dann – steht die Medizin vor dem molekulargenetischen Durchbruch.

Die Eiweißmoleküle, die Proteine, bilden Muskeln, schalten Gene im Erbgut an und aus, attackieren Viren oder halten den Denkprozeß in Gang. Doch so, wie nur ein fertig gestrickter Pullover wärmt, bestimmt auch erst die dreidimensionale Form der Proteine, ihr sogenanntes Faltungsmuster, die biologischen Eigenschaften. Ungefaltete Proteine gleichen unverstrickter Wolle, sie bestehen einfach nur aus einer Abfolge verschiedener Aminosäuren (siehe Graphik rechts).

Der Code der Codes ist nicht geknackt.

Doch nach welchen Gesetzen falten sich die Proteine? Dieser Code der Codes ist nicht geknackt. Was gäbe die Pharmaindustrie nicht dafür, einer Gensequenz ansehen zu können, wie sich das von ihr codierte Protein verdrillt! Was könnten die Alzheimerpatienten für Hoffnungen schöpfen, wenn die Forschung endlich verstünde, wieso es in ihrem Gehirn zu Verklumpungen von Eiweißen kommt!

Das klassische Beispiel einer Faltungskrankheit ist die Zystische Fibrose: Zäher Schleim in den Lungen führt zu erhöhtem Infektionsrisiko und verringerter Lebenserwartung der Patienten. Eine Studie aus dem Jahr 1989 entdeckte bei 70 Prozent der Erkrankten einen Webfehler im Erbgut, der die Faltung eines sogenannten „Tunnelproteins“ verwirrte. Die Entstehung solcher Faltungskrankheiten ist ein Rätsel der Biologie, dessen Lösung neue Medikamente und tiefe Erkenntnis zugleich verspricht.

Vor dreißig Jahren erhielt der Schwede Christian B. Anfinzen den Nobelpreis für die Erkenntnis, daß die Abfolge der Aminosäuren in einem Protein dessen räumliche Struktur eindeutig determiniert. Dem Forscher war es gelungen, ein Protein im Reagenzglas mit Hilfe einer Chemikalie komplett zu entfalten. Als er die Chemikalie entfernte, faltete sich das entknäulte Protein spontan wieder in seine korrekte Form und war erneut biologisch aktiv. Anfinzens Schluß: Die Aminosäuresequenz allein enthalte alle Information, die zur korrekten Faltung benötigt wird. Im Prinzip müßte daher ein Rechner, den man mit einer Abfolge von Aminosäuren füttert, die Struktur des Proteins vorhersagen können. Der genetische Code legt Regeln fest: Jeweils drei Bausteine der Erbsubstanz DNA schreiben den Einbau einer Aminosäure vor. Jedes dieser Kettenglieder besitzt eine eindeutige Struktur mit bekannten physikalisch-chemischen Eigenschaften. So gibt es zum Beispiel wasser- oder fettliebende Aminosäuren, die einander abstoßen. Doch seltsam: Die Ausgangsbedingungen sind bekannt, und dennoch gelingt es selbst modernsten Supercomputern trotz monatelanger Rechnerei allenfalls, die ersten Millionstel Sekunden der Proteinfaltung zu simulieren – also nur den winzigen Bruchteil eines Prozesses, der sekundenlang andauert. Irgend etwas geschieht also während der Faltung, das mehr ist als nur ein zielloses Durchprobieren aller chemisch-physikalisch erlaubten Möglichkeiten – mit anderen Worten: In der Abfolge der Aminosäuren müssen Faltungsregeln codiert sein, die den Suchraum einschränken und den Weg vom Ausgangsmaterial zum gefalteten Protein bahnen.

Selbst „Blue Gene“ dürfte bei der Faltung versagen.

Solange diese Regeln nicht bekannt sind, wird die Computersimulation auf der Stelle treten. „Die Zahl der Faltungsmöglichkeiten schon kurzer Proteinketten ist astronomisch hoch“, sagt Ulrich Hartl vom Max-Planck-Institut für Biochemie in München. Selbst der von IBM geplante Superrechner „Blue Gene“ dürfte beim Problem der Proteinfaltung kläglich versagen, wie inzwischen seine Planer einräumen.

Aber auf welche Weise hat die Evolution die Faltungsregeln in der Sequenz der Aminosäuren versteckt? Das versucht David Baker mit seiner Software „Rosetta“ herauszufinden, die er am Howard Hughes Institut der Universität of Washington in Seattle entwickelt hat. Rosetta ist derzeit

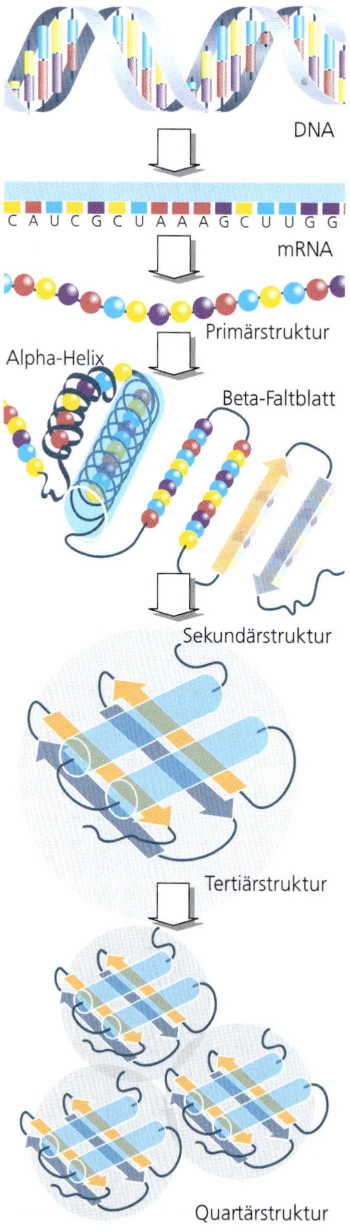

Die Information der Erbsubstanz DNA wird kopiert (mRNA) und in eine Kette einzelner Aminosäuren übersetzt; das ergibt die Primärstruktur. Die Kette faltet sich dann etwa zu einer Helix (Sekundärstruktur). Im nächsten Schritt entsteht daraus die biologisch aktive Form der Eiweißkette, also die Tertiärstruktur. Manche Proteine arbeiten obendrein zusammen und bilden dabei regelrechte Proteinkomplexe in Form einer Quartärstruktur.

Weltmeisterin auf dem Gebiet der 3D-Strukturvorhersage am Computer. Sie prüft, gefüttert mit Aminosäuresequenzen und geleitet von einfachen Faltungsregeln, nicht sämtliche, sondern nur chemisch wahrscheinliche Faltungsmuster. Wenn sie aus einer Sequenz ein korrekt gefaltetes Protein vorhersagt, hat sie einen Treffer erzielt. Bei kurzen, einfach aufgebauten Sequenzen ist die Trefferquote imponierend, aber eben nur dort.

Trotz „beachtlicher Fortschritte" sei die Vorhersagekraft des „Programms bisher arg begrenzt", räumt Baker ein. Ausgerechnet bei jenen Proteinfamilien, für die sich die Pharmaindustrie brennend interessiert, ist Fehlanzeige: „Nicht zu modellieren sind Proteine in Zellwänden", klagt Baker, vertrackt seien auch Eiweiße, bei „denen Aminosäuren in der linearen Kette zwar weit voneinander entfernt liegen, im fertig gefalteten Protein aber eng kooperieren". Um verschachtelte Proteinfaltungen aufzuklären, setzen Modellbauer daher eine andere Methode ein: Sie füttern Programme mit bereits aufgeklärten Faltungsmustern und den ihnen zugrundeliegenden Aminosäuresequenzen. Anschließend wird dem Rechner die Sequenz eines bisher unbekannten Proteins präsentiert, und er entwirft ein mitunter brauchbares 3D-Modell.

Der Haken: Unterscheiden sich zwei Aminosäureketten in mehr als 30 Prozent ihrer Sequenz – was fast immer der Fall ist –, dann ist ihre Ähnlichkeit zu gering, als daß der Computer aus ihrem Vergleich etwas lernen könnte. Zudem handelt es sich bei nur rund 600 der 15 000 in öffentlich zugänglichen Proteindatenbanken gespeicherten 3D-Strukturen um deutlich voneinander unterschiedene Faltungsmuster. Selbst bei simplen Organismen wie der Bäckerhefe finden sich für 70 Prozent aller im Erbgut codierten Proteine bisher keinerlei Ähnlichkeiten mit anderen bekannten 3D-Strukturen – für sie gibt es keine Vorbilder in den Proteindatenbanken. Um diese Ignoranz zu verringern, gründen Forscher derzeit weltweit sogenannte „Structural-Genomics"-Initiativen. Der Traum: genügend einzigartige Proteinstrukturen aufzuklären, damit Programme im Verein mit Datenbanken die unbekannten Regeln der Faltung aufspüren lernen.

Die Aufklärung einer 3D-Struktur im Labor ist allerdings äußerst zeitraubend und anders als die Entzifferung von Genen nur schwer zu automatisieren. Früher bastelten Forscher 20 Jahre an dem 3D-Standbild eines Proteins, heute opfern sie immerhin noch rund sechs Jahre. Den Schlüssel liefert die Röntgenstrukturanalyse: Dafür müssen zunächst Milligramm-Mengen des gesuchten Proteins hochrein aus dem Zellbrei isoliert werden, was bei seltenen Eiweißen nur mit Hilfe gentechnischer Tricks gelingt. Hält man das gereinigte Protein in Händen, muß ein Proteinkristall gezüchtet werden, indem Tausende Proteine wie in einem regelmäßigen Gitter fixiert werden. Nur dann hat es Sinn, sie mit Röntgenstrahlen zu beschießen. Aus dem Beugungsmuster der an dem regelmäßigen Atomgitter abgelenkten Strahlen kann dann mit Glück in mühsamer Kleinarbeit ein korrektes Raummodell errechnet werden. Artefakte sind dabei eher die Regel als die Ausnahme, manche Proteine entziehen sich bis heute der Kristallisierung. „Die uninteressanten Proteinstrukturen sind heute leichter zu analysieren, die biologisch und pharmakologisch aufregenden dagegen oft gar nicht", beschreibt der Zellbiologe Hidde Ploegh von der Harvard Universität in Cambridge das Problem.

„Das könnte man nicht besser erfinden."

Wer etwa ein Protein schonend aus der äußeren Zellhülle isolieren will, der zerstört dabei dessen Faltungsmuster. Da Membranproteine Hauptangriffspunkte der meistverkauften Medikamente sind, bemüht sich derzeit ein gutes Dutzend Biotechnologiefirmen um Fortschritte. „Die schnellere Aufklärung von Proteinstrukturen könnte die Entwicklung von Medikamenten beschleunigen", davon ist Spencer Emtage von der Firma Structural Genomix in San Diego überzeugt. In zwei Jahren will die Firma nach eigenen Angaben „rund 100 kleinere Proteinstrukturen aufgeklärt" haben. Das Ziel sei, bei der Wirkstoffsuche Hand in Hand mit der Pharmaindustrie zu arbeiten, um dank der 3D-Strukturen gewünschter Proteine vorherzusagen, „wo Wirkstoffe angreifen könnten". Die amerikanische Cystische Fibrose Stiftung hat der Firma 13 Millionen Dollar versprochen, damit diese endlich die Struktur jenes Proteins löst, das den fatalen Faltungsdefekt bei der Erbkrankheit auslöst.

Für den Zellbiologen Ploegh drückt sich in den neuen Megaprojekten der „Structural Genomics" allerdings eine „gewisse Naivität und eine Portion Hype aus", zumindest sofern sie die komplexe Biologie der Zelle außer acht lassen. Proteine arbeiteten fast „immer extrem kooperativ". Oft falteten sich unabhängig voneinander geknüpfte Eiweißketten nur dann korrekt, wenn sie in den Eiweißfabriken in engster Nachbarschaft entstehen – also anders als in Anfinzens Experiment. So entstehen im Inneren einer Zelle jede Sekunde tausende Eiweiße zugleich. Um Chaos und Verklumpungen zu vermeiden, brauchen viele Proteine Hilfe. „Nicht jedes Protein kann in der Zelle von sich aus korrekt falten", hat etwa Biochemiker Hartl in Experimenten an Bakterien und Hefen herausgefunden: „Vor allem langsam faltende und komplexe Proteine brauchen in der Zelle Faltungshelfer".

Einige dieser von Hartl entdeckten sogenannten „Chaperone" agieren dabei wie Geburtshelfer. Sobald eine Proteinkette aus der zellulären Eiweißfabrik entlassen wird, schützen Chaperon-Proteine deren fettliebende Aminosäuren. Gerade diese Kettenglieder, die beim fertigen Protein im Inneren eingeschlossen werden, neigen dazu, sich zu aggregieren. Fehlen Chaperone in der Zelle, kommt es daher häufiger zu Fehlfaltungen, Verklumpungen und für die Zelle gefährlichen Aggregationen bestimmter Proteine – ein möglicher Auslöser von Faltungskrankheiten. Damit neu entstehende Aminosäureketten im Getümmel der Zelle ihre Idealform finden, hat die Evolution raffinierte Faltungskäfige entwickelt. Nur dort können anspruchsvolle Proteinketten in Ruhe falten. Der Deckel dieser molekularen Käfige öffnet sich alle 10 bis 15 Sekunden, erst wenn das Eiweiß seine korrekte Form gefunden hat, darf es raus. Nicht nur Hartl staunt über diesen faszinierenden Mechanismus: „Das könnte man nicht besser erfinden." <

Schnappschüsse aus der **Protein**fabrik

In jeder Zelle sind Maschinen am Werk, die Proteine herstellen: schnell, präzise und vollautomatisch. Sie heißen Ribosome.

Nicht nur Menschen bauen faszinierende Maschinen. Als wahre Meisterin zeigt sich die Natur in der Kunst, Maschinen auf kleinstem Raum und vollautomatisiert arbeiten zu lassen. Zu den ältesten und unentbehrlichsten Präzisionsapparaten der Zelle gehören die Proteinfabriken. Rund 20 000 sogenannter Ribosomen sorgen in jeder Zelle dafür, daß Sekunde für Sekunde jene Bande geknüpft werden, ohne die das Leben auf der Erde undenkbar wäre. Die Ribosomen agieren als Übersetzer. Sie lesen die Baupläne der Erbsubstanz und übertragen sie in die Sprache der Proteine (siehe Grafik rechts). Emsig sind sie, pro Sekunde knüpfen sie eine Kette von zehn Aminosäuren. Äußerst zuverlässig sind sie auch, ein Webfehler unterläuft ihnen nur alle 10 000 Kettenglieder. Und unentbehrlich sind sie allemal. Schlucken wir Antibiotika, stören deren Wirkstoffe gezielt bakterielle Ribosomen bei der Arbeit. Die Folge: Bakterientod durch Proteinmangel.

Das Schema der Proteinsynthese in der Zelle lernen geplagte Schüler seit vier Jahrzehnten: Jeweils eine von 20 im genetischen Code vorgesehenen Aminosäuren wird chemisch mit einer zweiten in benachbarter Position verknüpft, bis die von einem Gen codierte Proteinkette fertiggestellt ist. Um diesen Prozeß zu steuern, sind im Ribosom über 60 Proteine und eine wahre Armee von Hilfemolekülen nötig.

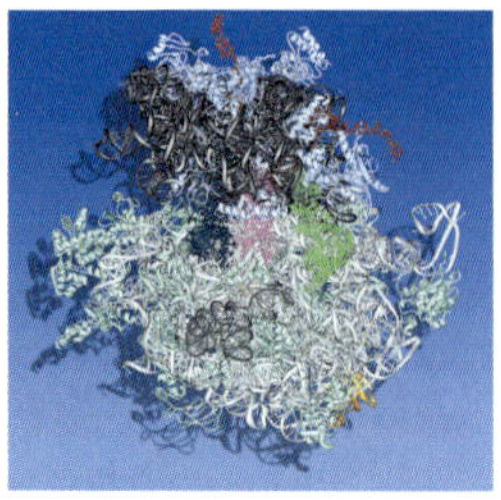

Modell einer Proteinfabrik
Ribosomen sind der Ort, an dem die Proteine zusammenfinden. Zu sehen ist oben die mRNA (rot), die den Bauplan liefert. Unten rechts ragt ein kleines Stück einer neu gebildeten Proteinkette hervor (gelb). In der Mitte des Bildes erkennt man drei Adaptermoleküle (tRNA, graublau, lila und grün). Dort wird der Gencode in die Eiweißsprache übersetzt.
Jörg Harms, Max-Planck-Arbeitsgruppe Ribosomenstruktur Hamburg

Doch wie vollbringen Ribosomen dieses Meisterstück? Wo spielt sich was ab? Wie drehen sich die Räder der selbst mit dem Elektronenmikroskop nur als schwarze Knubbel erkennbaren molekularen Fabriken? Bis vor drei Jahren gab es darüber viele wüste Hypothesen, aber keine zuverlässigen Daten. Erst im Jahr 2001 gelang es, ein komplettes bakterielles Ribosom aus

Galerie der **Proteine,** oder:

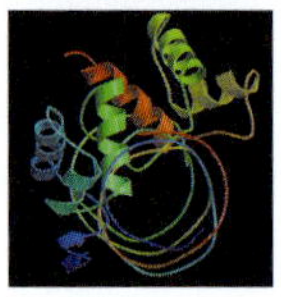

Ein Auge, aber wo? – Pax-6 als Schalter

Foto oben: Prof. Walter Gehring/Science Photo Library/Focus

Rot leuchtet das Facettenauge der Fruchtfliege. Erst wer genau hinschaut, erkennt das Ungewöhnliche: Auch rechts neben dem Auge findet sich eine himbeerartige Struktur – ein rotes Extra-Auge. Was geht hier vor? Verantwortlich für die Fehlbildung ist ein Protein namens Pax-6 (unten im Modell). Wo immer dieses Eiweiß aktiv ist, gibt es dem Fliegenembryo den Befehl, ein Auge zu bilden. Dabei bindet es an die Erbsubstanz und aktiviert dort Gene, die an der Augenentwick-lung mitwirken. Forscher konnten diese Steuerfunktion an Fliegenmutanten demonstrieren. Sie schalteten das Protein Pax-6 dort an, wo normalerweise Antennenfühler wachsen würden. Am falschen Ort bewirkt das Protein das Falsche. Schalter wie Pax-6 steuern auch beim Menschen die Embryonalentwicklung.

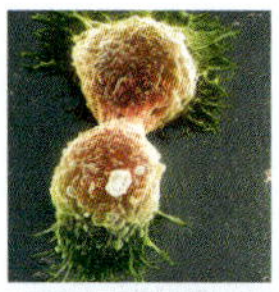

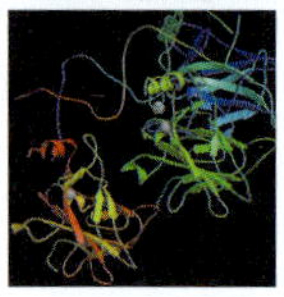

Wächter des Erbgutes – p53 gegen Krebs

Foto oben: Quest/Science Photo Library/Focus

Zwei Brustkrebszellen teilen sich oben. Wieso vermehren sie sich so rapide? Schuld ist das Protein p53 (unten). Normalerweise schützt es das Erbgut vor Veränderungen. Immer wenn sich eine Zelle teilt und dabei Schäden im Erbgut entstehen, schlägt p53 Alarm. Es stoppt die Zellteilung und aktiviert zelleigene Reparaturtrupps. Gelingt es, die Schadstellen zu korrigieren, erlaubt das Wächterprotein der Zelle, die Teilung fortzusetzen. Mißlingt der Reparaturversuch, aktiviert p53 ein Selbstmordprogramm: Die kranke Zelle opfert sich im Dienst des gesunden Organismus. Krebszellen dagegen schalten das Kontrolleiweiß p53 gezielt aus; auch schadhafte Zellen können sich nun ungehemmt vermehren. Die Struktur von p53 läßt keine Rückschlüsse auf seine lebenswichtige Aufgabe zu.

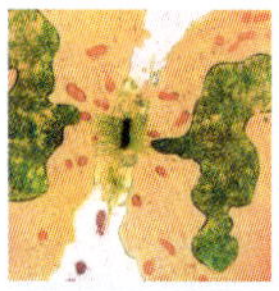

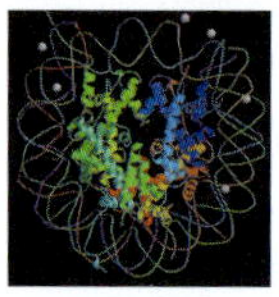

Verpackungskünstler – die Histone

Foto oben: Quest/Science Photo Library/Focus

Aus eins mach' zwei – die Zellteilung ist ein Geniestreich der Natur (oben). Entscheidend ist, daß sich die Erbsubstanz DNA korrekt verdoppelt und auf die Tochterzellen verteilt. In der sich teilenden Zelle liegt die DNA in Form von Chromosomen vor; der Mensch beispielsweise besitzt 46 davon. Zusammengehalten werden die Chromosomen von hochspezialisierten Verpackungskünstlern – den sogenannten Histonproteinen. Das Modell (unten) zeigt, wie die in der Mitte angeordneten Histone die außenliegende DNA nach Art der Speichen eines Rades verklammern. Das Komplizierte daran: Die DNA muß nicht nur dicht verpackt werden, sie muß in der lebenden Zelle auch für andere Proteine frei zugänglich bleiben. Zu dicht verpakkte Gene könnten im Ernstfall nicht abgelesen werden.

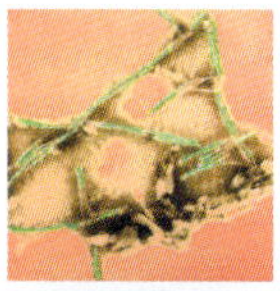

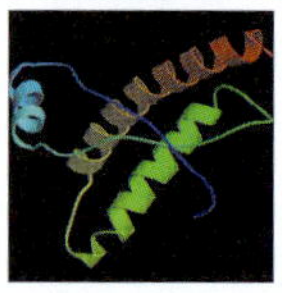

Infektiöses Eiweiß? – Prionen machen wahnsinnig

Foto oben: EM Unit, VLA/Science Photo Library/Focus

Ein etwas anderes Bild des Rinderwahnsinns: Ablagerungen im Gehirn einer an BSE verendeten Kuh (oben). Die länglichen Fäden aus sogenannten Prionenproteinen (grün) gelten als die eigentlichen Erreger der Krankheit. Lange Zeit war nicht klar, wie ausgerechnet Prionen, die in jeder Nervenzelle eine bisher noch unbekannte Rolle spielen, eine solche Infektionskrankheit auslösen können. Des Rätsels Lösung, glauben viele Forscher, ist ein Faltungsproblem. Kranke Prionen neigen, anders als gesunde, zum Verklumpen. Gerät ein fehlgefaltetes Prion in eine Nervenzelle, löst es dort einen Dominoeffekt aus. Ein gesundes Prion nach dem anderen verklumpt, am Ende stirbt die Nervenzelle. Läuft dieser Prozeß über Jahre, entsteht BSE oder die beim Menschen gefürchtete Creutzfeldt-Jacob-Krankheit.

Untere Reihe: zusammengestellt aus der Protein Data Base von Bogos Agianian, EMBL Heidelberg

Zellen zu reinigen und zu kristallisieren, während es sich der Proteinsynthese widmete. Es war der erste halbwegs scharfe Schnappschuß.

In jeder Proteinfabrik sind ungefähr 200000 Atome vereint, der Durchmesser eines Ribosoms beträgt ganze 25 Milliardstel Meter (25 Nanometer). Zwar ist selbst die jetzt erreichte Bildqualität noch viel zu schlecht, um den Ablauf chemischer Reaktion im Detail oder die Bewegungen einzelner Aminosäuren zu bestimmen. Aber immerhin: Einer deutschen Forschergruppe gelang es im Oktober vergangenen Jahres, den Angriffsort einiger Antibiotika zu lokalisieren. Weitere werden folgen. So verstopft das bekannte Antibiotikum Erythromycin einen Tunnel in der größeren Untereinheit des Ribosoms, durch den neugeknüpfte Proteinketten gefädelt werden müssen. Anders der Wirkort des Bakterienkillers Clindamycin: Der Wirkstoff hemmt die Proteinbiosynthese, indem es den Platz besetzt, der Aminosäuren vorbehalten ist.

Wie arbeiten Ribosome?
Darüber gibt es viele Hypothesen, aber wenig Wissen. Die Nanomaschinen live zu filmen, das ist der Traum der Forscher.

Dank der ersten Standbilder der Ribosomen ergießt sich derzeit eine Flut von Hypothesen über die Fachjournale. Anhand molekularer Daten streiten Wissenschaftler etwa, wie eine Aminosäure von jener Stelle, an der ihre Identität geprüft wird, dorthin wandert, wo sie eine chemische Bindung mit anderen Kettengliedern eingeht. Heiß diskutiert wird auch, wo im Ribosom Prüfmechanismen sitzen, die Fehler im Kettendesign verhindern.

Den Forschern ist bei aller Freude an Hypothesen Vorsicht angeraten. „Ribosomen sind extrem flexible Moleküle, deren Arbeit ständige Konformationsänderungen erfordert", beschreibt Frank Schluenzen von der Arbeitsgruppe Ribosomenstruktur der Max-Planck-Gesellschaft in Hamburg das methodische Dilemma. Den im Kristall ruhiggestellten Eiweißfabriken gehe ihre „molekulare Dynamik" völlig verloren, sagt Schluenzen – je genauer man hinsehen will, desto künstlicher die Untersuchungsbedingungen: „Die im Labor gelöste Struktur kann sehr weit von den Bedingungen in der Zelle abweichen." Wovon Forscher wie Schluenzen für die ferne Zukunft träumen: Einmal einen ganzen „Film" der einzelnen Schritte der Proteinsynthese drehen zu können – mit bewegten Bildern am realen Objekt gedreht. Das dürfte auch die Schüler wieder interessieren. <

sieben Szenen aus dem wahren Leben

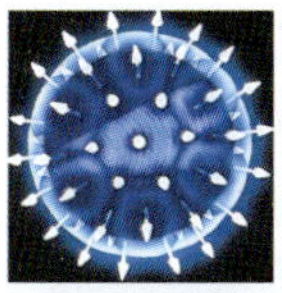
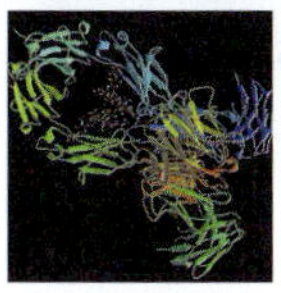

Schlaue Suchtrupps – Antikörper gegen Aids

Foto oben: Ducloux/Gamma/StudioX

Das Aids-Virus HIV (oben) und sein ärgster Feind, der Antikörper (unten). Verläßt der Erreger eine befallene Zelle, wird er in der Blutbahn zunächst von solchen Antikörpern attackiert. Antikörper sind vielseitige Proteine, die vom Immunsystem nach einer Infektion in großer Vielfalt hergestellt werden: Praktisch für jeden denkbaren Fremdkörper gibt es deshalb ein passendes Gegenstück. Alle Antikörper sind hochspezifisch und besitzen an ihrer Oberfläche eine Kontaktstelle aus Aminosäuren, die fest an bestimmte Proteine des Virus andockt. Ist ein Fremdkörper auf diese Weise markiert, wird er anschließend fast immer von sogenannten Freßzellen aus dem Verkehr gezogen. Bei AIDS allerdings gewinnt meist das Virus den Kampf mit der Immunabwehr – es zerstört ausgerechnet die Freßzellen selbst.

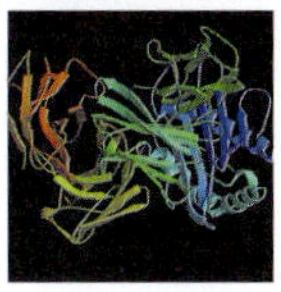

Paßkontrolle für Fremdeiweiß – HLA als Sammler

Foto oben: J.C. Revy/Science Photo Library/Focus

Hier versuchen weiße Blutkörperchen, einen Tumor zu bekämpfen (oben). Normalerweise tasten sie die Oberflächen aller Zellen regelmäßig auf verdächtige Strukturen hin ab. Da aber das zerstörerische Werk der Krebszellen von außen gar nicht sichtbar ist, produziert der Körper sogenannte Human Leukocyte Antigenes (HLA), die das Geschehen im Inneren für die Immunabwehr sichtbar machen (unten). HLA-Proteine sammeln nämlich Teile defekter Proteine auf und wandern mit diesem Gepäck an die Zelloberfläche. Dort präsentieren sie die entarteten Bausteine den weißen Blutkörperchen. Im Verdachtsfall töten diese dann die betroffene Zelle. Leider tarnen sich Krebszellen oft, indem sie ihrerseits die Produktion von HLA abschalten – ein Trick, der den Kampf gegen Krebs so schwer macht.

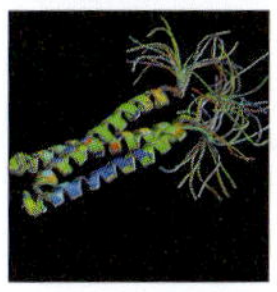

Geschmeidig – Matrilin verknüpft Kollagenfasern

Foto oben: Prof. P. Motta, La Sapienza, Rom/Science Photo Library/Focus

Locker ziehen sich hier Fasern durch das Bild (oben). Die elektronenmikroskopische Aufnahme zeigt den Zwischenraum zwischen Haut, Sehnen und Knochen, die sogenannte extrazelluläre Matrix. In dieser Schicht muß alles zugfest und elastisch, zugleich aber auch reißfest und gegen Druck geschützt sein. Ein ganzes Heer von Proteinen aus der Familie der Matriline (unten) bildet zusammen mit den Kollagenen raffinierte und reich verzweigte Netzwerke. Erst sie verleihen der Haut die nötige Geschmeidigkeit und dem Knorpel Festigkeit. Wie die verschiedenen Schichten der extrazellulären Matrix verschiedener Körpergewebe ganz genau aufgebaut sind, wird zur Zeit intensiv erforscht. Auch die Industrie sucht hier nach Anregungen für den Bau neuer Kunststoffasern.

Sie wollen unsere Freunde sein

VON GERO VON RANDOW

Fast ein halbes Jahrhundert lang waren Roboter Männersache. Die Industrieroboter wurden von Männern zusammengeschraubt, und wer das Roboterlabor einer Universität besuchte, traf ebenfalls nur auf die Herren der technischen Schöpfung. Das ist anders geworden. Seit einigen Jahren bringt ein gutes Dutzend junger Frauen die Disziplin auf Trab, in England, Deutschland und Amerika. Wüßte man es nicht besser, ließe sich an eine Verschwörung glauben, denn die Forscherinnen haben ein gemeinsames Thema: Sie machen Roboter menschlicher.

Genauer gesagt: Sie bauen Maschinen, die sich psychologisch und sozial plausibel verhalten. Mitlebewesen, die uns weniger fremd erscheinen als die sturen Stahlarme der Vergangenheit. Manchmal wird das Forschungsgebiet auch „soft robotics" genannt, aber mit „weich" hat es nichts zu tun. Die Veröffentlichungen von Maja Mataric, Cynthia Breazeal, Kerstin Dautenhahn oder Barbara Webb sind nicht weniger mathematisch als die traditionellen Publikationen der Robotik, und wer Spaß an Schaltplänen, Sensoren, Microcontrollern und anderer Hardware hat, kommt bei ihnen auf seine Kosten. Aber das Programmieren und Löten zielt nicht einfach auf schlauere Maschinen, sondern auf bessere Beziehungen von Mensch und Maschine.

Ein Gedanke, der sich durchsetzt, auch unter den Männern des Fachs. „Things that think", so lautete noch vor wenigen Jahren die Parole: Dinge, die denken. Heute könnte sie heißen: „Things that behave properly" – Dinge, die sich anständig benehmen. Die sich zum Beispiel brav in einer Warteschlange anstellen können. An der Carnegie Mellon University in Pittsburgh fährt ein Blechtopf auf Rädern herum, der genau das tut, wenn er Kaffee holen soll und sich an der Theke eine Menschenschlange aufreiht.

Typisch Roboter ist so ein Verhalten ja nicht gerade. Normalerweise betrachten mobile Maschinen den Menschen als Hindernis, wie einen Papierkorb. Doch mit solch rüpelhafter Einstellung können sie keine Karriere als Serviceroboter machen. Lernen müssen sie überdies, daß Individuen so etwas wie einen persönlichen Raum um sich herum beanspruchen, in den man gefälligst nicht eindringt. Wenn Menschen eine Warteschlange bilden, dann stellen sie sich derart hintereinander auf, daß sie sich gegenseitig nicht allzusehr auf die Pelle rücken – geschickterweise aber auch so, daß jemand, der sich dazwischenmogeln will, ebendiesen persönlichen Raum verletzt. Außerdem blicken sie typischerweise

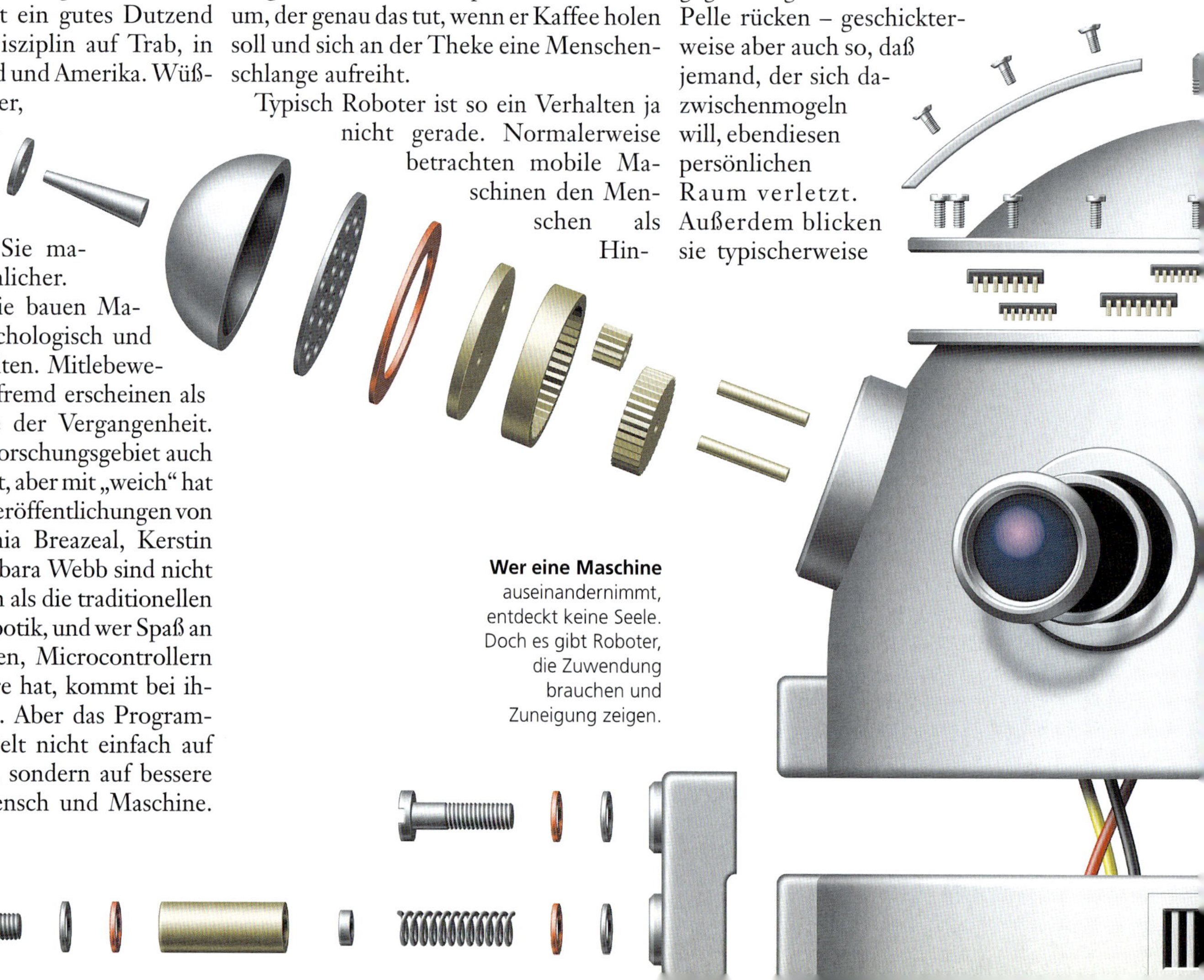

Wer eine Maschine auseinandernimmt, entdeckt keine Seele. Doch es gibt Roboter, die Zuwendung brauchen und Zuneigung zeigen.

Roboter können untadelige Manieren haben. Eine neue Generation sanftmütiger Maschinen entsteht, deren soziale Intelligenz diejenige mancher Mitmenschen überschreitet.

in die gleiche Richtung, dorthin nämlich, wo beispielsweise der Kaffee ausgeschenkt wird.

Den soll der Roboter jetzt holen und sich dabei ordentlich aufführen. Er fährt bis zur Kantinentheke und entdeckt dort ein Objekt, das nicht in seinem Plan verzeichnet ist. Kein Papierkorb, sondern ein Mensch, was er mit Hilfe seiner beiden Stereokameras ermittelt, deren Bild mit Hilfe von Annahmen über die Eigenschaften von Gesichtern und die menschliche Körperhaltung ausgewertet wird. Nun berechnet die Maschine den persönlichen Raum des Individuums, fährt an dessen rückwärtiges Ende und guckt nach, ob dort noch jemand wartet. Wenn nicht, reiht sie sich ein.

Von nun an verfolgt der Roboter den Vordermann mit Laser- und Ultraschallsensoren, bis diese nicht mehr zwei Beine vor sich haben, sondern irgend etwas anderes, etwas Glattes: Das wird wohl die Kaffeetheke sein. „Einmal schwarz, bitte", schnarrt die Maschinenstimme, und sobald der Roboter merkt, daß ein Gegenstand mit dem Gewicht eines Kaffeebechers auf seinem Tablett ruht, trollt er sich.

Er heißt „Xavier" und ist der Dienstälteste auf diesem Flur des legendären Robotics Institutes von Carnegie Mellon. Schon seit den frühen neunziger Jahren gurkt er umher und wird für immer neue Kunststücke aufgerüstet. Man kennt das etwa einsfünfzig hohe Gerät und wundert sich über nichts mehr; kommentarlos reihen sich neu hinzukommende Menschen hinter Xavier in die Schlange ein.

Irrtümer kommen vor. Glatzen und Afrofrisuren irritieren ihn, und manchmal begibt er sich auch hinter eine Person, die einfach nur herumsteht und nicht zu einer Warteschlange gehört. Wird Xavier gewahr, daß er allzu lange wartet, ohne daß sich Nennenswertes tut, fragt er höflich: „Stehen Sie hier für Kaffee an?" Wären doch alle technischen Geräte so dezent!

Deutsche, die ja auch mit der amerikanischen Begrüßungsfloskel „How are you today?" ihre Probleme haben, verweisen gelegentlich darauf, daß solche Höflichkeit „nicht von innen" komme. Darüber läßt sich streiten, und auch, ob gute Manieren irgend etwas mit „innen" zu tun haben. Gleichwohl, eine Täuschung erzeugt Xavier durchaus: Sein Maschinenleib verdeckt die Tatsache, daß wir es hier mit einem Verhältnis zwischen Menschen zu tun haben. Denn Menschen haben ihn so werden lassen, wie er ist. Wie alle technischen Dinge sind auch Roboter Medien, die zwischen ihren Konstrukteuren und dem Rest der Welt vermitteln.

Doch wozu braucht die Welt diese neue, sozialkompetente Maschinengeneration? Ihre Vorboten dienten bereits als Geh- und Orientierungshilfe in Krankenhäusern und Altenheimen, als Museumsführer oder als Spielzeuge. Bei diesen experimentellen Einsätzen mußten sie sich sanft zeigen, ihr Bewegungstempo den Benutzern anpassen und bei Bedarf auch einmal nachfragen: „Ist es richtig so?". Elegante, nachgiebige Glieder, die auf den Druck einer menschlichen Hand reagieren, womöglich noch mit fünffingrigen Roboterhänden versehen sind, eignen sich für solche Zwecke besser als die Automaten jenes Typs, der in Fabriken Windschutzscheiben stemmt oder in Biolabors mit Pipetten herumwirbelt.

Diese Botschaft ist auch in Deutschland angekommen. Alte Hasen der klassischen Robotik arbeiten heute im Sonderforschungsbereich „Humanoide Roboter", den die Deutsche Forschungsgemeinschaft im vergangenen Jahr eingerichtet hat. Als sie im Sommer zur „Robotik 2002" in Ludwigsburg zusammenkamen, bot sich ein ungewohntes Bild: Etwa 50 Ingenieure diskutierten beispielsweise darüber, wie man einem

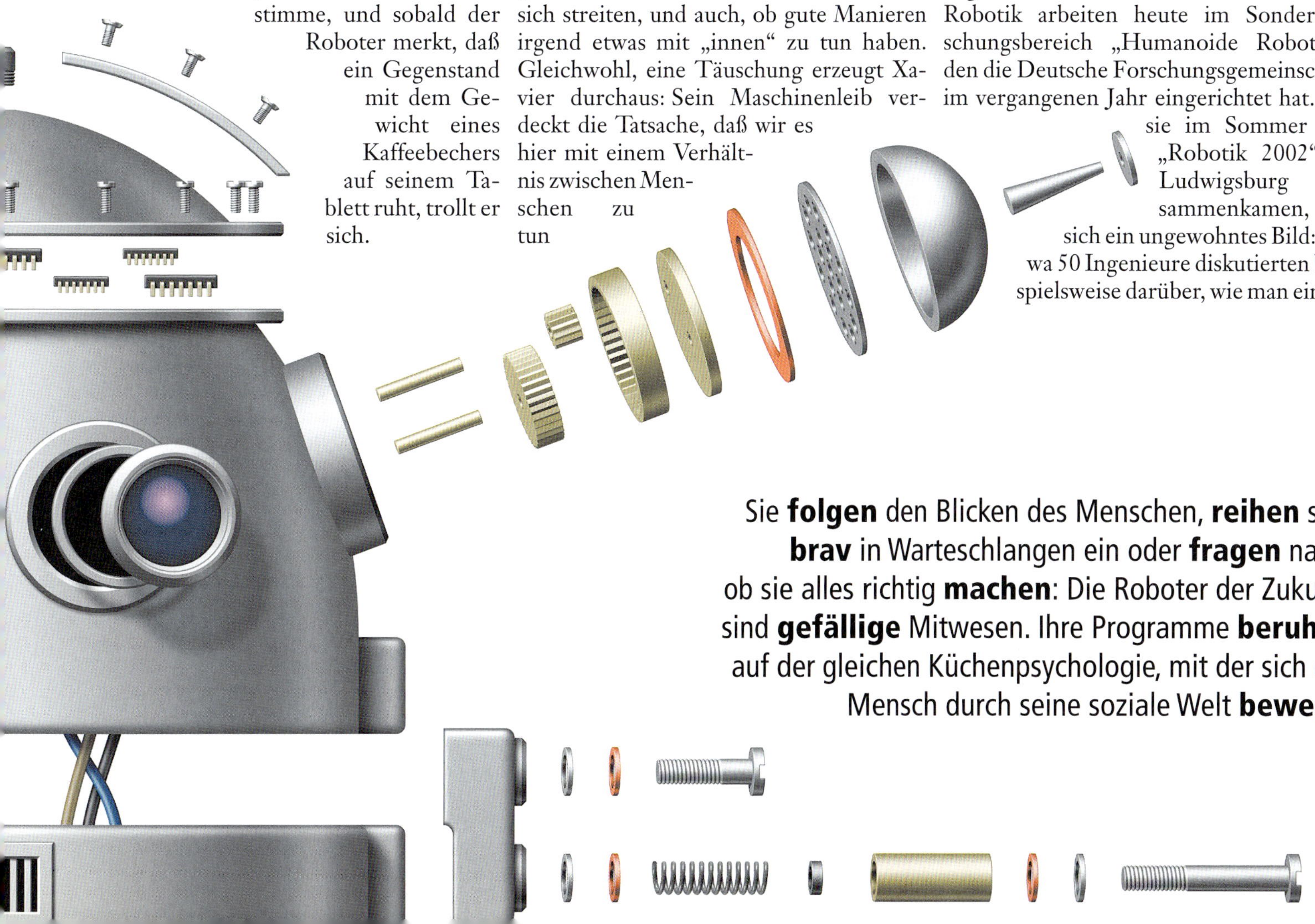

Illustration Peter Krämer

Sie **folgen** den Blicken des Menschen, **reihen** sich **brav** in Warteschlangen ein oder **fragen** nach, ob sie alles richtig **machen**: Die Roboter der Zukunft sind **gefällige** Mitwesen. Ihre Programme **beruhen** auf der gleichen Küchenpsychologie, mit der sich der Mensch durch seine soziale Welt **bewegt**.

Haushaltsroboter beibringt, daß er Geschirr mit Dekor nicht in die Spülmaschine stellt. Und es machte sich die Erkenntnis breit, daß Arbeit im Haushalt durchaus komplexer sein kann als die in der Fabrik oder im Büro.

Auf dem internationalen Workshop „IEEE Roman 2002" in Berlin wird unter anderem darüber gesprochen, wie menschenähnlich die neuen Helfer konstruiert werden sollen. In Asien ist die Frage bereits beantwortet: Es ist der Kontinent der Androiden. In Japan, China und Südkorea arbeiten die meisten der weltweit rund 45 Forschergruppen, die computerisierte Gliederpuppen à la humaine konstruieren (es kommen noch einmal so viele ähnliche Projekte der Unterhaltungsindustrie hinzu). In Japan entstanden auch die ersten programmierten Kunstköpfe, deren Gesichtszüge ein breites Repertoire von Emotionen ausdrücken können. Darin freilich haben Europäer und Amerikaner die fernöstlichen Robotiker mittlerweile eingeholt. Der dänische Lego-Roboter „Feelix" und sein amerikanisches Pendant „Kismet" haben es auch hierzulande schon in die beste Sendezeit des Fernsehens geschafft.

Die gefühligen Grimassen dieser Technikwesen sind der Output von Programmen, die ein psychologisch plausibles Verhalten erzeugen sollen. Feelix beispielsweise reagiert recht unterschiedlich darauf, ob man seinen Roboterfuß sanft streichelt, heftig drauftritt oder überhaupt nicht berührt. Kismet wiederum will unterhalten werden, liebt mal mehr das Spielzeug und dann wieder die menschliche Annäherung.

Wobei, auch das ist neu, ihre Schöpfer keineswegs die Ansicht früherer Robotiker vertreten, daß sie auf diese Weise tiefere Einblicke in die Seele, den Geist oder andere Abgründe des Menschen gewinnen könnten. Ihr Ziel ist nicht die künstliche Emotion, sondern lediglich ein Verhalten von Maschinen, das den Menschen den Umgang mit ihnen erleichtert.

Ein Team des schwedischen Instituts für Computer Science spricht in diesem Zusammenhang ausdrücklich von „Küchenpsychologie": Den Programmen psychologisch plausibler Roboter liegen nicht etwa ausgeklügelte Theorien des Seelenlebens zugrunde, sondern vielmehr jene Alltagsvorstellungen von den Wünschen und Gefühlen, die wir Menschen beim normalen Umgang mit unsresgleichen hegen. Etwa, daß jedes Lächeln beantwortet werden will, allzu plötzliche Annäherung als unangenehm empfunden wird oder unser Gesprächspartner hin und wieder auch mal zu Wort kommen möchte.

Ohne solche einfachen Theorien über andere Individuen wäre Kommunikation unmöglich. Menschen lernen sehr früh, Modelle von anderen und auch von sich

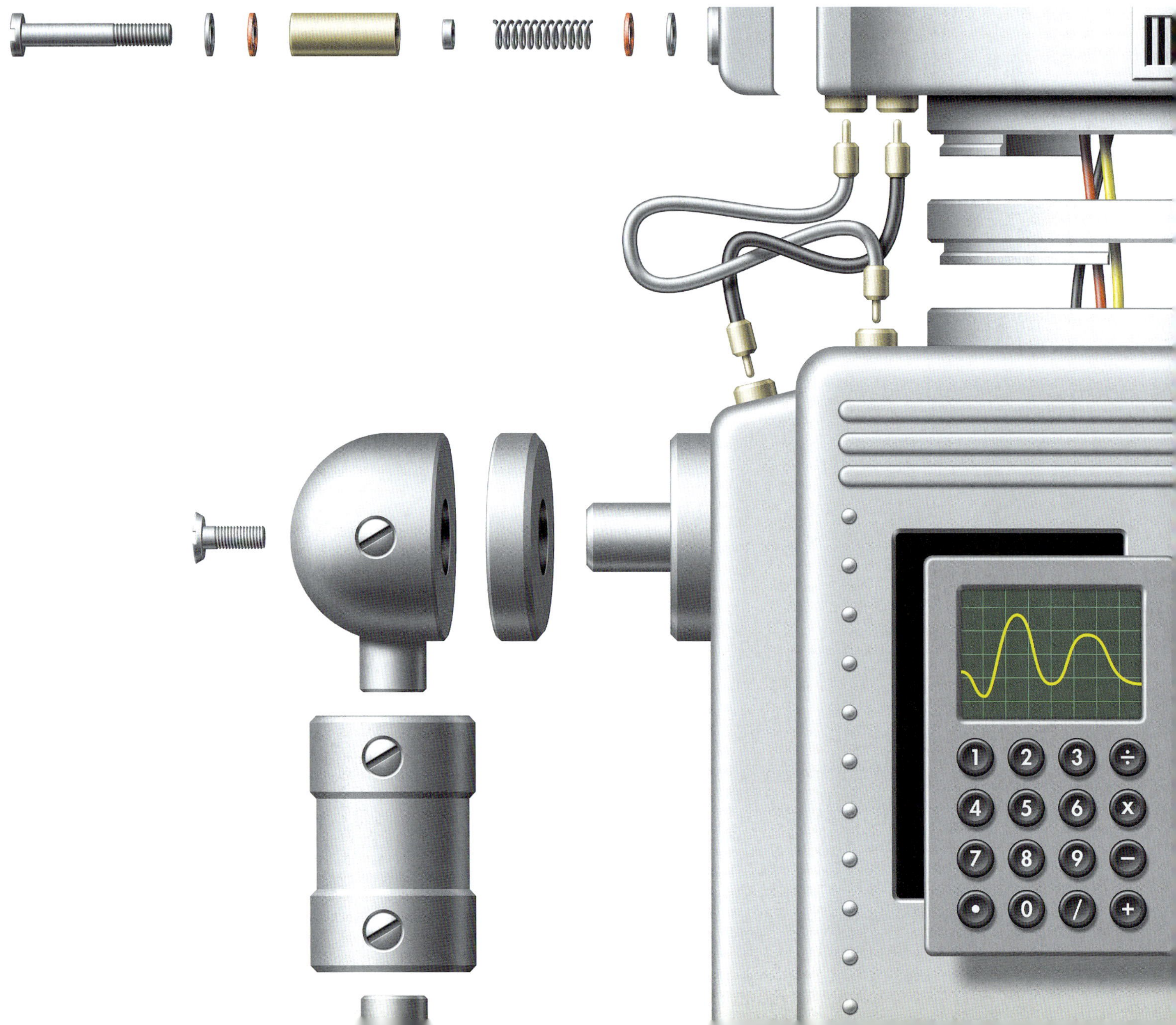

selbst anzufertigen, mit deren Hilfe die Handlungen der gesellschaftlichen Welt koordiniert werden.

Wenn unser Gegenüber zum Beispiel den Blick wechselt und woanders hinschaut, womöglich noch den Kopf in die neue Richtung vorstoßen läßt – dann blikken wir ebenfalls dorthin. Dieser Mechanismus kann mehrere nützliche Funktionen haben, vielleicht droht aus der neu ins Blickfeld gekommenen Richtung ja Gefahr, oder es läuft ein potentieller Sexualpartner vorbei. Vielleicht ist der Blickwechsel aber auch ein Teil des Gesprächs, ein zeigendes („deiktisches") Blicken. In diesem Fall dient er der zwischenmenschlichen Kommunikation.

Derartige Schemata lassen sich auch einer Maschine einflößen, damit sie sich sozial verträglich verhält. Philosophen können nun die Frage anschließen, wie man einen Akteur mit sozialem Bewußtsein von einem anderen unterscheiden soll, der sich nur so verhält, als habe er eines. Die Frage führt weit; bis zur Überlegung, ob die Begriffe Gefühl, Bewußtsein oder Seele nur abgekürzte Redeweisen sind, mit denen Erwartungen an das Verhalten ausgedrückt werden.

Vor vier Wochen erwarb die Firma Sony ein neues Patent: Die Elektronik-Karte, auf der die Eigenschaften ihres Roboterhundes „Aibo" gespeichert sind, läßt sich ausbauen und in eine Art Tamagotchi stecken, auf dessen Bildschirm dann ein kleines Gespenst erscheint. Mit Hilfe dieses Geräts können der Computerseele des Hundes neue Eigenschaften verliehen werden. Man kann sie anschließend wieder in den Aibo oder in einen anderen Roboterhund stekken: Seelenwanderung. Diese fernöstliche Lösung des abendländischen Leib-Seele-Problems zeigt ein weiteres Mal, daß Roboter Medien sind: Sie transportieren Denkweisen von Mensch zu Mensch – in diesem Fall die Ideologie, daß der Körper Hardware und die Seele Software sei.

So simpel hatten das in den sechziger Jahren auch die Begründer der Künstlichen Intelligenz (KI) gesehen; die Zeit ist über sie hinweggegangen. Heute fragt die Forschung eher danach, wie sich Maschinen verhalten müssen, damit sie in die soziale Welt passen. Kein Wunder, daß dieses Thema gerade von Frauen vorgebracht wurde: Es ist gut belegt, daß Frauen die Technik typischerweise danach beurteilen, ob sie die Welt lebenswerter macht. <

Gero von Randow

Geboren wurde er am 22. Januar 1953 in Hamburg. Einer Schulzeit, deren Konflikten die antiautoritäre Strömung eine Richtung gab, folgten Wehrdienst und Jurastudium. Nach dem 1. Staatsexamen reizte die vollberuflich schreibende Beteiligung an politischen Bewegungen (links und autoritär) mehr als alles andere. Von 1988 bis 1992 arbeitete er als freier Wissenschaftsjournalist und trat dann in das Wissenschaftsressort der ZEIT ein. Von 1998 an baute er ein journalistisches Experiment namens „Reformwerkstatt" in der ZEIT auf, außerdem arbeitete er 1998 bis 2000 als verantwortlicher Redakteur der Essay-Seite „Themen der Zeit". Anschließend arbeitete er in der ZEIT als stellvertretender Ressortleiter Politik, bis er zur Frankfurter Allgemeinen Zeitung wechselte. Er schrieb mehrere populärwissenschaftliche Bücher, unter anderem über Mathematik und Robotik, und zum Schluß eines mit dem Titel „Genießen". Seit Herbst 2001 baute er als Ressortleiter Wissenschaft die Frankfurter Allgemeine Sonntagszeitung mit auf. Im Herbst 2003 kehrte er ins politische Ressort der ZEIT zurück.

Foto Archiv

Die Autoren

Jörg Albrecht

Achim Bahnen

Mark Benecke

Albrecht Beutelspacher

Markus Breidenich

Hanno Charisius

Peter Damerow

Kristian Dittmann

Hans Werner Ingensiep

Werner d'Inka

Axel Meyer

Andreas Platthaus

Klemens Polatschek

Gero von Randow

Ulf von Rauchhaupt

Jochen Reinecke

Jürgen Renn

Henning Ritter

Eva von Schaper

Jan Schweitzer

Tilman Spreckelsen

Volker Stollorz

Peter Thomas

Sigrid Tinz

Markus Wehner

Felix Zimmermann

Kathrin Zinkant

Rodolfo Fischer Lückert

Fischer Lückert ist 1964 in Lissabon geboren. Er wächst unter anderem in Argentinien auf. Bücher und Bildergeschichten begleiten ihn früh. Als Jugendlicher kommt er mit seiner Familie nach Deutschland. In der Auseinandersetzung mit dem kontrastreichen Erleben enstehen Zeichnungen und erste Bücher.

Fischer Lückert studiert an der Hochschule für Gestaltung in Offenbach Buchgestaltung und Freies Zeichnen.

Im Diplom präsentiert er ein Autorenbuch mit dem Titel: „Von hier nach dort" – „De mar a mar". Ein athmosphärisches Reisetagebuch. Er arbeitet als Gestalter in Costa Rica, Brasilien und Deutschland. Ab dem Jahr 1998 sammelt er Erfahrungen im Bereich Zeitungsgestaltung bei der Frankfurter Neuen Presse und der Frankfurter Allgemeinen Zeitung und realisiert parallel mehrer Ausstellungen seiner künstlerischen Arbeiten. Seit Oktober 2002 arbeitet er für das F.A.Z.-Institut. Dort gestaltet er unter anderem die Buchumschläge für den Verlag. Am 1. August 2003 richtet Fischer Lückert ein Atelier in Frankfurt ein.

www.rodolfofischerlueckert.com

Foto Eigen Studio

Danja Hetjens

Danja Hetjens ist 1970 in Kamp-Lintfort geboren.

Nach ihrer Ausbildung zur Verlagskauffrau studierte Danja Hetjens Publizistik, Romanistik und Kunstgeschichte an der Westfälischen Wilhelms-Universität in Münster sowie in Perugia/Italien. Sie schloß mit dem Magister Artium ab.

Weitere internationale Studien- und Berufsaufenthalte in den Niederlanden und Spanien folgten. Nachdem sie in der Frankfurter Galerie Wild als Projektmanagerin gearbeitet hatte, ist sie seit 2000 als Lektorin für Frankfurter Allgemeine Buch tätig.

Foto Archiv

Auflösung: Unkontrollierbares Muskelzucken oder halbes Pfefferminz (siehe Seite 116)

„Das müßte verboten werden"

Mehr als 2000 Einsendungen für das Sommerrätsel der Sonntagszeitung. Und 1555 davon waren richtig.

VON JOCHEN REINECKE

„War der Hiob auch beschwerlich
die Kasse bleibt am Ausgang ehrlich
mag Herr Schwanitz auch sich wenden
in Delphi muß das Rätsel enden!"

... so klang es, wenn lyrikbegabte Leser wie F. Ische aus Mainz Lösungsvorschläge für unser Sommerrätsel einreichten. Mehr als 2000 Zuschriften mit Lösungsvorschlägen, Lob, Fragen, aber auch Fotos und Gedichten trafen seit der Veröffentlichung am 7. Juli in der Redaktion ein.

Von „Das war eines der härtesten Rätsel, das ich raten mußte" bis „Das soll auf keinen Fall arrogant klingen, aber das komplette Rätsel war mit ein wenig Google-Unterstützung und einem Lexikon in einer guten Stunde zu bewältigen", reichte die Spannweite des Feedbacks. Die Wahrheit lag – hoffentlich – irgendwo in der Mitte.

Unsere Leserin Susanne Wolf erbat sich künftig in jeder Ausgabe ihrer Sonntagszeitung ein zweiseitiges Rätsel, Heiko Toman wiederum meldete begeistert: „Ein Kollege und ich waren zwei Tage gefesselt. Wir haben während der Arbeit nur mit Google sämtliche Lösungen herausgefunden." Herr B. aus Friedrichsdorf hingegen ließ uns recht verzweifelt wissen: „Das ist ja wie eine Sucht! Das müßte verboten werden!"

Besonders beeindruckend war eine Postkarte, die uns aus der deutschen Zentrale eines weltweit operierenden Immobilienunternehmens erreichte; sie zeigte Fotos der Marketingabteilung, die geschlossen ein Brainstorming zur Lösung des Sommerrätsels durchführte, unterstützt von wirren Flipchart-Zeichnungen und einem gerüttelt Maß an koffeinhaltiger Brause (zum Wachhalten?).

Allerdings erreichte die Redaktion nicht nur Lob, sondern auch Kritik: Irmtraud B. schreibt, ziemlich angesäuert: „Das Orakel von Delphi (Lösung zu Z und Pythia) endet genau wie die Qualle Chironex fleckeri auf I. Und damit steckt man in der berühmten Endlosschleife – total bescheuert !!!!"

Was aber nicht wirklich stimmt. Diesem Irrtum sind vor allem jene Leserinnen und Leser aufgesessen, die die Fragen in der falschen Reihenfolge gelöst haben. Wer den Einleitungstext zum Rätsel genau gelesen hat, wußte, daß es genau einen Fall gibt, in dem die Lösungsworte zweier Fragen auf denselben Buchstaben enden dürfen. Nämlich dann, wenn eine dieser beiden Fragen die letzte des Rätsels ist. Genauso war es bei der Frage, die zum Orakel von Delphi führte.

Bewundernswert, daß ein Leser, kurz nachdem er uns den vermeintlichen Fehler mitgeteilt hatte, von selbst zur Erkenntnis kam, sich geirrt zu haben. „Ich kann gar nicht so klein schreiben, wie ich mich fühle", läßt er uns in einer wenige Stunden später folgenden Mail in kaum lesbarer 7-Punkt-Schrift wissen.

Ein weiterer beliebter Irrtum war die vermeintliche Endlosschleife „Konjunktivitis" / „Amenophis", die eine zweistellige Zahl von Lesern monierte. Beide Worte enden auf „s", das Rätsel drehte sich im Kreis. Auch hier war jedoch genaues Lesen der Frage der Weg zum Erfolg. Es hieß nämlich: „Jeder lernt im Deutschunterricht, unser Lösungswort zu benutzen. Hängt man eine um einen Buchstaben verminderte Marderart dran, wird eine Bindehautentzündung draus."

Das Lösungswort heißt also „Konjunktiv". Die „verminderte Marderart" ist ja nur angehängt.

Lehrreich war die Korrespondenz der Chemiker. Drei Leser, einer davon Berufschemiker, wiesen uns darauf hin, daß es zur Frage nach dem reaktionsfreudigen chemischen Element mehrere, einander zum Teil widersprechende Quellen gibt. Somit sei diese Frage nicht vollkommen eindeutig lösbar gewesen. Wissenschaft besteht eben nicht nur aus unstrittigem Wissen. Diese Leser belohnen wir – außer Konkurrenz – mit einem „Sonderrecherchepreis". An die Aushändigung dieses Sonderpreises ist allerdings eine Bedingung geknüpft: Falls wir jemals wieder in einem Rätsel über chemische Elemente spekulieren sollten, werden wir uns erlauben, unseren drei Chemikern vorher die Fragen zur Freigabe vorzulegen.

Doch nun – endlich – zur Lösung: Die gesuchten Worte lauteten „Kybernetik" (Frage 13) und „Delphi" (Frage 26). Hätten Sie's gewußt?

Auf vielfachen Wunsch folgt nun der komplette, amtliche Lösungsweg, den immerhin 1555 Leserinnen und Leser richtig beschritten haben:

1. HOUELLEBECQ,
2. FLECKERI,
3. AUSTRALIEN,
4. AMENOPHIS,
5. SILIZIUM,
6. KOLLEKTOR,
7. SCHWEFEL,
8. FÜNF,
9. FIDELIO,
10. GEDACKT,
11. PAWLOW,
12. FARADAY,
13. KYBERNETIK,
14. TRIP,
15. MATRIX,
16. PFERD,
17. TAJ,
18. KONJUNKTIV,
19. K(C)ALAU,
20. TIC,
21. ALKALISCH,
22. HIOB,
23. KASSE,
24. AUSGANG,
25. SCHWANITZ,
26. DELPHI.

Bibliografische Informationen Der Deutschen Bibliothek –
Die Deutsche Bibliothek verzeichnet diese Publikation in der
Deutschen Nationalbibliografie; detaillierte bibliografische
Daten sind im Internet über http://dnb.ddb.de abrufbar.

Gero von Randow Hg.

Jetzt kommt die Wissenschaft

Von Wahrheiten, Irrtümern und kuriosen Erfindungen

F.A.Z.-Institut für Management-,
Markt- und Medieninformationen,
Frankfurt am Main: 2003

ISBN 3-89981-011-2

Frankfurter Allgemeine Buch
IM F.A.Z.-INSTITUT

Gestaltung Rodolfo Fischer Lückert
Druckvorstufe Reproductions GmbH, Offenbach
Papier Opus PraxiMatt 135g
Druck Druckhaus Beltz, Hemsbach

Printed in Germany